航空发动机基础与教学丛书

# 航空发动机
# 转子-支承系统的振动
## （上册）

廖明夫　王四季　李全坤　苏　越　马瑞贤　著

科学出版社
北　京

# 内 容 简 介

本书是聚焦航空发动机振动的专著，分为上、下两册。上册为基础篇，从振动基础理论出发，以单转子系统为对象，系统地介绍转子动力学基础理论，为发动机转子-支承系统减振设计提供必备知识。下册为专业篇，以航空发动机转子-支承系统为对象，阐述高压转子和低压转子的“可容模态”设计理论和方法；建立双转子解析模型，揭示双转子系统的振动特性和参数影响规律；建立双转子系统模态动平衡理论，论述双转子系统“可容模态”优化设计方法；介绍电磁轴承和弹支干摩擦阻尼器主控技术，以激发读者对发动机振动主动控制的关注和兴趣。

本书集成了作者从事空天发动机振动和振动控制几十年教学和科研的成果，浓缩了作者几十年参与若干型号发动机研制的经验和体会，具有鲜明的专业特色。本书宜作为发动机设计、制造、运行和维护技术人员的专业参考书，也宜用作飞行器动力专业、机械专业和力学专业本科生及研究生的教材。

**图书在版编目（CIP）数据**

航空发动机转子-支承系统的振动. 上册 / 廖明夫等著. —北京：科学出版社，2023. 6
（航空发动机基础与教学丛书）
ISBN 978-7-03-075434-9

Ⅰ. ①航… Ⅱ. ①廖… Ⅲ. ①航空发动机—转子动力学—振动 Ⅳ. ①V231. 92

中国国家版本馆 CIP 数据核字（2023）第 068706 号

责任编辑：胡文治 / 责任校对：谭宏宇
责任印制：黄晓鸣 / 封面设计：殷 靓

科 学 出 版 社 出版
北京东黄城根北街 16 号
邮政编码：100717
http：//www. sciencep. com
南京展望文化发展有限公司排版
广东虎彩云印刷有限公司印刷
科学出版社发行 各地新华书店经销

*

2023 年 6 月第 一 版 开本：B5（720×1000）
2024 年 9 月第五次印刷 印张：25 1/4
字数：495 000

**定价：180. 00 元**

（如有印装质量问题，我社负责调换）

# 航空发动机基础与教学丛书

## 编写委员会

# 丛书序

航空发动机是“飞机的心脏”，被誉为现代工业“皇冠上的明珠”。航空发动机技术涉及现代科技和工程的许多专业领域，集流体力学、固体力学、热力学、燃烧学、材料学、控制理论、电子技术、计算机技术等学科最新成果的应用为一体，对促进一国装备制造业发展和提升综合国力起着引领作用。

喷气式航空发动机诞生以来的80多年时间里，航空发动机技术经历了多次更新换代，航空发动机的技术指标实现了很大幅度的提高。随着航空发动机各种参数趋于当前所掌握技术的能力极限，为满足推力或功率更大、体积更小、质量更轻、寿命更长、排放更低、经济性更好等诸多严酷的要求，对现代航空发动机发展所需的基础理论及新兴技术又提出了更高的要求。

目前，航空发动机技术正在从传统的依赖经验较多、试后修改较多、学科分离较明显向仿真试验互补、多学科综合优化、智能化引领“三化融合”的方向转变，我们应当敢于面对由此带来的挑战，充分利用这一创新超越的机遇。航空发动机领域的学生、工程师及研究人员都必须具备更坚实的理论基础，并将其与航空发动机的工程实践紧密结合。

西北工业大学动力与能源学院设有“航空宇航科学与技术”（一级学科）和“航空宇航推进理论与工程”（二级学科）国家级重点学科，长期致力于我国航空发动机专业人才培养工作，以及航空发动机基础理论和工程技术的研究工作。这些年来，通过国家自然科学基金重点项目、国家重大研究计划项目和国家航空发动机领域重大专项等相关基础研究计划支持，并与国内外研究机构开展深入广泛合作研究，在航空发动机的基础理论和工程技术等方面取得了一系列重要研究成果。

正是在这种背景下，学院整合师资力量、凝练航空发动机教学经验和科学研究成果，组织编写了这套“航空发动机基础与教学丛书”。丛书的组织和撰写是一项具有挑战性的系统工程，需要创新和传承的辩证统一，研究与教学的有机结合，发展趋势同科研进展的协调论述。按此原则，该丛书围绕现代高性能航空发动机所涉及的空气动力学、固体力学、热力学、传热学、燃烧学、控制理论等诸多学科，系统介绍航空发动机基础理论、专业知识和前沿技术，以期更好地服务于航空发动机领域的关键技术攻关和创新超越。

丛书包括专著和教材两部分,前者主要面向航空发动机领域的科技工作者,后者则面向研究生和本科生,将两者结合在一个系列中,既是对航空发动机科研成果的及时总结,也是面向新工科建设的迫切需要。

丛书主事者嘱我作序,西北工业大学是我的母校,敢不从命。希望这套丛书的出版,能为推动我国航空发动机基础研究提供助力,为实现我国航空发动机领域的创新超越贡献力量。

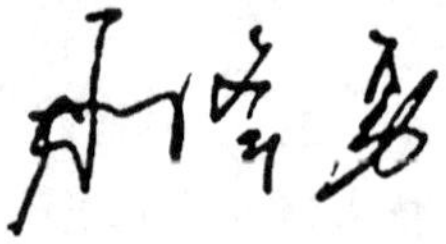

2020 年 7 月

# 前言

振动问题一直是航空发动机研制中的“瓶颈”。究其原因，一是由于发动机转速高、温度高、负荷大、结构复杂且轻柔等自身特点；二是由于在持续追求高比特性的同时，运行工况的变化范围和剧烈程度不断增加，使发动机在工作转速范围内，难以“避开共振”。另外，根据以往的经验和教训，在发动机设计阶段，往往忽视发动机结构动力学的设计，惯常的流程是验算叶片的自振频率和转子的临界转速，很可能使振动问题成为“先天缺陷”潜伏在设计中。将减振设计贯穿在发动机设计的整个流程之中是解决振动问题的根本出路。这需要系统的动力学基础理论来支撑。

转子-支承系统是发动机的核心部件，既是发动机振动的主体，也是发动机振动的主要激振源。因此，转子-支承系统的振动与振动控制是航空发动机结构动力学设计的核心内容。本书正是针对这一急需而撰写的，期望对航空发动机研制有所贡献。

本书集成了作者从事空天发动机振动和振动控制几十年教学和科研的成果，特别是浓缩了作者几十年参与若干型号发动机研制、测试和故障诊断的经验和体会，具有明显的专业性和针对性。本书以问题为导向，强调理论与实践的结合，特别注重从理论源头揭示机理，同时也注重在实际设计中的应用。本书宜作为发动机设计、制造、运行和维护技术人员的专业参考书，也适合用作飞行器动力专业、机械专业和力学专业本科生及研究生的教材。

全书共计22章，分为上、下两册。第1册为基础篇，包括第1章至第14章的内容，从振动基础理论开始，以单转子系统为对象，系统地介绍转子动力学基础理论，这是发动机转子-支承系统减振设计的必备知识。第2册为专业篇，包括第15章至第22章的内容，着重以航空发动机转子-支承系统为对象，阐述高压转子和低压转子的“可容模态”设计理论和方法，并给出设计示例。分析双转子系统的振动，首先建立双转子解析模型，由此通过完备的解析结果，揭示支承刚度、支承阻尼、转子刚度和惯量，以及中介支承刚度及其各向异性对双转子振动的影响规律。建立双转子系统模态动平衡理论和方法，阐明双转子“临界跟随”现象及其机理，描述双转子系统"可容模态"优化设计理论和方法，并给出设计示例和实验验证结果。考虑到转子振动主动控制将是未来发动机研制的支撑技术，故在第2册中，即第21章和第22章，重点介绍电磁轴承和弹支干摩擦阻尼器主动控制转子振动的理论和方法，以激发读者对发动机振动主动控制的关注和兴趣。

本书的上、下两册相互联系，又相对独立完整。采用这样的结构安排，一方面是考虑能够由简入繁、步步深入地形成发动机振动和振动控制的系统知识链，设计师们可按照台阶拾级而上，逐步掌握发动机减振设计和解决振动问题必备的理论基础和方法；另一方面，还考虑到不同专业和岗位的工程技术人员具有不同的要求，分成两册便于他们选择不同的部分来学习。作为教材，这样的结构安排有助于读者循序渐进地学习，也利于教师根据不同的学生类型取舍内容。

本书各章内容如下：

第1章介绍单自由度系统的振动，引入自振频率的概念及共振现象，给出振动系统阻尼的估计方法和振动烈度的度量方法。本章为发动机转子-支承系统振动初学者的入门知识。

第2章分析支座激振及振动隔离。台架或者飞机的振动均可引起发动机的振动。即使对发动机本身而言，附件或者机匣的振动也可导致转子振动。为简单起见，把这种现象视作支座激振。支座的运动可源自多种激扰源，例如，机翼振动、飞机起降的冲击、邻近机器的激扰、地震等。另一方面，转子的振动将会通过支承传至机匣，再由安装节传至飞机，引起飞机的振动，威胁飞行安全。这两个问题看似完全不同，但本质上是同一个问题的两个方面，都可通过振动的隔离加以解决。本章仍将发动机简化成单自由度系统，讨论支座激起的机器振动，分析发动机传到飞机的激扰力。在此基础上，阐明振动隔离的原理及方法。虽然高度简化，但原理与方法并不失一般性。

第3章讨论单盘对称转子的振动。本章为转子动力学基础，首先分析转子的涡动和不平衡响应，引入临界转速的概念，着重讨论转子的幅频特性及相频特性。最后，阐述转子系统阻尼的估计方法，并给出应用实例。

第4章分析带弯曲轴和非圆轴的转子振动。着重揭示它们的影响规律以及在此影响下转子的振动表现特征，有助于对带弯曲轴的转子进行动平衡，也有助于转子故障诊断。

第5章揭示支承刚度各向异性对转子振动的影响规律。分析转子的正、反进动，重点讨论支承反对称交叉刚度对转子稳定性的影响。

第6章讨论带偏置盘转子的振动。引入陀螺力矩，分析回转效应对临界转速的影响。特别分析了转子"临界跟随"现象及其对转子振动特性的影响。

第7章剖析叶轮间隙激振。在汽轮机、轴流压缩机、航空发动机等轴流机械中，当转子受某种激扰，其轴心偏离机匣的中心位置时，叶轮与机匣的顶间隙就要发生变化。顶间隙小的一边叶轮所受周向力大,顶间隙大的一边叶轮所受的周向力小。最终产生间隙激振力,可导致转子发生正进动失稳(涡轮)或反进动失稳(压气机)。本章介绍间隙激振力的计算方法和在此力作用下转子的振动特征。

第 8 章论述转子振动的进动分析方法。给出全频域分解转子正、反进动量的算法和表达方法,介绍复向量的内积法则,引入 6 个廖氏进动分析定理及其证明,结合实例说明进动分析方法的应用。

第 9 章分析转子系统的失稳振动。流构耦合、结构内摩擦、转/静碰摩等因素都可能会引起转子失稳振动。超过某一失稳门坎转速后,转子失稳振动会突然发作,转子从工质中或者从驱动系统中持续吸取能量,并转化成自身振动的动能。失稳振动一旦发生,引起故障的风险很大。

1924 年 Newkirk 详细报道了高炉风机失稳振动现象。此后,Newkirk 和 Kimball 开展了理论研究,以图揭示失稳产生的机理。他们得出圆柱面热套产生的内摩擦可使转子失稳的结论。随后,Lund、Gunter、Kraemer、Gasch 和顾家柳等学者对材料内摩擦、圆柱面配合以及套齿连接结构进行了深入的理论和实验研究。本章以他们的研究结果为基础,以材料内阻尼、圆柱面配合以及套齿连接为失稳源,分析由此引起转子失稳振动的机理和影响因素。

第 10 章阐述振动测试及振动信号分析技术。特别强调振动测试的目的和任务,以引起发动机研制单位对振动测试工作的重视。本章还介绍常用的振动传感器—位移、速度及加速度传感器,讨论信号处理中应注意的几个问题。

第 11 章介绍单转子动平衡理论和方法。考虑到实用性,只介绍刚性转子动平衡和柔性转子的影响系数平衡法。

第 12 章论述柔性单转子模态动平衡理论和方法。对于运转在一阶、二阶甚至三阶临界转速之上的发动机转子,一般的刚性转子动平衡工艺达不到动平衡要求。必须将其视作柔性转子进行高速动平衡。柔性转子动平衡要比刚性转子动平衡复杂得多。它涉及平衡面的选取、各阶模态的确定、转子振动的测量、试重的加法、组件的平衡次序等诸多方面的问题。一般采用模态平衡法或影响系数平衡法对柔性转子实施动平衡。本章分别介绍模态动平衡法中的 $N$ 平面法和 $N$+2 平面法,给出单转子模态动平衡的一般流程和步骤。

第 13 章介绍挤压油膜阻尼器。自 20 世纪 60 年代以来,挤压油膜阻尼器在航空发动机上获得了广泛应用,取得了较好的减振效果。本章系统地介绍挤压油膜阻尼器的原理和基础理论,以单转子为对象,建立挤压油膜阻尼器与转子系统匹配设计的方法,展示实验验证的结果。

第 14 章介绍转子动力学特性计算和优化设计方法。引入计算转子振动特性的传递矩阵法和有限元法,以此为基础,建立转子优化设计方法。分别按照"临界转速裕度"准则和"可容模态"准则对转子进行优化设计,比较两种设计结果,并给出设计示例。

第 15 章详细讨论航空发动机高压转子结构动力学设计方法。首先建立发动机高压转子结构动力学模型,讨论转子抗振设计的要素,给出支承刚度匹配和动平衡时相位匹配的准则,引入参数临界转速的概念,最后用示例说明发动机高压转子的设计方法和步骤。

第 16 章论述航空发动机转子振动的“可容模态”和减振设计方法。高性能航空发动机在工作期间,转子频繁越过若干阶临界转速,工作点甚至落在临界转速位置或邻域,难以保证工作转速与临界转速之间的裕度要求,简言之,完全“避开共振”难以实现。转子的临界转速将成为发动机的工作转速。转子的动力学设计面临从“避开共振”向“容忍共振”的设计方向发展的挑战。为此,本章引入转子“可容模态”概念,对应的临界转速定义为“可容临界”,即“可容忍的共振”。建立“可容模态”下,转子减振设计方法和准则,以发动机低压转子模型为例,验证“可容模态”设计方法,并给出设计流程。

第 17 章分析双转子–支承系统的振动。以简化的双转子模型为基础,分析双转子的耦合振动特性,着重揭示中介轴承刚度各向异性对双转子振动的影响规律,从理论上证明,中介轴承刚度各向异性将产生转子“重力临界”现象,并引起组合频率成分的不平衡响应。

第 18 章论述发动机双转子系统模态动平衡方法。双转子系统在运转时由于是双频激励,即高压激励与低压激励,由此在各自的激振频率上所产生的模态则称为高压激励模态与低压激励模态。这两组模态的正交性是双转子系统动力学特性的核心要素,也是双转子系统动平衡的理论基础。本章首先以一离散双转子模型为对象,分析双转子系统模态的正交性。利用复模态分析方法,理论证明了,当高压转速和低压转速之比恒定时,低压转子主激励的模态组是正交的,高压转子主激励的模态组也是正交的。但当转速比变化时,两组模态都不正交。即使转速比恒定,低压激励的模态组与高压激励的模态组之间也不存在正交性。另外,建立了双转子系统不平衡响应的模态分解方法和双转子系统不平衡响应的统一表达式。双转子的模态正交性理论为双转子模态动平衡奠定了基础。由此建立双转子系统模态动平衡的 $N_1 + N_2$ 平面法和 $N_1 + N_2 + 4$ 平面法,给出双转子系统模态动平衡的流程和步骤。

第 19 章分析双转子系统“临界跟随”特征和参数影响规律。建立一双转子模型,揭示双转子“临界跟随”现象的机理以及参数影响规律,建立确定双转子“临界跟随”条件的理论方法,分析“临界跟随”条件下双转子系统的响应特征,得到双转子表现出“临界跟随”特征的参数条件。对双转子在“临界跟随”条件下的动力学特性进行计算和分析,探明同转和对转双转子“临界跟随”的特征,总结出“临界跟随”状态下双转子系统的响应规律,为消除“临界跟随”现象奠定理论基础。

第 20 章介绍航空发动机双转子-支承系统动力学设计方法。首先阐述双转子动力学优化设计流程,并给出优化设计的初始模型,进而讨论转子系统不平衡响应关于设计参数的灵敏度,分别介绍以"裕度准则"为基础的优化设计方法和"可容模态"优化设计方法,并给出设计示例。最后,详细说明实验验证结果。

第 21 章介绍电磁轴承。电磁轴承在地面机械中已获得成功应用,显现突出的自适应优势。目前虽未应用于航空发动机,但随着技术进步和发动机对自适应减振结构的不断需求,未来有可能应用于航空发动机。本章论述电磁轴承的基本结构和工作原理,分析带电磁轴承转子的振动特性,介绍电磁轴承几种振动控制方法,讨论设计中应注意的几个问题。

第 22 章介绍弹支干摩擦阻尼器。弹支干摩擦阻尼器是一种新型的自适应转子减振机构,可实现转子振动主动控制,由西北工业大学研制。本章介绍弹支干摩擦阻尼器的原理和几种典型结构,剖析减振和镇定机理,建立弹支干摩擦阻尼器实施振动主动控制的两种控制方法。最后,展示实验验证结果。

李全通教授对本书的第 1 章至第 12 章进行了修订和校对,金路博士和宋明波博士分别对第 14 章和第 22 章进行了校对。全书的格式、图表修订和校对由景琰婷女士负责。作者在此对他们表示衷心感谢。

在本书的编写过程中,得到西工大动力与能源学院杨伸记高级工程师、李岩博士、刘准博士、黄江博博士、赵璐博士、赵清周博士、周旋博士、王瑞博士、王术光博士、兰翱博士等师生的帮助和支持。另外,国家科技重大专项(2017-IV-0001-0038)给予了大力支持。在此表示衷心感谢。

由于作者水平有限,错误和不足在所难免,恳请读者批评指正。

廖明夫<br>2022 年 9 月

# 目　录

## 第 4 章 带有弯曲轴和非圆轴转子的振动



## 第 5 章 支承刚度各向异性时转子的振动



## 第 6 章 盘偏置时转子的振动

## 第7章 叶轮顶间隙激振



## 第8章 转子振动的进动分析方法及其应用

## 第 9 章　转子的失稳振动



## 第 10 章　振动测试及振动信号分析

## 第 11 章 单转子影响系数动平衡理论与方法



## 第 12 章 单转子模态动平衡理论与方法

## 第13章　带挤压油膜阻尼器转子的动力学特性

## 第 14 章 发动机转子动力学特性计算方法

## 附　录

# 第 1 章 单自由度系统的振动

发动机振动最简单的模型可由一个单自由度系统来描述。自振频率的概念及共振现象通过分析一个单自由度系统就可得到明确的解释。另外,振系振动强弱的度量方法也具有普适性。因此,本书首先介绍单自由度系统的振动。

## 1.1 运动微分方程

取如图 1.1 所示的单自由度振动系统模型。它由质量、弹簧和阻尼器组成。此处认为弹簧与阻尼器皆为线性元件,即弹性力与位移 $x$ 成正比、阻尼力与速度 $\dot{x}$ 成正比。

这一模型的运动微分方程可表示为

$$m\ddot{x} + d\dot{x} + sx = F(t) \tag{1.1}$$

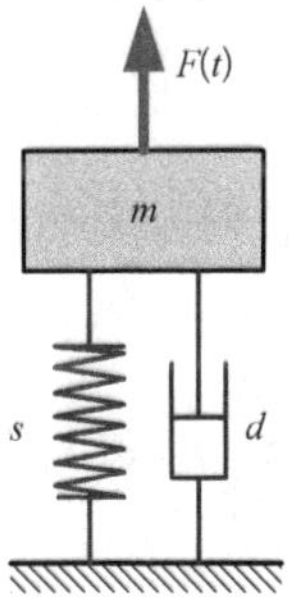


图 1.1 单自由度振动系统[1-3]

式中,$m$ 表示质量;$d$ 表示阻尼系数;$s$ 表示刚度系数;$F(t)$ 表示激振力;$t$ 表示时间;$x$ 表示质量 $m$ 离开平衡位置的位移。

方程的解由齐次方程 $F(t)=0$ 的通解和非齐次方程 $F(t)\neq 0$ 的特解构成。齐次方程 $F(t)=0$ 的通解描述振系的自由振动,而非齐次方程 $F(t)\neq 0$ 的特解则描述振系的受迫振动。下面将分别讨论齐次方程的通解所描述的自由振动和非齐次方程的特解所描述的受迫振动。分析受迫振动时,仅考虑激振力为简谐激振力的情况。

## 1.2 自 由 振 动

无激振力时,即 $F(t)=0$,振系的自由振动由方程(1.1)对应的齐次方程来表征:

$$m\ddot{x} + d\dot{x} + sx = 0 \tag{1.2}$$

方程两边同除 $m$ 可得

$$\ddot{x} + 2\omega D\dot{x} + \omega^2 x = 0 \tag{1.3}$$

式中,

$$D = \frac{d}{2\sqrt{ms}} \tag{1.4}$$

$D$ 称为阻尼比(相对阻尼系数)。

$$\omega = \sqrt{\frac{s}{m}} \tag{1.5}$$

$\omega$ 称为振系的无阻尼自振频率。

假设方程的解为

$$x(t) = A\mathrm{e}^{\lambda t} \tag{1.6}$$

代入方程(1.3)后,可得

$$(\lambda^2 + 2\omega\lambda D + \omega^2)A = 0 \tag{1.7}$$

由于 $A \neq 0$, 故有

$$\lambda^2 + 2\omega\lambda D + \omega^2 = 0 \tag{1.8}$$

此方程称为振系的特征方程,其解为

$$\lambda_{1,2} = -\omega D \pm \omega\sqrt{D^2 - 1} \tag{1.9}$$

对于发动机,绝大多数情况下满足:

$$D \ll 1 \tag{1.10}$$

因此,方程(1.9)可改写为

$$\lambda_{1,2} = -\omega D \pm \mathrm{j}\omega\sqrt{1 - D^2},\ \mathrm{j} = \sqrt{-1} \tag{1.11}$$

故可得方程(1.3)的通解为

$$x(t) = \mathrm{e}^{-\omega Dt}(A_1\mathrm{e}^{\mathrm{j}\omega t\sqrt{1-D^2}} + A_2\mathrm{e}^{-\mathrm{j}\omega t\sqrt{1-D^2}}) \tag{1.12}$$

式中, $A_1$ 和 $A_2$ 为复常数。考虑到 $x(t)$ 表示的是振系的振动位移,故 $A_1$ 和 $A_2$ 必为共轭复数,可设

$$A_1 = (a - \mathrm{j}b)/2$$
$$A_2 = (a + \mathrm{j}b)/2$$

则代入方程(1.12)后最终可得

$$x(t) = e^{-\omega Dt}(a\cos\sqrt{1-D^2}\,\omega t + b\sin\sqrt{1-D^2}\,\omega t) = Xe^{-\omega Dt}\sin(\sqrt{1-D^2}\,\omega t + \varphi) \tag{1.13}$$

式中，

$$X = \sqrt{a^2 + b^2} \tag{1.14}$$

$$\varphi = \operatorname{arctg}\frac{a}{b} \tag{1.15}$$

系数 $a$ 和 $b$ 由初始条件确定。

当无阻尼时，即 $D = 0$ 时，方程(1.13)变为

$$x(t) = a\cos(\omega t) + b\sin(\omega t) = X\sin(\omega t + \varphi) \tag{1.16}$$

图 1.2(a)描述了振系的无阻尼自由振动，而图 1.2(b)描述了阻尼对振系自由振动的影响。可见，当振系自由振动时，其振动频率为 $\omega$ 或 $\sqrt{1-D^2}\,\omega$。但当阻尼比 $D \ll 1$ 时，$\sqrt{1-D^2} \approx 1$。故在一般情况下，总是把 $\omega$ 称为振系的自振频率。由方程(1.5)可见，它只取决于振系的固有参数，即质量 $m$ 和刚度 $s$，因此，也常被称为振系的固有频率。

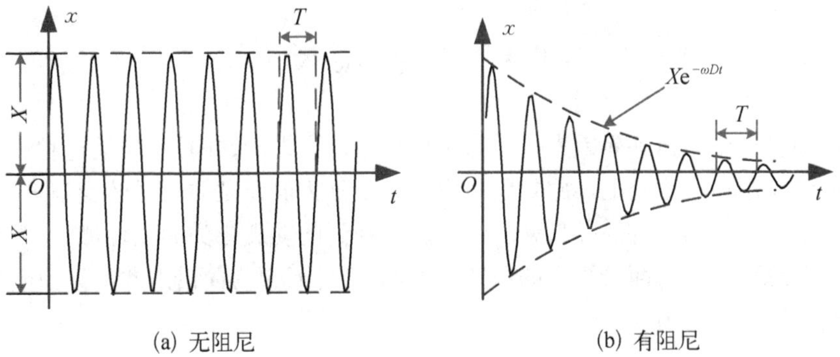


**图 1.2　振系的自由振动**

从图 1.2(b)可见，阻尼对振动幅值的影响非常明显。阻尼使得自由振动的幅值随时间不断衰减，最终至零。

## 1.3　利用自由振动确定阻尼的方法

再回到描述有阻尼振系自由振动的表达式(1.13)。其幅值衰减系数为 $e^{-\omega Dt}$。当振系从任一时刻 $t_0$ 开始振动一个周期 $T$ 之后，幅值比为

$$\frac{x_0}{x_1} = e^{\omega DT} \tag{1.17}$$

或

$$\omega DT = \ln \frac{x_0}{x_1} \tag{1.18}$$

式中，$x_0$ 为时刻 $t = t_0$ 时的振幅；$x_1$ 为时刻 $t = t_0 + T$ 时的振幅。

在弱阻尼情况下，$T \approx \frac{2\pi}{\omega}$，由方程(1.18)可得

$$D = \frac{1}{2\pi} \ln \frac{x_0}{x_1} \tag{1.19}$$

当相邻 $n$ 个周期时，方程(1.19)变为

$$D = \frac{1}{2\pi n} \ln \frac{x_0}{x_n} \tag{1.20}$$

式中，$x_n$ 为时刻 $t = t_0 + nT$ 时的振幅。

根据这一计算公式，可实验获取阻尼比 $D$。其过程是利用锤击使振系产生自由振动，测量出相邻 $n$ 个周期的振幅值，则可由式(1.20)计算出阻尼比 $D$。

## 1.4 受迫振动

所谓受迫振动指外界因素作为激励使振系产生振动，并且在振动过程中，这一激励始终作用在该系统上。此处仅考虑外界激励为简谐激振力时的受迫振动。虽然这是最简单的形式，但一般情况下，发动机受到的动载皆为周期性激扰。它经傅里叶分解总可表示为简谐函数的级数。因此，把外载视为简谐力并不失一般性。

设简谐激振力为

$$F(t) = F_0 \cos(\Omega t) \tag{1.21}$$

代入方程(1.1)，并考虑式(1.4)和式(1.5)，则有

$$\ddot{x} + 2\omega D\dot{x} + \omega^2 x = \frac{F_0}{m}\cos(\Omega t) \tag{1.22}$$

其稳态解为

$$x = X\cos(\Omega t - \varphi) \tag{1.23}$$

式中，

$$X=\frac{\dfrac{F_0}{m}}{\sqrt{(\omega^2-\Omega^2)^2+(2\omega\Omega D)^2}} \tag{1.24}$$

$$\varphi=\operatorname{arctg}\frac{2\omega\Omega D}{\omega^2-\Omega^2} \tag{1.25}$$

引入静态位移：

$$x_s=\frac{F_0}{s} \tag{1.26}$$

和频率比：

$$\lambda=\frac{\Omega}{\omega} \tag{1.27}$$

则方程(1.24)和方程(1.25)可化为如下的无量纲表达式：

$$Q=\frac{X}{x_s}=\frac{1}{\sqrt{(1-\lambda^2)^2+(2\lambda D)^2}} \tag{1.28}$$

$$\varphi=\operatorname{arctg}\frac{2\lambda D}{1-\lambda^2} \tag{1.29}$$

图 1.3 和图 1.4 分别表示 $Q$ 和 $\varphi$ 随转速比的变化，其中阻尼比 $D$ 作为参数示出。由图 1.3 可见，$Q$ 从 1 开始随转速比的增加而增加，达到最大值后渐近于零。$Q-\lambda$ 曲线称为幅频特性曲线；而 $\varphi-\lambda$ 曲线称为相频特性曲线。

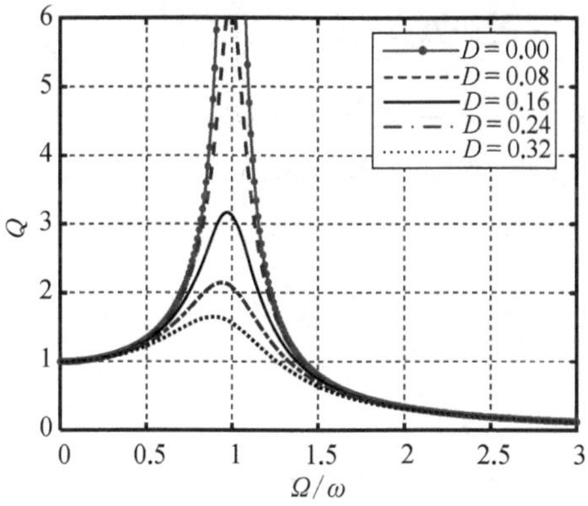


**图 1.3　$Q$ 随转速比 $\lambda$ 的变化**

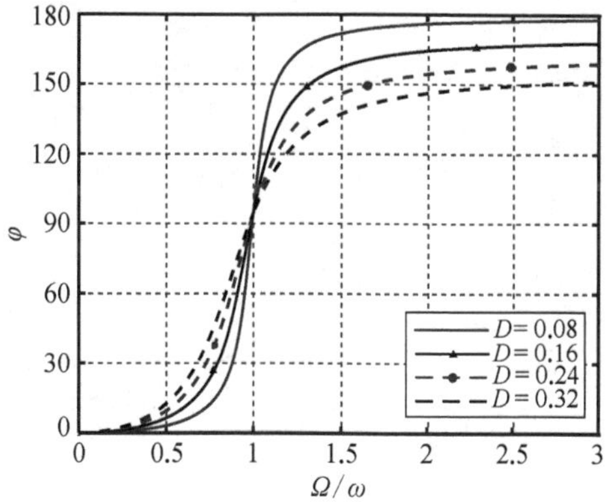


**图 1.4　$\varphi$ 随转速比 $\lambda$ 的变化**

当阻尼比 $D \leqslant 1/\sqrt{2} = 0.707$ 时，

$$\lambda_{max} = \sqrt{1 - 2D^2} \tag{1.30}$$

$Q$ 值此时达到最大值，即

$$Q_{max} \approx \frac{1}{2D\sqrt{1 - D^2}} \tag{1.31}$$

当阻尼很小时，$D \ll 1$，则有

$$\lambda_{max} \approx 1$$

$$Q_{max} \approx \frac{1}{2D} \tag{1.32}$$

上式表明，激振频率 $\Omega$ 等于振系自振频率 $\omega$ 时，系统发生共振。共振的振幅为

$$X_{max} = \frac{x_S}{2D} \tag{1.33}$$

一般情况下，阻尼比 $D$ 值很小，故共振振幅会很大。例如，$D = 5\%$，$X_{max} = 10x_s$。因此，“避开共振”成为航空发动机转子设计的重要准则。

从图 1.4 表示的相频特性曲线可见，无论阻尼比 $D$ 取何值，共振时，相角 $\varphi$ 总是保持 90°。因此，有时也以相角 $\varphi$ 判断共振点。

## 1.5 阻尼的半功率点估计

如果已知振系的幅频特性，则可根据幅频特性估计出阻尼比 $D$ 值。

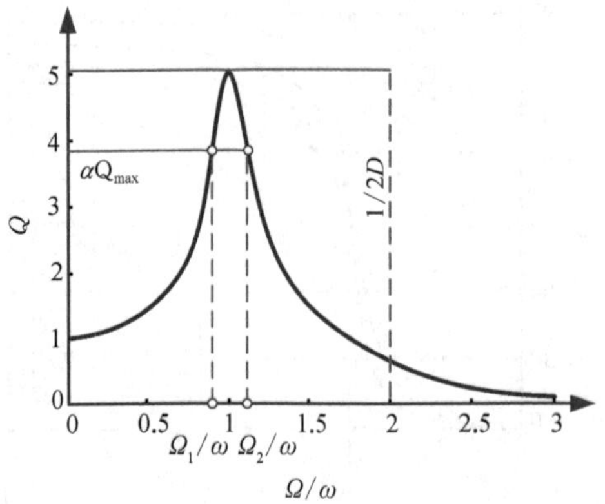


**图 1.5 振系的幅频特性**

在共振点，$\lambda_{max} \approx 1$，$Q_{max} \approx \dfrac{1}{2D}$。

则对于任一幅值 $\alpha \cdot Q_{max}$（$\alpha$ 为任意实数），由图 1.5 所示的幅频特性可得

$$\frac{\alpha^2}{4D^2} = \frac{1}{(1 - \lambda^2)^2 + (2\lambda D)^2} \tag{1.34}$$

式中，$\lambda = \dfrac{\Omega}{\omega}$ 为频率比。

整理之后得

$$\lambda^4 - 2(1 - 2D^2)\lambda^2 + 1 - \frac{4D^2}{\alpha^2} = 0 \tag{1.35}$$

由此解出：

$$\lambda^2 = 1 - 2D^2 \pm 2D\sqrt{\frac{1}{\alpha^2} - 1 + D^2} \tag{1.36}$$

考虑到阻尼 $D \ll 1$, 可忽略 $D$ 的高次项,即 $D^2 \approx 0$, 于是可得

$$\lambda^2 = 1 \pm 2D\sqrt{\frac{1}{\alpha^2} - 1} \tag{1.37}$$

由此得到的两个根应满足：

$$\lambda_2^2 - \lambda_1^2 = \frac{\Omega_2^2 - \Omega_1^2}{\omega^2} = 4D\sqrt{\frac{1}{\alpha^2} - 1} \tag{1.38}$$

$$\frac{\Omega_2^2 - \Omega_1^2}{\omega^2} = \frac{(\Omega_2 + \Omega_1)(\Omega_2 - \Omega_1)}{\omega^2} = \frac{\frac{\Omega_2 + \Omega_1}{2} 2(\Omega_2 - \Omega_1)}{\omega^2} \tag{1.39}$$

由于 $\frac{\Omega_2 + \Omega_1}{2} \approx \omega$, 故得

$$\frac{\Omega_2 - \Omega_1}{\omega} \approx 2D\sqrt{\frac{1}{\alpha^2} - 1} \tag{1.40}$$

当 $\alpha = \frac{\sqrt{2}}{2}$ 时,即半功率点,阻尼比 $D$ 为

$$D = \frac{\Omega_2 - \Omega_1}{2\omega} \tag{1.41}$$

当 $\alpha$ 为(0, 1)区间的任意值时,则可由式(1.38)得到阻尼比 $D$ 值：

$$D = \frac{\Omega_2^2 - \Omega_1^2}{4\omega^2\sqrt{\frac{1}{\alpha^2} - 1}} \tag{1.42}$$

## 1.6 周期力激扰下的受迫振动

1.4 节讨论了简谐力作用下的受迫振动。考虑到发动机所受动载的特点，需分析任一周期力激扰下系统的受迫振动。仍取如图 1.1 所示的单自由度系统作为分析模型，其振动微分方程为

$$m\ddot{x} + d\dot{x} + sx = F(t) \tag{1.43}$$

式中，激振力为周期力，即 $F(t)=F(t+T)\left(T=\dfrac{2\pi}{\Omega},\ \Omega\text{ 为角频率}\right)$。因此，可将激振力 $F(t)$ 展成傅里叶级数：

$$\begin{aligned} F(t) &= \frac{a_0}{2} + \sum_{k=1}^{\infty}[a_k\cos(k\Omega t) + b_k\sin(k\Omega t)] \\ &= \frac{a_0}{2} + \sum_{k=1}^{\infty}A_k\cos(k\Omega t + \beta_k) \end{aligned} \tag{1.44}$$

式中，

$$a_0 = \frac{2}{T}\int_0^T F(t)\,\mathrm{d}t \tag{1.45}$$

$$a_k = \frac{2}{T}\int_0^T F(t)\cos(k\Omega t)\,\mathrm{d}t \tag{1.46}$$

$$b_k = \frac{2}{T}\int_0^T F(t)\sin(k\Omega t)\,\mathrm{d}t \tag{1.47}$$

$$A_k = \sqrt{a_k^2 + b_k^2} \tag{1.48}$$

$$\mathrm{tg}\,\beta_k = -\frac{b_k}{a_k} \tag{1.49}$$

式(1.44)表明，周期激振力总可以表示成简谐力的级数和。其中 $k=1$ 的简谐力为基频项，其频率为 $\Omega$，对应于发动机转子的转动频率。由于系统为线性系统，符合叠加原理，故先考虑第 $k$ 阶简谐力激起的振动。此时，运动方程为

$$m\ddot{x} + d\dot{x} + sx = A_k\cos(k\Omega t + \beta_k) \tag{1.50}$$

据式(1.24)和式(1.25)知其解为

$$X_k = \frac{A_k/m}{\sqrt{[\omega^2 - (k\Omega)^2]^2 + (2Dk\omega\Omega)^2}}\cos(k\Omega t + \beta_k - \varphi_k) \tag{1.51}$$

$$\operatorname{tg}\varphi_k = \frac{2Dk\omega\Omega}{\omega^2 - (k\Omega)^2},\ k = 1,\ 2,\ 3,\ \cdots \tag{1.52}$$

由式(1.51)可见,当转动频率 $\Omega = \frac{\omega}{k}$ 时,振系发生共振,即所谓的谐波共振。图 1.6 表示 $k=1,\ 2$ 和 3 时,振系振幅随转动频率 $\Omega$ 的变化曲线。

最后,得到总的受迫振动为

$$X = \frac{a_0}{2s} + \sum_{k=1}^{\infty}\frac{A_k/m}{\sqrt{[\omega^2 - (k\Omega)^2]^2 + (2Dk\omega\Omega)^2}}\cos(k\Omega t + \beta_k - \varphi_k) \tag{1.53}$$

由此表明,任一周期力将会同时激起振系 1 倍频、2 倍频等谐波振动。其频谱为离散的谱线,如图 1.7 所示。

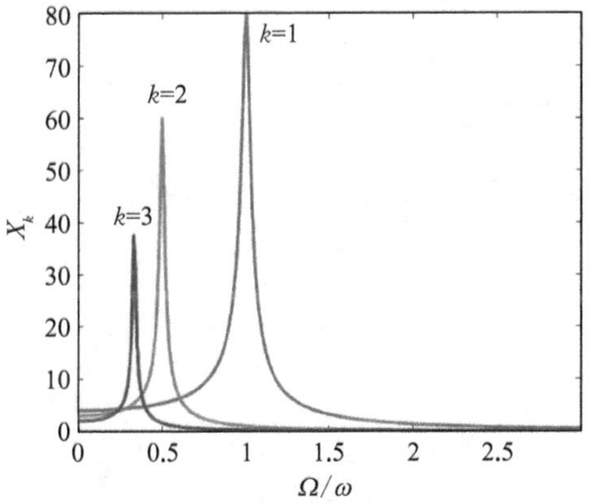

图 1.6　振幅随转速比的变化

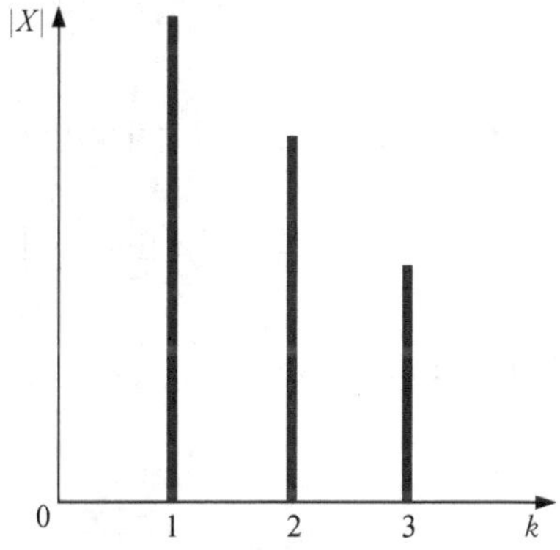


图 1.7　振动频谱

## 1.7　振动烈度的度量

振动烈度是机器状态监测的一个重要监测量。它可由峰值、峰-峰值、平均值、均方根值等量来度量。

峰值 $A_P$ 或峰-峰值 $A_{P-P}$ 与振系最大的振动应力有关,同时也给出了振动噪声的限度。对于简谐振动,如图 1.8 所示, 峰-峰值为

$$A_{P-P} = 2A_P \tag{1.54}$$

而平均值为

$$\bar{A} = \lim_{T\to\infty} \frac{1}{T}\int_0^T x(t)\,\mathrm{d}t \tag{1.55}$$

当振动信号中不包含直流量时，$\bar{A} = 0$。

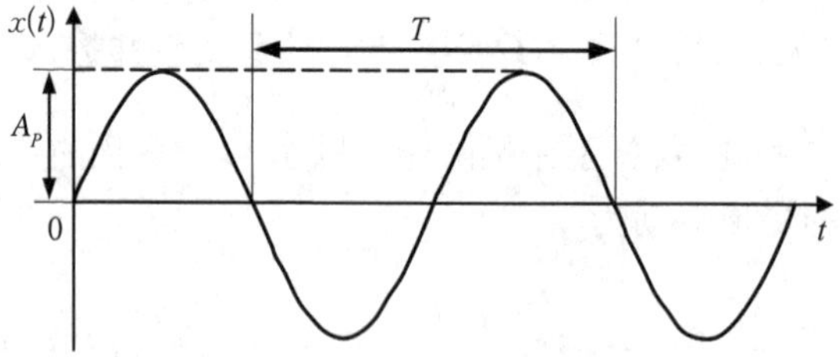


**图 1.8 简谐振动**

振动位移的均方值一般与振动能量相关联。其表达式为

$$\bar{X}^2 = \lim_{T\to\infty} \frac{1}{T}\int_0^T x^2(t)\,\mathrm{d}t \tag{1.56}$$

对于简谐振动 $x(t) = A\sin(\omega t)$，其均方值为

$$\bar{X}^2 = \lim_{T\to\infty} \frac{A^2}{T}\int_0^T \frac{1}{2}(1 - \cos 2\omega t)\,\mathrm{d}t = \frac{1}{2}A^2 \tag{1.57}$$

而均方根值 $A_{rms}$ 为

$$A_{rms} = \sqrt{\bar{X}^2} \tag{1.58}$$

有时称均方根值为有效值。当 $x = A\sin(\omega t)$ 时，$A_{rms} = \frac{1}{\sqrt{2}}A = 0.707A$。

一般情况下，对于所测得的振动位移信号，利用峰值 $A_P$ 或峰-峰值 $A_{P-P}$ 来度量振动的烈度；而对于所测得的振动速度信号，则用均方根值 $A_{rms}$ 来度量振动的烈度。ISO－7919 和 ISO－10816 分别给出了依据峰-峰值和均方根值来评定机器振动状态的国际标准[4,5]。

但对于航空发动机，大部分情况下，利用振动加速度传感器在机匣上来测量发动机整机振动。常用振动加速度单峰值度量振动的烈度。有时，会先对测得的振动加速度信号进行一次积分，得到振动速度信号；然后，利用振动速度信号的有效值来评定发动机的振动。对于航空发动机振动的评定，目前尚无通行的国际标准。

## 参考文献

[1] 季文美,方同,陈松淇. 机械振动[M]. 北京：科学出版社,1985.
[2] GASCH R, KNOTHE K. Strukturdynamik[M]. Berlin: Springer-Verlag, 1987.
[3] MEIROVITCH L. Fundamentals of vibrations[M]. New York: McGraw-Hill, 2001.
[4] International Standard Organization. Mechanical Vibration-Evaluation of machine vibration by measurements on rotating shafts: ISO－7919[S]. Geneva: ISO, 2009.
[5] International Standard Organization. Mechanical Vibration-Evaluation of machine vibration by measurements on non-rotating parts: ISO－10816[S]. Geneva: ISO, 2009.

# 第 2 章

# 支座激振与振动隔离

发动机安装在台架或飞机上时，台架或者飞机的振动均可引起发动机的振动。即使对发动机本身而言，附件或者机匣的振动也可导致转子振动。为简单起见，把这种现象视作支座激振。支座的运动可源自多种激扰源，例如，机翼振动、飞机起降的冲击、邻近机器的激扰、地震等。另一方面，转子的振动将会通过支承结构传至机匣，再由安装节传至飞机，引起飞机的振动，威胁飞行安全。这两个问题看似完全不同，但本质上是同一个问题的两个方面，都可通过振动的隔离加以解决。本章仍将发动机简化成单自由度系统，讨论支座激起的发动机振动，分析发动机传到飞机的激扰力。在此基础上，阐明振动隔离的原理及方法。虽是高度简化，但原理与方法并不失一般性。

## 2.1 支 座 激 振

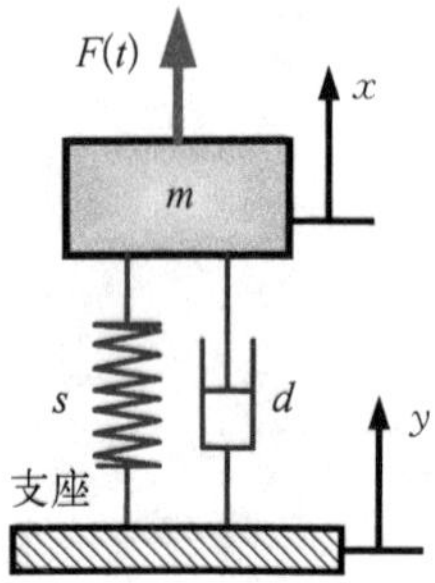


**图 2.1 支座激振**[1-5]

如图 2.1 所示，一弹簧-质量-阻尼振系固定在一运动的支座之上。假设支座的运动为

$$y = Y\sin(\Omega t) \tag{2.1}$$

质量 $m$ 的运动为 $x$，则其运动方程为

$$m\ddot{x} = -s(x - y) - d(\dot{x} - \dot{y}) \tag{2.2}$$

引入变量：

$$z = x - y \tag{2.3}$$

它表示质量 $m$ 与支座之间的相对运动。将其代入方程(2.2)则有

$$m\ddot{z} + d\dot{z} + sz = -m\ddot{y} = m\Omega^2 Y\sin(\Omega t) \tag{2.4}$$

这与第 1 章所列的运动微分方程具有相同的形式。其解为

$$z = Z\sin(\Omega t - \varphi) \tag{2.5}$$

$$Z=\frac{\Omega^2 Y}{\sqrt{(\omega^2-\Omega^2)^2+(2\omega\Omega D)^2}} \tag{2.6}$$

$$\operatorname{tg}\varphi=\frac{2\omega\Omega D}{\omega^2-\Omega^2} \tag{2.7}$$

可见，当支座运动频率 $\Omega$ 与振系自振频率 $\omega$ 重合时，振系发生共振；支座不动时（$Y=0$），显然不激起振动（$Z=0$）。

由式(2.3)可求得质量 $m$ 的绝对运动：

$$x=z+y \tag{2.8}$$

将式(2.1)、式(2.5)和式(2.6)代入后得到：

$$x=X\sin(\Omega t-\psi) \tag{2.9}$$

$$X=\sqrt{\frac{s^2+(d\Omega)^2}{[s-m\Omega^2]^2+(d\Omega)^2}}\,Y \tag{2.10}$$

$$\operatorname{tg}\psi=\frac{md\Omega^3}{s(s-m\Omega^2)+(d\Omega)^2} \tag{2.11}$$

化成无量纲表达式可得

$$X=\sqrt{\frac{1+\left(2D\dfrac{\Omega}{\omega}\right)^2}{\left[1-\left(\dfrac{\Omega}{\omega}\right)^2\right]^2+\left(2D\dfrac{\Omega}{\omega}\right)^2}}\,Y \tag{2.12}$$

$$\operatorname{tg}\psi=\frac{2D\left(\dfrac{\Omega}{\omega}\right)^3}{1-\left(\dfrac{\Omega}{\omega}\right)^2+\left(2D\dfrac{\Omega}{\omega}\right)^2} \tag{2.13}$$

由此可得振系振幅与支座运动幅度之比：

$$\left|\frac{X}{Y}\right|=\sqrt{\frac{1+\left(2D\dfrac{\Omega}{\omega}\right)^2}{\left[1-\left(\dfrac{\Omega}{\omega}\right)^2\right]^2+\left(2D\dfrac{\Omega}{\omega}\right)^2}} \tag{2.14}$$

$\left|\frac{X}{Y}\right|$也可称为传递率。它随频率比$\frac{\Omega}{\omega}$的变化规律如图 2.2 所示。说明，当支座运动频率与振系的自振频率相同时，振系发生共振；支座运动频率远大于振系自振频率时，振系振幅趋于零。这表明，在此条件下，支座运动不激起振系振动。因此，为保证支座的运动不影响机器的运转，经常在机器与支座之间加装柔性减振元件，例如，加垫橡胶垫块，使$\omega$值远低于$\Omega$，可取得良好的隔振效果。

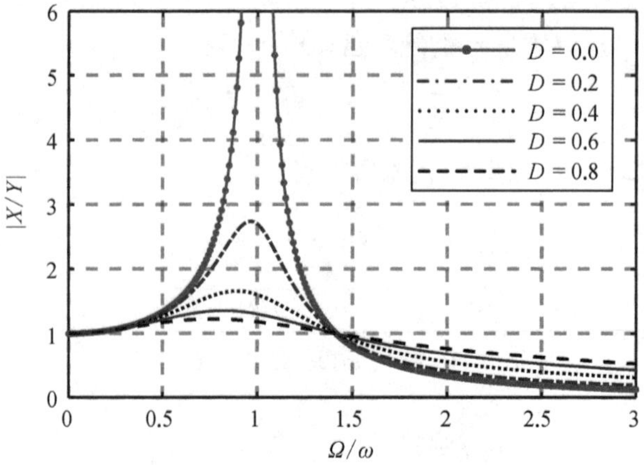


**图 2.2　传递率与频率比的关系**

## 2.2　振 动 的 隔 离

发动机的振动是难以避免的。但经过适当的隔离，可减小发动机向基础传递动载荷，从而避免对飞机和周围环境造成不良影响。

如图 2.3 所示，振系传至基础的力为

$$F_{tr}=d\dot{x}+sx \tag{2.15}$$

将

$$x=X\cos(\Omega t-\varphi) \tag{2.16}$$

代入式(2.15)，可得

$$F_{tr}=F\cos(\Omega t-\varphi+\alpha) \tag{2.17}$$

$$F=\sqrt{(d\Omega)^2+s^2}X \tag{2.18}$$

$$\text{tg}\,\alpha=\frac{d\Omega}{s} \tag{2.19}$$

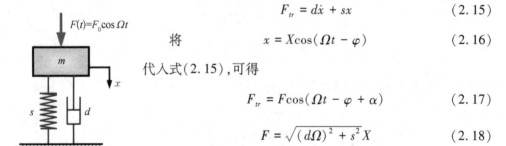

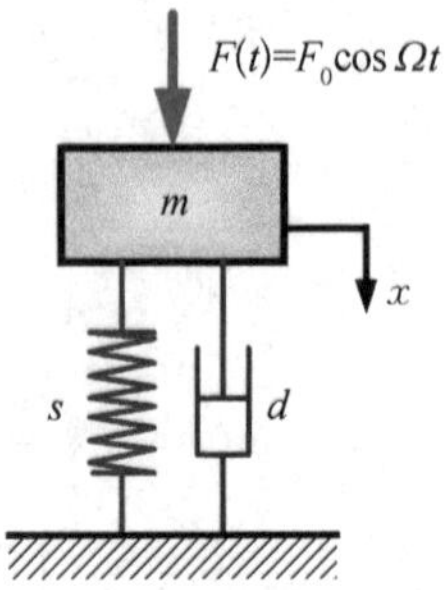


**图 2.3　振系对基础的作用**[1-5]

考虑到式(2.18)中：

$$X = \frac{F_0/s}{\sqrt{[1-(\Omega/\omega)^2]^2+(2D\Omega/\omega)^2}} \tag{2.20}$$

则得传至基础的力幅 $F$ 与激振力幅 $F_0$ 之比为

$$\left|\frac{F}{F_0}\right| = \sqrt{\frac{1+\left(2D\frac{\Omega}{\omega}\right)^2}{\left[1-\left(\frac{\Omega}{\omega}\right)^2\right]^2+\left(2D\frac{\Omega}{\omega}\right)^2}} \tag{2.21}$$

此比值称为传递率。它与式(2.14)的表达式完全相同，即

$$\left|\frac{F}{F_0}\right| = \left|\frac{X}{Y}\right| \tag{2.22}$$

上式说明，要减小发动机的振动向基础的传递，所采取的隔振方法与上节所述的相同。

本章将发动机与基础的耦合简化成一单自由度系统。事实上，分析基础激振及振动隔离时，应将发动机与基础作为一整体考虑。有关内容请读者查阅参考文献[5]以及本书后面的章节。

## 参考文献

[1] 季文美，方同，陈松淇. 机械振动[M]. 北京：科学出版社，1985.
[2] GASCH R, KNOTHE K. Strukturdynamik[M]. Berlin: Springer-Verlag, 1987.
[3] MEIROVITCH L. Fundamentals of vibrations[M]. New York: McGraw-Hill, 2001.
[4] THOMSON W. Theory of vibration with applications[M]. 4th ed. London: Chapman & Hall, 1993.
[5] KRAEMER E. Dynamics of rotors and foundations[M]. Berlin: Springer-Verlag, 1993.

# 第3章 单盘对称转子的振动

本章以最简单的单盘对称转子模型，即所谓的 Jeffcott 转子模型，作为分析对象，引出临界转速的概念，并分析转子的不平衡响应。尽管实际发动机的转子系统要比这一模型复杂得多，但依据此模型仍可足够清晰地解释实际转子的振动现象。

## 3.1 转子的涡动及幅频特性

图 3.1 表示一单盘对称转子模型。它由支承在刚性支承上的弹性轴和置于轴中间位置的圆盘组成。由于材料不均匀、加工和装配误差等因素的影响，圆盘的质心偏离轴线，偏心距为 $\varepsilon$。当转子以角速度 $\Omega$ 运转时，偏心引起的离心力即不平衡力作用在轴上，使轴产生弯曲。圆盘除绕轴心以角速度 $\Omega$ 自转外，同时随轴的弯曲弹性线绕支承连线公转。这种运动形式，称为涡动。实际中，转子除受不平衡力之外，还会受到其他激扰力的作用。因此，转子会发生复杂的涡动。

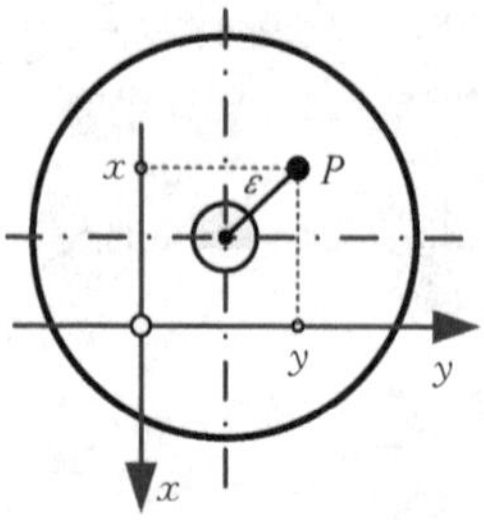


(a) 圆盘质心质量

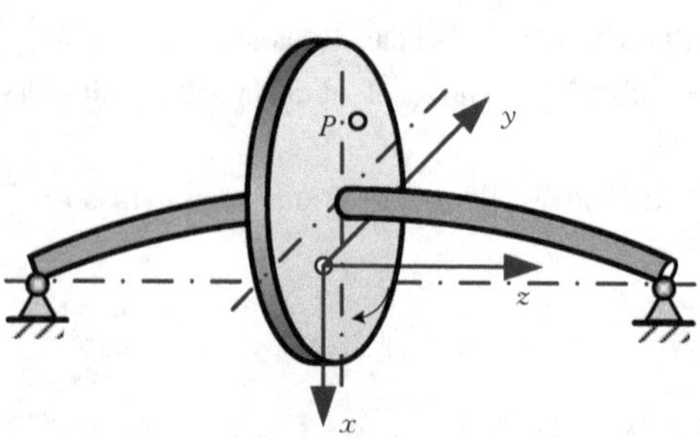


(b) 转子模型

**图 3.1　单盘对称转子模型**[1-3]

不妨仅考虑不平衡力作用下转子的变形，以便对临界转速、偏心转向以及自动定心等现象获得直观的理解。

由图 3.1 可见，作用在转子上的离心力为

$$F = (\varepsilon + r)m\Omega^2 \tag{3.1}$$

式中,$r$ 为装盘处轴的挠度,$m$ 为盘的质量。

这一离心力将由转子的弹性恢复力来平衡，即

$$sr = F = (\varepsilon + r)m\Omega^2 \tag{3.2}$$

式中,$s$ 表示在置盘处轴的刚度。

由方程(3.2)可解得

$$r = \frac{\varepsilon\left(\dfrac{\Omega}{\omega}\right)^2}{1 - \left(\dfrac{\Omega}{\omega}\right)^2} \tag{3.3}$$

式中，$\omega = \sqrt{\dfrac{s}{m}}$。它与第 1 章所讨论的自振频率表达式相同,此处称为临界转速,为转子的固有特性。

图 3.2 描述了轴挠度 $r$ 随转速比 $\dfrac{\Omega}{\omega}$ 的变化规律,即幅频特性。挠度 $r$ 与转子偏心距 $\varepsilon$ 成正比。转速从 0 向 $\omega$ 增加时,轴的挠度 $r$ 随转速增加而增加。这是易于理解的现象。当转速 $\Omega = \omega$ 时,挠度 $r$ 趋于无穷大。这与第 1 章所讨论的共振现象相似。该转速称为临界转速。当越过临界转速之后,转子挠度 $r$ 则随转速增加而减小,且当转速进一步增加,挠度 $r$ 渐近于转子偏心距 $\varepsilon$,即转子质心渐近于轴线。这一现象称为“自动定心”。

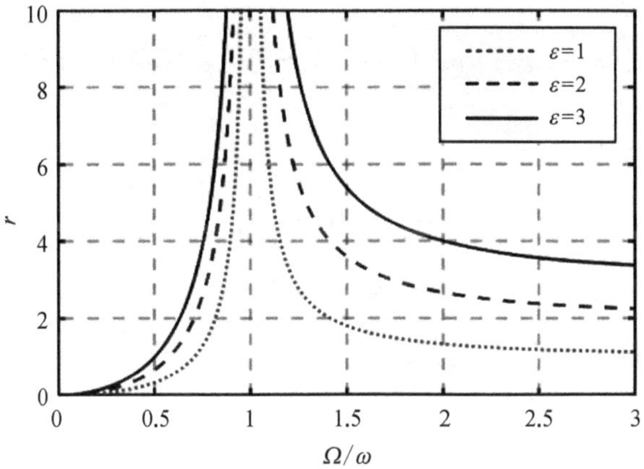


**图 3.2　转子动挠度的幅值随转速比的变化**

偏心距 $\varepsilon$ = 1.0; 2.0; 3.0

在工程应用中，人们定义，低于临界转速运转的转子称为亚临界转子；高于临界转速运转的转子称为超临界转子。而低于 $\sqrt{\frac{1}{2}}$ 倍临界转速的转子称为刚性转子。因为在此转速区域离心力引起的转子挠度 $r$ 小于偏心距 $\varepsilon$。高于此转速运转的转子，则称为柔性转子。

## 3.2 转子运动微分方程

转子的运动可进行严格的数学描述，即建立运动微分方程。这将为后面章节的讨论奠定基础。

以图 3.3 所示的空间固定坐标系 $(o,\ x,\ y,\ z)$ 来描述转子的运动。其中 $x$ 和 $y$ 轴位于圆盘的中心面上，$z$ 轴与轴承中心连线重合。坐标原点 $o$ 位于轴承中心连线上。

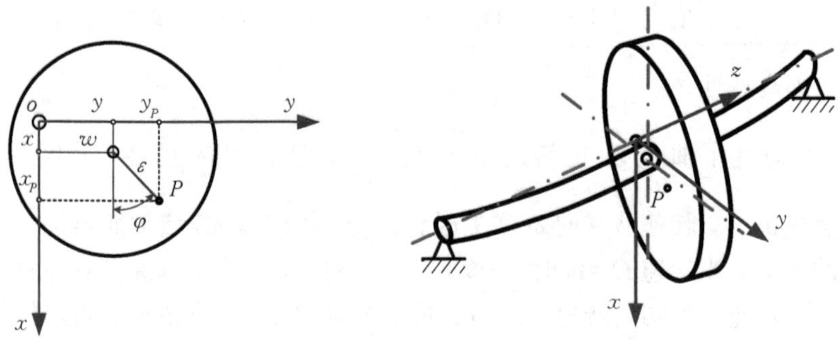


(a) 圆盘质心坐标　　(b) 转子与坐标系

**图 3.3　转子运动及坐标系**

圆盘几何中心 $w$ 的坐标为 $x$ 和 $y$。它所历经的是平面运动，即随质心 $P$ 的平动和绕质心 $P$ 的转动。

质心 $P$ 的坐标为

$$x_P = x + \varepsilon\cos\varphi$$

$$y_P = y + \varepsilon\sin\varphi \tag{3.4}$$

根据牛顿定律可列出平动微分方程为

$$m\ddot{x}_P = -sx \tag{3.5}$$

$$m\ddot{y}_P = -sy \tag{3.6}$$

将式(3.4)分别代入方程(3.5)和方程(3.6)，经整理后可得

$$m\ddot{x} + sx = m\varepsilon\dot{\varphi}^2\cos\varphi + m\varepsilon\ddot{\varphi}\sin\varphi \tag{3.7}$$

$$m\ddot{y} + sy = m\varepsilon\dot{\varphi}^2\sin\varphi - m\varepsilon\ddot{\varphi}\cos\varphi \tag{3.8}$$

方程两边同除 $m$,并引入:

$$\omega = \sqrt{\frac{s}{m}} \tag{3.9}$$

可得

$$\ddot{x} + \omega^2 x = \varepsilon\dot{\varphi}^2\cos\varphi + \varepsilon\ddot{\varphi}\sin\varphi \tag{3.10}$$

$$\ddot{y} + \omega^2 y = \varepsilon\dot{\varphi}^2\sin\varphi - \varepsilon\ddot{\varphi}\cos\varphi \tag{3.11}$$

根据动量矩定律,可列出圆盘绕质心 $P$ 转动的微分方程:

$$I\ddot{\varphi} = T - s\varepsilon(y\cos\varphi - x\sin\varphi) \tag{3.12}$$

式中,$I$ 是圆盘的转动惯量,$T$ 表示外加扭矩,即驱动扭矩。方程右边的第二项表示作用在圆盘几何中心 $w$ 上的弹性恢复力所产生的力矩。

## 3.3　转子的不平衡响应

方程(3.10)、方程(3.11)和方程(3.12)完全描述了转子的运动形态。此处,仅考虑转子的稳态运行,即驱动扭矩用于克服转子上的阻力,如气动力矩,故 $T = 0$, 于是,方程(3.12)变为

$$\ddot{\varphi} = \frac{s}{I}\varepsilon(y\cos\varphi - x\sin\varphi) \tag{3.13}$$

由于 $\varepsilon x$ 和 $\varepsilon y$ 皆为高阶小量,可看作为 0,故方程(3.13)可近似为

$$\ddot{\varphi} = 0 \tag{3.14}$$

由此可得

$$\dot{\varphi} = \Omega = 常数 \tag{3.15}$$

$$\varphi = \Omega t + \beta \tag{3.16}$$

由此可见,当机器稳态运行时,一般指机器的定转速运行状态。式(3.16)中的 $\beta$ 为积分常数,总可由选择适当的时间起点使其为 0,故其并不重要。将式(3.14)、式(3.15)和式(3.16)代入方程(3.10)和方程(3.11),可得转子稳态运行时的运动微分方程:

$$\ddot{x} + \omega^2 x = \varepsilon \Omega^2 \cos(\Omega t) \tag{3.17}$$

$$\ddot{y} + \omega^2 y = \varepsilon \Omega^2 \sin(\Omega t) \tag{3.18}$$

设方程(3.17)和方程(3.18)的稳态解为

$$x = X\cos(\Omega t) \tag{3.19}$$

$$y = Y\sin(\Omega t) \tag{3.20}$$

代入方程(3.17)和方程(3.18)后,可得

$$X = \frac{\varepsilon \Omega^2}{\omega^2 - \Omega^2} \tag{3.21}$$

$$Y = \frac{\varepsilon \Omega^2}{\omega^2 - \Omega^2} \tag{3.22}$$

引入转速比:

$$\eta = \frac{\Omega}{\omega} \tag{3.23}$$

则方程(3.17)和方程(3.18)的解最终可表示为

$$x = \varepsilon \frac{\eta^2}{1 - \eta^2} \cos(\Omega t) \tag{3.24}$$

$$y = \varepsilon \frac{\eta^2}{1 - \eta^2} \sin(\Omega t) \tag{3.25}$$

式(3.24)和式(3.25)表明,稳态运转时,在不平衡作用下,转子在 $x$ 和 $y$ 方向历经同频、同幅的简谐振动,但相位相差 90 度。振动频率与转子自转频率相同。振动幅值与转子不平衡量 $\varepsilon$ 成正比,并与转速 $\Omega$ 相关。当转速 $\Omega$ 与自振频率 $\omega$ 相同时,振幅趋于无穷大。这对于转子是非常危险的。因此,称 $\Omega = \omega$ 为转子的临界转速。

将方程(3.24)和方程(3.25)两边平方之后相加,可得

$$x^2 + y^2 = \varepsilon^2 \left[ \frac{\eta^2}{1 - \eta^2} \right]^2 \tag{3.26}$$

这是一个圆方程。它表明,轴心在转子运转过程中沿一圆轨迹运动。轨迹旋转方向与转子的自转方向相同。由此可见,转子不平衡引起转子协调正进动,如图 3.4 所示。轨迹半径为

$$r = \varepsilon\left[\frac{\eta^2}{1-\eta^2}\right] \tag{3.27}$$

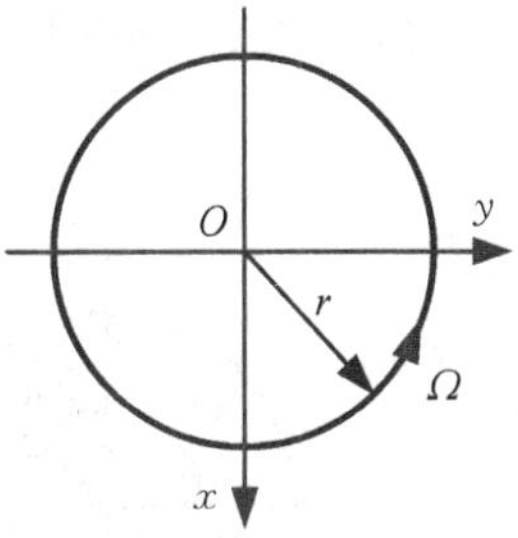


图 3.4　轴心轨迹

由方程(3.4)、方程(3.24)和方程(3.25)可求得不平衡作用下转子质心 $P$ 的运动规律:

$$x_P = \frac{\varepsilon}{1-\eta^2}\cos(\Omega t) \tag{3.28}$$

$$y_P = \frac{\varepsilon}{1-\eta^2}\sin(\Omega t) \tag{3.29}$$

显然,式(3.28)和式(3.29)描述的也是一圆轨迹。圆的半径为

$$r_P = \left|\frac{\varepsilon}{1-\eta^2}\right| \tag{3.30}$$

另外,对于任何 $\eta$ 值,都存在:

$$r_P - r = \varepsilon \tag{3.31}$$

将方程(3.24)和方程(3.25)、方程(3.28)和方程(3.29)对应相除可得

$$\frac{y}{x} = \frac{y_P}{x_P} = \tan(\Omega t) \tag{3.32}$$

这一关系式说明,坐标原点 $o$、圆盘几何中心 $w$ 以及质心 $P$ 位于同一直线上。

图 3.5 表示了圆盘几何中心 $w$ 和质心 $P$ 运动轨迹半径随转速比的变化规律。两条曲线的垂直距离在任何转速处都保持为 $\varepsilon$。

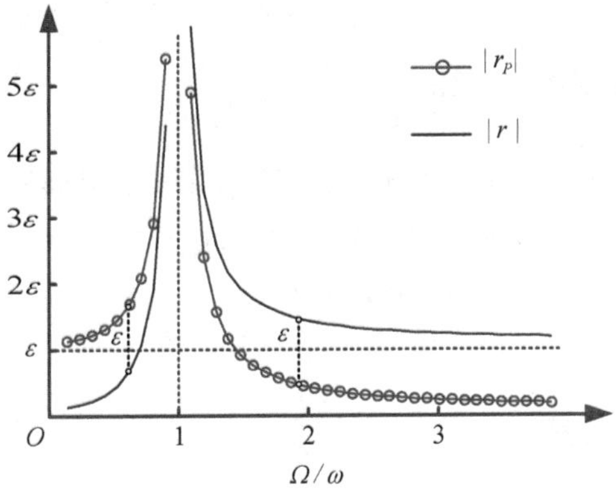


图 3.5　质心 $P$ 和几何中心 $w$ 的运动轨迹半径随转速比的变化[1]

由图可见,当 $\Omega < \omega$ 时,即在亚临界区域,圆盘质心 $P$ 的轨迹半径大于几何中心 $w$ 的轨迹半径。这一状态与人们的直觉一致。易于想象,转子运转过程中,离心力的作用使质心向外;但在超临界区域($\Omega > \omega$),情况却相反,即圆盘几何中心 $w$ 的轨迹半径大于质心 $P$ 的轨迹半径,这说明,质心向内。这一现象不易直观理解。转速进一步增加,质心 $P$ 将不断向轴承中心连线靠近;当转速 $\Omega >> \omega$ 时,质心 $P$ 将移到轴承中心连线上。此即为所谓的"自

动定心”现象。此时，轴的挠度为 $\varepsilon$，支承动反力为 $s\varepsilon$。图 3.6 表示上述的变化过程。

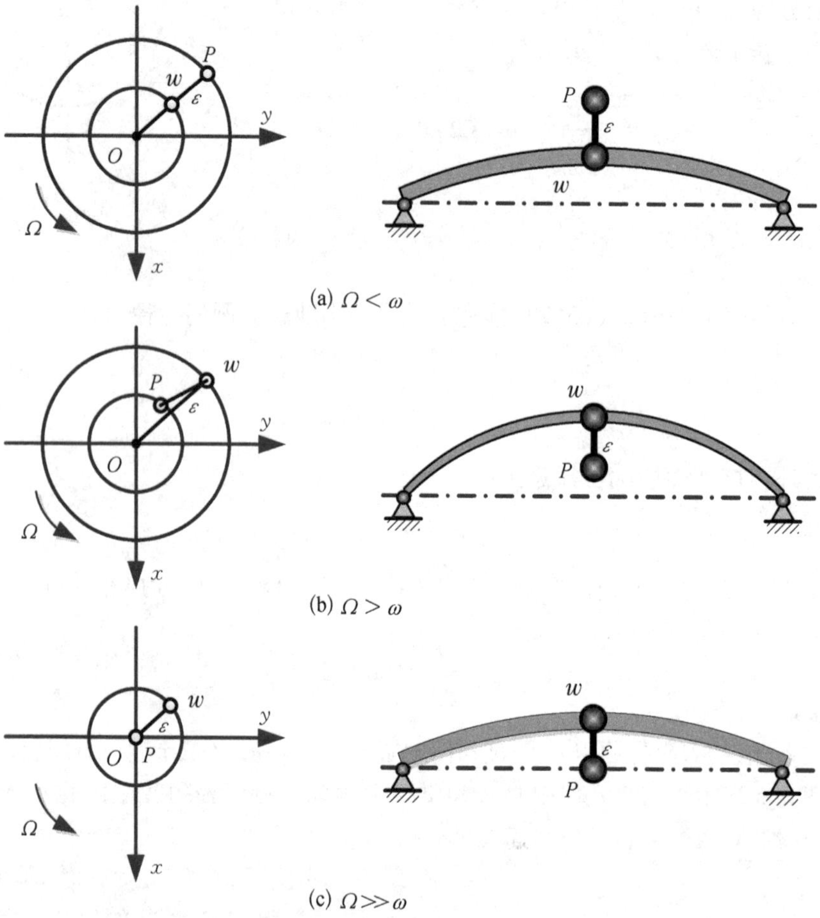


**图 3.6　在不同转速时质心的位置**[1-5]

前面曾经讨论过，$\Omega=\omega$ 称为转子的临界转速。事实上，不仅在 $\Omega=\omega$ 处转子振幅趋于无穷大，即使在相邻的区域之内运转也都是危险的。因此，应根据允许的振动幅值来确定这一危险区域。

假设转子允许的振幅为 $R$，则应保证：

$$R \geqslant \left| \frac{\varepsilon \Omega^2}{\omega^2 - \Omega^2} \right| \tag{3.33}$$

由此解得危险区域为

$$\omega^2 \frac{R}{R+\varepsilon} < \Omega^2 < \omega^2 \frac{R}{R-\varepsilon} \tag{3.34}$$

如图 3.7 所示,由于在临界转速危险区域,转子振动非常剧烈,故在进行转子动力学设计时,一般要求工作转速避开临界转速危险区域,即遵循“避开共振”的设计准则,或称“转速裕度”准则。对于定转速运行的机器,这一要求易于满足。但对于诸如航空发动机和风电机组这类变转速和变工况运行的机器,完全“避开共振”的设计往往无法实现,需要建立“容忍共振”的设计理论。这将在本书下册中介绍。

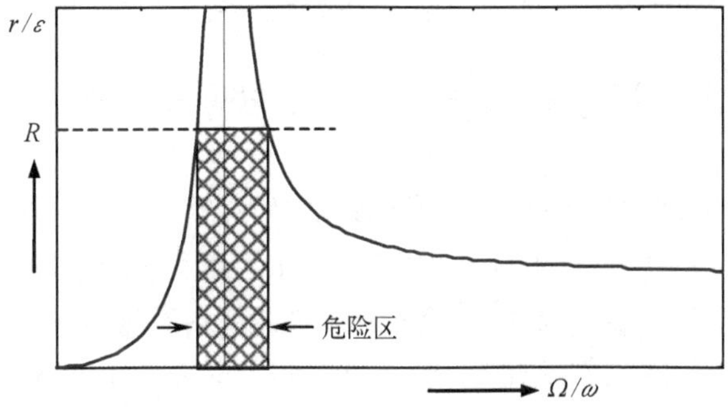


**图 3.7 临界转速危险区域**[1]

## 3.4 不平衡作用下转子的进动

引入复向量:

$$\boldsymbol{r} = x + \mathrm{j}y \tag{3.35}$$

式中,$\mathrm{j} = \sqrt{-1}$ 为单位复向量。

方程(3.18)两边同乘 j 后与方程(3.17)相加可得

$$\ddot{\boldsymbol{r}} + \omega^2 \boldsymbol{r} = \varepsilon\Omega^2[\cos(\Omega t) + \mathrm{j}\sin(\Omega t)] \tag{3.36}$$

根据欧拉公式:

$$\cos\alpha + \mathrm{j}\sin\alpha = \mathrm{e}^{\mathrm{j}\alpha} \tag{3.37}$$

方程(3.36)可表示为

$$\ddot{\boldsymbol{r}} + \omega^2 \boldsymbol{r} = \varepsilon\Omega^2 \boldsymbol{e}^{\mathrm{j}\Omega t} \tag{3.38}$$

方程右端的不平衡激扰力 $\varepsilon\Omega^2\boldsymbol{e}^{\mathrm{j}\Omega t}$ 相当于以 $\Omega$ 旋转的矢量,旋转方向与转子自

转方向相同。方程(3.38)的解为

$$r = \frac{\varepsilon\Omega^2}{\omega^2 - \Omega^2}e^{j\Omega t} = \frac{\eta^2}{1-\eta^2}\varepsilon e^{j\Omega t} \tag{3.39}$$

它描述的也是一以 $\Omega$ 旋转的矢量,旋转方向与不平衡力矢量或转子自转方向相同。故此矢量表征了转子的协调或同步正进动。进动轨迹半径为

$$|r| = \frac{\varepsilon\Omega^2}{\omega^2 - \Omega^2} \tag{3.40}$$

由此可见,转子不平衡引起转子协调正进动,这与 3.3 节的结论相同。

## 3.5 固定坐标系和旋转坐标系下转子运动的描述和变换

在某些情况下,例如考虑内摩擦或非圆轴时,在旋转坐标系建立和求解运动方程要容易得多。将其解通过坐标变换转换到固定坐标系,最后就可求得转子在固定坐标系的运动规律。利用复向量描述方法可简捷地实现这一变换过程。

如图 3.8 所示,固定复坐标系为 $(o,\ x,\ jy)$,以 $\Omega$ 旋转的复坐标系为 $(o,\ \xi,\ j\zeta)$。起始时刻两坐标系重合。

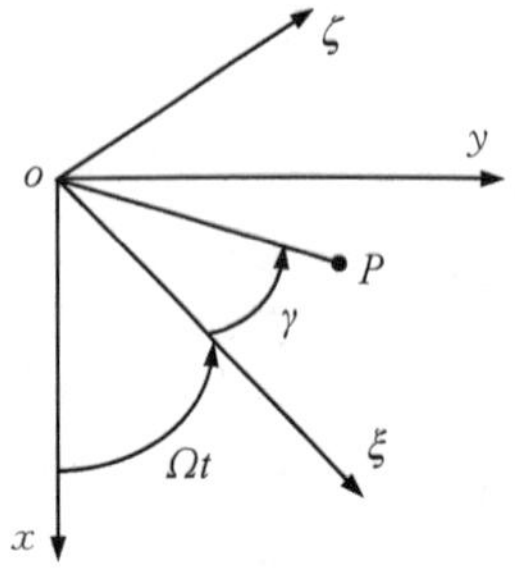


**图 3.8 固定坐标系与旋转坐标系中 P 点的位置**[1]

假设坐标系中任一点 $P$,距原点距离为 $l$,绕原点 $o$ 以 $\Omega$ 旋转。它在固定坐标系的位置为

$$r = x + jy = le^{j(\Omega t+\gamma)} \tag{3.41}$$

而在旋转坐标系中则为

$$\rho = \xi + j\zeta = le^{j\gamma} \tag{3.42}$$

比较式(3.41)和式(3.42),可得固定坐标系与旋转坐标系间的变换关系:

$$r = \rho e^{j\Omega t} \tag{3.43}$$

或

$$\rho = re^{-j\Omega t} \tag{3.44}$$

利用关系式(3.43)可将转子在固定坐标系的运动方程(3.38)变换到旋转坐标系。为此,需对式(3.43)两边关于时间进行两次微分,得到[1]:

$$\dot{r} = (\dot{\rho} + j\Omega\rho)e^{j\Omega t} \tag{3.45}$$

$$\ddot{r} = (\ddot{\rho} + 2j\Omega\dot{\rho} - \Omega^2\rho)e^{j\Omega t} \tag{3.46}$$

代入方程(3.38)并经整理后,得到转子在旋转坐标系的运动方程:

$$\ddot{\boldsymbol{\rho}} + 2\mathrm{j}\Omega\dot{\boldsymbol{\rho}} + (\omega^2 - \Omega^2)\boldsymbol{\rho} = \varepsilon\Omega^2 \tag{3.47}$$

把方程(3.47)按实部和虚部分开之后,可得关于坐标分量 $\xi$ 和 $\zeta$ 的方程:

$$\ddot{\xi} - 2\Omega\dot{\zeta} + (\omega^2 - \Omega^2)\xi = \varepsilon\Omega^2 \tag{3.48}$$

$$\ddot{\zeta} + 2\Omega\dot{\xi} + (\omega^2 - \Omega^2)\zeta = 0 \tag{3.49}$$

方程(3.47)的非齐次解为

$$\boldsymbol{\rho} = \varepsilon \frac{\eta^2}{1 - \eta^2} \tag{3.50}$$

代回到方程(3.43)后就得到在固定坐标系的解,与式(3.39)完全一致。

## 3.6　有阻尼时转子的振动

实际的机器中总是存在阻尼的。例如,转子的结构阻尼、挤压油膜阻尼器的油膜阻尼以及工作介质产生的阻尼等,都会对转子的振动产生影响。当阻尼为正时,有利于转子稳定;当阻尼为负时,会使转子失稳。本节不讨论阻尼对转子稳定性的影响,而只分析在线性阻尼的假设条件下,转子的不平衡响应。

存在阻尼时,转子的运动方程为

$$\ddot{x} + 2D\omega\dot{x} + \omega^2 x = \varepsilon\Omega^2\cos(\Omega t) \tag{3.51}$$

$$\ddot{y} + 2D\omega\dot{y} + \omega^2 y = \varepsilon\Omega^2\sin(\Omega t) \tag{3.52}$$

式中, $D = \dfrac{d}{2\sqrt{ms}}$ 为阻尼比, $d$ 为阻尼系数。

把方程(3.51)和方程(3.52)写成复向量的形式,则有

$$\ddot{\boldsymbol{r}} + 2D\omega\dot{\boldsymbol{r}} + \omega^2\boldsymbol{r} = \varepsilon\Omega^2\boldsymbol{e}^{\mathrm{j}\Omega t} \tag{3.53}$$

式中, $\boldsymbol{r} = x + \mathrm{j}y$ 为复向量。方程的解为

$$\boldsymbol{r} = \frac{\varepsilon\Omega^2}{\sqrt{(\omega^2 - \Omega^2)^2 + (2D\omega\Omega)^2}}\boldsymbol{e}^{\mathrm{j}(\Omega t - \beta)} \tag{3.54}$$

$$\mathrm{tg}\,\beta = \frac{2D\omega\Omega}{\omega^2 - \Omega^2} \tag{3.55}$$

由式(3.54)可见,存在阻尼时,在临界转速条件下,转子的振动幅值为

$$|\boldsymbol{r}| = \frac{\varepsilon}{2D} \tag{3.56}$$

这说明，转子的振动为有界值，并且阻尼越大，振动幅值越小。增加阻尼，可减小转子过临界转速时的振动。图 3.9 表示转子的幅频特性和相频特性。由图可见，不论阻尼多大，转子在临界转速处的相位差总为 $\frac{\pi}{2}$。这一现象是判断临界转速的重要依据之一。

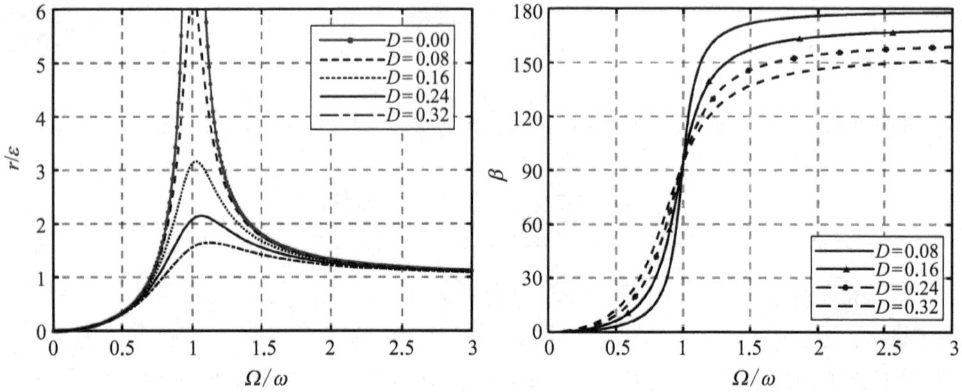


(a) 幅频特性　　(b) 相频特性

**图 3.9　有阻尼时转子的幅频特性和相频特性**

## 3.7　转子在临界转速时的振动和阻尼的最佳估计方法

航空发动机、蒸汽发电机组、部分压缩机和鼓风机等旋转机械，大都工作在超临界区域。机器起停过程中，总会通过临界转速。为尽量减小通过临界转速时转子的振动，一方面，要求机器快速通过临界转速；另一方面，在频繁起停的机器中，专门加入阻尼器，例如在航空发动机转子支承处加入挤压油膜阻尼器，以抑制转子过临界时的振动。本节分析转子在临界转速点的响应，并建立阻尼的最佳估计方法[6]。

### 3.7.1　转子在临界转速时的振动

实际上，在临界转速点，转子振动要达到峰值需要一定的时间。当转速为临界转速时，即 $\Omega = \omega$ 时，方程(3.53)变为

$$\ddot{\boldsymbol{r}} + 2D\omega\dot{\boldsymbol{r}} + \omega^2\boldsymbol{r} = \varepsilon\omega^2 e^{j\omega t} \tag{3.57}$$

方程的解为

$$\boldsymbol{r}=\boldsymbol{e}^{-\omega Dt}(A_1\boldsymbol{e}^{\mathrm{j}\sqrt{1-D^2}\omega t}+A_2\boldsymbol{e}^{-\mathrm{j}\sqrt{1-D^2}\omega t})+\boldsymbol{R}\cdot\boldsymbol{e}^{\mathrm{j}\Omega t}\tag{3.58}$$

式中，括号中的项为对应于齐次方程的通解，$A_1$ 和 $A_2$ 为待定常数；第二项为非齐次方程的特解，且有

$$\boldsymbol{R}=\frac{\varepsilon\eta^2}{1-\eta^2+2\mathrm{j}D\eta}\tag{3.59}$$

对式(3.58)两边分别求一阶导数，得

$$\begin{aligned}\dot{\boldsymbol{r}}=&(-\omega D)\cdot\boldsymbol{e}^{-\omega Dt}\cdot(A_1\boldsymbol{e}^{\mathrm{j}\sqrt{1-D^2}\omega t}+A_2\boldsymbol{e}^{-\mathrm{j}\sqrt{1-D^2}\omega t})\\&+\boldsymbol{e}^{-\omega Dt}\cdot(A_1\cdot j\sqrt{1-D^2}\,\omega\cdot\boldsymbol{e}^{\mathrm{j}\sqrt{1-D^2}\omega t}-A_2\cdot\mathrm{j}\sqrt{1-D^2}\,\omega\cdot\boldsymbol{e}^{-\mathrm{j}\sqrt{1-D^2}\omega t})\\&+\boldsymbol{R}\cdot(\mathrm{j}\Omega)\cdot\boldsymbol{e}^{\mathrm{j}\Omega t}\end{aligned}\tag{3.60}$$

若取零初始条件，即 $t=0$，$\boldsymbol{r}=0$，$\dot{\boldsymbol{r}}=0$，方程的解为

$$\boldsymbol{r}=-\frac{\boldsymbol{R}}{2}\cdot\boldsymbol{e}^{-\omega Dt}\left[\left(1+\frac{\eta-D\mathrm{j}}{\sqrt{1-D^2}}\right)\cdot\boldsymbol{e}^{\mathrm{j}\sqrt{1-D^2}\omega t}+\left(1-\frac{\eta-D\mathrm{j}}{\sqrt{1-D^2}}\right)\cdot\boldsymbol{e}^{-\mathrm{j}\sqrt{1-D^2}\omega t}\right]+\boldsymbol{R}\cdot\boldsymbol{e}^{\mathrm{j}\Omega t}\tag{3.61}$$

在临界转速处 $\eta=1$，$\Omega=\omega$，于是，式(3.61)变为

$$\boldsymbol{r}=\frac{\varepsilon\mathrm{j}}{4D}\cdot\boldsymbol{e}^{-\omega Dt}\left[\left(1+\frac{1-D\mathrm{j}}{\sqrt{1-D^2}}\right)\boldsymbol{e}^{\mathrm{j}\sqrt{1-D^2}\omega t}+\left(1-\frac{1-D\mathrm{j}}{\sqrt{1-D^2}}\right)\boldsymbol{e}^{-\mathrm{j}\sqrt{1-D^2}\omega t}\right]-\frac{\varepsilon\mathrm{j}}{2D}\boldsymbol{e}^{\mathrm{j}\omega t}\tag{3.62}$$

若取初始条件 $t=0$，$\boldsymbol{r}=0$，$\dot{\boldsymbol{r}}=\boldsymbol{R}\cdot(\mathrm{j}\Omega-\mathrm{j}\sqrt{1-D^2}\,\omega+\omega D)$，则

$$\boldsymbol{r}=-\boldsymbol{R}\cdot\boldsymbol{e}^{-\omega Dt}\boldsymbol{e}^{\mathrm{j}\sqrt{1-D^2}\omega t}+R\cdot\boldsymbol{e}^{\mathrm{j}\Omega t}\tag{3.63}$$

在临界转速处 $\eta=1$，$\Omega=\omega$，式(3.63)变为

$$\boldsymbol{r}=\frac{\mathrm{j}\varepsilon}{2D}\cdot(\boldsymbol{e}^{-\omega Dt}\cdot\boldsymbol{e}^{\mathrm{j}\sqrt{1-D^2}\omega t}-\boldsymbol{e}^{\mathrm{j}\omega t})\tag{3.64}$$

图 3.10 表示转子进动幅值达到最大值的过程。

无阻尼时，$D=0$，转子的响应为

$$\boldsymbol{r}=-\frac{\mathrm{j}\varepsilon\omega}{2}t\boldsymbol{e}^{\mathrm{j}\omega t}\tag{3.65}$$

式(3.65)可直接由求解方程(3.57)得到,也可通过对式(3.64)求极限得到。

$$\lim_{D\to 0}\boldsymbol{r}=\lim_{D\to 0}\frac{\mathrm{j}\varepsilon}{2D}\left[\boldsymbol{e}^{-\omega Dt}\boldsymbol{e}^{\mathrm{j}\sqrt{1-D^2}\omega t}-\boldsymbol{e}^{\mathrm{j}\omega t}\right] \tag{3.66}$$

根据罗必塔定理,得到:

$$\lim_{D\to 0}\boldsymbol{r}=\mathrm{j}\varepsilon\frac{\lim\limits_{D\to 0}\dfrac{\mathrm{d}}{\mathrm{d}D}\left[\boldsymbol{e}^{-\omega Dt}\boldsymbol{e}^{\mathrm{j}\sqrt{1-D^2}\omega t}-\boldsymbol{e}^{\mathrm{j}\omega t}\right]}{\lim\limits_{D\to 0}\dfrac{\mathrm{d}}{\mathrm{d}D}(2D)}=-\frac{\mathrm{j}\varepsilon\omega}{2}t\boldsymbol{e}^{\mathrm{j}\omega t} \tag{3.67}$$

图3.11表示转子进动随时间逐步趋于无穷大。由图3.10和图3.11可见,在临界转速点,转子的振动幅值随时间增长。快速通过临界转速时,就可控制振动幅值的增长。

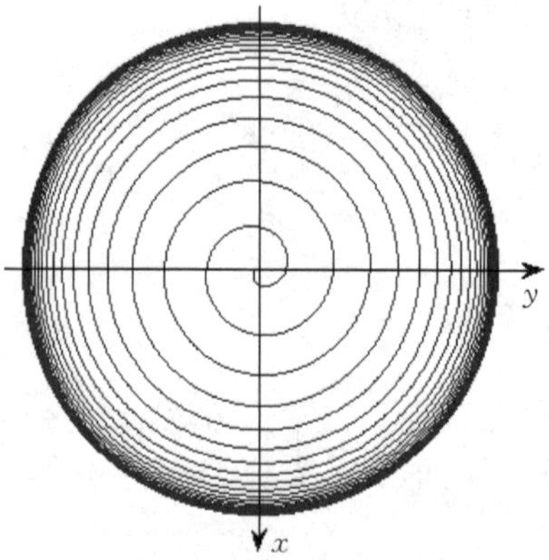


图3.10 在临界转速处,转子进动幅值达到最大值的过程

$D=2\%$

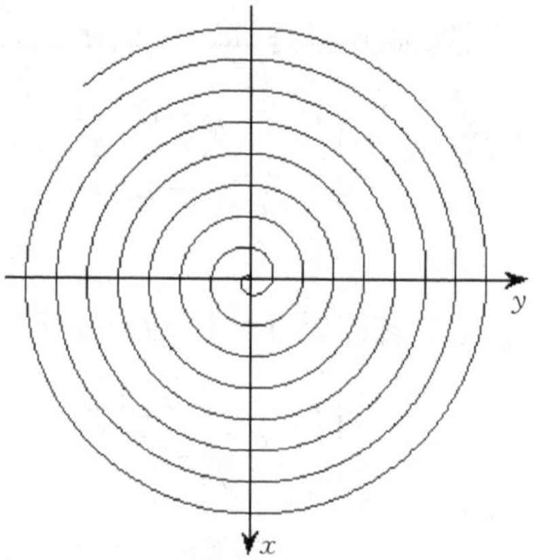


图3.11 在临界转速处,无阻尼转子进动幅值趋于无穷大的过程

### 3.7.2 阻尼的最佳估计方法

式(3.56)和式(3.64)说明了增加阻尼对临界峰值的影响。第1.3节和第1.5节介绍了对阻尼系数$D$的估计方法。但不论是在锤击后的衰减自由振动信号中,还是在升降速过程测得的幅频特性数据中,都包含有测量误差和噪声影响。另外,阻尼系数$D$值很小,一般不会超过10%。因此,利用前述2节所介绍的方法估计阻尼系数,有时误差较大。本节介绍三种阻尼系数降噪估计方法。

1. 根据衰减自由振动信号估计阻尼

对于实测的衰减自由振动信号,其中必然包含噪声干扰。用若干个周期的峰值求出阻尼系数,然后取均值,可达到降噪的目的。

现取 $n$ 个峰值为:$r_0, r_1, \cdots, r_{n-1}$,每一周期估计的阻尼系数为

$$D_i = \frac{1}{2\pi}\ln\frac{x_i}{x_{i+1}};\ i = 0,\ 1,\ 2,\ \cdots,\ n-2 \tag{3.68}$$

取平均值,求得

$$D = \frac{1}{n-1}\sum_{i=0}^{n-2} D_i \tag{3.69}$$

图 3.12 比较了只用一个周期所估计的阻尼和用多周期平均所估计的阻尼。

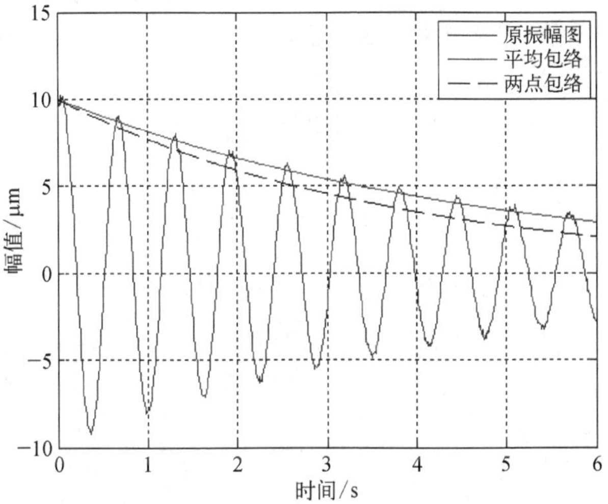


**图 3.12　一个周期估计的阻尼($D$=2.62%)和多周期平均估计($D$=2.05%)的阻尼比较**

$D$ 的真值为 2%

2. 包络逼近估计阻尼

也可采取包络逼近的方法求出阻尼系数 $D$。设衰减自由振动的包络为

$$\tilde{x} = R_0 e^{-\omega D t} \tag{3.70}$$

构造误差函数:

$$f = \sum_{k=0}^{n} |\ x(kT) - \tilde{x}(kT)\ | \tag{3.71}$$

式中,$x(kT)$ 为测量信号在 $t = kT$ 时的峰值。分别迭代 $R_0$ 和 $\omega D$ 使误差函数 $f$ 达到最小。由于 $R_0$ 和 $\omega D$ 是相互独立的,因此,可为 $R_0$ 设置一个初值,只迭代求解

$\omega D$ 即可，所得结果并不受 $R_0$ 的影响。

临界转速 $\omega$ 较容易精确确定，求出 $\omega D$ 后，就可得到阻尼系数 $D$ 值。在误差函数(3.71)中，取误差绝对值之和，而未取误差平方之和，目的是减小计算量和计算误差，所得结果是一致的。

事实上，由于周期 $T$ 和 $\omega$ 是相关的，在小阻尼情况下，$T=\dfrac{2\pi}{\omega}$，故误差函数可表示为

$$f=\sum_{k=0}^{n}\left|x(kT)-R_0 e^{-2\pi kD}\right| \tag{3.72}$$

从某一时刻 $t=0$，$R_0=x(0)$ 开始，每隔一个周期 $T$，计算误差函数 $f$ 中对应的一项。迭代阻尼系数 $D$，直至误差函数达到最小。这样可无需事先确定临界转速 $\omega$，即可得到阻尼系数 $D$ 值。

图 3.13 表示利用包络逼近估计的阻尼。

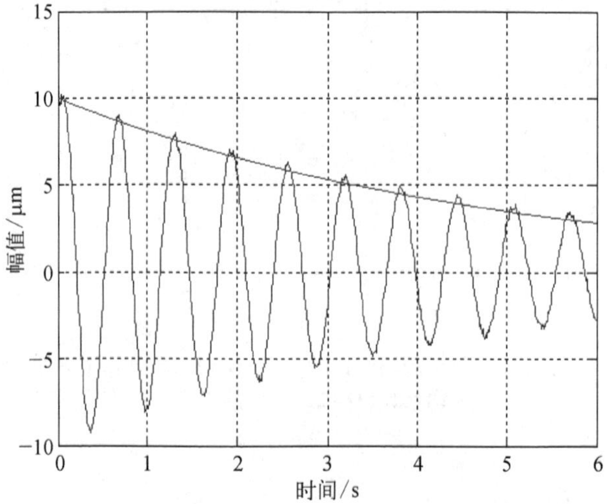


**图 3.13　利用包络逼近估计的阻尼($D$=2.1%)**

$D$ 的真值为 2%

3. 根据幅频特性寻优估计阻尼

实际中，往往不易实施锤击实验。但在升降速过程中，可测得转子的幅频特性。在测量信号中，包含误差和噪声，特别是在临界转速点，由于振动剧烈，一般必须快速通过，故很难测到临界峰值。另外，由于转速和工况条件的限制，幅频特性曲线所包含的转速范围非常有限，可能无法运用第 1.5 节介绍的半功率点估计方法确定阻尼，或者用此法估计的阻尼误差较大。此时，宜用以下的寻优估计方法求

得阻尼。

假设测量得到的转子幅频特性为 $\tilde{R}(\eta)$，$\eta = \dfrac{\Omega}{\omega}$，为转速比。理想情况下，转子幅频特性为

$$R = \frac{\varepsilon\eta^2}{\sqrt{(1-\eta^2)^2 + (2D\eta)^2}} \tag{3.73}$$

构造误差函数：

$$f = \sum_{k=0}^{n} |\tilde{R}(\eta_k) - R(\eta_k)| \tag{3.74}$$

由于 $\varepsilon$ 和 $D$ 是相互独立的，采用上述类似的方法，设定 $\varepsilon$ 的初值，$\varepsilon = \varepsilon_0$，迭代 $D$，使误差函数达到最小。

如果事先未知临界转速 $\omega$，则可分别迭代 $\omega$ 和 $D$，使误差函数 $f$ 最小。图 3.14、图 3.15 和图 3.16 为某风电场测得的 1.5 MW 风力发电机组的幅频特性和估计的阻尼。在风电机组中，一般均要加装阻尼器，以减振和降噪。运行一定时间后，需对阻尼器的阻尼效果进行检测。图 3.14、图 3.15 和图 3.16 为 2 台 1.5 MW 风力发电机组运行约 5 个月后所测的幅频特性。利用上述幅频特性寻优估计法，估计出阻尼比分别为 $D$=3.0%，$D$=3.9%和 $D$=3.6%。将所估计出的阻尼比 $D$ 代入式(3.73)，可计算出风力机的幅频特性，与实测幅频特性比较，可直观衡量估计值的精度。图 3.14、图 3.15 和图 3.16 即为结果比较。由图可见，利用上述寻优估计法估计阻尼还是很有效的。

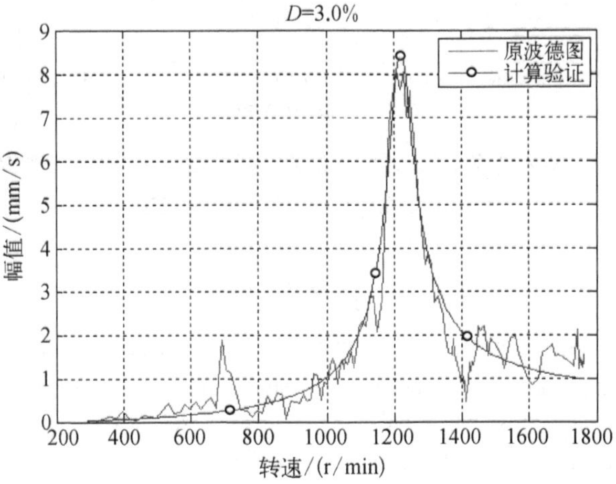


**图 3.14　某风电场 2[#]风力机估算的幅频特性与实测幅频特性的比较**

估计出的阻尼比 $D$=3.0%；风力机垂直方向

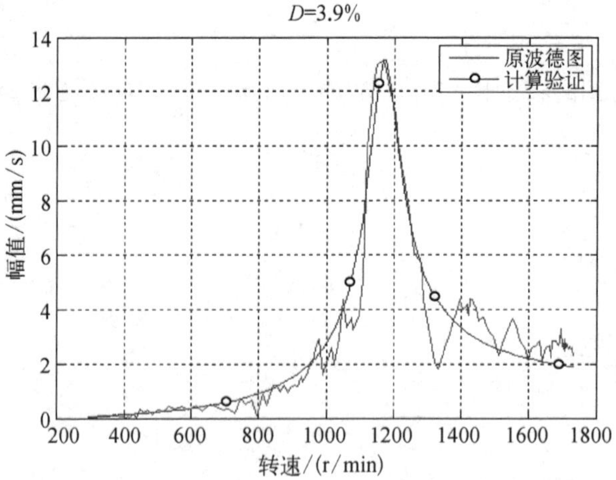


**图 3.15　某风电场 14[#]风力机估算的幅频特性与实测幅频特性的比较**

估计出的阻尼比 $D=3.9\%$；风力机水平方向

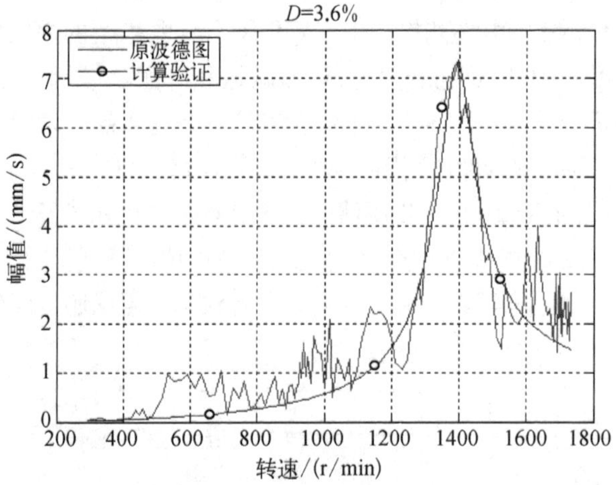


**图 3.16　某风电场 14[#]风力机估算的幅频特性与实测幅频特性的比较**

估计出的阻尼比 $D=3.6\%$；风力机垂直方向

## 参考文献

[1] GASCH R, NORDMANN R, PFUETZNER H. Rotordynamik[M]. Berlin: Springer, 2002.
[2] KRAEMER E. Dynamics of rotors and foundations[M]. Berlin: Springer-Verlag, 1993.
[3] VANCE J M. Rotordynamics of turbomachinery[M]. New York: John Wiley & Sons, 1988.
[4] 顾家柳. 转子动力学[M]. 北京：国防工业出版社, 1985.
[5] 钟一锷, 何衍宗, 王正, 等. 转子动力学[M]. 北京：清华大学出版社, 1987.
[6] 金路, 廖明夫, 宋明波. 转子在临界转速点的振动和阻尼比的估计方法[J]. 振动、测试与诊断, 2012, 32(3): 502-504, 521.

# 第 4 章

# 带有弯曲轴和非圆轴转子的振动

为简单起见,曾将转子简化成单盘对称转子模型(Jeffcott 转子)。所得到的结论能够解释实际转子振动的部分基本现象。事实上,实际的转子系统很复杂,仅据简单的 Jeffcott 转子模型难以完全描述其振动特征。为此,本章及此后的几章将分别讨论弯曲轴、非圆轴、偏置盘、支承各向异性以及复杂结构因素影响下转子的振动特性,以便对转子振动获得更为深入的理解。

## 4.1 轴弯曲时转子的振动

由于加工、安装或运行中的问题,常会使转子轴发生弯曲。轴弯曲相当于在转子上附加了不平衡量,破坏了转子原有的平衡状态,常常使得转子振动增大。另外,在利用位移传感器进行动平衡时,需计及轴的初始弯曲[1]。本节将讨论轴弯曲时转子的振动。

以图 4.1 所示的带有弯曲轴的转子为例进行分析。

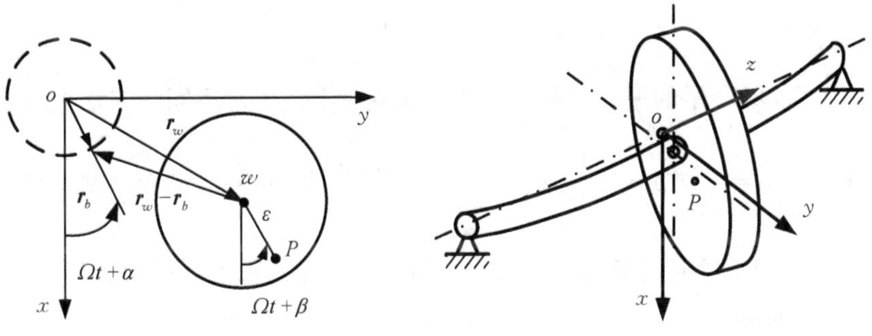


(a) 轴初始弯曲矢量与转子的挠度　　(b) 带有弯曲轴的转子与坐标系

**图 4.1　带有弯曲轴的转子及坐标系**

转子的运动微分方程为

$$m\ddot{\boldsymbol{r}}_P + s(\boldsymbol{r}_w - \boldsymbol{r}_b) = 0 \tag{4.1}$$

式中，

$$\boldsymbol{r}_P = \boldsymbol{r}_w + \varepsilon \boldsymbol{e}^{\mathrm{j}(\Omega t+\beta)} \tag{4.2}$$

其中，$\varepsilon$ 为圆盘质量偏心，$\beta$ 为其相位。

$$\boldsymbol{r}_b = B\boldsymbol{e}^{\mathrm{j}(\Omega t+\alpha)} \tag{4.3}$$

为轴的初始弯曲，弯曲幅度为 $B$，相位为 $\alpha$。

将式(4.2)和式(4.3)代入方程(4.1)，并引入临界转速，

$$\omega = \sqrt{\frac{s}{m}} \tag{4.4}$$

则方程(4.1)变为

$$\ddot{\boldsymbol{r}}_w + \omega^2 \boldsymbol{r}_w = \varepsilon \Omega^2 \boldsymbol{e}^{\mathrm{j}(\Omega t+\beta)} + B\omega^2 \boldsymbol{e}^{\mathrm{j}(\Omega t+\alpha)} \tag{4.5}$$

其解为

$$\boldsymbol{r}_w = \frac{\varepsilon \eta^2}{1-\eta^2}\boldsymbol{e}^{\mathrm{j}(\Omega t+\beta)} + \frac{B}{1-\eta^2}\boldsymbol{e}^{\mathrm{j}(\Omega t+\alpha)} \tag{4.6}$$

式中，$\eta = \dfrac{\Omega}{\omega}$。由式(4.6)可见，转子的振动包括两部分。第一部分是转子不平衡引起的振动；第二部分则是由轴弯曲所引起的振动。当转速比趋于无穷大时，$\dfrac{B}{1-\eta^2} \Rightarrow 0$。表明，转子初始弯曲消失，转子的振动为

$$\boldsymbol{r}_w = -\varepsilon \boldsymbol{e}^{\mathrm{j}(\Omega t+\beta)}$$

与无初始弯曲时转子的振动相同。但作用在支承上的力却不同。支承上的力为

$$\boldsymbol{F} = \frac{1}{2}s(\boldsymbol{r}_w - \boldsymbol{r}_b) = -\frac{1}{2}(\varepsilon \boldsymbol{e}^{\mathrm{j}(\Omega t+\beta)} + B\boldsymbol{e}^{\mathrm{j}(\Omega t+\alpha)}) = -\frac{1}{2}(\varepsilon \boldsymbol{e}^{\mathrm{j}\beta} + B\boldsymbol{e}^{\mathrm{j}\alpha})\boldsymbol{e}^{\mathrm{j}\Omega t}$$

可见，轴初始弯曲的影响并未消除。当初始弯曲与转子不平衡同相位时，转子支承振动将加剧。

对方程(4.6)的第二项进行如下的变形：

$$\frac{B}{1-\eta^2}\boldsymbol{e}^{\mathrm{j}(\Omega t+\alpha)} = \frac{B(1+\eta^2-\eta^2)}{1-\eta^2}\boldsymbol{e}^{\mathrm{j}(\Omega t+\alpha)} = \left(\frac{B\eta^2}{1-\eta^2} + B\right)\boldsymbol{e}^{\mathrm{j}(\Omega t+\alpha)} \tag{4.7}$$

之后，就可将方程(4.6)改写成，

$$\boldsymbol{r}_w = (\varepsilon \boldsymbol{e}^{\mathrm{j}\beta} + B\boldsymbol{e}^{\mathrm{j}\alpha}) \frac{\eta^2}{1-\eta^2} \boldsymbol{e}^{\mathrm{j}\Omega t} + B\boldsymbol{e}^{\mathrm{j}(\Omega t+\alpha)} \tag{4.8}$$

式中,第一项为轴弯曲引起的附加不平衡量与原始不平衡量叠加之后产生的不平衡响应;第二项则为轴的弯曲,它不随转速变化。因此,通过动平衡无法将轴初始弯曲在所有转速范围内消除掉。

在转子上施加不平衡量 $\boldsymbol{u} = u\boldsymbol{e}^{\mathrm{j}\gamma}$,转子的振动则为

$$\boldsymbol{r}_w = (\varepsilon \boldsymbol{e}^{\mathrm{j}\beta} + B\boldsymbol{e}^{\mathrm{j}\alpha} + u\boldsymbol{e}^{\mathrm{j}\gamma}) \frac{\eta^2}{1-\eta^2} \boldsymbol{e}^{\mathrm{j}\Omega t} + B\boldsymbol{e}^{\mathrm{j}(\Omega t+\alpha)} \tag{4.9}$$

要消除转子振动位移,则须有

$$(\varepsilon \boldsymbol{e}^{\mathrm{j}\beta} + B\boldsymbol{e}^{\mathrm{j}\alpha} + u\boldsymbol{e}^{\mathrm{j}\gamma}) \frac{\eta^2}{1-\eta^2} + B\boldsymbol{e}^{\mathrm{j}\alpha} = 0 \tag{4.10}$$

该方程中包含有转速比 $\eta$,因此,无法确定一个不平衡量 $\boldsymbol{u}$,使得方程在任何转速比 $\eta$ 之下都成立。对于某一转速比 $\eta_0$,可由方程解得

$$(\varepsilon \boldsymbol{e}^{\mathrm{j}\beta} + u\boldsymbol{e}^{\mathrm{j}\gamma}) = -\frac{B\boldsymbol{e}^{\mathrm{j}\alpha}}{\eta_0^2} \tag{4.11}$$

转子的振动则为

$$\boldsymbol{r}_w = (\varepsilon \boldsymbol{e}^{\mathrm{j}\beta} + u\boldsymbol{e}^{\mathrm{j}\gamma}) \frac{(1-\eta_0^2)\eta^2}{1-\eta^2} \boldsymbol{e}^{\mathrm{j}\Omega t} + B\boldsymbol{e}^{\mathrm{j}(\Omega t+\alpha)} \tag{4.12}$$

显见,只有当 $\eta = \eta_0$ 时,$\boldsymbol{r}_w = 0$。即使 $\boldsymbol{r}_w = 0$,但转子支承上受的激振力仍然存在,其为

$$\boldsymbol{F} = \frac{1}{2} s (1-\eta_0^2)(\varepsilon \boldsymbol{e}^{\mathrm{j}\beta} + u\boldsymbol{e}^{\mathrm{j}\gamma}) \boldsymbol{e}^{\mathrm{j}\Omega t} \tag{4.13}$$

显然,动平衡没有达到消除支承动载荷的目的。为此,对转子进行动平衡时,应取如下的平衡条件:

$$\varepsilon \boldsymbol{e}^{\mathrm{j}\beta} + B\boldsymbol{e}^{\mathrm{j}\alpha} + u\boldsymbol{e}^{\mathrm{j}r} = 0 \tag{4.14}$$

式中,$u$ 为平衡校正量。

平衡之后,转子的运动中将保留轴的初始弯曲,即

$$\boldsymbol{r}_w = \boldsymbol{r}_b = B\boldsymbol{e}^{\mathrm{j}\alpha} \boldsymbol{e}^{\mathrm{j}\Omega t} \tag{4.15}$$

此时,转子支承上的动载荷得以消除:

$$\boldsymbol{F} = \frac{1}{2}s(\boldsymbol{r}_w - \boldsymbol{r}_b) = 0 \tag{4.16}$$

## 4.2 带有非圆轴时转子的振动

在某些实际的转子轴上，常常会加工键槽，如图 4.2(a) 所示；或如双极发电机转子的线圈槽，如图 4.2(b) 所示；或者铣削切面，如图 4.2(c) 所示。这样的构造使得转轴刚度周向不均匀。结果是，转子在一个方向上刚度大，而在与其垂直的方向上刚度小。与此相对应的结果是，转子在同一阶具有两个临界转速。两个临界转速之间的区域为不稳定区域。另外，当转子水平放置时，转子重力还会引起二倍频振动。因此，对于带有非圆轴的转子，进行涡动分析时，不能忽略重力的影响[1-6]。

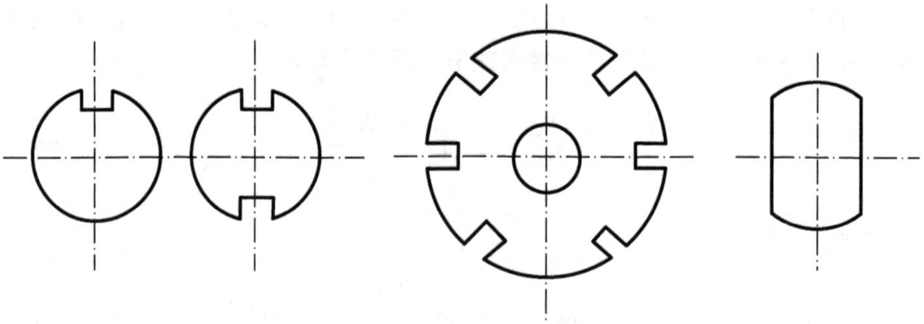

(a) 轴上的键槽　　(b) 线圈槽　　(c) 铣削切面

**图 4.2　典型双刚度轴（转子）的截面[7]**

取如图 4.3 所示的转子模型，一薄圆盘置于轴的跨中，轴的两端支承在刚性支承上。轴的横截面如图 4.3(b) 所示。取固定坐标系 $(o, x, y, z)$ 和旋转坐标系 $(o, \xi, \zeta, z)$。其中 $\xi$ 轴和 $\zeta$ 轴分别与转轴截面的两个主惯性轴平行。转子自转角速度为 $\Omega$，转子在两个主轴方向的刚度分别为 $s_\xi$ 和 $s_\zeta$。圆盘的质量偏心为 $\varepsilon$，相对旋转坐标系的相角为 $\beta$。于是，在旋转坐标系，偏心 $\varepsilon$ 的两个分量分别为

$$\varepsilon_\xi = \varepsilon\cos\beta \tag{4.17}$$

$$\varepsilon_\zeta = \varepsilon\sin\beta \tag{4.18}$$

首先在旋转坐标系中建立转子的运动微分方程[1,2]。为此，不妨逐项列出作用在转子上的力。

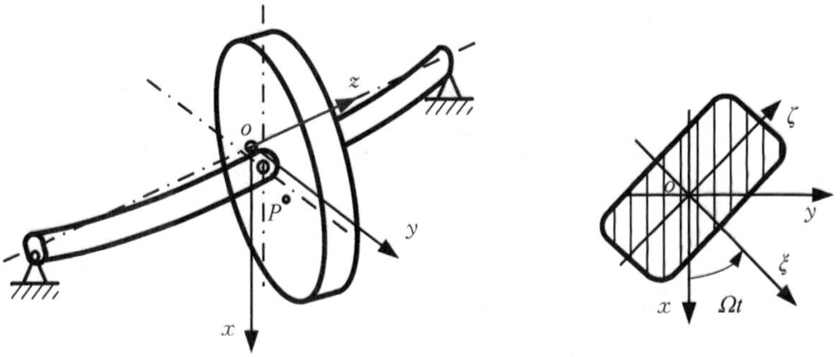


(a) 单盘转子及坐标系　　(b) 双刚度轴的横截面及坐标系

**图 4.3　带双刚度轴的单盘转子及坐标系**[7]

牵连惯性力为

$$F_{i\xi} = m\Omega^2(\xi + \varepsilon\cos\beta) \tag{4.19}$$

$$F_{i\zeta} = m\Omega^2(\zeta + \varepsilon\sin\beta) \tag{4.20}$$

科氏惯性力为

$$F_{k\xi} = 2m\Omega\dot{\zeta} \tag{4.21}$$

$$F_{k\zeta} = -2m\Omega\dot{\xi} \tag{4.22}$$

轴的弹性力为

$$F_{\xi} = -s_{\xi}\xi \tag{4.23}$$

$$F_{\zeta} = -s_{\zeta}\zeta \tag{4.24}$$

作用在转子上的外阻尼力为

$$F_{d\xi} = -d(\dot{\xi} - \Omega\zeta) \tag{4.25}$$

$$F_{d\zeta} = -d(\dot{\zeta} + \Omega\xi) \tag{4.26}$$

转子受到的重力为

$$W_{\xi} = mg\cos(\Omega t) \tag{4.27}$$

$$W_{\zeta} = -mg\sin(\Omega t) \tag{4.28}$$

根据质心运动定理可得

$$m\ddot{\xi} = F_{i\xi} + F_{k\xi} + F_{\xi} + F_{d\xi} + W_{\xi} \tag{4.29}$$

$$m\ddot{\zeta} = F_{i\zeta} + F_{k\zeta} + F_{\zeta} + F_{d\zeta} + W_{\zeta} \tag{4.30}$$

将式(4.19)至式(4.28)代入方程(4.29)和方程(4.30)，经整理后可得

$$m(\ddot{\xi}-\Omega^2\xi-2\Omega\dot{\zeta})+d(\dot{\xi}-\Omega\zeta)+s_\xi\xi=m\varepsilon\Omega^2\cos\beta+mg\cos(\Omega t) \tag{4.31}$$

$$m(\ddot{\zeta}-\Omega^2\zeta+2\Omega\dot{\xi})+d(\dot{\zeta}+\Omega\xi)+s_\zeta\zeta=m\varepsilon\Omega^2\sin\beta-mg\sin(\Omega t) \tag{4.32}$$

引入，

$$\omega_\xi=\sqrt{\frac{s_\xi}{m}} \tag{4.33}$$

$$\omega_\zeta=\sqrt{\frac{s_\zeta}{m}} \tag{4.34}$$

$$\omega^2=\frac{s_\zeta+s_\xi}{2m}=\frac{\omega_\zeta^2+\omega_\xi^2}{2} \tag{4.35}$$

以及，

$$\mu=\frac{s_\zeta-s_\xi}{s_\zeta+s_\xi}=\frac{\omega_\zeta^2-\omega_\xi^2}{\omega_\zeta^2+\omega_\xi^2}=\frac{\omega_\zeta^2-\omega_\xi^2}{2\omega^2} \tag{4.36}$$

$$D=\frac{d}{2m\omega} \tag{4.37}$$

$\mu$ 定义为非圆度，$D$ 为阻尼比。于是，方程(4.31)和方程(4.32)变为

$$\ddot{\xi}-\Omega^2\xi-2\Omega\dot{\zeta}+2\omega D(\dot{\xi}-\Omega\zeta)+\omega_\xi^2\xi=\varepsilon\Omega^2\cos\beta+g\cos(\Omega t) \tag{4.38}$$

$$\ddot{\zeta}-\Omega^2\zeta+2\Omega\dot{\xi}+2\omega D(\dot{\zeta}+\Omega\xi)+\omega_\zeta^2\zeta=\varepsilon\Omega^2\sin\beta-g\sin(\Omega t) \tag{4.39}$$

或

$$\ddot{\xi}-2\Omega\dot{\zeta}+2\omega D\dot{\xi}-2\omega D\Omega\zeta+[(1-\mu)\omega^2-\Omega^2]\xi=\varepsilon\Omega^2\cos\beta+g\cos(\Omega t) \tag{4.40}$$

$$\ddot{\zeta}+2\Omega\dot{\xi}+2\omega D\dot{\zeta}+2\omega D\Omega\xi+[(1+\mu)\omega^2-\Omega^2]\zeta=\varepsilon\Omega^2\sin\beta-g\sin(\Omega t) \tag{4.41}$$

写成矩阵形式则成为

$$\begin{Bmatrix}\ddot{\xi}\\ \ddot{\zeta}\end{Bmatrix}+\begin{bmatrix}2\omega D & -2\Omega\\ 2\Omega & 2\omega D\end{bmatrix}\begin{Bmatrix}\dot{\xi}\\ \dot{\zeta}\end{Bmatrix}+\begin{bmatrix}(1-\mu)\omega^2-\Omega^2 & -2\omega\Omega D\\ 2\omega\Omega D & (1+\mu)\omega^2-\Omega^2\end{bmatrix}\begin{Bmatrix}\xi\\ \zeta\end{Bmatrix}$$
$$=\varepsilon\Omega^2\begin{Bmatrix}\cos\beta\\ \sin\beta\end{Bmatrix}+g\begin{Bmatrix}\cos(\Omega t)\\ -\sin(\Omega t)\end{Bmatrix} \tag{4.42}$$

首先从方程(4.42)对应的齐次方程出发,分析转子的稳定性。为此,设齐次方程的解为

$$\begin{Bmatrix}\xi\\ \zeta\end{Bmatrix}=\begin{Bmatrix}\xi_0\\ \zeta_0\end{Bmatrix}e^{\lambda t} \tag{4.43}$$

代入方程(4.42)对应的齐次方程后,得到如下的特征方程:

$$\begin{aligned}&\lambda^4+4\omega D\lambda^3+2[2\omega^2D^2+\omega^2+\Omega^2]\lambda^2+4\omega D(\omega^2+\Omega^2)\lambda+\\&(\omega^2-\Omega^2)^2-\mu^2\omega^4+4\omega^2\Omega^2D^2=0\end{aligned} \tag{4.44}$$

当无阻尼时, $D=0$, 特征方程(4.44) 则变为[1,2]

$$\lambda^4+2[\omega^2+\Omega^2]\lambda^2+(\omega^2-\Omega^2)^2-\mu^2\omega^4=0 \tag{4.45}$$

解得特征根为[1,2]

$$\lambda_1=\sqrt{-(\omega^2+\Omega^2)+\sqrt{4\omega^2\Omega^2+\mu^2\omega^4}} \tag{4.46}$$

$$\lambda_2=\sqrt{-(\omega^2+\Omega^2)-\sqrt{4\omega^2\Omega^2+\mu^2\omega^4}} \tag{4.47}$$

$$\lambda_3=-\lambda_1 \tag{4.48}$$

$$\lambda_4=-\lambda_2 \tag{4.49}$$

$\lambda_2$ 和 $\lambda_4$ 总为纯虚根。但当:

$$\sqrt{4\omega^2\Omega^2+\mu^2\omega^4}>\omega^2+\Omega^2 \tag{4.50}$$

时, $\lambda_1$ 和 $\lambda_3$ 为实根,且 $\lambda_1$ 为正实根。在此条件下,齐次方程的解随时间无限增大,转子会发生失稳振动[1,2]。

由失稳条件(4.50)解得转子失稳的转速范围为

$$\omega\sqrt{1-\mu}<\Omega<\omega\sqrt{1+\mu} \tag{4.51}$$

或

$$\omega_\xi<\Omega<\omega_\zeta \tag{4.52}$$

上式说明,在两个临界转速之间的转速区域,转子将失稳。

图 4.4 给出了非圆度 $\mu$ 所对应的失稳区。当存在阻尼时, $D\neq 0$, 失稳区域将变小,如图 4.5 所示。此图表明,外阻尼有助于抑制转子失稳。

不妨考虑一个特例,即

$$D=\frac{\mu\omega}{2\Omega} \tag{4.53}$$

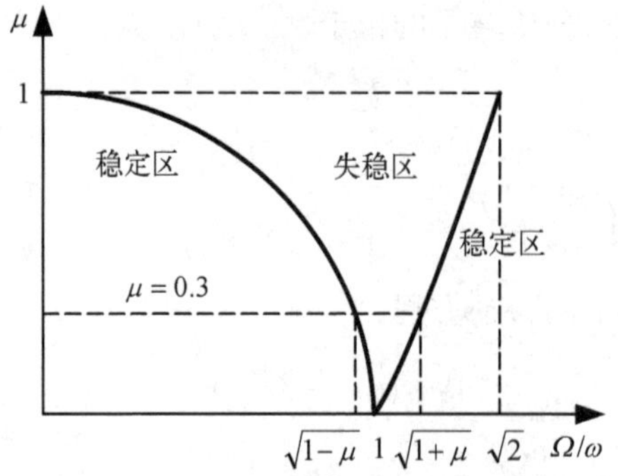


**图 4.4　非圆度 μ 对应的失稳区**[1]

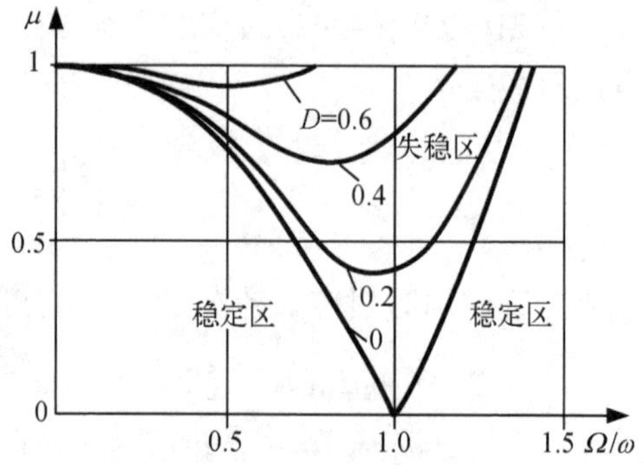


**图 4.5　阻尼对失稳区的影响**[1]

此时，转子系统的特征根全部为虚根。表明无失稳区域。

### 4.2.1　转子的不平衡响应

再回到方程(4.42)，仅考虑不平衡力的作用时，方程变为

$$\begin{Bmatrix}\ddot{\xi}\\ \ddot{\zeta}\end{Bmatrix}+\begin{bmatrix}2\omega D & -2\Omega\\ 2\Omega & 2\omega D\end{bmatrix}\begin{Bmatrix}\dot{\xi}\\ \dot{\zeta}\end{Bmatrix}+\begin{bmatrix}(1-\mu)\omega^2-\Omega^2 & -2\omega\Omega D\\ 2\omega\Omega D & (1+\mu)\omega^2-\Omega^2\end{bmatrix}\begin{Bmatrix}\xi\\ \zeta\end{Bmatrix}$$
$$=\varepsilon\Omega^2\begin{Bmatrix}\cos\beta\\ \sin\beta\end{Bmatrix} \tag{4.54}$$

其解为

$$\begin{Bmatrix}\xi\\ \zeta\end{Bmatrix}=\frac{1}{\Delta}\begin{bmatrix}(1+\mu)\omega^2-\Omega^2 & 2\omega\Omega D\\ -2\omega\Omega D & (1-\mu)\omega^2-\Omega^2\end{bmatrix}\varepsilon\Omega^2\begin{Bmatrix}\cos\beta\\ \sin\beta\end{Bmatrix} \tag{4.55}$$

式中，

$$\begin{aligned}\Delta &= (\omega^2-\Omega^2)^2+4\omega^2\Omega^2D^2-\mu^2\omega^4\\ &= (\omega_\xi^2-\Omega^2)(\omega_\zeta^2-\Omega^2)+4\omega^2\Omega^2D^2\end{aligned} \tag{4.56}$$

代入方程(4.55)后，得

$$\xi=\frac{(\omega_\zeta^2-\Omega^2)\varepsilon\Omega^2\cos\beta+2\omega\Omega^3D\varepsilon\sin\beta}{(\omega_\zeta^2-\Omega^2)(\omega_\xi^2-\Omega^2)+4\omega^2\Omega^2D^2} \tag{4.57}$$

$$\zeta=\frac{(\omega_\xi^2-\Omega^2)\varepsilon\Omega^2\sin\beta-2\omega\Omega^3D\varepsilon\cos\beta}{(\omega_\zeta^2-\Omega^2)(\omega_\xi^2-\Omega^2)+4\omega^2\Omega^2D^2} \tag{4.58}$$

当阻尼 $D=0$ 时，

$$\xi = \frac{\varepsilon \Omega^2 \cos \beta}{\omega_\xi^2 - \Omega^2} \tag{4.59}$$

$$\zeta = \frac{\varepsilon \Omega^2 \sin \beta}{\omega_\zeta^2 - \Omega^2} \tag{4.60}$$

显见，当 $\Omega = \omega_\xi$ 时，$\xi$ 为无穷大；当 $\Omega = \omega_\zeta$ 时，$\zeta$ 为无穷大。因此，带有非圆轴的转子具有两个临界转速 $\omega_\xi$ 和 $\omega_\zeta$。

根据第 3 章固定坐标系与旋转坐标系之间的变换关系，可将旋转坐标系中的运动 $\bar{\boldsymbol{r}} = \xi + \mathrm{j}\zeta$ 变换成固定坐标系中的运动 $\boldsymbol{r} = x + \mathrm{j}y$，即

$$\boldsymbol{r} = \bar{\boldsymbol{r}} \boldsymbol{e}^{\mathrm{j}\Omega t} = (\xi + \mathrm{j}\zeta) \boldsymbol{e}^{\mathrm{j}\Omega t} \tag{4.61}$$

上式表明，转子不平衡激起同步协调进动。进动轨迹为一圆轨迹，半径为

$$R = \sqrt{\xi^2 + \zeta^2} \tag{4.62}$$

### 4.2.2　转子自重激起的振动

对于水平置放的转子，要考虑重力的作用。为此，可由下面的方程组求得重力响应。

$$\begin{Bmatrix} \ddot{\xi} \\ \ddot{\zeta} \end{Bmatrix} + \begin{bmatrix} 2\omega D & -2\Omega \\ 2\Omega & 2\omega D \end{bmatrix} \begin{Bmatrix} \dot{\xi} \\ \dot{\zeta} \end{Bmatrix} + \begin{bmatrix} (1-\mu)\omega^2 - \Omega^2 & -2\omega\Omega D \\ 2\omega\Omega D & (1+\mu)\omega^2 - \Omega^2 \end{bmatrix} \begin{Bmatrix} \xi \\ \zeta \end{Bmatrix} = g \begin{Bmatrix} \cos \Omega t \\ -\sin \Omega t \end{Bmatrix} \tag{4.63}$$

为简单起见，把方程(4.63)写成复数形式：

$$\ddot{\bar{\boldsymbol{r}}} + 2(\omega D + \mathrm{j}\Omega)\dot{\bar{\boldsymbol{r}}} + [\omega^2 - \Omega^2 + 2\mathrm{j}\omega\Omega D]\bar{\boldsymbol{r}} - \mu\omega^2 \bar{\boldsymbol{r}}^* = g\boldsymbol{e}^{-\mathrm{j}\Omega t} \tag{4.64}$$

式中，$\bar{\boldsymbol{r}} = \xi + \mathrm{j}\zeta$，$\bar{\boldsymbol{r}}^* = \xi - \mathrm{j}\zeta$。

设解为

$$\bar{\boldsymbol{r}} = R_+ \boldsymbol{e}^{+\mathrm{j}\Omega t} + R_- \boldsymbol{e}^{-\mathrm{j}\Omega t} \tag{4.65}$$

则

$$\bar{\boldsymbol{r}}^* = R_+^* \boldsymbol{e}^{-\mathrm{j}\Omega t} + R_-^* \boldsymbol{e}^{\mathrm{j}\Omega t} \tag{4.66}$$

式中，上标“ * ”表示复共轭。$R_+$表示旋转坐标系中转子的正进动幅值，$R_-$表示反进动幅值。

代入方程(4.64)后，可得

$$R_+ = \frac{\mu g}{(1-\mu^2)\omega^2 - 4\Omega^2 + 4\mathrm{j}\omega\Omega D} \tag{4.67}$$

$$R_- = \frac{g(\omega^2 - 4\Omega^2 - 4\mathrm{j}\omega\Omega D)}{(1-\mu^2)\omega^4 - 4\omega^2\Omega^2 - 4\mathrm{j}\omega^3\Omega D} \tag{4.68}$$

将方程(4.65)变换到空间固定坐标系之后，可得

$$\boldsymbol{r} = \bar{\boldsymbol{r}}\boldsymbol{e}^{\mathrm{j}\Omega t} = R_- + R_+\boldsymbol{e}^{\mathrm{j}2\Omega t} \tag{4.69}$$

由此可见，转子自重产生的响应分为两部分。其中第一部分为重力引起的静位移 $R_-$；第二部分则为重力引起的 2 倍频振动，幅值为 $R_+$。当轴不存在非圆度时，即 $\mu = 0$，重力引起的静态位移为

$$R_- = \frac{g}{\omega^2} = \frac{mg}{s_0} \tag{4.70}$$

式中，$m$ 为转子质量，$s_0$ 为转轴刚度。而此时，$R_+ = 0$。说明重力除了引起静态位移外，不引起转子振动。因此，在第 3 章分析转子振动时，不曾计及重力影响。

当轴存在非圆度时，$\mu \neq 0$，不计阻尼，$D = 0$，则在转速 $\Omega$ 满足：

$$\Omega_G = \omega\sqrt{\frac{1}{4}(1-\mu^2)} \tag{4.71}$$

时，重力引起的 2 倍频振动达到最大值。一般情况下，非圆度 $\mu$ 很小，即 $\mu \ll 1$。因此，$\Omega_G \approx \omega/2$。这表明，转子转速 $\Omega$ 达到临界转速的一半时，重力将引起转子发生共振，即所谓的“副临界”现象[1-6]。另外，根据式(4.69)可见，重力引起的 2 倍频振动为正进动。

图 4.6 表示带非圆轴转子的不平衡响应和重力响应。重力激起的二倍频振动在 $\Omega_G \approx \frac{1}{2}\omega$ 时达到峰值，即半临界共振。不平衡响应在 $\Omega = \omega_\xi$ 和 $\Omega = \omega_\zeta$ 时分别

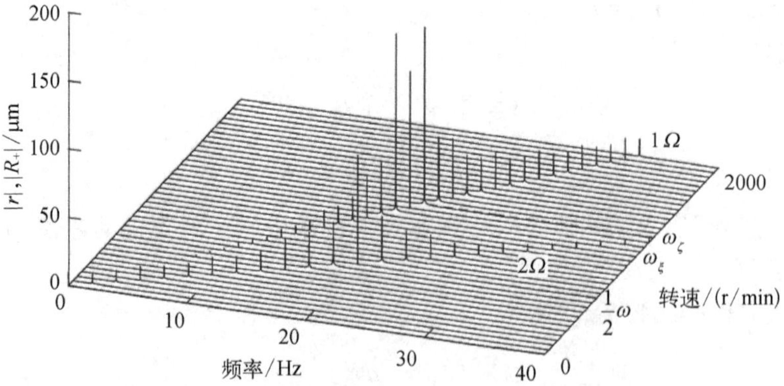


**图 4.6　带非圆轴转子的不平衡响应和重力响应**[1,7]

达到峰值。在两个临界转速之间,转子发生失稳振动。

## 参考文献

[ 1 ]　GASCH R, NORDMANN R, PFUETZNER H. Rotordynamik[M]. Berlin: Springer, 2002.
[ 2 ]　KRAEMER E. Dynamics of rotors and foundations[M]. Berlin: Springer-Verlag, 1993.
[ 3 ]　VANCE J M. Rotordynamics of turbomachinery[M]. New York: John Wiley & Sons, 1988.
[ 4 ]　沈达宽. 航空发动机强度计算[M]. 北京: 国防工业出版社,1980.
[ 5 ]　顾家柳. 转子动力学[M]. 北京: 国防工业出版社,1985.
[ 6 ]　钟一锷,何衍宗,王正,等. 转子动力学[M]. 北京: 清华大学出版社,1987.
[ 7 ]　廖明夫. 航空发动机转子动力学[M]. 西安: 西北工业大学出版社,2015.

# 第 5 章

# 支承刚度各向异性时转子的振动

实际上,所有的支承都或多或少具有一定的柔性,并且一般情况下,柔性表现为各向异性,即垂直方向和水平方向上的刚度不相同。此时,转子在同一阶将出现两个临界转速,轴心运动轨迹为椭圆。另外,支承还可以产生交叉刚度。当交叉刚度对称时,总可以通过坐标变换消除交叉刚度。但当交叉刚度反对称时(支承在滑动轴承上的转子就可能出现这种情况),可使转子失稳。增加主刚度的各向异性有利于抑制由反对称交叉刚度引起的失稳振动。本章将讨论支承刚度各向异性时转子的振动特性。

## 5.1 支承主刚度各向异性时转子的振动

如图 5.1 所示,一单盘转子支承在弹性支承之上。支承水平方向上的刚度为 $s_h$,垂直方向上的刚度为 $s_v$,但假设无交叉刚度,即 $s_{xy}=s_{yx}=0$。在装盘处轴的刚度为 $s$。由此可求得在置盘处转子的等效刚度分别为[1,2]

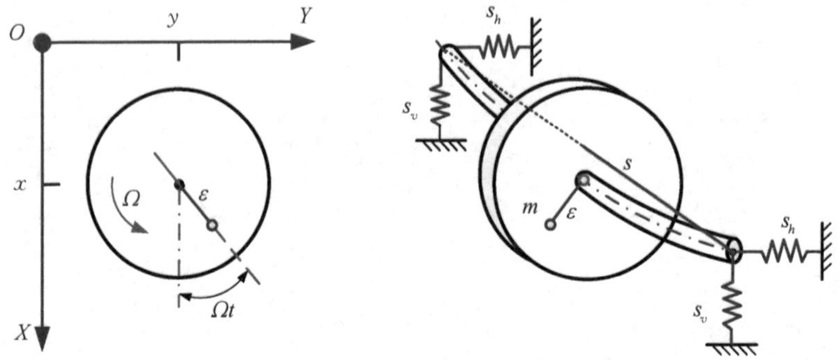


(a) 盘的运动　　(b) 支承刚度各向异性的转子

**图 5.1　支承刚度各向异性的单盘转子**[1]

$$s_x=\frac{2s_v s}{2s_v+s};\ s_y=\frac{2s_h s}{2s_h+s}$$

转子的运动微分方程具有如下的形式：

$$m\ddot{x} + d\dot{x} + s_x x = m\varepsilon\Omega^2\cos(\Omega t) \tag{5.1}$$

$$m\ddot{y} + d\dot{y} + s_y y = m\varepsilon\Omega^2\sin(\Omega t) \tag{5.2}$$

引入，

$$D = \frac{d}{2m\omega_0},\ \omega_0^2 = \frac{s_0}{m},\ s_0 = \frac{1}{2}(s_x + s_y),$$

$$\omega_x^2 = \frac{s_x}{m},\ \omega_y^2 = \frac{s_y}{m}。$$

代入方程(5.1)和方程(5.2)后，得到如下的方程组：

$$\ddot{x} + 2D\omega_0\dot{x} + \omega_x^2 x = \varepsilon\Omega^2\cos(\Omega t) \tag{5.3}$$

$$\ddot{y} + 2D\omega_0\dot{y} + \omega_y^2 y = \varepsilon\Omega^2\sin(\Omega t) \tag{5.4}$$

其解为

$$x = X\cos(\Omega t + \beta_x) \tag{5.5}$$

$$y = Y\sin(\Omega t + \beta_y) \tag{5.6}$$

$$X = \frac{\varepsilon\Omega^2}{\sqrt{(\omega_x^2 - \Omega^2)^2 + (2D\omega_0\Omega)^2}} \tag{5.7}$$

$$Y = \frac{\varepsilon\Omega^2}{\sqrt{(\omega_y^2 - \Omega^2)^2 + (2D\omega_0\Omega)^2}} \tag{5.8}$$

$$\mathrm{tg}\,\beta_x = \frac{2D\omega_0\Omega}{\omega_x^2 - \Omega^2} \tag{5.9}$$

$$\mathrm{tg}\,\beta_y = \frac{2D\omega_0\Omega}{\omega_y^2 - \Omega^2} \tag{5.10}$$

阻尼很小时，$x$ 和 $y$ 方向的振动分别在 $\Omega = \omega_x$ 和 $\Omega = \omega_y$ 处达到最大值。因此，转子存在两个临界转速 $\omega_x$ 和 $\omega_y$。

图 5.2 表示 $x$ 和 $y$ 方向振动幅值比 $|X/\varepsilon|$ 和 $|Y/\varepsilon|$ 随转速比 $\Omega/\omega_0$ 的变化曲线。

当无阻尼时，$D = 0$，转子的响应变为

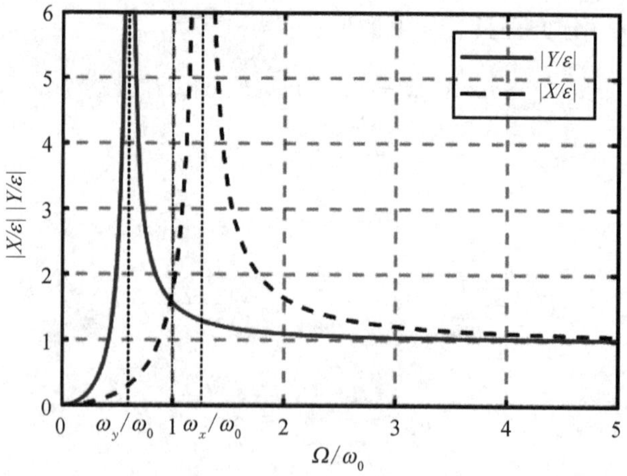


图 5.2　$x$ 和 $y$ 方向振动幅值比 $|X/\varepsilon|$ 和 $|Y/\varepsilon|$ 随转速比 $|\Omega/\omega_0|$ 的变化

$$x = \frac{\varepsilon \Omega^2}{\omega_x^2 - \Omega^2}\cos(\Omega t) \tag{5.11}$$

$$y = \frac{\varepsilon \Omega^2}{\omega_y^2 - \Omega^2}\sin(\Omega t) \tag{5.12}$$

轴心的轨迹方程为

$$\left[\frac{x}{\varepsilon \Omega^2/(\omega_x^2 - \Omega^2)}\right]^2 + \left[\frac{y}{\varepsilon \Omega^2/(\omega_y^2 - \Omega^2)}\right]^2 = 1 \tag{5.13}$$

显见其为椭圆方程，轨迹如图 5.3 所示。

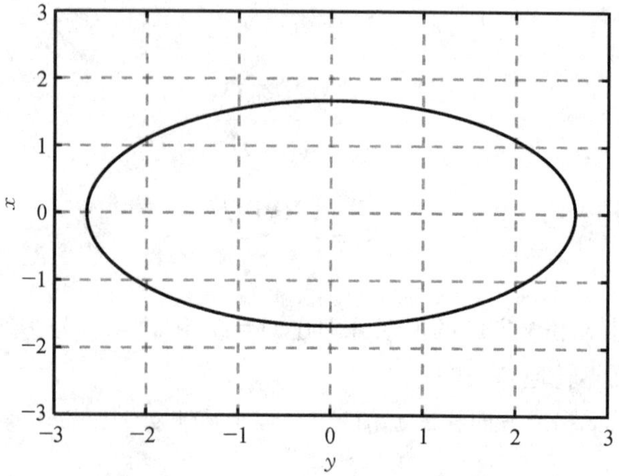


图 5.3　轴心运动的椭圆轨迹

椭圆的两个半轴分别为

$$a = \frac{\varepsilon \Omega^2}{\omega_x^2 - \Omega^2};\ b = \frac{\varepsilon \Omega^2}{\omega_y^2 - \Omega^2} \tag{5.14}$$

由 $a = -b$ 解得

$$\Omega = \sqrt{\frac{\omega_x^2 + \omega_y^2}{2}} = \omega_0 \tag{5.15}$$

在此转速点,转子的轴心运动轨迹为圆,半径为 $a$。

## 5.2　支承主刚度各向异性时转子的正进动与反进动

如本书第 3 章所述,转子的运动是包含自转和公转的涡动。所谓进动描述的是转子轴心的公转,可用进动圆来表征,包括半径、频率(转速)和方向。进动转速与转子自转转速相同的进动称为协调进动或同步进动,否则为非协调或非同步进动。进动方向与转子自转方向相同的进动称为正进动;相反,则称为反进动。本节仅分析支承各向异性时转子的同步正进动和同步反进动。关于进动分析的完备理论和方法,将在本书第 8 章介绍。

如果把转子的振动表示成复向量的形式,不仅能反映出振动的大小,而且还能反映出转子轴心运动的方向。为此,不妨构造一个复向量:

$$\boldsymbol{r} = x + \mathrm{j}y \tag{5.16}$$

它的矢端表示转子轴心的进动轨迹。

根据欧拉公式,有

$$\cos(\Omega t + \beta_x) = \frac{1}{2}\left[\mathrm{e}^{\mathrm{j}(\Omega t + \beta_x)} + \mathrm{e}^{-\mathrm{j}(\Omega t + \beta_x)}\right] \tag{5.17}$$

$$\sin(\Omega t + \beta_y) = \frac{1}{2\mathrm{j}}\left[\mathrm{e}^{\mathrm{j}(\Omega t + \beta_y)} - \mathrm{e}^{-\mathrm{j}(\Omega t + \beta_y)}\right] \tag{5.18}$$

将式(5.5)和式(5.6)以及上述的欧拉公式代入式(5.16)可得

$$\boldsymbol{r} = R_+ \boldsymbol{e}^{\mathrm{j}\Omega t} + R_- \boldsymbol{e}^{-\mathrm{j}\Omega t} \tag{5.19}$$

$$R_+ = \frac{1}{2}\left[X\mathrm{e}^{\mathrm{j}\beta_x} + Y\mathrm{e}^{\mathrm{j}\beta_y}\right] \quad \text{为正进动分量} \tag{5.20}$$

$$R_- = \frac{1}{2}\left[X\mathrm{e}^{-\mathrm{j}\beta_x} - Y\mathrm{e}^{-\mathrm{j}\beta_y}\right] \quad \text{为反进动分量} \tag{5.21}$$

$$X = \frac{\varepsilon\Omega^2}{\sqrt{(\omega_x^2 - \Omega^2)^2 + (2\Omega D\omega_0)^2}};\ Y = \frac{\varepsilon\Omega^2}{\sqrt{(\omega_y^2 - \Omega^2)^2 + (2\Omega D\omega_0)^2}} \tag{5.22}$$

式中，$e^{j\Omega t}$ 表示在复平面上的一个单位旋转矢量，矢端轨迹为圆，半径为 1，旋转速度为 $\Omega$，旋转方向与 $\Omega$ 相同，故称之为协调或同步正进动。$e^{-j\Omega t}$ 同样表示一个以速度 $\Omega$ 旋转的单位旋转矢量，但旋转方向与 $\Omega$ 相反，故称为同步反进动。

由式(5.19)可见，转子轴心的运动既包含同步正进动分量，也包含同步反进动分量。正、反进动分量的大小与转速、质量偏心、阻尼以及支承刚度各向异性有关。重新整理后，得

$$R_+ = \frac{\varepsilon\Omega^2(\omega_0^2 - \Omega^2 - 2jD\omega_0\Omega)}{(\omega_x^2 - \Omega^2)(\omega_y^2 - \Omega^2) + (2D\omega_0\Omega)^2} \tag{5.23}$$

$$R_- = \frac{-\varepsilon\Omega^2\Delta\omega_0^2}{(\omega_x^2 - \Omega^2)(\omega_y^2 - \Omega^2) + (2D\omega_0\Omega)^2} \tag{5.24}$$

式中，$\Delta\omega_0^2 = \dfrac{s_x - s_y}{2m}$。显见，当支承各向同性时，$\Delta\omega_0^2 = 0$，故无反进动分量。

当转速为 $0 < \Omega < \omega_y$ 时(设 $\omega_y < \omega_x$)，$|R_+| > |R_-|$，正进动占优，转子轴心沿着椭圆轨迹正向进动。

当 $\omega_y < \Omega < \omega_x$ 时，$|R_-| > |R_+|$，即在两个临界转速之间，反进动占优，转子轴心沿着椭圆轨迹反向进动。在式(5.15)所给出的转速点 $\omega_0$，不考虑阻尼时($D = 0$)，$R_+ = 0$，而

$$R_- = \frac{\varepsilon\omega_0^2}{\Delta\omega_0^2} = \varepsilon\frac{s_x + s_y}{s_x - s_y} = a \tag{5.25}$$

说明，转子的轴心运动轨迹为反进动圆，半径为 $R_- = a$。

当 $\Omega > \omega_x$ 时，$|R_+| > |R_-|$，即超过第二个临界转速之后，正进动又重新占优，转子进动为正进动。转速继续增加，$|R_-| \to 0$，$|R_+| \to \varepsilon$。这表明，轴心轨迹趋于半径为 $\varepsilon$ 的圆。图 5.4 表示转子的正进动和反进动幅值随转速比 $\dfrac{\Omega}{\omega_0}$ 的变化。

图 5.5 表示在上述三个转速区域轴心轨迹的形状。

值得注意的是，不论在哪个转速区域，转子的进动中总是包含反进动分量。

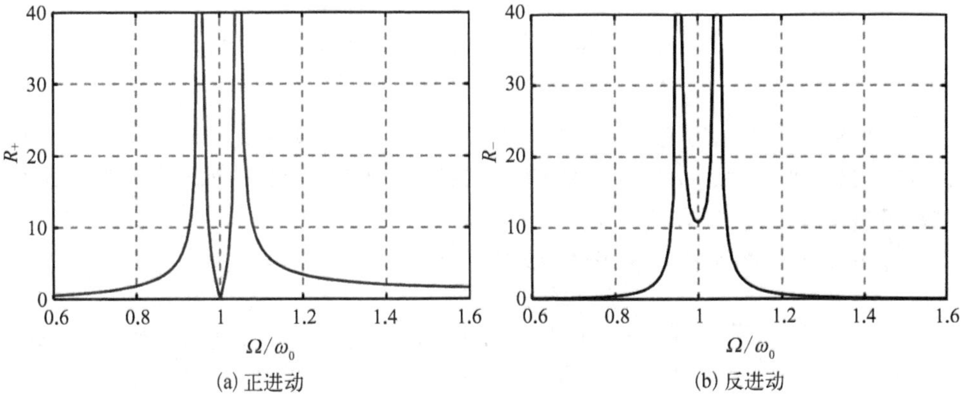


**图 5.4　转子的正进动和反进动幅值随转速比 $\dfrac{\Omega}{\omega_0}$ 的变化 $\left(\dfrac{\Delta\omega_0}{\omega_0}=0.3\right)$**

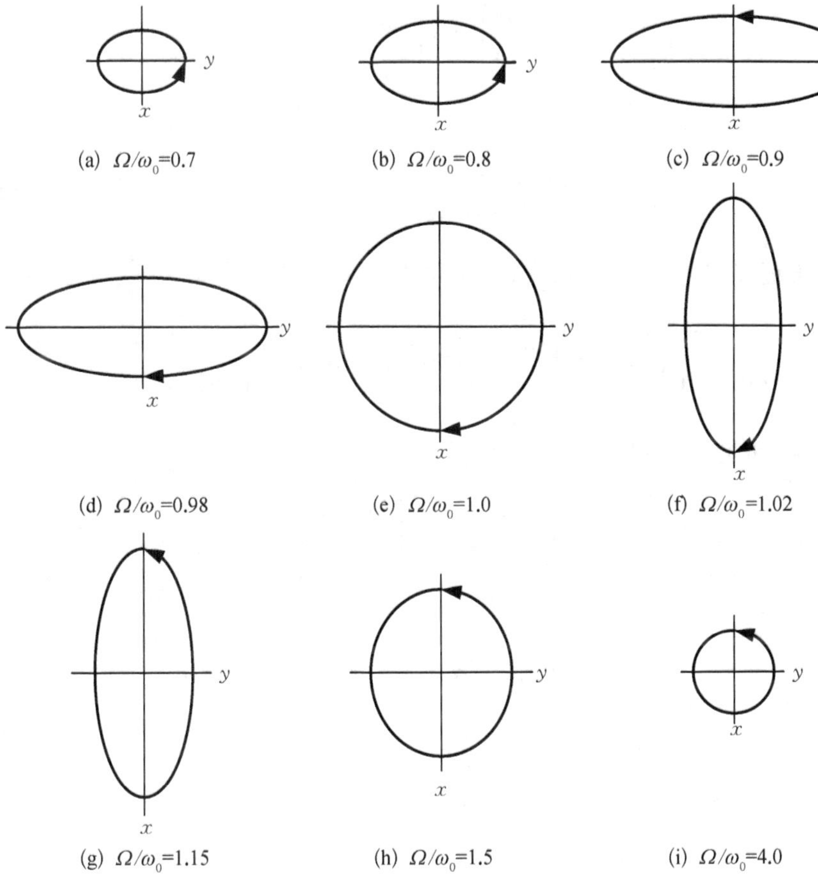


**图 5.5　在三个不同转速区域转子轴心轨迹的形状**[1]

## 5.3 支承存在交叉刚度时转子的振动

前面曾经假设支承刚度各向异性,但无交叉刚度。事实上,若存在交叉刚度,只要它对称,即 $s_{12} = s_{21}$,总可以通过坐标变换把刚度矩阵变换成对角矩阵。上述的求解过程和结论仍然是适用的。

支承存在交叉刚度时,转子的运动方程为

$$\begin{bmatrix} m & 0 \\ 0 & m \end{bmatrix} \begin{Bmatrix} \ddot{x} \\ \ddot{y} \end{Bmatrix} + \begin{bmatrix} s_{11} & s_{12} \\ s_{21} & s_{22} \end{bmatrix} \begin{Bmatrix} x \\ y \end{Bmatrix} = m\varepsilon\Omega^2 \begin{Bmatrix} \cos(\Omega t) \\ \sin(\Omega t) \end{Bmatrix} \tag{5.26}$$

此处为简便起见,未计及阻尼。

引入正交变换,

$$\begin{Bmatrix} x \\ y \end{Bmatrix} = \boldsymbol{A} \begin{Bmatrix} v \\ w \end{Bmatrix} \tag{5.27}$$

式中,

$$\boldsymbol{A} = \begin{bmatrix} \cos\alpha & \sin\alpha \\ -\sin\alpha & \cos\alpha \end{bmatrix} \tag{5.28}$$

代入方程(5.26)后,两边同乘 $\boldsymbol{A}$ 矩阵的转置矩阵 $\boldsymbol{A}^{\mathrm{T}}$,可得

$$\begin{bmatrix} m & 0 \\ 0 & m \end{bmatrix} \begin{Bmatrix} \ddot{v} \\ \ddot{w} \end{Bmatrix} + \boldsymbol{A}^{\mathrm{T}} \begin{bmatrix} s_{11} & s_{12} \\ s_{21} & s_{22} \end{bmatrix} \boldsymbol{A} \begin{Bmatrix} v \\ w \end{Bmatrix} = m\varepsilon\Omega^2 \boldsymbol{A}^{\mathrm{T}} \begin{Bmatrix} \cos(\Omega t) \\ \sin(\Omega t) \end{Bmatrix} \tag{5.29}$$

变换之后的刚度矩阵:

$$\boldsymbol{A}^{\mathrm{T}} \begin{bmatrix} s_{11} & s_{12} \\ s_{21} & s_{22} \end{bmatrix} \boldsymbol{A} = \begin{bmatrix} s_{xx} & s_{xy} \\ s_{yx} & s_{yy} \end{bmatrix} \tag{5.30}$$

式中,

$$s_{xx} = s_{11}\cos^2\alpha + s_{22}\sin^2\alpha - (s_{12} + s_{21})\cos\alpha\sin\alpha \tag{5.31}$$

$$s_{xy} = s_{12}\cos^2\alpha - s_{21}\sin^2\alpha + (s_{11} - s_{22})\cos\alpha\sin\alpha \tag{5.32}$$

$$s_{yx} = s_{21}\cos^2\alpha - s_{12}\sin^2\alpha + (s_{11} - s_{22})\cos\alpha\sin\alpha \tag{5.33}$$

$$s_{yy} = s_{11}\sin^2\alpha + s_{22}\cos^2\alpha + (s_{12} + s_{21})\cos\alpha\sin\alpha \tag{5.34}$$

如果交叉刚度完全对称,即 $s_{12} = s_{21}$,则

$$s_{xy}=s_{yx}=\frac{s_{11}-s_{22}}{2}\sin(2\alpha)+s_{12}\cos(2\alpha) \tag{5.35}$$

为消除交叉刚度，$\alpha$ 应满足：

$$\frac{s_{11}-s_{22}}{2}\sin(2\alpha)+s_{12}\cos(2\alpha)=0 \tag{5.36}$$

于是，得

$$\tan(2\alpha)=\frac{2s_{12}}{s_{22}-s_{11}} \tag{5.37}$$

由此说明，当交叉刚度对称时，总可以通过坐标变换找到主坐标方向，使得该方向的力只产生该方向的位移，即使刚度矩阵对角化。

当交叉刚度不对称时，无法实现刚度矩阵对角化。不妨回到式(5.32)和式(5.33)。由于 $s_{12}\neq s_{21}$，故 $s_{xy}\neq s_{yx}$。找不到坐标变换角 $\alpha$ 使式(5.32)和式(5.33)同时为0。

很多情况下，交叉刚度为反对称，即 $s_{12}=-s_{21}$，例如，圆瓦或椭圆瓦滑动轴承的油膜刚度，或密封间隙中流体产生的刚度。反对称交叉刚度的存在，会在一定条件下使转子失稳。这种故障在实际中时有发生。下面对存在反对称交叉刚度和阻尼时转子的稳定性进行分析。

存在交叉刚度和阻尼时，转子的运动方程为

$$\begin{bmatrix} m & 0 \\ 0 & m \end{bmatrix}\begin{Bmatrix}\ddot{x}\\ \ddot{y}\end{Bmatrix}+\begin{bmatrix} d_{11} & d_{12} \\ d_{21} & d_{22} \end{bmatrix}\begin{Bmatrix}\dot{x}\\ \dot{y}\end{Bmatrix}+\begin{bmatrix} s_{11} & s_{12} \\ s_{21} & s_{22} \end{bmatrix}\begin{Bmatrix}x\\ y\end{Bmatrix}=m\varepsilon\Omega^2\begin{Bmatrix}\cos(\Omega t)\\ \sin(\Omega t)\end{Bmatrix} \tag{5.38}$$

式中，$s_{12}=-s_{21}$，$d_{12}=-d_{21}$。

为了考察转子的稳定性，只要分析方程(5.38)对应的齐次方程即可。

为简便起见，不妨设 $d_{11}=d_{22}$，$s_{11}=s_{22}$。

写成复数形式后，方程变为

$$m\ddot{\boldsymbol{r}}+(d_{11}-\mathrm{j}d_{12})\dot{\boldsymbol{r}}+(s_{11}-\mathrm{j}s_{12})\boldsymbol{r}=0 \tag{5.39}$$

式中，$\boldsymbol{r}=x+\mathrm{j}y$。

设解为

$$\boldsymbol{r}=R\mathrm{e}^{\lambda t} \tag{5.40}$$

代入方程(5.39)后，得到特征方程：

$$m\lambda^2+(d_{11}-\mathrm{j}d_{12})\lambda+(s_{11}-\mathrm{j}s_{12})=0 \tag{5.41}$$

其根必为复数形式，即

$$\lambda = \alpha + j\omega \tag{5.42}$$

代入方程(5.41),并将实部与虚部分开,可得

$$m\alpha^2 - m\omega^2 + \alpha d_{11} + \omega d_{12} + s_{11} = 0 \tag{5.43}$$

$$2m\alpha\omega + d_{11}\omega - d_{12}\alpha - s_{12} = 0 \tag{5.44}$$

假设转子系统无阻尼,即 $d_{11} = d_{12} = 0$, 则上述两方程变为

$$m\alpha^2 - m\omega^2 + s_{11} = 0 \tag{5.45}$$

$$2m\alpha\omega - s_{12} = 0 \tag{5.46}$$

当无交叉刚度时, $s_{12} = 0$,则 $\alpha = 0$, $\omega = \sqrt{\dfrac{s_{11}}{m}}$。这表明,系统不会失稳。

由方程(5.45)和方程(5.46)求得

$$\omega_1^2 = \frac{s_{11}}{2m} + \frac{\sqrt{s_{11}^2 + s_{12}^2}}{2m} \tag{5.47}$$

$$\omega_2^2 = \frac{s_{11}}{2m} - \frac{\sqrt{s_{11}^2 + s_{12}^2}}{2m} \tag{5.48}$$

$$\alpha_1^2 = \frac{\sqrt{s_{11}^2 + s_{12}^2}}{2m} - \frac{s_{11}}{2m} \tag{5.49}$$

或

$$\alpha_1 = \frac{s_{12}}{2m\omega_1} \tag{5.50}$$

$$\alpha_2 = \frac{s_{12}}{2m\omega_2} \tag{5.51}$$

由于 $\omega_1 > 0$,故 $\alpha_1 > 0$, 因此,系统将失稳。由此可见,反对称交叉刚度使得转子失稳。失稳时转子的振动频率为 $\omega_1$。

引入外阻尼 $d_{11}$, 但不考虑交叉阻尼项,即 $d_{12} = 0$, 则方程的根为

$$\omega_{1,2} = \pm\sqrt{\frac{4ms_{11} - d_{11}^2}{8m^2} + \frac{\sqrt{(4ms_{11} - d_{11}^2)^2 + 16m^2 s_{12}^2}}{8m^2}} \tag{5.52}$$

$$\omega_{3,4} = \pm\sqrt{\frac{4ms_{11} - d_{11}^2}{8m^2} - \frac{\sqrt{(4ms_{11} - d_{11}^2)^2 + 16m^2 s_{12}^2}}{8m^2}} \tag{5.53}$$

由于式(5.53)根号下的值为负,故 $\omega_3$ 和 $\omega_4$ 无意义。

$$\alpha_1 = \frac{s_{12} - \omega_1 d_{11}}{2m\omega_1} \tag{5.54}$$

$$\alpha_2 = \frac{s_{12} - \omega_2 d_{11}}{2m\omega_2} \tag{5.55}$$

因 $\omega_2 < 0$, 故 $\alpha_2 < 0$。因此,转子的稳定性就取决于 $\alpha_1$ 的正负。如果转子的阻尼满足:

$$d_{11} > \frac{s_{12}}{\omega_1} \tag{5.56}$$

则 $\alpha_1 < 0$, 即转子始终保持稳定。换句话讲,引入阻尼之后,即使转子存在反对称交叉刚度,但只要满足:

$$s_{12} < d_{11}\omega_1 \tag{5.57}$$

时,转子仍然不会失稳。

为了进一步说明失稳机理,可从弹性恢复力做功的角度来加以剖析。

弹性恢复力为

$$F_x = - s_{11}x - s_{12}y \tag{5.58}$$

$$F_y = s_{12}x - s_{11}y \tag{5.59}$$

假设转子沿一圆轨迹运动,轨迹半径为 $r$,如图5.6所示。当转子沿着轨迹运动了 $r\varphi$ 弧长时,弹性力所做的功为

$$W_s = s_{12}r^2\varphi \tag{5.60}$$

这表明,反对称交叉刚度产生的弹性力向转子输入能量,促使转子涡动加剧[1]。

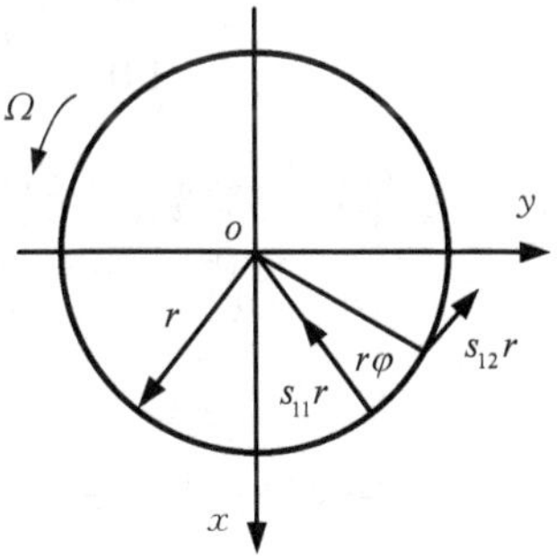


**图5.6　转子的失稳机理**[1]

引入阻尼后,阻尼力为

$$F_{xd} = - d_{11}\dot{x} \tag{5.61}$$

$$F_{yd} = - d_{11}\dot{y} \tag{5.62}$$

阻尼所耗散的功为

$$W_d = - d_{11}\varphi\omega r^2 \tag{5.63}$$

当阻尼所耗散的功与反对称弹性力所做的功相等时,即

$$W_d = W_s$$

或

$$d_{11} = \frac{s_{12}}{\omega} \tag{5.64}$$

转子处在稳定性边界。这与稳定性条件(5.56)是一致的。

上述分析表明,增大转子系统的阻尼有利于提高转子的稳定性。

## 5.4 支承主刚度各向异性对转子稳定性的影响

前面在讨论转子稳定性的过程中,曾假设存在反对称交叉刚度,但两个主刚度是相同的,即 $s_{11} = s_{22}$。然而,对于更一般的情况,既存在交叉刚度,又存在主刚度各向异性。如前所述,反对称交叉刚度可使转子失稳,但主刚度各向异性则有利于转子稳定。本节将讨论同时存在交叉刚度反对称和主刚度各向异性时转子的稳定性。

引入如下的变量:

$$s_{11} = s_0 + \Delta s;\ s_{22} = s_0 - \Delta s;\ \Delta s = \frac{s_{11} - s_{22}}{2};\ s_0 = \frac{s_{11} + s_{22}}{2}。$$

代入方程(5.38)对应的齐次方程,并且忽略阻尼,则得

$$\begin{bmatrix} m & 0 \\ 0 & m \end{bmatrix} \begin{Bmatrix} \ddot{x} \\ \ddot{y} \end{Bmatrix} + \begin{bmatrix} s_0 + \Delta s & s_{12} \\ s_{21} & s_0 - \Delta s \end{bmatrix} \begin{Bmatrix} x \\ y \end{Bmatrix} = \begin{Bmatrix} 0 \\ 0 \end{Bmatrix} \tag{5.65}$$

仍设 $s_{21} = - s_{12}$,方程(5.65)的解具有如下的形式:

$$\begin{Bmatrix} x \\ y \end{Bmatrix} = \begin{Bmatrix} X \\ Y \end{Bmatrix} \mathrm{e}^{\lambda t} \tag{5.66}$$

代入方程(5.65)后,得到如下的特征方程:

$$m^2\lambda^4 + 2ms_0\lambda^2 + s_0^2 + s_{12}^2 - \Delta s^2 = 0 \tag{5.67}$$

如果主刚度相同,即 $\Delta s = 0$,则方程(5.67)的解与(5.41)的解是完全相同的。

设方程(5.67)的解为

$$\lambda = \alpha + \mathrm{j}\omega \tag{5.68}$$

代入方程(5.67)之后,得

$$\alpha^2 - \omega^2 + 2j\alpha\omega = -\frac{s_0}{m} \pm \frac{\sqrt{\Delta s^2 - s_{12}^2}}{m} \tag{5.69}$$

如果 $\Delta s > s_{12}$，则有

$$\alpha = 0 \tag{5.70}$$

$$\omega^2 = \frac{s_0}{m} \pm \frac{\sqrt{\Delta s^2 - s_{12}^2}}{m} \tag{5.71}$$

这说明转子是稳定的。可见，当主刚度各向异性足以克服反对称交叉刚度的影响时，即使无阻尼，转子也是稳定的。因此，主刚度各向异性有利于提高转子稳定性。另外，$s_{21} = s_{12} = 0$ 时，由式(5.67)得到的两个临界转速与第 5.1 节的结果是相同的。

如果 $\Delta s < s_{12}$，由方程(5.69)得

$$\alpha^2 = -\frac{s_0}{2m} \pm \frac{\sqrt{s_0^2 + s_{12}^2 - \Delta s^2}}{2m} \tag{5.72}$$

由于，

$$\sqrt{s_0^2 + s_{12}^2 - \Delta s^2} > s_0 \tag{5.73}$$

故

$$\alpha_1 = \left[\frac{\sqrt{s_0^2 + s_{12}^2 - \Delta s^2}}{2m} - \frac{s_0}{2m}\right]^{1/2} > 0 \tag{5.74}$$

此时，转子不稳定。说明，主刚度各向异性不足以克服反对称交叉刚度的影响。比较式(5.49)和式(5.74)，由于，

$$\frac{\sqrt{s_0^2 + s_{12}^2 - \Delta s^2}}{2m} - \frac{s_0}{2m} < \frac{\sqrt{s_0^2 + s_{12}^2}}{2m} - \frac{s_0}{2m} \tag{5.75}$$

故特征根的实部虽然大于 0，但其值要比主刚度各向同性时小。这说明，在任何情况下主刚度各向异性都有利于抑制转子失稳。

## 5.5　从能量角度解释转子的稳定性

反对称交叉刚度存在时，弹性力将不断向转子输入能量，使转子的振动越来越大，导致转子失稳。

转子运动时的弹性力为

$$F_x = -s_0 x - s_{12} y \tag{5.76}$$

$$F_y = -s_0 y + s_{12} x \tag{5.77}$$

主刚度各向同性，故转子运动轨迹可假设为圆轨迹：

$$x = r\cos(\omega t) \tag{5.78}$$

$$y = r\sin(\omega t) \tag{5.79}$$

在转子运转一个周期内，弹性力所做的功为

$$W = \int_0^T -(F_x \dot{x} + F_y \dot{y})\mathrm{d}t \tag{5.80}$$

将式(5.76)、式(5.77)、式(5.78)和式(5.79)代入式(5.80)，可得

$$W = 2\pi r^2 s_{12} \tag{5.81}$$

此为反对称交叉刚度产生的弹性力在一个周期内向转子输入的能量。它与反对称交叉刚度 $s_{12}$ 和转子运动轨迹所围的面积 $\pi r^2$ 成正比。

当主刚度各向异性时，转子运动轨迹为椭圆，即

$$x = X\cos(\omega t) \tag{5.82}$$

$$y = Y\sin(\omega t) \tag{5.83}$$

弹性力为

$$F_x = -(s_0 + \Delta s)x - s_{12} y \tag{5.84}$$

$$F_y = -(s_0 - \Delta s)y + s_{12} x \tag{5.85}$$

代入式(5.80)，可得弹性力所做的功为

$$W = 2\pi XY s_{12} \tag{5.86}$$

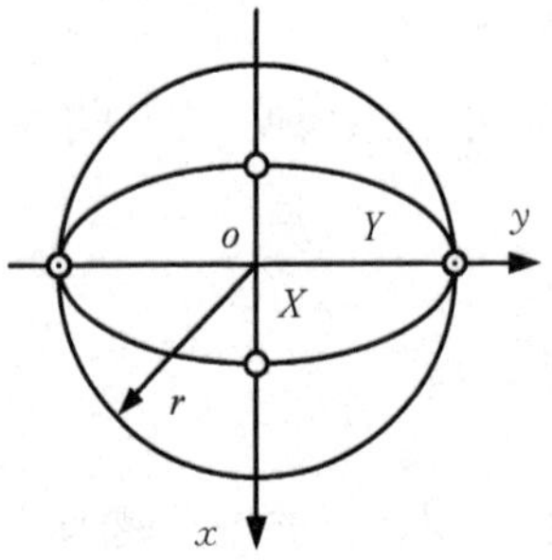

图 5.7 转子圆轨迹和椭圆轨迹

它同样与反对称交叉刚度 $s_{12}$ 和转子运动轨迹所围的面积 $\pi XY$ 成正比。

若椭圆长轴 $Y$ 与圆轨迹半径 $r$ 相同，如图 5.7 所示，$Y = r$，则

$$2\pi XY s_{12} < 2\pi r^2 s_{12} \tag{5.87}$$

式(5.87)说明，主刚度各向异性时，反对称交叉刚度产生的弹性力向转子输入的能量要比主刚度各向同性时小。如上所述，反对称交叉刚度产生的弹性力所做的功与转子运动轨迹所包围的面积成正比。显然，椭圆

轨迹所围的面积要比圆轨迹包围的面积小。

从能量的角度看,转子最终是否失稳取决于阻尼力耗散的能量大于还是小于弹性力输入的能量。

只考虑主阻尼时,阻尼力为

$$F_{dx} = - d_{11}\dot{x} \tag{5.88}$$

$$F_{dy} = - d_{11}\dot{y} \tag{5.89}$$

则阻尼力所耗散的功为

$$W_d = \int_0^T (F_{dx}\dot{x} + F_{dy}\dot{y})\,\mathrm{d}t \tag{5.90}$$

当转子运动轨迹为圆轨迹时,阻尼力所耗散的功为

$$W_d = 2\pi d_{11}\omega r^2 \tag{5.91}$$

与式(5.81)比较,若

$$W_d = 2\pi d_{11}\omega r^2 > W = 2\pi r^2 s_{12} \tag{5.92}$$

时,即

$$d_{11} > \frac{s_{12}}{\omega} \tag{5.93}$$

转子的振动是稳定的。结果与式(5.64)相同。

当转子运动轨迹为椭圆轨迹时,阻尼力所耗散的功为

$$W_d = \pi d_{11}\omega(X^2 + Y^2) \tag{5.94}$$

稳定性条件则为

$$d_{11} > \frac{2XYs_{12}}{\omega(X^2 + Y^2)} \tag{5.95}$$

由于,

$$X^2 + Y^2 > 2XY \tag{5.96}$$

$$\frac{2XY}{X^2 + Y^2} < 1 \tag{5.97}$$

故主刚度各向异性时的稳定性条件——式(5.95),要比各向同性时的稳定性条

件——式(5.93)更易于满足。从能量的角度再次说明，主刚度各向异性有利于提高转子的稳定性。

## 参考文献

[1] GASCH R, NORDMANN R, PFUETZNER H. Rotordynamik[M]. Berlin: Springer, 2002.
[2] 沈达宽. 航空发动机强度计算[M]. 北京: 国防工业出版社, 1980.

# 第 6 章

# 盘偏置时转子的振动

在前面的章节中,均假设盘位于轴的跨中。盘被处理成一个点质量,不计其转动惯量,如图 6.1 所示。实际上,转子结构有多种形式,很多情况下并不符合上述假设,即盘并不安装在跨中,如图 6.2 所示。转子旋转时,偏心离心力使转子产生弯曲动挠度。圆盘不仅发生自转和横向振动,而且还要产生偏离原先平面的摆动。这种摆动将与转子横向振动耦合,产生所谓的回转效应。本章讨论盘偏置时的回转效应及其对转子振动的影响。

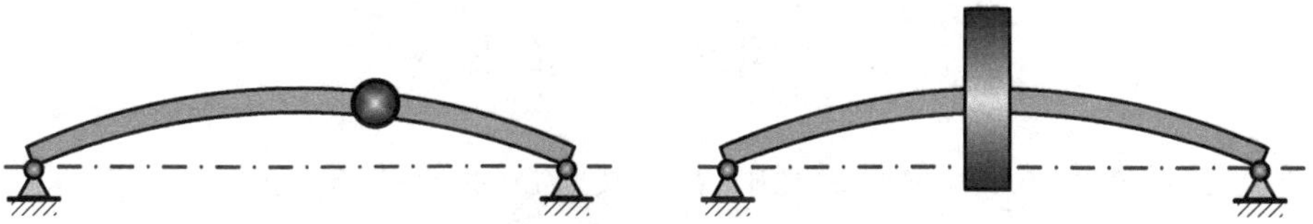

图 6.1　带点质量的转子和 Jeffcott 转子模型[1]

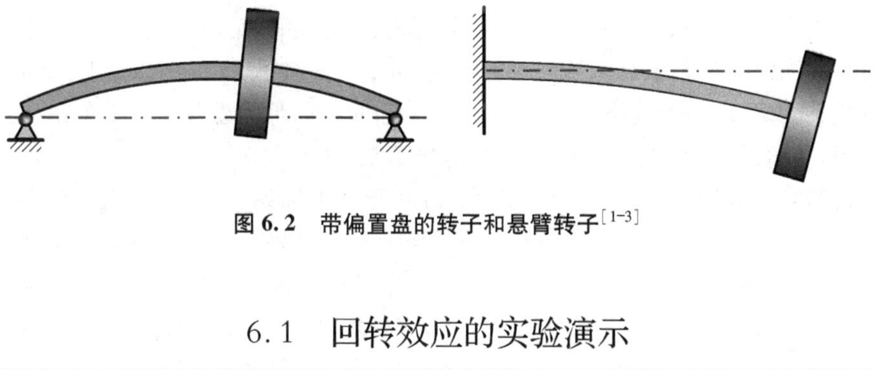

图 6.2　带偏置盘的转子和悬臂转子[1-3]

## 6.1　回转效应的实验演示

为了对回转效应获得直观理解,不妨用图 6.3 所示的车轮进行实验说明[1]。

车轮绕水平轴以 $\Omega$ 顺时针旋转,用手柄推动轴及车轮绕竖直轴以 $\dot{\varphi}_z$ 旋转,则车轮将会产生一个绕 $y$ 轴的力矩,即陀螺力矩。力矩的大小为 $M_y = I_p \Omega \dot{\varphi}_z$,其中,$I_p$ 为车轮绕轴的极转动惯量。转速 $\Omega$ 和 $\dot{\varphi}_z$ 越高,则陀螺力矩越大。

如果车轮绕 $y$ 轴有一个角加速度时,还会在 $x-z$ 平面内产生一个回转力矩。

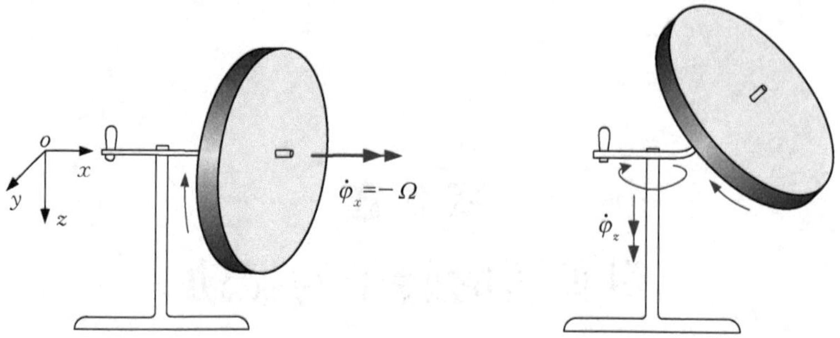


(a) 车轮顺时针旋转　　(b) 车轮与轴绕竖直轴旋转

**图 6.3　回转效应的实验演示**[1]

此时，回转效应就由如下的力矩来表达：

$$M_y = I_p \Omega \dot{\varphi}_z - I_d \ddot{\varphi}_y \tag{6.1}$$

式中，$I_d$ 为车轮绕直径的转动惯量。

在此力矩的作用之下，水平轴将会发生如图 6.3 所示的变形。

## 6.2　偏置盘运动的描述

盘偏置之后，在转子运转过程中，盘绕其中心轴线自转的同时，还会摆动[1-7]。因此，可将盘的运动视作空间刚体运动，表示成随质心的平动和绕质心的定点转动。如图 6.4 所示，取空间固定坐标系($o$, $x$, $y$, $z$)来描述盘质心的平动。取平动坐标系($o'$, $x'$, $y'$, $z'$)，原点 $o'$ 与盘质心固连，随盘平动，但不转动，各个坐标轴与对应的固定坐标轴平行。转动坐标系为($o'$, $\xi$, $\eta$, $\zeta$)，固结在圆盘上，$o'\eta$ 为过圆盘质心的法线，与轴动挠度曲线相切。$o'\xi$ 和 $o'\zeta$ 分别为圆盘上的 2 条正交的直径。图 6.4 表示带偏置盘的转子和动、静坐标系。

盘的空间运动就由质心平动($x$, $y$, $z$)和转动坐标系($o'$, $\xi$, $\eta$, $\zeta$)绕平动坐标系的转动来表达。一般用 3 个欧拉角来描述转动坐标系绕平动坐标系的转动[1,4,6]。假定初始时刻 $t_0$，转动坐标系与平动坐标系重合。在任一时刻 $t$ 时，转动坐标系相对平动坐标系的位置可由 3 个位置角(欧拉角)来确定。先绕 $o'\zeta$ 轴转动 $\alpha$ 角；再绕 $o'\xi_1$ 轴转动 $\beta$ 角；最后绕 $o'\eta$ 轴转动 $\varphi$ 角，如图 6.5 所示。

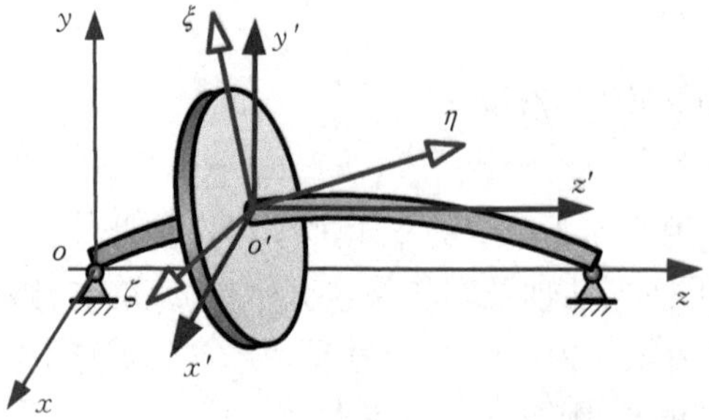


**图 6.4　带偏置盘的转子和动、静坐标系**

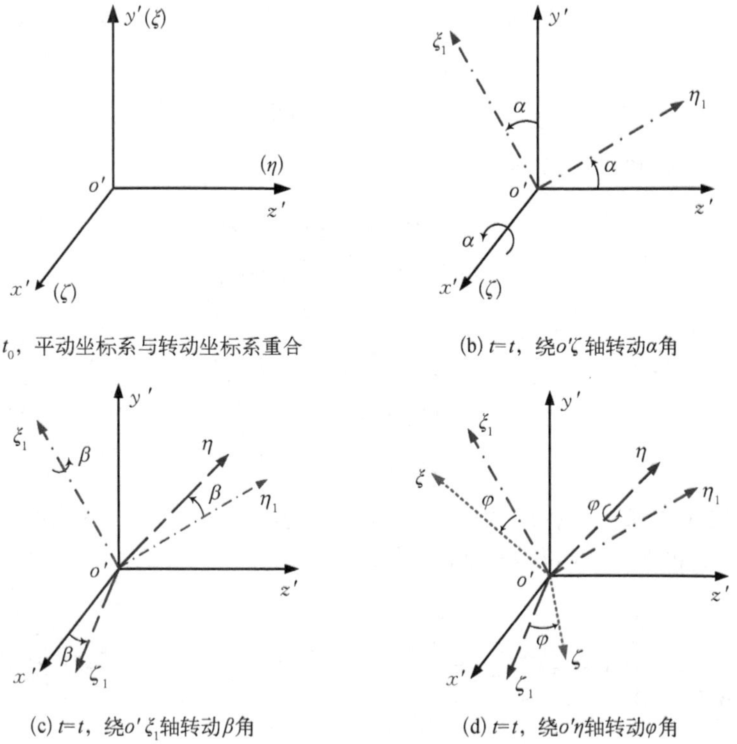


**图 6.5　转动坐标系绕平动坐标系转动的 3 个欧拉角**

于是，得到圆盘的角速度为

$$\boldsymbol{\omega}=\dot{\boldsymbol{\alpha}}+\dot{\boldsymbol{\beta}}+\dot{\boldsymbol{\varphi}} \tag{6.2}$$

投影到平动坐标系则为

$$\boldsymbol{\omega}=\begin{Bmatrix}\boldsymbol{\omega}_{x'}\\ \boldsymbol{\omega}_{y'}\\ \boldsymbol{\omega}_{z'}\end{Bmatrix}=\begin{Bmatrix}\dot{\boldsymbol{\alpha}}-\dot{\boldsymbol{\varphi}}\sin\beta\\ \dot{\boldsymbol{\beta}}\cos\alpha+\dot{\boldsymbol{\varphi}}\sin\alpha\cos\beta\\ \dot{\boldsymbol{\varphi}}\cos\beta\cos\alpha-\dot{\boldsymbol{\beta}}\sin\alpha\end{Bmatrix} \tag{6.3}$$

由于 $o'\boldsymbol{\xi}_1$、$o'\zeta$ 和 $o'\boldsymbol{\eta}_1$ 轴皆为圆盘的惯性主轴，故圆盘对原点 $o'$ 的动量矩为

$$\boldsymbol{L}_{o'}=I_d\dot{\boldsymbol{\alpha}}+I_d\dot{\boldsymbol{\beta}}+I_p\dot{\boldsymbol{\varphi}} \tag{6.4}$$

在平动坐标系，动量矩则为

$$\boldsymbol{L}_o=\begin{Bmatrix}\boldsymbol{L}_{x'}\\ \boldsymbol{L}_{y'}\\ \boldsymbol{L}_{z'}\end{Bmatrix}=\begin{Bmatrix}I_d\dot{\boldsymbol{\alpha}}-I_p\dot{\boldsymbol{\varphi}}\sin\beta\\ I_d\dot{\boldsymbol{\beta}}\cos\alpha+I_p\dot{\boldsymbol{\varphi}}\sin\alpha\cos\beta\\ I_p\dot{\boldsymbol{\varphi}}\cos\beta\cos\alpha-I_d\dot{\boldsymbol{\beta}}\sin\alpha\end{Bmatrix} \tag{6.5}$$

实际上，转子振动时的动挠度非常小，即微幅振动，$\alpha$ 和 $\beta$ 为小量，故可取：

$$\begin{cases}\sin\alpha\approx\alpha,\ \cos\alpha\approx 1\\ \sin\beta\approx\beta,\ \cos\beta\approx 1\end{cases}\tag{6.6}$$

于是，式(6.3)和式(6.5)简化为

$$\boldsymbol{\omega}=\begin{Bmatrix}\omega_{x'}\\ \omega_{y'}\\ \omega_{z'}\end{Bmatrix}=\begin{Bmatrix}\dot{\alpha}-\dot{\varphi}\beta\\ \dot{\beta}+\dot{\varphi}\alpha\\ \dot{\varphi}-\dot{\beta}\alpha\end{Bmatrix}\tag{6.7}$$

$$\boldsymbol{L}_o=\begin{Bmatrix}L_{x'}\\ L_{y'}\\ L_{z'}\end{Bmatrix}=\begin{Bmatrix}I_d\dot{\alpha}-I_p\dot{\varphi}\beta\\ I_d\dot{\beta}+I_p\dot{\varphi}\alpha\\ I_p\dot{\varphi}-I_d\dot{\beta}\alpha\end{Bmatrix}\tag{6.8}$$

取式(6.6)的近似假设后，相当于把 $\alpha$ 和 $\beta$ 分别用转子动挠度曲线在 $yoz$ 平面和 $xoz$ 平面投影的切线与 $oz$ 轴的夹角来替代，如图 6.6 所示。

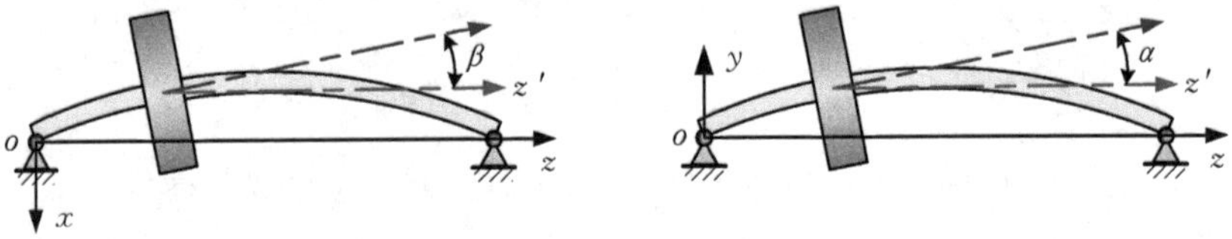


(a) $xoz$平面　　(b) $yoz$平面

**图 6.6　转子动挠度曲线在 $xoz$ 平面和 $yoz$ 平面的投影及转角 $\beta$ 和 $\alpha$**

## 6.3　盘偏置时转子的运动方程

如图 6.7 所示，一转子支承在两个刚性支承之上，圆盘偏置。取固定坐标系 $(o,\ x,\ y,\ z)$。为列出转子的运动方程，宜先确定转子在置盘处力、力矩与位移和转角间的关系，即刚度矩阵[1,2]：

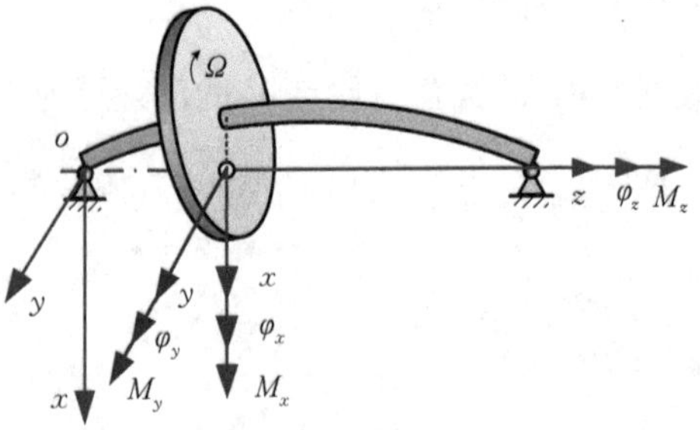


**图 6.7　带偏置盘转子上的力、力矩及盘的位移和转角**

$$\begin{Bmatrix}F_x\\ M_y\\ F_y\\ M_x\end{Bmatrix}=\begin{bmatrix}s_{11}&s_{12}&0&0\\ s_{21}&s_{22}&0&0\\ 0&0&s_{11}&-s_{12}\\ 0&0&-s_{21}&s_{22}\end{bmatrix}\begin{Bmatrix}x\\ \varphi_y\\ y\\ \varphi_x\end{Bmatrix}\begin{matrix}\}\ x,\ z\ 平面\\ \}\ y,\ z\ 平面\end{matrix}\tag{6.9}$$

式中，$s_{ij}(i,\ j=1,\ 2)$ 为刚度系数，其物理意义由图 6.8 说明。

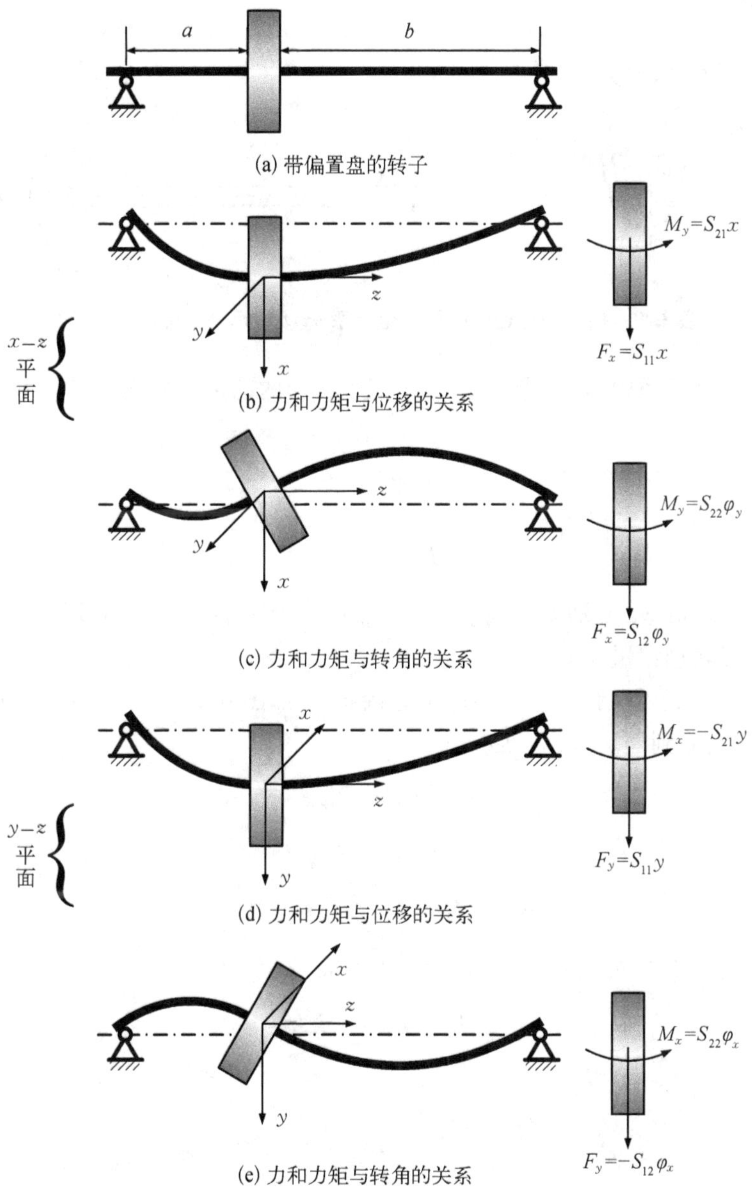


**图 6.8　置盘处力、力矩和位移、转角间的关系及刚度的物理意义**

根据前面的分析可知，在微幅振动的情况下，圆盘绕定点的转动，可由圆盘在 2 个平面的摆动角来表达，而无需利用欧拉角来描述。取固连于圆盘三个主轴方向的平动坐标系为 $o'x'y'z'$。其原点在圆盘的质心，$z'$ 轴与盘的旋转轴重合，$x'$ 和 $y'$ 轴则位于盘的中心面，分别与圆盘的两个主轴重合。但该坐标系并不随圆盘绕 $z'$ 轴旋转。图 6.9 描述了 $oxyz$ 坐标系和 $o'x'y'z'$ 坐标系。

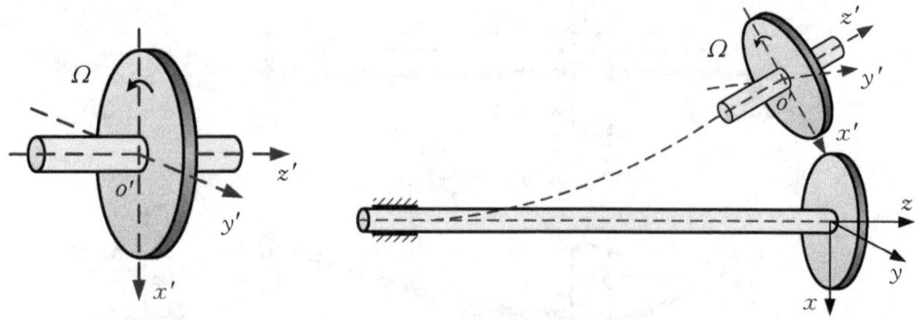


图 6.9　描述转子运动的固定坐标系 *oxyz* 和运动坐标系 *o'x'y'z'*

在平动坐标系中，转子沿 $x'$, $y'$, $z'$ 三个方向的动量矩分别为

$$\boldsymbol{L}_{z'} = I_p \dot{\boldsymbol{\varphi}}_{z'} \tag{6.10}$$

$$\boldsymbol{L}_{y'} = I_d \dot{\boldsymbol{\varphi}}_{y'} \tag{6.11}$$

$$\boldsymbol{L}_{x'} = I_d \dot{\boldsymbol{\varphi}}_{x'} \tag{6.12}$$

式中，$\varphi_{x'}$、$\varphi_{y'}$ 和 $\varphi_{z'}$ 分别为盘绕平动坐标轴的 3 个转角，$I_p$ 和 $I_d$ 分别为盘的极转动惯量和直径转动惯量。

上述动量矩可投影到空间固定坐标系 *oxyz*，如图 6.10 所示。在微幅摆动的假设条件下，投影到固定坐标系后，得

$$\boldsymbol{L}_x = \boldsymbol{L}_{x'} - \boldsymbol{L}_{z'} \varphi_{y'} \tag{6.13}$$

$$\boldsymbol{L}_y = \boldsymbol{L}_{y'} + \boldsymbol{L}_{z'} \varphi_{x'} \tag{6.14}$$

$$\boldsymbol{L}_z = \boldsymbol{L}_{z'} = I_p \dot{\boldsymbol{\varphi}}_{z'} \tag{6.15}$$

假设转子以 $\Omega$ 恒速旋转，则 $\dot{\boldsymbol{\varphi}}_{z'} = -\Omega =$ 常数，于是，

$$\boldsymbol{L}_z = \boldsymbol{L}_{z'} = -I_p \Omega \tag{6.16}$$

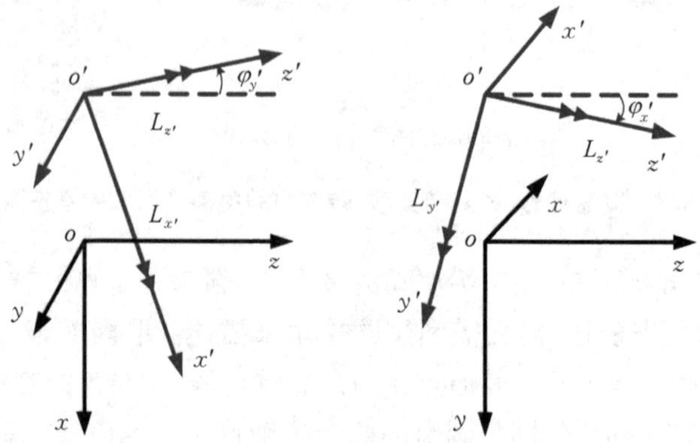


图 6.10　在动坐标系和固定坐标系的动量矩

把式(6.10)、式(6.11)和式(6.12)代入式(6.13)和式(6.14),可得

$$\boldsymbol{L_x} = I_d\dot{\boldsymbol{\varphi}}_{\boldsymbol{x}'} + I_p\Omega\varphi_{y'} \tag{6.17}$$

$$\boldsymbol{L}_y = I_d\dot{\boldsymbol{\varphi}}_{\boldsymbol{y}'} - I_p\Omega\varphi_{x'} \tag{6.18}$$

根据动量矩定律,求得惯性力矩为

$$M_x = \dot{L}_x = I_d\ddot{\varphi}_{x'} + I_p\Omega\dot{\varphi}_{y'} \tag{6.19}$$

$$M_y = \dot{L}_y = I_d\ddot{\varphi}_{y'} - I_p\Omega\dot{\varphi}_{x'} \tag{6.20}$$

式中,$I_d\ddot{\varphi}_{x'}$ 和 $I_d\ddot{\varphi}_{y'}$ 分别是圆盘摆动在 $x'$ 和 $y'$ 方向所产生的惯性力矩。即使转子不转动,它们也可存在。而 $I_p\Omega\dot{\varphi}_{y'}$ 和 $I_p\Omega\dot{\varphi}_{x'}$ 为陀螺力矩,是由转子旋转产生的。若转子不旋转,$\Omega = 0$,陀螺力矩为零。另外,转子横向振动的惯性力为 $F_x = m\ddot{x}_s$,$F_y = m\ddot{y}_s$。$x_s$ 和 $y_s$ 表示圆盘的质心坐标。

最后可列出转子的运动微分方程:

$$\begin{bmatrix} m & 0 & 0 & 0 \\ 0 & I_d & 0 & 0 \\ 0 & 0 & m & 0 \\ 0 & 0 & 0 & I_d \end{bmatrix} \begin{Bmatrix} \ddot{x}_s \\ \ddot{\varphi}_{ys} \\ \ddot{y}_s \\ \ddot{\varphi}_{xs} \end{Bmatrix} + \begin{bmatrix} 0 & 0 & 0 & 0 \\ 0 & 0 & 0 & -I_p\Omega \\ 0 & 0 & 0 & 0 \\ 0 & I_p\Omega & 0 & 0 \end{bmatrix} \begin{Bmatrix} \dot{x}_s \\ \dot{\varphi}_{ys} \\ \dot{y}_s \\ \dot{\varphi}_{xs} \end{Bmatrix} + \begin{bmatrix} s_{11} & s_{12} & 0 & 0 \\ s_{21} & s_{22} & 0 & 0 \\ 0 & 0 & s_{11} & -s_{12} \\ 0 & 0 & -s_{21} & s_{22} \end{bmatrix} \begin{Bmatrix} x \\ \varphi_y \\ y \\ \varphi_x \end{Bmatrix} = \begin{Bmatrix} 0 \\ 0 \\ 0 \\ 0 \end{Bmatrix} \tag{6.21}$$

在微幅运动的条件下,方程(6.21)中,取 $\varphi_x = \varphi_{x'}$,$\varphi_y = \varphi_{y'}$,表示装圆盘处轴的挠角,$\varphi_{xs}$ 和 $\varphi_{ys}$ 表示圆盘的摆角。

引入复向量:

$$\boldsymbol{r}_s = x_s + \mathrm{j}y_s,\ \boldsymbol{r} = x + \mathrm{j}y,\ \boldsymbol{\varphi}_s = \varphi_{xs} + \mathrm{j}\varphi_{ys},\ \boldsymbol{\varphi} = \varphi_x + \mathrm{j}\varphi_y。$$

方程(6.21)则可写成复向量形式,即

$$\begin{bmatrix} m & 0 \\ 0 & I_d \end{bmatrix} \begin{Bmatrix} \ddot{\boldsymbol{r}}_s \\ \ddot{\boldsymbol{\varphi}}_s \end{Bmatrix} + \begin{bmatrix} 0 & 0 \\ 0 & -\mathrm{j}I_p\Omega \end{bmatrix} \begin{Bmatrix} \dot{\boldsymbol{r}}_s \\ \dot{\boldsymbol{\varphi}}_s \end{Bmatrix} + \begin{bmatrix} s_{11} & -\mathrm{j}s_{12} \\ \mathrm{j}s_{21} & s_{22} \end{bmatrix} \begin{Bmatrix} \boldsymbol{r} \\ \boldsymbol{\varphi} \end{Bmatrix} = \begin{Bmatrix} 0 \\ 0 \end{Bmatrix} \tag{6.22}$$

设圆盘质量偏心为 $\varepsilon$,相角为 $\delta$,圆盘初始斜度为 $\theta$,相角为 $\gamma$,则有

$$\boldsymbol{r}_s = \boldsymbol{r} + \varepsilon \boldsymbol{e}^{\mathrm{j}(\Omega t+\delta)} \tag{6.23}$$

$$\boldsymbol{\varphi}_s = \boldsymbol{\varphi} + \theta \boldsymbol{e}^{j(\Omega t+\gamma)} \tag{6.24}$$

代入方程(6.22)后,最终就得到偏置盘转子的运动方程:

$$\begin{bmatrix} m & 0 \\ 0 & I_d \end{bmatrix} \begin{Bmatrix} \ddot{\boldsymbol{r}} \\ \ddot{\boldsymbol{\varphi}} \end{Bmatrix} + \begin{bmatrix} 0 & 0 \\ 0 & -jI_p\Omega \end{bmatrix} \begin{Bmatrix} \dot{\boldsymbol{r}} \\ \dot{\boldsymbol{\varphi}} \end{Bmatrix} + \begin{bmatrix} s_{11} & -js_{12} \\ js_{21} & s_{22} \end{bmatrix} \begin{Bmatrix} \boldsymbol{r} \\ \boldsymbol{\varphi} \end{Bmatrix} = \Omega^2 \begin{Bmatrix} m\varepsilon \boldsymbol{e}^{j\delta} \\ (I_d - I_p)\theta \boldsymbol{e}^{j\gamma} \end{Bmatrix} \boldsymbol{e}^{j\Omega t} \tag{6.25}$$

## 6.4 转子的自振频率

为求转子的自振频率,可由方程(6.25)对应的齐次方程求得转子系统的特征方程,即

$$\begin{vmatrix} -m\omega^2 + s_{11} & -js_{12} \\ js_{21} & (-I_d\omega^2 + I_p\Omega\omega + s_{22}) \end{vmatrix} = 0 \tag{6.26}$$

将式(6.26)展开之后得

$$mI_d\omega^4 - mI_p\Omega\omega^3 - (s_{22}m + s_{11}I_d)\omega^2 + s_{11}I_p\Omega\omega + (s_{11}s_{22} - s_{12}s_{21}) = 0 \tag{6.27}$$

方程(6.27)有 4 个根 $\omega_1$, $\omega_2$, $\omega_3$ 和 $\omega_4$。因为系数中包含有 $\Omega$,因此,4 个特征根与转速 $\Omega$ 有关。图 6.11 描述了 4 个特征根 $\omega_1$, $\omega_2$, $\omega_3$ 和 $\omega_4$ 与转速 $\Omega$ 的关系[1]。由图 6.11 可见,对应每一个转速 $\Omega$,存在 4 个特征根,其中 2 个为正,2 个为负。故有 4 条特征根曲线,且关于原点对称。把 $-\omega$ 与 $-\Omega$ 代入方程(6.27)后,

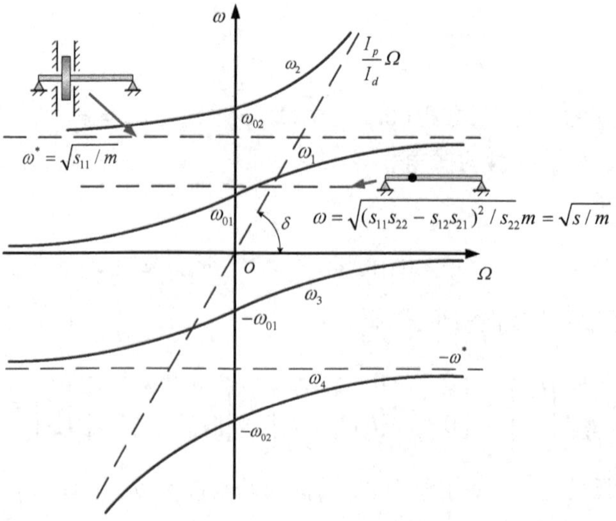


**图 6.11　当 $I_p > I_d$[1-3] 时,4 个特征根与转速的变化关系**

方程保持不变。由此就证明了特征根的原点对称性。

若转子不旋转，$\Omega=0$，由方程(6.27)得到 4 个特征根 $\omega_{01}$、$\omega_{02}$、$\omega_{03}$ 和 $\omega_{04}$。此时，无陀螺力矩的影响。其中 $\omega_{03}=-\omega_{01}$，$\omega_{04}=-\omega_{02}$。$\omega_{01}$ 要小于把盘视作质点时的自振频率，即

$$\omega_{01}<\omega=\sqrt{\frac{s}{m}}=\sqrt{\frac{s_{11}s_{22}-s_{12}s_{21}}{ms_{22}}} \tag{6.28}$$

而 $\omega_{02}$ 大于盘只作平面振动时的自振频率，即

$$\omega_{02}>\omega^{*}=\sqrt{\frac{s_{11}}{m}} \tag{6.29}$$

$\omega^{*}$ 可由齐次方程的第一个方程中令 $\varphi=0$ 而求得。

表 6.1 给出了转子自振频率随转速的变化趋势。

**表 6.1　自振频率 $\omega$ 随转速 $\Omega$ 变化的趋势**[1]

| $\Omega\to-\infty$ | $\Omega\to+\infty$ |
|---|---|
| $\omega_1\to0$ | $\omega_1\to\omega^{*}$ |
| $\omega_2\to\omega^{*}$ | $\omega_2\to\frac{I_p}{I_d}\Omega$ |
| $\omega_3\to-\omega^{*}$ | $\omega_3\to0$ |
| $\omega_4\to\frac{I_p}{I_d}\Omega$ | $\omega_4\to-\omega^{*}$ |

图 6.11 中给出了 $\omega_2$ 和 $\omega_4$ 在 $\Omega\Rightarrow-\infty$ 和 $\Omega\Rightarrow+\infty$ 时的渐近线。渐近线的斜率为

$$\tan\psi=\frac{I_p}{I_d} \tag{6.30}$$

对于图 6.12 所示的圆柱体，极转动惯量 $I_p$ 和直径转动惯量 $I_d$ 分别为

$$I_p=\frac{mR^2}{2} \tag{6.31}$$

$$I_d=\frac{m}{12}(3R^2+H^2) \tag{6.32}$$

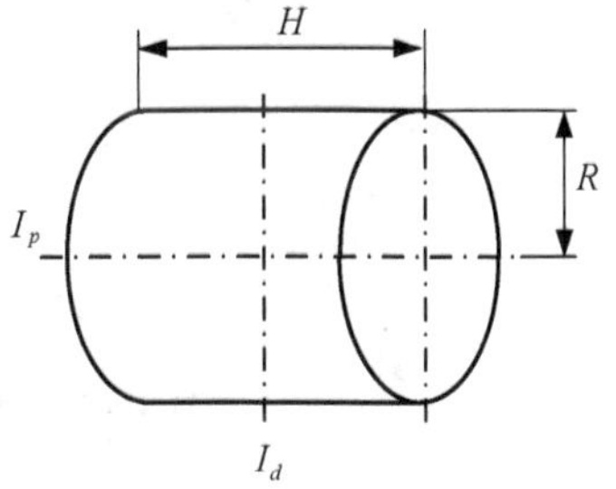


**图 6.12　圆柱体的极转动惯量 $I_p$ 和直径转动惯量 $I_d$**

对于薄盘，$H \ll R$，于是

$$\tan\delta = \frac{I_p}{I_d} \approx 2$$

$$\delta = 63.5°$$

盘厚度增加，斜率变小。当 $H = \sqrt{3}R$ 时，$\tan\psi = 1$，$\psi = 45°$。

当 $H > \sqrt{3}R$ 时，$I_d > I_p$。

实际应用中，很多转子结构接近对称。在此情况之下，可将转子摆动与横向振动解耦，即 $s_{12} = s_{21} = 0$。根据特征方程式(6.27)得到转子横向振动的自振频率为

$$\omega_{1,3} = \pm\sqrt{\frac{s_{11}}{m}} \tag{6.33}$$

而纯摆动自振频率为

$$\omega_{2,4} = \frac{I_p}{2I_d}\Omega \pm \sqrt{\left(\frac{I_p}{2I_d}\Omega\right)^2 + \frac{s_{22}}{I_d}} \tag{6.34}$$

可见，只有摆动自振频率受到陀螺力矩的影响，而横向振动的自振频率与Jeffcott转子的临界转速相同，不受陀螺力矩的影响。图6.13描述了对称转子自振频率随转速的变化曲线。

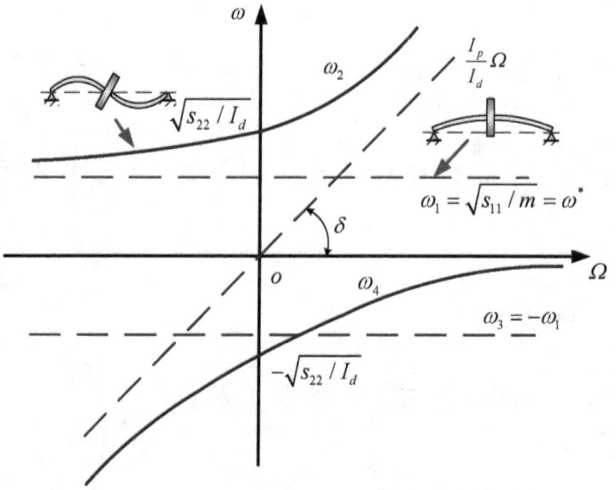


**图6.13 对称转子的自振频率随转速的变化曲线**[1]

$s_{12} = s_{21} = 0$

转子不旋转时，$\Omega = 0$，则有

$$\omega_{2,4}\Big|_{\Omega=0}=\pm\sqrt{\frac{s_{22}}{I_d}} \tag{6.35}$$

引入转速比，

$$\eta^*=\frac{\Omega}{\omega_2\Big|_{\Omega=0}}=\frac{\Omega}{\sqrt{\dfrac{s_{22}}{I_d}}} \tag{6.36}$$

则

$$\frac{\omega_{2,4}}{\omega_2\Big|_{\Omega=0}}=\frac{I_p}{2I_d}\eta^*\pm\sqrt{\left(\frac{I_p}{2I_d}\eta^*\right)^2+1} \tag{6.37}$$

图 6.14 表示摆动自振频率比随转速比的变化关系。由图 6.14 可见，只要 $\dfrac{I_p}{I_d}>1$，则 $\omega_2$ 与 $\Omega$ 无交点。说明 Jeffcott 转子正进动时，永远不会发生摆动。

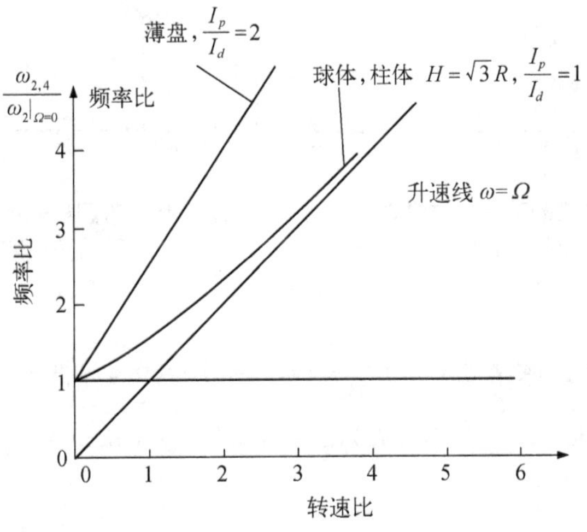


**图 6.14　摆动自振频率随转速比 $\eta^*$ 的变化**[1]

假设转子在临界转速处发生协调正进动，即 $\Omega=\omega$，则方程(6.27)变成：

$$m(I_p-I_d)\omega^4-[(I_p-I_d)s_{11}-ms_{22}]\omega^2-(s_{11}s_{22}-s_{12}s_{21})=0 \tag{6.38}$$

其解为

$$\omega^2=\frac{1}{2}\left(\frac{s_{11}}{m}-\frac{s_{22}}{I_p-I_d}\right)\pm\sqrt{\frac{1}{4}\left(\frac{s_{11}}{m}-\frac{s_{22}}{I_p-I_d}\right)^2+\frac{s_{11}s_{22}-s_{12}s_{21}}{m(I_p-I_d)}} \tag{6.39}$$

求得的 $\omega$ 值就是考虑了回转效应之后转子的临界转速。对于薄盘，$I_p > I_d$，带根号的项要比前面的项大，根号前的负号使得 $\omega$ 值为复数，故无意义。只取带正号的值。说明带薄盘的转子正向进动时，只有一个临界转速。此临界转速要比不考虑回转效应时的临界转速大，如图 6.15 所示。这说明，回转效应提高了转子协调正进动的临界转速[1,2]。

如果转子带一个圆柱体，$I_p < I_d$，则由式(6.39)解得两个临界转速。图 6.16 表明，第一个临界转速 $\omega_1$ 低于不考虑回转效应时的临界转速 $\omega$；而第二个临界转速 $\omega_2$ 则高于盘不摆动时的临界转速 $\omega^*$。

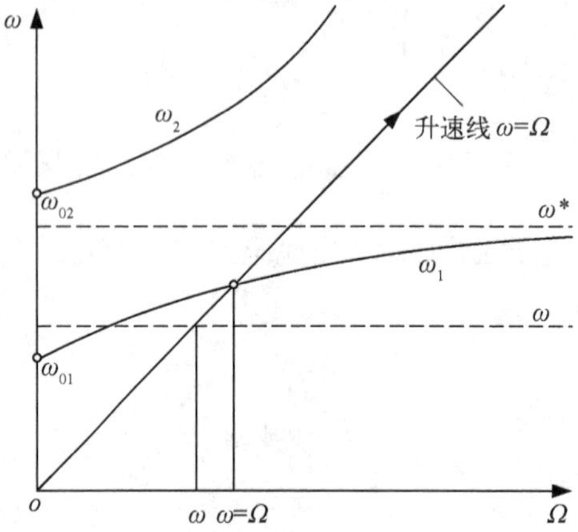


**图 6.15　带薄盘的转子自振频率随转速的变化**[1]

$I_p > I_d$

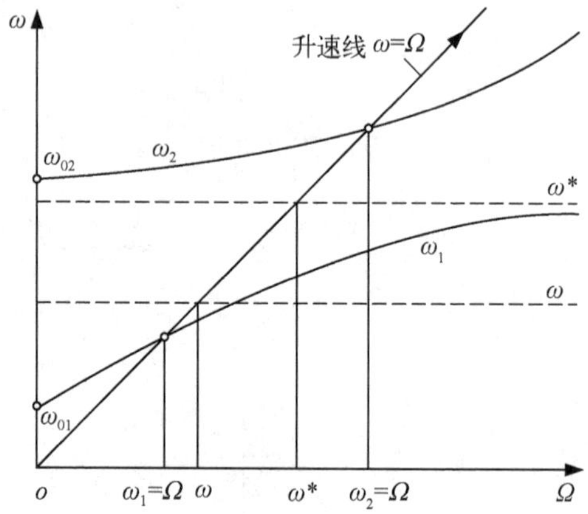


**图 6.16　带圆柱体的转子的自振频率随转速的变化**[1]

$I_p < I_d$

假设转子进行协调反进动，即 $\omega = -\Omega$，则方程(6.27)变为

$$m(I_p + I_d)\omega^4 - [(I_p + I_d)s_{11} + ms_{22}]\omega^2 + (s_{11}s_{22} - s_{12}s_{21}) = 0 \quad (6.40)$$

可求得解为

$$\omega^2 = \frac{1}{2}\left(\frac{s_{11}}{m} + \frac{s_{22}}{I_p + I_d}\right) \pm \sqrt{\frac{1}{4}\left(\frac{s_{11}}{m} + \frac{s_{22}}{I_p + I_d}\right)^2 - \frac{s_{11}s_{22} - s_{12}s_{21}}{m(I_p + I_d)}} \quad (6.41)$$

它与协调正进动时的临界转速不相同。不论 $I_p$ 大于还是小于 $I_d$，总存在两个反进动自振频率，如图 6.17 所示。其中一个总是低于不考虑回转效应时的临界转速 $\omega$；另一个则总是高于盘不摆动时的临界转速 $\omega^*$。在任何情况之下，协调反进动都会使转子第一阶弯曲临界转速降低。

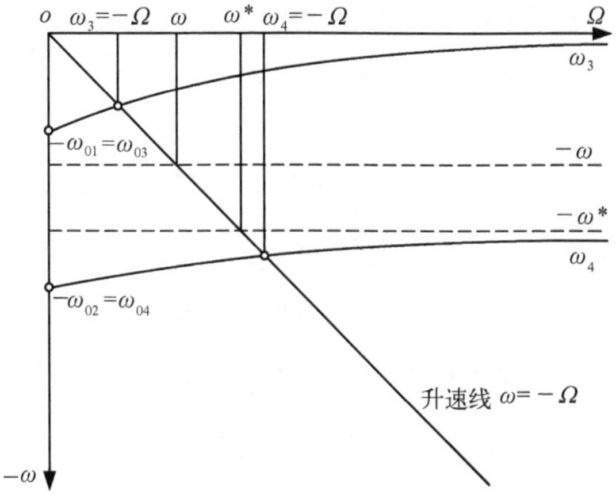


图 6.17　转子协调反进动时的自振频率[1]

## 6.5　转子系统的动力学“临界跟随”现象

在 6.4 节中提到，当 $I_d < I_p$ 时，转子只有一个正进动临界转速，如图 6.15 所示；而当 $I_d > I_p$ 时，由转子振动特征方程可以解出两阶正进动临界转速，如图 6.16 所示。若 $I_d = I_p$ 时，转子的第二阶自振频率随转速一同升高，且向转速趋近，但转子始终无法穿越这一阶临界转速。这种现象称为转子系统的动力学“临界跟随”现象。

为了深入分析转子“临界跟随”现象，取图 6.18 所示的简支转子模型作为分析对象。其中 $L$ 为转子长度，$b$ 为轮盘距右端支点距离，其余参数含义与前文一致。

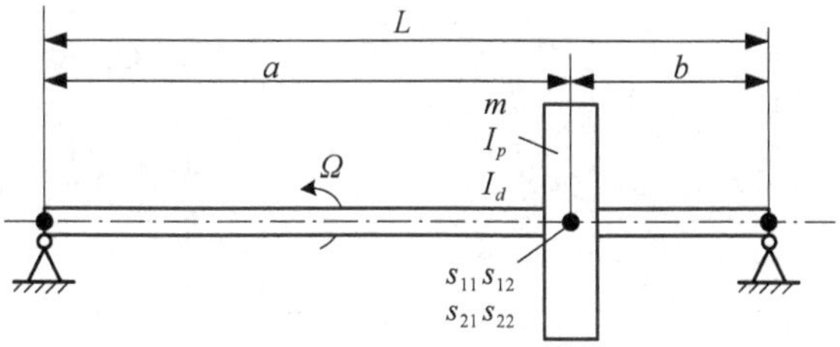


图 6.18　带偏置盘转子的动力学模型

转子运动微分方程如下：

$$\begin{bmatrix} m & 0 \\ 0 & I_d \end{bmatrix}\begin{bmatrix} \ddot{\boldsymbol{r}} \\ \ddot{\boldsymbol{\varphi}} \end{bmatrix} + \begin{bmatrix} 0 & 0 \\ 0 & -\mathrm{j}I_p\Omega \end{bmatrix}\begin{bmatrix} \dot{\boldsymbol{r}} \\ \dot{\boldsymbol{\varphi}} \end{bmatrix} + \begin{bmatrix} s_{11} & -\mathrm{j}s_{12} \\ \mathrm{j}s_{21} & s_{22} \end{bmatrix}\begin{bmatrix} \boldsymbol{r} \\ \boldsymbol{\varphi} \end{bmatrix} = \begin{bmatrix} m\varepsilon \boldsymbol{e}^{\mathrm{j}\delta} \\ (I_d - I_p)\theta \boldsymbol{e}^{\mathrm{j}\gamma} \end{bmatrix}\Omega^2 \boldsymbol{e}^{\mathrm{j}\Omega t} \tag{6.42}$$

式中，$r$ 和 $\varphi$ 为转子系统的振动位移与转角，$\varepsilon$ 为盘的质量偏心距，$\delta$ 为质量偏心距的相角，$\theta$ 为盘的初始偏角，$\gamma$ 为偏角的相位。

式(6.42)的特征方程为

$$mI_d\omega^4 - mI_p\Omega\omega^3 - (s_{22}m + s_{11}I_d)\omega^2 + s_{11}I_p\Omega\omega + (s_{11}s_{22} - s_{12}s_{21}) = 0 \quad (6.43)$$

当极转动惯量 $I_p$ 和直径转动惯量 $I_d$ 相等时，特征方程简化为

$$mI_d\omega^3(\omega - \Omega) - s_{22}m\omega^2 - s_{11}I_d\omega(\omega - \Omega) + (s_{11}s_{22} - s_{12}s_{21}) = 0 \quad (6.44)$$

此时，由转子特征方程仅能解出一阶正进动临界转速：

$$\omega = \sqrt{\frac{s_{11}s_{22} - s_{12}s_{21}}{s_{22}m}} \quad (6.45)$$

图6.19为由式(6.44)解出的转子系统坎贝尔图。由图6.19可见，转子第二阶正进动固有频率与转速一同增大，并不断趋近转速。在一定转速之后，转子的第二阶正进动固有频率随转速变化的曲线几乎与转速线平行。此时，转子转速与转子的第二阶正进动固有频率接近，但始终无法穿越该阶固有频率。因此，转子系统将一直接近共振状态。这种现象称为转子的动力学“临界跟随”现象。

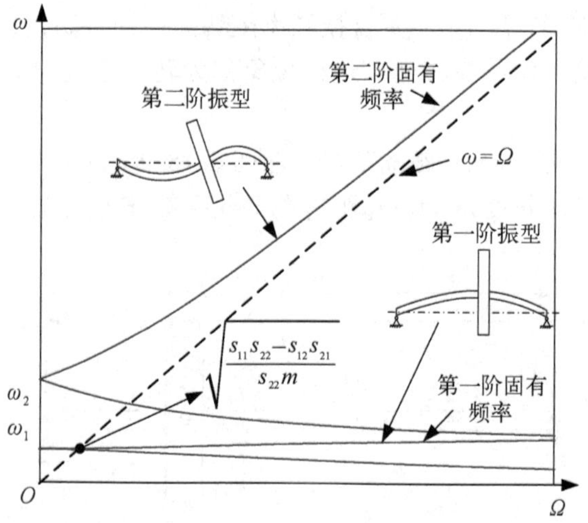


**图6.19　转子系统坎贝尔图**

另外，由图6.19可见，与第二阶自振频率对应的振型表现为，盘心为节点，盘绕盘心摆振。

由图6.19还可以看出，当系统处于动力学“临界跟随”状态时，转子系统固有频率的特征表现为

$$\frac{\mathrm{d}\omega}{\mathrm{d}\Omega}=1 \tag{6.46}$$

对转子系统特征方程(6.43)关于转速 $\Omega$ 连续求导 4 次,并将式(6.46)代入进行化简,便可得到如下表达式:

$$24m(I_{\mathrm{d}}-I_p)\frac{\mathrm{d}\omega}{d\Omega}=0 \tag{6.47}$$

显然,满足(6.47)的参数条件为 $I_d=I_p$,与前文所述一致。因此,式(6.46)可以作为动力学"临界跟随"现象的判断条件,而 $I_d=I_p$ 为导致转子系统出现动力学"临界跟随"现象时的参数关系。

在一般情况下,普通圆盘的极转动惯量 $I_p$ 为直径转动惯量 $I_d$ 的 2 倍。因此,很难出现"临界跟随"现象。但在航空发动机转子系统中存在锥臂结构或多级盘集中结构,如图 6.20 所示。这些结构的等效极转动惯量与直径转动惯量有可能相等,故在设计过程中必须加以检验。

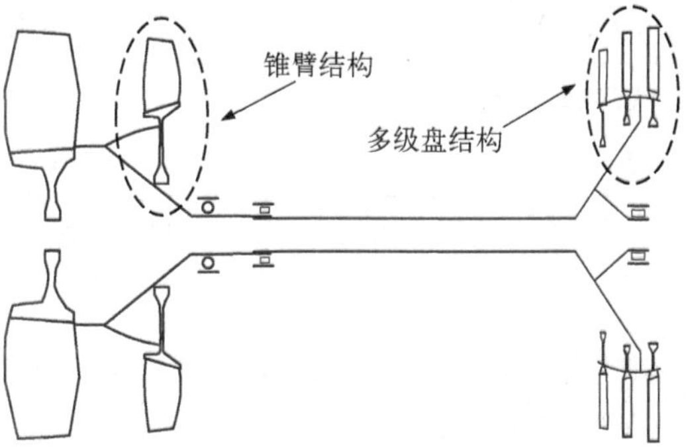


**图 6.20　发动机转子中的锥臂结构和多级盘结构**

再回到方程(6.42),当 $I_d=I_p$ 时,盘的初始偏斜量 $\theta\boldsymbol{e}^{\mathrm{j}\gamma}$ 不会引起转子的振动。

### 6.5.1　不平衡力和不平衡力矩作用下转子的振动响应

如图 6.21 所示,在同时存在不平衡力和不平衡力矩时,转子的运动微分方程为

$$\begin{bmatrix} m & 0 \\ 0 & I_d \end{bmatrix}\begin{bmatrix} \ddot{\boldsymbol{r}} \\ \ddot{\boldsymbol{\varphi}} \end{bmatrix}+\begin{bmatrix} 0 & 0 \\ 0 & -\mathrm{j}I_p\Omega \end{bmatrix}\begin{bmatrix} \dot{\boldsymbol{r}} \\ \dot{\boldsymbol{\varphi}} \end{bmatrix}+\begin{bmatrix} s_{11} & -\mathrm{j}s_{12} \\ \mathrm{j}s_{21} & s_{22} \end{bmatrix}\begin{bmatrix} \boldsymbol{r} \\ \boldsymbol{\varphi} \end{bmatrix}=\begin{bmatrix} m\varepsilon\boldsymbol{e}^{\mathrm{j}\delta} \\ HR\Delta m\boldsymbol{e}^{\mathrm{j}\gamma} \end{bmatrix}\Omega^2\boldsymbol{e}^{\mathrm{j}\Omega t} \tag{6.48}$$

$$\begin{bmatrix} \dot{\boldsymbol{r}} \\ \dot{\boldsymbol{\varphi}} \end{bmatrix}=\mathrm{j}\Omega\begin{bmatrix} \boldsymbol{r} \\ \boldsymbol{\varphi} \end{bmatrix},\ \begin{bmatrix} \ddot{\boldsymbol{r}} \\ \ddot{\boldsymbol{\varphi}} \end{bmatrix}=-\Omega^2\begin{bmatrix} \boldsymbol{r} \\ \boldsymbol{\varphi} \end{bmatrix} \tag{6.49}$$

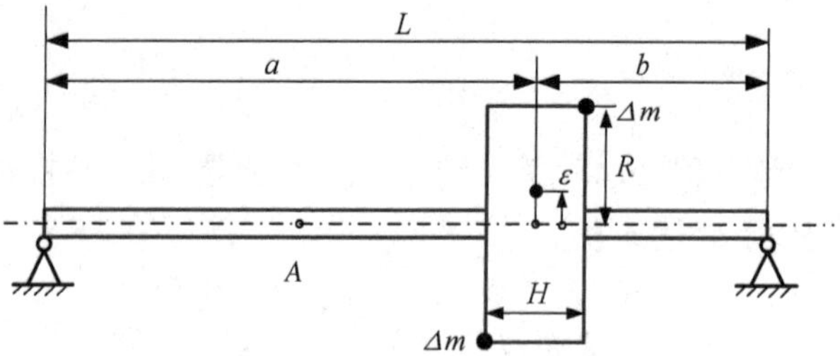


**图 6.21 转子同时存在不平衡力和不平衡力矩**

A 点位于左支点与盘心的中间位置

将式(6.49)代入式(6.48),得到如下方程组:

$$\begin{cases}(s_{11}-\Omega^2 m)\boldsymbol{r}-\mathrm{j}s_{12}\boldsymbol{\varphi}=\Omega^2 m\varepsilon \boldsymbol{e}^{\mathrm{j}(\Omega t+\delta)}\\ [s_{22}-\Omega^2(I_d-I_p)]\boldsymbol{\varphi}+\mathrm{j}s_{21}\boldsymbol{r}=\Omega^2 HR\Delta m\boldsymbol{e}^{\mathrm{j}(\Omega t+\gamma)}\end{cases} \tag{6.50}$$

由式(6.50)可以解出盘的振动响应为

$$\begin{cases}\boldsymbol{r}=\dfrac{[s_{22}-\Omega^2(I_d-I_p)]\Omega^2 m\varepsilon\boldsymbol{e}^{\mathrm{j}(\Omega t+\delta)}}{(s_{11}-\Omega^2 m)[s_{22}-\Omega^2(I_d-I_p)]-s_{12}s_{21}}+\dfrac{\mathrm{j}s_{12}\Omega^2 HR\Delta m\boldsymbol{e}^{\mathrm{j}(\Omega t+\gamma)}}{(s_{11}-\Omega^2 m)[s_{22}-\Omega^2(I_d-I_p)]-s_{12}s_{21}}\\ \boldsymbol{\varphi}=\dfrac{-\mathrm{j}s_{21}\Omega^2 m\varepsilon\boldsymbol{e}^{\mathrm{j}(\Omega t+\delta)}}{(s_{11}-\Omega^2 m)[s_{22}-\Omega^2(I_d-I_p)]-s_{12}s_{21}}+\dfrac{(s_{11}-\Omega^2 m)\Omega^2 HR\Delta m\boldsymbol{e}^{\mathrm{j}(\Omega t+\gamma)}}{(s_{11}-\Omega^2 m)[s_{22}-\Omega^2(I_d-I_p)]-s_{12}s_{21}}\end{cases} \tag{6.51}$$

显然,盘的振动响应由不平衡离心力响应以及不平衡力矩响应两部分所构成。盘的振动响应也可以化作如下形式:

$$\begin{cases}\boldsymbol{r}=\dfrac{\left[\dfrac{s_{22}}{\Omega^2}-(I_d-I_p)\right]m\varepsilon\boldsymbol{e}^{\mathrm{j}(\Omega t+\delta)}}{\left(\dfrac{s_{11}}{\Omega^2}-m\right)\left[\dfrac{s_{22}}{\Omega^2}-(I_d-I_p)\right]-\dfrac{s_{12}s_{21}}{\Omega^4}}+\dfrac{\dfrac{\mathrm{j}}{\Omega^2}s_{12}HR\Delta m\mathrm{e}^{\mathrm{j}(\Omega t+\gamma)}}{\left(\dfrac{s_{11}}{\Omega^2}-m\right)\left[\dfrac{s_{22}}{\Omega^2}-(I_d-I_p)\right]-\dfrac{s_{12}s_{21}}{\Omega^4}}\\ \boldsymbol{\varphi}=\dfrac{-\dfrac{\mathrm{j}}{\Omega^2}s_{21}m\varepsilon\boldsymbol{e}^{\mathrm{j}(\Omega t+\delta)}}{\left(\dfrac{s_{11}}{\Omega^2}-m\right)\left[\dfrac{s_{22}}{\Omega^2}-(I_d-I_p)\right]-\dfrac{s_{12}s_{21}}{\Omega^4}}+\dfrac{\left(\dfrac{s_{11}}{\Omega^2}-m\right)HR\Delta m\mathrm{e}^{\mathrm{j}(\Omega t+\gamma)}}{\left(\dfrac{s_{11}}{\Omega^2}-m\right)\left[\dfrac{s_{22}}{\Omega^2}-(I_d-I_p)\right]-\dfrac{s_{12}s_{21}}{\Omega^4}}\end{cases} \tag{6.52}$$

当转速 $\Omega$ 趋于无穷大时,式(6.52)可简化为

$$
\begin{cases}
r = -\varepsilon e^{j(\Omega t+\delta)} \\
\varphi = -\dfrac{HR\Delta m e^{j(\Omega t+\gamma)}}{(I_d - I_p)}
\end{cases}
\tag{6.53}
$$

由此可见,当出现“临界跟随”时,即 $I_d = I_p$ 时,无论不平衡力矩为何值,盘的摆振都将随转速的增大,趋于无穷大。尽管盘心的位移为定值,但大幅度的摆振将使轴承载荷剧烈增大。这对于转子的稳定运行是非常有害的。

盘的振动位移幅值趋近于 $-\varepsilon$,为定值,即转子跨过临界转速后的“自动定心”现象。若盘的直径转动惯量 $I_d$ 与极转动惯量 $I_p$ 不相等,即 $I_d \neq I_p$,盘的摆振幅值也趋近于一个定值,也出现类似于“自动定心”的效果。

### 6.5.2　“临界跟随”条件下转子振动响应的计算实例

取图 6.21 所示的模型作为算例,计算转子在不平衡力和不平衡力矩作用下的响应。

模型的参数如表 6.2 所示。其中,$S_{b1}$ 和 $S_{b2}$ 分别表示两个支点的刚度。

**表 6.2　转子模型参数**

| 参　　数 | 值 | 参　　数 | 值 |
|---|---|---|---|
| $L$/m | 1.0 | $a$/m | 0.6 |
| $b$/m | 0.4 | $D$/m | 0.03 |
| $E$/Pa | $2.09\times10^{11}$ | $H$/m | 0.2 |
| $\Delta m$/kg | 0.001 | $R$/m | 0.1 |
| $m$/kg | 40.0 | $I_p$/(kg·m$^2$) | 0.4 |
| $S_{b1}$/(N·m$^{-1}$) | $4.0\times10^6$ | $S_{b2}$/(N·m$^{-1}$) | $5.0\times10^6$ |

图 6.22 为盘转动惯量 $I_p = 2I_d$ 和 $I_p = I_d$ 两种情况下转子系统的坎贝尔图。

从图 6.22 可以看出,在 $I_p = I_d$ 情况下,第二阶固有频率曲线靠近转速线。但与图 6.19 不同的是,此处考虑了转轴的质量,转子系统越过了轴的弯曲模态,使第二阶固有频率曲线能够与转速线相交。但是,转子始终无法越过第三阶固有频率,即对应盘的摆振模态,第三阶固有频率不断靠近转速线。这便是转子系统的“临界跟随”现象。

假设盘上存在 10 g · cm 不平衡量,无不平衡力矩。图 6.23 为转子的不平衡响应。

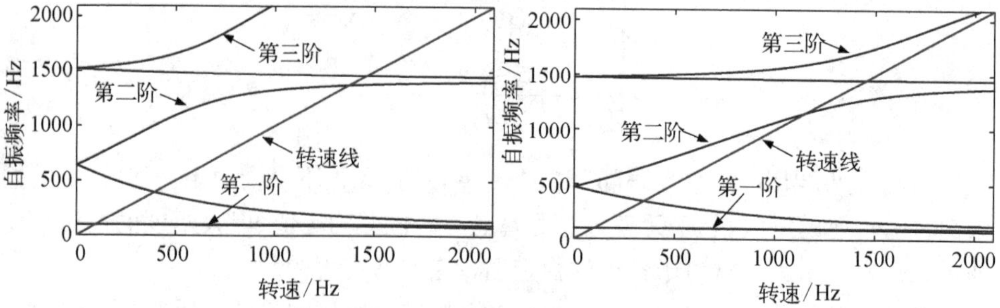


(a) $I_p=2I_d$ 时的坎贝尔图　　(b) $I_p=I_d$ 时的坎贝尔图

**图 6.22　$I_p = 2I_d$ 和 $I_p = I_d$ 两种情况下转子系统的坎贝尔图**

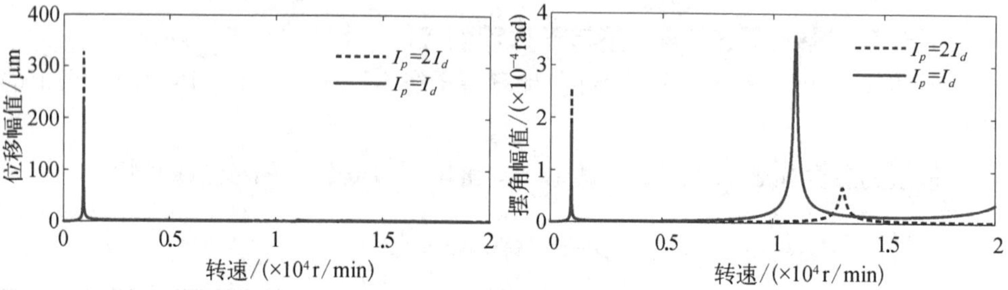


(a) 盘振动位移响应　　(b) 盘摆振响应

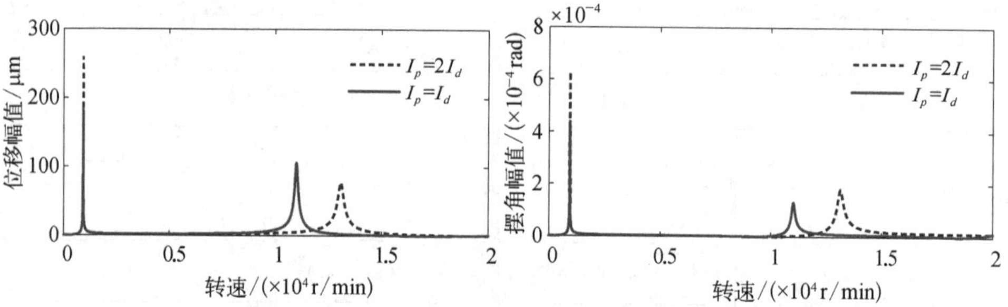


(c) 轴A点振动位移响应　　(d) 轴A点摆振响应

**图 6.23　仅有不平衡力时转子的振动响应**

轴 A 点位于盘中心与左支点中间位置、不平衡量为 10 g · cm

由图 6.23 可见，盘的振动位移在第一阶临界转速之后几乎为 0，但盘的摆振和轴 A 点处的振动位移在第二阶临界转速处出现峰值。同时，相比于 $I_p = 2I_d$ 时的振动响应，$I_p = I_d$ 时盘摆振和轴振动位移明显增大，“临界跟随”状态下转子响应对不平衡量更敏感。

假设盘上同时存在不平衡力和不平衡力矩，仍取不平衡量为 10 g · cm，不平衡力矩为 2 g · cm · cm。此时，不平衡量产生的离心力与上文相同，但要附加不平衡力矩。图 6.24 为同时考虑不平衡力和不平衡力矩后转子系统的振动响应。对比图 6.23 与图 6.24 可以看出,不平衡力矩对第一阶临界转速处的响应幅值基本没有影响,但对第一阶临界转速之后的振动响应影响很大。$I_p = I_d$ 情况下,在图 6.24(b)~(d)中,第二阶临界转速处的振动峰值是图 6.23(b)~(d)中峰值的 10 倍以上。另外,转子越过第二阶临界转速之后,随着转速增加,盘的摆振和轴上 $A$ 点的振动转角持续增大。由此可见,“临界跟随”状态下转子的振动响应对不平衡力矩更加敏感。

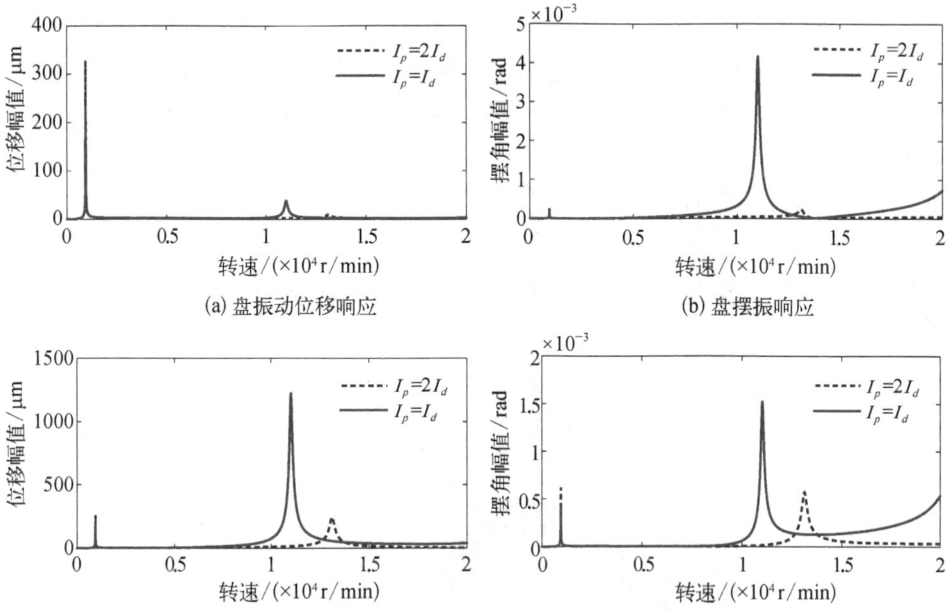


(a) 盘振动位移响应　(b) 盘摆振响应

(c) 轴A点振动位移响应　(d) 轴A点振动转角响应

**图 6.24　存在不平衡力和不平衡力矩时转子的振动响应**

轴 $A$ 点位于盘中心与左支点中间位置;不平衡量为 10 g · cm;不平衡力矩为 2 g · cm · cm

## 参考文献


[1] GASCH R,NORDMANN R, PFUETZNER H. Rotordynamik[M]. Berlin: Springer, 2002.

[2] 沈达宽. 航空发动机强度计算[M]. 北京: 国防工业出版社,1980.

[3] 沈达宽. 航空燃气涡轮发动机构造及强度计算[M]. 北京: 北京科学教育编辑室,1962.

[4] KRAEMER E. Dynamics of rotors and foundations[M]. Berlin: Springer-Verlag, 1993.

[5] VANCE J M. Rotordynamics of turbomachinery[M]. New York: John Wiley & Sons, 1988.

[6] 顾家柳. 转子动力学[M]. 北京: 国防工业出版社,1985.

[7] 钟一锷,何衍宗,王正,等. 转子动力学[M]. 北京: 清华大学出版社,1987.

# 第 7 章
# 叶轮顶间隙激振

在汽轮机、轴流压缩机、航空发动机等轴流机械中，当转子受某种激扰，其轴心偏离机匣的中心位置时，叶轮与机匣内壁表面之间的顶间隙就要发生变化。顶间隙小的一边叶轮所受周向力大，顶间隙大的一边叶轮所受的周向力小，如图 7.1 所示。叶轮周向力的这种非均匀分布最终产生一个垂直于转子位移方向的切向力，称为间隙激振力。这个力可导致转子发生正进动失稳（涡轮）或反进动失稳（压气机）。本章以参考文献[1]为基础，介绍间隙激振力的计算和在此力作用下转子的振动。

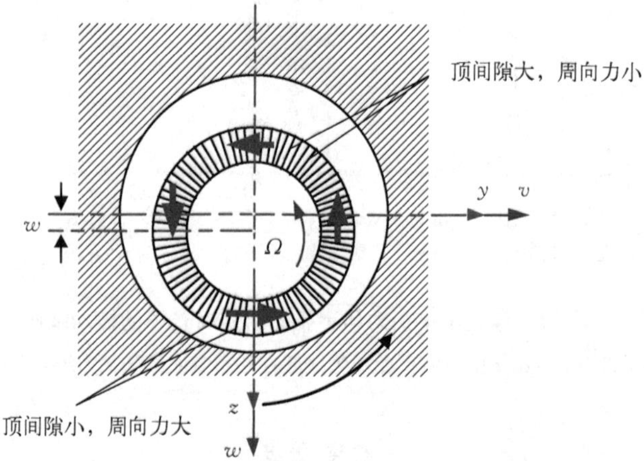


**图 7.1　叶轮顶间隙不均引起的非均匀周向力**[1]

间隙激振力与转子位移间的关系可表示成更具一般性的形式：

$$-\begin{Bmatrix} F_z \\ F_y \end{Bmatrix} = \begin{bmatrix} 0 & K_s \\ -K_s & 0 \end{bmatrix} \begin{Bmatrix} z \\ y \end{Bmatrix} \tag{7.1}$$

式(7.1)表明，间隙激振力产生反对称交叉刚度，正如第 5 章所讨论的结果，这将会使转子失稳。

## 7.1　间隙激振力的计算

理想情况之下,转子完全居中,无能量损失,如图 7.2 所示,燃气或蒸汽的能量通过涡轮的旋转转化成机械能:

$$\dot{m}\Delta H = F_{u,\,id}\Omega R_m \tag{7.2}$$

式中, $\dot{m}$ 为流过涡轮的流量; $\Delta H$ 为流过涡轮后流体的焓降; $F_{u,\,id}$ 为理想情况下流体作用的周向力; $\Omega$ 为转子角速度; $R_m$ 为叶轮叶片流道的平均半径。

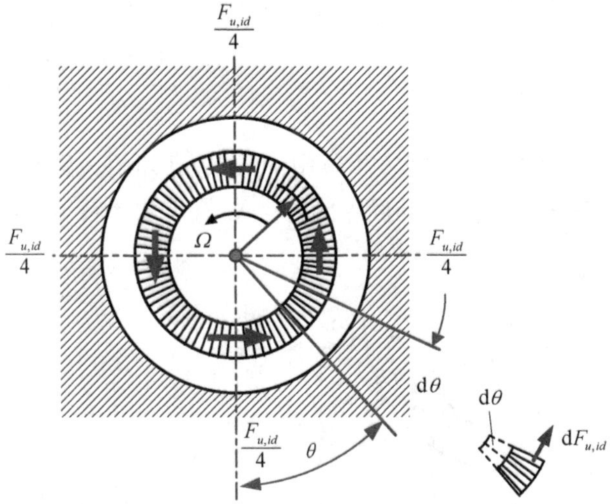


**图 7.2　叶轮完全居中的理想情况**[1]

由此求得周向力为

$$F_{u,\,id} = \frac{\dot{m}\Delta H}{\Omega R_m} \tag{7.3}$$

而微元段上的周向力为

$$\mathrm{d}F_{u,\,id} = F_{u,\,id}\frac{\mathrm{d}\theta}{2\pi} = \frac{\dot{m}\Delta H}{\Omega R_m}\frac{\mathrm{d}\theta}{2\pi} \tag{7.4}$$

为了计及损失,引入效率 $\eta_u$, 则周向力为

$$\mathrm{d}F_u^* = \mathrm{d}F_{u,\,id}\eta_u = F_{u,\,id}\eta_u\frac{\mathrm{d}\theta}{2\pi} \tag{7.5}$$

式(7.5)适用于转子与机匣完全同心的情况。叶尖间隙损失尚未考虑。流过

间隙的流体不产生功率或周向力。计及间隙损失时局部周向力为

$$F_u = \frac{1}{2\pi}[F_{u,id}(\eta_u - \zeta_{sp}(\theta))] = \frac{1}{2\pi}[F_{u,id}\eta_u - F_{u,id}\zeta_{sp}(\theta)] \tag{7.6}$$

式中,$\zeta_{sp}(\theta)$ 为局部间隙损失系数。它与周向角度 $\theta$ 有关。故局部周向力第二项与周向角度 $\theta$ 有关,由此就可考虑转子偏心的影响。

局部间隙损失系数 $\zeta_{sp}(\theta)$ 的确定将在下节讨论。暂且假设,$\zeta_{sp}(\theta)$ 是已知的。于是,如图 7.3 所示,沿周向积分就可求得周向力在 $z$ 和 $y$ 方向的分量:

$$F_y = \int dF_y = \int_0^{2\pi} dF_u \cos\theta = -\frac{F_{u,id}}{2\pi}\int_0^{2\pi}\frac{d\zeta_{sp}(\theta)}{d\theta}\cos\theta d\theta \tag{7.7}$$

$$F_z = \int dF_z = -\int_0^{2\pi} dF_u \sin\theta = \frac{F_{u,id}}{2\pi}\int_0^{2\pi}\frac{d\zeta_{sp}(\theta)}{d\theta}\sin\theta d\theta \tag{7.8}$$

由式(7.3)知,式(7.7)和式(7.8)中 $F_{u,id}$ 是已知的。只要确定了 $\zeta_{sp}(\theta)$ 之后,就可求得 $F_y$ 和 $F_z$。$\zeta_{sp}(\theta)$ 与间隙函数有关,即取决于转子的横向位移。

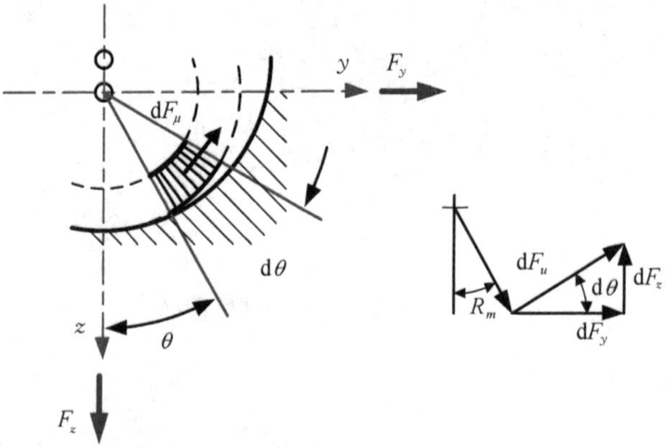


**图 7.3　周向力及其在 $z$ 和 $y$ 方向的分量**[1]

## 7.2　局部间隙损失系数

假设间隙损失系数为间隙流过的流量与总流量之比,即

$$\zeta_{sp} = \frac{\dot{m}_{sp}}{\dot{m}_0} \tag{7.9}$$

图 7.4 和图 7.5 描述了确定间隙损失系数 $\zeta_{sp}(\theta)$ 所用的模型及参数。

为求得局部间隙损失系数,不妨分析微元段上的总流量(转子居中)和间隙流量:

$$\zeta_{sp} = \frac{\mathrm{d}\dot{m}_{sp}(\theta)}{\mathrm{d}\dot{m}_0} \tag{7.10}$$

微元段上的总流量为

$$\mathrm{d}\dot{m}_0 = \rho C_1 \sin \alpha_1 R_m \mathrm{d}L_s \tag{7.11}$$

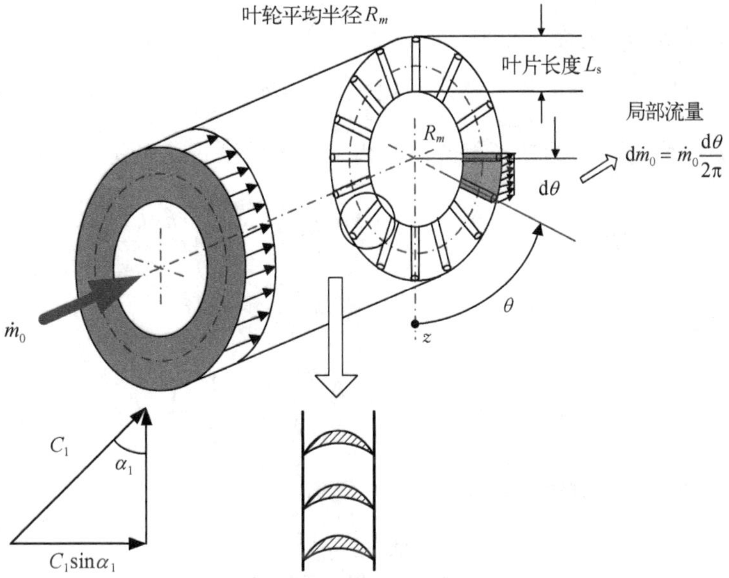


**图 7.4　叶轮居中时的流量及局部流量**[1]

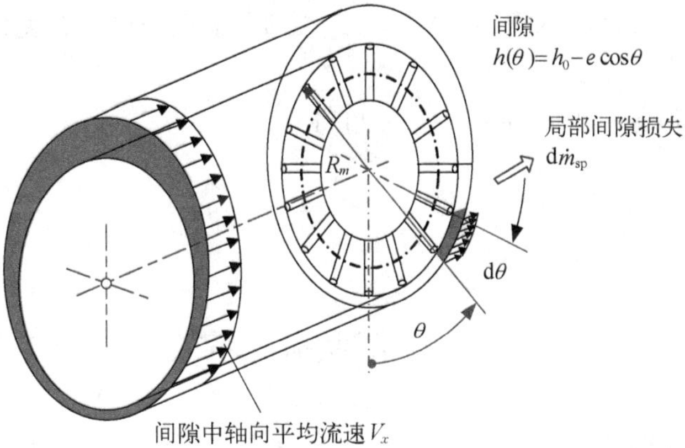


**图 7.5　叶轮偏心时的间隙流量损失**[1]

式中，$\rho$ 为密度，$C_1\sin\alpha_1$ 为流体轴向速度，$R_m$ 是流道的平均半径，$L_s$ 为叶片长度。而间隙流量则为

$$\mathrm{d}\dot{m}_{sp} = K_c\rho V_x R_t h(\theta)\,\mathrm{d}\theta \tag{7.12}$$

式中，$K_c$ 为间隙系数，$R_t$ 为叶轮顶部半径，$V_x$ 为间隙中流体的平均轴向速度。它可由叶轮级焓降求得。

$$R_t = R_m + \frac{L_s}{2} \tag{7.13}$$

局部间隙 $h(\theta)$ 为

$$h(\theta) = h_0 - e\cos\theta \tag{7.14}$$

式中，$h_0$ 为平均间隙，$e$ 为转子偏心量。将上述的关系式代入式(7.10)之后，可得

$$\zeta_{sp}(\theta) = \frac{K_c}{C_1\sin\alpha_1}\sqrt{\frac{2\Delta H}{C_d}}\left(1 + \frac{L_s}{2R_m}\right)\frac{h(\theta)}{L_s} \tag{7.15}$$

引入系数 $K_2$，

$$K_2 = \frac{K_c}{2C_1\sin\alpha_1}\sqrt{\frac{2\Delta H}{C_d}}\left(1 + \frac{L_s}{2R_m}\right) \tag{7.16}$$

最后得到局部间隙损失系数为

$$\zeta_{sp}(\theta) = \frac{2K_2}{L_s}(h_0 - e\cos\theta) \tag{7.17}$$

式中，第一项为常数项，第二项与周向角度 $\theta$ 有关。第一项表示，由于间隙损失，可使理想情况下（无间隙）的周向力减小。第二项与周向角度 $\theta$ 有关，可使周向力增大或减小。

对式(7.17)关于周向角度 $\theta$ 求导，可得

$$\frac{\mathrm{d}\zeta_{sp}(\theta)}{d\theta} = \frac{2K_2}{L_s}e\sin\theta \tag{7.18}$$

## 7.3 间隙激振力系数

把局部间隙损失系数 $\zeta_{sp}(\theta)$ 的变化率表达式(7.18)代入周向力的表达式(7.7)和式(7.8)中，可得

$$F_y = -\frac{F_{u,\,id}}{2\pi}\int_0^{2\pi}\frac{2K_2}{L_s}e\sin\theta\cos\theta\mathrm{d}\theta \tag{7.19}$$

$$F_z = \frac{F_{u,\,id}}{2\pi}\int_0^{2\pi}\frac{2K_2}{L_s}e(\sin\theta)^2\mathrm{d}\theta \tag{7.20}$$

设转子位移为 $y = e,\ z = 0$，则 $F_y = 0$，求出式(7.20)的积分,得

$$F_z = \frac{F_{u,\,id}}{L_s}K_2 y \tag{7.21}$$

比较式(7.21)与式(7.1)可得

$$K_s = S_{zy} = \frac{F_{u,\,id}}{L_s}K_2 \tag{7.22}$$

代入 $K_2$ 的表达式(7.16)就得

$$K_s = S_{zy} = -S_{yz} = \frac{\dot{m}\Delta H}{L_s\Omega R_m}\frac{K_c}{2C_1\sin\alpha_1}\sqrt{\frac{2\Delta H}{C_d}}\left(1+\frac{L_s}{2R_m}\right) \tag{7.23}$$

## 7.4 间隙激振的失稳作用

再回到表达式(7.1)。当转子发生位移 $z$ 和 $y$ 时,间隙激振力就可由式(7.23)和式(7.1)求得。

间隙激振力始终垂直于转子的位移方向。对于涡轮,其沿转子旋转方向超前位移90°;对于压气机,则沿转子旋转反方向超前位移90°。如图7.6所示,当转子

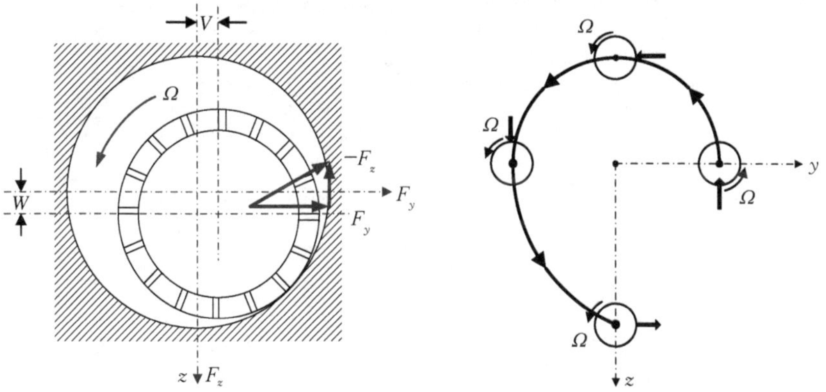


(a) 间隙激振力　　(b) 间隙激振力激起的正进动

**图 7.6　间隙激振力激起的转子正进动**[1]**示意图**

沿圆轨迹运动时，间隙激振力不断向转子运动输入能量，最终使转子失稳。其机理如第5章所述，间隙激振力产生了反对称交叉刚度。但需注意，涡轮中的间隙激振力使转子产生正进动失稳，而压气机中的间隙激振力则使转子产生反进动失稳。

## 参考文献

[1] GASCH R, NORDMANN R, PFUETZNER H. Rotordynamik[M]. Berlin: Springer, 2002.

# 第 8 章
# 转子振动的进动分析方法及其应用

转子进动分析既反映了转子振动的频率、幅值，又包含了转子振动的相位信息，而且还显现了转子进动的方向，因此，转子进动分析是转子振动特性分析和故障诊断的基础和有效方法。本章系统地介绍转子进动分析方法的原理、算法以及进动圆表征方式，构建进动比函数（反进动量与正进动量之比），分析其特性，阐述进动比函数在转子振动故障诊断中的作用，提出复向量的内积法则，介绍转子进动的6个廖氏定理，并给出理论证明，列出3个应用实例和9种典型故障的进动特征。

## 8.1 进动分析方法的建立

如前面章节所述，一般情况下，转子的运动既包含自转也包含公转。这种复合运动称为进动[1,2]。转子进动的形态，即公转与自转间的关系是表征转子振动特性和诊断转子故障的重要特征信息。

转子的进动分析就是把转子的进动分解成正进动分量和反进动分量，以利于凸显转子的进动特征。由于正、反进动量既反映了转子振动的频率、幅值，又包含了转子振动的相位信息，而且还显示了转子进动的方向，因此，正、反进动量作为转子振动的特征量，可清晰地表征激振力和转子运动之间的关系，要比传统的频谱更敏感，与故障类型的对应关系更明确。基于这些特点，进动分析成为转子振动特性分析和故障诊断的有效工具。

沈达宽曾于1962年、R. Gasch于1975年分别在他们的著作中[1,2]，引入了正进动和反进动概念。R. Gasch与本书第一作者于1990年至1992年在研究带裂纹转子振动时，建立了进动分析方法，把该方法用于转子裂纹故障和不平衡故障的诊断。实验结果证实了进动分析方法的有效性[3]。

1992年至1993年本书第一作者与德国Schenck公司合作，把进动分析方法移植于该公司的监测系统VIBROCAM－5000系列，并在捷克SKODA涡轮机械集团公司进行了实验，验证了进动分析方法的效果[4-6]。

自此之后，进动分析方法逐步得到较广泛的应用[7-10]。针对支承各向异性的转子,本书第一作者又提出了进动比函数的概念,并利用进动比函数的特性来诊断转子支座松动、转轴裂纹、转静碰摩和转子不平衡故障[1-17]。建立了利用进动比函数预估转子特性参数的方法[18],提出了转子进动的廖氏定理[19-21]。

本章将系统地介绍转子进动分析方法的原理、算法以及应用实例[1-22],力图为这一方法在转子振动特性分析和故障诊断中的应用提供指导。

## 8.2 转子的轴心轨迹-正、反进动分解

如第3章所述,各向同性的转子在不平衡力的作用下,轴心将沿一圆轨迹运动。轴心轨迹方向与转子自转方向一致,旋转速度与自转速度相同,即所谓的协调正进动,或一阶正进动。在临界转速附近,转子轴心轨迹半径增大,转子发生共振。

第5章曾说明,当转子支承各向异性时,转子进动轨迹为一椭圆。利用图8.1所示的测试仪器就可测得转子的进动轨迹。

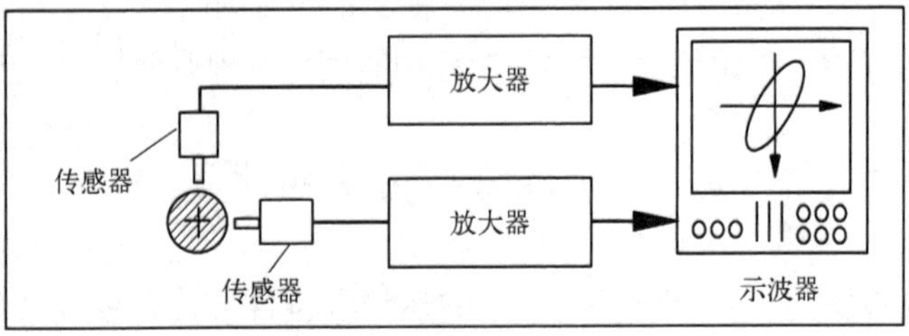


**图8.1 转子运动轨迹的测量**[3,4]

假设在垂直方向和水平方向测得的振动信号 $x(t)$ 和 $y(t)$ 皆为工频(1倍频)信号。根据不同的幅值及相位,由 $x(t)$ 和 $y(t)$ 所构成的椭圆轨迹可为一阶正进动为主的轨迹或一阶反进动为主的轨迹。但将 $x(t)$ 和 $y(t)$ 进行时域和频域表征时,反映不出这一现象,如图8.2所示。

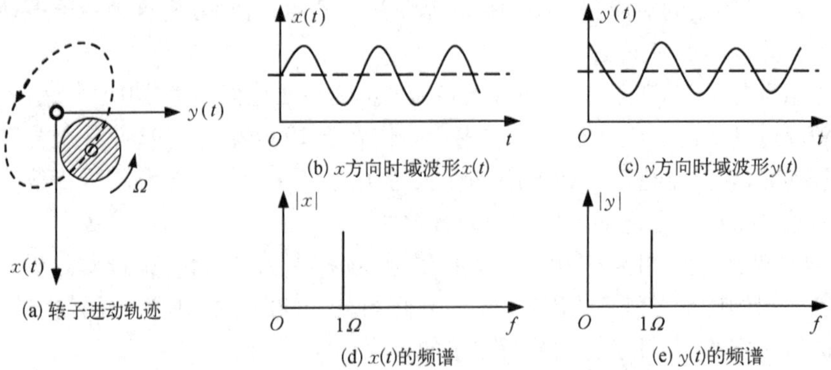


**图8.2 振动信号 $x(t)$ 和 $y(t)$ 的时域和频域表征**

图 8.3 所示的椭圆轨迹可分解为正进动圆轨迹和反进动圆轨迹。

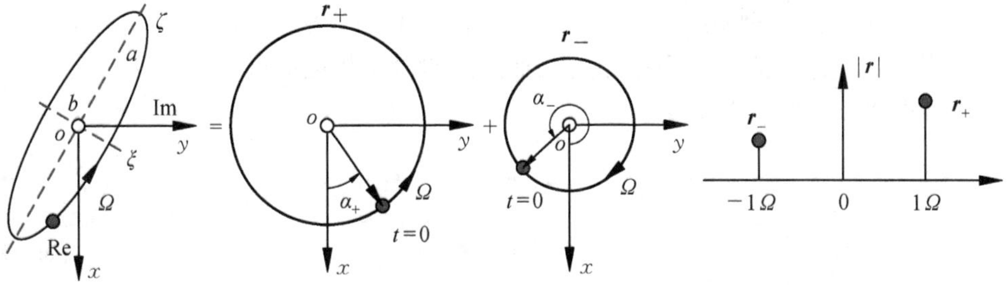


(a) 椭圆轨迹　(b) 正进动圆轨迹　(c) 反进动圆轨迹　(d) 正、反进动频谱

**图 8.3　不平衡引起的转子椭圆轨迹,正、反进动圆轨迹以及正、反进动频谱**

为此,不妨由 $x(t)$ 和 $y(t)$ 构造一复向量:

$$\boldsymbol{r}(t)=x(t)+\mathrm{j}y(t),\ \mathrm{j}=\sqrt{-1} \tag{8.1}$$

复向量 $\boldsymbol{r}(t)$ 为复平面 $(x, y)$(相当于转子横截面)上的时变向量。其矢端描绘的就是转子轴心进动轨迹。其中:

$$x(t)=x_c\cos(\Omega t)+x_s\sin(\Omega t) \tag{8.2}$$

$$y(t)=y_c\cos(\Omega t)+y_s\sin(\Omega t) \tag{8.3}$$

代入表达式(8.1),并应用欧拉公式:

$$\cos(\Omega t)=\frac{1}{2}[\mathrm{e}^{\mathrm{j}\Omega t}+\mathrm{e}^{-\mathrm{j}\Omega t}]$$

$$\sin(\Omega t)=\frac{1}{2\mathrm{j}}[\mathrm{e}^{\mathrm{j}\Omega t}-\mathrm{e}^{-\mathrm{j}\Omega t}]$$

可得

$$\boldsymbol{r}(t)=\boldsymbol{r}_+\boldsymbol{e}^{\mathrm{j}\Omega t}+\boldsymbol{r}_-\boldsymbol{e}^{-\mathrm{j}\Omega t} \tag{8.4}$$

式中,

$$\boldsymbol{r}_+=\frac{1}{2}[(x_c+y_s)+\mathrm{j}(y_c-x_s)] \tag{8.5}$$

$$\boldsymbol{r}_-=\frac{1}{2}[(x_c-y_s)+\mathrm{j}(y_c+x_s)] \tag{8.6}$$

分别为正进动和反进动幅值向量。$\boldsymbol{e}^{\mathrm{j}\Omega t}$ 为绕轴承连线沿转子自转方向同向旋转的单位矢量,即单位正进动矢量;$\boldsymbol{e}^{-\mathrm{j}\Omega t}$ 则为单位反进动矢量。因此,$\boldsymbol{r}_+\boldsymbol{e}^{\mathrm{j}\Omega t}$ 就描绘了

一个以 $|\boldsymbol{r}_+|$ 为半径的正进动圆轨迹；$\boldsymbol{r}_- \boldsymbol{e}^{-\mathrm{j}\Omega t}$ 则为以 $|\boldsymbol{r}_-|$ 为半径的反进动圆轨迹。

由此可见，任一椭圆轨迹总可分解成两个圆轨迹。其中一个为正进动圆轨迹；另一个则为反进动圆轨迹。轨迹半径分别为 $|\boldsymbol{r}_+|$ 和 $|\boldsymbol{r}_-|$。由于 $\boldsymbol{r}_+$ 和 $\boldsymbol{r}_-$ 均为复向量，因此，它们不仅包含了幅值信息，而且还包含了相位信息。

由式(8.5)和式(8.6)可得

$$\boldsymbol{r}_+ = |\boldsymbol{r}_+| \boldsymbol{e}^{\mathrm{j}\alpha_+} \tag{8.7}$$

$$\boldsymbol{r}_- = |\boldsymbol{r}_-| \boldsymbol{e}^{\mathrm{j}\alpha_-} \tag{8.8}$$

式中，$|\boldsymbol{r}_+|$ 和 $|\boldsymbol{r}_-|$ 分别为正、反进动量的幅值：

$$|\boldsymbol{r}_+| = \frac{1}{2}\sqrt{(x_c + y_s)^2 + (y_c - x_s)^2} \tag{8.9}$$

$$|\boldsymbol{r}_-| = \frac{1}{2}\sqrt{(x_c - y_s)^2 + (y_c + x_s)^2} \tag{8.10}$$

$\alpha_+$ 和 $\alpha_-$ 则分别表示正、反进动量的相位：

$$\alpha_+ = \tan^{-1}\frac{y_c - x_s}{x_c + y_s} \tag{8.11}$$

$$\alpha_- = \tan^{-1}\frac{y_c + x_s}{x_c - y_s} \tag{8.12}$$

图 8.3 表示椭圆轨迹的正、反进动分解以及正、反进动频谱。反过来，椭圆轨迹的长轴和短轴则很容易由正、反进动量求得

$$\text{长轴} \quad a = |\boldsymbol{r}_+| + |\boldsymbol{r}_-| \tag{8.13}$$

$$\text{短轴} \quad b = |\boldsymbol{r}_+| - |\boldsymbol{r}_-| \tag{8.14}$$

其中，长轴 $a$ 对于评定振动烈度以及监测动静间隙非常重要。以下不妨对式(8.13)和式(8.14)予以证明。

如图 8.3 所示，在主轴坐标系 $(o, \zeta, \xi)$ 中，转子的轨迹为

$$\bar{\boldsymbol{r}} = \xi + \mathrm{j}\zeta = \frac{1}{2}(a+b)\boldsymbol{e}^{\mathrm{j}\Omega t} + \frac{1}{2}(a-b)\boldsymbol{e}^{-\mathrm{j}\Omega t}$$

$(o, x, y)$ 坐标系与主轴坐标系 $(o, \zeta, \xi)$ 中，轨迹之间的关系为

$$\boldsymbol{r} = \boldsymbol{e}^{\mathrm{j}\beta}\bar{\boldsymbol{r}} = \frac{1}{2}(a+b)\boldsymbol{e}^{\mathrm{j}(\Omega t+\beta)} + \frac{1}{2}(a-b)\boldsymbol{e}^{-\mathrm{j}(\Omega t-\beta)}$$

正、反进动的半径在 $(o, x, y)$ 坐标系与主轴坐标 $(o, \zeta, \xi)$ 中必须相等，由式(8.9)和式(8.10)可得

$$a + b = \sqrt{(x_c + y_s)^2 + (y_c - x_s)^2}$$

$$a - b = \sqrt{(x_c - y_s)^2 + (y_c + x_s)^2}$$

于是解得

$$a = \frac{1}{2}\sqrt{(x_c + y_s)^2 + (y_c - x_s)^2} + \frac{1}{2}\sqrt{(x_c - y_s)^2 + (y_c + x_s)^2}$$
$$= |\boldsymbol{r}_+| + |\boldsymbol{r}_-|$$

$$b = \frac{1}{2}\sqrt{(x_c + y_s)^2 + (y_c - x_s)^2} - \frac{1}{2}\sqrt{(x_c - y_s)^2 + (y_c + x_s)^2}$$
$$= |\boldsymbol{r}_+| - |\boldsymbol{r}_-|$$

当 $|\boldsymbol{r}_+| > |\boldsymbol{r}_-|$ 时，椭圆轨迹正向进动；当 $|\boldsymbol{r}_+| < |\boldsymbol{r}_-|$ 时，椭圆轨迹反向进动；当 $|\boldsymbol{r}_+| = |\boldsymbol{r}_-|$ 时，轨迹为直线。

正、反进动谱已不是转子在某一方向上振动信号的频谱，而是在测量截面转子进动的向量谱。事实上，正、反进动谱可表示成向量谱，如图 8.4 所示，幅值和相位皆得到表征。

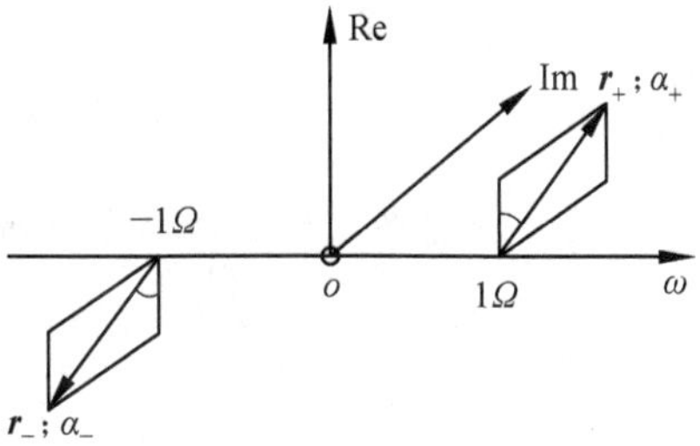


**图 8.4　正、反进动向量谱**

在转子升速过程或降速过程中，可把正、反进动谱表示成三维谱图，如图 8.5 所示。

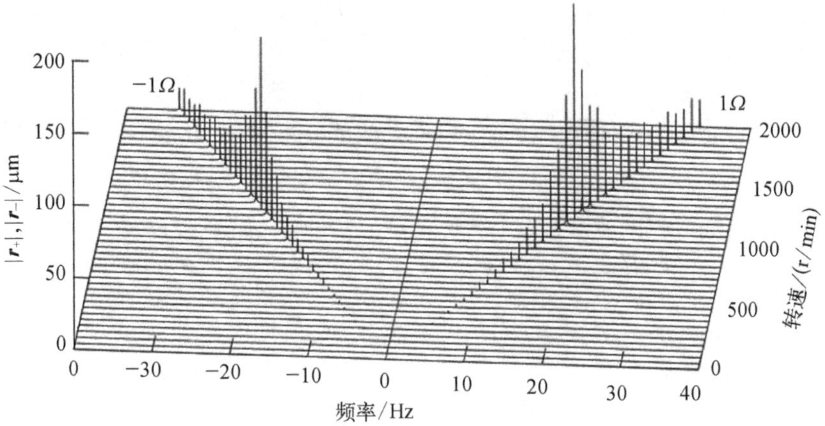

**图 8.5　正、反进动三维谱**

## 8.3 转子运动的进动比函数

如第 5 章所述,受不平衡激扰时,支承各向异性的转子的进动轨迹为椭圆。因而总是包含有一阶正进动分量和一阶反进动分量,并且正、反进动分量均随不平衡量变化而变化,如图 8.6 所示。

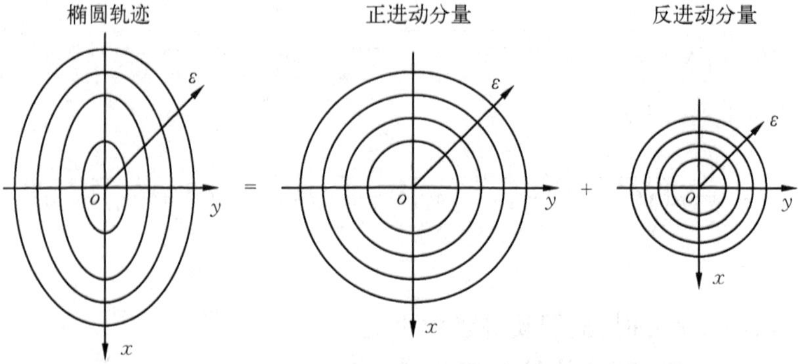


**图 8.6 转子进动椭圆轨迹和正、反进动圆轨迹随不平衡量的变化**

支承刚度各向异性时,正、反进动分量分别为

$$\boldsymbol{r}_{+}=\frac{\varepsilon\Omega^{2}(\omega_{0}^{2}-\Omega^{2}-2\mathrm{j}D\omega_{0}\Omega)}{(\omega_{x}^{2}-\Omega^{2})(\omega_{y}^{2}-\Omega^{2})+(2D\omega_{0}\Omega)^{2}} \tag{8.15}$$

$$\boldsymbol{r}_{-}=\frac{-\varepsilon\Omega^{2}\Delta\omega_{0}^{2}}{(\omega_{x}^{2}-\Omega^{2})(\omega_{y}^{2}-\Omega^{2})+(2D\omega_{0}\Omega)^{2}} \tag{8.16}$$

式中,$D=\dfrac{d}{2m\omega_0}$, $\omega_0^2=\dfrac{s_0}{m}$, $\Delta\omega_0^2=\dfrac{\Delta s_0}{m}$, $s_0=\dfrac{1}{2}(s_x+s_y)$, $\Delta s_0=\dfrac{1}{2}(s_x-s_y)$, $\omega_x^2=\dfrac{s_x}{m}$, $\omega_y^2=\dfrac{s_y}{m}$。$s_x$ 和 $s_y$ 分别为转子在垂直方向和水平方向的刚度,$\varepsilon$ 为转子的不平衡量。

一阶反进动分量对某些故障(轴裂纹、转/静碰摩等)比较敏感。因此,常常以一阶反进动分量的变化来诊断故障,但必须排除不平衡量的影响。

为此,构造一个进动比函数 $\boldsymbol{\lambda}$。它定义为一阶反进动量与一阶正进动量之比,即

$$\boldsymbol{\lambda}=\frac{\boldsymbol{r}_{-}}{\boldsymbol{r}_{+}} \tag{8.17}$$

由于 $\boldsymbol{r}_+$ 和 $\boldsymbol{r}_-$ 皆为复向量，故 $\boldsymbol{\lambda}$ 也为复向量。

在线性条件之下，$\boldsymbol{\lambda}$ 与不平衡量无关，即当不平衡发生变化时，$\boldsymbol{\lambda}$ 并不发生变化。但转子出现故障时，例如轴裂纹、转/静碰摩或支座松动等，$\boldsymbol{\lambda}$ 将发生变化[8,9]。不妨以支承刚度各向异性及转轴裂纹为例加以说明。

### 8.3.1　支承刚度各向异性时转子的进动比函数

再将支座各向异性时转子的不平衡响应列出：

$$\boldsymbol{r}_+ = \frac{\varepsilon\Omega^2(\omega_0^2 - \Omega^2 - 2\mathrm{j}D\omega_0\Omega)}{(\omega_x^2 - \Omega^2)(\omega_y^2 - \Omega^2) + (2D\omega_0\Omega)^2} \tag{8.18}$$

$$\boldsymbol{r}_- = \frac{-\varepsilon\Omega^2\Delta\omega_0^2}{(\omega_x^2 - \Omega^2)(\omega_y^2 - \Omega^2) + (2D\omega_0\Omega)^2} \tag{8.19}$$

式中，$\varepsilon$ 为不平衡量。

如图 8.6 所示，不平衡量增大时，一阶正、反进动量 $\boldsymbol{r}_+$ 和 $\boldsymbol{r}_-$ 均增大。

此时，进动比函数为

$$\boldsymbol{\lambda} = \frac{\boldsymbol{r}_-}{\boldsymbol{r}_+} = \frac{-\Delta\omega_0^2}{\omega_0^2 - \Omega^2 - 2\mathrm{j}D\omega_0\Omega} \tag{8.20}$$

或写成如下形式：

$$\boldsymbol{\lambda} = \frac{\boldsymbol{r}_-}{\boldsymbol{r}_+} = A\boldsymbol{e}^{\mathrm{j}\theta} \tag{8.21}$$

式中，幅值 $A$ 为

$$A = \frac{\Delta s_0/s_0}{\sqrt{(1-\eta^2)^2 + (2D\eta)^2}} \tag{8.22}$$

而相角为

$$\theta = \tan^{-1}\frac{2D\eta}{1-\eta^2} \tag{8.23}$$

$\eta = \dfrac{\Omega}{\omega_0}$ 为转速比。

由式(8.20)可见，$\boldsymbol{\lambda}$ 只与转速 $\Omega$ 及转子刚度、阻尼有关，而与不平衡量 $\varepsilon$ 无

关。当支承刚度各向异性增大时(例如支承松动),即 $\Delta\omega_0^2$ 增大,因而 $\boldsymbol{\lambda}$ 值也增大。因此,进动比函数 $\boldsymbol{\lambda}$ 与转子结构变化紧密相关。图 8.7 表示进动比函数 $\boldsymbol{\lambda}$ 随转速 $\Omega$ 的变化曲线。其中 $\dfrac{\Delta S_0}{S_0}=\dfrac{\Delta\omega_0^2}{\omega_0^2}$ 作为参数标出。由图可见,转子刚度的变化会引起进动比函数幅值的变化,但对相位无影响。相位只取决于阻尼和转速比,与一个 Jeffcott 转子的相位特征一致。

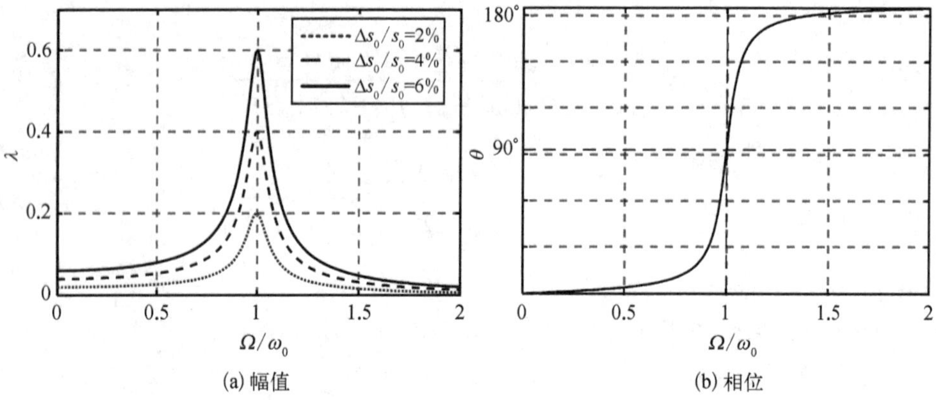


**图 8.7　进动比函数 λ 的幅值和相位随转速 Ω 的变化**

$D=5\%;\ \dfrac{\Delta s_0}{s_0}=\dfrac{\Delta\omega_0^2}{\omega_0^2}=2\%,\ 4\%,\ 6\%$ [8]

### 8.3.2　裂纹转子的进动比函数

关于裂纹转子的振动特性分析,请参考文献[12,13]。本节直接引用其结果,以说明进动比函数的应用。

对于如图 8.8 所示的带裂纹轴转子,裂纹引起的一阶正、反进动分别为[13]

$$\boldsymbol{r}_+ = X_{\text{static}}\frac{\Delta S_\xi}{S_0}\frac{b_{+1}}{1-\eta^2+2\mathrm{j}D\eta} \tag{8.24}$$

$$\boldsymbol{r}_- = X_{\text{static}}\frac{\Delta S_\xi}{S_0}\frac{b_{-1}}{1-\eta^2-2\mathrm{j}D\eta} \tag{8.25}$$

而不平衡响应为

$$\boldsymbol{R}_+ = \frac{\eta^2\varepsilon\boldsymbol{e}^{\mathrm{j}\beta}}{1-\eta^2+2\mathrm{j}D\eta} \tag{8.26}$$

由此得到进动比函数:

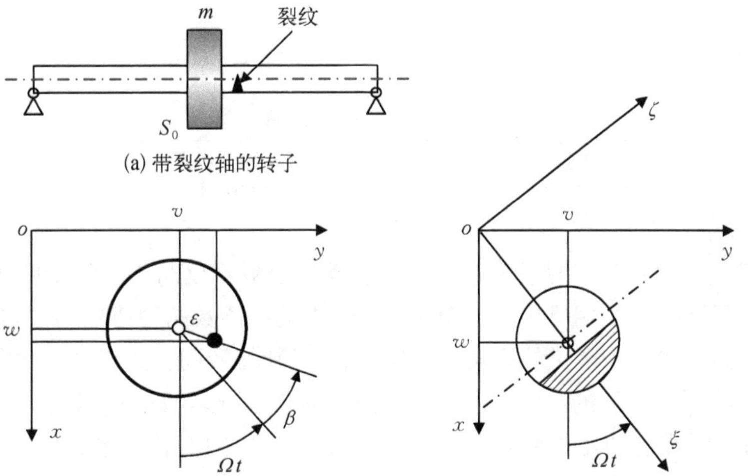


(b) 盘的运动　　(c) 轴裂纹

**图 8.8　带裂纹轴的转子模型**[9]

$$\boldsymbol{\lambda} = \frac{X_{\text{static}}\dfrac{\Delta S_{\xi}}{S_0}b_{-1}(1-\eta^2+2\mathrm{j}D\eta)}{\left(X_{\text{static}}\dfrac{\Delta S_{\xi}}{S_0}b_{+1}+\eta^2\varepsilon \boldsymbol{e}^{\mathrm{j}\beta}\right)(1-\eta^2-2\mathrm{j}D\eta)} = \frac{\dfrac{\Delta S_{\xi}}{S_0}b_{-1}(1-\eta^2+2\mathrm{j}D\eta)}{\left(\dfrac{\Delta S_{\xi}}{S_0}b_{+1}+\eta^2\bar{\varepsilon}\boldsymbol{e}^{\mathrm{j}\beta}\right)(1-\eta^2-2\mathrm{j}D\eta)} \tag{8.27}$$

式中,

$$\eta = \frac{\Omega}{\omega_0};\ \omega_0^2 = \frac{s_0}{m};\ \bar{\varepsilon} = \frac{\varepsilon}{X_{\text{static}}} \tag{8.28}$$

进一步整理之后,得

$$\boldsymbol{\lambda} = \frac{\dfrac{\Delta S_{\xi}}{S_0}b_{-1}\boldsymbol{e}^{\mathrm{j}(2\alpha-\gamma)}}{\sqrt{\left(\dfrac{\Delta S_{\xi}}{S_0}b_{+1}\right)^2+\eta^4\bar{\varepsilon}^2+2\eta^2\bar{\varepsilon}b_{+1}\dfrac{\Delta S_{\xi}}{S_0}\cos\beta}} \tag{8.29}$$

式中,

$$\alpha = \tan^{-1}\frac{2D\eta}{1-\eta^2} \tag{8.30}$$

$$\gamma = \tan^{-1}\frac{\eta^2\bar{\varepsilon}\sin\beta}{\dfrac{\Delta S_\xi}{S_0}b_{+1} + \eta^2\bar{\varepsilon}\cos\beta} \tag{8.31}$$

由式(8.29)可见,出现了裂纹之后,进动比函数不仅与不平衡量的幅值相关,而且还与不平衡量的相位相关。图 8.9 表示进动比函数的幅值和相位与转速比 $\eta$ 的变化关系。当不平衡量的相角 $\beta$ 不同时,进动比函数随转速比的变化明显不同。为分别说明不平衡量的相角及幅值对进动比函数的影响,取转速比为常数($\eta$ = 0.9),分别示出进动比函数与不平衡的相角和幅值的变化关系,如图 8.10 和图 8.11 所示。

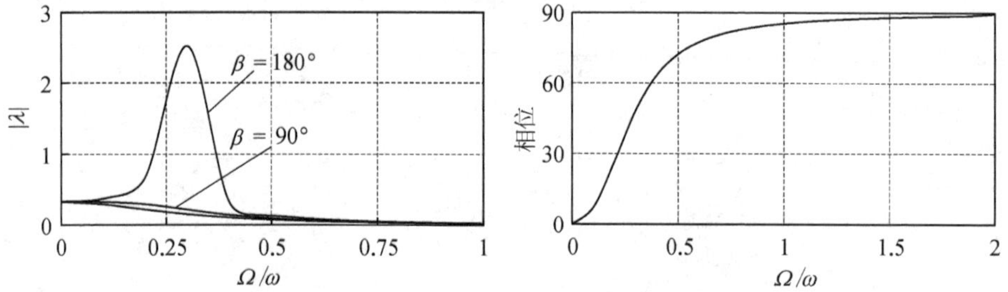


(a) 进动比函数的幅值　　(b) 进动比函数的相位

**图 8.9　进动比函数的幅值和相位随转速比 $\eta$ 的变化**

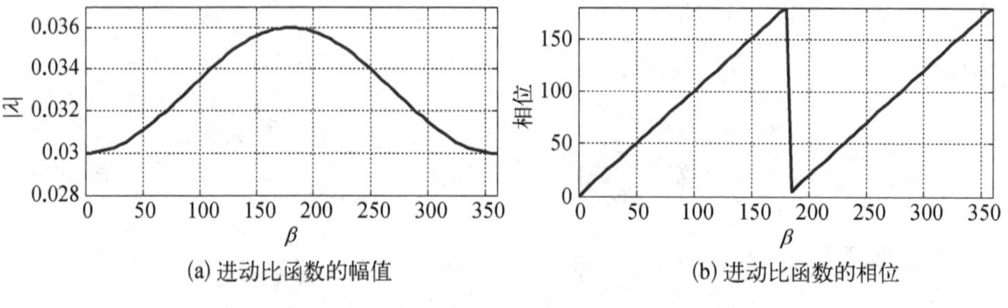


(a) 进动比函数的幅值　　(b) 进动比函数的相位

**图 8.10　进动比函数的幅值和相位随不平衡的相角的变化**

以上的变化关系很容易解释。对于 Jeffcott 转子,不平衡量只影响转子的一阶正进动,而与一阶反进动无关。当不平衡量与裂纹同相时,一阶正进动随不平衡量单调增加,故进动比函数单调减小。当不平衡与裂纹反相时,不平衡量将补偿裂纹的影响,使得一阶正进动随不平衡量的增加而减小,故进动比函数先随不平衡量增

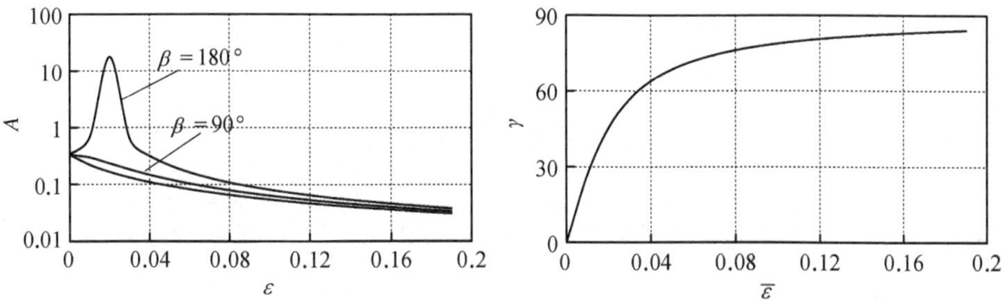


**图 8.11　进动比函数的幅值和相位随不平衡量幅值的变化**

大而减小。当

$$\eta^2\bar{\varepsilon} = \frac{\Delta S_\xi}{S_0}b_{+1} \tag{8.32}$$

时,不平衡量及裂纹对一阶正进动的影响相互抵消,故进动比函数无穷大。当不平衡量继续增大,则一阶正进动开始增加,进动比函数减小。当 $\varepsilon \to \infty$ 时, $\boldsymbol{\lambda} \to 0$。

上述的变化规律也是转子裂纹故障的重要特征。利用这一特征有助于诊断裂纹故障。

## 8.4　转子进动轨迹的全息进动分析

前面讨论了椭圆轨迹的一阶正、反进动分解。事实上,转子的进动轨迹通常很复杂,并非简单的椭圆轨迹。其中既包含有一阶正、反进动分量,同时也可能包含高阶进动分量和次谐波进动分量。把前述的分析方法拓展到任意的频率点,就可得到任意频率成分的正、反进动分量,由此就可形成全息进动谱。

全息进动谱可由傅里叶复变换求得。在 $x$ 和 $y$ 方向,转子振动信号中,任一频率分量总可表示为

$$X_p = X_{pc}\cos(\omega_p t) + X_{ps}\sin(\omega_p t) \tag{8.33}$$

$$Y_p = Y_{pc}\cos(\omega_p t) + Y_{ps}\sin(\omega_p t) \tag{8.34}$$

应用欧拉公式:

$$\cos(\omega_p t) = \frac{1}{2}(e^{j\omega_p t} + e^{-j\omega_p t})\text{；}\sin(\omega_p t) = \frac{1}{2j}(e^{j\omega_p t} - e^{-j\omega_p t})$$

可得

$$X_p = \frac{1}{2}(X_{pc} - jX_{ps})e^{j\omega_p t} + \frac{1}{2}(X_{pc} + jX_{ps})e^{-j\omega_p t} \tag{8.35}$$

$$Y_p = \frac{1}{2}(Y_{pc} - \mathrm{j}Y_{ps})\mathrm{e}^{\mathrm{j}\omega_p t} + \frac{1}{2}(Y_{pc} + \mathrm{j}Y_{ps})\mathrm{e}^{-\mathrm{j}\omega_p t} \tag{8.36}$$

对 $X_p(t)$ 和 $Y_p(t)$ 进行傅里叶复变换则得

$$X_p(\omega) = \frac{1}{2}(X_{pc} - \mathrm{j}X_{ps})\delta(\omega - \omega_p) + \frac{1}{2}(X_{pc} + \mathrm{j}X_{ps})\delta(\omega + \omega_p) \tag{8.37}$$

$$Y_p(\omega) = \frac{1}{2}(Y_{pc} - \mathrm{j}Y_{ps})\delta(\omega - \omega_p) + \frac{1}{2}(Y_{pc} + \mathrm{j}Y_{ps})\delta(\omega + \omega_p) \tag{8.38}$$

式(8.37)和式(8.38)可表示成频谱图，如图 8.12 所示。

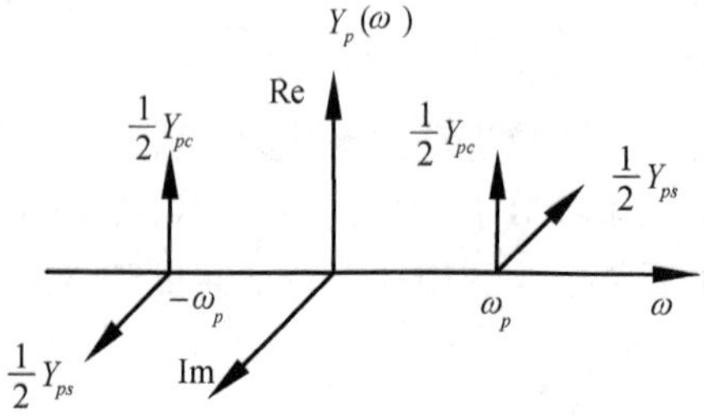

(a) $y(t)$的傅里叶复变换

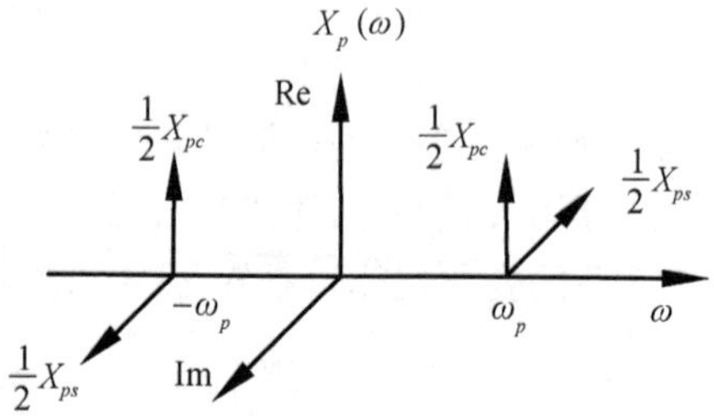

(b) $x(t)$的傅里叶复变换

**图 8.12　转子振动信号 $y(t)$ 和 $x(t)$ 的傅里叶复变换**

由图 8.12 可见，在频率 $\omega_p$ 处，$x(t)$ 和 $y(t)$ 的傅里叶变换的实部分别为 $\frac{1}{2}X_{pc}$ 和 $\frac{1}{2}Y_{pc}$，虚部分别为 $-\frac{1}{2}X_{ps}$ 和 $-\frac{1}{2}Y_{ps}$，由

$$\boldsymbol{r}_p = x_p(\omega) + \mathrm{j}y_p(\omega) \tag{8.39}$$

可求得任意频率 $\omega_p$ 处的正、反进动分量 $\boldsymbol{r}_{+p}$ 和 $\boldsymbol{r}_{-p}$ 分别为

$$\boldsymbol{r}_{+p} = \frac{1}{2}(X_{pc} + Y_{ps}) + \frac{1}{2}\mathrm{j}(Y_{pc} - X_{ps}) \tag{8.40}$$

$$\boldsymbol{r}_{-p} = \frac{1}{2}(X_{pc} - Y_{ps}) + \frac{1}{2}\mathrm{j}(Y_{pc} + X_{ps}) \tag{8.41}$$

图 8.13 表示全息进动分析的流程图和正、反进动分量 $\boldsymbol{r}_{+p}$ 和 $\boldsymbol{r}_{-p}$ 以及进动比函数的可视化表征形式。进动圆的半径表示进动量的幅值，进动圆的起始点则表示进动量的相位。

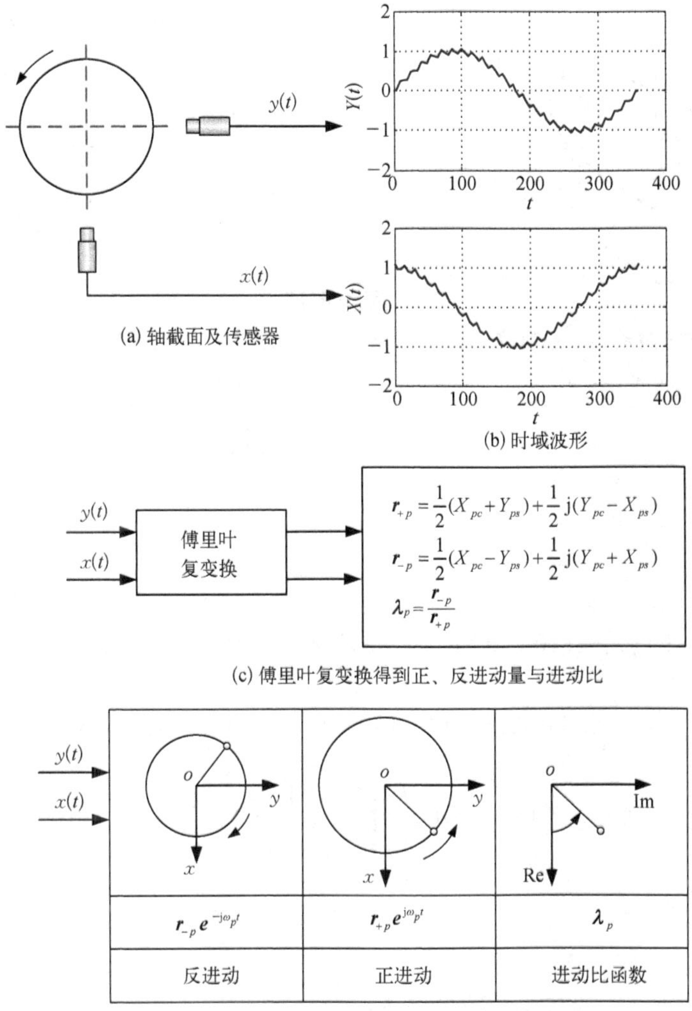


**图 8.13　全息进动分析的流程图和正、反进动分量 $r_{+p}$ 和 $r_{-p}$ 以及进动比函数 $\lambda_p$ 的表征形式**

## 8.5　转子进动分析的廖氏定理

本节引入关于转子进动轨迹面积、周长以及激振力做功的廖氏定理及其证明[21]，进一步揭示转子进动的规律，丰富转子进动分析理论的内涵。

### 8.5.1　廖氏定理 1——椭圆面积定理

一般情况下，转子进动轨迹为斜椭圆，如图 8.14 所示，可表示为如下形式：

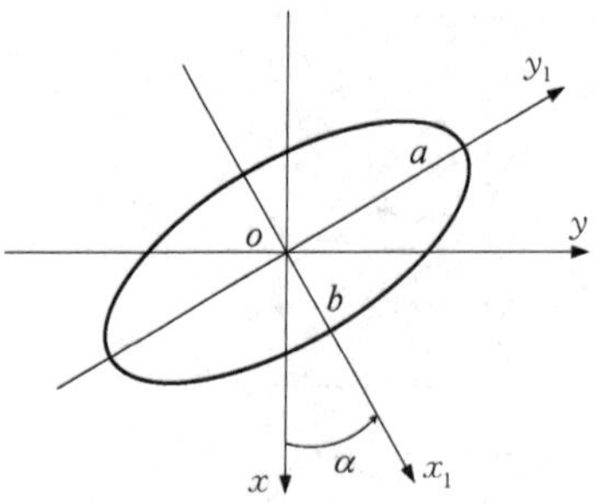


**图 8.14　转子进动的椭圆轨迹**

长轴为 $a$，短轴为 $b$

$$x(t)=x_c\cos(\Omega t)+x_s\sin(\Omega t) \tag{8.42}$$

$$y(t)=y_c\cos(\Omega t)+y_s\sin(\Omega t) \tag{8.43}$$

将式(8.42)和式(8.43)写成矩阵形式：

$$\begin{Bmatrix} x \\ y \end{Bmatrix}=\begin{bmatrix} x_c & x_s \\ y_c & y_s \end{bmatrix}\begin{Bmatrix} \cos(\Omega t) \\ \sin(\Omega t) \end{Bmatrix} \tag{8.44}$$

**廖氏定理 1：**

式(8.44)所表示的椭圆的面积为

$$A=\pi\cdot abs\left(\left|\begin{bmatrix} x_c & x_s \\ y_c & y_s \end{bmatrix}\right|\right)=\pi\mid x_cy_s-x_sy_c\mid \tag{8.45}$$

**证明：**

椭圆面积 $A=\pi ab$。

由式(8.9)、式(8.10)、式(8.13)和式(8.14)得

$$\begin{aligned} A&=\pi ab=\frac{1}{4}\pi\mid(x_c+y_s)^2+(y_c-x_s)^2-[(x_c-y_s)^2+(y_c+x_s)^2]\mid \\ &=\pi\mid x_cy_s-x_sy_c\mid=\pi\cdot abs\left(\left|\begin{bmatrix} x_c & x_s \\ y_c & y_s \end{bmatrix}\right|\right) \end{aligned} \tag{8.46}$$

证毕。

### 8.5.2　廖氏定理 2——椭圆轨迹和进动圆轨迹面积定理

转子任何一阶轴心轨迹所围的面积等于该阶正、反进动圆轨迹所围面积之差的绝对值。可用公式表达如下：

$$A=\mid A_+-A_-\mid \tag{8.47}$$

式中，$A$ 为转子进动椭圆轨迹所围的面积，$A_+$ 为对应的正进动圆轨迹所围面积，$A_-$ 为对应的反进动圆轨迹所围面积。

**证明：**

由式(8.5)和式(8.6)可得正进动圆轨迹所围的面积为

$$A_+=\frac{1}{4}\pi[(x_c+y_s)^2+(y_c-x_s)^2] \tag{8.48}$$

反进动圆轨迹所围的面积为

$$A_{-}=\frac{1}{4}\pi[(x_c-y_s)^2+(y_c+x_s)^2] \tag{8.49}$$

正、反进动圆轨迹所围面积之差的绝对值为

$$\begin{aligned}|A_{+}-A_{-}| &= \frac{1}{4}\pi|(x_c+y_s)^2+(y_c-x_s)^2-[(x_c-y_s)^2+(y_c+x_s)^2]| \\ &= \pi|x_cy_s-x_sy_c| = \pi\cdot abs\left(\left|\begin{bmatrix}x_c & x_s\\ y_c & y_s\end{bmatrix}\right|\right)=A\end{aligned} \tag{8.50}$$

在某些情况下，转子反进动占优，即 $A_{-}>A_{+}$，但面积差取绝对值后，式(8.50)总是成立的。

有时转子轴心轨迹会接近于一条直线，如图 8.15 所示，即使如此，定理 2 仍然成立。

直线轨迹的方程为

$$x(t)=x_c\cos(\Omega t) \tag{8.51}$$

$$y(t)=y_c\cos(\Omega t) \tag{8.52}$$

其所围的面积为 $A=0$。

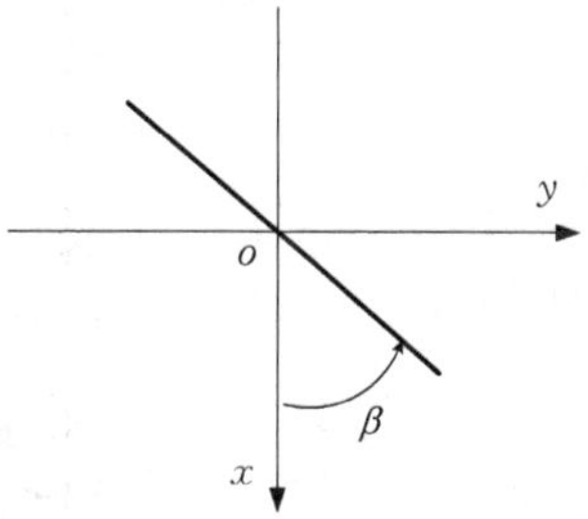


**图 8.15　转子的直线轨迹**

直线轨迹同样可分解为正进动圆轨迹和反进动圆轨迹，其半径分别为

$$\boldsymbol{r}_{+}=\frac{1}{2}[x_c+\mathrm{j}y_c] \tag{8.53}$$

$$\boldsymbol{r}_{-}=\frac{1}{2}[x_c+\mathrm{j}y_c] \tag{8.54}$$

它们所围的面积相等，即

$$A_{+}=A_{-}=\frac{1}{4}\pi[x_c^2+y_c^2] \tag{8.55}$$

显然有 $A_{+}-A_{-}=A=0$。证毕。

如图 8.16 所示，转子的进动角为

$$\tan\theta=\frac{y}{x}=\frac{Y}{X}\tan(\Omega t) \tag{8.56}$$

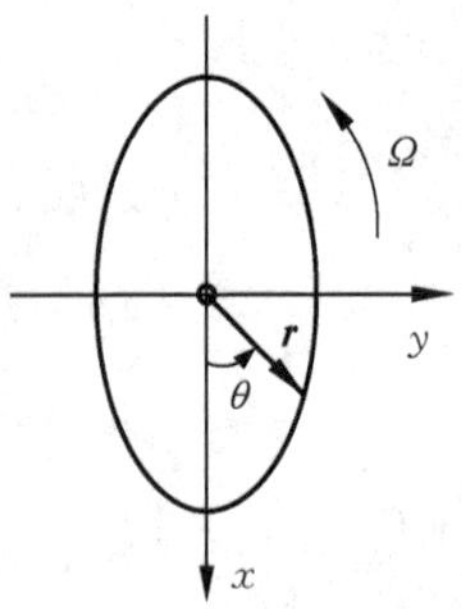


图 8.16 转子的进动轨迹和进动角

进动角速度为

$$\dot{\theta}=\frac{XY}{X^2\cos^2(\Omega t)+Y^2\sin^2(\Omega t)}\Omega \tag{8.57}$$

只有当转子轴心进动轨迹为圆轨迹时,即 $X = Y$, 进动角速度才会与转子自转角速度相等,转子发生协调正进动。轴心轨迹为椭圆时,进动角速度与自转角速度不相等,即 $\dot{\theta}\neq\Omega$。

当转子轴心沿椭圆轨迹运动时,转子进动角速度 $\dot{\theta}$ 周期性地变化。图 8.17 表示当 $X = 2Y$ 时,转子自转一周内, $\dot{\theta}$ 在 $\left(\frac{1}{2}\Omega,\ 2\Omega\right)$ 之间变化。转子这种涡动可能会对轴承和结构配合面产生影响。但仅靠水平或者垂直方向上的振动测量,观察不到转子这种涡动形式。

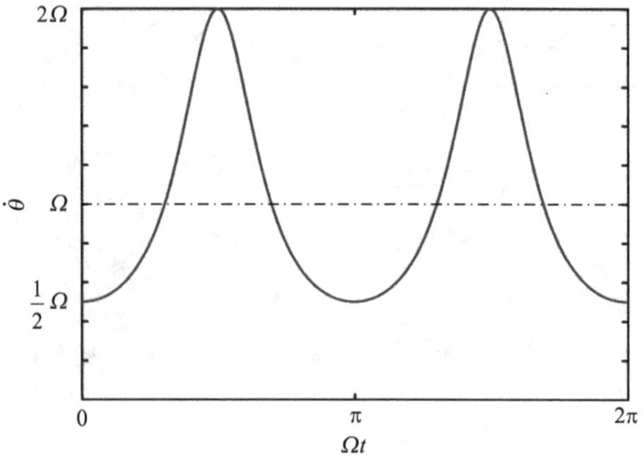


图 8.17 转子自转一周,进动角速度的变化

$X = 2Y$

## 8.5.3 廖氏定理 3——轨迹面积变化率恒定定理

当转速恒定时,转子轴心轨迹矢径在单位时间内所扫过的面积是恒定的,即 $\frac{\mathrm{d}A}{\mathrm{d}t}=\mathrm{const}$。

**证明:**

如图 8.18 所示,在时间 $\mathrm{d}t$ 内,轨迹矢径所扫过的面积为 $\mathrm{d}A$, 则有

$$\mathrm{d}A=\frac{1}{2}\dot{\theta}r^2\mathrm{d}t \tag{8.58}$$

式中，$\dot{\theta}$ 为转子轴心进动角速度。

当转速恒定时，图 8.18 所示的椭圆轨迹可分解为正进动轨迹和反进动轨迹，如图 8.19 所示。

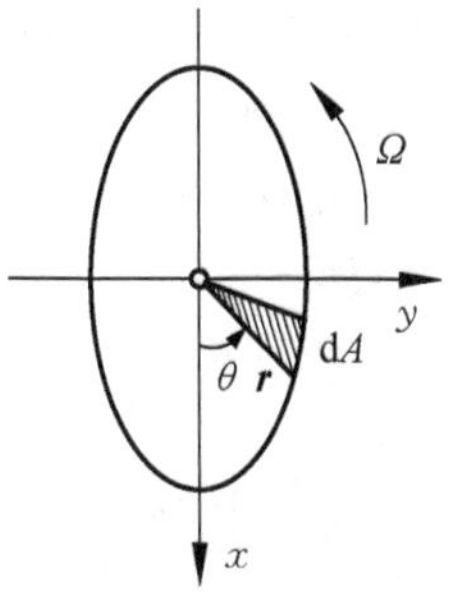


图 8.18　转子进动 d$t$，轨迹矢径所扫过的面积 d$A$，$X = 2Y$

在时间 d$t$ 内，正进动轨迹矢径所扫过的面积为

$$\mathrm{d}A_{+} = \frac{1}{2} r_{+}^{2} \Omega \mathrm{d}t \tag{8.59}$$

反进动轨迹矢径所扫过的面积为

$$\mathrm{d}A_{-} = \frac{1}{2} r_{-}^{2} \Omega \mathrm{d}t \tag{8.60}$$

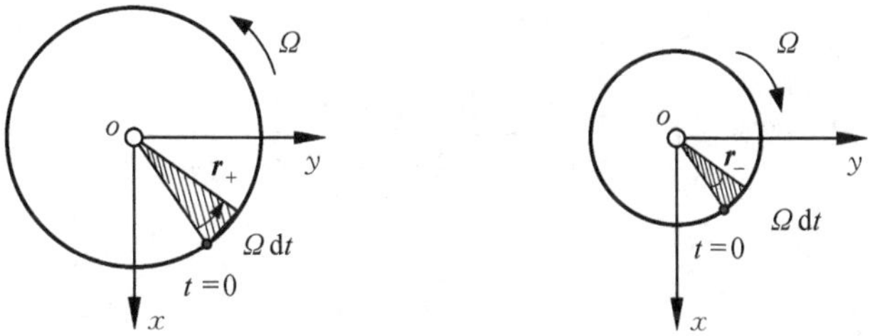


(a) 正进动轨迹矢径扫过的面积　(b) 反进动轨迹矢径扫过的面积

图 8.19　转子进动 d$t$，正进动轨迹矢径和反进动轨迹矢径所扫过的面积

根据面积定理 1 可得

$$\mathrm{d}A = | \mathrm{d}A_{+} - \mathrm{d}A_{-} | = \frac{1}{2} | r_{+}^{2} - r_{-}^{2} | \Omega \mathrm{d}t \tag{8.61}$$

或

$$\frac{\mathrm{d}A}{\mathrm{d}t} = \frac{1}{2} | r_{+}^{2} - r_{-}^{2} | \Omega = \mathrm{const} \tag{8.62}$$

证毕。

### 8.5.4　廖氏定理 4——轨迹周长定理

转子轴心进动椭圆轨迹的周长小于等于正、反进动圆轨迹周长之和，而大于等于正、反进动圆轨迹周长。可用如下不等式描述：

$$\max(L_{+}, L_{-}) \leqslant L \leqslant L_{+} + L_{-} \tag{8.63}$$

式中，$L$ 为转子轴心进动椭圆轨迹周长，$L_{+}$ 为对应的正进动圆轨迹周长，$L_{-}$ 为对应的反进动圆轨迹周长。

**证明：**

假设，$X$ 和 $Y$ 分别为椭圆轨迹的长、短轴，$X > Y$，则对应的正进动圆轨迹周长为

$$L_+ = \pi(X + Y) \tag{8.64}$$

反进动圆轨迹周长为

$$L_- = \pi(X - Y) \tag{8.65}$$

正、反进动圆轨迹周长之和为

$$L_+ + L_- = 2\pi X \tag{8.66}$$

椭圆的周长可写为级数表达式[23]：

$$L = 2\pi X\left\{1 - \sum_{n=1}^{\infty}\left[\left(\frac{(2n-1)!!}{(2n)!!}\right)^2 \frac{e^{2n}}{2n-1}\right]\right\} \tag{8.67}$$

式中，$e = \sqrt{\dfrac{X^2 - Y^2}{X^2}}$。

为清晰起见，将式(8.67)展开，即

$$L = 2\pi X\left\{1 - \left(\frac{1}{2}\right)^2 \frac{e^2}{1} - \left(\frac{1\cdot 3}{2\cdot 4}\right)^2 \frac{e^4}{3} - \left(\frac{1\cdot 3\cdot 5}{2\cdot 4\cdot 6}\right)^2 \frac{e^6}{5} - \cdots\right\}$$

显见，

$$L < 2\pi X = L_+ + L_- \tag{8.68}$$

另外，椭圆周长还可表示为如下级数形式[23]：

$$L = \pi(X + Y)\left\{1 + \left(\frac{1}{2}\right)^2 \lambda^2 + \left(\frac{1}{2\cdot 4}\right)^2 \lambda^4 + \sum_{n=3}^{\infty}\left[\left(\frac{(2n-3)!!}{(2n)!!}\right)^2 \lambda^{2n}\right]\right\} \tag{8.69}$$

式中，$\lambda = \dfrac{X - Y}{X + Y}$。

由式(8.69)可得

$$\begin{aligned} L &= \pi(X + Y)\left\{1 + \left(\frac{1}{2}\right)^2 \lambda^2 + \left(\frac{1}{2\cdot 4}\right)^2 \lambda^4 + \left(\frac{1\cdot 3}{2\cdot 4\cdot 6}\right)^2 \lambda^6 + \left(\frac{5!!}{8!!}\right)\lambda^8 + \cdots\right\} \\ &> \pi(X + Y) = L_+ \end{aligned} \tag{8.70}$$

定理证毕。

### 8.5.5　复向量内积法则

任意复向量 $\sigma \boldsymbol{e}^{\mathrm{j}\alpha}$ 和 $\delta \boldsymbol{e}^{\mathrm{j}\beta}$ 的内积为

$$x = \sigma \boldsymbol{e}^{\mathrm{j}\alpha} \cdot \delta \boldsymbol{e}^{\mathrm{j}\beta} = \delta \boldsymbol{e}^{\mathrm{j}\beta} \cdot \sigma \boldsymbol{e}^{\mathrm{j}\alpha} = \sigma\delta\cos(\alpha - \beta) \tag{8.71}$$

**证明：**

$$\begin{aligned} x &= \sigma \boldsymbol{e}^{\mathrm{j}\alpha} \cdot \delta \boldsymbol{e}^{\mathrm{j}\beta} = \sigma(\cos\alpha + \mathrm{j}\sin\alpha) \cdot \delta(\cos\beta + \mathrm{j}\sin\beta) \\ &= \delta(\cos\beta + \mathrm{j}\sin\beta) \cdot \sigma(\cos\alpha + \mathrm{j}\sin\alpha) \\ &= \sigma\delta(\cos\alpha\cos\beta + \sin\alpha\sin\beta) = \sigma\delta\cos(\alpha - \beta) \end{aligned} \tag{8.72}$$

特别注意，j 与 j 的内积为 1，即 j · j=1。

证毕。

### 8.5.6　廖氏定理 5——进动力做功的正交性定理

转子上的作用力可分解为正进动作用力和反进动作用力，正进动作用力只在正进动轨迹上做功，而在反进动轨迹上不做功；反进动作用力只在反进动轨迹上做功，而在正进动轨迹上不做功。

定理 5 表明，作用在转子上的正、反进动力关于做功是正交的。

**证明：**

转子上的作用力可表示为

$$\boldsymbol{F} = F_{+}\boldsymbol{e}^{\mathrm{j}\Omega t} + F_{-}\boldsymbol{e}^{-\mathrm{j}\Omega t} \tag{8.73}$$

式中，$F_{+}$ 为正进动作用力力幅；$F_{-}$ 为反进动作用力力幅。

设转子的进动轨迹为

$$\boldsymbol{r} = \boldsymbol{r}_{+} + \boldsymbol{r}_{-} = r_{+}\boldsymbol{e}^{\mathrm{j}(\Omega t + \beta_{+})} + r_{-}\boldsymbol{e}^{-\mathrm{j}(\Omega t + \beta_{-})} \tag{8.74}$$

式中，$\boldsymbol{r}_{+}$ 为转子正进动轨迹分量，$\boldsymbol{r}_{-}$ 为转子反进动轨迹分量，$r_{+}$ 为转子正进动轨迹半径，$\beta_{+}$ 为正进动相角；$r_{-}$ 为转子反进动轨迹半径，$\beta_{-}$ 为反进动相角。

作用力所做的微功为

$$\mathrm{d}W = (F_{+}\boldsymbol{e}^{\mathrm{j}\Omega t} + F_{-}\boldsymbol{e}^{-\mathrm{j}\Omega t}) \cdot \mathrm{d}r = (F_{+}\boldsymbol{e}^{\mathrm{j}\Omega t} + F_{-}\boldsymbol{e}^{-\mathrm{j}\Omega t}) \cdot (\mathrm{d}\boldsymbol{r}_{+} + \mathrm{d}\boldsymbol{r}_{-}) \tag{8.75}$$

$$\mathrm{d}\boldsymbol{r} = [\mathrm{j}\Omega r_{+}\boldsymbol{e}^{\mathrm{j}(\Omega t + \beta_{+})} - \mathrm{j}\Omega r_{-}\boldsymbol{e}^{-\mathrm{j}(\Omega t + \beta_{-})}]\mathrm{d}t \tag{8.76}$$

$$\mathrm{d}\boldsymbol{r}_{+} = \mathrm{j}\Omega r_{+}\boldsymbol{e}^{\mathrm{j}(\Omega t + \beta_{+})}\mathrm{d}t \tag{8.77}$$

$$\mathrm{d}\boldsymbol{r}_{-} = -\mathrm{j}\Omega r_{-}\boldsymbol{e}^{-\mathrm{j}(\Omega t + \beta_{-})}\mathrm{d}t \tag{8.78}$$

式中，$\mathrm{d}\boldsymbol{r}_+$ 和 $\mathrm{d}\boldsymbol{r}_-$ 分别表示正、反进动轨迹上的微位移。

由欧拉公式，可把 j 写成如下形式：

$$\mathrm{j}=\mathrm{e}^{\mathrm{j}\frac{\pi}{2}} \tag{8.79}$$

式(8.77)和式(8.78)变为

$$\mathrm{d}\boldsymbol{r}_+=\Omega r_+\boldsymbol{e}^{\mathrm{j}\left(\Omega t+\beta_++\frac{\pi}{2}\right)}\mathrm{d}t \tag{8.80}$$

$$\mathrm{d}\boldsymbol{r}_-=\Omega r_-\boldsymbol{e}^{-\mathrm{j}\left(\Omega t+\beta_-+\frac{\pi}{2}\right)}\mathrm{d}t \tag{8.81}$$

正进动作用力所做的微功为

$$\mathrm{d}W_+=F_+\boldsymbol{e}^{\mathrm{j}\Omega t}\cdot\mathrm{d}\boldsymbol{r}=F_+\boldsymbol{e}^{\mathrm{j}\Omega t}\cdot(\mathrm{d}\boldsymbol{r}_++\mathrm{d}\boldsymbol{r}_-) \tag{8.82}$$

将式(8.80)和式(8.81)代入式(8.82)，并运用复向量内积法则，可得

$$\mathrm{d}W_+=F_+\boldsymbol{e}^{\mathrm{j}\Omega t}\cdot\mathrm{d}\boldsymbol{r}=-\left[\Omega F_+r_+\sin\beta_++\Omega F_+r_-\sin(2\Omega t+\beta_-)\right]\mathrm{d}t=\mathrm{d}W_{++}+\mathrm{d}W_{+-} \tag{8.83}$$

式中，

$$\mathrm{d}W_{++}=-\Omega F_+r_+\sin\beta_+\mathrm{d}t \tag{8.84}$$

$$\mathrm{d}W_{+-}=-\Omega F_+r_-\sin(2\Omega t+\beta_-)\mathrm{d}t \tag{8.85}$$

分别为正进动作用力在正、反进动轨迹上所做的微功。

转子旋转一周，正进动作用力在正进动轨迹上所做的功为

$$W_{++}=\int_0^{2\pi}\mathrm{d}W_{++}=-\int_0^{2\pi}F_+r_+\sin\beta_+\mathrm{d}(\Omega t)=-2\pi F_+r_+\sin\beta_+ \tag{8.86}$$

它分别与正进动作用力力幅 $F_+$ 和转子正进动轨迹半径 $r_+$ 成正比，且与正进动轨迹的相角相关。当 $\beta_+\neq k\pi\ (k=0,\ \pm1,\ \pm2,\ \cdots)$ 时，$W_{++}\neq0$，即正进动作用力在正进动轨迹上会做功。

转子旋转一周，正进动作用力在反进动轨迹上所做的功为

$$W_{+-}=\int_0^{2\pi}\mathrm{d}W_{+-}=-\int_0^{2\pi}F_+r_-\sin(2\Omega t+\beta_-)\mathrm{d}(\Omega t)=\frac{1}{2}F_+r_-\cos(2\Omega t+\beta_-)\Big|_0^{2\pi}=0 \tag{8.87}$$

由此可见，正进动作用力在反进动轨迹上所做的功始终为 0。

同理，可得到转子旋转一周反进动作用力在反进动轨迹上所做的功为

$$W_{--} = \int_0^{2\pi} \mathrm{d}W_{--} = - \int_0^{2\pi} F_- r_- \sin\beta_- \,\mathrm{d}(\Omega t) = - 2\pi F_- r_- \sin\beta_- \tag{8.88}$$

转子旋转一周,反进动作用力在正进动轨迹上所做的功为

$$W_{-+} = \int_0^{2\pi} \mathrm{d}W_{-+} = - \int_0^{2\pi} F_- r_+ \sin(2\Omega t + \beta_+)\,\mathrm{d}(\Omega t) = \frac{1}{2} F_- r_+ \cos(2\Omega t + \beta_+)\Big|_0^{2\pi} = 0 \tag{8.89}$$

反进动作用力在正进动轨迹上所做的功也始终为 0。

定理 5 证毕。

### 8.5.7　廖氏定理 6——进动力做功定理

转子上作用力所做的功等于其正进动作用力分量和反进动作用力分量所做功的代数和,即

$$W = W_+ + W_- = W_{++} + W_{--} \tag{8.90}$$

式中,$W$ 为转子上的作用力在椭圆轨迹上所做的功,$W_+$ 为正进动作用力分量所做的功,$W_-$ 为反进动作用力分量所做的功,$W_{++}$ 为正进动力分量在正进动轨迹上所做的功,$W_{--}$ 为反进动力分量在反进动轨迹上所做的功。

**证明:**

设转子上的作用力为

$$\boldsymbol{F} = F_+ \boldsymbol{e}^{\mathrm{j}\Omega t} + F_- \boldsymbol{e}^{-\mathrm{j}\Omega t} \tag{8.91}$$

式中,$F_+$ 为正进动作用力分量的幅值;$F_-$ 为反进动作用力分量的幅值。

转子的运动轨迹为

$$\boldsymbol{r} = \boldsymbol{r}_+ + \boldsymbol{r}_- = r_+ \boldsymbol{e}^{\mathrm{j}(\Omega t + \beta_+)} + r_- \boldsymbol{e}^{-\mathrm{j}(\Omega t + \beta_-)} \tag{8.92}$$

作用力所做的微功为

$$\begin{aligned} \mathrm{d}W &= (F_+ \boldsymbol{e}^{\mathrm{j}\Omega t} + F_- \boldsymbol{e}^{-\mathrm{j}\Omega t}) \cdot \mathrm{d}\boldsymbol{r} = \mathrm{d}W_+ + \mathrm{d}W_- \\ &= F_+ \boldsymbol{e}^{\mathrm{j}\Omega t} \cdot (\mathrm{d}\boldsymbol{r}_+ + \mathrm{d}\boldsymbol{r}_-) + F_- \boldsymbol{e}^{-\mathrm{j}\Omega t} \cdot (\mathrm{d}\boldsymbol{r}_+ + \mathrm{d}\boldsymbol{r}_-) \end{aligned} \tag{8.93}$$

式中,

$$\mathrm{d}W_+ = F_+ \boldsymbol{e}^{\mathrm{j}\Omega t} \cdot \mathrm{d}\boldsymbol{r} = F_+ \boldsymbol{e}^{\mathrm{j}\Omega t} \cdot (\mathrm{d}\boldsymbol{r}_+ + \mathrm{d}\boldsymbol{r}_-) \tag{8.94}$$

$$\mathrm{d}W_- = F_- \boldsymbol{e}^{-\mathrm{j}\Omega t} \cdot \mathrm{d}\boldsymbol{r} = F_- \boldsymbol{e}^{-\mathrm{j}\Omega t} \cdot (\mathrm{d}\boldsymbol{r}_+ + \mathrm{d}\boldsymbol{r}_-) \tag{8.95}$$

分别为正、反进动作用力分量所做的微功。

根据定理 5 关于进动力做功的正交性，即可得到转子旋转一周作用力所做的功为

$$W = \int_0^{2\pi} \mathrm{d}W = \int_0^{2\pi} \mathrm{d}W_+ + \int_0^{2\pi} \mathrm{d}W_- = W_+ + W_- = W_{++} + W_{--} \tag{8.96}$$

定理 6 证毕。

图 8.20 表示转子轴心轨迹、作用力和位移之间的关系。

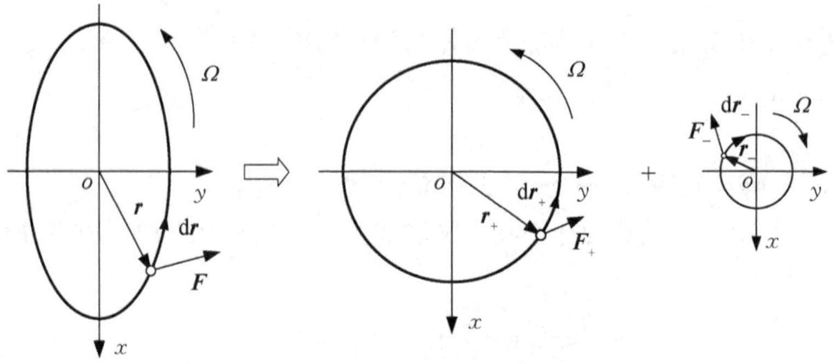


**图 8.20　转子轴心进动轨迹、作用力和位移**

此处需说明，定理 5 和定理 6 中所述的力和轨迹必须是同阶的，即为转速的相同倍频分量（例如，$n$ 阶激振力代表力的作用频率为 $n\Omega$）。

## 8.6　定理的应用示例

本节以不平衡力、阻尼力和弹性恢复力 3 种力的进动分解与所做的功为例，验证定理 5 和 6，并示范说明定理 5 和 6 的应用。

### 8.6.1　不平衡力所做的功

转子不平衡力在 $x$ 和 $y$ 方向的分量分别为

$$F_{x\varepsilon} = m\varepsilon\Omega^2\cos(\Omega t + \beta) \tag{8.97}$$

$$F_{y\varepsilon} = m\varepsilon\Omega^2\sin(\Omega t + \beta) \tag{8.98}$$

写成进动作用力形式如下：

$$\boldsymbol{F}_\varepsilon = F_{x\varepsilon} + \mathrm{j}F_{y\varepsilon} = F_{+\varepsilon}\boldsymbol{e}^{\mathrm{j}\Omega t} = m\varepsilon\Omega^2\boldsymbol{e}^{\mathrm{j}\beta}\boldsymbol{e}^{\mathrm{j}\Omega t} \tag{8.99}$$

式中，$F_{+\varepsilon} = m\varepsilon\Omega^2\boldsymbol{e}^{\mathrm{j}\beta}$ 为正进动作用力。这说明转子不平衡只会产生正进动作用力。

假设转子的进动轨迹为

$$\boldsymbol{r} = r_+ \boldsymbol{e}^{\mathrm{j}(\Omega t+\beta_+)} + r_- \boldsymbol{e}^{-\mathrm{j}(\Omega t+\beta_-)} \tag{8.100}$$

根据定理 5 和 6,转子自转一周内不平衡力所做的功为

$$\begin{aligned} W_\varepsilon &= \int_0^T \boldsymbol{F}_\varepsilon \cdot \mathrm{d}\boldsymbol{r} = \int_0^T \boldsymbol{F}_{+\varepsilon} \cdot \mathrm{d}\boldsymbol{r}_+ = \int_0^{2\pi} m\varepsilon\Omega^2 r_+ \cos\left(\beta - \beta_+ - \frac{\pi}{2}\right) \mathrm{d}(\Omega t) \\ &= 2\pi m\varepsilon\Omega^2 r_+ \sin(\beta - \beta_+) \end{aligned} \tag{8.101}$$

式中,$T$ 是转子自转一周的周期。注意,式(8.101)积分中,对正进动力向量与正进动轨迹向量进行内积运算,而不是直接相乘。

由式(8.101)可见,当不平衡力相位超前于正进动轨迹矢量 $\boldsymbol{r}_+$, 即 $\beta > \beta_+$ 时,不平衡力做正功;当不平衡力相位滞后于正进动轨迹矢量 $\boldsymbol{r}_+$, 即 $\beta < \beta_+$ 时,不平衡力做负功;当不平衡力与正进动轨迹矢量 $\boldsymbol{r}_+$ 同相位,即 $\beta = \beta_+$ 时,不平衡力不做功。这三种做功模式可由如下条件式来表达:

$$W_\varepsilon \begin{cases} > 0, 当\beta > \beta_+ \\ = 0, 当\beta - \beta_+ = 0, 或\beta - \beta_+ = \pm\pi \\ < 0, 当\beta < \beta_+ \end{cases} \tag{8.102}$$

### 8.6.2　阻尼力所做的功

线性阻尼力可表示为

$$\begin{aligned} \boldsymbol{F}_d &= - d_0\dot{\boldsymbol{r}} = - d_0[\Omega r_+ \boldsymbol{e}^{\mathrm{j}\left(\Omega t+\frac{\pi}{2}+\beta_+\right)} + \Omega r_- \boldsymbol{e}^{-\mathrm{j}\left(\Omega t+\frac{\pi}{2}+\beta_-\right)}] \\ &= -[F_{+d}\boldsymbol{e}^{\mathrm{j}\left(\Omega t+\frac{\pi}{2}+\beta_+\right)} + F_{-d}\boldsymbol{e}^{-\mathrm{j}\left(\Omega t+\frac{\pi}{2}+\beta_-\right)}] \end{aligned} \tag{8.103}$$

式中, $F_{+d} = \Omega d_0 r_+$; $F_{-d} = \Omega d_0 r_-$; $d_0$ 为阻尼系数。

由定理 5 和定理 6 求得阻尼力所做的功为

$$\begin{aligned} W_d &= \int_0^T \boldsymbol{F}_d \cdot \mathrm{d}\boldsymbol{r} = \int_0^T \boldsymbol{F}_d \cdot [\Omega r_+ \boldsymbol{e}^{\mathrm{j}\left(\Omega t+\frac{\pi}{2}+\beta_+\right)} + \Omega r_- \boldsymbol{e}^{-\mathrm{j}\left(\Omega t+\frac{\pi}{2}+\beta_-\right)}]\mathrm{d}t \\ &= - 2\pi d_0\Omega(r_+^2 + r_-^2) \end{aligned} \tag{8.104}$$

式(8.104)表明,只要 $d_0 > 0$, 不论是正进动占优,还是反进动占优,阻尼力所做的功总是负的,即正阻尼总是耗散转子的振动能量。另外,还可看到,阻尼力所做的功与正、反进动轨迹所围的面积成正比。

### 8.6.3 存在反对称交叉刚度时,弹性恢复力所做的功

弹性恢复力在 $x$ 和 $y$ 方向的分量分别为

$$F_x = -s_{xx}x - s_{xy}y \tag{8.105}$$

$$F_y = -s_{yy}y - s_{yx}x \tag{8.106}$$

式中,$s_{xx}$ 和 $s_{yy}$ 分别为 $x$ 和 $y$ 方向的主刚度,$s_{xy} = -s_{yx}$ 为反对称交叉刚度。

转子的轴心进动轨迹为

$$\boldsymbol{r} = r_+ \boldsymbol{e}^{\mathrm{j}\Omega t} + r_- \boldsymbol{e}^{-\mathrm{j}\Omega t} \tag{8.107}$$

将弹性恢复力分解成正、反进动作用力的形式,即

$$\begin{aligned}\boldsymbol{F} &= F_x + \mathrm{j}F_y = -s_0\boldsymbol{r} - \Delta s_0\boldsymbol{r}^* + s_{xy}\mathrm{j}\boldsymbol{r}\\ &= -s_0(r_+\boldsymbol{e}^{\mathrm{j}\Omega t} + r_-\boldsymbol{e}^{-\mathrm{j}\Omega t}) + s_{xy}\mathrm{j}(r_+\boldsymbol{e}^{\mathrm{j}\Omega t} + r_-\boldsymbol{e}^{-\mathrm{j}\Omega t}) - \Delta s_0(r_+^*\boldsymbol{e}^{-\mathrm{j}\Omega t} + r_-^*\boldsymbol{e}^{\mathrm{j}\Omega t})\\ &= (\mathrm{j}s_{xy}r_+ - s_0r_+ - \Delta s_0r_-^*)\boldsymbol{e}^{\mathrm{j}\Omega t} + (\mathrm{j}s_{xy}r_- - s_0r_- - \Delta s_0r_+^*)\boldsymbol{e}^{-\mathrm{j}\Omega t} = F_+\boldsymbol{e}^{\mathrm{j}\Omega t} + F_-\boldsymbol{e}^{-\mathrm{j}\Omega t}\end{aligned} \tag{8.108}$$

式中,$r_+^*$ 为正进动轨迹矢量 $r_+$ 的共轭矢量,$r_-^*$ 为反进动轨迹矢量 $r_-$ 的共轭矢量。

$$s_0 = \frac{1}{2}(s_{xx} + s_{yy}),\ \Delta s_0 = \frac{1}{2}(s_{xx} - s_{yy})$$

$$F_+ = (\mathrm{j}s_{xy} - s_0)r_+ - \Delta s_0 r_-^* \tag{8.109}$$

$$F_- = (\mathrm{j}s_{xy} - s_0)r_- - \Delta s_0 r_+^* \tag{8.110}$$

转子自转一个周期内,弹性恢复力所做的功为

$$W = \int_0^T \boldsymbol{F}\cdot \mathrm{d}\boldsymbol{r} = \int_0^{2\pi} F_+\boldsymbol{e}^{\mathrm{j}\Omega t}\cdot \mathrm{j}r_+\boldsymbol{e}^{\mathrm{j}\Omega t}\mathrm{d}(\Omega t) - \int_0^{2\pi} F_-\boldsymbol{e}^{-\mathrm{j}\Omega t}\cdot \mathrm{j}r_-\boldsymbol{e}^{-\mathrm{j}\Omega t}\mathrm{d}(\Omega t) = 2\pi s_{xy}(r_+^2 - r_-^2) \tag{8.111}$$

根据定理 2,可求得式(8.111)为

$$W = 2\pi s_{xy}(r_+^2 - r_-^2) = 2\pi s_{xy}ab \tag{8.112}$$

式中,$a$ 和 $b$ 分别为转子轴心椭圆轨迹的长轴和短轴。

由式(8.112)可见,弹性恢复力所做的功与轨迹所围的面积和反对称交叉刚度 $s_{xy}$ 成正比。当正进动占优时,即 $|\boldsymbol{r}_+| > |\boldsymbol{r}_-|$,则弹性恢复力做正功,$W > 0$,反对称交叉刚度会使得转子失稳。

但对于支承刚度各向异性的转子,当在水平与垂直临界转速之间运行时,即 $\omega_y < \Omega < \omega_x$ 时,反进动占优,$|\boldsymbol{r}_-| > |\boldsymbol{r}_+|$。此时,弹性恢复力做负功,$W < 0$。这

表明，反对称交叉刚度将会抑制转子反进动失稳，发挥镇定作用。

上述 3 个示例说明，应用定理 5 和 6 很容易求得激振力所做的功。其物理意义是，正进动作用力只会影响转子正进动，而反进动作用力只影响转子反进动。这为诊断转子故障提供了重要判据。

## 8.7　几种典型故障条件下转子的进动特征

由上述的分析可见，转子的进动形态既反映了转子系统的结构特点，又反映了转子所受载荷的特征。采用图 8.13 所示的进动圆表征形式，转子正、反进动的频率、幅值、相位、方向以及进动比函数全部可得以可视化表征，图形简单、形象，信息丰富，体现出了进动分析的优点。表 8.1 列出了 9 种典型故障的进动特征[1-21]。表中 X 表示转子的转频。

**表 8.1　9 种典型故障的进动特征(黑点●和方框□的大小表示对应的进动特征量出现的显著度)**

| 故障类型 | 频率分量 | 正进动 | 反进动 | 进动比函数 | 注　释 |
|---|---|---|---|---|---|
| 不平衡 | 1X | ● | | □ | 进动比函数不随不平衡量变化 |
| 不对中 | 1X | ● | ● | □ | 正、反进动量幅值接近；进动比函数随不对中度增大而增大 |
| | 2X | ● | ● | □ | |
| 碰　摩 | 1X | ● | • | □ | 出现次谐波和超次谐波正、反进动，反进动量的变化很明显 |
| | 2X | | • | □ | |
| | 0.2, 0.3, …, 1X; 1.1, 1.2, …, 2X | • | ● | □ | |
| 油膜涡动 | 0.42～0.48X | ● | • | □ | 出现次谐波正、反进动，正进动占优 |
| 油膜振荡 | 转子自振频率 $f$ | ● | • | □ | 转子严重失稳，以自振频率正进动 |
| 轴裂纹 | 1X | ● | • | □ | 进动比函数随不平衡量发生变化 |
| | 2X | • | | | |
| | 3X | • | • | □ | |
| 密封激起的涡动 | 0.3～0.6X | • | • | □ | 出现次谐波正、反进动，正进动占优，失稳转速为转子自振频率；与负荷有关 |

续 表

| 故障类型 | 频率分量 | 正进动 | 反进动 | 进动比函数 | 注释 |
|---|---|---|---|---|---|
| 压缩机叶轮间隙激起的涡动 | 0.3~1.0X | • | ● | □ | 反进动量占优，失稳转速为转子反进动自振频率；与负荷有关 |
| 涡轮间隙激起的涡动 | 0.3~1.0X | ● | • | □ | 正进动量占优，失稳转速为转子自振频率；与负荷有关 |

## 参考文献


[1] 沈达宽. 航空燃气涡轮发动机构造及强度计算[M]. 北京：北京科学教育编辑室，1962.

[2] GASCH R, PFUETZNER H. Rotordynamik[M]. Berlin: Springer, 1975.

[3] LIAO M F, GASCH R. Crack detection in rotating shafts-an experimental study: C432/106 [R]. Bath: IMechE 1992, 1992.

[4] GASCH R, LIAO M F. Verfahren zur frueherkennung eines risses in einer rotierender welle: DE 4229340[P], 1992.

[5] GASCH R, LIAO M F. Verfahren zur frueherkennung eines risses in einer rotierender welle: EP 0585623 B1[P], 1996.

[6] GASCH R, LIAO M F. Process for early detection of a crack in a rotating shaft: US: 5533400 [P], 1996.

[7] WEIGEL M. Werkzeuge zur schwingungsdiagnose an turbomaschinen[R]. In: 3. Symposium: Methoden, Nutzen und Trends der schwingungsdiagnostischen Ueberwachung von Turbosaetzen in Kraftwerken und Industrieanlagen. Willingen-Sauerland, 1995.

[8] GOLDMAN P, MUSZYNSKA A. Application of full spectrum to rotating machinery diagnostics [J]. Orbit, 1999, 20(1): 17－21.

[9] 于潇，廖明夫. 液体火箭发动机涡轮泵状态监测与故障诊断系统研究[J]. 导弹与航天运载技术，2002(4)：54－58.

[10] 赵冲冲. 基于支持向量机的旋转机械故障诊断[D]. 西安：西北工业大学，2003.

[11] LIAO M F, EICHLER A, SCHATZ M. A new approach to detection of cracks in an anisotropic rotor[J]. Machine Vibration, 1995(4): 147－151.

[12] 廖明夫，EICHLER A, SCHATZ M. 一种识别支承各向异性的转子轴上裂纹的方法：ZL 95 115465.6[P]. 1995－09－11.

[13] 廖明夫. 裂纹转子动力学特性及其监测技术研究[D]. 西安：西北工业大学，1995.

[14] RIETZ P, SEGEBART P, LIAO M F. Diagnosehinweise aus der numerischen simulation von anstreifvorgaengen von rotierenden wellen[C]. Duesseldorf: VDI-Schwingungstagung, 1999.

[15] 邓小文，廖明夫. 碰摩转子的弯曲和扭转振动分析[J]. 航空动力学报，2002，17(1)：97－104.

[16] 廖明夫，邓小文. 诊断转子支座松动故障的一种新方法[J]. 振动、测试与诊断，1999，19(4)：359－363.

[17] 杨伸记，廖明夫. 旋转机械状态监测与故障诊断系统[J]. 测控技术，2000，19(1)，56－58.

[18] 廖明夫,李宏宇,蒲秋洪. 转子特性参数的估计和临界响应的预报[R]. 第十一届航空发动机结构强度振动学术讨论会,2002.

[19] 廖明夫,汪玉,谭大力. 转子进动分析的 4 个定理[J]. 航空动力学报,2008,23(2): 281-285.

[20] 廖明夫. 航空发动机转子动力学[M]. 西安: 西北工业大学出版社,2015.

[21] 廖明夫,赵清周. 转子进动定理的扩充和完善[J]. 振动、测试与诊断,2021,41(6): 1216-1220.

[22] GASCH R, NORDMANN R, PFÜTZNER H. Rotordynamik 2[M]. Berlin: Springer, 2002.

[23] MCKEAN H, MOLL V. Elliptic curves: function, theory, geometry, arithmetic [M]. Cambridge: Cambridge University Press, 1999.

# 第 9 章
# 转子的失稳振动

航空发动机不断向大负荷、高转速、轻结构方向发展,并且要在较大范围变工况运行。转子系统大多要运行在一阶甚至二阶临界转速之上。这样的发展趋势必然伴随突出的振动问题,其中转子失稳振动就是一种危害很大、且易发生的振动形式。流构耦合、结构内摩擦、转/静碰摩等因素都可能会引起转子失稳振动。超过某一失稳门坎转速后,转子失稳振动会突然发作,转子从工质中或者从驱动系统中持续吸取能量,并转化成自身振动的动能。因此,失稳振动常常被称为自激振动。

1924 年 Newkirk 详细报道了高炉风机失稳振动现象[1]。此后,Newkirk 和 Kimball 开展了理论研究,以图揭示失稳产生的机理。他们得出圆柱面热套产生的内摩擦可使转子失稳的结论[1]。随后,Kraemer[1]、沈达宽[2,3]、Gunter[4]、Lund[5]、Gasch 等[6]、Vance[7]和顾家柳[8]等学者对材料内摩擦、圆柱面配合及套齿连接结构进行了深入的理论和实验研究。本章以他们的研究结果为基础,以材料内阻尼、圆柱面配合及套齿连接为失稳源,分析由此引起转子失稳振动的机理和影响因素。

## 9.1 材料的黏弹性和内阻尼

材料的黏弹性由如下的应力-应变关系来描述:

$$\sigma = E(\varepsilon + d_{\varepsilon i}\dot{\varepsilon}) \tag{9.1}$$

式中,$\sigma$ 为应力,$E$ 为材料的弹性模量,$\varepsilon$ 为应变,$\dot{\varepsilon}$ 为应变的速度,$d_{\varepsilon i}$ 为阻尼系数。

根据梁弯曲理论,如图 9.1 所示,弯矩、应变和变形的关系为

$$M = \int_A \sigma x \mathrm{d}A \tag{9.2}$$

$$\varepsilon = -xX'' = -x\frac{\partial^2 X}{\partial z^2} \tag{9.3}$$

式中,$A$ 为梁的截面积,$X$ 为中性轴的变形,$x$ 为距中性截面的局部坐标。

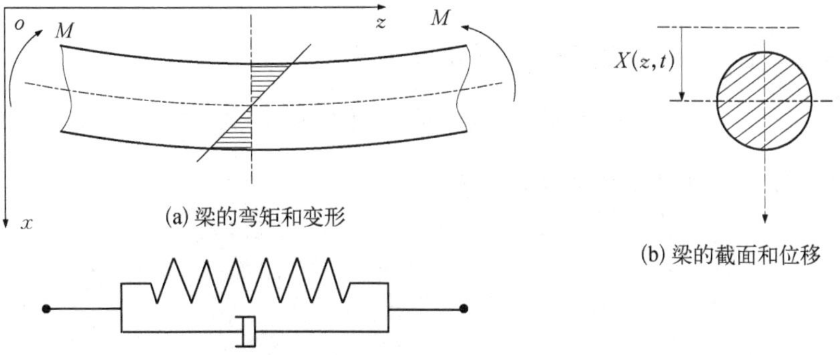


(a) 梁的弯矩和变形

(b) 梁的截面和位移

(c) 梁的等效刚度和阻尼模型

**图 9.1　梁的弯矩、应变和变形以及等效刚度和阻尼模型**

把式(9.1)和式(9.3)代入式(9.2),可得

$$M = -(X'' + d_{\varepsilon i}\dot{X}'')E\int_A x^2 \mathrm{d}A = -(X'' + d_{\varepsilon i}\dot{X}'')EI(z) \tag{9.4}$$

式中,$I(z) = \int_A x^2 \mathrm{d}A$ 为截面惯性矩。于是,由式(9.4)可得

$$X'' + d_{\varepsilon i}\dot{X}'' = -\frac{M(z,\ t)}{EI(z)} \tag{9.5}$$

对于无质量弹性轴,弯矩与力 $F(t)$ 成正比,即

$$M(z,\ t) = F(t)M(z) \tag{9.6}$$

式中,$M(z)$ 为弯矩系数。假设轴的变形同样也是时间和空间可分的,即

$$X(z,\ t) = \bar{X}(z)T(t) \tag{9.7}$$

代入方程(9.5),得

$$\frac{\mathrm{d}^2\bar{X}(z)}{\mathrm{d}z^2}\left[T(t) + d_{\varepsilon i}\frac{\mathrm{d}T(t)}{\mathrm{d}t}\right] = -\frac{F(t)M(z)}{EI(z)} \tag{9.8}$$

对方程两端关于 $z$ 积分两次,可得

$$\bar{X}(z)[T(t) + d_{\varepsilon i}\dot{T}] = X(z,\ t) + d_{\varepsilon i}\dot{X}(z,\ t) = -F(t)f(z) \tag{9.9}$$

式中,

$$f(z) = \iint \frac{M(z)}{EI(z)} \mathrm{d}z\mathrm{d}z \tag{9.10}$$

轴在位置 $z=a$ 处的挠度和力之间的关系为

$$F(t) = sX(a,\ t) + d_i\dot{X}(a,\ t) \tag{9.11}$$

考虑到式(9.9),可得到刚度系数为

$$s = -\frac{1}{f(a)} \tag{9.12}$$

阻尼系数为

$$d_i = -\frac{d_{\varepsilon i}}{f(a)} = d_{\varepsilon i}s \tag{9.13}$$

对于长度为 $l$ 的等截面轴,其刚度系数和内阻尼系数分别为

$$s = \frac{48EI}{l^3};\ d_i = d_{\varepsilon i}\frac{48EI}{l^3}$$

## 9.2 内阻尼的作用

### 9.2.1 内阻尼模型及其与转子运动的关系

内阻尼来自振动时转子的变形。材料内阻尼最简单的描述是,假设材料的纤维既有刚度又有阻尼,如图 9.2 所示。

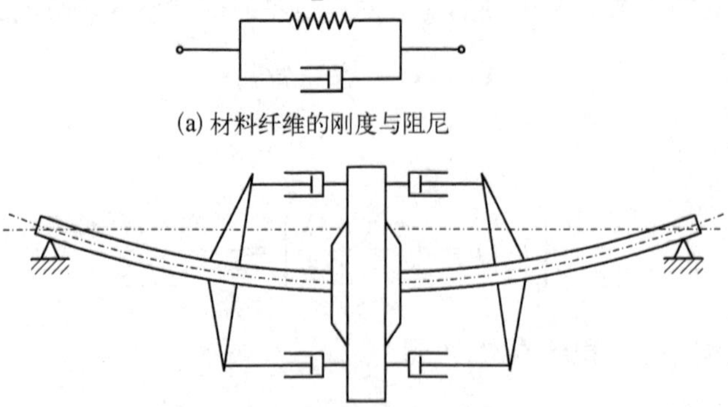


(a) 材料纤维的刚度与阻尼

(b) 存在内阻尼的转子与内阻尼模型

**图 9.2 内阻尼模型**[6]

材料内阻尼作用在转子上，如图 9.2 所示。若转子不转，内阻尼和外阻尼的作用相同：两者都与转子的运动反向作用。在运动方程中，设 $\Omega = 0$，阻尼系数用内阻尼系数 $d_i$ 替代，转子的运动方程为

$$\begin{aligned} m\ddot{x} + d_i\dot{x} + sx = 0 \\ m\ddot{y} + d_i\dot{y} + sy = 0 \end{aligned} \tag{9.14}$$

若转子旋转，则内阻尼和外阻尼的作用机制不同。内阻尼并不像外阻尼在某一固定位置作用在转子上，内阻尼力也不是与固定坐标中的速度 $\dot{x}$ 和 $\dot{y}$ 成正比，而是与旋转坐标系中的相对速度 $\dot{\xi}$ 和 $\dot{\zeta}$ 成正比。

在图 9.3 中，假设用一个孔板把转子上的盘压离轴承中心连线。孔板允许转子旋转，但它约束盘在 $x-y$ 平面的运动，即盘心的绝对速度 $\dot{x} = 0$，$\dot{y} = 0$。转子每旋转一周，模拟内阻尼的活塞在气缸中往复运动一次，相当于材料的纤维拉长和压缩一次，且材料的应变速度不为 0，即 $\dot{\varepsilon} \neq 0$。由此产生阻尼功。

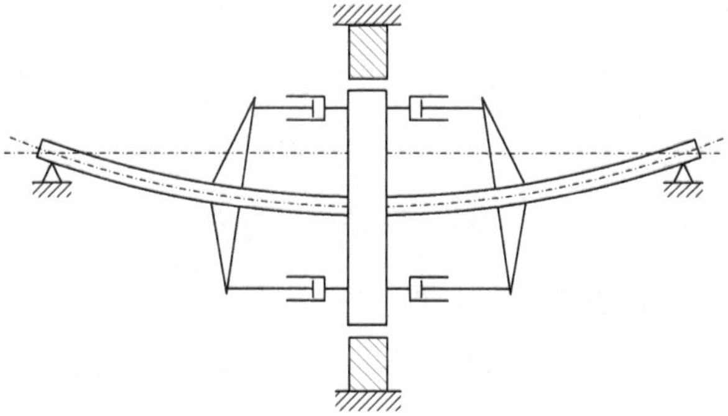

(a) 有内阻尼的转子

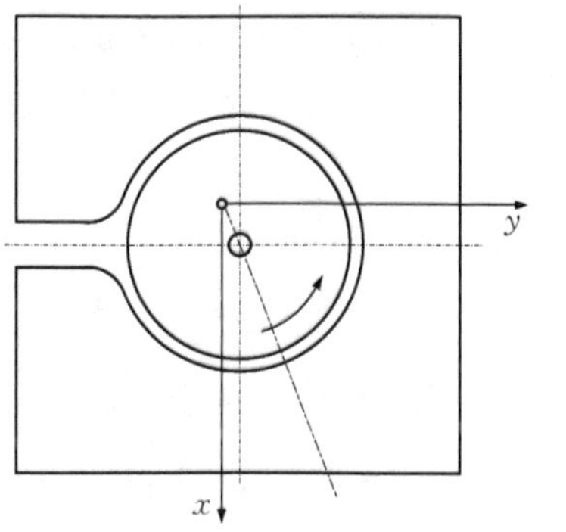


(b) 限制盘平动的孔板

**图 9.3　平面运动内阻尼的机理解释**[6]

假设转子绕原点沿一圆轨迹同步进动，如图 9.4 所示，$A$ 点始终在外；$B$ 点始终在内；盘心的速度 $\dot{x} \neq 0$，$\dot{y} \neq 0$，但内阻尼不做功。对应于材料来说，在这样的运动中，所有纤维保持其应变状态不变，故 $\dot{\varepsilon} = 0$。

上述两种情况表明，内阻尼并不与绝对速度 $\dot{x}$ 和 $\dot{y}$ 成正比。从图 9.4 可见，内阻尼与旋转坐标系中的相对运动有关。当转子绕原点沿圆轨迹同步进动时，相对速度 $\dot{\xi} = \dot{\zeta} = 0$。应变速度 $\dot{\varepsilon}$ 取决于相对速度。故在这种运动中，应变速度 $\dot{\varepsilon} = 0$。

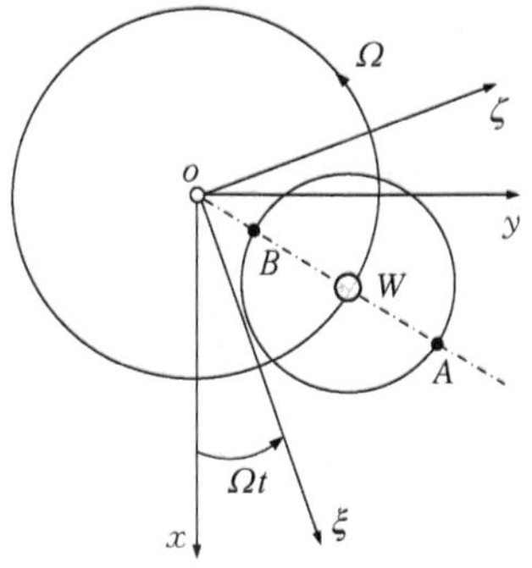


**图 9.4　转子圆轨迹同步进动**

### 9.2.2 内阻尼对转子运动稳定性的影响

**在旋转坐标系中转子的运动方程**

为计及内阻尼的影响,在以角速度 $\Omega$ 旋转的坐标系中列出运动方程:

$$\begin{aligned} m\ddot{\xi} - 2\Omega m\dot{\zeta} + d_i\dot{\xi} + (s - m\Omega^2)\xi &= \varepsilon m\Omega^2\cos\beta \\ m\ddot{\zeta} + 2\Omega m\dot{\xi} + d_i\dot{\zeta} + (s - m\Omega^2)\zeta &= \varepsilon m\Omega^2\sin\beta \end{aligned} \tag{9.15}$$

利用 $\boldsymbol{\rho} = \xi + \mathrm{j}\zeta$, $\mathrm{j} = \sqrt{-1}$, 把方程(9.15)写成复向量形式:

$$\ddot{\boldsymbol{\rho}} + (2\mathrm{j}\Omega + d_i/m)\dot{\boldsymbol{\rho}} + (\omega^2 - \Omega^2)\boldsymbol{\rho} = \varepsilon\Omega^2\boldsymbol{e}^{\mathrm{j}\beta} \tag{9.16}$$

式中, $\omega = \sqrt{\dfrac{s}{m}}$ 为转子的临界转速。

**转子运动的稳定性**

假设齐次方程的解为

$$\boldsymbol{\rho}_h(t) = \rho_{h0}\mathrm{e}^{\lambda t} \tag{9.17}$$

代入方程(9.16)之后,得到如下的特征方程:

$$\lambda^2 + (2\mathrm{j}\Omega + d_i/m)\lambda + (\omega^2 - \Omega^2) = 0 \tag{9.18}$$

由此解得

$$\lambda_{1,2} = -(\mathrm{j}\Omega + d_i/2m) \pm \sqrt{(\mathrm{j}\Omega + d_i/2m)^2 - (\omega^2 - \Omega^2)} \tag{9.19}$$

由于内阻尼很小,故可将 $d_i$ 的高次项忽略不计,即

$$(\mathrm{j}\Omega + d_i/2m)^2 = -\Omega^2 + \mathrm{j}\Omega d_i/m + (d_i/2m)^2 \approx -\Omega^2 + \mathrm{j}\Omega d_i/m \tag{9.20}$$

代入式(9.19)得

$$\begin{aligned} \lambda_{1,2} &= -(\mathrm{j}\Omega + d_i/2m) \pm \sqrt{\mathrm{j}d_i\Omega/m - \omega^2} \\ &= -(\mathrm{j}\Omega + d_i/2m) \pm \mathrm{j}\omega\sqrt{1 - \frac{\mathrm{j}d_i\Omega}{m\omega^2}} \end{aligned} \tag{9.21}$$

可取如下近似:

$$\sqrt{1 - \frac{\mathrm{j}d_i\Omega}{m\omega^2}} \approx 1 - \frac{\mathrm{j}d_i\Omega}{2m\omega^2} \tag{9.22}$$

代入式(9.21),可得

$$\lambda_1 = \mathrm{j}(\omega - \Omega) - \frac{d_i}{2m} + \frac{d_i\Omega}{2m\omega} = (\Omega - \omega)D_i + \mathrm{j}(\omega - \Omega) \tag{9.23}$$

$$\lambda_2 = \mathrm{j}(-\omega - \Omega) - \frac{d_i}{2m} - \frac{d_i\Omega}{2m\omega} = -(\Omega + \omega)D_i - \mathrm{j}(\Omega + \omega) \tag{9.24}$$

式中，$D_i = \dfrac{d_i}{2m\omega}$ 为阻尼比。

于是，齐次方程的解为

$$\boldsymbol{\rho}_h(t) = \rho_{h1}\boldsymbol{e}^{\lambda_1 t} + \rho_{h2}\boldsymbol{e}^{\lambda_2 t} \tag{9.25}$$

由于 $\lambda_2$ 的实部始终为负，故转子的稳定性取决于 $\lambda_1$ 的实部。当 $\Omega > \omega$ 时，$\lambda_1$ 的实部为正，转子将失稳。根据动、静坐标的变换关系 $\boldsymbol{r} = \boldsymbol{\rho}\mathrm{e}^{\mathrm{j}\Omega t}$，在固定坐标系测量转子振动时，失稳振动的频率为自振频率 $\omega$。图 9.5 表示 $\lambda_1$ 随转速的变化。

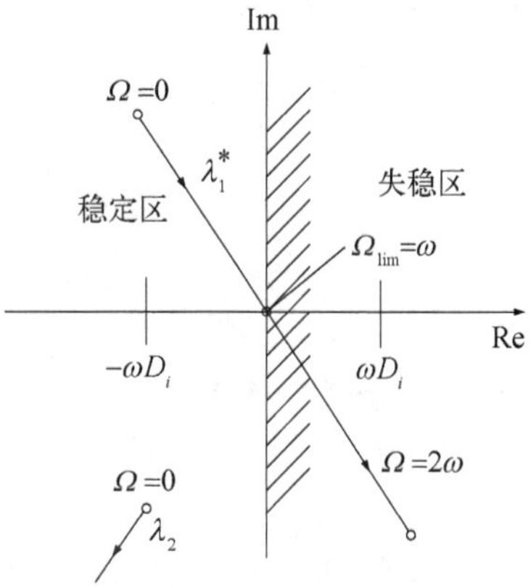


**图 9.5　$\lambda_1$ 与转子稳定性的关系**[6]

## 9.3　内阻尼和外阻尼

为同时考虑内阻尼和外阻尼，宜将方程(9.16)变换到空间固定坐标系中。空间固定坐标系和旋转坐标系间的变换关系为

$$\boldsymbol{\rho} = \boldsymbol{r}\boldsymbol{e}^{-\mathrm{j}\Omega t} \tag{9.26}$$

$$\dot{\boldsymbol{\rho}} = \dot{\boldsymbol{r}}\boldsymbol{e}^{-\mathrm{j}\Omega t} - \mathrm{j}\Omega\boldsymbol{r}\boldsymbol{e}^{-\mathrm{j}\Omega t} \tag{9.27}$$

$$\ddot{\boldsymbol{\rho}} = \ddot{\boldsymbol{r}}\boldsymbol{e}^{-\mathrm{j}\Omega t} - 2\mathrm{j}\Omega\dot{\boldsymbol{r}}\boldsymbol{e}^{-\mathrm{j}\Omega t} - \Omega^2\boldsymbol{r}\boldsymbol{e}^{-\mathrm{j}\Omega t} \tag{9.28}$$

代入方程(9.16)，并引入外阻尼力 $d_o\dot{\boldsymbol{r}}$，就得到固定坐标系中的运动方程如下：

$$\ddot{\boldsymbol{r}} + \frac{1}{m}(d_o + d_i)\dot{\boldsymbol{r}} + (\omega^2 - \mathrm{j}\Omega d_i/m)\boldsymbol{r} = \varepsilon\Omega^2\boldsymbol{e}^{\mathrm{j}(\Omega t+\beta)} \tag{9.29}$$

齐次方程为

$$\ddot{\boldsymbol{r}} + \frac{1}{m}(d_o + d_i)\dot{\boldsymbol{r}} + (\omega^2 - \mathrm{j}\Omega d_i/m)\boldsymbol{r} = 0 \tag{9.30}$$

现依据齐次方程来分析转子的稳定性。假设齐次解为

$$\boldsymbol{r}_h = r_{h0}\boldsymbol{e}^{\lambda t} \tag{9.31}$$

代入方程(9.30)，得到特征方程为

$$\lambda^2 + \frac{d_o + d_i}{m}\lambda + \left(\omega^2 - \mathrm{j}\frac{d_i\Omega}{m}\right) = 0 \tag{9.32}$$

解出特征根为

$$\lambda_1 = \mathrm{j}\omega + \frac{d_i}{2m}\left(\frac{\Omega}{\omega} - \left(1 + \frac{d_o}{d_i}\right)\right) \tag{9.33}$$

$$\lambda_2 = -\mathrm{j}\omega - \frac{d_i}{2m}\left(\frac{\Omega}{\omega} + \left(1 + \frac{d_o}{d_i}\right)\right) \tag{9.34}$$

于是,得到齐次解为

$$\boldsymbol{r}_h = r_{h1}\boldsymbol{e}^{\lambda_1 t} + r_{h2}\boldsymbol{e}^{\lambda_2 t} \tag{9.35}$$

由式(9.33)和式(9.35)可见,当

$$\frac{\Omega}{\omega} > 1 + \frac{d_o}{d_i} \tag{9.36}$$

时,转子正进动失稳。失稳时,转子的主振动频率为 $\omega$,转子失稳门坎转速为

$$\Omega_{\text{threshold}} = \left(1 + \frac{d_o}{d_i}\right)\omega \tag{9.37}$$

式(9.36)说明,转子正进动失稳的条件是转子自转转速高于进动转速(公转转速)。带有外阻尼之后,转子失稳的门坎转速将提高,有助于转子镇定。

为更好地理解内阻尼致使转子失稳的机理,现分析失稳边界上转子的受力。在失稳边界时,转子的振动为

$$\boldsymbol{r}_h(t) = r_{h1}\boldsymbol{e}^{\mathrm{j}\omega t} \tag{9.38}$$

在稳定性边界,特征根的实部为0。把式(9.38)代入运动方程(9.30)得

$$-\mathrm{j}\omega(d_o + d_i)r_{h1} + \mathrm{j}\Omega d_i r_{h1} = 0 \tag{9.39}$$

在式(9.39)中,力分量 $\mathrm{j}\Omega d_i r_{h1}$ 作用在转子的运动方向上,向转子输入能量。而力分量 $\mathrm{j}\omega(d_o + d_i)r_{h1}$ 则作用于转子运动的反方向,耗散转子的振动能量,如图9.6所示。由此可见,内阻尼 $d_i$ 产生了双重作用,一是

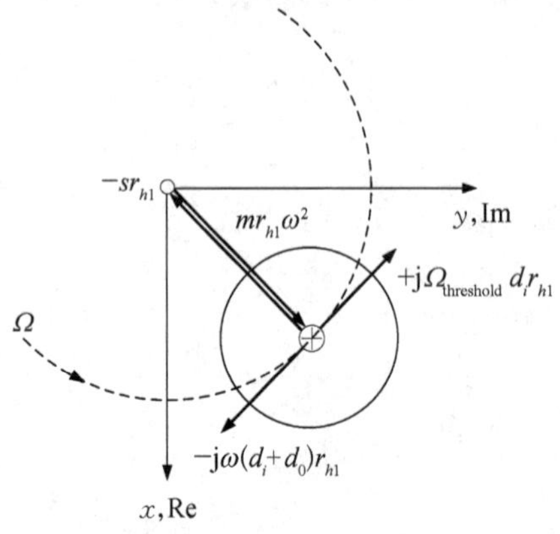


**图9.6 内阻尼的作用**[6]

产生失稳力，向转子输入能量；二是增大了外阻尼，耗散转子的振动能量。在稳定性边界上，这两个作用力分量相等，即向转子输入的能量与耗散的能量相等。当转速 $\Omega$ 超过失稳门坎转速 $\Omega_{\text{threshold}}$ 时，向转子输入的能量大于耗散的能量，转子失稳。

将方程(9.30)写成如下两个实数方程：

$$\begin{bmatrix} m & 0 \\ 0 & m \end{bmatrix}\begin{Bmatrix} \ddot{x} \\ \ddot{y} \end{Bmatrix} + \begin{bmatrix} d_o + d_i & 0 \\ 0 & d_o + d_i \end{bmatrix}\begin{Bmatrix} \dot{x} \\ \dot{y} \end{Bmatrix} + \begin{bmatrix} s & \Omega d_i \\ -\Omega d_i & s \end{bmatrix}\begin{Bmatrix} x \\ y \end{Bmatrix} = 0 \quad (9.40)$$

将刚度矩阵分成以下两部分：

$$S = \begin{bmatrix} s & 0 \\ 0 & s \end{bmatrix} + \begin{bmatrix} 0 & \Omega d_i \\ -\Omega d_i & 0 \end{bmatrix} \quad (9.41)$$

由此可见，内阻尼使得刚度矩阵中出现反对称交叉项。本书第5章曾详细分析了反对称交叉刚度引起的转子失稳现象。内阻尼将向转子不断输入能量，当转子系统外阻尼不足以耗散此能量时，转子就将失稳。密封和间隙激振也有类似的效应。

## 9.4　带内阻尼转子的不平衡响应

由方程(9.29)可解得转子的不平衡响应，其幅值为

$$r_{\varepsilon} = \frac{\varepsilon \Omega^2}{(\omega^2 - \Omega^2) + \mathrm{j}\Omega d_o/m} \quad (9.42)$$

式(9.42)表明，内阻尼对转子的不平衡响应无影响。对于完全对称的转子，转子不平衡响应为协调正进动，运动轨迹为一进动圆，轴的拉压应力状态不发生交变，因此，不会产生内阻尼。

## 9.5　带内阻尼转子的重力响应

在方程(9.29)的右端加上重力加速度 $\boldsymbol{g}$，即可求得转子的重力响应。

$$\ddot{\boldsymbol{r}} + \frac{1}{m}(d_o + d_i)\dot{\boldsymbol{r}} + (\omega^2 - \mathrm{j}\Omega d_i/m)\boldsymbol{r} = \boldsymbol{g} \quad (9.43)$$

方程的解即为重力响应：

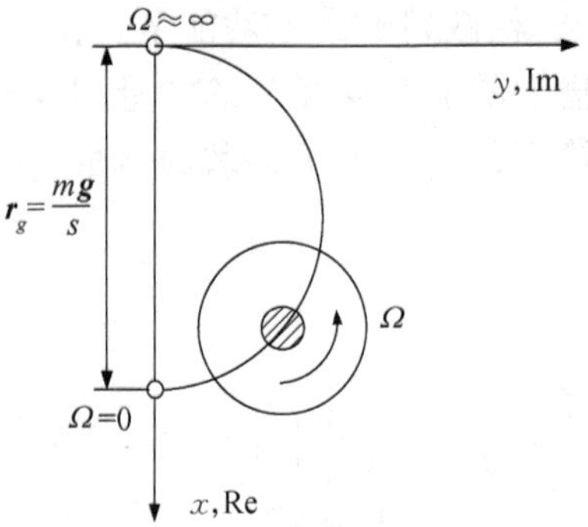


**图 9.7 存在内阻尼时，重力响应与转速的关系**[6]

$$r_g = \frac{g}{\omega^2 - \mathrm{j}\Omega d_i/m} \tag{9.44}$$

当无内阻尼时，$d_i=0$，重力响应为

$$r_g = \frac{g}{\omega^2} = \frac{mg}{s} \tag{9.45}$$

而当存在内阻尼时，重力响应与转速有关，如图 9.7 所示。随着转速增加，重力响应沿一半圆轨迹运动。

## 9.6 圆柱面配合引起的转子失稳振动

### 9.6.1 圆柱面配合的形式及特征参数

根据使用要求的不同，圆柱面的配合可以分为三类，即间隙配合、过盈配合和过渡配合。

间隙配合为具有间隙（包括最小间隙等于零）的配合，如图 9.8 所示。此时，孔的公差带在轴的公差带之上[9,10]。图中，$\Phi_b$ 为孔的直径，$\Phi_s$ 为轴的直径。

过盈配合为具有过盈（包括最小过盈等于零）的配合，如图 9.9 所示。所谓过盈是指轴的尺寸与孔的尺寸之差为正。此时，孔的公差带在轴的公差带之下[9,10]。

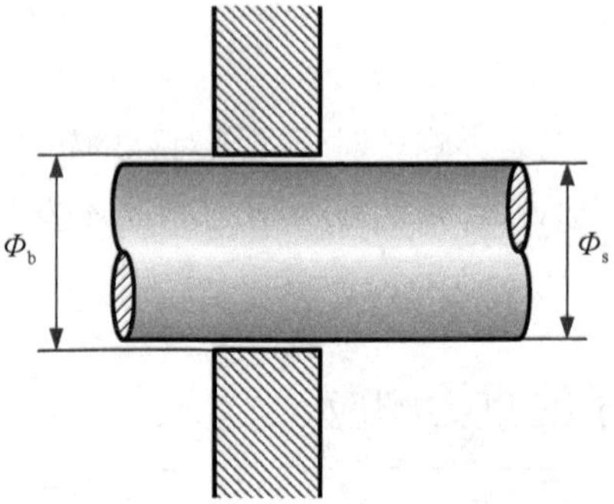


**图 9.8 间隙配合**[9,10]

$\Phi_b > \Phi_s$

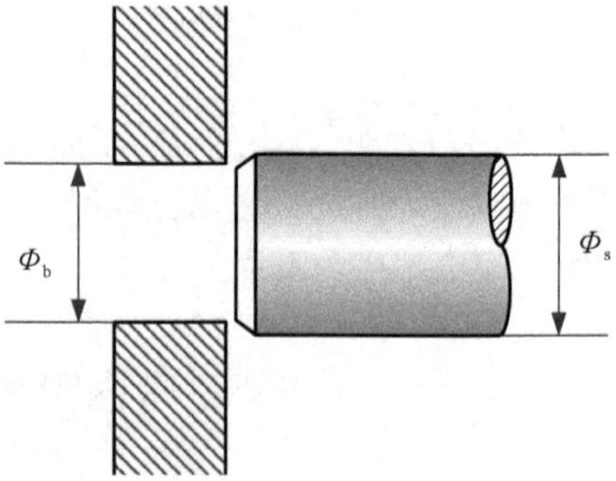


**图 9.9 过盈配合**[9,10]

$\Phi_b < \Phi_s$

过盈配合也称为干涉配合连接或紧配合连接，是利用零件间的配合过盈来达到连接目的的一种连接方式。过盈连接主要用于轴与轮毂、轮盘与轴、轮盘与

鼓的连接以及滚动轴承内、外环与轴或轴承座孔的连接等。这种连接具有结构简单、对中性好、承载能力强、承受冲击性能好、对轴削弱少的特点，但配合面加工精度要求高，装拆不方便[10]。

过渡配合为可能具有间隙或过盈的配合，如图 9.10 所示。此时，孔的公差带与轴的公差带互相交叠[10]。

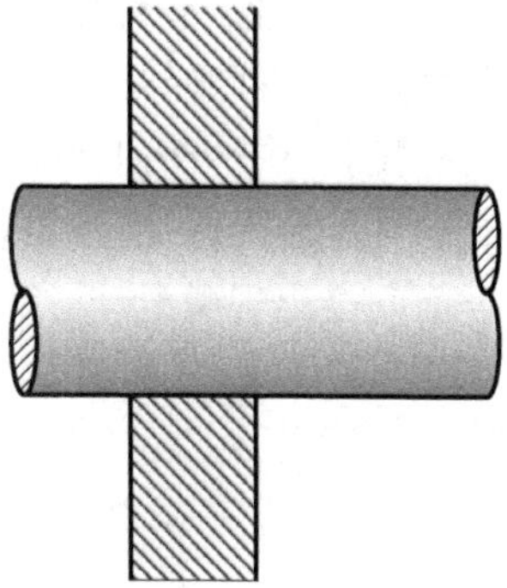

**图 9.10　过渡配合[10]**

配合制是指同一限制的孔和轴组成配合的一种制度，主要有基孔制配合和基轴制配合两种形式。基孔制配合是指基本偏差为一定的孔的公差带与不同基本偏差的轴的公差带形成各种配合的一种制度；基轴制配合是指基本偏差为一定的轴的公差带与不同基本偏差的孔的公差带形成各种配合的一种制度[10]。

已知基本尺寸后，选用圆柱面配合主要包括以下三个步骤[10]：

（1）配合制的选择：根据工艺的经济性和结构的合理性选择基孔制或基轴制。所谓基孔制就是孔的尺寸一定，改变轴的尺寸以满足配合的需要。同样，所谓基轴制就是轴的尺寸一定，改变孔的尺寸以满足配合的需要。一般情况下，优先采用基孔制，因为加工相同等级的孔和轴时，孔的加工比轴的加工要困难一些。但若与标准件配合时，则应按标准件确定配合制。

（2）配合种类的选择：间隙配合、过盈配合或过渡配合。

（3）标准公差等级的选择：一般使用的配合尺寸的标准公差等级范围为 IT5 ~ IT11。

在实际机器中，圆柱面的配合状态会受到工况和载荷的影响。例如，温度的不协调变化、高速旋转的离心力可能会使过盈配合变成过渡配合，甚至间隙配合。转子结构中的圆柱面配合出现间隙后，转子运转过程中，圆柱配合面会产生内摩擦，有可能导致转子发生失稳振动。

与此关联的圆柱面配合特征参数为：材料的弹性模量、材料的线膨胀系数、材料的摩擦系数、配合面在转子上的位置、配合面公称尺寸（直径、长度）、公差带、表面光洁度、配合面的紧度等[10]。

### 9.6.2　圆柱面配合的受力和内摩擦分析

圆柱面配合会引起转子失稳振动，转子失稳振动主要是由内阻尼引起的。如前所述，内阻尼可能产生于材料纤维的黏弹性，也可来自配合面间的内摩擦。以下分紧度配合和间隙配合两种情况予以分析。

1. 圆柱面紧度配合

在发动机中，经常采用热套配合来固联盘和轴、盘和鼓或者轴承内环和轴。当部件发生变形，或者热不均匀时，配合面紧度可能会减小，会发生相对滑动而产生内摩擦力，导致转子失稳。如图 9.11 所示，当轴发生挠曲变形时，中性面外部的纤维被拉长，中性面内部的纤维被压短，轴和盘的配合面会产生微变形。盘上配合面会向轴配合面施加阻碍这种变形的剪切力。当轴挠曲变形增大到一定程度后，配合面间会出现微滑动，产生内摩擦。

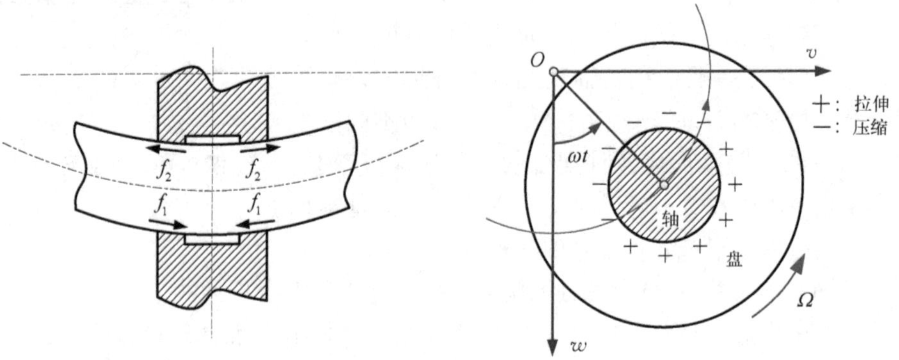


**图 9.11　配合面处的剪切力和内摩擦**

如图 9.12 所示，转子自转一圈，轴上纤维伸长的半周受到盘配合面一对压缩力的作用，即图中 $f_1$；而轴上纤维缩短的半周受到盘配合面一对拉伸力的作用，即图中 $f_2$。$f_1$ 和 $f_2$ 大小相等，方向相反，构成两个力矩，$M_1$ 和 $M_2$，如图 9.13 所示，$|M_1|=|M_2|=f_1\cdot D_s$（$D_s$ 为盘轴配合处轴的直径）。

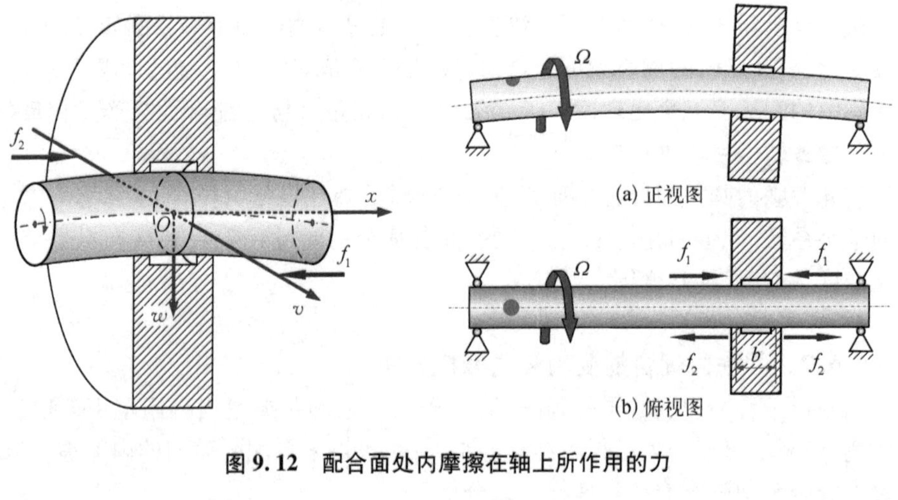


**图 9.12　配合面处内摩擦在轴上所作用的力**

两个力矩 $M_1$ 和 $M_2$ 可分别等效为 4 个横向力 $F_{1s}$、$F_{1b}$、$F_{2s}$ 和 $F_{2b}$，如图 9.14 所示。等效的原则是

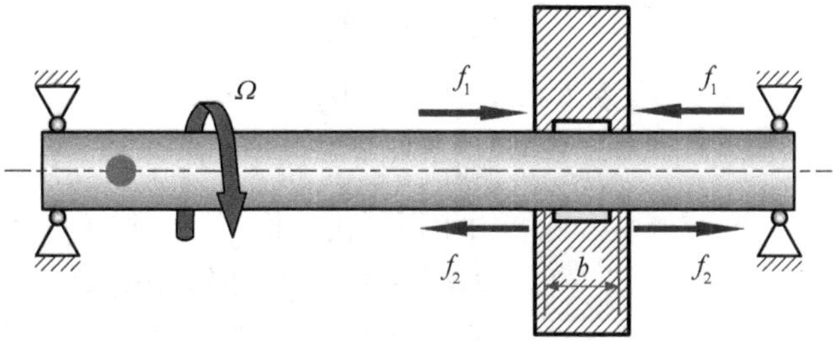


(a) 俯视图—摩擦力

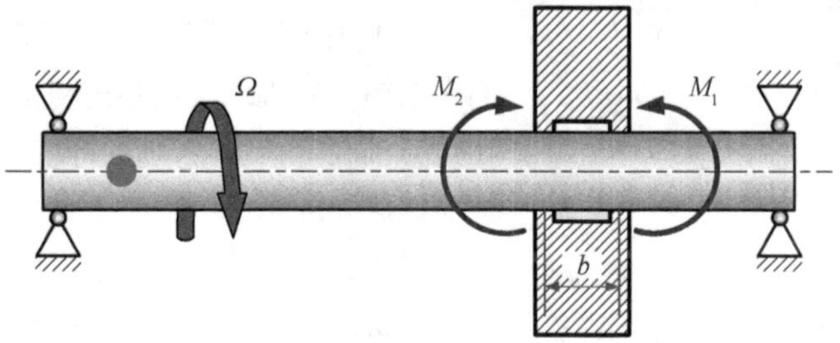


(b) 俯视图—摩擦力矩

**图 9.13　配合面处内摩擦力在轴上形成的力矩**

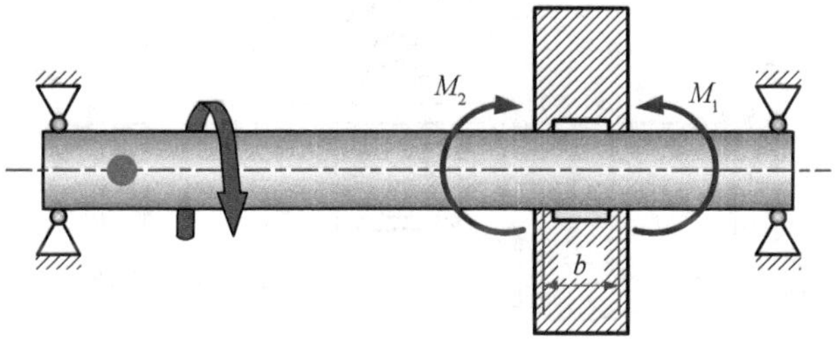


(a) 俯视图—摩擦力矩

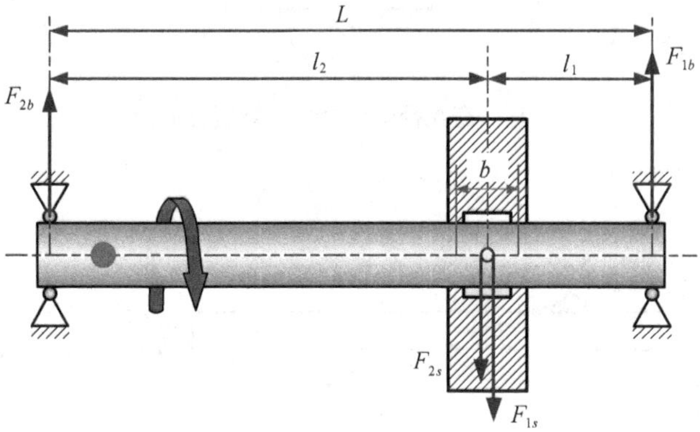


(b) 俯视图—等效横向力

**图 9.14　配合面处内摩擦力矩等效为横向力**

$$F_{1s}=F_{1b};\ F_{1s}\cdot l_1=M_1=f_1\cdot D_s \tag{9.46}$$

$$F_{2s}=F_{2b};\ F_{2s}\cdot l_2=M_2=f_1\cdot D_s \tag{9.47}$$

式中,力 $F_{1b}$ 和 $F_{2b}$ 作用在支承上,由支承动反力予以平衡。而力 $F_{1s}$ 和 $F_{2s}$ 则作用在转子进动轨迹的切向,使转子进动幅值不断增大,如图 9.15 所示。等效之后,总的切向力为 $F_s=F_{1s}+F_{2s}$。

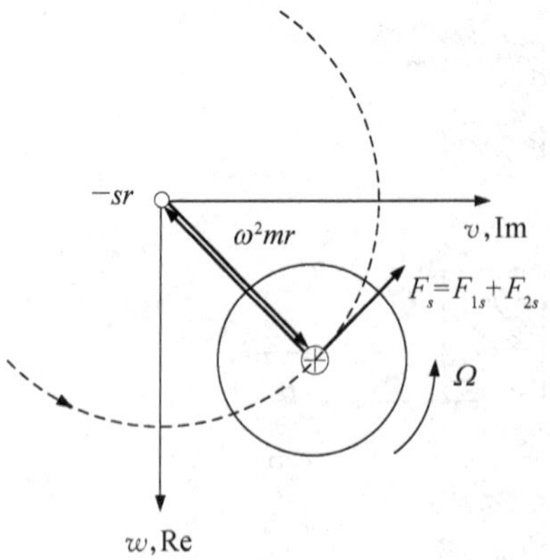


图 9.15 配合面处内摩擦力产生的横向力致使转子失稳

以上内容解释了圆柱面配合导致转子失稳的内摩擦作用机理。核心机制是转子自转一周,在盘与轴配合长度内,轴的纤维在轴向出现交变伸缩。但如图 9.16 所示,直径较大的圆柱面配合一般不会引起转子失稳。另外,当配合面处于转子某阶振型的节点时,配合面的内摩擦也不会引起该阶模态失稳,如图 9.17 所示,盘 2 与轴

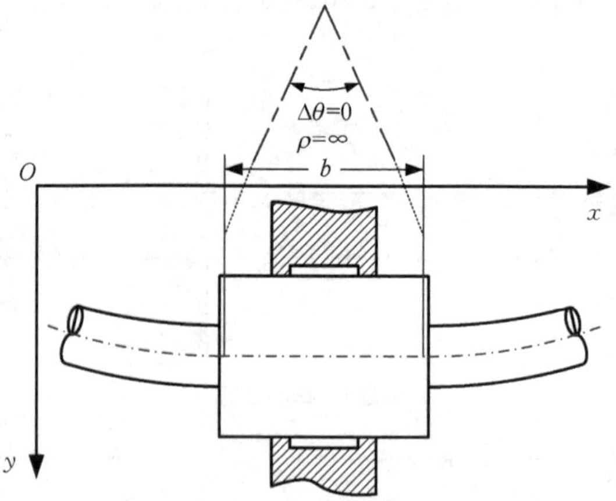


图 9.16 在直径较大处盘与轴圆柱面配合

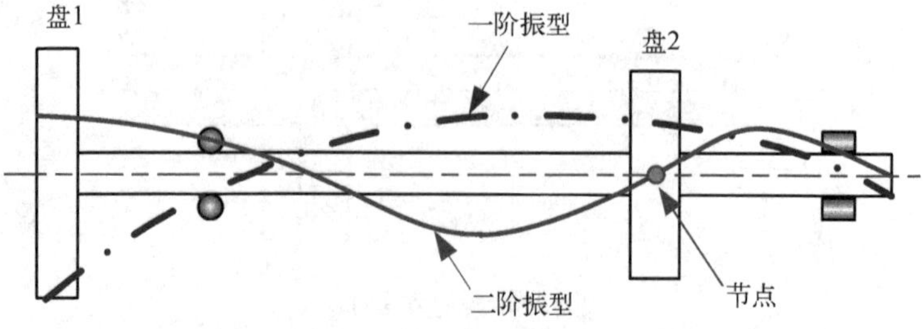


图 9.17 盘 2 位于转子第二阶振型的节点

的配合面不会引起转子二阶模态失稳。因此，在设计盘与轴配合时，应考虑这两方面的因素。

如果只考虑轮毂与轴一侧的配合面，如图9.18所示，总的正压力为 $F_N = \sigma_p \pi D_s \delta$（其中 $\sigma_p$ 是配合面上的压应力，$D_s$ 是配合面处轴的直径，$\delta$ 是一侧配合面的宽度）。若配合紧度足够大，盘与轴配合面不发生相对滑动；或者配合长度内轴不发生伸缩变形，如图9.16所示，则盘与轴配合不会引起转子失稳。

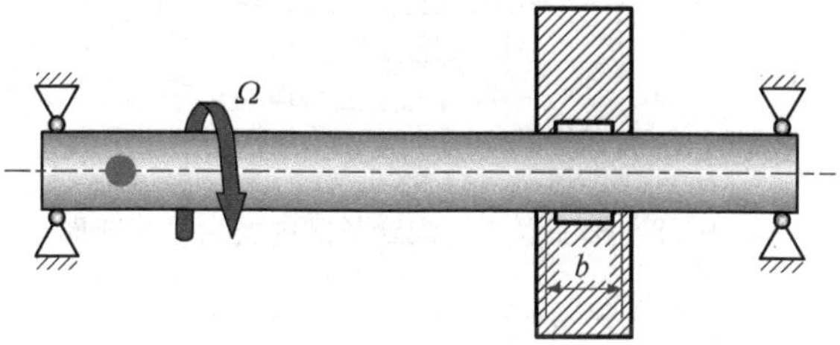


(a) 盘与轴圆柱面配合宽度$b$

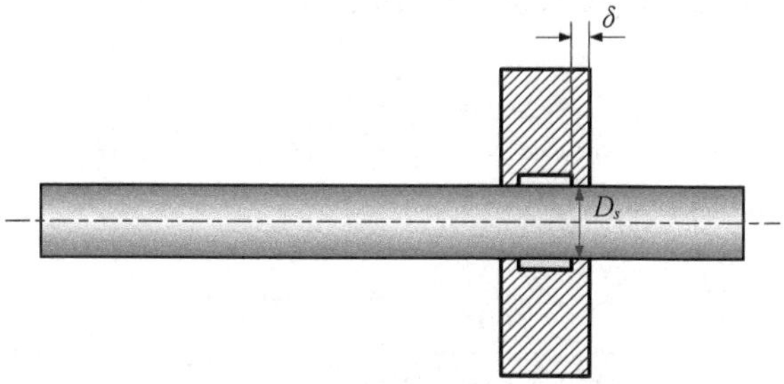


(b) 盘与轴圆柱面配合局部参数

**图9.18　盘与轴圆柱面配合参数**

为简单起见，先考虑转子在 $oxy$ 平面发生弯曲振动，如图9.19所示，假设轴在盘与轴配合长度内发生弯曲变形，盘与轴配合面发生相对滑动，摩擦力为

$$F_\mu = \mu F_N = \mu \sigma_p \pi D_s \delta \tag{9.48}$$

设盘与轴配合面中心点位移为 $y$，中性线长度为

$$b = \rho \Delta\theta \tag{9.49}$$

式中，$\rho$ 为配合面中心点的曲率半径，$\Delta\theta$ 为配合面两端间的角度差。

转轴配合段最大伸长量为

$$\Delta L = \left(\rho + \frac{1}{2}D_s\right)\Delta\theta - \rho\Delta\theta = \frac{1}{2}D_s\Delta\theta \tag{9.50}$$

在转动坐标系，转子转动一周，摩擦力所做的功为

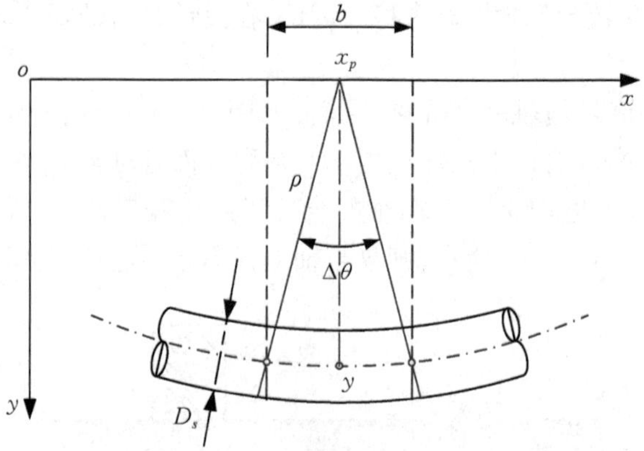


图 9.19　轴在盘与轴配合长度内发生弯曲变形

$$\Delta W = 2F_\mu \Delta L = \mu\sigma_p \pi D_s^2 \delta \Delta\theta \tag{9.51}$$

当配合面长度 $b$ 相对转轴长度 $L$ 很小时，角度差 $\Delta\theta$ 近似为

$$\Delta\theta \approx b \left.\frac{\partial^2 y}{\partial x^2}\right|_{x=x_p} \tag{9.52}$$

式中，$x_p$ 为盘中心在轴上的位置。

代入式(9.51)，可得

$$\Delta W = \mu\sigma_p \pi D_s^2 \delta b \left.\frac{\partial^2 y}{\partial x^2}\right|_{x=x_p} \tag{9.53}$$

由此可见，盘与轴的配合长度 $\delta$ 和 $b$ 越大，摩擦功越大；轴的曲率 $\frac{\partial^2 y}{\partial x^2}$ 越大，即振动幅值 $y$ 越大，摩擦功越大。

假设转子沿圆轨迹进动，转子转一周，切向力 $F_s$ 所做的功为

$$\Delta W_s = 2\pi r F_s \tag{9.54}$$

式中，$r$ 为转子轨迹半径，$r = y$。令切向力 $F_s$ 所做的功与摩擦力所做的功相等，即 $\Delta W_s = \Delta W$，可求出切向力为

$$F_s = \frac{1}{2}\mu\sigma_p D_s^2 \delta b \left.\frac{\frac{\partial^2 r}{\partial x^2}}{r}\right|_{x=x_p} \tag{9.55}$$

轴的曲率 $\frac{\partial^2 r}{\partial x^2}$ 可表达为

$$\left.\frac{\partial^2 r}{\partial x^2}\right|_{x=x_p} = \kappa r(x = x_p) \tag{9.56}$$

式中，$\kappa$ 为一常数。

将式(9.56)代入式(9.55)，得到切向力为

$$F_s = \frac{1}{2}\mu\sigma_p D_s^2 \delta b\kappa = \frac{1}{2\pi}\mu F_N D_s b\kappa \tag{9.57}$$

从上式可以看出，配合面上内摩擦力所产生的切向力与总正压力、配合面的半径以及配合面长度成正比关系。因此，减小总正压力和配合面的半径，或减小配合面长度均可减小切向力。由于组合式转子结合面上所取的配合紧度通常是由定位要求来确定的，可尽可能地设计较短的配合面，使总正压力减小。但当配合紧度足够大时，配合面之间没有相对滑动，也就不会产生内摩擦力。

2. 圆柱面间隙配合

在某些发动机中，利用轴上的衬套来定位转子两个轴承的轴向位置。图 9.20 为某火箭发动机涡轮泵转子结构示意图。其中衬套 1、衬套 2 和衬套 3 用于轴承的轴向定位。衬套与轴之间为间隙配合，轴向用大螺母紧固。衬套与轴的配合长度较长，配合位置可能有多个。由于加工误差、装配误差以及运转过程中的离心力等因素的影响，很难保证衬套与轴之间的间隙均匀，转子在运转过程中，轴与衬套在配合面处仍会发生摩擦，导致转子失稳[11-13]。当转子转速越过第二阶临界转速

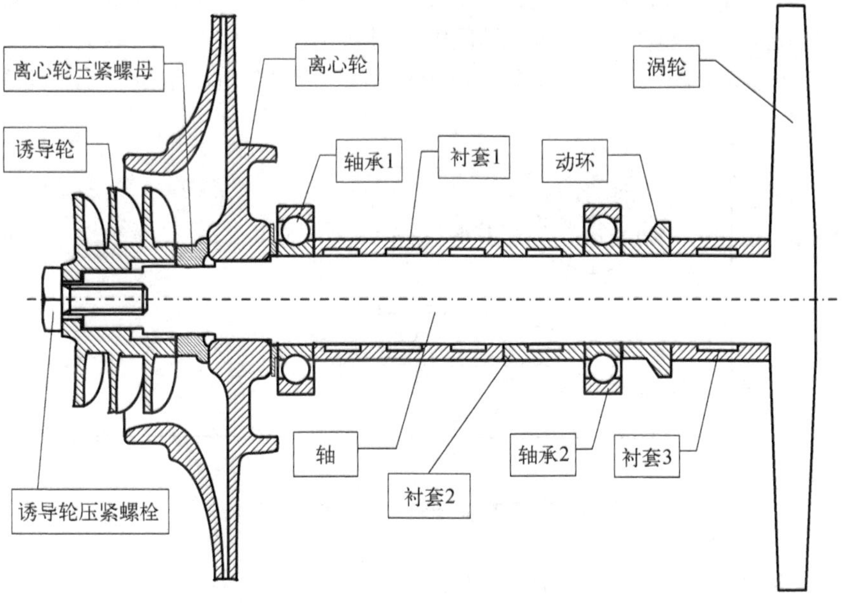


**图 9.20　某火箭发动机涡轮泵转子结构示意图**

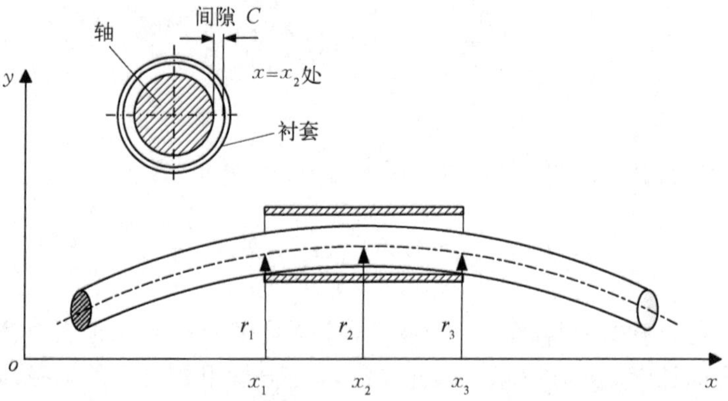


**图 9.21　无轴向压紧力的衬套与轴间隙配合**

后,转子出现第一阶和第二阶模态振动失稳。经分析确认,失稳是由衬套与轴的内摩擦所引起的。

间隙配合对转子振动的影响要比紧度配合复杂得多。影响因素包括配合位置、配合直径、配合状态、间隙大小、衬套长度、压紧螺母的拧紧力矩以及转子的参数。

1) 无轴向压紧力的衬套与轴的配合

假设衬套与轴为间隙配合,无轴向压紧力,衬套随轴一起旋转,但轴与衬套之间无相对转动,衬套不发生变形,如图 9.21 所示。

当轴在与衬套配合处的挠度小于间隙 $C$ 时,轴与衬套间的作用力主要由衬套的不平衡力(偏心离心力)所引起,使转子发生同步进动,而不会引起转子失稳。

若轴在与衬套配合处的挠度大于间隙 $C$ 时,如图 9.22 所示,轴与衬套间的作用力除包含衬套的不平衡力之外,还有轴挠曲产生的挤压力以及相对滑动所产生的摩擦力。

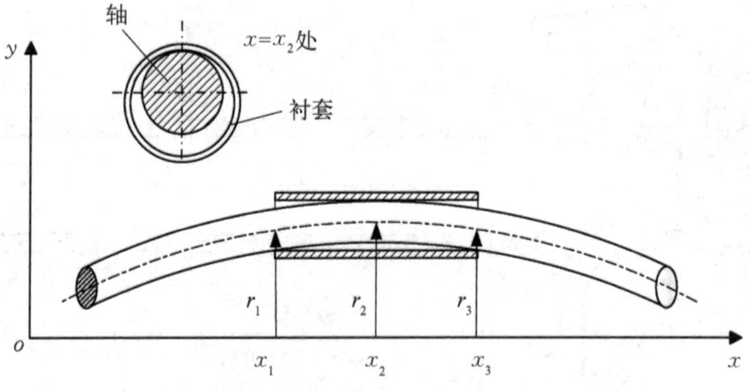


**图 9.22　无轴向压紧力的衬套与轴接触**

为简单起见,假设衬套与轴的接触是对称的,如图 9.22 所示。轴在 3 个接触位置的挠度分别为 $r(x=x_1)=r_1$; $r(x=x_2)=r_2$; $r(x=x_3)=r_3$。

当

$$r_2 - r_1 \geqslant 2C \tag{9.58}$$

时，轴对称衬套的挤压力和摩擦力分别为

$$F_N = s_c(r_2 - r_1) \tag{9.59}$$

$$F_\mu = \mu s_c(r_2 - r_1) \tag{9.60}$$

式中，$s_c$ 为衬套受挤压时的刚度，$\mu$ 为轴与衬套之间的摩擦系数。

轴自转一周，摩擦力所做的功为

$$W_\mu \approx 2b\mu s_c(r_2 - r_1)/2 \tag{9.61}$$

式中，$b$ 为衬套与轴配合的长度。

当 $b$ 很小时，有

$$\left.\frac{\partial r}{\partial x}\right|_{x=x_1} \approx \frac{r_2 - r_1}{b} \tag{9.62}$$

代入式(9.61)，可得

$$W_\mu \approx b^2 \mu s_c \left.\frac{\partial r}{\partial x}\right|_{x=x_1} \tag{9.63}$$

由此可见，轴挠度越大，摩擦功越大；衬套与轴配合长度越长，摩擦功也越大。因此，减小配合长度是减小摩擦功的有效途径。

另须注意，当 $b$ 不为小量时，式(9.63)可能不适用。如图 9.23 所示，$\left.\frac{\partial r}{\partial x}\right|_{x=x_1} = 0$，但 $r_1$ 和 $r_2$，以及 $(r_2 - r_1)$ 均不为 0，因此，摩擦功不为 0，故须用式(9.61)计算摩擦力所做的功。

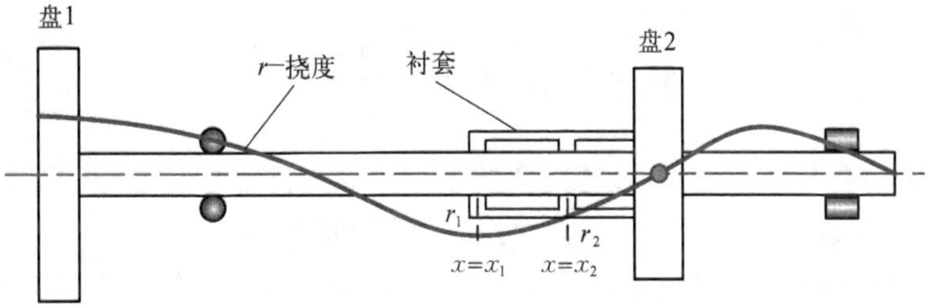


**图 9.23　转子挠度和衬套位置**

2）带轴向压紧力的衬套与轴的配合

如图 9.24 所示，一般情况下，用大螺母在轴向把衬套压紧，以防止轴向串动。

锁紧大螺母使得衬套承受压应力，且当衬套相对轴横向移动时，会受到摩擦力的作用。另外，锁紧螺母会使轴产生拉应力，见图 9.24。

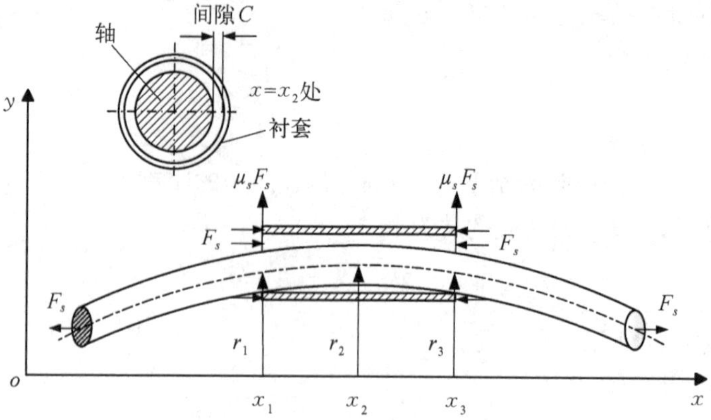


**图 9.24　锁紧大螺母在衬套和轴上产生的力**

为简单起见，取图 9.24 所示的模型作为分析对象。假设锁紧螺母产生的轴向力为 $F_s$，衬套端面的摩擦系数为 $\mu_s$。轴向力 $F_s$ 一方面会使转子临界转速有所提高；另一方面，会在衬套端面产生横向摩擦力 $\mu_s F_s$。

装配时的偏心或者转子的动挠度使得轴与衬套在配合处接触，如图 9.22 所示。尽管轴的动挠度可能小于配合间隙 $C$，但在配合处仍会出现接触力。假设轴与衬套刚刚接触时的挠度分别为 $r(x=x_1)=r_{10}$；$r(x=x_2)=r_{20}$；$r(x=x_3)=r_{30}$。若转子振动进一步增大，轴使得衬套在旋转坐标系中发生移动，横向摩擦力 $\mu_s F_s$ 将会作用在衬套位移的反方向。

当转子同步进动时，衬套会使轴的局部刚度增大，但不会使转子失稳。但当转子非协调进动时，衬套与轴间的摩擦会使转子失稳。

在旋转坐标系，转子自转一周，摩擦力所做的功与式(9.53)相似，即

$$\Delta W = 2k_s \mu\mu_s F_s \pi D_s b \left.\frac{\partial^2 y}{\partial x^2}\right|_{x=x_2} \tag{9.64}$$

式中，$k_s$ 为衬套与轴接触周长系数，取值为 0~1，$\mu$ 为衬套与轴之间的摩擦系数，$D_s$ 为衬套与轴配合处轴的直径，$b$ 为两个接触位置间的距离。

如图 9.25 所示，由于存在间隙 $C$，衬套与轴的接触不会发生在轴的整个周向位置，而只占全周的一部分。接触的周向长度取决于间隙 $C$。间隙 $C$ 越大，接触的周向长度越小，摩擦力所做的功也越小。因此，在式(9.64)中，用衬套与轴接触周长系数 $k_s$ 来计及这一影响。若轴与衬套为完全理想的刚体，则衬套与轴只会发生点或线接触，此时，$k_s=0$，摩擦力不做功。实际情况下，轴与衬套均为弹性体，且存

在加工误差，故轴与衬套的接触会发生在一定的周向长度上。另外，还要考虑到摩擦力矩向旋转方向投影，因此，$0 < k_s < 1$。

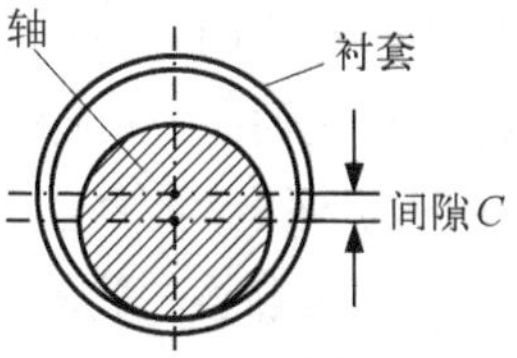


图 9.25　衬套与轴的接触

由式(9.64)可见，轴向压紧力 $F_s$ 越大，摩擦功越大。但轴向压紧力会增加转子刚度，提高临界转速，从而提升转子稳定性。轴向压紧力这两个方面的影响在一定条件下会部分地相互抵消。在某一界值之下，轴向压紧力的主要影响是引起转子失稳；而在此界值之上，则以增加转子刚度、提高稳定性为主。但轴向压紧力过大，将会使螺纹和衬套端面产生局部塑型变形，出现强度问题。

同时，式(9.64)说明，两个接触位置间的距离 $b$ 越长、轴的变形越大，摩擦功越大。缩小衬套与轴配合面间的距离 $b$，会减小摩擦功，提高转子稳定性。配合面应尽量设置在轴变形小的位置，即尽量靠近 $\dfrac{\partial^2 r}{\partial x^2} = 0$ 的位置。

如果轴的挠度大于间隙 $C$，即 $r_2 - r_1 \geqslant 2C$，衬套与轴配合面间的作用力和内摩擦做功与前面分析的结果类似。

## 9.7　套齿连接结构的受力和内摩擦分析

### 9.7.1　套齿连接的作用和特征参数

联轴器是机械传动中常用的部件，主要用来实现轴与轴的连接，以传递运动和转矩，有时也用作安全装置。在航空发动机上，套齿联轴器是将压气机转子与涡轮转子联成一体的组合件，如图 9.26 所示。联轴器在不同的转子支承方案中功用不同。在有各自的止推支点的压气机转子、涡轮转子的四支点承力方案中，联轴器仅

图 9.26　套齿联轴器

传递扭矩；在只有一个止推支点的四支点支承方案中，联轴器不仅要传递扭矩，而且还要传递轴向力；在大多数三支点转子的支承方案中，联轴器传递涡轮转子的扭矩、轴向力、径向力，而且在两根被连接的轴不同心时，能在一定程度上保证平稳的工作。

选用合适的联轴器需要考虑以下几点[10,14]：① 所需传递的转矩大小和性质以及对减振功能的要求；② 联轴器的工作转速高低和引起的离心力大小；③ 两轴相对位移的大小和方向；④ 联轴器的可靠性和工作环境；⑤ 联轴器的制造、安装、维护和成本。

两根被连接的轴存在不对中时，套齿配合面会出现相对滑动，会产生交变的轴向力，也会产生内摩擦力矩，使转子失稳。套齿联轴器的特征参数主要有：齿数、齿长、齿形、节圆半径、表面光洁度、径向间隙、传递的总扭矩和压力角等。

在航空发动机中，由于机匣刚性较弱，不能保证三个或更多的支承中心在同一直线上，因此，常将压气机转子与涡轮转子用套齿联轴器连接，套齿侧面贴紧，传递扭矩。有时，联轴器套齿有较大的间隙，允许涡轮轴相对压气机轴有少量的偏斜。

### 9.7.2　套齿连接引起转子失稳振动的机理

套齿连接引起转子失稳振动，主要是由于套齿联轴器配合面间的内摩擦引起的。采用这种结构，当两轴发生偏斜时，联轴器中套齿的啮合长度不同。如图9.27所示，在2处的啮合齿长最短，在0处的啮合齿长最长，1、3处的啮合齿长中等。当转轴保持这种偏斜度作同步正进动时，键齿之间没有相对滑动。当作次同步正进动时，即转子的自转转速$\Omega$大于公转转速$\omega$，选择同转子一起公转的动坐标

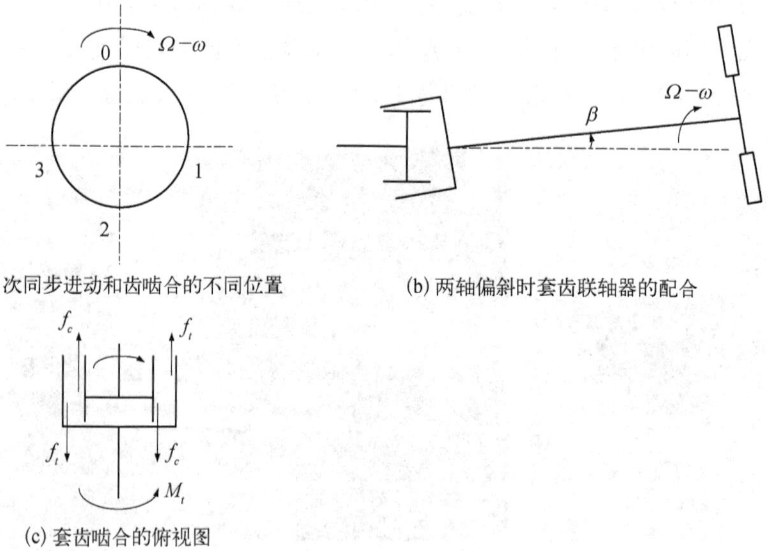


(a) 次同步进动和齿啮合的不同位置　(b) 两轴偏斜时套齿联轴器的配合

(c) 套齿啮合的俯视图

**图9.27　次同步进动时联轴器套齿上的摩擦力**

系，可以看到转子的偏斜角不变，转子以 $\Omega-\omega$ 的角速度绕自己的轴线自转。原来在 2 处啮合的齿将先后转到 3、0 位置，即套齿由最小啮合进入到最大啮合。套齿侧面之间发生轴向相对运动，从而产生与套齿运动相反方向的摩擦力，分别作用于联轴器套齿的左右两侧。同理，原来在 0 处啮合的套齿则先后转到 1、2 位置，齿由最大啮合退到最小啮合，也形成摩擦力，但其方向与 2－3－0 一边的相反。于是这两个摩擦力形成摩擦力偶，促使转子作正进动。由于啮合面之间产生相对滑动，每个齿的工作面上都作用有正压力 $F_n$，齿面上将受到摩擦力 $F_f=\mu F_n$ 的作用，其中 $\mu$ 是齿面间的摩擦系数，摩擦力 $F_f$ 是轴向的。在节径处工作齿面正压力为

$$F_n=\frac{M_t}{qr_p\cos\alpha} \tag{9.65}$$

摩擦力为

$$F_f=\frac{\mu M_t}{qr_p\cos\alpha} \tag{9.66}$$

式中，$M_t$ 是联轴器传递的扭矩，$q$ 为齿数，$r_p$ 为节圆半径，$\alpha$ 为齿形压力角，$\mu$ 为摩擦系数。$\mu$ 与滑动速度有关。据实测，低速时 $\mu$ 的值为 0.15～0.25；相对滑动速度 $v$ 为 60 cm/s 时，$\mu$ 的值为 0.05～0.10。

如图 9.27 所示，假设内、外套齿之间的偏斜角为 $\beta$。转子自转角速度为 $\Omega$，进动角速度为 $\omega$。取随转子一起以 $\omega$ 进动的旋转坐标系 $o\xi\zeta$，如图 9.28 所示。假设转子自转角速度 $\Omega$ 大于进动角速度 $\omega$，即 $\Omega>\omega$。在旋转坐标系 $o\xi\zeta$，转子旋转的角速度为 $\Omega-\omega$。

如图 9.29 所示，当转子相对旋转坐标系旋转半圈，即旋转角度 $\pi$，在轴齿上的

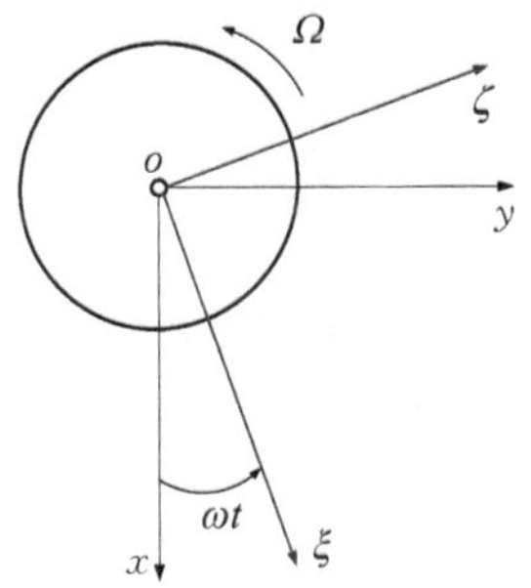


图 9.28　固定坐标系 $oxy$ 和旋转坐标系 $o\xi\zeta$

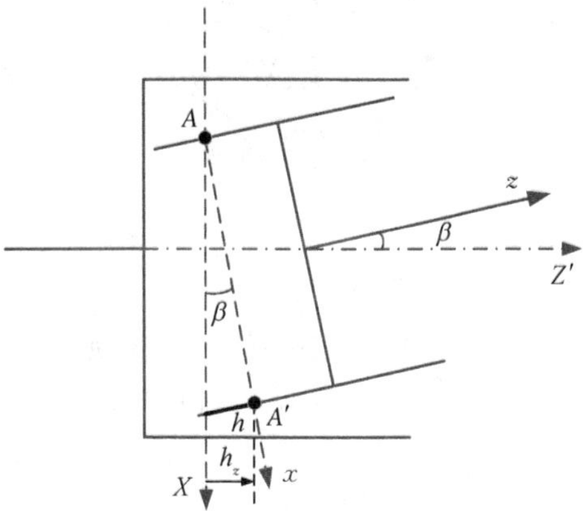


图 9.29　套齿的偏斜角和相对位移

某一点 $A$，相对内套齿，沿轴向 $z$ 移动了 $h_z$，套齿啮合面出现轴向摩擦，内套齿对轴齿的摩擦力沿 $z$ 的反方向。当转子相对旋转坐标系再旋转半圈，即旋转角度从 $\pi$ 到 $2\pi$，轴齿上的 $A$，相对内套齿，沿 $z$ 的反方向移动 $h_z$，内套齿对轴齿的摩擦力则沿 $z$ 方向。这样，摩擦力就形成一个力矩。

另外，当转子的挠度改变时，偏斜角和齿面配合的长度也会发生改变，因配合面相对滑动，齿工作面也会受到摩擦力。综合上述两方面的描述可较好地理解套齿联轴器中内摩擦力的物理作用机制。它与本章第 9.6.2 节所述的圆柱面配合内摩擦作用机制类似，但套齿内摩擦力只产生一个力矩，如图 9.27 所示，而柱面配合产生一对力矩。

以下分别讨论不对中和转子振动产生的偏斜角对转子稳定性的影响。

### 9.7.3 转子不对中对带套齿连接转子稳定性的影响

以发动机低压转子或动力涡轮转子为例，分析两种不对中形式对转子稳定性的影响。一种为支承不对中；另一种为动态不对中。以下分别予以讨论。

1. 支承不对中

假设涡轮转子支承与压气机转子支承不对中，或动力涡轮支承与减速器输入端不对中，由此造成套齿产生偏斜角，如图 9.30 所示。但由支承不对中产生的偏斜角 $\beta_y$ 在固定坐标系是固定的，属于静态不对中。

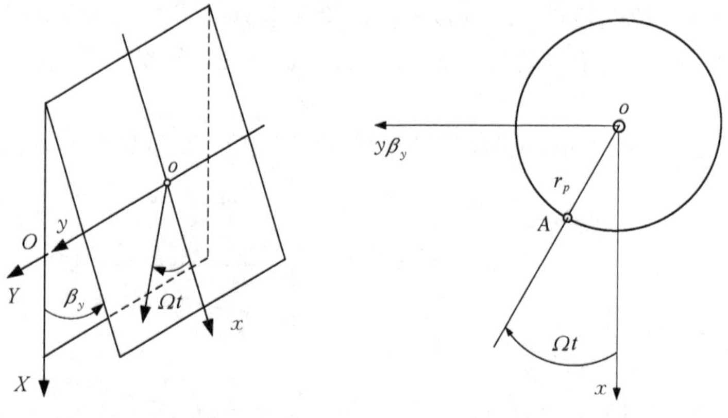


(a) 坐标系与偏斜角　　(b) 轴齿上A点的位置

**图 9.30 转子以转速 $\Omega$ 同步进动，坐标系 $OXY$ 与 $oxy$ 之间夹角 $\beta_y$**

$z$ 轴方向按照右手定则从 $X$ 旋转至 $Y$，拇指的方向，原点在 $OXY$ 平面上

1）同步协调进动

假设支承不对中产生的偏斜角 $\beta_y$ 远大于转子动挠曲产生的动态偏斜角，故可视 $\beta_y$ 为常数。当转子同步进动时，不对中套齿配合也会产生内摩擦，对转子运动

产生阻尼作用。

如图 9.30 所示，只考虑静态不对中，当转子以转速 $\Omega$ 同步进动时，轴齿上任一点 $A$ 的轴向位置为

$$z_A = - r_p \sin \beta_y [1 + \cos (\Omega t)] \tag{9.67}$$

$\beta_y$ 为小量，可取近似 $\sin \beta_y \approx \beta_y$，故有

$$z_A = - r_p \beta_y [1 + \cos (\Omega t)] \tag{9.68}$$

$A$ 点轴向位置随时间变化，即轴齿与套齿间的相对速度为

$$\dot{z}_A = r_p \beta_y \Omega \sin (\Omega t) \tag{9.69}$$

套齿内摩擦力作用方向与相对速度相反，可表示为

$$F_f(t) = \frac{\mu M_t}{q r_p \cos \alpha} \mathrm{sgn}(\dot{z}_A) \tag{9.70}$$

式中，

$$\mathrm{sgn}(\dot{z}_A) = \begin{cases} -1 & \dot{z}_A > 0 \\ +1 & \dot{z}_A < 0 \end{cases} \tag{9.71}$$

由式(9.69)可见，在 $0 < \Omega t < \pi$ 区间，相对速度大于 0，即 $\dot{z}_A > 0$；而在 $\pi < \Omega t < 2\pi$ 区间，$\dot{z}_A < 0$。因此，转子进动一个周期，套齿内摩擦力在轴向所做的功由两个区间的积分求得

$$\begin{aligned} M_{\beta_\xi} &= \frac{\mu M_t}{r_p \cos \alpha} \left\{ \int_0^{\pi/\Omega} \mathrm{sgn}(\dot{z}_A) [r_p \beta_y \Omega \sin(\Omega t) \mathrm{d}t] + \int_{\pi/\Omega}^{2\pi/\Omega} \mathrm{sgn}(\dot{z}_A) [r_p \beta_y \Omega \sin(\Omega t) \mathrm{d}t] \right\} \\ &= - \frac{4 \mu M_t \beta_y}{\cos \alpha} \end{aligned} \tag{9.72}$$

由此可见，当转子同步协调进动时，套齿内摩擦力所做的功为负，将为转子提供阻尼，而耗散转子的振动能量。

2）非协调进动

当转子发生非协调进动时，如上节所述，套齿内摩擦将会使转子失稳。

由于支承不对中方向是固定的，故取与轴齿截面固连的空间固定坐标系 $oxy$，与套齿截面固连的固定坐标系 $OXY$，以及随转子一起进动的坐标系 $o\xi\zeta$，如图 9.31 所示。固定坐标系 $oxy$ 所在的平面与固定坐标系 $OXY$ 平面之间的夹角为 $\beta_y$。首先确定转子在坐标系 $o\xi\zeta$ 中 $\delta$ 位置时，轴齿上某一点 $A$ 在轴向的位置。

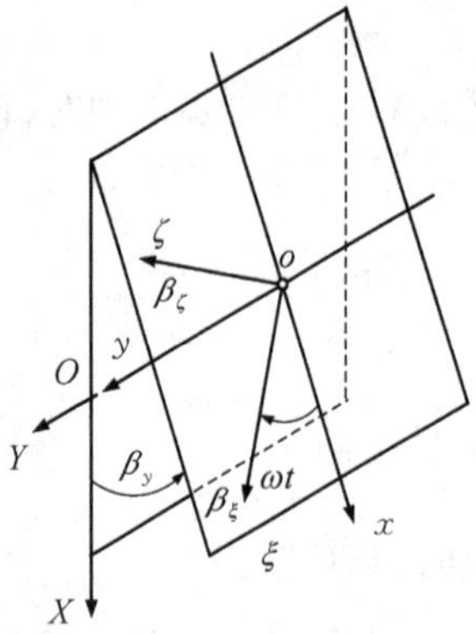


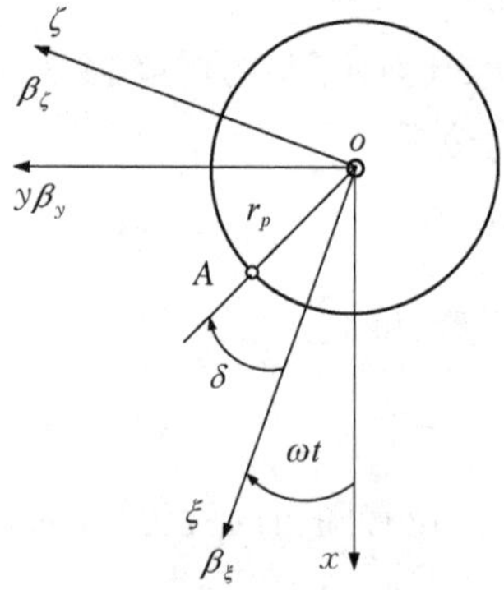


**图 9.31　固定坐标系 oxy 与 OXY 以及旋转坐标系 oξζ 中的偏斜角**

z 轴方向按照右手定则从 X 旋转至 Y，或从 ξ 旋转至 ζ，拇指的方向，原点在 OXY 平面上

将偏斜角 $\beta_y$ 投影到旋转坐标系 ξ 和 ζ 方向，即

$$\beta_\xi = \beta_y \sin \omega t \tag{9.73}$$

$$\beta_\zeta = \beta_y \cos \omega t \tag{9.74}$$

仍然只考虑静态不对中。如图 9.31 所示，在旋转坐标系中的 δ 位置，轴齿上的 A 点在轴向的位置由两部分构成。

第一部分为角位移矢量 $\beta_\xi$ 在 A 点产生的轴向位移：

$$z_{A\xi} = r_p \sin \beta_\xi \sin \delta \tag{9.75}$$

第二部分为角位移矢量 $\beta_\zeta$ 在 A 点产生的轴向位移：

$$z_{A\zeta} = - r_p \sin \beta_\zeta \cos \delta \tag{9.76}$$

将两部分合起来，则有

$$z_A = z_{A\xi} + z_{A\zeta} = r_p \sin \beta_\xi \sin \delta - r_p \sin \beta_\zeta \cos \delta \tag{9.77}$$

由于 $\beta_\xi$ 和 $\beta_\zeta$ 为小量，可取近似：$\sin \beta_\xi \approx \beta_\xi$，$\sin \beta_\zeta \approx \beta_\zeta$，故有

$$z_A = z_{A\xi} + z_{A\zeta} = r_p \beta_\xi \sin \delta - r_p \beta_\zeta \cos \delta \tag{9.78}$$

A 点的轴向相对速度为

$$\dot{z}_A = r_p(\dot{\beta}_\xi \sin \delta - \dot{\beta}_\zeta \cos \delta) = r_p \sqrt{\dot{\beta}_\xi^2 + \dot{\beta}_\zeta^2} \sin(\delta - \gamma) \tag{9.79}$$

式中，

$$\cos \gamma = \frac{\dot{\beta}_\xi}{\sqrt{\dot{\beta}_\xi^2 + \dot{\beta}_\zeta^2}};\ \sin \gamma = \frac{\dot{\beta}_\zeta}{\sqrt{\dot{\beta}_\xi^2 + \dot{\beta}_\zeta^2}} \tag{9.80}$$

套齿上摩擦力的作用方向始终与轴向相对速度 $\dot{z}_A$ 方向相反,即

$$F_f(t)=\frac{\mu M_t}{r_p\cos\alpha}\operatorname{sgn}(\dot{z}_A) \tag{9.81}$$

假设套齿内摩擦力周向均匀分布,则周向微元段上的摩擦力为

$$\mathrm{d}F_f(t)=\frac{\mu M_t}{2\pi r_p\cos\alpha}\operatorname{sgn}(\dot{z}_A)\,\mathrm{d}\delta \tag{9.82}$$

内摩擦力所产生的力矩为

$$M_{\beta_\xi}=\frac{\mu M_t}{2\pi\cos\alpha}\int_0^{2\pi}\operatorname{sgn}(\dot{z}_A)\sin\delta\,\mathrm{d}\delta \tag{9.83}$$

$$M_{\beta_\zeta}=-\frac{\mu M_t}{2\pi\cos\alpha}\int_0^{2\pi}\operatorname{sgn}(\dot{z}_A)\cos\delta\,\mathrm{d}\delta \tag{9.84}$$

式中,

$$\operatorname{sgn}(\dot{z}_A)=\begin{cases}+1 & \dot{z}_A>0\\ -1 & \dot{z}_A<0\end{cases} \tag{9.85}$$

注意:此处符号函数 $\operatorname{sgn}(\dot{z}_A)$ 表示的是内摩擦力矩的方向,因此,与式(9.71)不一致。

由式(9.79)可见,在 $0<\delta<\gamma$ 区间,轴向相对速度为负,即 $\dot{z}_A<0$;在 $\gamma<\delta<\pi+\gamma$ 区间,轴向相对速度为正,即 $\dot{z}_A>0$;而在 $\pi+\gamma<\delta<2\pi$ 区间,轴向相对速度再为负,即 $\dot{z}_A<0$。因此,可将式(9.83)和式(9.84)分区间积分,即

$$M_{\beta_\xi}=\frac{\mu M_t}{2\pi\cos\alpha}\left[\int_0^{\gamma}\operatorname{sgn}(\dot{z}_A)\sin\delta\,\mathrm{d}\delta+\int_{\gamma}^{\pi+\gamma}\operatorname{sgn}(\dot{z}_A)\sin\delta\,\mathrm{d}\delta+\int_{\pi+\gamma}^{2\pi}\operatorname{sgn}(\dot{z}_A)\sin\delta\,\mathrm{d}\delta\right] \tag{9.86}$$

$$M_{\beta_\zeta}=-\frac{\mu M_t}{2\pi\cos\alpha}\left[\int_0^{\gamma}\operatorname{sgn}(\dot{z}_A)\cos\delta\,\mathrm{d}\delta+\int_{\gamma}^{\pi+\gamma}\operatorname{sgn}(\dot{z}_A)\cos\delta\,\mathrm{d}\delta+\int_{\pi+\gamma}^{2\pi}\operatorname{sgn}(\dot{z}_A)\cos\delta\,\mathrm{d}\delta\right] \tag{9.87}$$

积分的结果为

$$M_{\beta_\xi}=\frac{2\mu M_t}{\pi\cos\alpha}\cos\gamma \tag{9.88}$$

$$M_{\beta_\zeta}=\frac{2\mu M_t}{\pi\cos\alpha}\sin\gamma \tag{9.89}$$

将式(9.80)代入以上两式可得

$$M_{\beta_\xi}=\frac{2\mu M_t}{\pi\cos\alpha}\frac{\dot\beta_\xi}{\sqrt{\dot\beta_\xi^2+\dot\beta_\zeta^2}} \tag{9.90}$$

$$M_{\beta_\zeta}=\frac{2\mu M_t}{\pi\cos\alpha}\frac{\dot\beta_\zeta}{\sqrt{\dot\beta_\xi^2+\dot\beta_\zeta^2}} \tag{9.91}$$

在转子进动一个周期内，套齿摩擦力矩所做的功为

$$W=\int_0^{2\pi/\omega}(M_{\beta_\xi}\dot\beta_\xi+M_{\beta_\zeta}\dot\beta_\zeta)\mathrm{d}t=\frac{2\mu M_t}{\pi\cos\alpha}\int_0^{2\pi/\omega}\frac{\dot\beta_\xi^2+\dot\beta_\zeta^2}{\sqrt{\dot\beta_\xi^2+\dot\beta_\zeta^2}}\mathrm{d}t \tag{9.92}$$

将式(9.73)和式(9.74)代入式(9.92)，得

$$W=\frac{4\mu M_t\beta_y}{\cos\alpha} \tag{9.93}$$

由式(9.93)可见，转子非协调进动时，支承不对中会使套齿内摩擦力矩做正功，即向转子进动输入能量，使转子失稳。不对中偏斜角 $\beta_y$ 越大，套齿内摩擦力矩做功量越大，转子越易于失稳；偏斜角 $\beta_y$ 一定时，套齿传递的扭矩 $M_t$ 越大，转子越容易失稳。另外，摩擦系数 $\mu$ 也具有相似的影响趋势。因此，实际中，有时在套齿中添加润滑剂，可减小摩擦系数 $\mu$，有利于提高转子稳定性。

2. 维持转子稳定的工艺条件

由上述分析可见，套齿不对中会导致转子失稳。而或多或少的转子不对中在实际中是难于避免的。可根据上述套齿内摩擦所做的功和转子外阻尼来确定允许的偏斜角，以指导制造和装配工艺的设计。

假设转子外阻尼为 $d_0$，在一个周期内阻尼耗功为

$$W_d=2\pi d_0\omega r^2 \tag{9.94}$$

式中，$d_0$ 为转子的外阻尼，$r$ 为转子进动幅值。

引入阻尼比 $D=\dfrac{d_0}{2\sqrt{ms}}$，并考虑 $\omega=\sqrt{\dfrac{s}{m}}$，式(9.94)变为

$$W_d=2\pi Dsr^2 \tag{9.95}$$

令套齿内摩擦功与阻尼功相等，即式(9.93)等于式(9.95)，可解得

$$\beta_y = \frac{\pi D s r^2 \cos\alpha}{2\mu M_t} \tag{9.96}$$

只要保证实际的套齿偏斜角 $\beta$ 满足如下工艺条件：

$$\beta < \beta_y = \frac{\pi D s r^2 \cos\alpha}{2\mu M_t} \tag{9.97}$$

套齿内摩擦就不会引起转子失稳。

在转子设计时，式(9.97)中的参数很容易获得。若无挤压油膜阻尼器，对应于失稳模态的阻尼比 $D$ 值，可设为 2%；若转子上设置有挤压油膜阻尼器，可取为 5%。$s$ 为对应的模态刚度，转子设计时，可利用数值方法获得。$\alpha$、$\mu$ 和 $M_t$ 为套齿参数，在设计套齿时是已知的。转子进动幅值 $r$，即失稳时的次谐波幅值，可根据转子振动限值来给定，例如，$r < 25\ \mu\text{m}$。代入式(9.97)中，就可确定最大可允许的偏斜角 $\beta$ 值。

按照式(9.97)确定套齿偏斜角 $\beta$ 后，在套齿设计图纸上应控制公差，并设计相应的加工和装配检测面，确保套齿对中度满足式(9.97)的要求。

### 9.7.4　动态不对中时套齿连接转子的稳定性

上述的分析中，考虑套齿不对中时，假设转子动挠度产生的偏斜角远小于静态不对中所产生的偏斜角，故未考虑动挠度产生的偏角。动挠度产生的偏角可称为动态不对中。实际中，套齿既存在静态不对中，也存在动态不对中。本节分析套齿动态不对中时转子的稳定性。

如图 9.32 所示，在固定坐标系 $oxy$，套齿与轴齿的相对瞬态偏斜角为 $\beta_x$ 和 $\beta_y$。固定坐标系 $oxy$ 中的偏斜角 $\beta_x$ 和 $\beta_y$ 与随转子一起进动的坐标系 $o\xi\zeta$ 中的 $\beta_\xi$ 和 $\beta_\zeta$ 有如下的变换关系：

$$\beta_x = \beta_\xi \cos(\omega t) - \beta_\zeta \sin(\omega t) \tag{9.98}$$

$$\beta_y = \beta_\xi \sin(\omega t) + \beta_\zeta \cos(\omega t) \tag{9.99}$$

两边求导之后，可进一步得到速度之间的关系：

$$\dot{\beta}_x + \omega\beta_y = \dot{\beta}_\xi \cos(\omega t) - \dot{\beta}_\zeta \sin(\omega t) \tag{9.100}$$

$$\dot{\beta}_y - \omega\beta_x = \dot{\beta}_\xi \sin(\omega t) + \dot{\beta}_\zeta \cos(\omega t) \tag{9.101}$$

如上一节所述，轴齿上的 $A$ 点瞬时轴向相对速度为

$$\dot{z}_A = r_p\{\dot{\beta}_\xi \sin[(\Omega-\omega)t] - \dot{\beta}_\zeta \cos[(\Omega-\omega)t]\} = r_p\sqrt{\dot{\beta}_\xi^2 + \dot{\beta}_\zeta^2}\,\sin[(\Omega-\omega)t-\gamma] \tag{9.102}$$

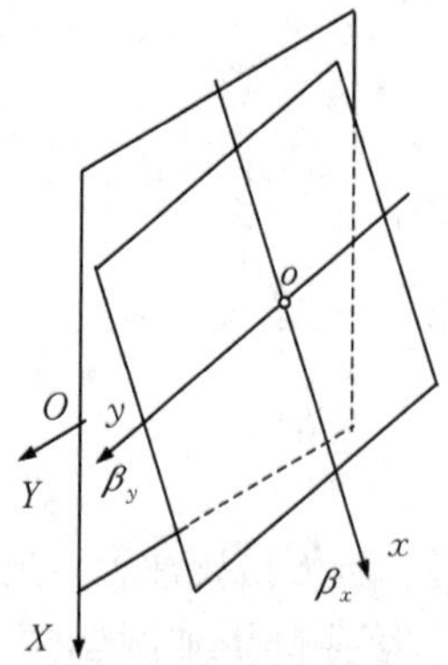

(a) 固定坐标系中套齿的偏斜角

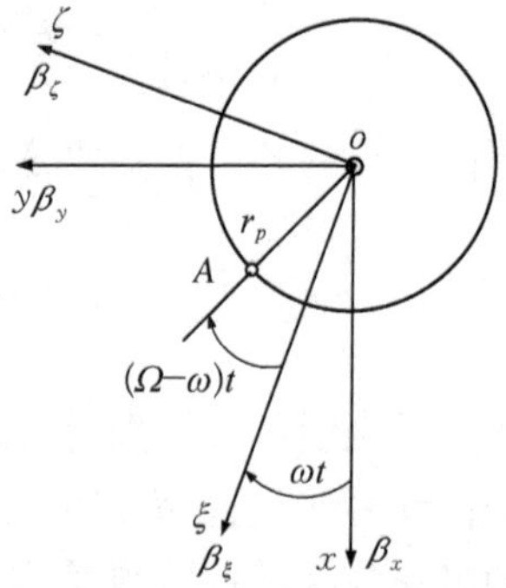

(b) 旋转坐标系套齿的偏斜角

**图 9.32　固定坐标系 $oxy$，套齿与轴齿的相对瞬态偏斜角 $\beta_x$ 和 $\beta_y$，旋转坐标系 $o\xi\zeta$ 中的偏斜角 $\beta_\xi$ 和 $\beta_\zeta$**

式中，

$$\cos\gamma = \frac{\dot{\beta}_\xi}{\sqrt{\dot{\beta}_\xi^2 + \dot{\beta}_\zeta^2}};\ \sin\gamma = \frac{\dot{\beta}_\zeta}{\sqrt{\dot{\beta}_\xi^2 + \dot{\beta}_\zeta^2}} \tag{9.103}$$

如上节所述，套齿上摩擦力的作用方向始终与轴向相对速度 $\dot{z}_A$ 方向相反，即

$$F_f(t) = \frac{\mu M_t}{r_p\cos\alpha}\mathrm{sgn}(\dot{z}_A) \tag{9.104}$$

同样假设，套齿内摩擦力周向均匀分布，则周向微元段上的摩擦力为

$$\mathrm{d}F_f(t) = \frac{\mu M_t}{2\pi r_p\cos\alpha}\mathrm{sgn}(\dot{z}_A)\,\mathrm{d}[(\Omega-\omega)t] \tag{9.105}$$

内摩擦力所产生的力矩为

$$M_{\beta_\xi} = \frac{\mu M_t}{2\pi\cos\alpha}\int_0^{2\pi}\mathrm{sgn}(\dot{z}_A)\sin[(\Omega-\omega)t]\,\mathrm{d}[(\Omega-\omega)t] \tag{9.106}$$

$$M_{\beta_\zeta} = -\frac{\mu M_t}{2\pi\cos\alpha}\int_0^{2\pi}\mathrm{sgn}(\dot{z}_A)\cos[(\Omega-\omega)t]\,\mathrm{d}[(\Omega-\omega)t] \tag{9.107}$$

式中，

$$\mathrm{sgn}(\dot{z}_A) = \begin{cases} +1, & \dot{z}_A > 0 \\ -1, & \dot{z}_A < 0 \end{cases} \tag{9.108}$$

由式(9.102)可见，在 $0 < (\Omega-\omega)t < \gamma$ 区间，轴向相对速度为负，即 $\dot{z}_A < 0$；

在 $\gamma < (\Omega - \omega)t < \pi + \gamma$ 区间，轴向相对速度为正，即 $\dot{z}_A > 0$；而在 $\pi + \gamma < (\Omega - \omega)t < 2\pi$ 区间，轴向相对速度再为负，即 $\dot{z}_A < 0$。为书写简单起见，令 $\delta = (\Omega - \omega)t$。可将式(9.106)和式(9.107)分区间积分，即

$$M_{\beta_\xi} = \frac{\mu M_t}{2\pi\cos\alpha}\left[\int_0^{\gamma}\operatorname{sgn}(\dot{z}_A)\sin\delta\mathrm{d}\delta + \int_{\gamma}^{\pi+\gamma}\operatorname{sgn}(\dot{z}_A)\sin\delta\mathrm{d}\delta + \int_{\pi+\gamma}^{2\pi}\operatorname{sgn}(\dot{z}_A)\sin\delta\mathrm{d}\delta\right] \tag{9.109}$$

$$M_{\beta_\zeta} = -\frac{\mu M_t}{2\pi\cos\alpha}\left[\int_0^{\gamma}\operatorname{sgn}(\dot{z}_A)\cos\delta\mathrm{d}\delta + \int_{\gamma}^{\pi+\gamma}\operatorname{sgn}(\dot{z}_A)\cos\delta\mathrm{d}\delta + \int_{\pi+\gamma}^{2\pi}\operatorname{sgn}(\dot{z}_A)\cos\delta\mathrm{d}\delta\right] \tag{9.110}$$

积分的结果为

$$M_{\beta_\xi} = \frac{2\mu M_t}{\pi\cos\alpha}\cos\gamma \tag{9.111}$$

$$M_{\beta_\zeta} = \frac{2\mu M_t}{\pi\cos\alpha}\sin\gamma \tag{9.112}$$

将式(9.103)代入以上两式可得

$$M_{\beta_\xi} = \frac{2\mu M_t}{\pi\cos\alpha}\frac{\dot{\beta}_\xi}{\sqrt{\dot{\beta}_\xi^2 + \dot{\beta}_\zeta^2}} \tag{9.113}$$

$$M_{\beta_\zeta} = \frac{2\mu M_t}{\pi\cos\alpha}\frac{\dot{\beta}_\zeta}{\sqrt{\dot{\beta}_\xi^2 + \dot{\beta}_\zeta^2}} \tag{9.114}$$

在转子进动一个周期内，套齿摩擦力矩所做的功为

$$W = \int_0^{2\pi/\omega}(M_{\beta_\xi}\dot{\beta}_\xi + M_{\beta_\zeta}\dot{\beta}_\zeta)\mathrm{d}t = \frac{2\mu M_t}{\pi\cos\alpha}\int_0^{2\pi/\omega}\frac{\dot{\beta}_\xi^2 + \dot{\beta}_\zeta^2}{\sqrt{\dot{\beta}_\xi^2 + \dot{\beta}_\zeta^2}}\mathrm{d}t \tag{9.115}$$

由式(9.100)和式(9.101)可得

$$\begin{Bmatrix}\dot{\beta}_\xi\\ \dot{\beta}_\zeta\end{Bmatrix} = \begin{bmatrix}\cos\omega t & \sin\omega t\\ -\sin\omega t & \cos\omega t\end{bmatrix}\begin{Bmatrix}\dot{\beta}_x + \omega\beta_y\\ \dot{\beta}_y - \omega\beta_x\end{Bmatrix} \tag{9.116}$$

将上式代入式(9.115)，就可求得套齿摩擦力矩所做的功在固定坐标系中的表达式。

1. 圆轨迹进动

在固定坐标系，假设转子两个频率的运动均为圆轨迹运动，偏斜角则为

$$\beta_x = \beta_\Omega \cos(\Omega t) + \beta_\omega \cos(\omega t) \tag{9.117}$$

$$\beta_y = \beta_\Omega \sin(\Omega t) + \beta_\omega \sin(\omega t) \tag{9.118}$$

式中，$\Omega$ 为转子自转角速度，$\omega$ 为转子进动角速度。

$$\dot{\beta}_x + \omega\beta_y = -(\Omega - \omega)\beta_\Omega \sin(\Omega t) \tag{9.119}$$

$$\dot{\beta}_y - \omega\beta_x = (\Omega - \omega)\beta_\Omega \cos(\Omega t) \tag{9.120}$$

将式(9.119)和式(9.120)代入式(9.116)，可得

$$\begin{Bmatrix} \dot{\beta}_\xi \\ \dot{\beta}_\zeta \end{Bmatrix} = (\Omega - \omega)\beta_\Omega \begin{Bmatrix} -\sin[(\Omega - \omega)t] \\ \cos[(\Omega - \omega)t] \end{Bmatrix} \tag{9.121}$$

再由式(9.115)求得套齿内摩擦力矩所做的功为

$$W = (\Omega - \omega)\frac{4\mu\beta_\Omega M_t}{\omega\cos\alpha} \tag{9.122}$$

由上式可见，当自转角速度 $\Omega$ 大于进动角速度 $\omega$ 时，套齿内摩擦力矩做正功，即向转子运动输入能量，使转子失稳。而当自转角速度 $\Omega$ 小于进动角速度 $\omega$ 时，套齿内摩擦力矩做负功，即耗散转子运动的能量，起到阻尼作用。

当转子运行在第二阶临界转速以上时，套齿内摩擦力矩也会对第二阶模态做功。在上述的推导中，只需将 $\omega$ 替换为 $\omega_2$（第二阶临界转速），则结果仍然适用，即套齿内摩擦力矩对第二阶模态所做的功为

$$W_2 = (\Omega - \omega_2)\frac{4\mu\beta_\Omega M_t}{\omega_2\cos\alpha} \tag{9.123}$$

做功的大小除取决于 $\Omega$, $\mu$ 和 $M_t$ 之外，关键还取决于转子越过第二阶临界转速之后，套齿处的角位移 $\beta_\Omega$。如果在第二阶振型中，套齿位置处的位移和转角很小，接近节点，则套齿内摩擦可能不会激起第二阶模态失稳。

2. 椭圆轨迹进动

一般情况下，支承系统会存在各向异性，转子的进动轨迹为椭圆轨迹。为推导简单起见，用复向量表达的正、反进动来表示套齿处的偏斜角。如本书第 8 章所述，转子的椭圆轨迹可分解为正进动圆轨迹和反进动圆轨迹。故在固定坐标系，轴齿的偏斜角可表示为

$$\theta = \beta_x + \mathrm{j}\beta_y = \theta_{+\Omega} e^{\mathrm{j}\Omega t} + \theta_{-\Omega} e^{-\mathrm{j}\Omega t} + \theta_{+\omega} e^{\mathrm{j}\omega t} + \theta_{-\omega} e^{-\mathrm{j}\omega t} \tag{9.124}$$

式中，$\Omega$ 为转子自转角速度，$\omega$ 为转子进动角速度，$\theta_{+\Omega}$，$\theta_{-\Omega}$，$\theta_{+\omega}$ 和 $\theta_{-\omega}$ 分别为正、反进动的幅值。

在旋转坐标系，轴齿的偏斜角为

$$\rho = \beta_{\xi} + \mathrm{j}\beta_{\zeta} \tag{9.125}$$

由式(9.116)得

$$\dot{\rho} = \dot{\beta}_{\xi} + \mathrm{j}\dot{\beta}_{\zeta} = (\dot{\theta} - \mathrm{j}\omega\theta)e^{-\mathrm{j}\omega t} \tag{9.126}$$

将式(9.124)代入式(9.126)，经合并整理后得到旋转坐标系中的偏斜角速度：

$$\dot{\rho} = \mathrm{j}\theta_{+\Omega}(\Omega - \omega)e^{\mathrm{j}(\Omega-\omega)t} - \mathrm{j}\theta_{-\Omega}(\Omega + \omega)e^{-\mathrm{j}(\Omega+\omega)t} - \mathrm{j}2\omega\theta_{-\omega}e^{-\mathrm{j}2\omega t} \tag{9.127}$$

将套齿摩擦力矩也表示为复向量，即

$$M_{\rho} = M_{\beta_{\xi}} + \mathrm{j}M_{\beta_{\zeta}} \tag{9.128}$$

将式(9.113)和式(9.114)代入式(9.128)，得到摩擦力矩如下：

$$M_{\rho} = \frac{2\mu M_t}{\pi\cos\alpha}\frac{\dot{\rho}}{|\dot{\rho}|} \tag{9.129}$$

式中，$|\dot{\rho}|$ 为 $\dot{\rho}$ 的模。

转子进动一个周期，套齿摩擦力矩所做的功为

$$W = \int_0^{2\pi/\omega} M_{\rho}\dot{\rho}\,\mathrm{d}t = \frac{2\mu M_t}{\pi\cos\alpha}\int_0^{2\pi/\omega}\frac{\dot{\rho}\cdot\dot{\rho}}{|\dot{\rho}|}\mathrm{d}t \tag{9.130}$$

注意：式中，$\dot{\rho}\cdot\dot{\rho}$ 为内积运算，“ · ”表示内积。

将式(9.127)代入式(9.130)，就可求得套齿内摩擦力矩所做的功。偏斜角速度 $\dot{\rho}$ 包含了 3 种不同的进动形式，根据本书第 8 章中关于进动轨迹上作用力做功的定理，由于作用力做功具有正交性，故可将式(9.130)按照进动形式分项求积分，即

$$W_{+\Omega} = \frac{2\mu M_t}{\pi\cos\alpha}\int_0^{2\pi/\omega}\frac{\mathrm{j}\theta_{+\Omega}(\Omega - \omega)e^{\mathrm{j}(\Omega-\omega)t}\cdot\mathrm{j}\theta_{+\Omega}(\Omega - \omega)e^{\mathrm{j}(\Omega-\omega)t}}{\theta_{+\Omega}(\Omega - \omega)}\mathrm{d}t \tag{9.131}$$

运用第 8 章中复向量内积运算法则，求得套齿内摩擦力矩在正进动轨迹上做的功为

$$W_{+\Omega} = (\Omega - \omega)\frac{2\mu M_t\theta_{+\Omega}}{\omega\cos\alpha} \tag{9.132}$$

上式表明，当自转角速度 $\Omega$ 大于进动角速度 $\omega$ 时，套齿内摩擦力矩在正进动轨迹上做正功，即向转子正进动输入能量，使转子正进动失稳。当自转角速度 $\Omega$ 小于进动角速度 $\omega$ 时，套齿内摩擦力矩在正进动轨迹上做负功，套齿内摩擦起阻尼作

用。

套齿内摩擦力矩在反进动轨迹上做的功为

$$W_{-\Omega}=\frac{2\mu M_t}{\pi\cos\alpha}\int_0^{2\pi/\omega}\frac{-\mathrm{j}\theta_{-\Omega}(\Omega+\omega)e^{-\mathrm{j}(\Omega+\omega)t}\cdot\mathrm{j}\theta_{-\Omega}(\Omega+\omega)e^{-\mathrm{j}(\Omega+\omega)t}}{\theta_{-\Omega}(\Omega+\omega)}\mathrm{d}t$$
$$=-(\Omega+\omega)\frac{4\mu M_t\theta_{-\Omega}}{\omega\cos\alpha}\tag{9.133}$$

注意：由于进动方向相反，摩擦力矩做功为负。当转子发生反进动时，不论自转角速度 $\Omega$ 大于进动角速度 $\omega$，还是小于进动角速度 $\omega$，套齿内摩擦对反进动总是起阻尼作用。

转子以进动角速度 $\omega$ 反进动时，套齿内摩擦力矩所做的功：

$$W_{-\omega}=\frac{2\mu M_t}{\pi\cos\alpha}\int_0^{2\pi/\omega}\frac{-\mathrm{j}2\omega\theta_{-\omega}e^{-\mathrm{j}2\omega t}\cdot\mathrm{j}2\omega\theta_{-\omega}e^{-\mathrm{j}2\omega t}}{2\omega\theta_{-\omega}}\mathrm{d}t$$
$$=-\frac{8\mu M_t\theta_{-\omega}}{\cos\alpha}\tag{9.134}$$

上式说明，当转子以 $\omega$ 反向涡动时，套齿内摩擦向转子提供阻尼，会耗散反进动的能量。

3. 椭圆轨迹同步进动

不失稳时，转子的不平衡响应一般表现为同步进动。如本书第 5 章所述，由于转子支承刚度的各向异性，转子的同步进动轨迹为椭圆轨迹。根据本书第 8 章的进动分析理论，转子的椭圆轨迹可分解为正进动圆轨迹和反进动圆轨迹。因此，在固定坐标系，套齿连接处轴齿的偏斜角为

$$\theta=\beta_x+\mathrm{j}\beta_y=\theta_{+\Omega}e^{\mathrm{j}\Omega t}+\theta_{-\Omega}e^{-\mathrm{j}\Omega t}\tag{9.135}$$

式中，$\Omega$ 为转子自转角速度，$\theta_{+\Omega}$ 和 $\theta_{-\Omega}$ 为正、反进动的幅值。

在旋转坐标系，轴齿的偏斜角为

$$\rho=\beta_\xi+\mathrm{j}\beta_\zeta\tag{9.136}$$

由式(9.116)得到：

$$\dot{\rho}=\dot{\beta}_\xi+\mathrm{j}\dot{\beta}_\zeta=(\dot{\theta}-\mathrm{j}\Omega\theta)e^{-\mathrm{j}\Omega t}\tag{9.137}$$

将式(9.135)代入式(9.137)，得到旋转坐标系中的偏斜角速度：

$$\dot{\rho}=-\mathrm{j}2\Omega\theta_{-\Omega}e^{-\mathrm{j}2\Omega t}\tag{9.138}$$

内摩擦力矩如下：

$$M_{\rho}=\frac{2\mu M_{t}}{\pi\cos\alpha}\frac{\dot{\rho}}{|\dot{\rho}|}=\frac{2\mu M_{t}}{\pi\cos\alpha}\mathrm{j}\boldsymbol{e}^{-\mathrm{j}2\Omega t} \tag{9.139}$$

式中，$|\dot{\rho}|$ 为 $\dot{\rho}$ 的模。

转子进动一个周期，套齿内摩擦力矩所做的功为

$$W=\int_{0}^{2\pi/\Omega}M_{\rho}\dot{\rho}\mathrm{d}t=-\frac{2\mu M_{t}}{\pi\cos\alpha}\int_{0}^{2\pi/\Omega}\mathrm{j}\boldsymbol{e}^{-2\Omega t}\mathrm{j}2\Omega\theta_{-\Omega}\boldsymbol{e}^{-2\Omega t}\mathrm{d}t=-\frac{8\mu M_{t}\theta_{-\Omega}}{\cos\alpha} \tag{9.140}$$

注意：积分式中为内积运算。

由此可见，当转子不失稳时，套齿内摩擦将向转子提供阻尼，耗散转子同步反进动的能量。

### 9.7.5　套齿内摩擦等效内阻尼

确定了套齿内摩擦所做的功之后，可利用黏滞阻尼模型来等效套齿内摩擦的作用，便于简捷地分析转子的稳定性。

对于黏滞阻尼，在一个周期内阻尼耗功为

$$W_{d}=2\pi d_{0}\omega r^{2} \tag{9.141}$$

式中，$d_0$ 为等效的黏滞阻尼系数，$\omega$ 为转子进动角速度，$r$ 为转子进动幅值。

引入阻尼比 $D=\dfrac{d_{0}}{2\sqrt{ms}}$，并考虑 $\omega=\sqrt{\dfrac{s}{m}}$，式(9.141)变为

$$W_{d}=2\pi Dsr^{2} \tag{9.142}$$

令黏滞阻尼所做的功与套齿内摩擦力矩所做的功相等，就可求出等效的阻尼比 $D$。如果套齿内摩擦力矩所做的功为正，则阻尼系数取负值，即等效为负阻尼；摩擦功为负，则等效阻尼为正。然后，将阻尼系数 $D$ 直接代入旋转坐标系中转子的运动方程，如本章第 2 节所列，就可分析转子的稳定性。

以上一节圆轨迹进动下所得的结果为例，来说明等效的方法和结果。

令式(9.122)与式(9.142)相等，可得

$$D=\mathrm{sgn}\left(\frac{\Omega}{\omega}-1\right)\left(\frac{\Omega}{\omega}-1\right)\frac{2\mu\beta_{\Omega}M_{t}}{\pi sr^{2}\cos\alpha} \tag{9.143}$$

式中，符号函数定义为

$$\mathrm{sgn}\left(\frac{\Omega}{\omega}-1\right)=\begin{cases}-1, & \dfrac{\Omega}{\omega}-1>0\\[2ex] 1, & \dfrac{\Omega}{\omega}-1<0\end{cases} \tag{9.144}$$

不妨以表 9.1 中的参数为例，说明内摩擦等效阻尼的量级。

**表 9.1　计算等效阻尼所取的参数**

| $\Omega/\omega$ | $\mu$ | $M_t$/(N·m) | $r$/μm | $S$/(N/m) | $\alpha$ | $\beta_\Omega$/(°) |
|---|---|---|---|---|---|---|
| 1.5 | 0.10 | 500 | 100 | $10^6$ | 0 | 0.001 |

将表 9.1 的数据代入式(9.143)，计算得到的阻尼比为 $D=-0.0278=-2.78\%$。这表明，转子必须要获得大于 2.78%的外阻尼，才能够维持稳定。

## 本 章 小 结

本章分析了黏弹性材料、圆柱面配合以及套齿连接结构的内摩擦效应，揭示了内摩擦导致转子振动失稳的机理及影响因素。结论和思考如下：

(1) 材料的黏弹性会在转子中产生内阻尼。当转子同步协调进动时，内阻尼不起作用。只有当转子发生非同步进动时，材料的黏弹性才会出现内阻尼效应。内阻尼会使次谐波正进动失稳，而对次谐波反进动则起阻尼减振作用。内阻尼对转子不平衡响应无影响。但材料所产生的内阻尼远小于柱面配合、套齿连接结构等结构所产生的内阻尼，故在工程设计中通常不考虑材料内阻尼的影响。

(2) 圆柱面配合是发动机转子上较普遍运用的结构连接形式。与材料内阻尼作用相似，转子发生次谐波正进动时，圆柱面配合内摩擦会使转子失稳。转子以次谐波反进动时，内摩擦则向转子提供阻尼。内摩擦效应与圆柱面配合紧度、配合长度以及在转子上所处的位置相关。配合长度越短，内摩擦效应越弱。若位于某阶振型的节点，或位于变形为 0 的位置，圆柱面配合的内摩擦效应可忽略不计。

(3) 套齿连接是航空发动机转子中最常见的连接结构。长期以来，关于套齿连接结构对转子动力学影响的研究持续不断，但套齿内摩擦导致转子振动失稳的故障屡见不鲜。究其原因：① 由于套齿连接结构传递发动机转子的主能量，载荷大，套齿配合段稍有微量偏斜角，就有可能导致转子失稳，从表 9.1 所给出的计算示例可看出这一点；② 一般设计人员不易理解套齿内摩擦引起转子振动失稳的机理，可能导致重视不够，设计不当，例如，在加工、装配和检测上，对保证套齿段同心度的要求过松。套齿连接结构内摩擦失稳的核心要素：① 转子转速要高于转子第一阶弯曲临界转速；② 套齿段出现偏斜角。在此条件下，由于套齿与轴齿发生相对滑动，套齿传递的扭矩会在套齿啮合面上沿轴向产生摩擦力，并形成力矩，对转子做功，向转子的次谐波正进动不断输入能量，促使转子失稳。由于套齿内摩擦机制不断从其传递的主能量中吸取能量，持续转化成转子的振动能量。因此，套齿内摩擦导致的转子振动失稳一旦出现，故障风险很高。在很多发动机中，套齿前、后设置圆柱定心面，保证套齿段良好的定心。这是抑制套齿内摩擦失稳的有效措施[15-16]。

(4) 有的发动机转子会在转子第二阶弯曲临界转速以上运行。套齿内摩擦可能会引起第一阶模态失稳，也可能会导致第二阶模态失稳，甚至两阶均失稳。这取决于套齿所处位置在模态振型中的位移和转角。若处在某阶振型的节点，则可能对该阶模态影响甚微。

(5) 不论转子发生同步反进动，还是次谐波反进动，套齿内摩擦均会向转子提供阻尼，耗散转子反进动的能量，从而抑制转子的反进动。

## 参考文献

[1] KRAEMER E. Dynamics of rotors and foundations[M]. Berlin: Springer-Verlag, 1993.
[2] 沈达宽. 航空燃气涡轮发动机构造及强度计算[M]. 北京: 北京科学教育编辑室，1962.
[3] 沈达宽. 航空发动机强度计算[M]. 北京: 国防工业出版社，1980.
[4] GUNTER E J. The influence of internal friction on the stability of high speed rotors with anisotropic supports[J]. Journal of engineering for industry, 1969, 91(4): 1105 - 1113.
[5] LUND J W. Destabilization of rotors from friction in internal joints with Micro-slip[R]. International Conference in Rotordynamics, 1986: 487 - 491.
[6] GASCH R, NORDMANN R, PFUETZNER H. Rotordynamik[M]. Berlin: Springer, 2002.
[7] VANCE J M. Rotordynamics of turbomachinery[M]. New York: John Wiley & Sons, 1988.
[8] 顾家柳. 转子动力学[M]. 北京: 国防工业出版社，1985.
[9] 藏宏琦，王永平. 机械制图[M]. 西安: 西北工业大学出版社，2006.
[10] 濮良贵，纪名刚. 机械设计[M]. 北京: 高等教育出版社，2007.
[11] 曾瑶. 圆柱面配合引起的转子失稳振动[D]. 西安: 西北工业大学，2012.
[12] 刘永伟. 带轴套结构柔性转子稳定性研究[D]. 西安: 西北工业大学，2015.
[13] 易毅. 涡轮泵转子动力学稳定性研究[D]. 西安: 西北工业大学，2016.
[14] 航空发动机设计手册总编委. 航空发动机设计手册第19册: 转子动力学及整机振动[M]. 北京: 航空工业出版社，2000.
[15] 黄江博，廖明夫，刘巧英，等. 带套齿连接结构的转子系统振动稳定性实验研究[J]. 推进技术，2022，43(2): 275 - 285.
[16] 黄江博，廖明夫，雷新亮，等. 航空发动机低压转子系统的“可容模态”设计及实验验证[J]. 航空动力学报，2022，37(5): 964 - 979.

# 第 10 章

# 振动测试及振动信号分析

为对发动机实施状态评估与故障诊断，首先必须测得发动机的振动信号，然后对所测的信号进行有效的分析，提取前面章节所述的相关振动特征信息，才可开展振动分析与故障诊断。

为此，本章着重介绍发动机振动测试技术以及相关的分析方法。这些内容是把转子动力学的基本理论与真实发动机联系起来的桥梁，使得振动分析与故障诊断具有可观性与可操作性。本章除考虑发动机振动测试的特殊要求外，还介绍一般机器的振动测试，便于相互借鉴。

## 10.1 测试的目的和任务

发动机振动测试的目的和任务主要体现在如下 5 个方面：

1. *发动机研制试验*

在发动机研制过程中，对其部件或样机进行振动测试，检验是否达到设计要求或是否能可靠运行，还可对设计方法和设计模型进行验证和考核。例如，发动机的临界转速可能需要调整，或者需要改进阻尼器等。特别需要强调的是，新机研制过程中，零、部件试验频繁，故障易于暴露，也易于查清。试验中，易于测取故障特征信息。因此，振动测试异常重要。将所测得的振动信息不断积累和总结，就可对零件、典型结构、部件以及整机的动力学模型、设计方法和准则进行充分验证，建立此机型的设计数据库和故障特征数据库，为新机的定型以及定型之后发动机的运行、维护及故障诊断奠定基础。这是国际上若干大型知名企业的宝贵经验，值得学习和借鉴。

2. *发动机试车运行测试*

不论是在研发动机，还是批产发动机，均需进行台架试车。在台架试车时，发动机振动是重要的监测和检验参数。首先检验发动机振动是否处于限定范围之内。如果振动超标，将通过振动测试来分析超标原因。对于地面机械，同样要进行试车测试。当机械制造商把新机器交付给用户时，需进行试车运行测试，检验机器是否符合所有的规范和设计要求。例如,机器的振动是否符合 API612 和 API670、或 ISO－7919 和 ISO－10816 的要求。

3. 故障诊断

如前所述,振动测试是故障诊断的基础。在现有的技术条件之下,对于大型旋转机械,振动测试应长期在线进行,并且联成网络,实现多台机组的网络化监测和远程诊断。目的就是能够快捷、及时、有效地诊断机器的故障。对于航空发动机,在线振动监测也是必需的。在机载条件下,测量发动机的振动,若出现异常,及时报警,并给出提示信息,以便飞行员采取应对措施。

4. 实现预测维修

不论是在发动机台架试车过程中,还是在机载运行时,通过振动测试,及时、准确地掌握发动机的运行状态,对出现的故障及其发展趋势给出预报,为实现发动机的预测维修提供技术支撑。对于大涵道比发动机,机载振动测试还可提供转子支承处振动的低压和高压转子转速 1 倍频分量的幅值和相位,以实现发动机转子的本机动平衡。

5. 建立数据库、积累数字化经验

在发动机典型部件或者关键部件的部件实验中,进行振动测试和监控。一方面,对其动力学模型和振动特性进行验证,评估部件设计是否满足动力学特性要求,建立部件设计参数与振动特性之间的关系,即设计数据库。另一方面,还需试验确定零件公差、零件间配合公差以及工况变化对振动的影响,建立工艺和工况数据库。最后,可能还要对部件局部或整体失效后的振动进行测试,建立部件故障数据库。

如上所述,在研制过程中、试运行阶段以及在役运行时,都应对发动机进行振动测试。所测得的数据用于评估发动机的状态和趋势,建立设计数据库、故障模式和故障诊断准则,形成完整的数据库,不断积累数字化经验。数字化经验具有继承性、推广性、共享性和可加性,对于发动机的设计、使用和维护都有重要的指导作用。

## 10.2 振动传感器

传感器是振动测试中的关键器件。它把机器的振动信号转化成电信号,使后续的显示、记录以及数字化分析成为可能。目前,常用的振动传感器分为振动位移、振动速度和振动加速度三类传感器。它们的工作原理有所不同,适用条件也不相同,本节将加以详细介绍。

### 10.2.1 传感器的技术指标

传感器的性能以及适用范围由如下的技术指标来表征:

1. 灵敏度

电测传感器的灵敏度是指输出的电量(如电压)与其所感受的机械量(如振幅、速度、加速度)之比。设输入的振动为

$$x = X\sin(\omega t) \tag{10.1}$$

输出的电压信号为

$$u = U\sin(\omega t + \varphi) \tag{10.2}$$

式中,$\varphi$ 为输出信号 $u$ 与被测振动量 $x$ 的相位滞后,称为相移。

灵敏度定义为

$$s = \lim_{\Delta x \to 0} \frac{\Delta u}{\Delta x} = \frac{\mathrm{d}u}{\mathrm{d}x} \tag{10.3}$$

灵敏度是传感器的基本参数,它度量了传感器可测量随被测量变化的显性度,一般定义为被测量变化 1 个单位量,传感器输出的测量值。表 10.1 列出了 3 种振动传感器的灵敏度单位和定义。

**表 10.1 三种振动传感器的灵敏度单位和定义**

| 振动传感器类型 | 灵敏度单位 | 定义 |
|---|---|---|
| 位移 | mV/μm | 振动位移变化 1 μm,传感器输出多少 mV 电压 |
| 速度 | mV/(mm · s) | 振动速度变化 1 mm/s,传感器输出多少 mV 电压 |
| 加速度 | $\mathrm{mV/(m\cdot s^{-2})}$,或 mV/$g$ | 振动加速度变化 1 $\mathrm{m/s^2}$ 或 1 个 $g$(9.8 $\mathrm{m/s^2}$),传感器输出多少 mV 电压 |

与灵敏度有直接关系的是分辨率。分辨率是指输出电压的变化量 $\Delta u$ 可以辨识时,输入振动量的最小变化量 $\Delta x$,即传感器可感知的最小被测量。$\Delta x$ 越小,表明分辨率越高。显然,灵敏度越高,则分辨率也越高。因此,为了测量微小的幅值变化,要求传感器有较高的灵敏度。但必须指出,在选择灵敏度值时,应同时考虑到在该灵敏度下的信噪比。通常,灵敏度愈高,则信噪比将相应下降。这将降低测量结果的精度。另外,还需考虑数采系统的精度。数采系统的分辨率要与传感器的灵敏度和分辨率相适应,即高于传感器灵敏度和分辨率。此时,传感器的选择才适宜。

2. 线性度

理想情况下,传感器的灵敏度应是常量。传感器输出的电量与其所感受的振动量之比是定值,也就是呈线性关系,如图 10.1 中的拟合直线。

实际上,传感器总是有不同程度的非线性,如图 10.1 中的标定曲线。若把传感器看作是线性系统,就出现了误差。线性度就是衡量实际传感器与理想测量系统之间的吻合程度。设传感器满量程的输出量为 $U_m$,传感器的标定曲线(由实验得到)与拟合直线之间的最大偏差为 $\Delta_m$,则传感器的线性度为

$$\delta = \frac{\Delta_m}{U_m} \times 100\% \tag{10.4}$$

线性度应愈小愈好,如图 10.2 所示。线性范围是指,灵敏度在允许的误差范围内,传感器能测量的最大振动输入幅值范围。最低可测振动幅值取决于传感器的分辨率;最高可测振动幅值则取决于传感器的结构特性。

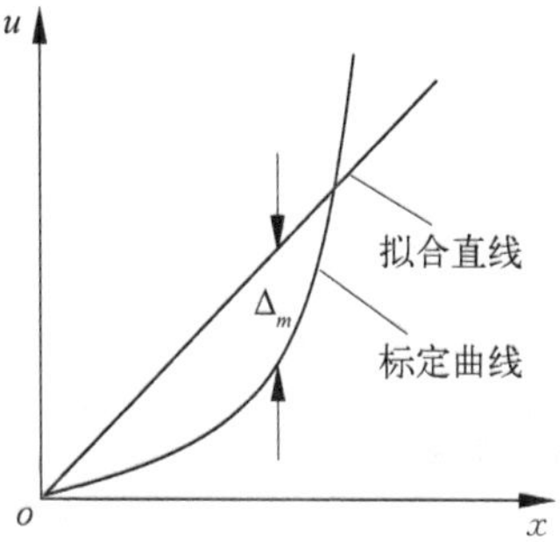


图 10.1　线性度定义

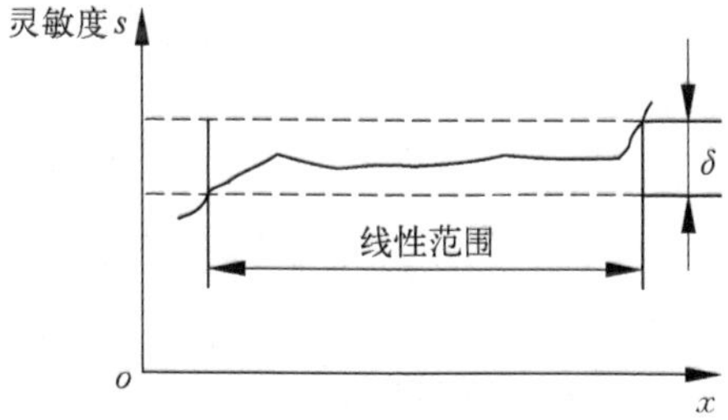


图 10.2　线性范围

3. 频率范围

频率范围是指,在允许的灵敏度误差范围内,传感器可使用的频率范围。有的还要求输出的正弦波与输入的正弦波之间的相移不超过某一限制值,传感器的使用频率范围也应符合这一要求。使用频率范围主要取决于传感器的材料及结构特性。频率范围愈宽愈好。

4. 温度范围

温度范围是指,在允许的灵敏度误差范围内,传感器可承受的工作环境温度范围。振动位移传感器一般可承受的温度范围为-30℃~180℃;内部集成振荡电路的位移传感器一般可承受的温度范围为 0℃~120℃;振动速度传感器一般可承受的温度范围为-40℃~100℃,最高可达 200℃;振动加速度传感器一般可承受的温度范围比较宽,最高可达 480℃,但内部集成电荷放大器的加速度传感器适用的温度范围一般为-50℃~125℃。在航空发动机高温端测振时,常常设计能通冷却空气的安装座,以保护传感器。

以下详细介绍三种最常用的振动传感器——位移传感器、速度传感器以及加速度传感器的工作原理和特点。

### 10.2.2 振动位移传感器——电涡流传感器

目前常用的振动位移传感器一般为非接触式电涡流位移传感器，也称为趋近式探头，用来直接测量转轴的相对振动。电涡流位移传感器的工作原理是基于电涡流效应。如图 10.3 所示，在线圈中通上交流电流，则产生交变磁通 $\varphi$。当被测的物体表面靠近线圈时，交变磁通在物体表面感应出电涡流。此电涡流遂即产生磁通 $\varphi_e$。它总是阻碍原交变磁通 $\varphi$ 变化，从而改变了线圈中的电感 $L$。在被测物体材料确定之后，电感的变化就只与距离 $\delta$ 的大小有关。

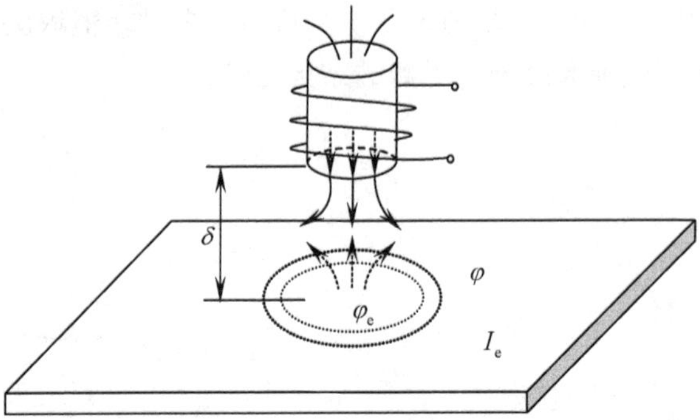


图 10.3 电涡流位移传感器的原理

通过测量电路把电感 $L$ 随距离 $\delta$ 的变化转化为电压随距离的变化。再进行线性校正，使得传感器输出电压 $u$ 与距离 $\delta$ 呈线性关系。但这种线性关系有一定的范围。传感器出厂时，需经检验，给出电压与距离的线性范围。这是传感器的重要指标之一，如图 10.4 所示。

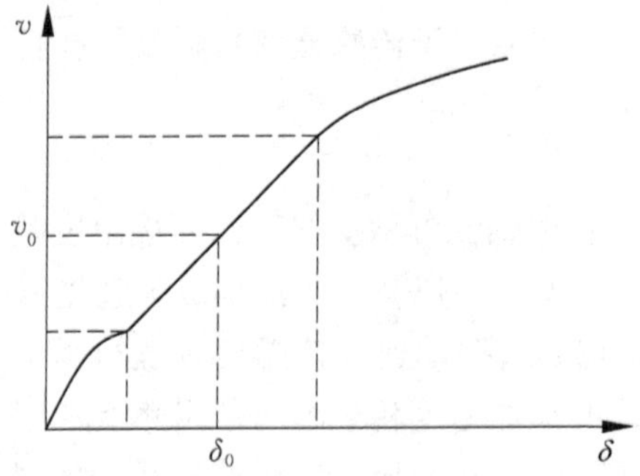


图 10.4 传感器线性范围标定

安装传感器时，应使初始间隙位于线性范围的中间位置，如图 10.4 中的 $\delta_0$。传感器的位移测量范围与传感器感应头直径相关。直径越大，测量范围越大，但灵敏度降低。例如，感应头直径 8 mm，最大测量位移为 2 mm，灵敏度为 8 mV/μm；感应头直径 17 mm，则最大可测位移为 8 mm，但灵敏度为 4 mV/μm。

目前大部分新出厂的大型旋转机械都安装有此类传感器，用于在线监测机器的振动。

电涡流位移传感器具有如下的优点：

(1) 可直接测得转轴的振动位移；

（2）测量频率范围大，一般为 0～10 kHz，可直接测量静态位移；

（3）测量精度高，灵敏度可达到 8 mV/μm；

（4）可用于测量转速和相位。

但也具有如下的缺点：

（1）安装的可达性要求高；

（2）需在机器某一部位加工安装孔；

（3）被测轴表面的划痕、非圆度以及原始偏移都包含在被测信号之中。但这些影响可经表面处理和从信号中减去初始偏移而消除；

（4）必须提供电源；

（5）输出信号中包含一直流偏量，通常为－8 V，会影响测量的灵敏度，需加以补偿；

（6）需要外接一个振荡器。但在温度低于 120℃ 的使用环境下，可选择内部集成振荡器的一体化位移传感器。

六十多年来，电涡流位移传感器得到了广泛应用，已成为地面大型旋转机械振动监测的首选传感器。

### 10.2.3　振动速度传感器——磁电式传感器

振动速度传感器是最早的测振传感器。早期的振动烈度都是以振动速度作为标准来度量的。振动速度传感器的工作原理如图 10.5 所示。永久磁铁支承在很柔的弹簧之上，构成一个自振频率较低（例如，5～10 Hz）的弹簧-质量振系。当传感器壳体与被测物体固联之后，固定在壳体上的线圈就发生与被测物体相同的振动。当振动频率高于传感器内弹簧-质量振系自振频率时，质量，即永久磁铁，位移很小，线圈与永久磁铁发生相对运动，切割磁力线，从而在线圈中产生感应电势。感应电势的大小与被测物体的振动速度成正比。

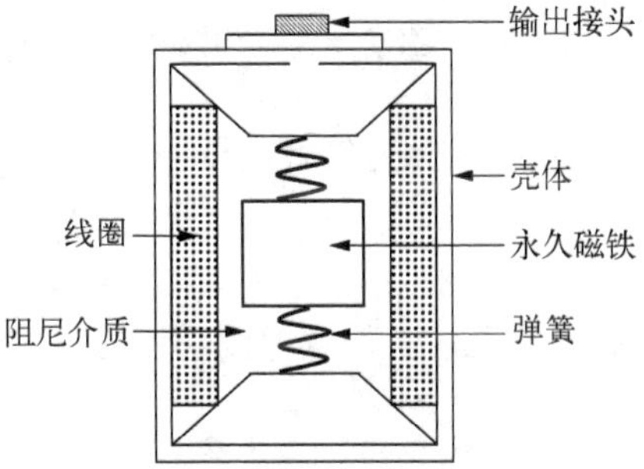


**图 10.5　振动速度传感器**

经标定之后，输出电压就可反映被测物体的振动速度。振动速度传感器的可测频率范围一般为 10 Hz～2 kHz。对于地面大型旋转机械壳体或支座的振动测试，一般选用这种传感器。

其优点为：

（1）安装方便；

（2）抗干扰能力强；

（3）灵敏度较高，可达到 100mV/（mm/s）；

（4）无须提供电源。

但其局限性是：

（1）不宜测量过低和过高频率的振动，例如 10 Hz 以下或 2 kHz 以上的振动。发动机齿轮箱和轴承的振动、叶片激起的振动都可能超过传感器的上界频率。大型风电机组低速端的振动属超低频振动，在 0~0.5 Hz 范围，利用速度传感器难以测量；

（2）由于传感器中包含有运动的机械部分，因此，会出现磨损，其灵敏度会随着时间发生变化；

（3）重量较大，常用的传感器重量范围为 300~500 g。

### 10.2.4 振动加速度传感器

加速度传感器也是一种获得广泛应用的振动传感器。其结构如图 10.6 所示。由壳体内安装的弹簧、质量块和压电晶体片组成。其工作原理是：当质量块 $m$ 随被测物体一起振动时，它会在压电晶体片上作用一个动态惯性力。在此力的作用下，压电晶片的极化表面上产生与惯性力成正比的电荷，而惯性力与被测物体的振动加速度成正比。因此，传感器的电荷输出就与被测物体的振动加速度呈线性关系。

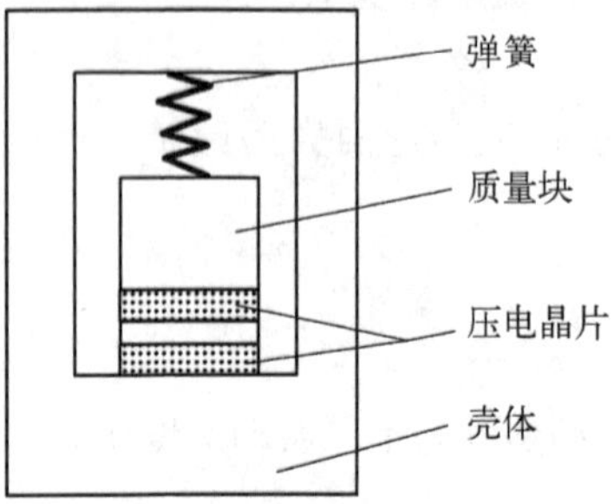

图 10.6 振动加速度传感器

利用电荷放大器把电荷输出转化成电压量输出。加速度传感器的频响特性如图 10.7 所示。图中，纵坐标为放大因子 $Q=\dfrac{1}{\sqrt{\left[1-\left(\dfrac{\Omega}{\omega_n}\right)^2\right]^2+\left[2D\dfrac{\Omega}{\omega_n}\right]^2}}$；$\Omega$ 为被测物体的振动频率；$\omega_n$ 为传感器的自振频率；$D$ 为传感器的内部阻尼。值得注意，传感器的自

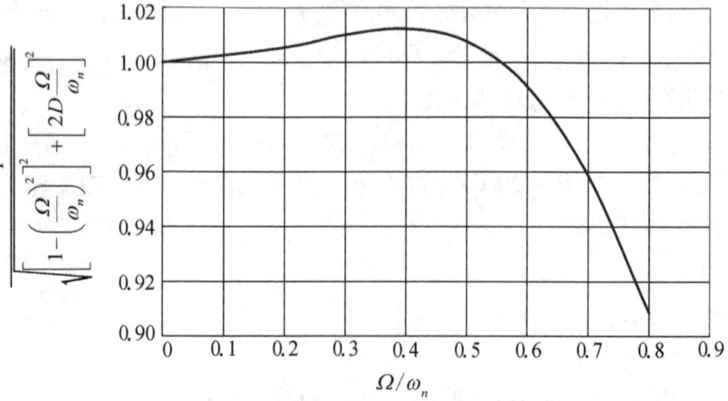

图 10.7 振动加速度传感器的频响特性

振频率远在所测频率之上(速度传感器的自振频率则在所测频率之下)。一般情况下,可测频率范围应限制在加速度传感器自振频率的 30%之内。对于灵敏度较高的加速度传感器,可测频率上限可达到 15 kHz。

加速度传感器的灵敏度很大程度上取决于质量块的质量大小。质量越大,输出越大。高输出对于增强传感器的低频可测性尤为重要。但质量增加,传感器的自振频率降低,从而降低可测频率的上限,传感器的尺寸也会增大。

加速度传感器的输出为低电平、高阻抗信号,需进行调理。如上所述,传统的方法是利用电荷放大器来调理。但目前已有将调理电路集成在传感器内的一体化加速度传感器,只需提供电源,传感器就输出电压信号,可将输出信号直接接入测试仪器。这一改进对于较远距离的测量特别重要。传统的传感器至电荷放大器的距离一般只允许 1~2 m。在很多情况下,限制了传感器的使用。

加速度传感器的优点为:

(1) 频率范围宽,一体化传感器的频率范围可达 1.5 Hz~15 kHz;

(2) 尺寸小,重量轻;

(3) 允许的工作温度高,最高可达 480℃;

(4) 将调理电路一体化后,几乎可全部涵盖速度传感器可测的范围和场合。

缺点为:

(1) 一般情况下,需要信号调理器;

(2) 低频特性不好;

(3) 对安装条件特别敏感。

## 10.3　传感器的安装

### 10.3.1　地面机械上传感器的安装

对于大型旋转机械,出厂时即已安装振动传感器。换言之,振动传感器及振动测试系统已经成为机器的必备部件。应参照通行的国家标准或国际标准确定传感器的安装位置和安装方法。

传感器最好是安装在能最敏感地反映转子横向振动的位置。但必须兼顾机器结构的限制。一般情况下,传感器安装在轴承位置处,每一个截面安装两个传感器,且相互垂直,如图 10.8 所示。同一机器不同的轴承处,传感器的安装位置应该是相似的。

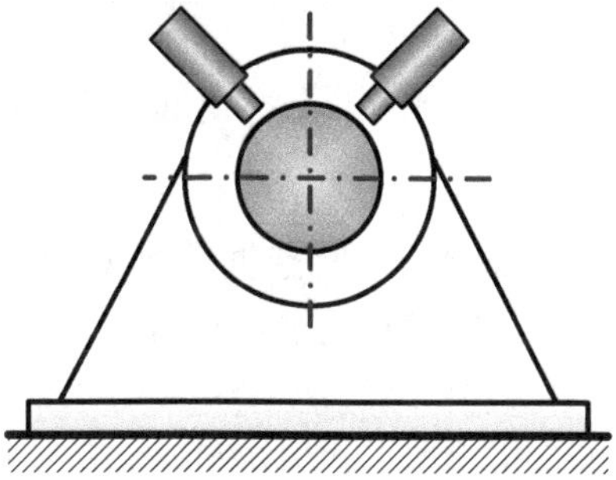

图 10.8　传感器的标准安装[1,2]

有时,每一轴承处仅安装一个传感器。作为机器的振动监测和故障诊断所用这是不够的。因为每一截面仅一个传感器不足以完全反映转子的振动特征。

非接触式位移传感器一般安装在轴承壳体上的孔中，或者安装在邻近轴承壳体的保持架上。安装在轴承中的传感器不应与滑油油道相互干涉。安装传感器的保持架不应在传感器拟测的振动频率范围之内发生共振，否则将使传感器所测信号失真。传感器感应头所对被测轴表面应当光滑，不应有键槽、滑油油道或螺纹，还要进行消磁处理。另外，初始偏移不能超过允许振动值的25%或6 μm。在生产或装配过程中，常用胶带缠绕已处理好的转子被测表面，以避免擦痕和划伤。

振动速度传感器和加速度传感器一般安装在轴承座上或机器壳体上，安装位置如图10.9所示。

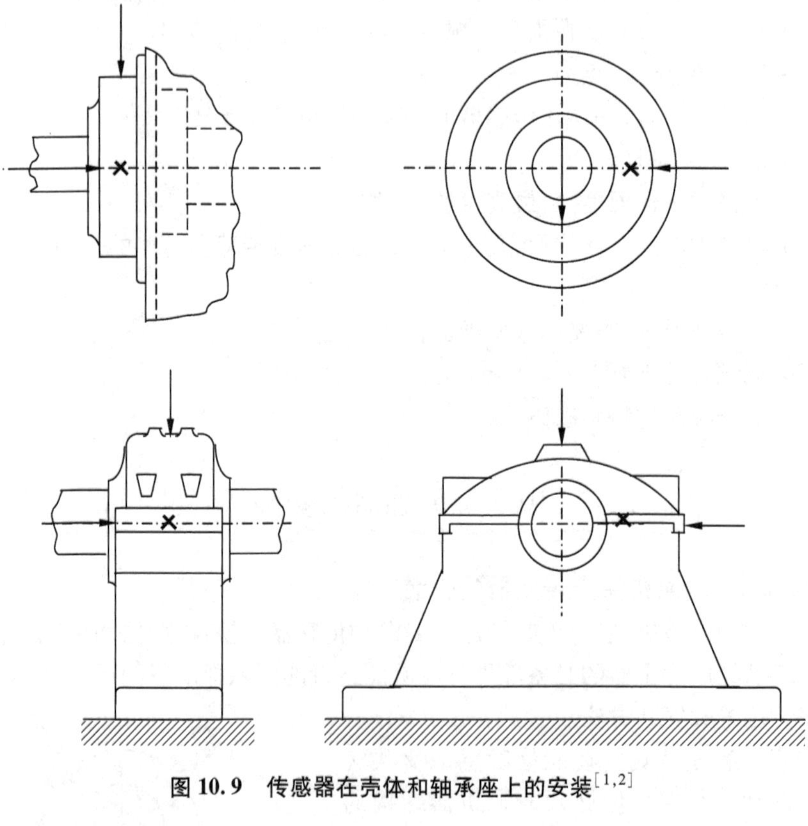

图10.9 传感器在壳体和轴承座上的安装[1,2]

### 10.3.2 航空发动机上传感器的选择与安装

航空发动机上传感器的安装无通行标准可依。但应遵循如下的原则：

（1）一般在发动机的机匣上测量发动机的振动。故宜选用振动速度和振动加速度传感器。在风扇机匣和压气机主承力机匣位置，温度较低，可选振动速度传感器；而在涡轮机匣位置，温度很高，需选用振动加速度传感器。但考虑到需测轴承故障信息和叶片引起的振动,故均应选用加速度传感器为宜。

(2) 在发动机研制时,就应设计传感器的安装位置和安装方式。传感器的安装位置应设置在发动机转子主传力路径上,且应与支承的距离最短,例如,承力机匣的安装边上。在同一截面,应设置相距 90°的两个安装位置。一般以螺栓形式把传感器安装座固定在机匣上,再通过螺栓将传感器固定在安装座上。但需确保在测量的频率范围内,不会发生安装座共振。

(3) 在所有承力机匣截面以及附件机匣上均应设计振动传感器安装位置,以便在新型发动机试验时安装足够数量的传感器,以验证发动机结构动力学设计,评估发动机状态。另外,在发动机台架试车时,若出现振动超标或故障,则可增装传感器以测量足够的振动信号,用于分析和诊断。例如,有的发动机振动传感器安装位置达到 13 个,而机载只用 3 个。

(4) 对于大涵道比发动机,应在轴承座上安装加速度传感器和键相传感器,并在风扇转子上设置键相齿盘,以提供实施转子本机动平衡所需的振动和相位信号。键相齿盘的齿数应超过风扇叶片的数目。其中一个用于键相的齿应比其余齿高出或者低出 0.35~0.5 mm。

## 10.4 振动信号的调理和采集

传感器所测得的振动信号需经调理之后才能进行进一步处理。所谓调理,即对信号进行滤波与放大。滤掉所关心的最高频率之上的频率分量,然后进行放大。这部分内容是大家熟知的,不再赘述。

调理之后的信号经模/数转换与采集,就可输入计算机,以得到各种分析结果。对于旋转机械,特别需要强调的是整周期并行采集。

整周期采集是指采集信号的长度为转子旋转周期的整倍数。例如,转子每转一圈采集 128 个点,某一通道采集了 2 048 个数据点,则表示连续采集了 16 个旋转周期的数据,即转子旋转了 16 转的数据。

整周期采集过程如图 10.10 所示。转子的键相位传感器提供脉冲信号,两个脉冲之间的时距即为转子旋转的周期。脉冲电压触发计数器计数。由此,可得到周期 $T$,同时也得到了转速。对周期 $T$ 进行等间距划分,即得到采样间隔 $\Delta T$。例如,每转要采集 128 个数据点时,采样间隔则为

$$\Delta T = \frac{T}{128} \tag{10.5}$$

然后控制 A/D 以采样率 $f = \dfrac{1}{\Delta T}$ 从脉冲上升沿开始采集。由此就实现了整周

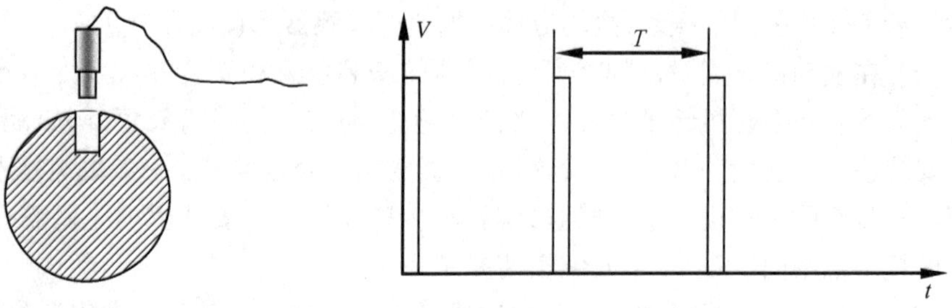


(a) 键相传感器与键相槽　　(b) 键相脉冲信号

**图 10.10　整周期采集过程**

期采样。

保证整周期采样的目的是，避免在对信号进行频率分析时出现泄漏和失真。一般情况下，转子典型故障的特征皆与转速的倍频相关联。准确地得到转子振动的倍频分量是实施故障诊断的重要保证。不妨设转子的振动为标准的不平衡响应，即正弦信号，如图 10.11 所示。若对信号进行整周期采样，则其频谱仅为工频

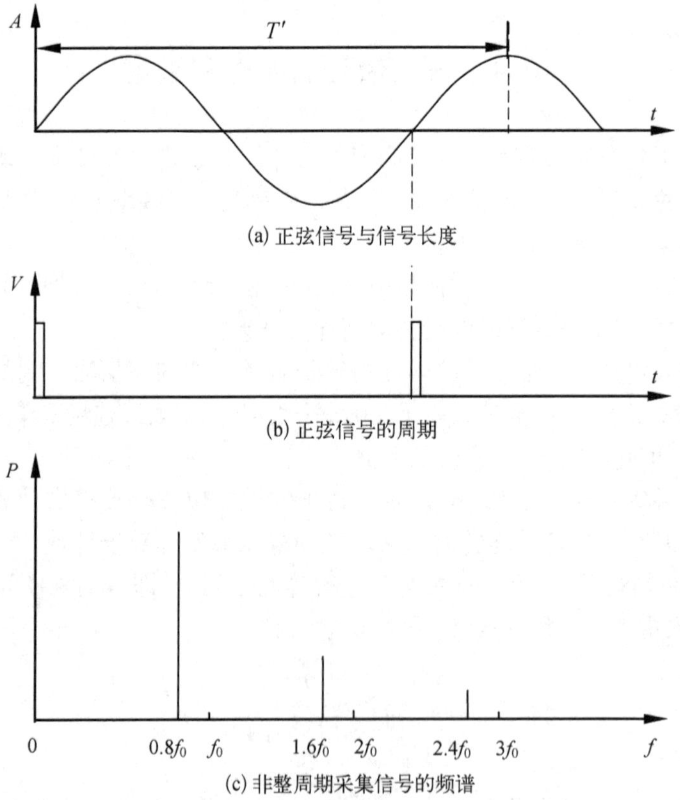


**图 10.11　非整周期采样信号及其频谱**

成分。但若非整周期采样,如图中的 $T'$ 为信号长度,则其频谱中包含有倍频分量。显然出现了失真。

转子振动的相位是反映转子振动状态非常重要的特征信息。为保证精确的相位信息,要求 A/D 并行采集,即多个通道同时刻采集数据,如图 10.12 所示,在任一时刻 $t_i$,对 4 个通道的信号同时进行采集,就得到同一时刻的振动信号 $X_1(t_i)$, $X_2(t_i)$, $X_3(t_i)$, $X_4(t_i)$ $(i=0, 1, 2, \cdots, n)$。

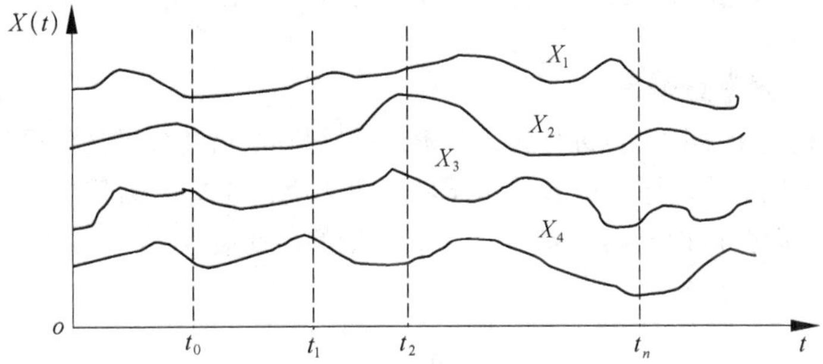


**图 10.12　多通道并行采集信号**

实现 A/D 并行采样的方案如图 10.13 所示。每一通道对应一 A/D 转换器。

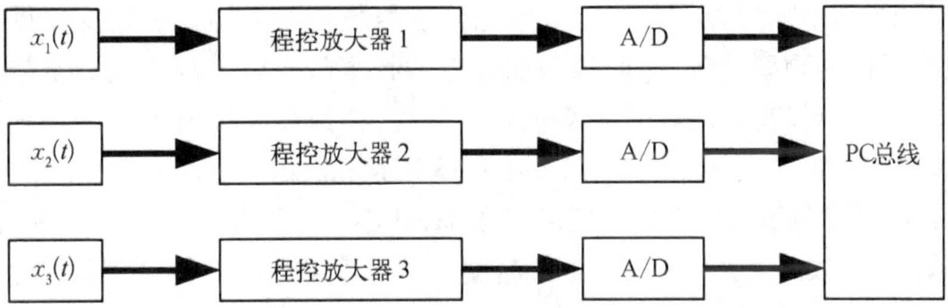


**图 10.13　独立并行 A/D 采样方案**

实现同步整周期并行采样,不仅满足了上述的要求,而且也提高了采集速度,为每一周期(每一转)采集足够的数据点提供了硬件保证。根据采样定理,采样频率应满足 $f \geqslant 2.5 f_{max}$,其中 $f_{max}$ 是拟分析的最高频率。例如,转速为 6 000 r/min,需分析转子振动的最高频率阶次为 24 倍,则采集频率最小应达到:

$$f \geqslant \frac{6\,000}{60} \times 24 \times 2.5 = 6\,000\ \text{Hz} \tag{10.6}$$

实际上,为保证较为准确地获得高阶分量的幅值,2.5 倍的采样频率是不够的。一般应至少达到 10 倍或 12 倍。如取 10 倍,采样频率应达到:

$$f \geqslant 24\,000 \text{ Hz} \tag{10.7}$$

这说明,每一周期(每一转)至少采集 240 个数据点。

## 10.5 转子振动信号的处理与分析

关于信号处理与分析很多专著作了详尽的论述,本节只讨论与发动机振动相关的几个问题,力求把方法的普遍性与应用的特殊性结合起来。

### 10.5.1 频率分辨率

对发动机转子振动信号进行频谱分析,既可得到次谐波分量又可得到倍频分量。需要的信号长度应为若干个旋转周期,即 $nT$($T$ 为旋转周期,$n$ 为整数)。周期数 $n$ 决定了频率分辨率。假设连续采集 16 个旋转周期的振动信号,则得到频率分辨率为

$$\Delta f = \frac{1}{16T} = \frac{1}{16}f_0 \tag{10.8}$$

式中,$f_0 = \dfrac{1}{T}$ 为转子旋转频率(转/秒)。

由此可见,此时频率分辨率为转频的 1/16。若需进一步提高分辨率,则需增加信号长度,即增加周期数 $n$。这有可能使信号数据量大增。但增加每周期的采样点数并不提高频率分辨率,而只增加分析的频率阶次以及高阶次分量幅值的精确度。这在诊断齿轮箱故障时非常重要。因此,在提高频率分辨率和增加频率阶次之间,应进行折中选择。例如,只关注 0~3 倍频和次谐波振动分量时(诊断碰摩故障),为提高频率分辨率可选旋转周期数为 32,即连续采集转子旋转 32 周的信号,但每周采集 32 个数据点就可保证足够的精度。对于最高倍频分量(3 倍频),采样频率仍可达到 $f > 10f_0$,而频率分辨率则为 $\Delta f = \dfrac{1}{32}f_0$。应在转子转速相对稳定的运行条件下,连续采集多个周期的振动信号。当转子变转速时,采样周期数不宜太多。

### 10.5.2 特征量的提取及表征

1. 峰—峰值及有效值

根据 ISO-7919 和 ISO-10816[1,2],当用位移传感器测振时,测得的宽带振动峰—峰值就用来表征机器振动的烈度;当用速度传感器时,则用有效值来度量振动烈度,即

$$V_{rms} = \sqrt{\frac{1}{T}\int_0^T V^2(t)\,\mathrm{d}t} \tag{10.9}$$

需要注意的是，振动中可能包含有很强的次谐波分量，例如碰摩引起的次谐波涡动，获取峰-峰值和有效值时，信号的采集长度要大于一个整周期，最好是多个周期。不妨举例说明。

假设所测得的振动信号为

$$V = V_1\sin(\Omega t) + V_2\sin\left(\frac{1}{3}\Omega t\right) \tag{10.10}$$

精确的有效值为

$$V_{rms} = \sqrt{\frac{1}{2}(V_1^2 + V_2^2)} \tag{10.11}$$

但若只取一个整周期 $T_1$ 利用式(10.9)积分，则得

$$\tilde{V}_{rms} = \sqrt{\frac{1}{2\pi}\int_0^{2\pi}[V_1\sin(\Omega t) + V_2\sin(\Omega t)]^2\mathrm{d}(\Omega t)} = \sqrt{\frac{1}{2}\left(V_1^2 + V_2^2 - \frac{9\sqrt{3}}{8\pi}V_1V_2\right)} \tag{10.12}$$

$\tilde{V}_{rms}$ 表示带有误差的值。根号中的第三项即为误差项。

若取 2 个周期时，积分表式为

$$\tilde{V}_{rms} = \sqrt{\frac{1}{4\pi}\int_0^{4\pi}[V_1\sin(\Omega t) + V_2\sin(\Omega t)]^2\mathrm{d}(\Omega t)} = \sqrt{\frac{1}{2}\left(V_1^2 + V_2^2 + \frac{9\sqrt{3}}{16\pi}V_1V_2\right)} \tag{10.13}$$

可见，误差项减少一半。

若取 3 个周期，则得到精确值，$\tilde{V}_{rms} = V_{rms}$。

2. 信号的平均

为消除噪声干扰，经常对所测得的振动信号进行时域平均。但若对转子振动信号平均不当，则可能丢失故障特征信息。

人们常常将连续测得的转子若干个周期的振动信号进行平均，最后得到一个周期的平均信号。在对转子进行动平衡时，这种平均方法是可取的。但对于故障诊断，由此平均方法得到的平均信号不能作为源信息。因为，它存在丢失重要故障特征信息的可能性。

假设转子振动中包含有半频涡动，则振动可表达为

$$X = A_1\sin(\Omega t) + A_2\sin\left(\frac{1}{2}\Omega t\right) \tag{10.14}$$

式中，第一项为不平衡响应，第二项为半频涡动。波形如图 10.14 所示。

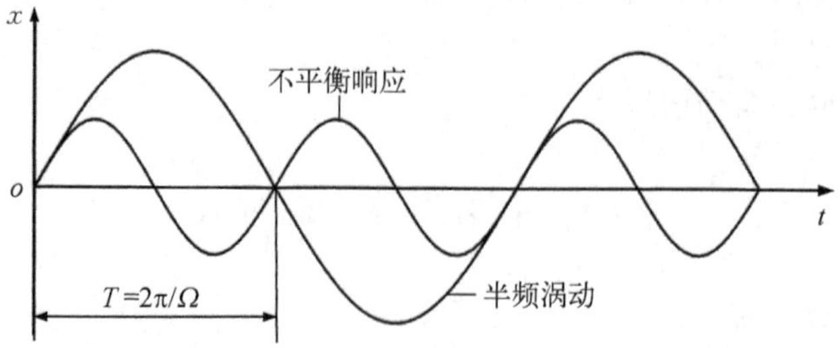


**图 10.14　不平衡响应与半频涡动的波形**

若将第 1、2、3 和 4 周期的信号进行平均，则所得到的平均信号为

$$\bar{X} = A_1 \sin(\Omega t) \tag{10.15}$$

这说明，平均信号中不包含半频涡动。可见，此信息丢失。因此，观测原始时域信号始终是非常重要的。

航空发动机振动信号中，既包含有高压转子转频成分，也包含有低压转子转频成分。若按照高压转频整周期采集振动数据，并进行整周期平均，则会大幅削减低压转频振动成分；反之亦然，若按照低压转频整周期采集振动数据，并进行整周期平均，则会大幅削减高压转频振动成分。

3. 相位信息的获取及表征

相位信息是进行转子动平衡、反映转子振动状态、诊断机器故障的重要信息。因此，转子振动相位的获取及表征是振动信息处理和分析的重要环节。

如前面所述，要得到绝对相位，必须要有键相位信号。若无此条件，采用多通道并行采集方式，仍可获得各测点之间的相对相位。

相位不是可直接测量的量，需从测量信号中提取。在很多教科书中，都给出了简单的计算公式。但在实际应用中，常常会出现相位离差很大的现象。究其原因，主要是在相位计算公式中应用了反正切函数所致。反正切函数是奇异函数，如图 10.15 所示。当反正切值在 0 值附近波动时，相位角就会在 0~π 间跳动。

对所测得的振动信号经傅里叶分析后，可得

$$X(t) = \sum_{k=0}^{\infty} [a_k \cos(k\Omega t) + b_k \sin(k\Omega t)] = \sum_{k=0}^{\infty} A_k \cos(k\Omega t - \varphi_k) \tag{10.16}$$

式中，$A_k$ 和 $\varphi_k$ 分别表示第 $k$ 阶振动幅值和相位角，其表达式为

$$A_k = \sqrt{a_k^2 + b_k^2}\ ;\ \varphi_k = \arctan \frac{b_k}{a_k} \tag{10.17}$$

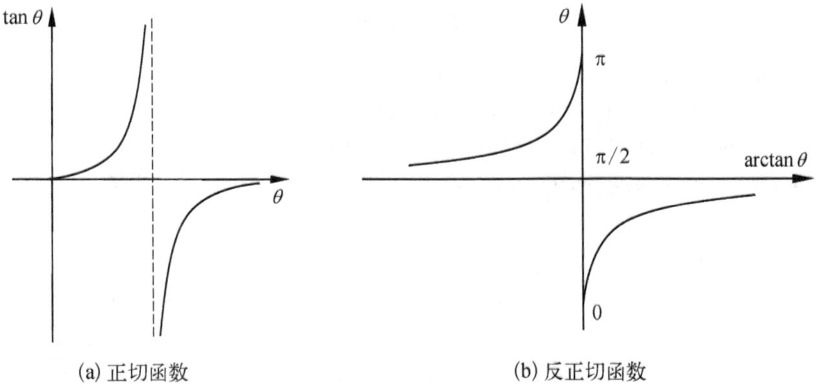


**图 10.15　正切函数与反正切函数曲线**

由反正切函数获取相位角，理论上无可挑剔。但在实际应用时，$a_k$ 和 $b_k$ 是由测量信号获得的。当 $b_k$ 在 0 值附近波动时，相位角 $\varphi_k$ 就在 0 与 π 间跳动；当 $a_k \ll b_k$ 时，或 $a_k \to 0$ 时，又可能导致计算溢出。因此，在实践中，应避免使用式(10.17)来求得相位。事实上，可用反正弦函数来克服这一困难。由式(10.16)知：

$$A_k \cos \varphi_k = a_k \tag{10.18}$$

$$A_k \sin \varphi_k = b_k \tag{10.19}$$

可得

$$\sin \varphi_k = \frac{b_k}{\sqrt{a_k^2 + b_k^2}} \tag{10.20}$$

$$\varphi_k = \arcsin \frac{b_k}{\sqrt{a_k^2 + b_k^2}} \tag{10.21}$$

表达式(10.21)要比表达式(10.17)稳定得多。只要 $a_k$ 和 $b_k$ 不同时为 0，就不会溢出。

对于状态监测与故障诊断而言，关注的是相位变化和变化趋势。可用如图 10.16 所示的矢量图进行表征。图中横坐标为 $a_k$，纵坐标为 $b_k$，$A_k$ 与横坐标间的夹角即为 $\varphi_k$。当 $a_k$ 和 $b_k$ 变化时，$A_k$ 长度发生变化，同时绕原点 $O$ 偏转。偏转的角度就是相位的变化。这种表征方式也称为极坐标图表达法，在机器的状态监测中得到了广泛应用。

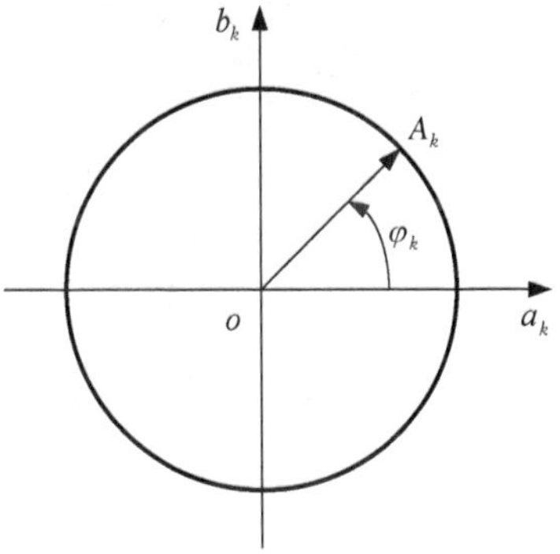


**图 10.16　振动矢量图**

## 参考文献

[1] International Standard Organization. Mechanical Vibration-Evaluation of machine vibration by measurements on rotating shafts: ISO-7919[S]. Geneva: ISO, 2009.

[2] International Standard Organization. Mechanical Vibration-Evaluation of machine vibration by measurements on non-rotating parts: ISO-10816[S]. Geneva: ISO, 2009.

# 第 11 章

# 单转子影响系数动平衡理论与方法

由于材质不均、加工和装配误差、转子叶片不均匀变形、不均匀磨损或局部掉块等因素的影响,转子上总是存在着质量不平衡。转子质量不平衡是发动机主要的激振源。正如第 3 和第 4 章所得到的结果,不平衡引起转子振动,加速轴承、轴封等部件的磨损,降低机器的使用寿命和效率。另外,不平衡所引起的转子振动还会通过机匣传至安装节,对飞机产生不良影响。

为此,在发动机制造或者维修过程中,甚至在使用过程中,都需要对转子进行动平衡。动平衡是通过在转子上去重或加配重的方法来改变转子的质量分布,使质心偏心离心力引起的转子振动或作用在轴承上的动载荷减小到允许范围之内,从而达到发动机平稳运行的目的。

本章着重针对单转子,介绍有关转子动平衡的基本理论[1-11]。考虑到实用性,只介绍影响系数平衡法。至于其他的平衡方法,读者可参阅有关的专著和本书第 12 章。

## 11.1 不平衡质量的分布、静不平衡和动不平衡

对于任一转子,如图 11.1 所示,质心沿轴承中心连线的分布是一条任意的空间曲线。不妨在转子上取一厚度为 dz 的薄圆盘。它的质心偏移为 $\boldsymbol{e}(z)$, 质量为 $\mathrm{d}m = q(z)\mathrm{d}z$[$q(z)$ 为转子沿轴向的质量分布函数]。当转子以 $\Omega$ 运转时,薄圆盘质量偏心所产生的离心力为

$$\mathrm{d}\boldsymbol{F} = \boldsymbol{e}(z)\mathrm{d}m(z)\Omega^2 = \boldsymbol{e}(z)q(z)\Omega^2\mathrm{d}z = \boldsymbol{u}(z)\Omega^2\mathrm{d}z \tag{11.1}$$

式中, $\boldsymbol{u}(z) = q(z)\boldsymbol{e}(z)$ 称为不平衡的分布函数。转子上不同薄盘单元的分布函数皆不相同。因此,不平衡分布函数描述的是一条空间曲线。

整个转子的质量偏心离心力可表示为

$$\boldsymbol{F} = \int_0^l \mathrm{d}\boldsymbol{F} = \Omega^2\int_0^l q(z)\boldsymbol{e}(z)\mathrm{d}z = \Omega^2\int_0^l \boldsymbol{u}(z)\mathrm{d}z \tag{11.2}$$

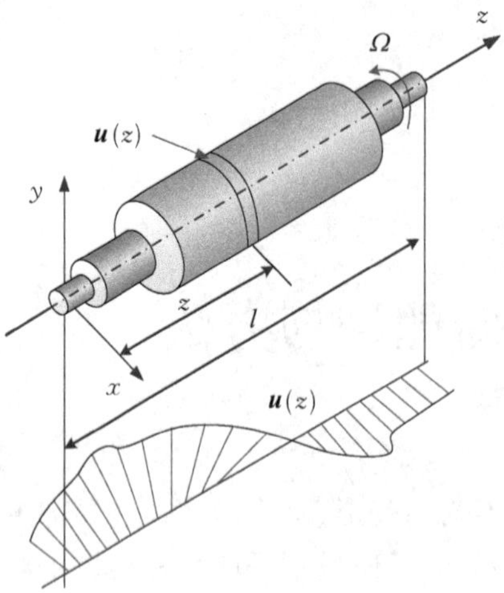


图 11.1　不平衡质量的分布

总的不平衡力 $F$ 作用到两支承截面，所产生的支承反力为

$$\boldsymbol{F}_1 + \boldsymbol{F}_2 = \boldsymbol{F} \tag{11.3}$$

$$\boldsymbol{F}_2 = \int_0^l \frac{z\mathrm{d}\boldsymbol{F}}{l} = \frac{\Omega^2}{l}\int_0^l zq(z)\boldsymbol{e}(z)\,\mathrm{d}z \tag{11.4}$$

$$\boldsymbol{F}_1 = \int_0^l \frac{(l-z)\,\mathrm{d}\boldsymbol{F}}{l} = \frac{\Omega^2}{l}\int_0^l (l-z)q(z)\boldsymbol{e}(z)\,\mathrm{d}z \tag{11.5}$$

当不平衡可简化成作用在质心 $c$ 的一个集中不平衡量时，称为静不平衡，如图 11.2 所示。此时，质量偏心离心力为 $\boldsymbol{F}=\Omega^2\boldsymbol{U}_c$，$\boldsymbol{U}_c = m\boldsymbol{e}_c$ 为不平衡量。静不平衡可通过静态方法平衡。

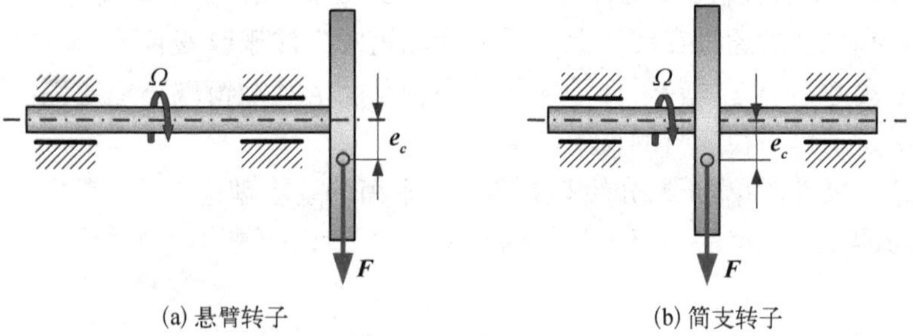


图 11.2　静不平衡

当不平衡力可简化成一力偶时，如图 11.3 所示，不平衡则不能通过静态方法校正。

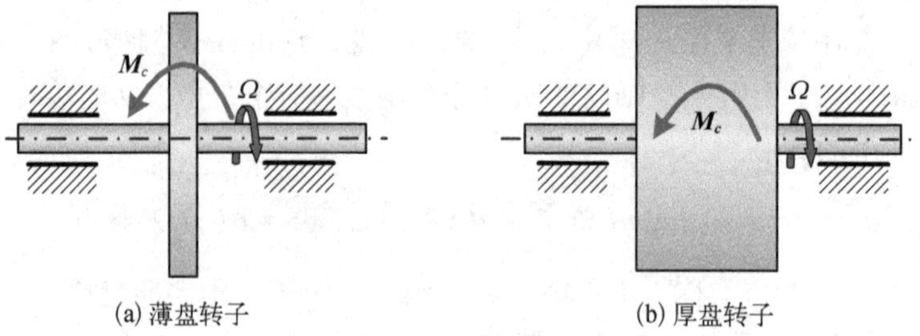


图 11.3　力偶不平衡

一般情况下，转子的不平衡既包含力不平衡，也包含力偶不平衡，称为动不平衡。转子的动平衡就是通过在转子上去重量或加配重的方法来校正转子的动不平衡。

## 11.2 刚性转子与柔性转子

如果转子的工作转速远低于其第一阶弯曲临界转速，则称该转子为刚性转子。如第 3 章讨论的结果，不平衡引起的转子挠度为

$$r = \frac{\varepsilon\Omega^2}{\omega^2 - \Omega^2} = \frac{\varepsilon\left(\dfrac{\Omega}{\omega}\right)^2}{1 - \left(\dfrac{\Omega}{\omega}\right)^2}$$

当工作转速 $\Omega \ll \omega$ 时，转子的挠度 $r \approx 0$。这表明，不平衡力引起的转子变形，可以忽略不计。事实上，当 $\dfrac{\Omega}{\omega} < 0.5$ 时，就可认为转子是刚性的。此时，转子挠度 $r < \dfrac{1}{3}\varepsilon$。

当工作转速满足 $0.5 \leqslant \dfrac{\Omega}{\omega} < 0.707$ 时，转子称为准刚性转子。转子挠度 $\dfrac{1}{3}\varepsilon < r < \varepsilon$。

工作转速高于上述范围的转子则称为柔性转子。在工作转速处，柔性转子的挠度 $r > \varepsilon$。

刚性转子与柔性转子的区别仅在于工作转速范围不同。因此，理想情况下，应在工作转速处进行转子动平衡，特别是平衡柔性转子。但实际中往往难以实现，大多数情况下，仅能进行低速动平衡，即刚性转子动平衡。

## 11.3 刚性转子的平衡

刚性转子的动平衡一般在低转速下进行。由于不考虑转子的挠曲变形，故由离心力平衡方程就可获得平衡条件。

如图 11.4 所示，一刚性转子支承在刚性支承上。取固定坐标系为 $(o, x, y, z)$，旋转坐标系为 $(o, \xi, \zeta, z)$。

不妨在旋转坐标系 $(o, \xi, \zeta, z)$ 列出离心力平衡条件。

在 $\xi - z$ 平面上，原始不平衡力对左端轴承取矩可得

$$f_{R_0}^{\xi} l = \Omega^2 \int_0^l zq(z)\varepsilon(z)\cos[\beta(z)]\mathrm{d}z \tag{11.6}$$

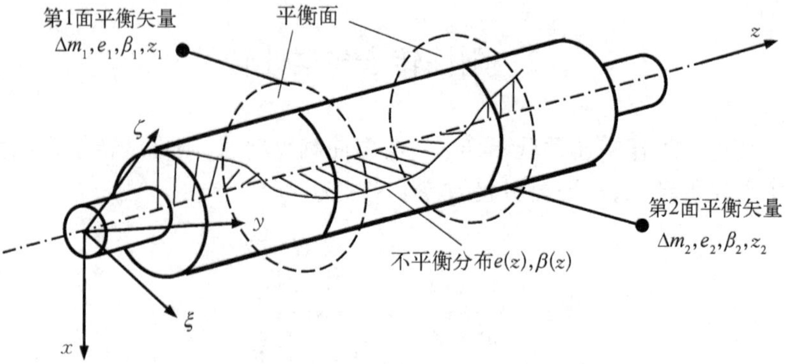


**图 11.4 刚性转子的平衡**

对右端轴承取矩可得

$$f_{L_0}^{\xi} l = \Omega^2 \int_0^l (l - z) q(z) \varepsilon(z) \cos[\beta(z)] \mathrm{d}z \tag{11.7}$$

式中,$f_{R_0}^{\xi}$ 和 $f_{L_0}^{\xi}$ 分别为右端和左端轴承上的作用力,$l$ 为两轴承间的距离,$q(z)$ 为转子轴向质量分布函数, $\varepsilon(z)$ 和 $\beta(z)$ 分别为不平衡量和相位角。

采取同样的求矩过程,可得 $\zeta - z$ 平面上的两个方程:

$$f_{R_0}^{\zeta} l = \Omega^2 \int_0^l z q(z) \varepsilon(z) \sin[\beta(z)] \mathrm{d}z \tag{11.8}$$

$$f_{L_0}^{\zeta} l = \Omega^2 \int_0^l (l - z) q(z) \varepsilon(z) \sin[\beta(z)] \mathrm{d}z \tag{11.9}$$

在平衡校正面 1 和 2 上加校正质量 $\Delta m_1$ 和 $\Delta m_2$ 后,在左、右轴承上产生的离心力矩分别为[1]

$$f_R^{\xi} l = \Omega^2 (z_1 \Delta m_1 e_1 \cos \beta_1 + z_2 \Delta m_2 e_2 \cos \beta_2) \tag{11.10}$$

$$f_L^{\xi} l = \Omega^2 [\Delta m_1 e_1 (l - z_1) \cos \beta_1 + \Delta m_2 e_2 (l - z_2) \cos \beta_2] \tag{11.11}$$

$$f_R^{\zeta} l = \Omega^2 (z_1 \Delta m_1 e_1 \sin \beta_1 + z_2 \Delta m_2 e_2 \sin \beta_2) \tag{11.12}$$

$$f_L^{\zeta} l = \Omega^2 [\Delta m_1 e_1 (l - z_1) \sin \beta_1 + \Delta m_2 e_2 (l - z_2) \sin \beta_2] \tag{11.13}$$

式中,$f_R^{\xi}$ 和 $f_R^{\zeta}$ 分别表示右端轴承在 $\xi$ 和 $\zeta$ 方向的作用力,$f_L^{\xi}$ 和 $f_R^{\zeta}$ 分别表示左端轴承在 $\xi$ 和 $\zeta$ 方向的作用力, $z_1$ 和 $z_2$ 分别为平衡校正面 1 和 2 的轴向位置, $\Delta m_1$ 和 $\Delta m_2$ 分别为平衡校正面 1 和 2 上所加的校正质量, $e_1$ 和 $e_2$ 分别为平衡校正质量 $\Delta m_1$ 和 $\Delta m_2$ 的径向半径, $\beta_1$ 和 $\beta_2$ 分别为 $\Delta m_1$ 和 $\Delta m_2$ 的相位角。

加了校正质量之后,应使左、右轴承上的力为 0。因此,平衡条件由如下 4 个平衡方程来表示[1]：

$$f_{R_0}^{\xi}+f_R^{\xi}=0 \tag{11.14}$$

$$f_{R_0}^{\zeta}+f_R^{\zeta}=0 \tag{11.15}$$

$$f_{L_0}^{\xi}+f_L^{\xi}=0 \tag{11.16}$$

$$f_{L_0}^{\zeta}+f_L^{\zeta}=0 \tag{11.17}$$

将式(11.10)、式(11.11)、式(11.12)和式(11.13)代入以上的 4 个平衡方程，平衡条件就可写成：

$$\begin{Bmatrix} f_L^{\xi} \\ f_L^{\zeta} \\ f_R^{\xi} \\ f_R^{\zeta} \end{Bmatrix}_0 + \frac{\Omega^2}{l}\begin{bmatrix} l-z_1 & 0 & l-z_2 & 0 \\ 0 & l-z_1 & 0 & l-z_2 \\ z_1 & 0 & z_2 & 0 \\ 0 & z_1 & 0 & z_2 \end{bmatrix}\begin{Bmatrix} \Delta m_1 e_1\cos\beta_1 \\ \Delta m_1 e_1\sin\beta_1 \\ \Delta m_2 e_2\cos\beta_2 \\ \Delta m_2 e_2\sin\beta_2 \end{Bmatrix}=0 \tag{11.18}$$

在具有刚性支承的平衡机上平衡时，只需要一次运行就可获得足够的信息，以求得平衡配重。带有初始不平衡的转子，以转速 $\Omega$ 运行，测量左、右支承上的力 $\boldsymbol{f}_{L0}$ 和 $\boldsymbol{f}_{R0}$，则根据平衡条件(11.18)可求得

$$\begin{Bmatrix} \Delta m_1 e_1\cos\beta_1 \\ \Delta m_1 e_1\sin\beta_1 \\ \Delta m_2 e_2\cos\beta_2 \\ \Delta m_2 e_2\sin\beta_2 \end{Bmatrix}=-\frac{l}{\Omega^2}\begin{bmatrix} l-z_1 & 0 & l-z_2 & 0 \\ 0 & l-z_1 & 0 & l-z_2 \\ z_1 & 0 & z_2 & 0 \\ 0 & z_1 & 0 & z_2 \end{bmatrix}^{-1}\begin{Bmatrix} f_L^{\xi} \\ f_L^{\zeta} \\ f_R^{\xi} \\ f_R^{\zeta} \end{Bmatrix}_0 \tag{11.19}$$

式中，右端向量为所测得的力向量，矩阵中的元素只与平衡机的支承距离 $l$ 及转子平衡校正面的位置 $z_1$ 和 $z_2$ 有关。这些参数都是事先已知的。因此，很容易由方程(11.19)求得平衡校正量。

平衡条件(11.18)是根据旋转坐标系 $(o, \xi, \zeta, z)$ 中支承受力方程得到的。事实上，在固定坐标系 $(o, x, y, z)$ 也能得到同样的条件。推导过程中，只需把左、右支承上的力看作是旋转力即可得到所求结果。

把方程(11.18)写成复数形式：

$$\begin{Bmatrix} \boldsymbol{f}_L \\ \boldsymbol{f}_R \end{Bmatrix}+\frac{\Omega^2}{l}\begin{bmatrix} l-z_1 & l-z_2 \\ z_1 & z_2 \end{bmatrix}\begin{Bmatrix} \boldsymbol{u}_1 \\ \boldsymbol{u}_2 \end{Bmatrix}=0 \tag{11.20}$$

式中，

$$\boldsymbol{f}_L=f_L^{\xi}+\mathrm{j}f_L^{\zeta};\ \boldsymbol{f}_R=f_R^{\xi}+\mathrm{j}f_R^{\zeta}$$

$$\boldsymbol{u}_1 = \Delta m_1\varepsilon_1(\cos\beta_1 + \mathrm{j}\sin\beta_1) = \Delta m_1\varepsilon_1\boldsymbol{e}^{\mathrm{j}\beta_1}$$
$$\boldsymbol{u}_2 = \Delta m_2\varepsilon_2(\cos\beta_2 + \mathrm{j}\sin\beta_2) = \Delta m_2\varepsilon_2\boldsymbol{e}^{\mathrm{j}\beta_2}$$

方程(11.20)两边同乘 $\boldsymbol{e}^{\mathrm{j}\Omega t}$, 得

$$\begin{Bmatrix}\boldsymbol{f}_L\\ \boldsymbol{f}_R\end{Bmatrix}\boldsymbol{e}^{\mathrm{j}\Omega t} + \frac{\Omega^2}{l}\begin{Bmatrix}l - z_1 & l - z_2\\ z_1 & z_2\end{Bmatrix}\begin{Bmatrix}\boldsymbol{u}_1\\ \boldsymbol{u}_2\end{Bmatrix}\boldsymbol{e}^{\mathrm{j}\Omega t} = 0 \qquad (11.21)$$

根据第3章给出的固定坐标系与旋转坐标系之间的转换关系(3.43)可知,方程(11.21)左端的第一项就是左、右支承上的力在固定坐标系的表达式,第二项就是所加校正质量在支承上所产生的离心力在固定坐标系的表达式。由此证明,平衡条件式(11.18)或式(11.20)不论在旋转坐标系或固定坐标系都是适用的。

## 11.4 影响系数平衡法

在现场平衡时,一般只能在机匣或轴承座上测量转子的振动,机匣振动以及支承的影响都包含在测量信号之中。另外,转子的尺寸有时也不易测得。在这种情况下,平衡条件式(11.18)或式(11.20)就不再适用。

利用影响系数平衡法可克服上述困难,实现转子的现场动平衡。影响系数法基于校正配重与所测量机器振动之间的线性关系,即影响系数来对转子进行动平衡[1-9]。利用此方法,须运行转子三次,才能完成动平衡。

用影响系数法平衡转子的实施过程分为转子的三次运行:

第0次运行:使转子以转速 $\Omega$ 运行,在测点1和2处测得转子振动分别为 $\boldsymbol{A}_{10}$ 和 $\boldsymbol{A}_{20}$。此测量信号包含了原始不平衡、支承以及机匣特性等因素的影响。

第1次运行:在第1校正面上加试配重 $\boldsymbol{u}_{T1}$,使转子仍以转速 $\Omega$ 运行,在测点1和2处测得的转子振动分别为 $\boldsymbol{A}_{11}$ 和 $\boldsymbol{A}_{21}$。它们既包含了原始不平衡、支承以及机匣特性的影响,也包含了试配重 $\boldsymbol{u}_{T1}$ 的影响。而试配重 $\boldsymbol{u}_{T1}$ 单独作用的影响应为

$$\Delta\boldsymbol{A}_{11} = \boldsymbol{A}_{11} - \boldsymbol{A}_{10}; \qquad \Delta\boldsymbol{A}_{21} = \boldsymbol{A}_{21} - \boldsymbol{A}_{20}$$

故影响系数为

$$\boldsymbol{\alpha}_{11} = \frac{\boldsymbol{A}_{11} - \boldsymbol{A}_{10}}{\boldsymbol{u}_{T1}}; \qquad \boldsymbol{\alpha}_{21} = \frac{\boldsymbol{A}_{21} - \boldsymbol{A}_{20}}{\boldsymbol{u}_{T1}}$$

第2次运行:在第2校正面上加试配重 $\boldsymbol{u}_{T2}$,再次使转子以转速 $\Omega$ 运行。测得的转子振动分别为 $\boldsymbol{A}_{12}$ 和 $\boldsymbol{A}_{22}$。试配重 $\boldsymbol{u}_{T2}$ 单独作用的影响系数为

$$\boldsymbol{\alpha}_{12} = \frac{\boldsymbol{A}_{12} - \boldsymbol{A}_{10}}{\boldsymbol{u}_{T2}}; \qquad \boldsymbol{\alpha}_{22} = \frac{\boldsymbol{A}_{22} - \boldsymbol{A}_{20}}{\boldsymbol{u}_{T2}}$$

求得影响系数后,就可由如下的平衡条件:

$$\begin{Bmatrix} \boldsymbol{A}_{10} \\ \boldsymbol{A}_{20} \end{Bmatrix} + \begin{bmatrix} \boldsymbol{\alpha}_{11} & \boldsymbol{\alpha}_{12} \\ \boldsymbol{\alpha}_{21} & \boldsymbol{\alpha}_{22} \end{bmatrix} \begin{Bmatrix} \boldsymbol{u}_1 \\ \boldsymbol{u}_2 \end{Bmatrix} = 0 \tag{11.22}$$

求得校正量 $\boldsymbol{u}_1$ 和 $\boldsymbol{u}_2$:

$$\begin{Bmatrix} \boldsymbol{u}_1 \\ \boldsymbol{u}_2 \end{Bmatrix} = - \begin{bmatrix} \boldsymbol{\alpha}_{11} & \boldsymbol{\alpha}_{12} \\ \boldsymbol{\alpha}_{21} & \boldsymbol{\alpha}_{22} \end{bmatrix}^{-1} \begin{Bmatrix} \boldsymbol{A}_{10} \\ \boldsymbol{A}_{20} \end{Bmatrix} \tag{11.23}$$

对于刚性转子,仅需两个平衡校正面即可实现动平衡。

## 11.5 柔性转子的动平衡

航空发动机转子往往要工作在一阶甚至二、三阶弯曲临界转速之上。因此,对这样的转子需按照柔性转子动平衡方法进行动平衡。平衡时不仅要消除转子刚体不平衡,而且要消除工作转速范围之内的振型不平衡。为此,人们建立了所谓的模态平衡法。该方法的应用条件是,所要平衡的各阶振型是可以解耦的。实际上,意味着阻尼必须很小,同时轴承刚度无交叉耦合效应。另外,需预先确知转子系统的模态。这种平衡方法对平衡人员的要求较高。本书第 12 章将系统地介绍模态平衡法。

在现场动平衡时,往往并无有关转子动力学特性的先验知识;再则,可供使用的平衡校正面数目也受到限制,一般多为两个校正面。因此,难以应用模态平衡法进行转子动平衡。实际上仍可用影响系数法来实施动平衡。多数情况下,都能达到满意的平衡效果。

如 11.4 节所述,对于刚性转子的动平衡,取两个校正面一个平衡转速即能达到平衡目的。但对柔性转子,如只选一个平衡转速难于保证在某个转速范围之内都能达到动平衡效果。为此,必须选用多个平衡转速。

以带有两个平衡校正面的柔性转子为例,取 4 个平衡转速 $\Omega_1$, $\Omega_2$, $\Omega_3$ 和 $\Omega_4$。平衡过程与刚体转子动平衡类似。

第一次运行转子时,在平衡转速 $\Omega_1$, $\Omega_2$, $\Omega_3$ 和 $\Omega_4$ 处测量转子的振动。在测点 1 和测点 2 所测得的转子振动为

$$\begin{aligned} \boldsymbol{r}_0 &= [\underbrace{\boldsymbol{r}_{10}\boldsymbol{r}_{20}}_{\Omega_1};\ \underbrace{\boldsymbol{r}_{10}\boldsymbol{r}_{20}}_{\Omega_2};\ \underbrace{\boldsymbol{r}_{10}\boldsymbol{r}_{20}}_{\Omega_3};\ \underbrace{\boldsymbol{r}_{10}\boldsymbol{r}_{20}}_{\Omega_4}]^{\mathrm{T}} \\ &= [\boldsymbol{r}_{10} \quad \boldsymbol{r}_{20} \quad \boldsymbol{r}_{30} \quad \boldsymbol{r}_{40} \quad \boldsymbol{r}_{50} \quad \boldsymbol{r}_{60} \quad \boldsymbol{r}_{70} \quad \boldsymbol{r}_{80}]_0^{\mathrm{T}} \end{aligned} \tag{11.24}$$

在第 1 校正面上加试重 $\boldsymbol{u}_{T1}$ 后,第二次运行转子,同样在第一次运行的 4 个转速处测量转子的振动,测得的振动为

$$\boldsymbol{r}_1 = [\boldsymbol{r}_{11} \quad \boldsymbol{r}_{21} \quad \boldsymbol{r}_{31} \quad \boldsymbol{r}_{41} \quad \boldsymbol{r}_{51} \quad \boldsymbol{r}_{61} \quad \boldsymbol{r}_{71} \quad \boldsymbol{r}_{81}]_1^{\mathrm{T}} \tag{11.25}$$

在第 2 校正面上加试重 $\boldsymbol{u}_{T2}$，再次运行转子，在 4 个转速处测得的振动为

$$r_2 = [\boldsymbol{r}_{12} \quad \boldsymbol{r}_{22} \quad \boldsymbol{r}_{32} \quad \boldsymbol{r}_{42} \quad \boldsymbol{r}_{52} \quad \boldsymbol{r}_{62} \quad \boldsymbol{r}_{72} \quad \boldsymbol{r}_{82}]_2^{\mathrm{T}} \tag{11.26}$$

则影响系数矩阵为

$$\boldsymbol{A} = [\boldsymbol{\alpha}_1 \quad \boldsymbol{\alpha}_2] \tag{11.27}$$

式中，

$$\boldsymbol{\alpha}_1 = (\boldsymbol{r}_1 - \boldsymbol{r}_0)/\boldsymbol{u}_{T1},\ \boldsymbol{\alpha}_2 = (\boldsymbol{r}_2 - \boldsymbol{r}_0)/\boldsymbol{u}_{T2} \tag{11.28}$$

平衡条件为

$$\boldsymbol{A}\boldsymbol{u} + \boldsymbol{r}_0 = \boldsymbol{f} \tag{11.29}$$

式中，$\boldsymbol{u}$ 为平衡校正量：

$$\boldsymbol{u} = \begin{Bmatrix} \boldsymbol{u}_1 \\ \boldsymbol{u}_2 \end{Bmatrix} \tag{11.30}$$

$\boldsymbol{f}$ 为误差向量。因为方程(11.29)是一矛盾方程组，故存在误差 $\boldsymbol{f}$。

动平衡的目标是要求平衡之后，转子的剩余振动最小，即误差向量 $\boldsymbol{f}$ 的模最小。

由方程(11.29)可求得误差 $\boldsymbol{f}$ 模的平方为

$$\begin{aligned} \boldsymbol{f}^{*\mathrm{T}}\boldsymbol{f} &= (\boldsymbol{u}^{*\mathrm{T}}\boldsymbol{A}^{*\mathrm{T}} + \boldsymbol{r}_0^{*\mathrm{T}})(\boldsymbol{A}\boldsymbol{u} + \boldsymbol{r}_0) \\ &= \boldsymbol{u}^{*\mathrm{T}}\boldsymbol{A}^{*\mathrm{T}}\boldsymbol{A}\boldsymbol{u} + \boldsymbol{r}_0^{*\mathrm{T}}\boldsymbol{A}\boldsymbol{u} + \boldsymbol{u}^{*\mathrm{T}}\boldsymbol{A}^{*\mathrm{T}}\boldsymbol{r}_0 + \boldsymbol{r}_0^{*\mathrm{T}}\boldsymbol{r}_0 \end{aligned} \tag{11.31}$$

式中，$\boldsymbol{f}^*$ 是误差向量 $\boldsymbol{f}$ 的共轭复向量，$\boldsymbol{A}^*$ 是影响系数矩阵 $\boldsymbol{A}$ 的共轭矩阵。

对 $\boldsymbol{f}^{*\mathrm{T}}\boldsymbol{f}$ 关于 $\boldsymbol{u}$ 求极值，即 $\dfrac{\partial(\boldsymbol{f}^{*\mathrm{T}}\boldsymbol{f})}{\partial\boldsymbol{u}} = 0$，可求得一组最优平衡校正量，即最小二乘解。为便于理解，下面列出推导过程。

式(11.31)可改写为

$$\boldsymbol{f}^{*\mathrm{T}}\boldsymbol{f} = (\boldsymbol{A}\boldsymbol{u})^{*\mathrm{T}}\boldsymbol{A}\boldsymbol{u} + \boldsymbol{r}_0^{*\mathrm{T}}\boldsymbol{A}\boldsymbol{u} + (\boldsymbol{r}_0^{*\mathrm{T}}\boldsymbol{A}\boldsymbol{u})^{*\mathrm{T}} + \boldsymbol{r}_0^{*\mathrm{T}}\boldsymbol{r}_0$$

对误差关于 $\boldsymbol{u}$ 求导得

$$\begin{aligned} \frac{\partial(\boldsymbol{f}^{*\mathrm{T}}\boldsymbol{f})}{\partial\boldsymbol{u}} &= \frac{\partial}{\partial\boldsymbol{u}}[(\boldsymbol{A}\boldsymbol{u})^{*\mathrm{T}}\boldsymbol{A}\boldsymbol{u}] + \frac{\partial}{\partial\boldsymbol{u}}[\boldsymbol{r}_0^{*\mathrm{T}}\boldsymbol{A}\boldsymbol{u}] \\ &\quad + \frac{\partial}{\partial\boldsymbol{u}}[(\boldsymbol{r}_0^{*\mathrm{T}}\boldsymbol{A}\boldsymbol{u})^{*\mathrm{T}}] + \frac{\partial}{\partial\boldsymbol{u}}[\boldsymbol{r}_0^{*\mathrm{T}}\boldsymbol{r}_0] \end{aligned}$$

因与 $\boldsymbol{u}$ 无关，故上式中 $\dfrac{\partial}{\partial\boldsymbol{u}}[\boldsymbol{r}_0^{*\mathrm{T}}\boldsymbol{r}_0] = 0$。而上式右端第一项为

$$\frac{\partial}{\partial \boldsymbol{u}}[(\boldsymbol{Au})^{*\mathrm{T}}\boldsymbol{Au}] = \frac{\partial}{\partial \boldsymbol{u}}[(\boldsymbol{Au})^{*\mathrm{T}}\boldsymbol{A}]\boldsymbol{u} + \frac{\partial \boldsymbol{u}^{*\mathrm{T}}}{\partial \boldsymbol{u}}\boldsymbol{A}^{*\mathrm{T}}\boldsymbol{Au}$$

根据数学知识,行向量 $\boldsymbol{u}^{\mathrm{T}}$ 关于列向量 $\boldsymbol{u}$ 的导数为单位矩阵,即 $\frac{\mathrm{d}\boldsymbol{u}^{\mathrm{T}}}{\mathrm{d}\boldsymbol{u}} = \boldsymbol{I}$; 而 $\frac{\mathrm{d}\boldsymbol{u}^{*\mathrm{T}}}{\mathrm{d}\boldsymbol{u}} = 0$; 复向量 $\boldsymbol{Bu}$ 关于 $\boldsymbol{u}$ 的导数为 $\frac{\mathrm{d}\boldsymbol{Bu}}{\mathrm{d}\boldsymbol{u}} = \boldsymbol{B}^{\mathrm{T}}$($\boldsymbol{B}$ 为任意矩阵)。应用这 3 个运算法则,可求出各项导数如下:

$$\frac{\partial}{\partial \boldsymbol{u}}[(\boldsymbol{Au})^{*\mathrm{T}}\boldsymbol{A}]\boldsymbol{u} = [(\boldsymbol{Au})^{*\mathrm{T}}\boldsymbol{A}]^{\mathrm{T}} = \boldsymbol{A}^{\mathrm{T}}\boldsymbol{A}^{*}\boldsymbol{u}^{*};$$

$$\frac{\partial \boldsymbol{u}^{*\mathrm{T}}}{\partial \boldsymbol{u}}\boldsymbol{A}^{*\mathrm{T}}\boldsymbol{Au} = 0;$$

$$\frac{\partial}{\partial \boldsymbol{u}}[(\boldsymbol{r}_0^{*\mathrm{T}}\boldsymbol{Au})^{*\mathrm{T}}] = \frac{\partial}{\partial \boldsymbol{u}}[(\boldsymbol{u}^{*\mathrm{T}}\boldsymbol{A}^{*\mathrm{T}}\boldsymbol{r}_0)] = \left[\frac{d\boldsymbol{u}^{*\mathrm{T}}}{d\boldsymbol{u}}\right]\boldsymbol{A}^{*\mathrm{T}}\boldsymbol{r}_0 = 0;$$

$$\frac{\partial}{\partial \boldsymbol{u}}[\boldsymbol{r}_0^{*\mathrm{T}}\boldsymbol{Au}] = \frac{\mathrm{d}}{\mathrm{d}\boldsymbol{u}}[\boldsymbol{r}_0^{*\mathrm{T}}\boldsymbol{A}]\boldsymbol{u} = [\boldsymbol{r}_0^{*\mathrm{T}}\boldsymbol{A}]^{\mathrm{T}} = \boldsymbol{A}^{\mathrm{T}}\boldsymbol{r}_0^{*}。$$

将上述各项代入方程 $\frac{\partial(\boldsymbol{f}^{*\mathrm{T}}\boldsymbol{f})}{\partial \boldsymbol{u}} = 0$, 可得

$$\boldsymbol{A}^{\mathrm{T}}\boldsymbol{A}^{*}\boldsymbol{u}^{*} + \boldsymbol{A}^{\mathrm{T}}\boldsymbol{r}_0^{*} = 0$$

方程两边同时进行共轭运算,于是得

$$\boldsymbol{A}^{*\mathrm{T}}\boldsymbol{Au} + \boldsymbol{A}^{*\mathrm{T}}\boldsymbol{r}_0 = 0 \tag{11.32}$$

由此求得

$$\boldsymbol{u} = -(\boldsymbol{A}^{*\mathrm{T}}\boldsymbol{A})^{-1}\boldsymbol{A}^{*\mathrm{T}}\boldsymbol{r}_0 \tag{11.33}$$

将(11.33)算得的平衡校正量 $\boldsymbol{u}$ 加在转子上后,转子就得以平衡。若仍未达到所要求的平衡精度,则需重复上述过程,再进行一次动平衡。

## 11.6　影响系数法的改进

### 11.6.1　带有初始弯曲时转子的动平衡

由第 4 章的讨论可知,当转子存在初始弯曲时,其不平衡响应包含了两个部分:一部分为初始弯曲引起的不平衡量与原始不平衡量叠加之后产生的不平衡响应;另一部分为轴的初始弯曲。轴的初始弯曲不随转速变化。在对转子进行动平衡时,只需对第一部分进行平衡,而保留轴的初始弯曲。当利用转子振动位移信号进行转子

动平衡时,应对平衡方程(11.23)和(11.33)进行修正,以去除初始弯曲的影响。

如果在低速运行时,转子的径向跳动量较大,则可判断该转子带有初始弯曲。此时,在低转速下,利用位移传感器在测点 1 和测点 2 采集的振动信号分别为 $\boldsymbol{B}_1$ 和 $\boldsymbol{B}_2$, 则方程(11.23)将修正为

$$\begin{Bmatrix} \boldsymbol{u}_1 \\ \boldsymbol{u}_2 \end{Bmatrix} = -\begin{Bmatrix} \boldsymbol{\alpha}_{11} & \boldsymbol{\alpha}_{12} \\ \boldsymbol{\alpha}_{21} & \boldsymbol{\alpha}_{22} \end{Bmatrix}^{-1} \begin{Bmatrix} \boldsymbol{A}_{10} - \boldsymbol{B}_1 \\ \boldsymbol{A}_{20} - \boldsymbol{B}_2 \end{Bmatrix} \tag{11.34}$$

方程(11.33)则修正为

$$\boldsymbol{u} = -(\boldsymbol{A}^{*\mathrm{T}}\boldsymbol{A})^{-1}\boldsymbol{A}^{*\mathrm{T}}\Delta\boldsymbol{r}_0 \tag{11.35}$$

$$\begin{aligned} \Delta\boldsymbol{r}_0 &= [\underbrace{\boldsymbol{r}_{10} - \boldsymbol{B}_1\boldsymbol{r}_{20} - \boldsymbol{B}_2}_{\Omega_1};\ \underbrace{\boldsymbol{r}_{10} - \boldsymbol{B}_1\boldsymbol{r}_{20} - \boldsymbol{B}_2}_{\Omega_2};\ \underbrace{\boldsymbol{r}_{10} - \boldsymbol{B}_1\boldsymbol{r}_{20} - \boldsymbol{B}_2}_{\Omega_3};\underbrace{\boldsymbol{r}_{10} - \boldsymbol{B}_1\boldsymbol{r}_{20} - \boldsymbol{B}_2}_{\Omega_4}]^{\mathrm{T}} \\ &= [\boldsymbol{r}_{10} - \boldsymbol{B}_1\quad \boldsymbol{r}_{20} - \boldsymbol{B}_2\quad \boldsymbol{r}_{30} - \boldsymbol{B}_1\quad \boldsymbol{r}_{40} - \boldsymbol{B}_2\quad \boldsymbol{r}_{50} - \boldsymbol{B}_1\quad \boldsymbol{r}_{60} - \boldsymbol{B}_2\quad \boldsymbol{r}_{70} - \boldsymbol{B}_1\quad \boldsymbol{r}_{80} - \boldsymbol{B}_2]_0^{\mathrm{T}} \end{aligned} \tag{11.36}$$

平衡之后,转子的动载荷得以消除,此时,将保留转子的初始弯曲。详细的理论分析参见本书第 4 章。

### 11.6.2　保留试重的影响系数法

在实际的现场动平衡操作中,有时采用打磨的方式去材料,或采用焊接和铆接等方式加试重,加试重之后不易去掉。在这种情况下,需要对影响系数法进行改进,以实现可保留试重的现场动平衡[10,11]。

设共选取了 $N$ 个平衡转速 $\Omega_1, \Omega_2, \cdots, \Omega_n, \cdots, \Omega_N$, 校正平面有 $K$ 个,其轴向位置分别为 $z_1, z_2, \cdots, z_k, \cdots, z_K$, 在转子上选取 $M$ 个测点,其轴向位置为 $z = b_1, b_2, \cdots, b_m, \cdots, b_M$。

采用加试重之后不去掉试重的方式实施动平衡。假设每次加试重对转子的动力学特性不会产生显著影响,即影响系数不变。但此时,第 $k+1$ 次加试重的振动响应应该去掉第 $k$ 次加试重对振动响应的影响,所得到的才是第 $k+1$ 次加试重后振动响应的变化。

设初始状态,转子以转速 $\Omega_n$ 转动时,在 $b_m$ 点测得的振动为 $\boldsymbol{A}_0(b_m, \Omega_n)$。在 $z_1$ 处的校正平面上加试重 $\boldsymbol{u}_{T1}$ 后, $b_m$ 点的振动变为 $\boldsymbol{A}_1(b_m, \Omega_n)$, 于是,影响系数 $\boldsymbol{\alpha}_{m1}^{(n)}$ 作为在校正平面 $z_1$ 处单位试重引起的效果矢量可由下式求得

$$\boldsymbol{\alpha}_{m1}^{(n)} = \frac{\boldsymbol{A}_1(b_m, \Omega_n) - \boldsymbol{A}_0(b_m, \Omega_n)}{\boldsymbol{u}_{T1}}$$

每次加试重后,并不去掉试重,在经历第 $k$ 次加试重,即在 $z_k$ 处的校正平面上加试重 $\boldsymbol{u}_{Tk}$ 后, $b_m$ 点的振动变为 $\boldsymbol{A}_k(b_m, \Omega_n)$。这时,再在 $z_{k+1}$ 处的校正平面上加试

重 $\boldsymbol{u}_{T(k+1)}$ 后，$b_m$ 点的振动变为 $\boldsymbol{A}_{k+1}(b_m, \Omega_n)$，于是，得到在校正平面 $z_{k+1}$ 处单位试重对应的影响系数 $\boldsymbol{\alpha}_{m(k+1)}^{(n)}$：

$$\boldsymbol{\alpha}_{m(k+1)}^{(n)} = \frac{\boldsymbol{A}_{k+1}(b_m, \Omega_n) - \boldsymbol{A}_k(b_m, \Omega_n)}{\boldsymbol{u}_{T(k+1)}}, \quad k = 1, 2, \cdots, K \tag{11.37}$$

在校正平面 $z_k$ 处的影响系数通式：

$$\boldsymbol{\alpha}_{mk}^{(n)} = \frac{\boldsymbol{A}_k(b_m, \Omega_n) - \boldsymbol{A}_{k-1}(b_m, \Omega_n)}{\boldsymbol{u}_{Tk}}, \quad k = 1, 2, \cdots, K \tag{11.38}$$

将式(11.38)代入方程(11.39)，即可利用最小二乘法解得校正质量 $\boldsymbol{u}$：

$$\boldsymbol{u} = -(\boldsymbol{\alpha}^{*\mathrm{T}}\boldsymbol{\alpha})^{-1}\boldsymbol{\alpha}^{*\mathrm{T}}\boldsymbol{\Lambda}_K \tag{11.39}$$

式中，

$$\boldsymbol{\alpha} = \begin{bmatrix} \boldsymbol{\alpha}_{11}^{(1)} & \boldsymbol{\alpha}_{12}^{(1)} & \cdots & \boldsymbol{\alpha}_{1K}^{(1)} \\ \boldsymbol{\alpha}_{21}^{(1)} & \boldsymbol{\alpha}_{22}^{(1)} & \cdots & \boldsymbol{\alpha}_{2K}^{(1)} \\ & \cdots & \cdots & \\ \boldsymbol{\alpha}_{M1}^{(1)} & \boldsymbol{\alpha}_{M2}^{(1)} & \cdots & \boldsymbol{\alpha}_{MK}^{(1)} \\ \boldsymbol{\alpha}_{11}^{(2)} & \boldsymbol{\alpha}_{12}^{(2)} & \cdots & \boldsymbol{\alpha}_{1K}^{(2)} \\ \boldsymbol{\alpha}_{21}^{(2)} & \boldsymbol{\alpha}_{22}^{(2)} & \cdots & \boldsymbol{\alpha}_{2K}^{(2)} \\ & \cdots & \cdots & \\ \boldsymbol{\alpha}_{M1}^{(2)} & \boldsymbol{\alpha}_{M2}^{(2)} & \cdots & \boldsymbol{\alpha}_{MK}^{(2)} \\ & \cdots & \cdots & \\ \boldsymbol{\alpha}_{M1}^{(N)} & \boldsymbol{\alpha}_{M2}^{(N)} & \cdots & \boldsymbol{\alpha}_{MK}^{(N)} \end{bmatrix} \tag{11.40}$$

$$\boldsymbol{\Lambda}_K = \begin{bmatrix} \boldsymbol{A}_K(b_1, \Omega_1) \\ \boldsymbol{A}_K(b_2, \Omega_1) \\ \cdots \\ \boldsymbol{A}_K(b_M, \Omega_1) \\ \boldsymbol{A}_K(b_1, \Omega_2) \\ \boldsymbol{A}_K(b_2, \Omega_2) \\ \cdots \\ \boldsymbol{A}_K(b_M, \Omega_2) \\ \cdots \\ \boldsymbol{A}_K(b_M, \Omega_N) \end{bmatrix} \tag{11.41}$$

$\boldsymbol{\Lambda}_K$ 是加完最后一个试重 $\boldsymbol{u}_{TK}$ 后,测得的转子响应列向量。

### 11.6.3 平衡面相关性问题的处理

在多平面的影响系数法平衡中,平衡面的选择成为影响机器现场动平衡效果的重要因素之一。常常由于平衡面选择不当,引起平衡面之间线性相关而导致动平衡失败。平衡面线性相关问题是指影响系数矩阵为病态矩阵,该矩阵的某列与其他列存在线性相关性,即某列可以被其他列的线性组合所近似代替。这表明某一平衡面与其他平衡面线性相关,是多余的,即可由其他平衡面来代替。此时,最小二乘法结果不稳定,求得的校正质量可能非常大,不符合实际情况。另外,计算的校正质量对测量中产生的误差很敏感,细微的系统误差有可能导致计算结果大幅度波动。为此,必须消除多余的平衡面,或重新选择与其他平衡面线性无关的截面作为平衡面。很多情况下,可能事先无法知道平衡面之间是否存在线性相关性,因此,只有在通过测量和计算,得到影响系数矩阵之后才能进行判断。本节讨论如何判断影响系数矩阵的线性相关性,并给出算法,以消除非独立的平衡面。

线性相关平衡面出现的情况主要有以下几种[8,11]:

(1) 平衡面相隔太近,这些平衡面对转子振动影响相似。若两个平衡面相距较近,则在其上所加试重引起的振动响应近似相同,在影响系数矩阵中,将出现相似的两列,形成线性相关的平衡面。

(2) 影响系数偏小造成平衡面相关。这不是完全意义上的平衡面相关。它主要有两种可能:一是试重质量太小,背景噪声和高阶分量的影响使得影响系数发生畸变,造成虚假的平衡面;二是由于所选取的平衡面离测振点距离太远,或是选取的平衡面离振型节点太近,使得影响系数很小。

(3) 转子复杂振型的影响。当转子跨越多支承和多阶临界转速时,转子的振型为多阶模态的叠加,其形状为复杂的空间曲线。在轴系高速平衡时,若选取的平衡面较多,容易出现相关平衡面。

(4) 平衡转速的影响。柔性转子的振型随着转速的变化而变化,所以平衡面之间的相关性会随着转子转速的不同而发生变化。在某一转速下不相关的平衡面有可能在另一转速下呈现相关性。

检验平衡面相关性的步骤如下[8,11]:

先将 $n\times m$ 的影响系数矩阵的列向量按照其范数从大到小重新排列,构成新的影响系数矩阵,$\boldsymbol{\alpha}_1$, $\boldsymbol{\alpha}_2$, $\cdots$, $\boldsymbol{\alpha}_m$ 表示影响系数矩阵的 $m$ 个列向量,其中,$\boldsymbol{\alpha}_1$ 的欧式范数最大。

由 $\boldsymbol{\alpha}_1$ 构造一个基向量,即

$$\boldsymbol{e}_1=\frac{\boldsymbol{\alpha}_1}{\|\boldsymbol{\alpha}_1\|} \tag{11.42}$$

式中，$\|\boldsymbol{\alpha}_1\|$ 为向量的范数，即

$$\|\boldsymbol{\alpha}_1\| = \sqrt{\alpha_{11}^2 + \alpha_{21}^2 + \cdots + \alpha_{n1}^2} \tag{11.43}$$

则 $\boldsymbol{\alpha}_2$ 与 $\boldsymbol{\alpha}_1$ 的正交部分为

$$\boldsymbol{\beta}_2 = \boldsymbol{\alpha}_2 - (\bar{\boldsymbol{e}}_1^{\mathrm{T}}\boldsymbol{\alpha}_2) \cdot \boldsymbol{e}_1 \tag{11.44}$$

式中，$\bar{\boldsymbol{e}}_1^{\mathrm{T}}$ 为 $\boldsymbol{e}_1$ 的共轭转置向量。$\boldsymbol{\alpha}_1$ 与 $\boldsymbol{\alpha}_2$ 的正交显著性为

$$s_2 = \frac{\|\boldsymbol{\beta}_2\|}{\|\boldsymbol{\alpha}_2\|} \tag{11.45}$$

可选择 $s_2$ 为 $\boldsymbol{\alpha}_1$ 和 $\boldsymbol{\alpha}_2$ 之间线性独立性的度量。

当 $s_2 < 0.2$ 时，可以认为 $\boldsymbol{\alpha}_1$ 和 $\boldsymbol{\alpha}_2$ 不独立[8]，可将 $\boldsymbol{\alpha}_2$ 消去，再对 $\boldsymbol{\alpha}_3$ 进行判断。

而当 $s_2 > 0.2$ 时，由 $\boldsymbol{\beta}_2$ 构造一个基向量为

$$\boldsymbol{e}_2 = \frac{\boldsymbol{\beta}_2}{\|\boldsymbol{\alpha}_2\|} \tag{11.46}$$

则 $\boldsymbol{\alpha}_3$ 的正交部分为

$$\boldsymbol{\beta}_3 = \boldsymbol{\alpha}_3 - (\bar{\boldsymbol{e}}_1^{\mathrm{T}}\boldsymbol{\alpha}_3) \cdot \boldsymbol{e}_1 - (\bar{\boldsymbol{e}}_2^{\mathrm{T}}\boldsymbol{\alpha}_3) \cdot \boldsymbol{e}_2 \tag{11.47}$$

则 $\boldsymbol{\alpha}_3$ 与 $\boldsymbol{\alpha}_1$ 和 $\boldsymbol{\alpha}_2$ 的正交显著性为

$$s_3 = \frac{\|\boldsymbol{\beta}_3\|}{\|\boldsymbol{\alpha}_3\|} \tag{11.48}$$

当 $s_3 < 0.2$ 时，可以认为 $\boldsymbol{\alpha}_3$ 与 $\boldsymbol{\alpha}_1$ 和 $\boldsymbol{\alpha}_2$ 不独立，可将 $\boldsymbol{\alpha}_3$ 消去，再对 $\boldsymbol{\alpha}_4$ 进行判断。而当 $s_3 > 0.2$ 时，重复上述过程检验 $\boldsymbol{\alpha}_4$。按照上述步骤，一直检验到 $\boldsymbol{\alpha}_m$。

### 11.6.4　影响系数矩阵的存储和重用

如前文所述，一般情况下，在运用影响系数法实施现场动平衡时，需要将转子运行 $K+1$ 次（$K$ 为平衡校正面数），以确定影响系数矩阵。但这给实际现场动平衡操作带来了很大的困难和麻烦。这也是影响系数法的缺陷之一。对于大型旋转设备，启、停机并非易事。对于柔性转子，启、停机往往要通过临界转速。而此时，转子系统达到共振点，振动会很大。反复启、停机，转子都要通过临界转速，这可能会给机器带来损害。另外，停机加试重，再启动运行，要花费相当长的时间，有时甚至达到 1~2 个小时，这给现场动平衡带来困难。基于这样的情况，对于同一台机器或同类机器，应在每次动平衡之后，保留影响系数矩阵，以便下一次重用，可大幅减少启、停机次数。

旋转设备通常在工作转速下稳态运行，在一定的条件下，转子运行的工况维持稳定，如转速、负荷、油温、流量和压力等参数基本不变。这样，转子的结构和性能将在一段时间内基本稳定不变。在这种情况下，转子的影响系数矩阵基本不变。

因此，可以考虑在转子第一次运行或者大修期间，较为准确地测得转子的影响系数矩阵，并将其存贮于计算机中。在对转子进行连续监测时，当发现转子振动异常，并判断为不平衡所致，且必须进行动平衡时，则可现场采集一组振动信号 $\boldsymbol{A}_0(b_1, \Omega)$，$\boldsymbol{A}_0(b_2, \Omega)$，…，$\boldsymbol{A}_0(b_m, \Omega)$，…，$\boldsymbol{A}_0(b_M, \Omega)$，其中 $b_m$ 为各个测点在转子轴向的位置，$M$ 为测点的数目，$\Omega$ 为转速。将存储的影响系数矩阵从计算机中调出，与测得的振动信号一起代入到式(11.33)中，解方程即可求得校正质量 $\boldsymbol{u}_1$，$\boldsymbol{u}_2$，…，$\boldsymbol{u}_k$，…，$\boldsymbol{u}_K$。这样就避免了反复加试重的启、停机过程[10]。但此时务必注意，所选取的测点和平衡面与前次测取转子影响系数矩阵时所选取的测点和平衡面保持一致，否则，计算结果将会大相径庭。

需要提及的是，在运用影响系数法进行单面动平衡时，在完成上述过程之后，如果转子的振动仍未降低到允许的范围，则加校正质量 $\boldsymbol{u}$ 的过程本身可以看作是一次加试重的过程，可利用加校正质量之后测得的振动信号［记为 $\boldsymbol{A}_1(b_1, \Omega)$，$\boldsymbol{A}_1(b_2, \Omega)$，…，$\boldsymbol{A}_1(b_m, \Omega)$，…，$\boldsymbol{A}_1(b_M, \Omega)$］，再一次计算影响系数，即

$$\boldsymbol{\alpha}' = \frac{\boldsymbol{A}_1 - \boldsymbol{A}_0}{\boldsymbol{u}} \tag{11.49}$$

可用 $\boldsymbol{\alpha}'$ 对转子进行再一次平衡。此时，可观察 $\boldsymbol{\alpha}'$ 与存储的影响系数是否相同，如果发现影响系数发生了明显的变化，则说明转子系统的结构可能发生了变化。此时，一是要检查转子结构，确定是否出现故障；二是若无故障，则要修正存储的影响系数矩阵。

### 11.6.5　利用平均数据计算影响系数矩阵

仍然将讨论的前提设为转子结构和性能不变。

如果已经对转子进行了一次以上的动平衡，可将原始的振动信号保存在计算机中。将这些原始数据以动平衡次数进行平均，用平均之后的数据计算影响系数，可减小某几次测量中噪声或者其他因素带来的误差[10]。

## 11.7　基于试重组的影响系数平衡法

按常规影响系数法，为求出各面的影响系数，需在每个平衡面上分别单独加试重，从而求得各平衡面的影响系数。但在现场动平衡过程中，会有一些特殊情况，需要加试重组。这些情况包括[10,11]：

(1) 如图 11.5 所示,在动不平衡转子上,两个平衡面上的初始不平衡量 $\boldsymbol{U}_a$ 和 $\boldsymbol{U}_b$,呈反相分布。可以根据机组的振动数据以及转子的动力学特性,估计出滞后角,尝试在两个平衡面上同时加试重,即施加反相重量组 $\boldsymbol{U}_1=-\boldsymbol{U}_a$ 和 $\boldsymbol{U}_2=-\boldsymbol{U}_b$,有可能加一次试重就达到平衡效果。若尝试失败,平衡数据可用于计算影响系数,由此可减少开车次数。

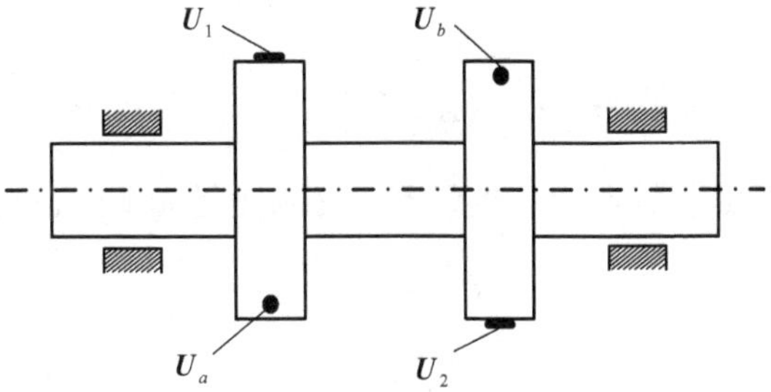


**图 11.5　动不平衡转子**

(2) 加试重的位置会影响各阶模态对影响系数的贡献,结合转子的振型,通过试加重量组获得更加理想的影响系数。

为了解决上述情况下转子动平衡问题,在常规影响系数法的基础上,本节建立基于试重组的影响系数法。

### 11.7.1　基于正交试重组的影响系数法[10,11]

1. 影响系数矩阵

假设测点数目为 $n$, 平衡校正面数目为 $m$, 转子初始振动为

$$\boldsymbol{A}_0=[\boldsymbol{A}_{10}\quad \boldsymbol{A}_{20}\quad \cdots\quad \boldsymbol{A}_{n0}]^{\mathrm{T}} \tag{11.50}$$

在 $m$ 个平衡面上加试重组:

$$\boldsymbol{U}_{T1}=[\boldsymbol{u}_{T11}\quad \boldsymbol{u}_{T21}\quad \cdots\quad \boldsymbol{u}_{Tm1}]^{\mathrm{T}} \tag{11.51}$$

测得的振动为

$$\boldsymbol{A}_1=[\boldsymbol{A}_{11}\quad \boldsymbol{A}_{21}\quad \cdots\quad \boldsymbol{A}_{n1}]^{\mathrm{T}} \tag{11.52}$$

于是,试重组 $\boldsymbol{U}_{T1}$ 产生的振动为

$$\Delta\boldsymbol{A}_1=\boldsymbol{A}_1-\boldsymbol{A}_0=[\boldsymbol{A}_{11}-\boldsymbol{A}_{10}\quad \boldsymbol{A}_{21}-\boldsymbol{A}_{20}\quad \cdots\quad \boldsymbol{A}_{n1}-\boldsymbol{A}_{n0}]^{\mathrm{T}} \tag{11.53}$$

去掉第 1 个试重组,再在 $m$ 个平衡面上加第 2 个试重组:

$$\boldsymbol{U}_{T2}=[\boldsymbol{u}_{T12}\quad \boldsymbol{u}_{T22}\quad \cdots\quad \boldsymbol{u}_{Tm2}]^{\mathrm{T}} \tag{11.54}$$

$\boldsymbol{U}_{T2}$ 必须与 $\boldsymbol{U}_{T1}$ 正交,即

$$\boldsymbol{U}_{T2}^{*\mathrm{T}}\boldsymbol{U}_{T1} = 0 \tag{11.55}$$

式中, $\boldsymbol{U}_{T2}^{*\mathrm{T}}$ 为 $\boldsymbol{U}_{T2}$ 的共轭转置。但须有

$$\boldsymbol{U}_{T2}^{*\mathrm{T}}\boldsymbol{U}_{T2} \neq 0 \tag{11.56}$$

$\boldsymbol{U}_{T2}$ 产生的振动为

$$\Delta\boldsymbol{A}_2 = \boldsymbol{A}_2 - \boldsymbol{A}_0 = [\boldsymbol{A}_{12} - \boldsymbol{A}_{10} \quad \boldsymbol{A}_{22} - \boldsymbol{A}_{20} \quad \cdots \quad \boldsymbol{A}_{n2} - \boldsymbol{A}_{n0}]^{\mathrm{T}} \tag{11.57}$$

共加 $m$ 个试重组。第 $m$ 个试重组 $\boldsymbol{U}_{Tm}$ 必须满足如下的正交条件:

$$\boldsymbol{U}_{Tm}^{*\mathrm{T}}\boldsymbol{U}_{T1} = 0 \tag{11.58}$$

$$\boldsymbol{U}_{Tm}^{*\mathrm{T}}\boldsymbol{U}_{T2} = 0 \tag{11.59}$$

……

$$\boldsymbol{U}_{Tm}^{*\mathrm{T}}\boldsymbol{U}_{Tm-1} = 0 \tag{11.60}$$

$$\boldsymbol{U}_{Tm}^{*\mathrm{T}}\boldsymbol{U}_{Tm} \neq 0 \tag{11.61}$$

$\boldsymbol{U}_{Tm}$ 所产生的振动为

$$\Delta\boldsymbol{A}_m = \boldsymbol{A}_m - \boldsymbol{A}_0 = [\boldsymbol{A}_{1m} - \boldsymbol{A}_{10} \quad \boldsymbol{A}_{2m} - \boldsymbol{A}_{20} \quad \cdots \quad \boldsymbol{A}_{nm} - \boldsymbol{A}_{n0}]^{\mathrm{T}} \tag{11.62}$$

假设转子的影响系数矩阵为

$$\boldsymbol{\alpha} = \begin{bmatrix} \boldsymbol{\alpha}_{11} & \boldsymbol{\alpha}_{12} & \cdots & \boldsymbol{\alpha}_{1m} \\ \boldsymbol{\alpha}_{21} & \boldsymbol{\alpha}_{22} & \cdots & \boldsymbol{\alpha}_{2m} \\ \cdots & \cdots & \cdots & \cdots \\ \boldsymbol{\alpha}_{n1} & \boldsymbol{\alpha}_{n2} & \cdots & \boldsymbol{\alpha}_{nm} \end{bmatrix} \tag{11.63}$$

则可得

$$\boldsymbol{\alpha}\boldsymbol{U}_{T1} = \Delta\boldsymbol{A}_1 \tag{11.64}$$

$$\boldsymbol{\alpha}\boldsymbol{U}_{T2} = \Delta\boldsymbol{A}_2 \tag{11.65}$$

……

$$\boldsymbol{\alpha}\boldsymbol{U}_{Tm} = \Delta\boldsymbol{A}_m \tag{11.66}$$

写成矩阵形式,则有

$$\boldsymbol{\alpha}\boldsymbol{U}_T = \Delta A \tag{11.67}$$

式中,

$$\boldsymbol{U}_T = [\boldsymbol{U}_{T1} \quad \boldsymbol{U}_{T2} \quad \cdots \quad \boldsymbol{U}_{Tm}] \tag{11.68}$$

$$\Delta\boldsymbol{A} = [\Delta\boldsymbol{A}_1 \quad \Delta\boldsymbol{A}_2 \quad \cdots \quad \Delta\boldsymbol{A}_m] \tag{11.69}$$

由于 $\boldsymbol{U}_T$ 为正交矩阵,因此

$$\boldsymbol{U}_T^{*\mathrm{T}}\boldsymbol{U}_T = \begin{bmatrix} \lambda_1 & 0 & \cdots & 0 \\ 0 & \lambda_2 & \cdots & 0 \\ \cdots & \cdots & \cdots & \cdots \\ 0 & 0 & \cdots & \lambda_m \end{bmatrix} \tag{11.70}$$

式(11.70)为对角阵,其中,

$$\boldsymbol{\lambda}_i = \boldsymbol{U}_{Ti}^{*\mathrm{T}}\boldsymbol{U}_{Ti},\ i = 1,\ 2,\ \cdots,\ m \tag{11.71}$$

不妨把试重组归一化,即

$$\boldsymbol{u}_{Ti} = \frac{\boldsymbol{U}_{Ti}}{\sqrt{\boldsymbol{\lambda}_i}},\ i = 1,\ 2,\ \cdots,\ m \tag{11.72}$$

写成矩阵形式,得

$$\boldsymbol{U}_T = [\boldsymbol{U}_{T1} \quad \boldsymbol{U}_{T2} \quad \cdots \quad \boldsymbol{U}_{Tm}] = \boldsymbol{u}_T\sqrt{\boldsymbol{\lambda}_i} \tag{11.73}$$

式中,

$$\boldsymbol{u}_T = [\boldsymbol{u}_{T1} \quad \boldsymbol{u}_{T2} \quad \cdots \quad \boldsymbol{u}_{Tm}] \tag{11.74}$$

并且,

$$\boldsymbol{u}_T{}^{*\mathrm{T}}\boldsymbol{u}_T = \boldsymbol{u}_T\boldsymbol{u}_T{}^{*\mathrm{T}} = \boldsymbol{I} \tag{11.75}$$

$$\sqrt{\boldsymbol{\lambda}_i} = \begin{bmatrix} \sqrt{\lambda_1} & 0 & \cdots & 0 \\ 0 & \sqrt{\lambda_2} & \cdots & 0 \\ \cdots & \cdots & \cdots & \cdots \\ 0 & 0 & \cdots & \sqrt{\lambda_m} \end{bmatrix} \tag{11.76}$$

代入式(11.67),则有

$$\boldsymbol{\alpha}\boldsymbol{U}_T = \boldsymbol{\alpha}\boldsymbol{u}_T\sqrt{\boldsymbol{\lambda}_i} = \Delta\boldsymbol{A} \tag{11.77}$$

方程两边顺序右乘 $\sqrt{\boldsymbol{\lambda}_i}^{-1}$ 和 $\boldsymbol{u}_T{}^{*\mathrm{T}}$,就得到影响系数矩阵:

$$\boldsymbol{\alpha} = \Delta\boldsymbol{A}\sqrt{\boldsymbol{\lambda}_i}^{-1}\boldsymbol{u}_T^{*\mathrm{T}} \tag{11.78}$$

2. 平衡校正量

平衡方程为

$$\boldsymbol{\alpha}\boldsymbol{U} = -\boldsymbol{A}_0 \tag{11.79}$$

利用最小二乘法得到平衡校正量为

$$\boldsymbol{U} = -\{\boldsymbol{\alpha}^{*\mathrm{T}}\boldsymbol{\alpha}\}^{-1}\boldsymbol{\alpha}^{*\mathrm{T}}\boldsymbol{A}_0 \tag{11.80}$$

事实上，不必先计算出影响系数矩阵 $\boldsymbol{\alpha}$，然后再解方程(11.80)。

由方程(11.78)得

$$\boldsymbol{\alpha}^{*\mathrm{T}} = \boldsymbol{u}_T\sqrt{\boldsymbol{\lambda}_i}^{-1}\Delta\boldsymbol{A}^{*\mathrm{T}} \tag{11.81}$$

于是，

$$\boldsymbol{\alpha}^{*\mathrm{T}}\boldsymbol{\alpha} = \boldsymbol{u}_T\sqrt{\boldsymbol{\lambda}_i}^{-1}\Delta\boldsymbol{A}^{*\mathrm{T}}\Delta\boldsymbol{A}\sqrt{\boldsymbol{\lambda}_i}^{-1}\boldsymbol{u}_T^{*\mathrm{T}} \tag{11.82}$$

$$\{\boldsymbol{\alpha}^{*\mathrm{T}}\boldsymbol{\alpha}\}^{-1} = \{\boldsymbol{u}_T^{*\mathrm{T}}\}^{-1}\sqrt{\boldsymbol{\lambda}_i}\{\Delta\boldsymbol{A}^{*\mathrm{T}}\Delta\boldsymbol{A}\}^{-1}\sqrt{\boldsymbol{\lambda}_i}\boldsymbol{u}_T^{-1} \tag{11.83}$$

而

$$\{\boldsymbol{\alpha}^{*\mathrm{T}}\boldsymbol{\alpha}\}^{-1}\boldsymbol{\alpha}^{*\mathrm{T}} = \{\boldsymbol{u}_T^{*\mathrm{T}}\}^{-1}\sqrt{\boldsymbol{\lambda}_i}\{\Delta\boldsymbol{A}^{*\mathrm{T}}\Delta\boldsymbol{A}\}^{-1}\Delta\boldsymbol{A}^{*\mathrm{T}} \tag{11.84}$$

代入式(11.80)，最后得

$$\boldsymbol{U} = -\{\boldsymbol{\alpha}^{*\mathrm{T}}\boldsymbol{\alpha}\}^{-1}\boldsymbol{\alpha}^{*\mathrm{T}}\boldsymbol{A}_0 = -\{\boldsymbol{u}_T^{*\mathrm{T}}\}^{-1}\sqrt{\boldsymbol{\lambda}_i}\{\Delta\boldsymbol{A}^{*\mathrm{T}}\Delta\boldsymbol{A}\}^{-1}\Delta\boldsymbol{A}^{*\mathrm{T}}\boldsymbol{A}_0 \tag{11.85}$$

代入式(11.75)的正交条件，式(11.85)变为

$$\boldsymbol{U} = -\{\boldsymbol{\alpha}^{*\mathrm{T}}\boldsymbol{\alpha}\}^{-1}\boldsymbol{\alpha}^{*\mathrm{T}}\boldsymbol{A}_0 = -\boldsymbol{u}_T\sqrt{\boldsymbol{\lambda}_i}\{\Delta\boldsymbol{A}^{*\mathrm{T}}\Delta\boldsymbol{A}\}^{-1}\Delta\boldsymbol{A}^{*\mathrm{T}}\boldsymbol{A}_0 \tag{11.86}$$

由于试重组矩阵 $\boldsymbol{U}_T$ 或 $\boldsymbol{u}_T^{\mathrm{T}}$ 是正交矩阵，因此，只需检验试重效果矢量 $\Delta\boldsymbol{A}_1$，$\Delta\boldsymbol{A}_2$，…，$\Delta\boldsymbol{A}_m$ 之间的线性相关性，就可检验平衡面的线性相关性。检验的方法和判定准则与 11.6.3 节相同。

3. 正交试重组的确定

第 1 个试重组可根据经验施加。原则是，尽量保证施加试重组后，转子振动不会超过允许值。

不妨以 3 面平衡为例来说明正交试重组的确定。

假设第 1 个试重组为

$$\boldsymbol{U}_{T1} = [\boldsymbol{u}_{T11} \quad \boldsymbol{u}_{T21} \quad \boldsymbol{u}_{T31}]^{\mathrm{T}} \tag{11.87}$$

第 2 个试重组为

$$\boldsymbol{U}_{T2} = [\boldsymbol{u}_{T12} \quad \boldsymbol{u}_{T22} \quad \boldsymbol{u}_{T32}]^{\mathrm{T}} \tag{11.88}$$

须满足，

$$\boldsymbol{U}_{T2}^{*\mathrm{T}}\boldsymbol{U}_{T1} = 0 \tag{11.89}$$

或

$$\boldsymbol{u}_{T11}\boldsymbol{u}_{T12}^{*} + \boldsymbol{u}_{T21}\boldsymbol{u}_{T22}^{*} + \boldsymbol{u}_{T31}\boldsymbol{u}_{T32}^{*} = 0 \tag{11.90}$$

从式(11.90)无法解出第 2 个试重组的全部分量。实际中，可以选择：

$$\boldsymbol{u}_{T12} = \boldsymbol{u}_{T11} \tag{11.91}$$

$$\boldsymbol{u}_{T22} = \boldsymbol{u}_{T21} \tag{11.92}$$

于是，由式(11.90)解出 $\boldsymbol{u}_{T32}$，即

$$\boldsymbol{u}_{T32} = -(|\boldsymbol{u}_{T11}|^{2} + |\boldsymbol{u}_{T21}|^{2})/\boldsymbol{u}_{T31}^{*} \tag{11.93}$$

第 3 个试重组 $\boldsymbol{U}_{T3}$ 应满足，

$$\boldsymbol{U}_{T3}^{*\mathrm{T}}\boldsymbol{U}_{T1} = 0 \tag{11.94}$$

$$\boldsymbol{U}_{T3}^{*\mathrm{T}}\boldsymbol{U}_{T2} = 0 \tag{11.95}$$

由此得到 2 个方程：

$$\boldsymbol{u}_{T11}\boldsymbol{u}_{T13}^{*} + \boldsymbol{u}_{T21}\boldsymbol{u}_{T23}^{*} + \boldsymbol{u}_{T31}\boldsymbol{u}_{T33}^{*} = 0 \tag{11.96}$$

$$\boldsymbol{u}_{T12}\boldsymbol{u}_{T13}^{*} + \boldsymbol{u}_{T22}\boldsymbol{u}_{T23}^{*} + \boldsymbol{u}_{T32}\boldsymbol{u}_{T33}^{*} = 0 \tag{11.97}$$

可取 $\boldsymbol{u}_{T13} = \boldsymbol{u}_{T11}$，则由式(11.96)和式(11.97)就可解得 $\boldsymbol{u}_{T23}$ 和 $\boldsymbol{u}_{T33}$。

### 11.7.2　基于任意试重组的影响系数平衡法

如上节所述，基于正交试重组的影响系数法要求试重组必须正交。若只能在转子平衡面的固定方位上施加试重，则可能因无法在计算所得的方位上施加试重，导致平衡无法进行。因此，需要针对任意试重组，建立影响系数平衡法。此时，拟采用奇异值分解的方法求解影响系数，要求每次所加的试重矢量之间不相关。

设在动平衡实验中，共有 $K$ 个平衡面，共进行了 $H$ 次加试重运行。对于多平面

同时加试重的情况，需有足够次数的加试重运行，方可进行平衡计算。也就是说，对于具有 $K$ 个平衡面的动平衡，试重运行次数不应小于平衡面数 $K$。

1. 数据组织

1）响应矩阵

$\boldsymbol{A}_h$ 为第 $h$ 次加试重后 $M$ 个测点的振动量所组成的振动向量：

$$\boldsymbol{A}_h = [\boldsymbol{A}_{1h}, \boldsymbol{A}_{2h}, \cdots, \boldsymbol{A}_{Mh}]^{\mathrm{T}} \tag{11.98}$$

则由振动向量所构成的响应矩阵为

$$[\boldsymbol{A}]_{M\times H} = [\boldsymbol{A}_0, \quad \boldsymbol{A}_1, \quad \cdots, \quad \boldsymbol{A}_H] \tag{11.99}$$

式中，$\boldsymbol{A}_0$ 为未加试重时的初始振动向量。

2）试重矩阵

$\boldsymbol{U}_{Th}$ 为第 $h$ 次加试重时 $K$ 个平衡面的试重所构成的试重向量：

$$\boldsymbol{U}_{Th} = [\boldsymbol{u}_{T1h}, \boldsymbol{u}_{T2h}, \cdots, \boldsymbol{u}_{TKh}]^{\mathrm{T}} \tag{11.100}$$

则由试重向量所构成的试重矩阵为

$$[\boldsymbol{U}_T]_{M\times H} = [\boldsymbol{U}_{T1}, \quad \boldsymbol{U}_{T2}, \quad \cdots, \quad \boldsymbol{U}_{TH}] \tag{11.101}$$

3）影响系数矩阵

$M$ 个测点和 $K$ 个加试重面所生成的影响系数矩阵为

$$[\boldsymbol{\alpha}]_{M\times K} = \begin{bmatrix} \boldsymbol{\alpha}_{11}, \boldsymbol{\alpha}_{12}, \cdots, \boldsymbol{\alpha}_{1K} \\ \cdots \\ \boldsymbol{\alpha}_{M1}, \boldsymbol{\alpha}_{M2}, \cdots, \boldsymbol{\alpha}_{MK} \end{bmatrix} \tag{11.102}$$

2. 影响系数求解

1）变化量矩阵

$\Delta\boldsymbol{A}_h$ 为第 $h$ 次加试重在 $M$ 个测点所引起的振动变化量构成的向量，由振动变化向量所构成的振动变化量矩阵则为

$$[\Delta\boldsymbol{A}]_{M\times H} = [\Delta\boldsymbol{A}_1, \quad \Delta\boldsymbol{A}_2, \quad \cdots, \quad \Delta\boldsymbol{A}_H] \tag{11.103}$$

式中，

$$\Delta\boldsymbol{A}_h = \boldsymbol{A}_h - \boldsymbol{A}_0, \ 1 \leqslant h \leqslant H \tag{11.104}$$

2）解算影响系数矩阵

加试重后转子的响应与加试重量呈线性关系，故有如下的矩阵方程：

$$[\boldsymbol{\alpha}]_{M\times K}[\boldsymbol{U}_T]_{K\times H} = [\Delta\boldsymbol{A}]_{M\times H} \tag{11.105}$$

只要每次所加的试重矢量之间不相关,就可求出可靠的影响系数矩阵。对试重矩阵进行奇异值分解后得

$$[\boldsymbol{U}_T]_{K\times H} = [\boldsymbol{W}]_{K\times K}[\boldsymbol{S}]_{K\times H}[\boldsymbol{V}]^{*\mathrm{T}}_{H\times H} \tag{11.106}$$

式中, $\boldsymbol{W}$ 和 $\boldsymbol{V}$ 均为单位正交阵; $S=\begin{bmatrix}\Sigma & 0\\ 0 & 0\end{bmatrix}$, $\Sigma=\mathrm{diag}(\sigma_1, \sigma_2, \cdots, \sigma_r)$, 而 $\sigma_i(i=1, 2, \cdots, r)$ 为矩阵 $\boldsymbol{U}_T$ 的全部非零奇异值。

$\boldsymbol{U}_T$ 的广义逆矩阵为

$$[\boldsymbol{U}_T]^{+}_{H\times K} = [\boldsymbol{V}]_{H\times H}\begin{bmatrix}\Sigma^{-1} & 0\\ 0 & 0\end{bmatrix}_{H\times K}[\boldsymbol{W}]^{*\mathrm{T}}_{K\times K} \tag{11.107}$$

$$[\boldsymbol{\alpha}]_{M\times K} = [\Delta\boldsymbol{A}]_{M\times H}[\boldsymbol{U}_T]^{+}_{H\times K} \tag{11.108}$$

将式(11.107)代入式(11.108),得到影响系数矩阵:

$$[\boldsymbol{\alpha}]_{M\times K} = [\Delta\boldsymbol{A}]_{M\times H}[\boldsymbol{V}]_{H\times H}\begin{bmatrix}\Sigma^{-1} & O\\ O & O\end{bmatrix}_{H\times K}[\boldsymbol{W}]^{*\mathrm{T}}_{K\times K} \tag{11.109}$$

3. 计算校正质量

由响应与不平衡之间的线性关系,得到平衡方程:

$$\boldsymbol{\alpha U} = -\boldsymbol{A}_0 \tag{11.110}$$

式中, $\boldsymbol{U}$ 为校正质量, $\boldsymbol{A}_0$ 为初始振动向量。

平衡方程(11.110)的意义为,求出使转子在 $M$ 个测点的振动量均为零的校正质量。但人们希望,采用尽量小的校正质量达到平衡精度要求。因此,使用 Goodman 提出的最小二乘法求解平衡方程(11.110),即求一组校正质量,使得转子的残余振动最小。通过奇异值分解的方法,求解影响系数矩阵的广义逆矩阵 $\boldsymbol{\alpha}^{+}$,可得到平衡方程(11.110)的最小二乘解:

$$\boldsymbol{U} = -(\boldsymbol{\alpha}^{*\mathrm{T}}\boldsymbol{\alpha})^{-1}\boldsymbol{\alpha}^{*\mathrm{T}}\boldsymbol{A}_0 \tag{11.111}$$

4. 对试重组的要求

如上所述,基于正交试重组的影响系数法要求每次所加的试重组两两正交,而基于任意试重组的影响系数法则只要求每次加试重矢量间不相关。下面以双平衡面为例,对比两种方法对试重组的要求。

现以平衡如图 11.6 所示的转子为例,来分析比较上述的两种平衡方法。假设测点 2 的振动值大于测点 1 的振动值,且二者反相。此时,可以根据经验和转子动

力学特性,估计出滞后角。在平衡面Ⅰ和Ⅱ上分别施加重量组 $\boldsymbol{U}_T=\begin{bmatrix}u_{t1}\\u_{t2}\end{bmatrix}=\begin{bmatrix}1\\-2\end{bmatrix}$(负号表示反相施加重量)。若未得到满意的平衡效果,则可将 $\boldsymbol{U}_T$ 作为第一次试重组 $\boldsymbol{U}_{T1}$,即 $\boldsymbol{U}_{T1}=\boldsymbol{U}_T$。

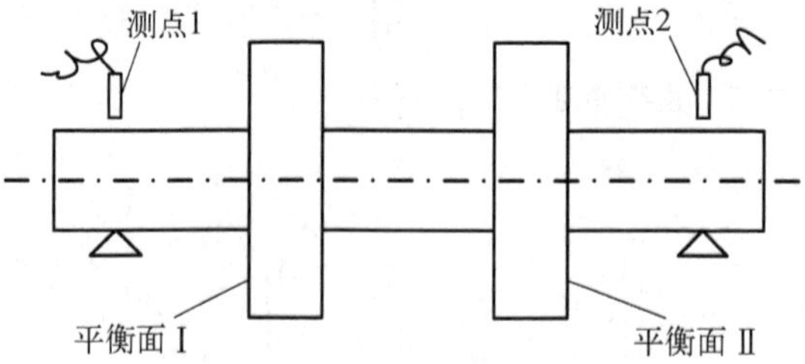


**图 11.6 动不平衡转子,双平衡面**

当使用基于正交试重组的影响系数法时,要求第二次试重组 $\boldsymbol{U}_{T2}$ 与 $\boldsymbol{U}_{T1}$ 正交。即 $\boldsymbol{U}_{T2}$ 中的两个试重必须同相,例如 $\boldsymbol{U}_{T2}=\begin{bmatrix}2\\1\end{bmatrix}$。那么势必导致一个测点处的振动加剧。若使用基于任意试重组的影响系数法,则 $\boldsymbol{U}_{T2}$ 无须与 $\boldsymbol{U}_{T1}$ 正交。可以根据振动量、转子动力学特性和经验,继续施加反相试重组。

### 11.7.3 基于正交试重组的影响系数法和基于任意试重组的影响系数法的关系[11]

本节分析基于正交试重组的影响系数法和基于任意试重组的影响系数法之间的关系。对转子施加正交试重组 $[\boldsymbol{U}_T]_{K\times K}$(加试重次数 $H=K$),使用基于任意试重组的影响系数法平衡转子,则有矩阵方程:

$$[\boldsymbol{\alpha}]_{M\times K}[\boldsymbol{U}_T]_{K\times K}=[\Delta \boldsymbol{A}]_{M\times K} \tag{11.112}$$

对试重组矩阵 $[\boldsymbol{U}_T]_{K\times K}$ 进行奇异值分解:

$$[\boldsymbol{U}_T]_{K\times K}=[\boldsymbol{W}]_{K\times K}[\boldsymbol{S}]_{K\times K}[\boldsymbol{V}]^{*\mathrm{T}}_{K\times K} \tag{11.113}$$

式中, $\boldsymbol{S}=\mathrm{diag}(\sigma_1,\ \sigma_2,\ \cdots,\ \sigma_K)$, $\sigma_i(i=1,\ 2,\ \cdots,\ K)$ 为 $\boldsymbol{U}_T$ 的奇异值; $[\boldsymbol{W}]_{K\times K}$ 和 $[\boldsymbol{V}]^{*\mathrm{T}}_{K\times K}$ 是单位正交矩阵。

将式(11.113)代入式(11.112),可得影响系数矩阵:

$$\boldsymbol{\alpha}=\Delta \boldsymbol{A}\boldsymbol{V}\boldsymbol{S}^{-1}\boldsymbol{W}^{*\mathrm{T}} \tag{11.114}$$

1. 求试重组矩阵 $\boldsymbol{U}_T$ 的奇异值

由式(11.70)可知, $\boldsymbol{U}_T{}^{*\mathrm{T}}\boldsymbol{U}_T$ 的特征值为 $\lambda_i(i=1,\ 2,\ \cdots,\ K)$。 $\boldsymbol{U}_T$ 的奇异值为

$\sigma_i = \sqrt{\lambda_i}(i = 1, 2, \cdots, K)$，故有

$$\boldsymbol{S} = \mathrm{diag}(\sqrt{\lambda_1}, \sqrt{\lambda_2}, \cdots, \sqrt{\lambda_K}) \tag{11.115}$$

2. 求 $\boldsymbol{W}$

由式(11.113)得

$$\boldsymbol{U}_T\boldsymbol{U}_T^{*\mathrm{T}} = \boldsymbol{W}\boldsymbol{S}^2\boldsymbol{W}^{*\mathrm{T}} = \boldsymbol{W}\begin{bmatrix} \lambda_1 & 0 & \cdots & 0 \\ 0 & \lambda_2 & \cdots & 0 \\ \cdots & \cdots & \cdots & \cdots \\ 0 & 0 & \cdots & \lambda_K \end{bmatrix}\boldsymbol{W}^{*\mathrm{T}} \tag{11.116}$$

由式(11.73)，可求得

$$\boldsymbol{U}_T\boldsymbol{U}_T^{*\mathrm{T}} = \boldsymbol{u}_T\sqrt{\lambda_i}\sqrt{\lambda_i}\boldsymbol{u}_T^{*\mathrm{T}} = \boldsymbol{u}_T\lambda_i\boldsymbol{u}_T^{*\mathrm{T}} \tag{11.117}$$

联立式(11.116)和式(11.117)，可得

$$\boldsymbol{W} = \boldsymbol{u}_T \tag{11.118}$$

3. 求 $\boldsymbol{V}$

由式(11.113)得

$$\boldsymbol{U}_T^{*\mathrm{T}}\boldsymbol{U}_T = \boldsymbol{V}\boldsymbol{S}^2\boldsymbol{V}^{*\mathrm{T}} = \boldsymbol{V}\begin{bmatrix} \lambda_1 & 0 & \cdots & 0 \\ 0 & \lambda_2 & \cdots & 0 \\ \cdots & \cdots & \cdots & \cdots \\ 0 & 0 & \cdots & \lambda_K \end{bmatrix}\boldsymbol{V}^{*\mathrm{T}} \tag{11.119}$$

由式(11.73)，可求得

$$\boldsymbol{U}_T^{*\mathrm{T}}\boldsymbol{U}_T = \sqrt{\lambda_i}\boldsymbol{u}_T^{*\mathrm{T}}\boldsymbol{u}_T\sqrt{\lambda_i} = \lambda_i \tag{11.120}$$

联立式(11.119)和式(11.120)，可得

$$\boldsymbol{V} = \boldsymbol{I} \tag{11.121}$$

式中，$\boldsymbol{I}$ 为单位矩阵。

将式(11.115)、式(11.118)和式(11.121)代入式(11.114)，可得影响系数矩阵：

$$\boldsymbol{\alpha} = \Delta\boldsymbol{A}\sqrt{\lambda_i}^{-1}\boldsymbol{u}_T^{*\mathrm{T}} \tag{11.122}$$

式(11.122)与式(11.78)一致。由此可见,使用11.7.2节基于任意试重组的影响系数法时,若施加正交试重组,则算法蜕化为基于正交试重组的影响系数法。换言之,基于正交试重组的影响系数法是基于任意试重组的影响系数法的一个特例。后者放宽了对试重组的要求。

## 参考文献


[1] GASCH R, NORDMANN R, PFUETZNER H. Rotordynamik[M]. Berlin: Springer, 2002.
[2] KRAEMER E. Dynamics of rotors and foundations[M]. Berlin: Springer-Verlag, 1993.
[3] VANCE J. M. Rotordynamics of turbomachinery[M]. New York: John Wiley & Sons, 1988.
[4] 顾家柳. 转子动力学[M]. 北京: 国防工业出版社,1981.
[5] 钟一谔,何衍宗,王正,等. 转子动力学[M]. 北京: 清华大学出版社,1987.
[6] SCHNEIDER H. Auswucht-Technik[M]. Duesseldorf: VDI Verlag, 1992.
[7] LINGENER A. Auswuchten-Theorie und praxis[M]. Berlin: Verlag Technik, 1992.
[8] DARLOW M S. Balancing of high-speed machinery[M]. New York: Springer-Verlag, 1989.
[9] 张春雷. 旋转机械状态监测与现场动平衡[D]. 西安: 西北工业大学,2002.
[10] 李颖峰. 高速转子动平衡方法及平衡系统研究[D]. 西安: 西北工业大学,2007.
[11] 廖明夫. 航空发动机转子动力学[M]. 西安: 西北工业大学出版社,2015.

# 第12章 单转子模态动平衡理论与方法

如前面章节所述,航空发动机工作转速范围之内,转子系统具有若干阶模态,完全"避开共振"是非常困难的。因此,需要按照"可容模态"的设计方法来进行转子系统的动力学设计。转子的动平衡是转子"可容模态"设计方法的关键内容。对于运转在一阶、二阶甚至三阶弯曲临界转速之上的发动机转子,一般的刚性转子动平衡工艺达不到"可容模态"的平衡要求。必须将其视作柔性转子进行高速动平衡。柔性转子动平衡要比刚性转子动平衡复杂得多。它涉及平衡面的选取、各阶模态的确定、转子振动的测量、试重的加法、组件的平衡次序等诸多方面的问题。因此,目前无标准的平衡机和平衡工艺来进行柔性转子动平衡。

一般采用影响系数平衡法或模态平衡法对柔性转子实施动平衡。本书第11章曾系统地介绍了影响系数平衡法。本章将详细介绍单转子模态动平衡理论和方法。模态平衡法适用的条件是转子的振型可解耦。实际上,要求转子系统的阻尼很小。对于支承在滚动轴承上的转子来说,这一条件一般是满足的。模态平衡法基于转子模态分析,算法透明,物理意义很明确。本章将介绍单转子模态动平衡的$N$平面法、$N+2$平面法、向前正交平衡法、全正交平衡法以及模态动平衡的步骤和流程[1-10],以便于读者能系统、完整地学习和掌握。

## 12.1 柔性单转子的运动方程和模态正交性

### 12.1.1 运动方程

为简单起见,以一各向同性的简支柔性轴作为分析对象。如图12.1所示,轴的刚度为$EI(x)$,单位长度的质量为$\sigma(x)$。轴的质量中心$S(W_S, V_S)$和轴的几何中心$(W, V)$不重合,即存在质心偏移$[\varepsilon(x), \beta(x)]$。假设转轴稳态运转,角速度为$\Omega$。

在轴上取一微元段d$x$,其受力如图12.1所示。于是,在$ozx$平面,得到力矩平衡方程:

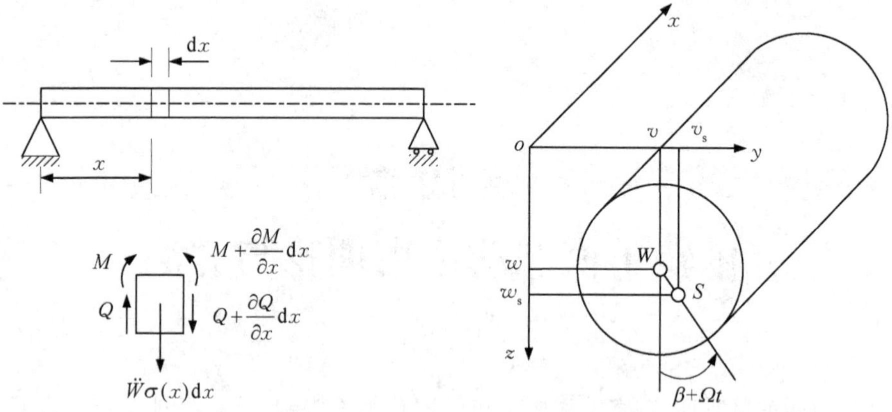


**图 12.1　轴微元段受力图及截面位移坐标图**[4,9]

$$M+\frac{\partial M}{\partial x}\mathrm{d}x-M-\left[Q+\frac{\partial Q}{\partial x}\mathrm{d}x\right]\mathrm{d}x-\sigma(x)\ddot{W}(x,\ t)\mathrm{d}x\ \frac{1}{2}\mathrm{d}x=0 \tag{12.1}$$

忽略高阶量 $(\mathrm{d}x)^2$ 之后，得

$$\frac{\partial M}{\partial x}-Q=0 \tag{12.2}$$

故

$$Q=\frac{\partial M}{\partial x} \tag{12.3}$$

由力平衡方程：

$$Q-Q-\frac{\partial Q}{\partial x}\mathrm{d}x-\sigma(x)\ddot{W}(x,\ t)\mathrm{d}x=0 \tag{12.4}$$

得

$$\frac{\partial Q}{\partial x}=-\sigma(x)\ddot{W}(x,\ t) \tag{12.5}$$

将式(12.3)代入，得

$$\frac{\partial^2 M}{\partial x^2}=-\sigma(x)\ddot{W}(x,\ t) \tag{12.6}$$

根据材料力学可知，

$$M=EI\frac{\partial^2 W(x,\ t)}{\partial x^2} \tag{12.7}$$

代入方程(12.6),得

$$\frac{\partial^2}{\partial x^2}\left(EI\frac{\partial^2 W(x,\ t)}{\partial x^2}\right) = -\sigma(x)\ddot{W}(x,\ t) \tag{12.8}$$

如图 12.1 所示,轴的质心位移和几何中心位移有如下的关系:

$$W_s(x,\ t) = W(x,\ t) + \varepsilon(x)\cos[\beta(x) + \Omega t] \tag{12.9}$$

$$V_s(x,\ t) = V(x,\ t) + \varepsilon(x)\sin[\beta(x) + \Omega t] \tag{12.10}$$

则加速度为

$$\ddot{W}_s(x,\ t) = \ddot{W}(x,\ t) - \Omega^2\varepsilon(x)\cos[\beta(x) + \Omega t] \tag{12.11}$$

$$\ddot{V}_s(x,\ t) = \ddot{V}(x,\ t) - \Omega^2\varepsilon(x)\sin[\beta(x) + \Omega t] \tag{12.12}$$

根据方程(12.8),得到在 $z$ 方向和 $y$ 方向的运动方程为

$$\frac{\partial^2}{\partial x^2}\left(EI\frac{\partial^2 W(x,\ t)}{\partial x^2}\right) + \sigma(x)\ddot{W}(x,\ t) = \Omega^2\sigma(x)\varepsilon(x)\cos[\Omega t + \beta(x)] \tag{12.13}$$

$$\frac{\partial^2}{\partial x^2}\left(EI\frac{\partial^2 V(x,\ t)}{\partial x^2}\right) + \sigma(x)\ddot{V}(x,\ t) = \Omega^2\sigma(x)\varepsilon(x)\sin[\Omega t + \beta(x)] \tag{12.14}$$

方程(12.13)和方程(12.14)是关于转轴几何中心位移($W,\ V$)的运动方程。用几何中心位移 $W$ 和 $V$ 来表示转轴的运动,便于测量。方程(12.13)和方程(12.14)的解由两部分组成:

$$W(x,\ t) = W_h(x,\ t) + W_p(x,\ t) \tag{12.15}$$

$$V(x,\ t) = V_h(x,\ t) + V_p(x,\ t) \tag{12.16}$$

其中, $W_h(x,\ t)$ 和 $V_h(x,\ t)$ 分别为齐次方程的通解,而 $W_p(x,\ t)$ 和 $V_p(x,\ t)$ 则为非齐次方程的特解。

### 12.1.2　振动模态

为确定转轴的模态,先求解齐次方程的通解 $W_h(x,\ t)$ 和 $V_h(x,\ t)$。不妨先只求解 $z$ 方向的运动方程,即

$$\frac{\partial^2}{\partial x^2}\left[EI\frac{\partial^2 W_h}{\partial x^2}\right] + \sigma(x)\ddot{W}_h(x,\ t) = 0 \tag{12.17}$$

假设转轴的运动在时间和空间上是可分离的,即解具有如下形式:

$$W_h(x,\ t) = W(x)\sin(\omega_z t) \tag{12.18}$$

$$\ddot{W}_h(x,\ t) = -\omega_z^2 W(x)\sin(\omega_z t) \tag{12.19}$$

代入方程(12.17),得

$$\frac{\mathrm{d}^2}{\mathrm{d}x^2}\left[EI\frac{\mathrm{d}^2 W(x)}{\mathrm{d}x^2}\right] - \omega_z^2 \sigma(x) W(x) = 0 \tag{12.20}$$

根据边界条件和方程(12.20)就可解出转轴的振型和自振频率(或临界转速)。为给出简单的示例,不妨假设,等截面均质轴铰支在绝对刚性的支承上。此时,方程(12.20)变为

$$EI\frac{\mathrm{d}^4 W(x)}{\mathrm{d}x^4} - \omega_z^2 \sigma W(x) = 0 \tag{12.21}$$

两边同除 $EI$, 并令

$$\frac{\omega_z^2 \sigma}{EI} = k^4 \tag{12.22}$$

则有

$$\frac{\mathrm{d}^4 W(x)}{\mathrm{d}x^4} - k^4 W(x) = 0 \tag{12.23}$$

设方程的解为

$$W(x) = W\mathrm{e}^{\lambda x} \tag{12.24}$$

$$\frac{d^4 W(x)}{\mathrm{d}x^4} = \lambda^4 W\mathrm{e}^{\lambda x} \tag{12.25}$$

代入方程(12.23),得

$$\lambda^4 - k^4 = 0 \tag{12.26}$$

$$\lambda^4 = k^4 \tag{12.27}$$

$$\lambda_{1,\ 2} = \pm k \tag{12.28}$$

$$\lambda_{3,\ 4} = \pm \mathrm{j}k \tag{12.29}$$

故

$$W(x) = A\mathrm{e}^{kx} + B\mathrm{e}^{-kx} + C\mathrm{e}^{\mathrm{j}kx} + D\mathrm{e}^{-\mathrm{j}kx} \tag{12.30}$$

$$W'(x) = Ak\mathrm{e}^{kx} - Bk\mathrm{e}^{-kx} + C\mathrm{j}k\mathrm{e}^{\mathrm{j}kx} - D\mathrm{j}k\mathrm{e}^{-\mathrm{j}kx} \tag{12.31}$$

$$W''(x) = Ak^2 e^{kx} + Bk^2 e^{-kx} - Ck^2 e^{jkx} - Dk^2 e^{-jkx} \tag{12.32}$$

边界条件为

$$x = 0,\ W(0) = 0,\ W''(0) = 0 \tag{12.33}$$

$$x = L,\ W(L) = 0,\ W''(L) = 0 \tag{12.34}$$

将边界条件式(12.33)代入式(12.30)和式(12.32),得

$$A + B + C + D = 0 \tag{12.35}$$

$$Ak^2 + Bk^2 - Ck^2 - Dk^2 = 0 \tag{12.36}$$

由此解得

$$A =- B \tag{12.37}$$

$$C =- D \tag{12.38}$$

再将边界条件式(12.34)代入式(12.30)和式(12.32),可得

$$0 = Ae^{kL} + Be^{-kL} + Ce^{jkL} + De^{-jkL} \tag{12.39}$$

$$0 = Ak^2 e^{kL} + Bk^2 e^{-kL} - Ck^2 e^{jkL} - Dk^2 e^{-jkL} \tag{12.40}$$

结合式(12.37)和式(12.38),解得

$$Ae^{kL} + Be^{-kL} = B(e^{-kL} - e^{kL}) = 0 \tag{12.41}$$

$$D(e^{-jkL} - e^{jkL}) = 0 \tag{12.42}$$

若 $D = 0$, 则 $C = 0$。 进而由于,

$$e^{-kL} - e^{kL} \neq 0 \tag{12.43}$$

故须有

$$A = B = 0 \tag{12.44}$$

最终得到 $W(x) = 0$。 这表明,转轴不运动,这不是所要求的解。因此,要满足 $D \neq 0$, $C \neq 0$, 须有

$$e^{-jkL} - e^{jkL} = 0 \tag{12.45}$$

按照欧拉公式展开,得

$$\cos kL - j\sin kL - \cos kL - j\sin kL = 0 \tag{12.46}$$

进一步解得

$$\sin kL = 0 \tag{12.47}$$

故有

$$kL = n\pi,\ n = 1,\ 2,\ 3,\ \cdots \tag{12.48}$$

将式(12.22)代入,最后解得临界转速为

$$\frac{\omega_{zn}^2\sigma}{EI} = k^4 = \left(\frac{n\pi}{L}\right)^4 \tag{12.49}$$

$$\omega_{zn} = \left(\frac{n\pi}{L}\right)^2\sqrt{\frac{EI}{\sigma}},\ n = 1,\ 2,\ 3,\ \cdots \tag{12.50}$$

式中,$\omega_{zn}$ 为第 $n$ 阶($n = 1,\ 2,\ 3,\ \cdots$)临界转速。

表 12.1 列出了前 3 阶临界转速和振型的表达式。

**表 12.1　前 3 阶临界转速和振型的表达式**

| 模态阶数 $n$ | 临界转速 $\omega_{zn}$ | 振　　型 |
|---|---|---|
| 1 | $\omega_{z1} = \left(\frac{\pi}{L}\right)^2\sqrt{\frac{EI}{\sigma}}$ | $W_1 = \sin\left(\frac{\pi x}{L}\right)$ |
| 2 | $\omega_{z2} = \left(\frac{2\pi}{L}\right)^2\sqrt{\frac{EI}{\sigma}}$ | $W_2 = \sin\left(\frac{2\pi x}{L}\right)$ |
| 3 | $\omega_{z3} = \left(\frac{3\pi}{L}\right)^2\sqrt{\frac{EI}{\sigma}}$ | $W_3 = \sin\left(\frac{3\pi x}{L}\right)$ |

图 12.2 表示转轴的前三阶振型。

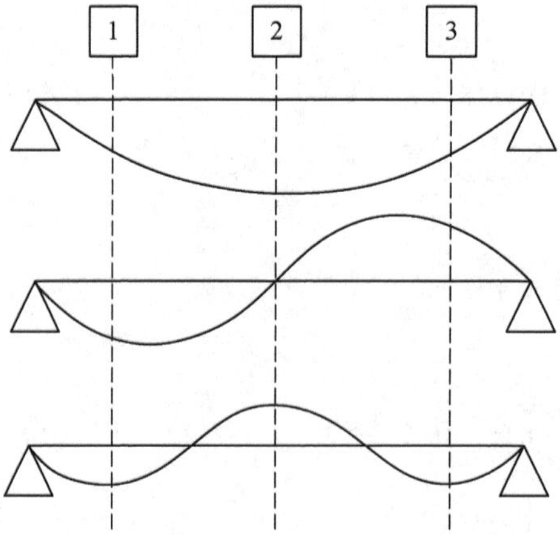


**图 12.2　转轴的前三阶振型图**[1,4,10]

转轴的自由振动则由各阶模态组成:

$$W_h(x,\ t) = \sum_{i=1}^{\infty} W_i(x)\left[A_i(x)\cos(\omega_{zi}t) + B_i(x)\sin(\omega_{zi}t)\right] \tag{12.51}$$

其中,常数 $A_i(x)$ 和 $B_i(x)$ 由初始条件所决定。

对于复杂的转子,其振型 $W_i(x)$ 和自振频率 $\omega_{zi}$ 可用传递矩阵法或者有限元法数值求解。

一般情况下,转子单阶纯模态振动并

不发生。因为这样的初始条件很难出现。但振型对转子动平衡非常重要。

### 12.1.3　单转子振型的正交特性

把第 $i$ 阶模态对应的齐次解：

$$W_i(x, t) = W_i(x)[A_i\cos(\omega_{zi}t) + B_i\sin(\omega_{zi}t)] \tag{12.52}$$

代入方程(12.21),得

$$EI\frac{\mathrm{d}^4 W_i(x)}{\mathrm{d}x^4} - \omega_{zi}^2\sigma(x)W_i(x) = 0 \tag{12.53}$$

对第 $k$ 阶振型,同样有

$$EI\frac{\mathrm{d}^4 W_k(x)}{\mathrm{d}x^4} - \omega_{zk}^2\sigma(x)W_k(x) = 0 \tag{12.54}$$

方程(12.53)两边同乘 $W_k(x)$，得

$$EI\frac{\mathrm{d}^4 W_i(x)}{\mathrm{d}x^4}W_k(x) - \omega_{zi}^2\sigma(x)W_i(x)W_k(x) = 0 \tag{12.55}$$

方程(12.54)两边同乘 $W_i(x)$，得

$$EI\frac{\mathrm{d}^4 W_k(x)}{\mathrm{d}x^4}W_i(x) - \omega_{zk}^2(x)\sigma(x)W_k(x)W_i(x) = 0 \tag{12.56}$$

对方程(12.55)两边同时积分：

$$\int_0^L EI\frac{\mathrm{d}^4 W_i(x)}{\mathrm{d}x^4}W_k(x)\mathrm{d}x - \omega_{zi}^2\int_0^L \sigma(x)W_i(x)W_k(x)\mathrm{d}x = 0 \tag{12.57}$$

$$\int_0^L EI\frac{\mathrm{d}^4 W_i(x)}{\mathrm{d}x^4}W_k(x)\mathrm{d}x = EIW_k(x)\frac{\mathrm{d}^3 W_i}{\mathrm{d}x^3}\Bigg|_0^L - \int_0^L EI\frac{\mathrm{d}^3 W_i}{\mathrm{d}x^3}\frac{\mathrm{d}W_k}{\mathrm{d}x}\mathrm{d}x \tag{12.58}$$

对于双铰支轴,边界条件为

$$W_k(0) = W_k(L) = 0 \tag{12.59}$$

对于悬臂轴,悬臂端的边界条件：

$$\frac{\mathrm{d}^3 W_i(x)}{\mathrm{d}x^3}\Bigg|_{x=L} = 0 \tag{12.60}$$

故

$$EIW_k(x)\frac{\mathrm{d}^3W_i(x)}{\mathrm{d}x^3}\bigg|_0^L\equiv 0 \tag{12.61}$$

$$\int_0^L EI\frac{\mathrm{d}^3W_i(x)}{\mathrm{d}x^3}\frac{\mathrm{d}W_k(x)}{\mathrm{d}x}\mathrm{d}x=$$

$$EI\frac{\mathrm{d}W_k(x)}{\mathrm{d}x}\frac{\mathrm{d}^2W_i(x)}{\mathrm{d}x^2}\bigg|_0^L-\int_0^L EI\frac{\mathrm{d}^2W_i(x)}{\mathrm{d}x^2}\frac{\mathrm{d}^2W_k(x)}{\mathrm{d}x^2}\mathrm{d}x \tag{12.62}$$

双铰支轴的边界条件：

$$\frac{\mathrm{d}^2W_i(x)}{\mathrm{d}x^2}\bigg|_0^L=0 \tag{12.63}$$

悬臂轴的铰支端边界条件：

$$\frac{\mathrm{d}^2W_i(x)}{\mathrm{d}x^2}\bigg|_0=0 \tag{12.64}$$

悬臂端边界条件：

$$\frac{\mathrm{d}^2W_i(x)}{\mathrm{d}x^2}\bigg|_L=0 \tag{12.65}$$

最终得

$$\int_0^L EI\frac{\mathrm{d}^4W_i(x)}{\mathrm{d}x^4}W_k(x)\mathrm{d}x=\int_0^L EI\frac{\mathrm{d}^2W_i(x)}{\mathrm{d}x^2}\frac{\mathrm{d}^2W_k(x)}{\mathrm{d}x^2}\mathrm{d}x \tag{12.66}$$

同样对方程(12.56)两边进行积分，考虑到边界条件之后，同理可得

$$\int_0^L EI\frac{\mathrm{d}^4W_k(x)}{\mathrm{d}x^4}W_i(x)\mathrm{d}x=\int_0^L EI\frac{\mathrm{d}^2W_k(x)}{\mathrm{d}x^2}\frac{\mathrm{d}^2W_i(x)}{\mathrm{d}x^2}\mathrm{d}x \tag{12.67}$$

将式(12.66)和式(12.67)分别代入第 $i$ 阶和 $k$ 阶的模态积分方程：

$$\int_0^L EI\frac{\mathrm{d}^2W_i(x)}{\mathrm{d}x^2}\frac{\mathrm{d}^2W_k(x)}{\mathrm{d}x^2}\mathrm{d}x-\omega_{zi}^2\int_0^L\sigma(x)W_k(x)W_i(x)\mathrm{d}x=0 \tag{12.68}$$

$$\int_0^L EI\frac{\mathrm{d}^2W_i(x)}{\mathrm{d}x^2}\frac{\mathrm{d}^2W_k(x)}{\mathrm{d}x^2}\mathrm{d}x-\omega_{zk}^2\int_0^L\sigma(x)W_k(x)W_i(x)\mathrm{d}x=0 \tag{12.69}$$

方程(12.69)减去方程(12.68)得

$$(\omega_{zi}^2 - \omega_{zk}^2)\int_0^L \sigma(x) W_k(x) W_i(x)\,\mathrm{d}x = 0 \tag{12.70}$$

由于 $\omega_{zi} \neq \omega_{zk}(i \neq k)$，故有

$$\int_0^L \sigma(x) W_k(x) W_i(x)\,\mathrm{d}x = 0 \tag{12.71}$$

进而有

$$\int_0^L EI \frac{\mathrm{d}^2 W_i(x)}{\mathrm{d}x^2} \frac{\mathrm{d}^2 W_k(x)}{\mathrm{d}x^2}\mathrm{d}x = 0 \tag{12.72}$$

当 $i = k$，可得第 $i$ 阶模态质量和刚度：

$$m_{gen,\,i} = \int_0^L \sigma(x) W_i(x) W_i(x)\,\mathrm{d}x \tag{12.73}$$

$$S_{gen,\,i} = \int_0^L EI \frac{\mathrm{d}^2 W_i}{\mathrm{d}x^2} \frac{\mathrm{d}^2 W_i}{\mathrm{d}x^2}\mathrm{d}x \tag{12.74}$$

代入方程(12.68)，就可得到第 $i$ 阶自振频率：

$$\omega_{zi} = \sqrt{\frac{S_{gen,\,i}}{m_{gen,\,i}}} \tag{12.75}$$

## 12.2　转子的不平衡响应

### 12.2.1　复向量表示法

前面的章节充分地说明了运用复向量表示转子进动的优点。在转子动平衡中，利用复向量表示方法既代表幅值又包含相位，会给推导和运算带来很大方便，如图 12.3 所示。

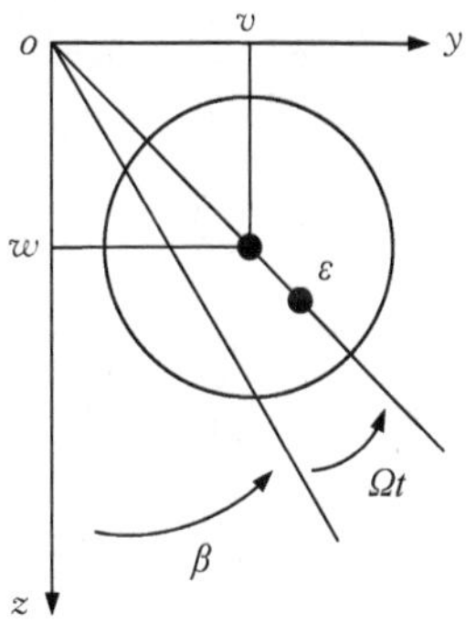


图 12.3　转子的不平衡响应

转子的挠度可表示成：

$$\boldsymbol{r}(x,\,t) = W(x,\,t) + \mathrm{j}V(x,\,t) \tag{12.76}$$

式中，$\mathrm{j} = \sqrt{-1}$。

在 $z$ 方向和 $y$ 方向转子的运动方程分别为

$$\frac{\partial^2}{\partial x^2}\left[EI\frac{\partial^2 W}{\partial x^2}\right]+\sigma(x)\ddot{W}(x,t)=\Omega^2\sigma(x)\varepsilon(x)\cos(\beta+\Omega t) \tag{12.77}$$

$$\frac{\partial^2}{\partial x^2}\left[EI\frac{\partial^2 V}{\partial x^2}\right]+\sigma(x)\ddot{V}(x,t)=\Omega^2\sigma(x)\varepsilon(x)\sin(\beta+\Omega t) \tag{12.78}$$

方程(12.77)加 j 乘方程(12.78)可得

$$\frac{\partial^2}{\partial x^2}\left[EI\frac{\partial^2 \boldsymbol{r}}{\partial x^2}\right]+\sigma(x)\ddot{\boldsymbol{r}}(x,t)=\Omega^2\sigma(x)\varepsilon(x)\boldsymbol{e}^{\mathrm{j}\beta(x)}\boldsymbol{e}^{\mathrm{j}\Omega t} \tag{12.79}$$

### 12.2.2 不平衡响应

假设方程的解为

$$\boldsymbol{r}=\boldsymbol{R}(x)\boldsymbol{e}^{\mathrm{j}\Omega t} \tag{12.80}$$

式中, $\boldsymbol{R}(x)$ 为复向量。代入方程(12.79),可得

$$\frac{\partial^2}{\partial x^2}\left[EI\frac{\mathrm{d}^2\boldsymbol{R}(x)}{\mathrm{d}x^2}\right]-\Omega^2\sigma(x)\boldsymbol{R}(x)=\Omega^2\sigma(x)\varepsilon(x)\boldsymbol{e}^{\mathrm{j}\beta(x)} \tag{12.81}$$

$\boldsymbol{R}(x)$ 可表示成转子模态向量的组合,即

$$\boldsymbol{R}(x)=\sum_{i=1}^{\infty}\boldsymbol{a}_i\boldsymbol{R}_i(x) \tag{12.82}$$

式中, $\boldsymbol{a}_i$ 为复常数, $\boldsymbol{R}_i(x)$ 为转子第 $i$ 阶复模态,即

$$\boldsymbol{R}_i(x)=W_i(x)+\mathrm{j}V_i(x) \tag{12.83}$$

把式(12.82)代入方程(12.81)得

$$\frac{\partial^2}{\partial x^2}\left[EI\frac{\mathrm{d}^2}{\mathrm{d}x^2}\sum_{i=1}^{\infty}\boldsymbol{a}_i\boldsymbol{R}_i(x)\right]-\Omega^2\sigma(x)\sum_{i=1}^{\infty}\boldsymbol{a}_i\boldsymbol{R}_i(x)=\Omega^2\sigma(x)\varepsilon(x)\boldsymbol{e}^{\mathrm{j}\beta(x)} \tag{12.84}$$

方程(12.84)两边同乘 $\boldsymbol{R}_k^*(x)$ [ $\boldsymbol{R}_k^*(x)$ 为 $\boldsymbol{R}_k(x)$ 的共轭复向量],并积分则有

$$\int_0^L\frac{\partial^2}{\partial x^2}\left[\sum_{i=1}^{\infty}\boldsymbol{a}_iEI\frac{\mathrm{d}^2\boldsymbol{R}_i(x)}{\mathrm{d}x^2}\right]\boldsymbol{R}_k^*(x)\mathrm{d}x-\Omega^2\int_0^L\sigma(x)\boldsymbol{R}_k^*(x)\sum_{i=1}^{\infty}\boldsymbol{a}_i\boldsymbol{R}_i(x)\mathrm{d}x$$
$$=\Omega^2\int_0^L\sigma(x)\boldsymbol{R}_k^*(x)\varepsilon(x)\boldsymbol{e}^{\mathrm{j}\beta(x)}\mathrm{d}x \tag{12.85}$$

考虑正交条件:

$$\int_0^L \frac{\mathrm{d}^2}{\mathrm{d}x^2}\left[EI\frac{\mathrm{d}^2\boldsymbol{R}_i(x)}{\mathrm{d}x^2}\right]\boldsymbol{R}_k^*(x)\mathrm{d}x = 0 \quad i \neq k \tag{12.86}$$

$$\int_0^L \sigma(x)\boldsymbol{R}_i(x)\boldsymbol{R}_k^*(x)\mathrm{d}x = 0 \quad i \neq k \tag{12.87}$$

方程(12.85)则变为

$$\int_0^L \frac{\mathrm{d}^2}{\mathrm{d}x^2}\left[\boldsymbol{a}_i EI\frac{\mathrm{d}^2\boldsymbol{R}_i(x)}{\mathrm{d}x^2}\right]\boldsymbol{R}_i^*(x)\mathrm{d}x - \boldsymbol{\Omega}^2\int_0^L \boldsymbol{a}_i\sigma(x)\boldsymbol{R}_i(x)\boldsymbol{R}_i^*(x)\mathrm{d}x = \boldsymbol{\Omega}^2\int_0^L \sigma(x)\boldsymbol{R}_i^*(x)\varepsilon(x)\boldsymbol{e}^{\mathrm{j}\beta(x)}\mathrm{d}x \tag{12.88}$$

对方程(12.88)左边第一项进行分部积分,代入后可得

$$\boldsymbol{a}_i\int_0^L EI\frac{\mathrm{d}^2\boldsymbol{R}_i(x)}{\mathrm{d}x^2}\frac{\mathrm{d}^2\boldsymbol{R}_i^*(x)}{\mathrm{d}x^2}\mathrm{d}x - \boldsymbol{a}_i\boldsymbol{\Omega}^2\int_0^L \sigma(x)\boldsymbol{R}_i(x)\boldsymbol{R}_i^*(x)\mathrm{d}x = \boldsymbol{\Omega}^2\int_0^L \sigma(x)\boldsymbol{R}_i^*(x)\varepsilon(x)\boldsymbol{e}^{\mathrm{j}\beta(x)}\mathrm{d}x \tag{12.89}$$

代入如下的模态刚度和模态质量。

模态刚度:

$$S_{gen,\,i} = \int_0^L EI\frac{\mathrm{d}^2\boldsymbol{R}_i(x)}{\mathrm{d}x^2}\frac{\mathrm{d}^2\boldsymbol{R}_i^*(x)}{\mathrm{d}x^2}\mathrm{d}x \tag{12.90}$$

模态质量:

$$M_{gen,\,i} = \int_0^L \sigma(x)\boldsymbol{R}_i(x)\boldsymbol{R}_i^*(x)\mathrm{d}x \tag{12.91}$$

方程(12.89)变为

$$\boldsymbol{a}_i[S_{gen,\,i} - \boldsymbol{\Omega}^2 M_{gen,\,i}] = \boldsymbol{\Omega}^2\int_0^L \sigma(x)\boldsymbol{R}_i^*(x)\varepsilon(x)\boldsymbol{e}^{\mathrm{j}\beta(x)}\mathrm{d}x \tag{12.92}$$

由此解得

$$\boldsymbol{a}_i = \frac{\Omega^2}{S_{gen,\,i} - \Omega^2 M_{gen,\,i}}\hat{\boldsymbol{u}}_i \tag{12.93}$$

式中,

$$\hat{\boldsymbol{u}}_i = \int_0^L \sigma(x)\boldsymbol{R}_i^*(x)\varepsilon(x)\boldsymbol{e}^{\mathrm{j}\beta(x)}\mathrm{d}x$$

代入式(12.80)和式(12.82)后,得到转子的不平衡响应:

$$\boldsymbol{r}(x,\ t)=\sum_{i=1}^{\infty}\boldsymbol{R}_i(x)\frac{\Omega^2\hat{\boldsymbol{u}}_i\mathrm{e}^{\mathrm{j}\Omega t}}{S_{gen,\ i}-\Omega^2M_{gen,\ i}} \tag{12.94}$$

引入第 $i$ 阶临界转速 $\omega_i=\sqrt{\dfrac{S_{gen,\ i}}{M_{gen,\ i}}}$,式(12.94)可整理为

$$\boldsymbol{r}(x,\ t)=\boldsymbol{e}^{\mathrm{j}\Omega t}\sum_{i=1}^{\infty}\boldsymbol{R}_i(x)\frac{\left(\dfrac{\Omega}{\omega_i}\right)^2}{1-\left(\dfrac{\Omega}{\omega_i}\right)^2}\frac{\hat{\boldsymbol{u}}_i}{M_{gen,\ i}} \tag{12.95}$$

根据式(12.95)可得出如下结论:转子的运动轨迹为正进动圆轨迹。当转速与临界转速 $\omega_i$ 一致时,即当 $\Omega=\omega_i$ 时,转子发生共振;共振时,转子的振动以第 $i$ 阶振型为主,其他阶振型的影响可忽略不计。

此时,转子的响应为

$$\boldsymbol{r}(x,\ t)=\boldsymbol{r}_i(x,\ t)=\boldsymbol{R}_i(x)\frac{\left(\dfrac{\Omega}{\omega_i}\right)^2}{1-\left(\dfrac{\Omega}{\omega_i}\right)^2}\frac{\hat{\boldsymbol{u}}_i}{M_{gen,\ i}}\boldsymbol{e}^{\mathrm{j}\Omega t} \tag{12.96}$$

此式表明,转子的挠曲变形发生在平面之内。图 12.4 表示转子前 3 阶模态的幅频响应。

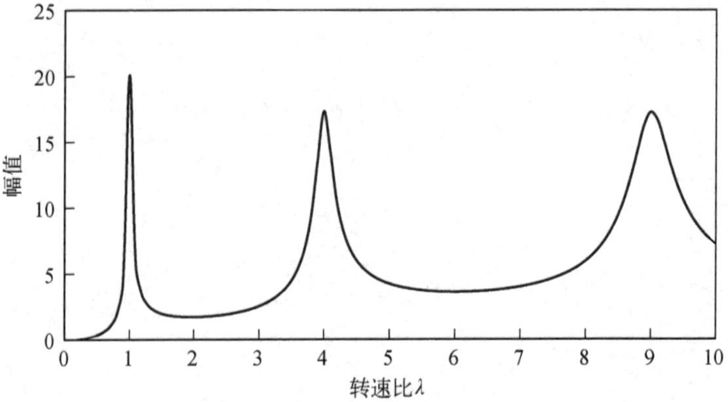


**图 12.4　转子前 3 阶模态的幅频响应**

# 12.3　单转子模态平衡的 N 平面法

## 12.3.1　N 平面理论

$N$ 平面平衡方法的目的是消除或减小转子前 $N$ 阶不平衡模态响应。为此，要在 $N$ 个平面上加校正质量。图 12.5 分别表示一柔性转子及其不平衡分布、挠度和平衡面。

在截面 $x=x_n$ 上，径向位置 $e_n$ 处，加一质量 $\Delta m_n$，相角为 $\beta_n$，所产生的质量不平衡为

$$\hat{\boldsymbol{U}}_n = e_n \Delta m_n \boldsymbol{e}^{\mathrm{j}\beta_n} \tag{12.97}$$

表示成分布函数的形式：

$$\boldsymbol{U}_n(x) = \hat{\boldsymbol{U}}_n(x_n)\delta(x-x_n) = e_n \Delta m_n \boldsymbol{e}^{\mathrm{j}\beta_n}\delta(x-x_n) \tag{12.98}$$

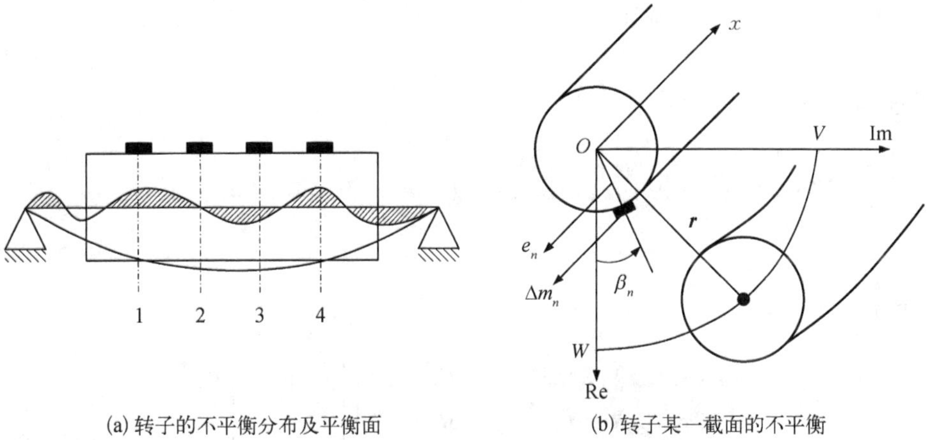


**图 12.5　柔性转子及其不平衡分布、挠度和平衡面**[10]

式中，

$$\delta(x-x_n) = \begin{cases} 1, & x = x_n \\ 0, & x \neq x_n \end{cases} \tag{12.99}$$

在所有 $p$ 个平面上加配重后，所产生的不平衡分布为

$$\boldsymbol{U}(x) = \sum_{i=1}^{p} \boldsymbol{U}_i(x) = \sum_{i=1}^{p} \hat{\boldsymbol{U}}_i(x_i)\delta(x-x_i) = \sum_{i=1}^{p} e_i \Delta m_i \boldsymbol{e}^{\mathrm{j}\beta_i}\delta(x-x_i) \tag{12.100}$$

在初始不平衡 $\varepsilon(x)$ 和所加的配重 $\boldsymbol{U}(x)$ 的共同作用下,转子的响应为

$$\boldsymbol{r}(x,\ t)=\sum_{i=1}^{\infty}\boldsymbol{R}_i(x)\frac{\eta_i^2\boldsymbol{e}^{\mathrm{j}\Omega t}}{[1-\eta_i^2+(2\mathrm{j}D_i\eta_i)]M_{gen,\ i}}\left[\int_0^l\sigma(x)\boldsymbol{R}_i^*(x)\varepsilon(x)\boldsymbol{e}^{\mathrm{j}\beta(x)}\mathrm{d}x+\int_0^l\boldsymbol{U}(x)\boldsymbol{R}_i^*(x)\mathrm{d}x\right] \tag{12.101}$$

式中,考虑了线性阻尼 $d$, $D_i=\dfrac{d}{2\sqrt{M_{gen,\ i}S_{gen,\ i}}}$, $\eta_i=\dfrac{\Omega}{\omega_i}$, $\omega_i$ 是第 $i$ 阶临界转速,$\sigma(x)$ 为转轴单位长度的质量。

式(12.101)的右端第二项为

$$\begin{aligned}\int_0^l\boldsymbol{U}(x)\boldsymbol{R}_i^*(x)\mathrm{d}x&=\int_0^l\sum_{k=1}^{p}\boldsymbol{U}_k(x)\boldsymbol{R}_i^*(x)\mathrm{d}x=\sum_{k=1}^{p}\int_0^l\boldsymbol{U}_k(x)\boldsymbol{R}_i^*(x)\mathrm{d}x\\&=\sum_{k=1}^{p}\int_0^l\hat{\boldsymbol{U}}_k(x_k)\delta(x-x_k)\boldsymbol{R}_i^*(x)\mathrm{d}x=\sum_{k=1}^{p}\hat{\boldsymbol{U}}_k(x_k)\boldsymbol{R}_i^*(x_k)\end{aligned} \tag{12.102}$$

于是,得到平衡条件:

$$\sum_{k=1}^{p}\hat{\boldsymbol{U}}_k(x_k)\boldsymbol{R}_i^*(x_k)+\int_0^l\sigma(x)\boldsymbol{R}_i^*(x)\varepsilon(x)\boldsymbol{e}^{\mathrm{j}\beta(x)}\mathrm{d}x=0\quad i=1,\ 2,\ 3,\ \cdots,\ N \tag{12.103}$$

写成矩阵形式:

$$\begin{bmatrix}\boldsymbol{R}_1^*(x_1) & \boldsymbol{R}_1^*(x_2) & \cdots & \boldsymbol{R}_1^*(x_p)\\ \boldsymbol{R}_2^*(x_1) & \boldsymbol{R}_2^*(x_2) & \cdots & \boldsymbol{R}_2^*(x_p)\\ \vdots & \vdots & \vdots & \vdots\\ \boldsymbol{R}_N^*(x_1) & \boldsymbol{R}_N^*(x_2) & \cdots & \boldsymbol{R}_N^*(x_p)\end{bmatrix}\begin{bmatrix}\hat{\boldsymbol{U}}_1\\ \hat{\boldsymbol{U}}_2\\ \vdots\\ \hat{\boldsymbol{U}}_p\end{bmatrix}=-\begin{bmatrix}\hat{u}_1\\ \hat{u}_2\\ \vdots\\ \hat{u}_N\end{bmatrix} \tag{12.104}$$

式中,

$$\hat{\boldsymbol{u}}_i=\int_0^l\sigma(x)\boldsymbol{R}_i^*(x)\varepsilon(x)\boldsymbol{e}^{\mathrm{j}\beta(x)}\mathrm{d}x,\ i=1,\ 2,\ 3,\ \cdots,\ N \tag{12.105}$$

由此线性方程组可见,要使方程组有唯一解,须满足 $p=N$。这说明,要平衡 $N$ 阶振型不平衡量,至少应选择 $N$ 个平衡校正面。这就是所谓的模态动平衡的 $N$ 平衡面理论。

要从方程(12.104)中解得平衡校正量 $\hat{\boldsymbol{U}}_k$, 须事先确定转子的前 $N$ 阶振型和

初始 $N$ 阶不平衡量 $\hat{\boldsymbol{u}}_k$。转子的振型可以通过计算的方法获得（例如有限元法），而初始不平衡量 $\hat{\boldsymbol{u}}_k$ 则需经恰当的实验测量来确定。

### 12.3.2　实际平衡方法和步骤

如上所述，对转子进行动平衡的首要步骤是确定转子初始不平衡量的大小和相位。转子不平衡响应与不平衡有明确的关系。在某一固定的测点，转速恒定时，不平衡响应只取决于转子不平衡量。

事实上，可用实验的方法分离出每阶模态不平衡量。使转子转速接近某阶模态对应的临界转速，即 $\Omega = \omega_i$，则很容易分离出该阶模态不平衡。例如，当转子转速接近第一阶临界转速时，即 $\Omega \approx \omega_1$，转子响应中，第一阶模态绝对占优，即

$$\begin{aligned} \boldsymbol{r}(x,\ t) = \hat{\boldsymbol{r}}_1(x)\boldsymbol{e}^{\mathrm{j}\Omega t} &= \boldsymbol{R}_1(x)\frac{\eta_1^2}{m_1[(1-\eta_1^2)+\mathrm{j}2D_1\eta_1]}\hat{\boldsymbol{u}}_1\boldsymbol{e}^{\mathrm{j}\Omega t} \\ &= \boldsymbol{R}_1(x)\hat{F}_1(\Omega)\hat{\boldsymbol{u}}_1\boldsymbol{e}^{\mathrm{j}\Omega t} \end{aligned} \tag{12.106}$$

式中，

$$\hat{F}_1(\Omega) = \frac{\eta_1^2/m_1}{1-\eta_1^2+\mathrm{j}2D_1\eta_1} \tag{12.107}$$

说明，此时转子的挠度为第一阶振型，并绕轴承连线旋转。

在转子上标记一个相位基准，就可在测量面 $x = x_M$ 处同时测量到转子振动的幅值和相位，即

$$\hat{\boldsymbol{r}}_{10}(x_M) = H\boldsymbol{R}_1(x_M)\hat{F}_1(\Omega_M)\hat{\boldsymbol{u}}_1 = \hat{Q}\hat{\boldsymbol{u}}_1 \tag{12.108}$$

式中，$\hat{Q}$ 为转速 $\Omega = \Omega_M$ 时的频响 $\hat{F}_1$、一阶模态变形 $\boldsymbol{R}_1(x_M)$ 和测量系统标定系数 $H$ 的乘积。使 $\hat{Q}$ 保持为常数，则所测到的响应变化就与不平衡成正比。图 12.6 表示转子不平衡响应的测量方案。

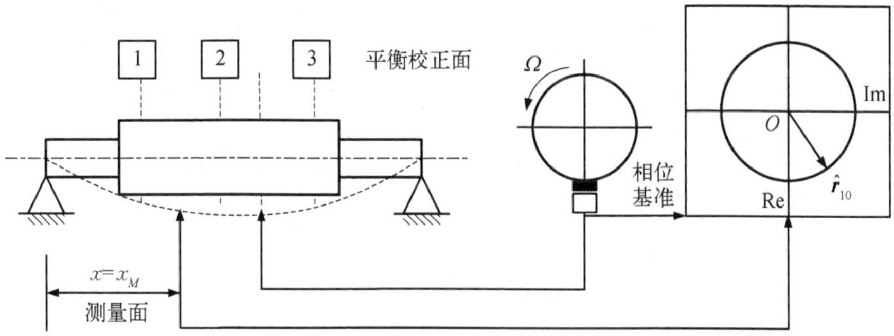


**图 12.6　转子不平衡响应的测量**[10]

在转子 0 次运行之后(即 $\Omega=\Omega_M\approx\omega_1$，带初始不平衡),已测得转子在初始不平衡作用下的响应 $\hat{\boldsymbol{r}}_{10}(x_M)$。在已知位置,例如 $x=x_2$ 处,加一附加试重：$\hat{\boldsymbol{U}}_2^T=\Delta m_2e_2\boldsymbol{e}^{\mathrm{j}\beta_2}$，上标 $T$ 表示试重,在同样的转速 $\Omega=\Omega_M\approx\omega_1$ 下运行转子,并保持测量位置和传感器不变。此时,频响 $\hat{F}_1$ 保持不变。所测得的转子振动 $\hat{\boldsymbol{r}}_{12}$ 包含了原始不平衡和附加试重的共同影响。因此,如下的关系成立：

$$\hat{\boldsymbol{r}}_{12}=\hat{Q}[\hat{\boldsymbol{u}}_1+\boldsymbol{R}_1^*(x_2)\hat{\boldsymbol{U}}_2^T] \tag{12.109}$$

从两次运行所测得的振动可求得所加试重的影响：

$$\hat{\boldsymbol{r}}_{12}-\hat{\boldsymbol{r}}_{10}=\hat{Q}\boldsymbol{R}_1^*(x_2)\hat{\boldsymbol{U}}_2^T=\hat{\boldsymbol{\alpha}}\hat{\boldsymbol{U}}_2^T \tag{12.110}$$

于是得到影响系数 $\hat{\boldsymbol{\alpha}}$：

$$\hat{\boldsymbol{\alpha}}=\frac{\hat{\boldsymbol{r}}_{12}-\hat{\boldsymbol{r}}_{10}}{\hat{\boldsymbol{U}}_2^T} \tag{12.111}$$

$\hat{\boldsymbol{\alpha}}$ 与转子一阶振型在校正面 $x=x_2$ 处的值成正比。

利用式(12.111)所确定的影响系数,就可很容易求得在校正面 $x=x_2$ 上的平衡校正量 $\hat{\boldsymbol{U}}_2^B$，上标 $B$ 表示校正量。

设在平衡校正面 $x=x_2$ 上需加的校正量为 $\hat{\boldsymbol{U}}_2^B$，则平衡条件为

$$\hat{\boldsymbol{\alpha}}\hat{\boldsymbol{U}}_2^B=-\hat{\boldsymbol{r}}_{10} \tag{12.112}$$

代入 $\hat{\boldsymbol{\alpha}}=\dfrac{\hat{\boldsymbol{r}}_{12}-\hat{\boldsymbol{r}}_{10}}{\hat{\boldsymbol{U}}_2^T}$，解得

$$\hat{\boldsymbol{U}}_2^B=-\frac{\hat{\boldsymbol{r}}_{10}}{\hat{\boldsymbol{r}}_{12}-\hat{\boldsymbol{r}}_{10}}\hat{\boldsymbol{U}}_2^T \tag{12.113}$$

图 12.7 给出了上述步骤的矢量表示。把所得到的校正量 $\hat{U}_2^B$ 加到转子上之

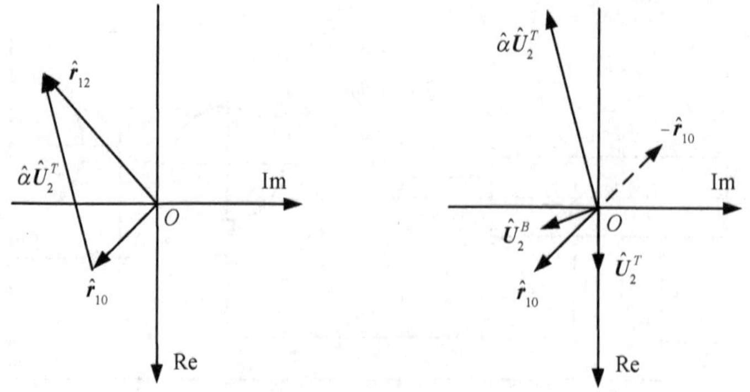


**图 12.7　试重及其影响**

后，转子的一阶模态不平衡就得以平衡。转子可安全地越过第一阶临界转速 $\omega_1$。

在第二阶临界转速附近，重复上述的平衡过程就可平衡第二阶模态。但平衡第二阶模态的校正质量不能破坏一阶模态的平衡结果。为此，须保证第二阶平衡校正量与第一阶振形正交。

对于完全对称的转子，可加一组反对称的校正量来校正二阶模态不平衡，如图 12.8 所示。而对于复杂转子和高阶模态校正质量组，须由事先确定的转子振型来进行计算或通过实验确定。

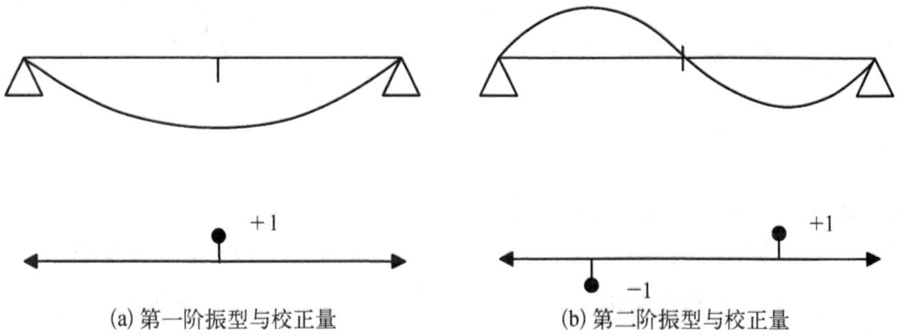


**图 12.8　第一阶和第二阶振型与平衡校正量**

### 12.3.3　正交校正质量组的确定

方程(12.104)给出了 $N$ 平面法平衡转子的条件，但转子模态不平衡是未知的。因此，由方程(12.104)无法解得 $N$ 个平衡校正量。但正交校正质量组只影响对应的转子振型不平衡。因此，可令方程(12.104)的右端向量中对应某一振型的不平衡量不为 0，而其余的全部为 0。不妨令其为 1，就可求出校正质量组。事实上，校正质量组 $\boldsymbol{t}$ 是一组试重组，它只影响质量组 $\boldsymbol{t}$ 所对应模态的振动。

对于第一阶模态，设质量组为 $\boldsymbol{t}_1$。由于实际的第一阶模态 $\hat{\boldsymbol{u}}_1$ 并不为 1，故所求的 $\boldsymbol{t}_1$ 需乘以 $\hat{\boldsymbol{u}}_1$。而第一阶模态不平衡 $\hat{\boldsymbol{u}}_1$ 需通过测量转子加试重组后的响应而求得，过程如前所述。

$$\begin{bmatrix} \boldsymbol{R}_1^*(x_1) & \boldsymbol{R}_1^*(x_2) & \cdots & \boldsymbol{R}_1^*(x_N) \\ \boldsymbol{R}_2^*(x_1) & \boldsymbol{R}_2^*(x_2) & \cdots & \boldsymbol{R}_2^*(x_N) \\ \vdots & \vdots & \ddots & \vdots \\ \boldsymbol{R}_N^*(x_1) & \boldsymbol{R}_N^*(x_2) & \cdots & \boldsymbol{R}_N^*(x_N) \end{bmatrix} \cdot \boldsymbol{t}_1 = -\begin{Bmatrix} 1 \\ 0 \\ \vdots \\ 0 \end{Bmatrix} \tag{12.114}$$

式中，

$$\boldsymbol{t}_1 = \begin{Bmatrix} t_{11} \\ t_{12} \\ \vdots \\ t_{1N} \end{Bmatrix} \tag{12.115}$$

对于所有 $N$ 阶振形,则 $N$ 个正交校正质量组可由下列方程组求得

$$\begin{bmatrix} \boldsymbol{R}_1^*(x_1) & \boldsymbol{R}_1^*(x_2) & \cdots & \boldsymbol{R}_1^*(x_N) \\ \boldsymbol{R}_2^*(x_1) & \boldsymbol{R}_2^*(x_2) & \cdots & \boldsymbol{R}_2^*(x_N) \\ \vdots & \vdots & \ddots & \vdots \\ \boldsymbol{R}_N^*(x_1) & \boldsymbol{R}_N^*(x_2) & \cdots & \boldsymbol{R}_N^*(x_N) \end{bmatrix} [\boldsymbol{t}_1 \quad \boldsymbol{t}_2 \quad \cdots \quad \boldsymbol{t}_N] = - \begin{bmatrix} 1 & 0 & \cdots & 0 \\ 0 & 1 & \cdots & 0 \\ \vdots & 0 & \ddots & \vdots \\ 0 & 0 & \cdots & 1 \end{bmatrix} \tag{12.116}$$

### 12.3.4 $N$ 平面平衡法的一般步骤

正交校正质量组由方程(12.116)确定。为了确定初始第一阶模态不平衡 $\hat{\boldsymbol{u}}_1$ 的影响,首先把转子增速至第一阶临界转速附近,即 $\Omega \approx \omega_1$,测得转子的响应为

$$\hat{\boldsymbol{r}}_{10} = \hat{\boldsymbol{Q}}\hat{\boldsymbol{u}}_1 \tag{12.117}$$

之后在转子上加试重组 $\hat{\boldsymbol{q}}_T\boldsymbol{t}_1$,在同一转速之下运行转子,并测量转子的响应。其中的复系数 $\hat{\boldsymbol{q}}_T$ 根据经验来选取,使得加试重之后,转子的响应既要有明显的差别,但又不至于太大,以免使转子振动剧烈,出现非线性效应。最好使加试重后转子振动明显减小。

如果所加试重组过小或过大,则需重复进行。最后对于一组合适的试重,转子的响应为

$$\hat{\boldsymbol{r}}_{11} = \hat{\boldsymbol{Q}}[\hat{\boldsymbol{u}}_1 + \hat{\boldsymbol{q}}_T\{\boldsymbol{R}_1^*(x_1),\ \boldsymbol{R}_1^*(x_2)\cdots\boldsymbol{R}_1^*(x_N)\}\boldsymbol{t}_1] \tag{12.118}$$

由方程(12.116)可知:

$$\{\boldsymbol{R}_1^*(x_1),\ \boldsymbol{R}_1^*(x_2)\cdots\ \boldsymbol{R}_1^*(x_N)\}\boldsymbol{t}_1 = -1 \tag{12.119}$$

代入到式(12.118)后,得

$$\hat{\boldsymbol{r}}_{11} = \hat{\boldsymbol{Q}}(\hat{\boldsymbol{u}}_1 - \hat{\boldsymbol{q}}_T) \tag{12.120}$$

将式(12.120)和式(12.117)相减,得

$$\hat{\boldsymbol{r}}_{11} - \hat{\boldsymbol{r}}_{10} = -\hat{\boldsymbol{Q}}\hat{\boldsymbol{q}}_T \tag{12.121}$$

由此解出:

$$\hat{\boldsymbol{Q}}=-\frac{\hat{\boldsymbol{r}}_{11}-\hat{\boldsymbol{r}}_{10}}{\hat{\boldsymbol{q}}_T} \tag{12.122}$$

于是,就得到了试重组对所测量位置转子响应的影响系数。由式(12.117)得

$$\hat{\boldsymbol{u}}_1=\frac{\hat{\boldsymbol{r}}_{10}}{\hat{\boldsymbol{Q}}}=-\frac{\hat{\boldsymbol{r}}_{10}}{\hat{\boldsymbol{r}}_{11}-\hat{\boldsymbol{r}}_{10}}\hat{\boldsymbol{q}}_T \tag{12.123}$$

现在拟选一复系数 $\hat{\boldsymbol{q}}_B$,使转子在校正质量组 $\boldsymbol{t}_1^B=\hat{\boldsymbol{q}}_B\boldsymbol{t}_1$ 的作用之下,响应为 0:

$$\hat{\boldsymbol{Q}}[\hat{\boldsymbol{u}}_1+\hat{\boldsymbol{q}}_B\{\boldsymbol{R}_1^*(x_1),\ \boldsymbol{R}_1^*(x_2)\cdots\boldsymbol{R}_1^*(x_N)\}\boldsymbol{t}_1]=0 \tag{12.124}$$

考虑到式(12.119),则有

$$\hat{\boldsymbol{q}}_B=\hat{\boldsymbol{u}}_1 \tag{12.125}$$

于是校正质量组为

$$\boldsymbol{t}_1^B=\hat{\boldsymbol{u}}_1\boldsymbol{t}_1=-\frac{\hat{\boldsymbol{r}}_{10}}{\hat{\boldsymbol{r}}_{11}-\hat{\boldsymbol{r}}_{10}}\hat{\boldsymbol{q}}_T\boldsymbol{t}_1 \tag{12.126}$$

由于校正质量组是以初始状态为基准来计算的,故在最后加配重时,须去掉试重组。如果不去掉试重组,则在方程(12.126)中以 $\hat{\boldsymbol{r}}_{11}$ 为基准,而不是 $\hat{\boldsymbol{r}}_{10}$。

### 12.3.5　单转子向前正交平衡法

在 12.3.2 节曾说明,利用一个配重就可平衡一阶模态。当平衡二阶模态时不应破坏一阶模态的平衡状态。为此,需多加一个平衡面。当平衡三阶模态时,不应该破坏一阶和二阶模态平衡状态,此时则需三个平衡面。这样的平衡过程称为向前正交平衡法。平衡某阶模态时,只保证不影响前一阶模态的平衡状态,但对下一阶模态不平衡却是有影响的。

向前正交平衡与前面所述的过程类似。但以一个平衡面 $N=1$ 开始,每增高一阶模态,则增加一个平衡面,逐步进行。

不妨以三个平衡面平衡前三阶模态为例来说明向前正交平衡法的步骤。转子的前三节振型如图 12.9 所示。

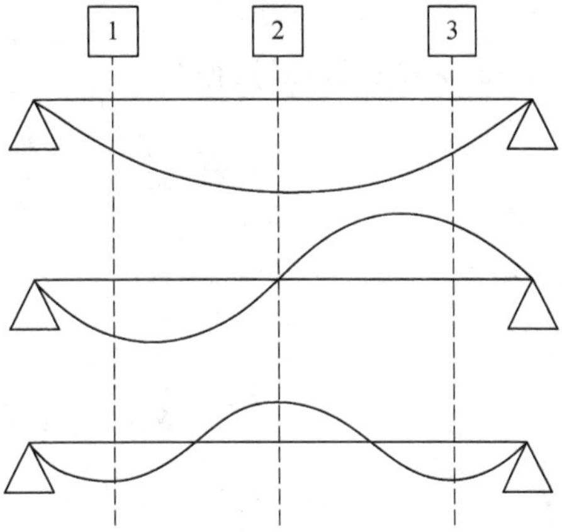


图 12.9　转子前三阶振型

为平衡第一阶振型,取校正质量为 $\boldsymbol{t}_1=\{t_{11},\ 0,\ 0\}^{\mathrm{T}}$,即在第一个平衡校正面 $x=x_1$ 上加配重 $\boldsymbol{t}_{11}\hat{\boldsymbol{q}}_1$,平衡条件为

$$\boldsymbol{R}_1^*(x_1)\boldsymbol{t}_{11}\hat{\boldsymbol{q}}_1=-\hat{\boldsymbol{u}}_1 \tag{12.127}$$

由方程(12.116)知:

$$\boldsymbol{R}_1^*(x_1)t_{11}=-1 \tag{12.128}$$

故

$$\hat{\boldsymbol{q}}_1=\hat{\boldsymbol{u}}_1 \tag{12.129}$$

在转子第一校正面 $x=x_1$ 上加配重 $\boldsymbol{t}_{11}\hat{\boldsymbol{q}}_1$ 就可平衡转子第一阶模态。由于选择的 $\boldsymbol{t}_{11}$ 仅满足:

$$\boldsymbol{t}_{11}*\boldsymbol{R}_1^*(x_1)=-1$$

而一般情况下,

$$\begin{cases}\boldsymbol{R}_2^*(x_1)\boldsymbol{t}_{11}\neq 0\\ \boldsymbol{R}_3^*(x_1)\boldsymbol{t}_{11}\neq 0\end{cases} \tag{12.130}$$

因此,所加的配重 $\boldsymbol{t}_{11}\hat{\boldsymbol{q}}_1$ 会影响第二阶和第三阶模态不平衡。

平衡第二阶振型时,选用两个平衡面 $x=x_1$ 和 $x=x_2$。校正质量为 $\boldsymbol{t}_2=\hat{\boldsymbol{q}}_2\{t_{12},t_{22},0\}^{\mathrm{T}}$。为使所加校正质量不对第一阶模态造成影响,$\boldsymbol{t}_2$ 应满足如下的条件:

$$\boldsymbol{R}_1^*(x_1)t_{12}+\boldsymbol{R}_1^*(x_2)t_{22}=0 \tag{12.131}$$

$$\boldsymbol{R}_2^*(x_1)t_{12}+\boldsymbol{R}_2^*(x_2)t_{22}=-1 \tag{12.132}$$

由式(12.131)解得

$$t_{22}=-\frac{\boldsymbol{R}_1^*(x_1)}{\boldsymbol{R}_1^*(x_2)}t_{12} \tag{12.133}$$

代入式(12.132),得

$$\boldsymbol{R}_2^*(x_1)t_{12}-\frac{\boldsymbol{R}_1^*(x_1)}{\boldsymbol{R}_1^*(x_2)}\boldsymbol{R}_2^*(x_2)t_{12}=-1 \tag{12.134}$$

可解得

$$t_{12}=\frac{\boldsymbol{R}_1^*(x_2)}{\boldsymbol{R}_1^*(x_1)\boldsymbol{R}_2^*(x_2)-\boldsymbol{R}_1^*(x_2)\boldsymbol{R}_2^*(x_1)} \tag{12.135}$$

此时,所加配重组为 $\boldsymbol{t}_2\hat{\boldsymbol{q}}_2$,其中,

$$\hat{\boldsymbol{q}}_2=\hat{\boldsymbol{u}}_2 \tag{12.136}$$

但其中的 $\hat{\boldsymbol{u}}_2$ 包含了第一阶平衡校正量的影响。

平衡第三阶振型时，在三个平面 $x=x_1$，$x=x_2$ 和 $x=x_3$ 上应加的校正量为

$$\boldsymbol{t}_3=\hat{\boldsymbol{q}}_3\{t_{13},\ t_{23},\ t_{33}\}^{\mathrm{T}} \tag{12.137}$$

所需满足的平衡条件为

$$\boldsymbol{R}_1^*(x_1)t_{13}+\boldsymbol{R}_1^*(x_2)t_{23}+\boldsymbol{R}_1^*(x_3)t_{33}=0 \tag{12.138}$$

$$\boldsymbol{R}_2^*(x_1)t_{13}+\boldsymbol{R}_2^*(x_2)t_{23}+\boldsymbol{R}_2^*(x_3)t_{33}=0 \tag{12.139}$$

$$\boldsymbol{R}_3^*(x_1)t_{13}+\boldsymbol{R}_3^*(x_2)t_{23}+\boldsymbol{R}_3^*(x_3)t_{33}=-1 \tag{12.140}$$

最后得到配重组为 $\boldsymbol{t}_3\hat{\boldsymbol{q}}_3$，其中

$$\hat{\boldsymbol{q}}_3=\hat{\boldsymbol{u}}_3 \tag{12.141}$$

它将不会影响第一和第二阶振型的平衡状态。

上述的过程可写成如下的矩阵形式：

$$\begin{bmatrix}\boldsymbol{R}_1^*(x_1) & \boldsymbol{R}_1^*(x_2) & \boldsymbol{R}_1^*(x_3)\\ \boldsymbol{R}_2^*(x_1) & \boldsymbol{R}_2^*(x_2) & \boldsymbol{R}_2^*(x_3)\\ \boldsymbol{R}_3^*(x_1) & \boldsymbol{R}_3^*(x_2) & \boldsymbol{R}_3^*(x_3)\end{bmatrix}\begin{bmatrix}t_{11} & t_{12} & t_{13}\\ 0 & t_{22} & t_{23}\\ 0 & 0 & t_{33}\end{bmatrix}=-\begin{bmatrix}1 & 0 & 0\\ * & 1 & 0\\ * & * & 1\end{bmatrix} \tag{12.142}$$

方程右端矩阵中“ * ”表示非零元素。

向前正交平衡法的优点是，可减小配重数目。但缺点是平衡低阶模态时，将会影响到高阶模态的平衡状态，当转子运行到高阶临界转速附近时，振动可能会很剧烈，如图 12.10 所示。

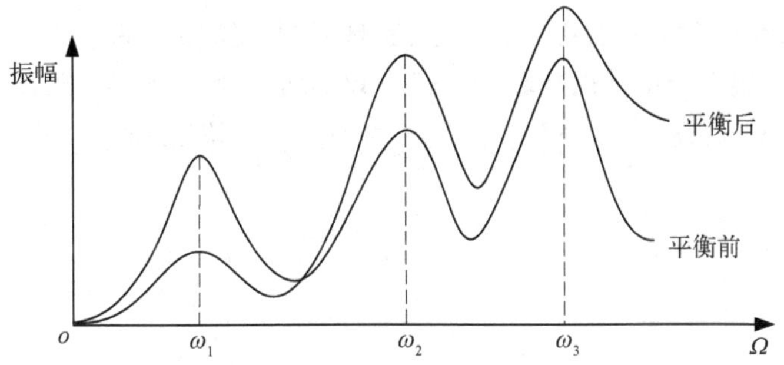


**图 12.10　向前正交平衡法对幅频特性的影响**

### 12.3.6　单转子全正交平衡法

向前正交平衡法平衡低阶模态时，可能会使高阶模态平衡状态恶化。当转

子在较高一阶临界转速附近运行时，转子振动可能会很剧烈。例如，涡轴发动机转子一般工作在二阶弯曲临界转速之上，且距第三阶临界转速不远。当用向前正交平衡法平衡第一阶和第二阶模态之后，转子在工作转速的振动可能仍会居高不下。这主要是由于对第一阶和第二阶模态平衡使第三阶模态不平衡状态恶化所致。

在此情况下，须按照如下的平衡条件进行动平衡：

$$\begin{bmatrix} \boldsymbol{R}_1^*(x_1) & \boldsymbol{R}_1^*(x_2) & \cdots & \boldsymbol{R}_1^*(x_N) \\ \boldsymbol{R}_2^*(x_1) & \boldsymbol{R}_2^*(x_2) & \cdots & \boldsymbol{R}_2^*(x_N) \\ \vdots & \vdots & \ddots & \vdots \\ \boldsymbol{R}_N^*(x_1) & \boldsymbol{R}_N^*(x_2) & \cdots & \boldsymbol{R}_N^*(x_N) \end{bmatrix} [\boldsymbol{t}_1 \quad \boldsymbol{t}_2 \quad \cdots \quad \boldsymbol{t}_N] = -\boldsymbol{I} \tag{12.143}$$

式中，

$$\boldsymbol{I} = \begin{bmatrix} 1 & 0 & \cdots & 0 \\ 0 & 1 & \cdots & 0 \\ \vdots & \vdots & \ddots & \vdots \\ 0 & 0 & \cdots & 1 \end{bmatrix};\ \boldsymbol{t}_k = [\boldsymbol{t}_{1k},\ \boldsymbol{t}_{2k},\ \cdots,\ \boldsymbol{t}_{Nk}]^{\mathrm{T}},\ k = 1,\ 2,\ \cdots,\ N \tag{12.144}$$

解得

$$[\boldsymbol{t}_1 \quad \boldsymbol{t}_2 \quad \cdots \quad \boldsymbol{t}_N] = -[\boldsymbol{R}_i^*(x_i)]^{-1} \tag{12.145}$$

由此可见，平衡每一阶模态都需在所有平衡面上加配重，即加配重组，配重组既要向前正交，也要向后正交。例如，利用三个平衡面，平衡三阶模态。当平衡第一阶模态时，在三个平面上均需加配重，实现对第一阶模态的平衡，但不能影响第二阶和第三阶模态的不平衡状态，如图 12.11 所示。当平衡第二阶模态时，也需在三个平面上都加配重，实现对第二阶模态的平衡，但不能影响第一阶和第三阶模态

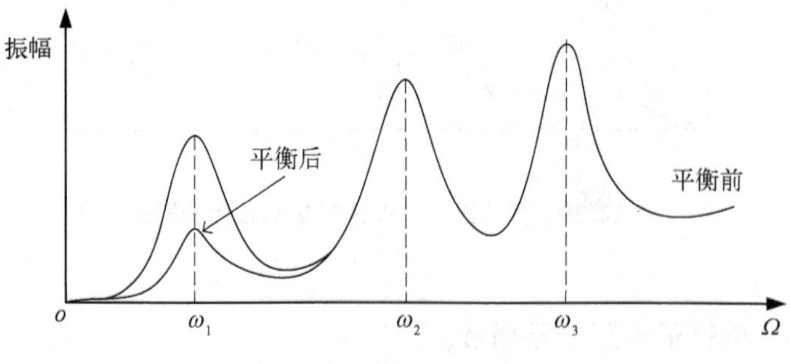


图 12.11　全正交平衡法对第一阶模态的平衡

的不平衡状态。平衡三阶时亦然。因此,这称之为全正交平衡法。

事实上,在转子运行时,可用向前正交方法计算试重组,而平衡时则用全正交平衡法计算配重组。这样可适当减少加试重的次数。

## 12.4　单转子模态平衡的 $N+2$ 平面法

在前面曾说明,要平衡转子第一阶模态需使转子运行在接近第一阶临界转速的状态,即 $\Omega=\omega_1$。但在实际中,这常常是不可能的。因为转子在低速($\Omega\ll\omega_1$)时,支承振动就可能很大,必须进行平衡,即首先需对转子进行刚性动平衡。为此,需选择 2 个平衡面。此后,再对转子进行柔性动平衡,需选择 $N$ 个平衡面。共计 $N+2$ 个平衡面,故称 $N+2$ 平面法。

$N$ 平面法的目标是减小或消除工作转速下转子的弹性变形,而 $N+2$ 平面法是减小或消除支承动反力。

图 12.12 表示,当支承平面有不平衡量时,$N$ 平面法虽然消除了转子挠度和共振峰值,但支承动反力依然存在。

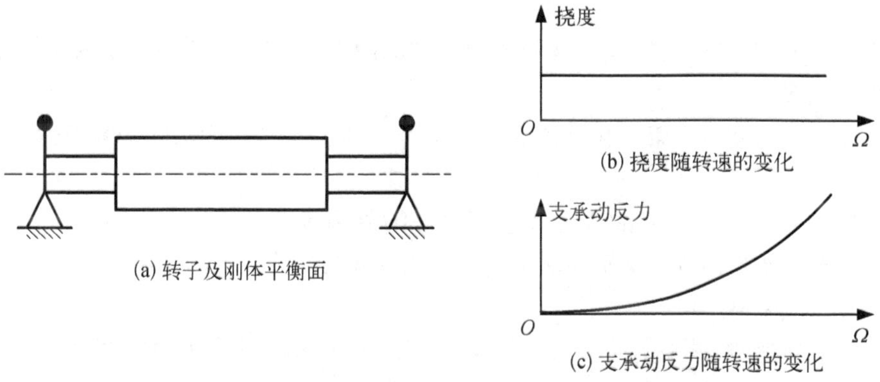


(a) 转子及刚体平衡面

(b) 挠度随转速的变化

(c) 支承动反力随转速的变化

**图 12.12　$N$ 平面法平衡后,转子的挠度和支承的动反力**

$N+2$ 平面法的要点是,首先对转子进行刚体动平衡,以消除支承动反力。然后对转子进行模态动平衡。模态动平衡不应破坏刚体动平衡的结果。

### 12.4.1　向前正交的 $N+2$ 平衡面法

对转子进行刚性平衡之后,使转子增速至第一阶临界转速 $\Omega=\omega_1$,开始平衡第一阶模态。原则上,与 $N$ 平面法相似。所不同的只是不仅要求配重组与已平衡的模态正交,而且不能破坏转子刚体平衡状态。

对于简单对称转子,配重组很容易求得,如图 12.13 所示。

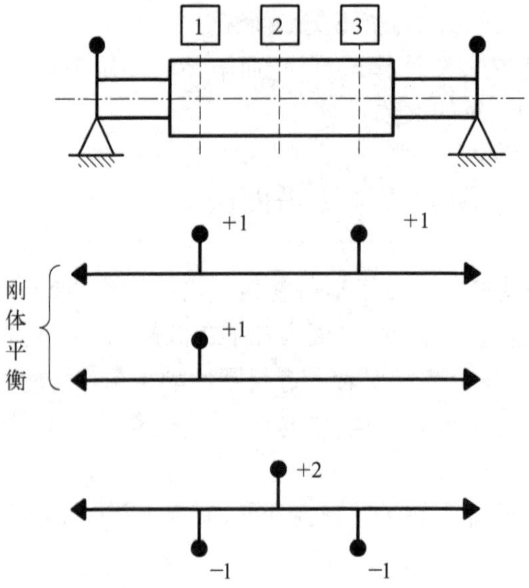


**图 12.13　对称转子刚体平衡和第一阶模态平衡正交配重组**

对于复杂转子，正交配重组只能依据已知的转子振型来计算。为保证刚体平衡，正交配重组须满足下列两个平衡条件。

力平衡条件：

$$\Omega^2\left[\hat{\boldsymbol{U}}_1+\hat{\boldsymbol{U}}_2+\hat{\boldsymbol{U}}_3+\hat{\boldsymbol{U}}_4+\int_0^L\boldsymbol{\sigma}(x)\boldsymbol{\varepsilon}(x)\boldsymbol{e}^{\mathrm{j}\beta(x)}\mathrm{d}x\right]=0 \tag{12.146}$$

力矩平衡条件：

$$\Omega^2\left[\frac{x_1}{l}\hat{\boldsymbol{U}}_1+\frac{x_2}{l}\hat{\boldsymbol{U}}_2+\frac{x_3}{l}\hat{\boldsymbol{U}}_3+\frac{x_4}{l}\hat{\boldsymbol{U}}_4+\int_0^L\left(\frac{x}{l}\right)\boldsymbol{\sigma}(x)\boldsymbol{\varepsilon}(x)\boldsymbol{e}^{\mathrm{j}\beta(x)}\mathrm{d}x\right]=0 \tag{12.147}$$

式中，$\hat{\boldsymbol{U}}_i(i=1,2,3,4)$ 为刚体平衡时所加的配重，$x_i(i=1,2,3,4)$ 为所加配重的轴向位置。

以下以平衡转子第一和第二阶模态为例，说明 $N+2$ 平面法的平衡步骤。

### 12.4.2　向前正交的 $N+2$ 平衡面法的平衡步骤

本节介绍运用 $N+2$ 平面法平衡转子第一和第二阶模态的平衡步骤。

1. 刚体平衡

在低转速时，在平衡面 1 和 2 上施加配重 $\hat{\boldsymbol{U}}_1$ 和 $\hat{\boldsymbol{U}}_2$，使支承动反力为零。

2. 模态平衡

第一阶模态：平衡第一阶模态时，需用 3 个平衡面，所加配重组为 $\boldsymbol{t}_1=\{t_{11}, t_{21}, t_{31}\}^{\mathrm{T}}$。平衡条件为

$$t_{11}+t_{21}+t_{31}=0 \tag{12.148}$$

$$\frac{x_1}{l}t_{11}+\frac{x_2}{l}t_{21}+\frac{x_3}{l}t_{31}=0 \tag{12.149}$$

$$\boldsymbol{R}_1^*(x_1)t_{11}+\boldsymbol{R}_1^*(x_2)t_{21}+\boldsymbol{R}_1^*(x_3)t_{31}=-1 \tag{12.150}$$

其中，方程(12.148)和方程(12.149)为保证刚体平衡的力平衡和力矩平衡条件。写成矩阵形式为

$$\begin{bmatrix} 1 & 1 & 1 \\ \dfrac{x_1}{l} & \dfrac{x_2}{l} & \dfrac{x_3}{l} \\ \boldsymbol{R}_1^*(x_1) & \boldsymbol{R}_1^*(x_2) & \boldsymbol{R}_1^*(x_3) \end{bmatrix} \begin{Bmatrix} t_{11} \\ t_{21} \\ t_{31} \end{Bmatrix} = \begin{Bmatrix} 0 \\ 0 \\ -1 \end{Bmatrix} \tag{12.151}$$

由此方程可解出 $\boldsymbol{t}_1 = \{t_{11},\ t_{21},\ t_{31}\}^{\mathrm{T}}$。

第二阶模态：平衡第二阶模态需要用 4 个平衡面，所加配重为 $\boldsymbol{t}_2 = \{t_{12},\ t_{22},\ t_{32},\ t_{42}\}^{\mathrm{T}}$，须满足的平衡条件为

$$\begin{bmatrix} 1 & 1 & 1 & 1 \\ \dfrac{x_1}{l} & \dfrac{x_2}{l} & \dfrac{x_3}{l} & \dfrac{x_4}{l} \\ \boldsymbol{R}_1^*(x_1) & \boldsymbol{R}_1^*(x_2) & \boldsymbol{R}_1^*(x_3) & \boldsymbol{R}_1^*(x_4) \\ \boldsymbol{R}_2^*(x_1) & \boldsymbol{R}_2^*(x_2) & \boldsymbol{R}_2^*(x_3) & \boldsymbol{R}_2^*(x_4) \end{bmatrix} \begin{Bmatrix} t_{12} \\ t_{22} \\ t_{32} \\ t_{42} \end{Bmatrix} = - \begin{Bmatrix} 0 \\ 0 \\ 0 \\ 1 \end{Bmatrix} \tag{12.152}$$

利用 $N+2$ 平面法也可进行全正交平衡，但由于 $N+2$ 平面法多用了 2 个平衡面，故可达到更好的平衡效果。另外，即便使用了向前正交平衡法，但并不影响刚体平衡效果。

## 12.5　柔性单转子模态动平衡法的过程与步骤

以三个平衡面为例，说明模态平衡法的过程与步骤。

### 12.5.1　转子模态的确定

利用计算或实验可得到转子的振动模态。在三个校正面 $x=x_1$，$x=x_2$ 和 $x=x_3$ 处，转子前三阶振型的值为

$$\boldsymbol{R} = \begin{bmatrix} R_1(x_1) & R_1(x_2) & R_1(x_3) \\ R_2(x_1) & R_2(x_2) & R_2(x_3) \\ R_3(x_1) & R_3(x_2) & R_3(x_3) \end{bmatrix} \tag{12.153}$$

式中，$R_i(x_k)\,(i,\ k=1,\ 2,\ 3)$ 取实数。

### 12.5.2　*N* 平面向前正交平衡法

1. 平衡第一阶模态

在第 1 平衡面 $x=x_1$ 上加试重 $\boldsymbol{U}_1^{\mathrm{T}} = q_{T1}\boldsymbol{e}^{\mathrm{j}\beta_{T1}}$，在转子第一阶临界转速附近，即

$\Omega=\omega_1$，分别测得转子的初始不平衡响应 $\boldsymbol{r}_0$ 和加试重之后的响应 $\boldsymbol{r}_1$，则可得到影响系数为

$$\boldsymbol{\alpha}=\frac{\boldsymbol{r}_1-\boldsymbol{r}_0}{q_{T1}\boldsymbol{e}^{\mathrm{j}\beta_{T1}}} \tag{12.154}$$

所加的校正质量 $\boldsymbol{U}_1^B=\boldsymbol{u}_{B1}\boldsymbol{e}^{\mathrm{j}\beta_{B1}}$ 应满足下列的平衡条件：

$$\boldsymbol{\alpha}\boldsymbol{U}_1^B=-\boldsymbol{r}_0 \quad \text{（所加试重去掉）} \tag{12.155}$$

或

$$\boldsymbol{\alpha}\boldsymbol{U}_1^B=-\boldsymbol{r}_1 \quad \text{（所加试重不去掉）} \tag{12.156}$$

由此解得

$$\boldsymbol{U}_1^B=-\frac{\boldsymbol{r}_0}{\boldsymbol{r}_1-\boldsymbol{r}_0}q_{T1}\boldsymbol{e}^{\mathrm{j}\beta_{T1}} \tag{12.157}$$

或

$$\boldsymbol{U}_1^B=-\frac{\boldsymbol{r}_1}{\boldsymbol{r}_1-\boldsymbol{r}_0}q_{T1}\boldsymbol{e}^{\mathrm{j}\beta_{T1}} \tag{12.158}$$

由上述步骤可见，平衡第一阶模态的方法与影响系数法是一致的。

2. 平衡第二阶模态

平衡第二阶模态时，需在平衡面 $x=x_1$ 和 $x=x_2$ 上同时加试重 $\boldsymbol{U}_2^T=\boldsymbol{q}_{T2}(t_{12},t_{22})$，并满足正交条件：

$$R_1(x_1)t_{12}+R_1(x_2)t_{22}=0 \tag{12.159}$$

$$R_2(x_1)t_{12}+R_2(x_2)t_{22}=-1 \tag{12.160}$$

由此解得

$$t_{12}=-\frac{R_1(x_2)}{R_1(x_1)}t_{22} \tag{12.161}$$

$$t_{22}=\frac{-R_1(x_1)}{R_1(x_1)R_2(x_2)-R_1(x_2)R_2(x_1)} \tag{12.162}$$

在 $\Omega=\omega_2$ 时，测得转子未加二阶试重时的响应 $\boldsymbol{r}_0$。它可表达为

$$\boldsymbol{r}_0=F_2(\Omega)p_2\hat{\boldsymbol{u}}_2 \tag{12.163}$$

式中，$F_2(\Omega)$ 为转子的第二阶频响函数，$p_2$ 为常数，$\hat{\boldsymbol{u}}_2$ 为第一阶模态平衡之后，转

子的剩余不平衡量。

在相同的转速处（$\Omega = \omega_2$），测得加上二阶试重 $\boldsymbol{U}_2^T = \boldsymbol{q}_{T2}(t_{12}, t_{22})$ 后转子的响应 $\boldsymbol{r}_2$。它应满足如下的条件：

$$\boldsymbol{r}_2 = F_2(\Omega)p_2\{\hat{\boldsymbol{u}}_2 + \boldsymbol{q}_{T2}[R_2(x_1), R_2(x_2)](t_{12}, t_{22})^{\mathrm{T}}\} \tag{12.164}$$

将方程(12.160)代入式(12.164)，可得

$$\boldsymbol{r}_2 = F_2(\Omega)p_2(\hat{\boldsymbol{u}}_2 - \boldsymbol{q}_{T2}) \tag{12.165}$$

式(12.165)减去式(12.163)得

$$\boldsymbol{r}_2 - \boldsymbol{r}_0 = -F_2(\Omega)p_2\boldsymbol{q}_{T2} \tag{12.166}$$

由此解得

$$-F_2(\Omega)p_2 = \frac{\boldsymbol{r}_2 - \boldsymbol{r}_0}{\boldsymbol{q}_{T2}} \tag{12.167}$$

由式(12.163)和式(12.166)得

$$\hat{\boldsymbol{u}}_2 = \frac{\boldsymbol{r}_0}{F_2(\Omega)p_2} = -\frac{\boldsymbol{r}_0}{\boldsymbol{r}_2 - \boldsymbol{r}_0}\boldsymbol{q}_{T2} \tag{12.168}$$

最后得到二阶校正质量为

$$\boldsymbol{U}_2^B = \hat{\boldsymbol{u}}_2(t_{12}, t_{22}) = \frac{-\boldsymbol{r}_0}{\boldsymbol{r}_2 - \boldsymbol{r}_0}\boldsymbol{q}_{T2}(t_{12}, t_{22}) \tag{12.169}$$

注意，在平衡第二阶模态时，平衡面的选择应考虑到对第二阶模态的影响最为明显，而测量位置要避开第二阶振型的节点。

3. 平衡第三阶模态

在平衡面 $x = x_1$，$x = x_2$ 和 $x = x_3$ 上加第三阶试重组 $\boldsymbol{U}_3^T = \boldsymbol{q}_{T3}(t_{13}, t_{23}, t_{33})$。试重组必须满足的正交条件为

$$\begin{bmatrix} R_1(x_1) & R_1(x_2) & R_1(x_3) \\ R_2(x_1) & R_2(x_2) & R_2(x_3) \\ R_3(x_1) & R_3(x_2) & R_3(x_3) \end{bmatrix} \begin{Bmatrix} t_{13} \\ t_{23} \\ t_{33} \end{Bmatrix} = -\begin{Bmatrix} 0 \\ 0 \\ 1 \end{Bmatrix} \tag{12.170}$$

由此解得

$$\begin{Bmatrix} t_{13} \\ t_{23} \\ t_{33} \end{Bmatrix} = -\begin{bmatrix} R_1(x_1) & R_1(x_2) & R_1(x_3) \\ R_2(x_1) & R_2(x_2) & R_2(x_3) \\ R_3(x_1) & R_3(x_2) & R_3(x_3) \end{bmatrix}^{-1} \begin{Bmatrix} 0 \\ 0 \\ 1 \end{Bmatrix} \tag{12.171}$$

在转速 $\Omega=\omega_3$ 处，测量转子的振动，不加三阶试重组 $\boldsymbol{U}_3^T=\boldsymbol{q}_{T3}(t_{13},\ t_{23},\ t_{33})$ 时，转子的响应为

$$\boldsymbol{r}_0=F_3(\Omega)p_3\hat{\boldsymbol{u}}_3 \tag{12.172}$$

式中，$F_3(\Omega)$ 为转子的三阶频响函数，$p_3$ 为常数，$\hat{\boldsymbol{u}}_3$ 为第一阶和第二阶模态平衡之后，转子的剩余不平衡量。

加试重之后转子的振动为

$$\boldsymbol{r}_3=F_3(\Omega)p_3[\hat{\boldsymbol{u}}_3+\boldsymbol{q}_{T3}[R_3(x_1),R_3(x_2),R_3(x_3)]\cdot(t_{13},\ t_{23},\ t_{33})^{\mathrm{T}}] \tag{12.173}$$

考虑到方程(12.170)，可得

$$\boldsymbol{r}_3=F_3(\Omega)p_3(\hat{\boldsymbol{u}}_3-\boldsymbol{q}_{T3}) \tag{12.174}$$

三阶试重组 $\boldsymbol{U}_3^T=\boldsymbol{q}_{T3}(t_{13},\ t_{23},\ t_{33})$ 的影响为

$$\boldsymbol{r}_3-\boldsymbol{r}_0=-F_3(\Omega)p_3\boldsymbol{q}_{T3} \tag{12.175}$$

由此解出：

$$F_3(\Omega)p_3=-\frac{\boldsymbol{r}_3-\boldsymbol{r}_0}{\boldsymbol{q}_{T3}} \tag{12.176}$$

于是得

$$\hat{\boldsymbol{u}}_3=-\frac{\boldsymbol{r}_0}{\boldsymbol{r}_3-\boldsymbol{r}_0}\boldsymbol{q}_{T3} \tag{12.177}$$

应加的第三阶校正质量为

$$\boldsymbol{U}_3^B=\hat{\boldsymbol{u}}_3(t_{13},\ t_{23},\ t_{33})=\frac{-\boldsymbol{r}_0}{\boldsymbol{r}_3-\boldsymbol{r}_0}\boldsymbol{q}_{T3}(t_{13},\ t_{23},\ t_{33}) \tag{12.178}$$

## 12.6 多测点优化

在上述平衡过程中，只用了一个振动测量信号来确定平衡校正量。实际平衡时，一般要用若干个传感器来测量转子的振动。可同时利用所有的测量信号来确定平衡校正量。由此可减小测量误差的影响，另外，还可避免某一传感器安装位置距所要平衡振型的节点太近所带来的影响。

设在 $\Omega=\omega_i(i=1,\ 2,\ 3)$ 时，所测得的转子振动为 $\boldsymbol{r}_{0k}(k=1,\ 2,\ \cdots,\ m)$。$m$ 为

传感器个数。

$$\boldsymbol{r}_{0k} = F_{ik}(\Omega) p_{ik} \hat{\boldsymbol{u}}_i \tag{12.179}$$

式中，$F_{ik}(\Omega)$ 为转子在测点 $k$ 的第 $i$ 阶频响函数，$p_{ik}$ 为常数，$\hat{\boldsymbol{u}}_i$ 为转子的第 $i$ 阶剩余不平衡量。

加试重 $\boldsymbol{U}_i^T = \boldsymbol{q}_{Ti}(t_{1i}, t_{2i}, t_{3i})$ 后，转子的振动为 $\boldsymbol{r}_{ik}(k = 1, 2, \cdots, m)$：

$$\boldsymbol{r}_{ik} = F_{ik}(\Omega) p_{ik}(\hat{\boldsymbol{u}}_i - \boldsymbol{q}_{Ti}) \tag{12.180}$$

转子在测点 $k$ 的第 $i$ 阶影响系数则为

$$\boldsymbol{\alpha}_{ik} = -\frac{\boldsymbol{r}_{ik} - \boldsymbol{r}_{0k}}{\boldsymbol{q}_{Ti}} = F_{ik}(\Omega) p_{ik} \tag{12.181}$$

于是，得到：

$$\hat{\boldsymbol{u}}_i = \frac{\boldsymbol{r}_{0k}}{\boldsymbol{\alpha}_{ik}} \tag{12.182}$$

而平衡方程为

$$\boldsymbol{\alpha}_{ik} \boldsymbol{u}_i^B = -\boldsymbol{r}_{0k} \tag{12.183}$$

可将方程(12.183)写成矩阵形式：

$$\begin{Bmatrix} \boldsymbol{\alpha}_{i1} \\ \boldsymbol{\alpha}_{i2} \\ \vdots \\ \boldsymbol{\alpha}_{im} \end{Bmatrix} \boldsymbol{u}_i^B = -\begin{Bmatrix} \boldsymbol{r}_{01} \\ \boldsymbol{r}_{02} \\ \vdots \\ \boldsymbol{r}_{0m} \end{Bmatrix} \tag{12.184}$$

上述方程中只有一个未知数 $\boldsymbol{u}_i^B$，故为矛盾方程组。

应求得一个解 $\boldsymbol{u}_i^B = \boldsymbol{u}_{\text{ioptimum}}^B$，使上述矛盾方程组误差最小。运用最小二乘优化可得到：

$$\boldsymbol{u}_{\text{ioptimum}}^B = -(\boldsymbol{\alpha}^{*\mathrm{T}} \boldsymbol{\alpha})^{-1} \cdot \boldsymbol{\alpha}^{*\mathrm{T}} \boldsymbol{r}_0 \tag{12.185}$$

式中，$\boldsymbol{\alpha} = \begin{Bmatrix} \boldsymbol{\alpha}_{i1} \\ \boldsymbol{\alpha}_{i2} \\ \vdots \\ \boldsymbol{\alpha}_{im} \end{Bmatrix}$，$\boldsymbol{\alpha}^{*\mathrm{T}}$ 为 $\boldsymbol{\alpha}$ 的共轭转置阵，$\boldsymbol{r}_0 = \begin{Bmatrix} \boldsymbol{r}_{01} \\ \boldsymbol{r}_{02} \\ \vdots \\ \boldsymbol{r}_{0m} \end{Bmatrix}$。

由此得到的平衡校正量 $\boldsymbol{u}_i^B = \boldsymbol{u}_{\text{ioptimum}}^B$ 使得第 $i$ 阶振型各个测点上的振动均达到最小。但需注意，平衡第 $i$ 阶振型时，至少要有一个传感器安装在该振型节点以外的位置。安装在 $i$ 阶振型节点处传感器测得的振动信号对用最小二乘优化得到的校正质量 $\boldsymbol{u}_i^B=\boldsymbol{u}_{\mathrm{ioptimum}}^B$ 无影响。换言之，$\boldsymbol{u}_{\mathrm{ioptimum}}^B$ 对在 $i$ 阶振型节点处测得的振动信号也不产生影响。

假设第 $k$ 个传感器安装在第 $i$ 阶振型的节点，则第 $i$ 阶影响系数为

$$\boldsymbol{\alpha}_{ik}=-\frac{\boldsymbol{r}_{ik}-\boldsymbol{r}_{0k}}{\boldsymbol{q}_{Ti}}=0 \tag{12.186}$$

于是，影响系数列阵为

$$\boldsymbol{\alpha}=[\boldsymbol{\alpha}_{i1}\quad \boldsymbol{\alpha}_{i2}\quad \cdots\quad \boldsymbol{\alpha}_{ik-1}\quad 0\quad \boldsymbol{\alpha}_{ik+1}\quad \cdots\quad \boldsymbol{\alpha}_{im}]^{\mathrm{T}} \tag{12.187}$$

因此，$\boldsymbol{\alpha}^{*\mathrm{T}}\boldsymbol{r}_0$ 中就不包含第 $k$ 个传感器测得的振动信号 $\boldsymbol{r}_{0k}$，故其对式(12.185)的结果不产生影响。

## 12.7　单转子 $N$ 平面全正交平衡法——向前和向后正交平衡法

以平衡三阶模态为例，$N$ 平面全正交平衡法所要满足的平衡条件为

$$\begin{bmatrix} R_1(x_1) & R_1(x_2) & R_1(x_3) \\ R_2(x_1) & R_2(x_2) & R_2(x_3) \\ R_3(x_1) & R_3(x_2) & R_3(x_3) \end{bmatrix}\begin{bmatrix} t_{11} & t_{12} & t_{13} \\ t_{21} & t_{22} & t_{23} \\ t_{31} & t_{32} & t_{33} \end{bmatrix}=-\boldsymbol{I} \tag{12.188}$$

上式说明，平衡每一阶振型都必须在三个平衡校正面上同时加配重，即配重组。但加试重时，可按向前正交的平衡方法来确定影响系数。例如，平衡一阶振型时，在平面 $x=x_1$ 上加试重 $\boldsymbol{U}_1^T$，求得校正质量为

$$\boldsymbol{u}_1^B=-\frac{\boldsymbol{r}_0}{\boldsymbol{r}_1-\boldsymbol{r}_0}\boldsymbol{U}_1^T \tag{12.189}$$

于是，最终的校正质量组为

$$\boldsymbol{U}_1^B=\boldsymbol{u}_1^B(t_{11},\ t_{21},\ t_{31}) \tag{12.190}$$

平衡第二阶和第三阶振型时，加试重及求影响系数的步骤及算法与向前正交的平衡过程是完全一样的。所得到的校正质量组分别为

$$\boldsymbol{U}_2^B=\boldsymbol{u}_2^B(t_{12},\ t_{22},\ t_{32}) \tag{12.191}$$

$$\boldsymbol{U}_3^B=\boldsymbol{u}_3^B(t_{13},\ t_{23},\ t_{33}) \tag{12.192}$$

用这样的方法进行全正交平衡时，所加试重的个数减少 3 个。否则，若按全正

交条件加试重时，试重个数为 9 个。

## 12.8　单转子全正交模态动平衡的步骤

以平衡 3 阶振型为例，说明全正交平衡的过程和步骤。假设转子的 3 阶振型是已知的。

### 12.8.1　正交向量组的确定

$$\begin{bmatrix} R_1(x_1) & R_1(x_2) & R_1(x_3) \\ R_2(x_1) & R_2(x_2) & R_2(x_3) \\ R_3(x_1) & R_3(x_2) & R_3(x_3) \end{bmatrix} \begin{bmatrix} t_{11} & t_{12} & t_{13} \\ t_{21} & t_{22} & t_{23} \\ t_{31} & t_{32} & t_{33} \end{bmatrix} = -\boldsymbol{I} \tag{12.193}$$

由此方程可解得 3 个正交向量：

$\boldsymbol{T}_1 = [t_{11}, t_{21}, t_{31}]^{\mathrm{T}}$; $\boldsymbol{T}_2 = [t_{12}, t_{22}, t_{32}]^{\mathrm{T}}$; $\boldsymbol{T}_3 = [t_{13}, t_{23}, t_{33}]^{\mathrm{T}}$。

### 12.8.2　平衡第一阶振型

在三个校正面中，选择一个对第一阶振型最敏感的校正面，例如第二校正面。在此校正面上加试重：

$$\boldsymbol{U}_1^T = q_{T1}\boldsymbol{e}^{\mathrm{j}\beta_{T1}} \tag{12.194}$$

式中，

$$R_1(x_2)q_{T1}\boldsymbol{e}^{\mathrm{j}\beta_{T1}} \neq 0 \tag{12.195}$$

加试重前和加试重后，在第一阶临界转速附近测得转子的振动分别为 $\boldsymbol{r}_{10}$ 和 $\boldsymbol{r}_1$，则影响系数为

$$\boldsymbol{\alpha}_1 = \frac{\boldsymbol{r}_1 - \boldsymbol{r}_{10}}{\boldsymbol{U}_1^T} \tag{12.196}$$

于是，校正总质量应满足：

$$\boldsymbol{\alpha}_1\boldsymbol{U}_1^B = -\boldsymbol{r}_{10} \tag{12.197}$$

解得

$$\boldsymbol{U}_1^B = -\frac{\boldsymbol{r}_{10}}{\boldsymbol{\alpha}_1} = -\frac{\boldsymbol{r}_{10}}{\boldsymbol{r}_1 - \boldsymbol{r}_{10}}q_{T1}\boldsymbol{e}^{\mathrm{j}\beta_{T1}} \tag{12.198}$$

与向前正交平衡法不同的是,不是直接把校正总质量 $\boldsymbol{U}_1^B$ 加在一个校正面(第二校正面)上,而是按式(12.193)中的 $\boldsymbol{T}_1$ 所确定的比例把 $\boldsymbol{U}_1^B$ 分解到 3 个校正面上。

在 $\Omega \approx \omega_1$ 时,转子的初始响应为

$$\boldsymbol{r}_{10} = F_1(\Omega) p_1 \hat{\boldsymbol{u}}_1 \tag{12.199}$$

式中,$F_1(\Omega)$ 为转子的一阶频响函数,$p_1$ 为常数。

加上试重之后,转子的响应为

$$\begin{aligned}\boldsymbol{r}_1 &= F_1(\Omega) p_1 \{\hat{\boldsymbol{u}}_1 + [R_1(x_1),\ R_1(x_2),\ R_1(x_3)](0,\ U_1^T,\ 0)^{\mathrm{T}}\} \\ &= F_1(\Omega) p_1 [\hat{\boldsymbol{u}}_1 - R_1(x_2) \boldsymbol{U}_1^T]\end{aligned} \tag{12.200}$$

试重的影响则为

$$\boldsymbol{r}_1 - r_{10} = -F_1(\Omega) p_1 R_1(x_2) \boldsymbol{U}_1^T = -F_1(\Omega) p_1 q_{T1} \boldsymbol{e}^{\mathrm{j}\beta_{T1}} \tag{12.201}$$

由此式可解出:

$$F_1(\Omega) p_1 = -\frac{\boldsymbol{r}_1 - \boldsymbol{r}_{10}}{q_{T1} \boldsymbol{e}^{\mathrm{j}\beta_{T1}}} \tag{12.202}$$

代入式(12.199)则得

$$\hat{\boldsymbol{u}}_1 = \frac{\boldsymbol{r}_{10}}{F_1(\Omega) p_1} = -\frac{\boldsymbol{r}_{10}}{\boldsymbol{r}_1 - \boldsymbol{r}_{10}} q_{T1} \boldsymbol{e}^{\mathrm{j}\beta_{T1}} \tag{12.203}$$

与式(12.198)对比知 $\boldsymbol{U}_1^B = \hat{\boldsymbol{u}}_1$。将 $\boldsymbol{U}_1^B$ 分解到校正质量组 $\boldsymbol{T}_1 = [t_{11},\ t_{21},\ t_{31}]^{\mathrm{T}}$ 上,并加在转子 3 个校正面,这时转子在 $\Omega \approx \omega_1$ 处的振动为

$$\boldsymbol{r}_1 = F_1(\Omega) p_1 \left\{\hat{\boldsymbol{u}}_1 + \boldsymbol{U}_1^B [R_1(x_1),\ R_1(x_2),\ R_1(x_3)](t_{11},\ t_{21},\ t_{31})^{\mathrm{T}}\right\} \tag{12.204}$$

考虑到式(12.193)、式(12.198)和式(12.203),可得

$$\boldsymbol{r}_1 = 0 \tag{12.205}$$

由于 $\boldsymbol{T}_1$ 满足式(12.193),故加上校正质量组 $\boldsymbol{U}_1^B [t_{11},\ t_{21},\ t_{31}]^{\mathrm{T}}$ 后,对第二阶和第三阶模态不平衡无影响。由上述结果可见,平衡第一阶振型时,试重加在哪一个平衡面上,对平衡结果均无影响。

### 12.8.3 平衡第二阶振型

在三个校正面中,选定两个校正面加试重。试重面避免选在第二阶振型的节

点上。不妨选择第一和第三平面为试重面。加试重组为

$$\boldsymbol{U}_2^T = q_{T2}\boldsymbol{e}^{j\beta_{T2}}[q_{12},\ q_{32}] \tag{12.206}$$

式中，$q_{12}$ 和 $q_{32}$ 须满足：

$$R_1(x_1)q_{12} + R_1(x_3)q_{32} = 0 \tag{12.207}$$

$$R_2(x_1)q_{12} + R_2(x_3)q_{32} = -1 \tag{12.208}$$

在转速 $\Omega \approx \omega_2$ 处，测得转子的振动为

$$\begin{aligned}\boldsymbol{r}_2 &= F_2(\Omega)p_2\{\hat{\boldsymbol{u}}_2 + q_{T2}\boldsymbol{e}^{j\beta_{T2}}[R_2(x_1),\ R_2(x_2),\ R_2(x_3)](q_{12},0,q_{32})^{\mathrm{T}}\}\\ &= F_2(\Omega)p_2[\hat{\boldsymbol{u}}_2 - q_{T2}\boldsymbol{e}^{j\beta_{T2}}]\end{aligned} \tag{12.209}$$

式中，$F_2(\Omega)$ 为转子的二阶频响函数，$p_2$ 为常数。

在转速 $\Omega \approx \omega_2$ 处，不加试重时，转子的响应为

$$\boldsymbol{r}_{20} = F_2(\Omega)p_2\hat{\boldsymbol{u}}_2 \tag{12.210}$$

于是，得

$$\boldsymbol{r}_2 - \boldsymbol{r}_{20} = -F_2(\Omega)p_2q_{T2}\boldsymbol{e}^{j\beta_{T2}} \tag{12.211}$$

故

$$F_2(\Omega)p_2 = -\frac{\boldsymbol{r}_2 - \boldsymbol{r}_{20}}{q_{T2}\boldsymbol{e}^{j\beta_{T2}}} \tag{12.212}$$

代入式(12.210)得

$$\hat{\boldsymbol{u}}_2 = -\frac{\boldsymbol{r}_{20}}{\boldsymbol{r}_2 - \boldsymbol{r}_{20}}q_{T2}\boldsymbol{e}^{j\beta_{T2}} = \boldsymbol{U}_2^B \tag{12.213}$$

把 $\boldsymbol{U}_2^B$ 按 $\boldsymbol{T}_2$ 的分布比例加在三个校正平面上，则有

$$\boldsymbol{r}_2 = F_2(\Omega)p_2\{\hat{\boldsymbol{u}}_2 + \boldsymbol{U}_2^B[R_2(x_1),\ R_2(x_2),\ R_2(x_3)](t_{12},\ t_{22},\ t_{32})^{\mathrm{T}}\} \tag{12.214}$$

考虑到式(12.193)和式(12.213)，可得

$$\boldsymbol{r}_2 = 0 \tag{12.215}$$

### 12.8.4　平衡第三阶振型

在三个校正面上，按 $\boldsymbol{T}_3$ 的分配比例加试重组：

$$\boldsymbol{U}_3^T = q_{T3}\boldsymbol{e}^{\mathrm{j}\beta_{T3}}[t_{13},\ t_{23},s_{33}] \tag{12.216}$$

在转速 $\Omega \approx \omega_3$ 处,测得转子的响应为

$$\begin{aligned}\boldsymbol{r}_3 &= F_3(\Omega)p_3\{\hat{\boldsymbol{u}}_3 + q_{T3}\boldsymbol{e}^{\mathrm{j}\beta_{T3}}[R_3(x_1),\ R_3(x_2),\ R_3(x_3)](t_{13},\ t_{23},\ t_{33})^{\mathrm{T}}\}\\ &= F_3(\Omega)p_3[\hat{\boldsymbol{u}}_3 - q_{T3}\boldsymbol{e}^{\mathrm{j}\beta_{T3}}]\end{aligned} \tag{12.217}$$

式中, $F_3(\Omega)$ 为转子的三阶频响函数, $p_3$ 为常数。

不加试重时的响应为

$$\boldsymbol{r}_{30} = F_3(\Omega)p_3\hat{\boldsymbol{u}}_3 \tag{12.218}$$

由式(12.217)和式(12.218)得

$$F_3(\Omega)p_3 = -\frac{\boldsymbol{r}_3 - \boldsymbol{r}_{30}}{q_{T3}\boldsymbol{e}^{\mathrm{j}\beta_{T3}}} \tag{12.219}$$

代入式(12.218),则有

$$\hat{\boldsymbol{u}}_3 = -\frac{\boldsymbol{r}_{30}}{\boldsymbol{r}_3 - \boldsymbol{r}_{30}}q_{T3}\boldsymbol{e}^{\mathrm{j}\beta_{T3}} = \boldsymbol{U}_3^B \tag{12.220}$$

把 $\boldsymbol{U}_3^B$ 按 $\boldsymbol{T}_3$ 的分布比例加在三个校正平面上之后,转子的三阶振型不平衡就得以平衡,而第一阶和第二阶振型平衡状态不会受到影响。

在上述过程中,未加说明地假定,每次所加的试重都要去掉。事实上,试重不去掉也是可行的。

## 参考文献


[1] GASCH R, NORDMANN R, PFUETZNER H. Rotordynamik[M]. Berlin: Springer, 2002.

[2] KRAEMER E. Dynamics of rotors and foundations[M]. Berlin: Springer-Verlag, 1993.

[3] VANCE J M. Rotordynamics of turbomachinery[M]. New York: John Wiley & Sons, 1988.

[4] 顾家柳. 转子动力学[M]. 北京: 国防工业出版社,1985.

[5] 钟一锷,何衍宗,王正,等. 转子动力学[M]. 北京: 清华大学出版社,1987.

[6] SCHNEIDER H. Auswucht-Technik[M]. Duesseldorf: VDI Verlag, 1992.

[7] LINGENER A. Auswuchten-Theorie und praxis[M]. Berlin: Verlag Technik, 1992.

[8] DARLOW M S. Balancing of high-speed machinery[M]. New York: Springer-Verlag, 1989.

[9] 廖明夫. 航空发动机转子动力学[M]. 西安: 西北工业大学出版社,2015.

[10] 沈达宽. 航空燃气涡轮发动机构造及强度计算[M]. 北京: 北京科学教育编辑室,1962.

# 第 13 章
# 带挤压油膜阻尼器转子的动力学特性

如前面章节所述，航空发动机不断追求高比特性和宽适应性，结构越来越轻柔，负荷越来越大，使得发动机易于发生振动。不论是涡轴发动机，还是大型涡扇发动机，其转子工作转速范围内，都会存在多阶临界转速。除此之外，航空发动机在较大范围变工况工作，转子频繁地穿越临界转速，有时甚至要在临界转速处运行，即在第 15、16 章所述的“可容模态”下运行。这就使发动机的振动问题异常突出。因此，发动机的减振非常重要。挤压油膜阻尼器就是一种广泛用于航空发动机减振的流固耦合阻尼结构[1-8]。

航空发动机使用滚动轴承，阻尼很小。挤压油膜阻尼器的作用是向转子系统输入阻尼，限制转子的振动幅值，减小外传到机匣上的动态载荷。

本章将介绍挤压油膜阻尼器的基本理论[1-6]，分析油膜的力学特性，以带挤压油膜阻尼器的转子为例，剖析阻尼器的减振效果及影响因素，建立挤压油膜阻尼器与转子匹配设计的方法[6-9]，最后介绍系列的实验验证结果[6-8]。

## 13.1 挤压油膜阻尼器的发展和应用

### 13.1.1 挤压油膜阻尼器的结构和基本原理

航空发动机普遍采用挤压油膜阻尼器来减振。图 13.1 为一种已经成功地使用在某一型航空发动机上的挤压油膜阻尼器结构。阻尼器的主要部分为油膜环和油膜轴颈，即图 13.1 上的油膜环 1 和弹性支座 2 上的油膜轴颈表面 $A$。在油膜环 1 和表面 $A$ 间形成间隙。转子的振动负荷由转子轴颈 4 经轴承 3 传到弹性支座 2 上。弹性支座用螺栓 5 固定在机匣 6 上。弹性支座的形状如图 13.2 所示，在其圆筒部分，切去部分材料，形成若干根肋条，使其具有较低的刚度，形似鼠笼，故称鼠笼弹支。弹性支座是不旋转的。当转子出现横向振动时，弹性支座上的表面 $A$，即油膜轴颈产生平面运动，挤压油膜，从而起到减振作用。

实际使用的挤压油膜阻尼器结构有两种典型形式。一种是带定心弹性支座的

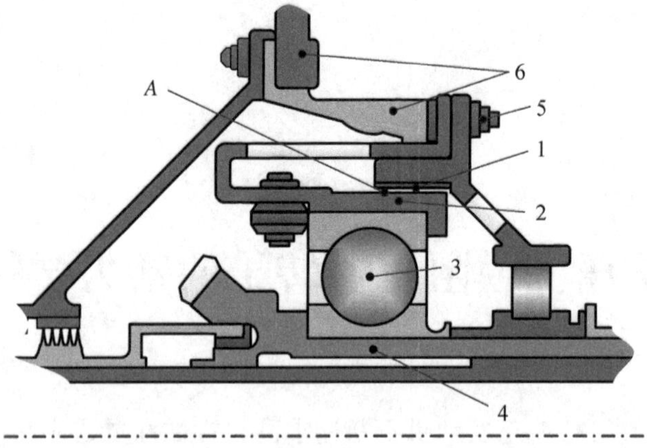


**图 13.1　挤压油膜阻尼器的结构**

1. 油膜环；2. 鼠笼式弹性支承与轴承座；3. 轴承；4. 高压轴；5. 螺栓；6. 机匣

结构形式，如图 13.1 所示。在转子的重量下，弹性支座 2 会下沉。故在设计时，弹性支座留有适当偏心，以补偿重力作用下的下沉量，以使油膜轴颈表面 $A$ 与油膜环 1 保持同心，这就是所谓的定心弹性支座。另一种是不带定心弹性支座的结构形式，如图 13.3 所示。转子上的负荷通过轴 1 经滚棒轴承 2 直接作用在挤压油膜上。轴承外环 3 就是油膜轴颈。固定在轴承座 6 上的轴承挡板 5 上加工有齿槽，与油膜轴颈 3 上的凸块咬合，使其不旋转。对于这种不带定心弹支的挤压油膜阻尼器，在转子的不平衡力作用下，油膜轴颈将对油膜环作非圆进动，这与前一种结构中的运动是不相同的，分析起来要复杂得多。

**图 13.2　鼠笼式弹性支承**

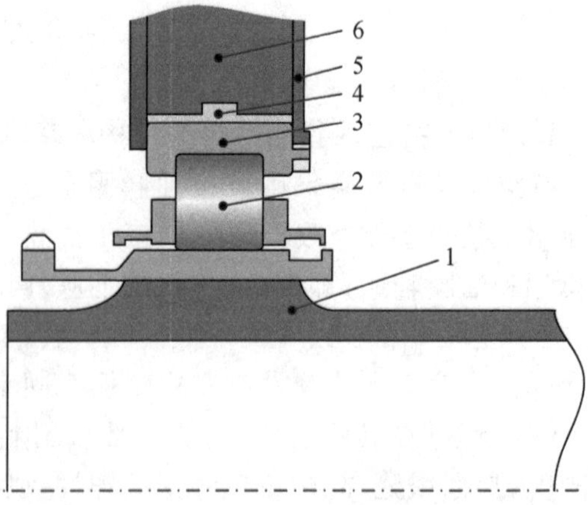


**图 13.3　不带定心弹支的挤压油膜阻尼器**

1. 轴；2. 滚棒轴承；3. 轴承外环（油膜轴颈）；
4. 油膜环；5. 轴承挡板；6. 轴承座

### 13.1.2　挤压油膜阻尼器的诞生与发展

工程技术上应用油压减振的设想由来已久,在生产实践中已经设计出各式各样的减振器。在这样的背景条件下,特别是动压润滑理论的发展与完善,为挤压油膜阻尼器的研制提供了良好的理论与实践基础。1961 年奥斯卡 · 平卡斯(Oscar Pinkus)在他的《动压润滑原理》一书中,已经提到了挤压油膜的概念[5]。1963 年,英国罗 · 罗公司的库珀(Cooper)发表了首篇关于挤压油膜阻尼器实验研究的文章[5]。在库珀的文章发表后不久,挤压油膜阻尼器就在英国的康维(Conway)发动机上成功地得到了应用,起到了良好的减振作用,可使振动减小约 60%[1-6]。在此之后,挤压油膜阻尼器的研究和应用获得了飞速的发展,各国的科学研究单位和制造厂家都非常重视,许多学者、专家和工程技术人员都致力于这方面的研究工作[6-8]。

随着研究工作的进展,挤压油膜阻尼器在发动机上的实际应用也得到了发展。继康维发动机之后,20 世纪 60 年代英国又在威派尔(Viper)发动机的压气机转子前端使用了挤压油膜滚珠轴承。1972 年投入航线使用的 RB211 发动机上所有的滚棒轴承均带有挤压油膜[3,6,7]。

60 年代美国把挤压油膜阻尼器应用在 J69 发动机上,减振效果显著。1969 年研制成的 JT8D 发动机,在 1 号和 6 号轴承上采用了挤压油膜阻尼器,获得了良好的减振效果,外传振幅降低的情况如图 13.4 所示。在 5 000 r/min 的工作状态下,甚至达到了近乎 100%的减振效果。其他如 T－64 燃气发生器,采用油膜阻尼器之后,在所有工作状态下运转都很平稳,最佳情况下,可使振动减小 60%[3,5-8]。

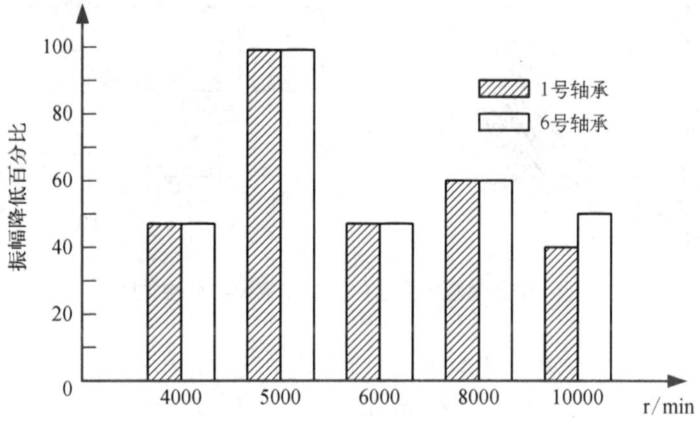


**图 13.4　JT8D 采用挤压油膜阻尼器后的减振效果**

经过几十年的研究和应用实践,挤压油膜阻尼器在发动机中几乎成了标准配置,例如俄罗斯的 AL 31Φ、D30、英国罗 · 罗公司的 RB199、RB211、Trent 系列发动机、美国的 T700、T800、F404、CFM56、JT8D、JT9D、PW2037、PW4000、GE90、GEnx 等发动机都配置了 2~3 个挤压油膜阻尼器，甚至大部分燃气轮机也都应用挤压油膜阻尼器减振。这说明，一方面，发动机振动问题很突出；另一方面，挤压油膜阻尼器能够发挥显著的减振作用。

目前，全球倡导节能减排、发展可再生能源，使能源供应多元化、低碳化。为此，燃气轮机发电站将广泛用作为调节电源。这就要求燃气轮机发电机组响应更快，起停机更频繁，负荷变化范围更宽。机组的减振将成为设计任务的重中之重。挤压油膜阻尼器在燃气轮机中的应用将变得更加重要。

但困难是，挤压油膜阻尼器的减振效果取决于多个参数。若设计不当，可能无减振作用。实际中，若机器的工艺状态、载荷条件发生变化，阻尼器的减振效果可能会恶化。本章旨在总结前人研究成果[1-6]，为挤压油膜阻尼器的设计提供指导。

## 13.2 挤压油膜阻尼器的基本特性及特征参数

图 13.5 表示挤压油膜阻尼器的基本结构。其特征是在轴承座和不旋转的弹支之间存在一个油膜间隙，在油膜间隙中充油形成油膜。油膜间隙一般为弹支轴颈的 1.5‰~3‰。当弹支轴颈发生振动时，挤压油膜，由此产生阻尼作用。

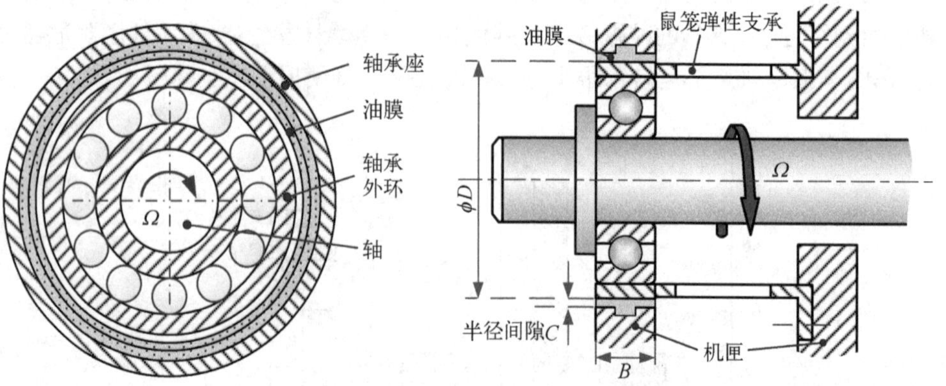


**图 13.5 挤压油膜阻尼器的基本结构及特征参数**[1,6,7,8]

挤压油膜阻尼器无静态承载能力，即无静刚度。挤压油膜阻尼器的阻尼效果与若干参数相关，主要为油膜间隙、滑油黏度、进油方式、密封形式、油膜轴径的长度和对中程度等。

原则上，进油方式可有若干种选择。例如，可通过端面环槽、进油口、进油孔或者油膜环中间的环槽进油。若采用油膜环中间的环槽进油，则槽的深度对油膜力影响很大。如果进油槽很浅，则槽里的动压不能忽略，油膜压力如图 13.6(a)所示。如果油槽较深，槽里的压力可忽略不计，形成 2 个挤压油膜，压力分布如图

13.6(b)所示。由此,使得阻尼只有浅油槽阻尼器的 1/4。通过端部密封可阻挡油的泄漏,提高油膜的压力,增大阻尼效果,如图 13.6(c)所示。端部密封还有一个重要作用,就是减小油膜间隙出现气穴的可能性。周围的空气可从侧面吸入油膜间隙,在滑油中气蚀的空气可能会释出,或者油膜中的压力会降到大气压,由此产生气穴。结果是阻尼降低,并出现“跳跃”现象,即在转子的幅频特性中幅值发生“跳跃”。13.4.7 节将分析这一现象。

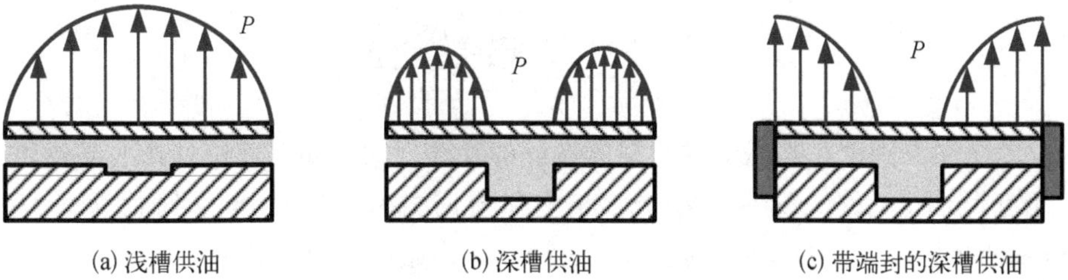


**图 13.6　供油方式和油膜压力分布**[1,6]

图 13.1 所示的鼠笼式弹性支承承担转子的静态载荷,并可用于定心。通过改变弹支刚度,可以按照需求调整转子支承系统无阻尼时的自振频率。例如,要调整自振频率与转子工作转速的距离,使转子峰值转速落在预先设定的转速范围。如果油膜轴颈振动不超过油膜间隙的 40%,并且无气穴存在,则可对挤压油膜阻尼器的特性进行线化处理,即油膜轴颈在油膜间隙中偏离中心小于 40%时,阻尼系数 $d$ 的线性度变化不会很显著。但若偏心过大,阻尼系数急剧增加,如图 13.7 所示。因此,振动剧烈时,挤压油膜阻尼器的非线性特性就会凸显。

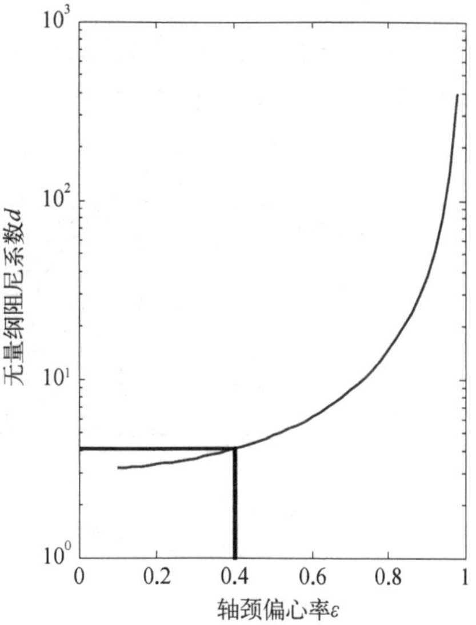


**图 13.7　无量纲阻尼系数随轴径偏心率的变化**

若无弹支定心,在静态时,轴承外环落在油膜间隙的底部。当动载荷较大时,将会把转子抬离油膜间隙底部。这样的挤压油膜阻尼器优点是结构简单、造价低,但在整个幅值范围,阻尼器均表现出非线性。

若要阻尼器达到最佳的减振效果,需充分掌握其动态特性,即力和运动之间的关系。第一步可用本章所得到的雷诺方程来描述。在方程的推导过程中,惯性力与黏性力相比忽略不计。这一假设对于工作在高频范围的挤压油膜阻尼器不再适用。此时雷诺数较大。

$$Re = \frac{\rho\omega C^2}{\mu} \tag{13.1}$$

其中,$\rho$ 为油的密度;$\omega$ 为轴承外环的振动频率;$C$ 为径向间隙;$\mu$ 为油的黏度。

通常,雷诺数大于 10 时需要考虑流体惯性力[1,5,6]。此时,除存在正比于速度的力之外,还会产生与加速度有关的力,相当于出现流体等效质量。

关于挤压油膜阻尼器的大部分研究都假设轴颈运动轨迹为圆轨迹,但并不一定是小幅值运动。当用定心弹支,且不平衡量较大时,这一假设是合理的。油膜力与轨迹半径呈高度非线性关系,这对转子的动力学特性有显著影响。

## 13.3 雷诺方程

动压润滑理论是挤压油膜阻尼器设计的基础。动压润滑理论的核心是纳维·斯托克斯(Navier - Stokes, N - S)方程和雷诺方程。1886 年继博钱普·托尔(Beauchamp Tower)的经典实验之后,奥斯本·雷诺(Oshorne Reynolds)推导出了一个包含两个变量的椭圆方程。托尔在他的实验中第一次观察到了极薄的油膜的形成,从而奠定了动压润滑的基本理论[5]。

如果应用相同的假设,雷诺方程也可从纳维·斯托克斯方程简化得出。下面从轴颈的动力学分析来建立雷诺方程。

### 13.3.1 坐标系与阻尼器参数

根据挤压油膜阻尼器的结构可以将其简化成图 13.8 所示的模型。建立旋转坐标系如下:

原点 $O$ 在油膜厚度最大处的轴颈表面中点上;$X$ 指向轴颈表面的周向;$Y$ 指向轴颈表面的法向;$Z$ 沿轴颈的轴线方向;$\theta$ 从最大油膜厚度处算起;$h_{max}$ 表示最大油

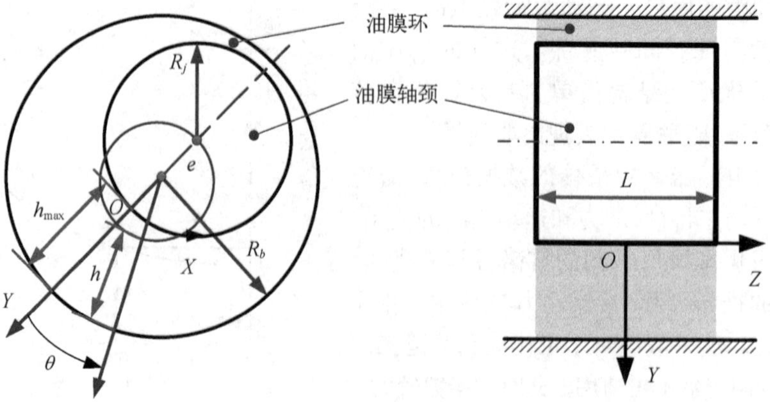


(a) 坐标系　　(b) 阻尼器参数

**图 13.8　阻尼器的参数和坐标系**[3,6]

膜厚度；$h$ 表示任一位置 $\theta$ 处的油膜厚度；$e$ 表示轴颈与油膜外环（支承）的偏心距；$R_j$ 为油膜轴颈的半径；$R_b$ 为油膜外环的半径；$L$ 为油膜轴颈长度。

### 13.3.2　平衡方程

从油膜间隙中取出一个油膜微元体进行分析，如图 13.9 所示。略去油膜的体力，即油膜流速发生变化时的惯性力、在环形腔内运动时的离心力以及油膜自身的重力。如果其他外力也不存在，则作用在微元体上的力将只是流体的压力 $p$ 和流层间由于黏性摩擦而产生的剪应力 $\tau$。

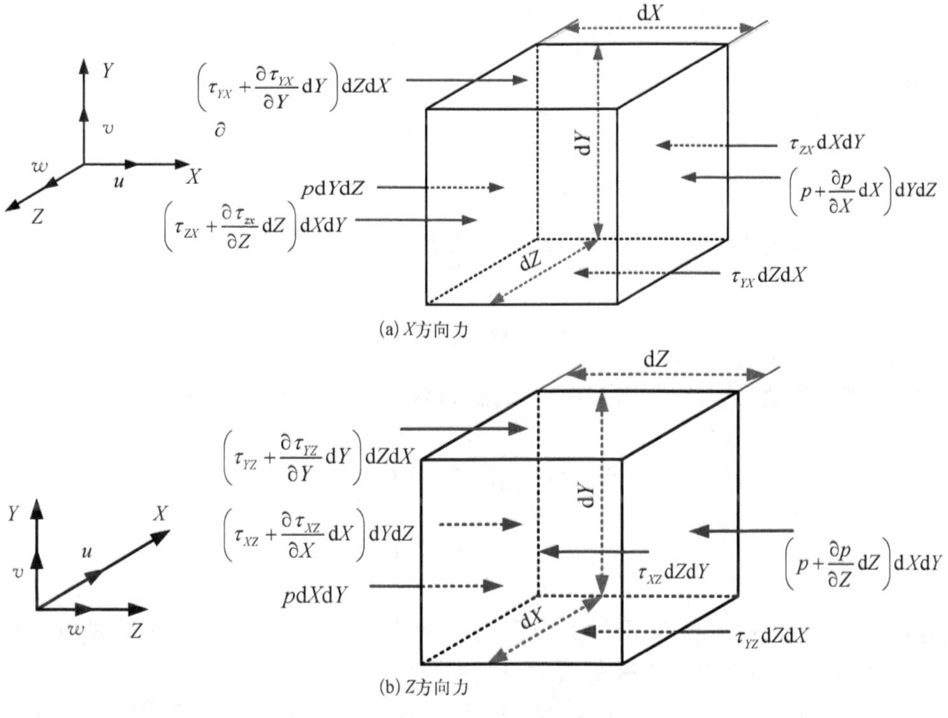


**图 13.9　作用于油膜微元体的力**

每个剪应力都带双下标，第一个下标表示剪应力作用表面的法向轴，第二个下标表示剪应力的作用方向。

写出微元体在 $X$ 和 $Z$ 方向上的力平衡方程，即

$$\left[p-\left(p+\frac{\partial p}{\partial X}\mathrm{d}X\right)\right]\mathrm{d}Y\mathrm{d}Z+\left[\left(\tau_{YX}+\frac{\partial \tau_{YX}}{\partial Y}\mathrm{d}Y\right)-\tau_{YX}\right]\mathrm{d}Z\mathrm{d}X+$$
$$\left[\left(\tau_{ZX}+\frac{\partial \tau_{ZX}}{\partial Z}\mathrm{d}Z\right)-\tau_{ZX}\right]\mathrm{d}X\mathrm{d}Y=0$$

$$\left[p-\left(p+\frac{\partial p}{\partial Z}\mathrm{d}Z\right)\right]\mathrm{d}X\mathrm{d}Y+\left[\left(\tau_{YZ}+\frac{\partial \tau_{YZ}}{\partial Y}\mathrm{d}Y\right)-\tau_{YZ}\right]\mathrm{d}Z\mathrm{d}X+$$
$$\left[\left(\tau_{XZ}+\frac{\partial \tau_{XZ}}{\partial X}\mathrm{d}X\right)-\tau_{XZ}\right]\mathrm{d}Y\mathrm{d}Z=0$$

将上式化简后，得

$$\begin{cases}\dfrac{\partial p}{\partial X}=\dfrac{\partial \tau_{YX}}{\partial Y}+\dfrac{\partial \tau_{ZX}}{\partial Z}\\[2ex]\dfrac{\partial p}{\partial Z}=\dfrac{\partial \tau_{YZ}}{\partial Y}+\dfrac{\partial \tau_{XZ}}{\partial X}\end{cases}\tag{13.2}$$

应用同样方法可求得 $Y$ 向力：

$$\frac{\partial p}{\partial Y}=\frac{\partial \tau_{XY}}{\partial X}+\frac{\partial \tau_{ZY}}{\partial Z}$$

由于油膜厚度很小，可以认为沿轴颈表面的法线方向油膜压力不变，故

$$\frac{\partial p}{\partial Y}=0$$

假定油膜的流动为层流，没有涡流和紊流，符合牛顿黏性定律，则有

$$\tau_{YX}=\mu\frac{\partial u}{\partial Y},\ \tau_{ZX}=\mu\frac{\partial u}{\partial Z}$$
$$\tau_{XZ}=\mu\frac{\partial w}{\partial X},\ \tau_{YZ}=\mu\frac{\partial w}{\partial Y}$$

式中，$\mu$ 为油膜的黏度，常用动力黏度计算，单位为 Pa · s。$u$、$v$ 和 $w$ 分别表示沿 $X$、$Y$ 和 $Z$ 方向油膜流动的速度，如图 13.9 所示。

由于 $Y$ 向的尺寸远比 $X$ 和 $Z$ 方向的尺寸小，故 $Y$ 向流速变化率远远大于 $X$ 和 $Z$ 方向的变化率，即

$$\frac{\partial u}{\partial Y}\gg\frac{\partial u}{\partial Z},\ \frac{\partial w}{\partial Y}\gg\frac{\partial w}{\partial X}$$

故力平衡方程可以近似地表示为

$$\begin{cases}\dfrac{\partial p}{\partial X}=\dfrac{\partial}{\partial Y}\left(\mu\dfrac{\partial u}{\partial Y}\right)\\[2ex]\dfrac{\partial p}{\partial Z}=\dfrac{\partial}{\partial Y}\left(\mu\dfrac{\partial w}{\partial Y}\right)\end{cases}\tag{13.3}$$

### 13.3.3　连续方程

在挤压油膜阻尼器的低压区,油膜有时会汽化,即阻尼器的工质会形成气液两相,因而应采用三维可压缩流的连续方程:

$$\frac{\partial \rho}{\partial t} + \frac{\partial(\rho u)}{\partial X} + \frac{\partial(\rho v)}{\partial Y} + \frac{\partial(\rho w)}{\partial Z} = 0 \tag{13.4}$$

式中,$\rho$ 为油膜微元体物质的密度。$u$ 和 $w$ 可以这样来求,将式(13.3)对 $Y$ 积分两次,可得

$$u = \frac{1}{2\mu}\frac{\partial p}{\partial X}Y^2 + \frac{Y}{\mu}C_1 + C_2$$

$$w = \frac{1}{2\mu}\frac{\partial p}{\partial Z}Y^2 + \frac{Y}{\mu}C_3 + C_4$$

假定油膜与油膜环和轴颈表面之间没有相对滑动,并假定油膜环的 $X$ 向速度为 $U_1$,油膜轴颈的圆周速度为 $U_2$(图 13.8),则可以得到下面的边界条件:

$Y = 0$ 时,$u = U_2$, $w = 0$;

$Y = h$ 时,$u = U_1$, $w = 0$。

代入边界条件,可得

$$C_1 = \left(U_1 - U_2 - \frac{1}{2\mu}\frac{\partial p}{\partial X}h^2\right)\frac{\mu}{h}$$

$$C_2 = U_2$$

$$C_3 = -\frac{1}{2}\frac{\partial p}{\partial Z}h$$

$$C_4 = 0$$

将积分常数代入原式,即得

$$\begin{aligned} u &= \frac{1}{2\mu}\frac{\partial p}{\partial X}Y(Y-h) + \left(1 - \frac{Y}{h}\right)U_2 + \frac{Y}{h}U_1 \\ w &= \frac{1}{2\mu}\frac{\partial p}{\partial Z}Y(Y-h) \end{aligned} \tag{13.5}$$

### 13.3.4　广义雷诺方程

由于油膜的厚度很小,可以假定油膜的密度 $\rho$ 沿 $Y$ 方向不变化。取任意点 $M'$ 处的径向流速为 $V_1$, $M$ 处的径向流速为 $V_2$(图 13.8),沿油膜厚度 $h$ 对连续方程式

(13.4)进行积分可得

$$h\frac{\partial\rho}{\partial t}+\rho(V_1-V_2)=-\int_0^h\left[\frac{\partial(\rho u)}{\partial X}+\frac{\partial(\rho w)}{\partial Z}\right]\mathrm{d}Y \tag{13.6}$$

式(13.6)的右端,积分界限 $h$ 是 $X$ 和 $Z$ 的函数,故可用莱布尼茨(Leibniz)法则求积分。根据公式:

$$\frac{\partial}{\partial z}\int_{a(z)}^{b(z)}f(x,\ z)\,\mathrm{d}x=\int_{a(z)}^{b(z)}\frac{\partial f}{\partial z}\mathrm{d}x+f[b(z),\ z]\frac{\partial b}{\partial z}-f[a(z),\ z]\frac{\partial a}{\partial z}$$

可得积分:

$$\int_0^h\frac{\partial(\rho u)}{\partial X}\mathrm{d}Y=\frac{\partial}{\partial X}\int_0^h(\rho u)\,\mathrm{d}Y-\rho u\Big|_{Y=h}\frac{\partial h}{\partial X}$$

$$\int_0^h\frac{\partial(\rho w)}{\partial Z}\mathrm{d}Y=\frac{\partial}{\partial Z}\int_0^h(\rho w)\,\mathrm{d}Y-\rho w\Big|_{Y=h}\frac{\partial h}{\partial Z}$$

如上所述,当 $Y=h$ 时, $u=U_1$, $w=0$, 故得

$$\int_0^h\frac{\partial(\rho u)}{\partial X}\mathrm{d}Y=\frac{\partial}{\partial X}\int_0^h(\rho u)\,\mathrm{d}Y-\rho U_1\frac{\partial h}{\partial X}$$

$$\int_0^h\frac{\partial(\rho w)}{\partial Z}\mathrm{d}Y=\frac{\partial}{\partial Z}\int_0^h(\rho w)\,\mathrm{d}Y$$

将式(13.5)的流速关系代入,得

$$\int_0^h(\rho u)\,\mathrm{d}Y=-\frac{\rho h^3}{12\mu}\frac{\partial p}{\partial X}+\frac{\rho h}{2}(U_1+U_2)$$

$$\int_0^h(\rho w)\,\mathrm{d}Y=-\frac{\rho h^3}{12\mu}\frac{\partial p}{\partial Z}$$

将以上关系代入式(13.6),可得

$$h\frac{\partial\rho}{\partial t}+\rho(V_1-V_2)=\frac{\partial}{\partial X}\left[\frac{\rho h^3}{12\mu}\frac{\partial p}{\partial X}-\frac{\rho h}{2}(U_1+U_2)\right]+\rho U_1\frac{\partial h}{\partial X}+\frac{\partial}{\partial Z}\left(\frac{\rho h^3}{12\mu}\frac{\partial p}{\partial Z}\right)$$

经整理和移项得

$$\begin{aligned}\frac{\partial}{\partial X}\left(\frac{\rho h^3}{\mu}\frac{\partial p}{\partial X}\right)+\frac{\partial}{\partial Z}\left(\frac{\rho h^3}{\mu}\frac{\partial p}{\partial Z}\right)&=6(U_1+U_2)\frac{\partial(\rho h)}{\partial X}+6\rho h\frac{\partial}{\partial X}(U_1+U_2)\\&\quad-12\rho U_1\frac{\partial h}{\partial X}+12\rho(V_1-V_2)+12h\frac{\partial\rho}{\partial t}\end{aligned}$$

因为，

$$\frac{\partial}{\partial X}(U_1 + U_2) = 0$$

$$-12\rho U_1 \frac{\partial h}{\partial X} = 12U_1 h \frac{\partial \rho}{\partial X} - 12U_1 \frac{\partial(\rho h)}{\partial X}$$

故有

$$\frac{\partial}{\partial X}\left(\frac{\rho h^3}{\mu}\frac{\partial p}{\partial X}\right) + \frac{\partial}{\partial Z}\left(\frac{\rho h^3}{\mu}\frac{\partial p}{\partial Z}\right) = 6(U_2 - U_1)\frac{\partial(\rho h)}{\partial X} + 12U_1 h\frac{\partial \rho}{\partial X} + 12\rho(V_1 - V_2) + 12h\frac{\partial \rho}{\partial t} \tag{13.7}$$

又因为 $\partial h/\partial t = V_1 - V_2$，故得

$$\frac{\partial}{\partial X}\left(\frac{\rho h^3}{\mu}\frac{\partial p}{\partial X}\right) + \frac{\partial}{\partial Z}\left(\frac{\rho h^3}{\mu}\frac{\partial p}{\partial Z}\right) = 6(U_2 - U_1)\frac{\partial(\rho h)}{\partial X} + 12U_1 h\frac{\partial \rho}{\partial X} + 12\frac{\partial(\rho h)}{\partial t} \tag{13.8}$$

这就是变黏度可压缩流的广义雷诺方程。

### 13.3.5　轴颈轴承的雷诺方程

轴颈轴承的特点反映在 $X$ 向分速 $U$ 和 $Y$ 向分速 $V$ 上。如图 13.10 所示，因为坐标原点是取在轴颈表面上的，所以 $M$ 点的 $X$ 与 $Y$ 轴方向的分速 $U_2$ 和 $V_2$ 就是该点的切向分速和法向分速。

轴承表面上 $M'$ 点的 X 向分速 $U_1$ 应为

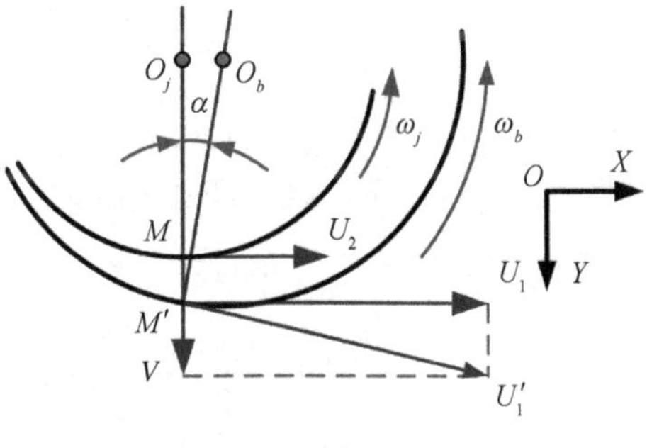


**图 13.10　轴颈轴承表面的运动**[3,6]

$$U_1 = U_1'\cos\alpha$$

式中，$U_1'$ 为轴承的圆周速度。但由于 $\alpha$ 角很小，故

$$U_1 \approx U_1'$$

也就是说，在所有各式中的 $U_1$ 均可用轴承（油膜环）的圆周速度来近似地表达。$M'$ 点的 $Y$ 向分速 $V_1$ 要这样来分析：因为轴颈与轴承不是绕相同的轴心线旋转，因而两者在旋转过程中便会产生 $Y$ 方向的相对分速，即图 13.10 中的 $V$。另外，

轴承自身的径向运动会产生 $Y$ 向分速,令其为 $V_0$。于是,$M'$ 点的 $Y$ 向分速为

$$V_1 = V_0 + V$$

由图 13.10 可知:

$$V = U'_1 \sin\alpha = U_1 \frac{\partial h}{\partial X}$$

将 $V_1$ 代入式(13.7)可得

$$\frac{\partial}{\partial X}\left(\frac{\rho h^3}{\mu}\frac{\partial p}{\partial X}\right) + \frac{\partial}{\partial Z}\left(\frac{\rho h^3}{\mu}\frac{\partial p}{\partial Z}\right) = 6(U_2 - U_1)\frac{\partial(\rho h)}{\partial X} + 12U_1 h\frac{\partial \rho}{\partial X} + 12\rho(V_0 - V_2) + 12\rho U_1\frac{\partial h}{\partial X} + 12h\frac{\partial \rho}{\partial t}$$

将含 $U_1$ 的项合并后,得

$$\frac{\partial}{\partial X}\left(\frac{\rho h^3}{\mu}\frac{\partial p}{\partial X}\right) + \frac{\partial}{\partial Z}\left(\frac{\rho h^3}{\mu}\frac{\partial p}{\partial Z}\right) = 6(U_2 + U_1)\frac{\partial(\rho h)}{\partial X} + 12\rho(V_0 - V_2) + 12h\frac{\partial \rho}{\partial t} \tag{13.9}$$

而这时 $\partial h/\partial t = V_0 - V_2$,故得

$$\frac{\partial}{\partial X}\left(\frac{\rho h^3}{\mu}\frac{\partial p}{\partial X}\right) + \frac{\partial}{\partial Z}\left(\frac{\rho h^3}{\mu}\frac{\partial p}{\partial Z}\right) = 6(U_2 + U_1)\frac{\partial(\rho h)}{\partial X} + 12\frac{\partial(\rho h)}{\partial t} \tag{13.10}$$

这就是变黏度可压缩流的轴颈轴承雷诺方程。

通常轴承(轴颈轴承的承力环面)是固定不转的,并认为在轴颈轴承中工作的是不可压缩的纯滑油,滑油的黏度为常数,在这种情况下,雷诺方程为

$$\frac{\partial}{\partial X}\left(h^3\frac{\partial p}{\partial X}\right) + \frac{\partial}{\partial Z}\left(h^3\frac{\partial p}{\partial Z}\right) = 6\mu U_2\frac{\partial h}{\partial X} + 12\mu\frac{\partial h}{\partial t} \tag{13.11}$$

### 13.3.6 挤压油膜阻尼器的雷诺方程

为方便起见,采用圆柱坐标系推导用于挤压油膜阻尼器的雷诺方程。首先求出油膜厚度 $h$ 与有关参数间的几何关系。如图 13.11 所示,存在如下的几何关系:

$$e\cos\theta + R_b\cos\alpha = R_j + h$$

$$\sin\alpha = \frac{e}{R_b}\sin\theta$$

因而,

$$h = R_b\sqrt{1 - \frac{e^2}{R_b^2}\sin^2\theta} - R_j + e\cos\theta$$

式中,$e$ 为油膜轴颈与油膜环之间的偏心距。

通常 $e/R_b$ 为 0.001~0.004,远小于 1,故根号内的数非常接近于 1,因此,

$$h = R_b - R_j + e\cos\theta$$

式中,$R_b - R_j$ 即油膜半径间隙 $C$,偏心距通常用无量纲参数 $\varepsilon$ 表示,即

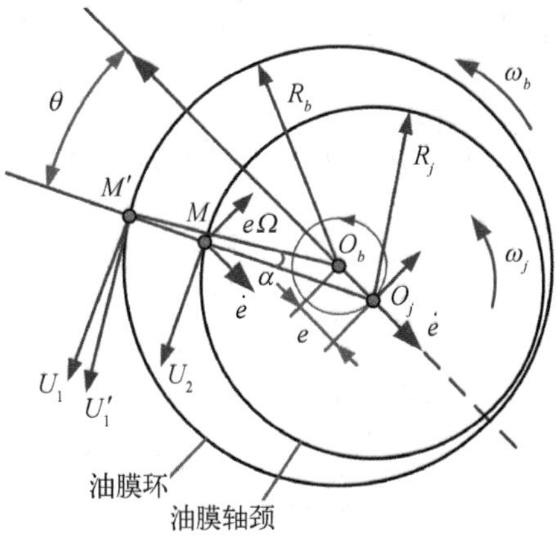


图 13.11　挤压油膜阻尼器的运动[3,6]

$$\varepsilon = \frac{e}{C}$$

式中,$\varepsilon$ 称为轴颈偏心率,在分析油膜阻尼特性时,这是一个重要的参数。

将这些关系代入前式,即可得出:

$$h = C(1 + \varepsilon\cos\theta) \tag{13.12}$$

除前面推导广义雷诺方程时所考虑的运动形式之外,还需考虑挤压油膜阻尼器轴颈中心 $O_j$ 绕油膜环中心 $O_b$ 的进动运动。在图 13.11 中,进动角速度为 $\Omega$。$\omega_b$ 和 $\omega_j$ 分别为油膜环和油膜轴颈的旋转角速度。

按式(13.10)的定义,$V_0 - V_2$ 只代表轴承和轴颈的平移产生在 $MM'$ 方向($Y$ 方向)的分速。图 13.11 中的 $\dot{e}$ 是沿连心线 $O_jO_b$ 方向的平移速度,故

$$\frac{\partial h}{\partial t} = V_0 - V_2 = \dot{e}\cos\theta$$

这一关系也可按式(13.12)求出。如果油膜环无径向运动,则 $\dot{e}$ 就是轴颈中心 $O_j$ 沿 $O_bO_j$ 连线的平移速度。

由进动引起的 $M$ 点的 $Y$ 向分速为 $-e\Omega\sin\theta$,而 $M$ 和 $M'$ 点处的 $X$ 向分速分别为

$$U_2 = R_j\omega_j + \dot{e}\sin\theta - e\Omega\cos\theta$$
$$U_1 \approx U_1' = R_b\omega_b \approx R_j\omega_b$$

按圆柱坐标,有

$$X = R_j\theta$$

借助式(13.9)包含的概念，应用上述的关系，可得

$$\frac{1}{R_j^2}\frac{\partial}{\partial\theta}\left(\frac{\rho h^3}{\mu}\frac{\partial p}{\partial\theta}\right)+\frac{\partial}{\partial Z}\left(\frac{\rho h^3}{\mu}\frac{\partial p}{\partial Z}\right)=6(R_j\omega_b+R_j\omega_j+\dot{e}\sin\theta-e\Omega\cos\theta)\frac{1}{R_j}\frac{\partial(\rho h)}{\partial\theta}+12\rho\left(\frac{\partial h}{\partial t}+e\Omega\sin\theta\right)+12h\frac{\partial\rho}{\partial t} \tag{13.13}$$

由式(13.12)得

$$\frac{\partial h}{\partial\theta}=-e\sin\theta$$

并且，

$$\dot{e}=C\frac{\partial\varepsilon}{\partial t}$$

式(13.13)的右端则为

$$6\left(\omega_b+\omega_j-2\Omega+\frac{C}{R_j}\frac{\partial\varepsilon}{\partial t}\sin\theta-\frac{e}{R_j}\Omega\cos\theta\right)\frac{\partial(\rho h)}{\partial\theta}+12\Omega h\frac{\partial\rho}{\partial\theta}+12\frac{\partial(\rho h)}{\partial t}$$

因为 $C/R_j$ 和 $e/R_j$ 远小于2，故可将这些项略去，由此得出变黏度可压缩流的挤压油膜雷诺方程：

$$\frac{1}{R_j^2}\frac{\partial}{\partial\theta}\left(\frac{\rho h^3}{\mu}\frac{\partial p}{\partial\theta}\right)+\frac{\partial}{\partial Z}\left(\frac{\rho h^3}{\mu}\frac{\partial p}{\partial Z}\right)=6(\omega_b+\omega_j-2\Omega)\frac{\partial(\rho h)}{\partial\theta}+12\Omega h\frac{\partial\rho}{\partial\theta}+12\frac{\partial(\rho h)}{\partial t} \tag{13.14}$$

油膜环半径与油膜轴颈半径非常接近，故 $R_j$ 可用 $R$ 表示，通称油膜阻尼器半径。由此可得定黏度不可压缩流的挤压油膜雷诺方程为

$$\frac{1}{R^2}\frac{\partial}{\partial\theta}\left(h^3\frac{\partial p}{\partial\theta}\right)+\frac{\partial}{\partial Z}\left(h^3\frac{\partial p}{\partial Z}\right)=6\mu(\omega_b+\omega_j-2\Omega)\frac{\partial h}{\partial\theta}+12\mu\frac{\partial h}{\partial t} \tag{13.15}$$

方程(13.15)是在旋转的圆柱坐标系中(图13.11)，轴颈中心 $O_j$ 对油膜环中心 $O_b$ 作一般进动时的瞬态雷诺方程。

由方程(13.15)还可看出，右端第一项表示滑油进入楔形间隙产生力的情况；第二项表示挤压作用产生压力的情况。也就是说右端是产生油压的动因，下面对方程(13.15)进行定性分析：

(1) 如果 $\omega_b + \omega_j - 2\Omega > 0$，则在 $\partial h/\partial\theta < 0$ 区域，轴承表面会将滑油带入收敛形楔形间隙。动压润滑理论已经证明，在收敛形间隙内将产生正压，即正压力区在 $\theta = 0 \sim \pi$ 范围内(图 13.11)；如 $\omega_b + \omega_j - 2\Omega < 0$，则按同样的分析方法，正压力区将产生在 $\theta = \pi \sim 2\pi$ 区域内。

(2) $\dfrac{\partial h}{\partial t} < 0$，即油膜间隙随时间减小，油膜轴颈与油膜环彼此靠拢，相互挤压，故在相应区间会产生正压力；如 $\partial h/\partial t > 0$，则表面彼此分离，故得负压。

上面的分析对轴颈轴承和挤压油膜阻尼器内，油膜负压力区和气穴位置的理解有所帮助。

如果认为油膜厚度 $h$ 沿轴向 $Z$ 不变，则式(13.15)可写成：

$$6\mu B - \frac{1}{R^2}\frac{\partial}{\partial\theta}\left(h^3\frac{\partial p}{\partial\theta}\right) - h^3\frac{\partial^2 p}{\partial Z^2} = 0 \tag{13.16}$$

式中，$B = (\omega_b + \omega_j - 2\Omega)\dfrac{\partial h}{\partial\theta} + 2\dfrac{\partial h}{\partial t}$。

如果阻尼器轴颈只做圆进动，则在稳态运转时，雷诺方程为

$$\frac{1}{R^2}\frac{\partial}{\partial\theta}\left(h^3\frac{\partial p}{\partial\theta}\right) + \frac{\partial}{\partial Z}\left(h^3\frac{\partial p}{\partial Z}\right) = 6\mu(\omega_b + \omega_j - 2\Omega)\frac{\partial h}{\partial\theta} \tag{13.17}$$

由于油膜环和油膜轴颈都不旋转，当油膜轴颈只绕油膜环中心作圆进动时，对于本章 13.1 中所介绍的挤压油膜阻尼器，雷诺方程为

$$\frac{1}{R^2}\frac{\partial}{\partial\theta}\left(h^3\frac{\partial p}{\partial\theta}\right) + \frac{\partial}{\partial Z}\left(h^3\frac{\partial p}{\partial Z}\right) = -12\mu\Omega\frac{\partial h}{\partial\theta} \tag{13.18}$$

## 13.4　油膜反力、油膜刚度和油膜阻尼

为了求解油膜反力，必须分析油膜压力沿轴颈的分布，根据具体情况分析油膜的正负压力区域，并根据运动状态和边界条件来求解雷诺方程。

### 13.4.1　半油膜、全油膜和气穴现象

对一般全轴颈滑动轴承而言，如供油压力为环境大气压力(表压 $p=0$)，则沿轴向的油压分布如图 13.12(a)所示。在圆周方向，由于轴颈的旋转，将滑油带入 $\theta = 0 \sim \pi$ 的“收敛楔”内，滑油受挤压因而产生正压力；在 $\theta = \pi \sim 2\pi$ 的“扩张楔”内，滑油被带出，从理论上讲，将产生与正压力区相同的负压力区，如图 13.12(b)所示。但

由经验知道,液体是承受不了多大负压(即拉应力)的,在负压力作用下,油膜必然破裂,因此,负压力区实际上并不存在,而只能有较小的负压,因为油膜尚可承受这种较小的负压力,如图 13.12(b)虚线所示。图 13.13 表示轴颈轴承油膜压力的分布。

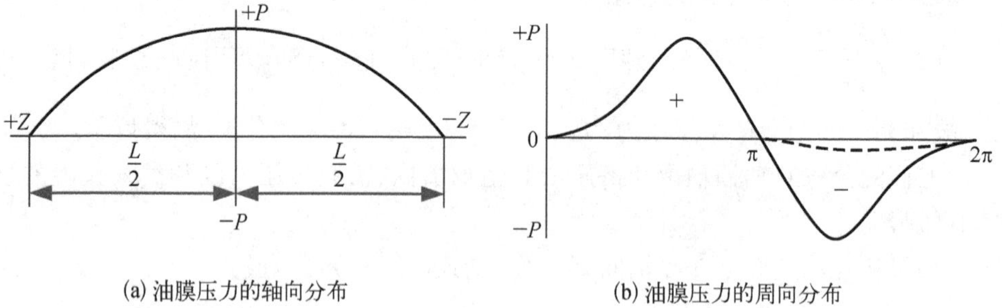


图 13.12 油膜压力分布[3,6]

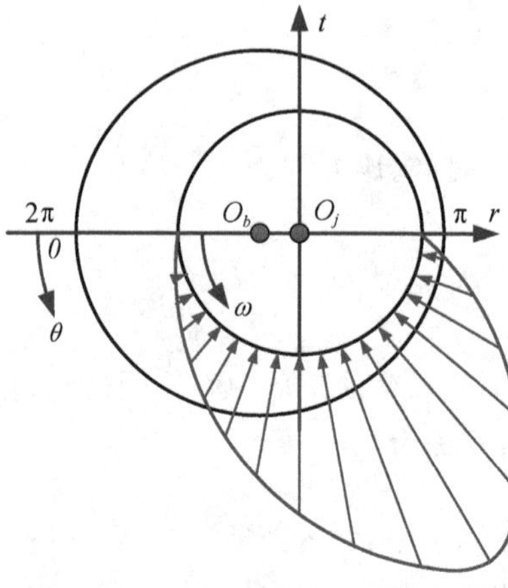


图 13.13 轴颈轴承油膜压力分布[3,6]

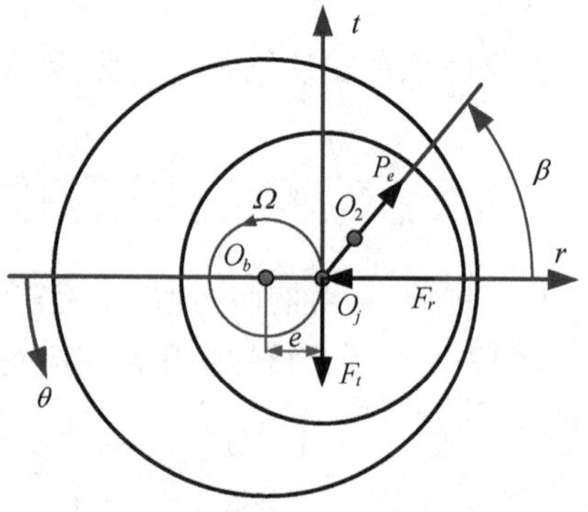


图 13.14 挤压油膜阻尼器的工作情况[3,6]

对于挤压油膜阻尼器,情况正好相反,挤压油膜阻尼器的工作原理如图 13.14 所示,油膜轴颈相对油膜环作进动运动。在带定心弹性支承的情况下,阻尼器未运转之前,油膜轴颈与油膜环同心,转子的重量由弹性支承承担,与挤压油膜无关。转子运转时,在不平衡力 $P_e$ 或其他作用力作用下,轴承外环挤压油膜轴颈,使 $O_j$ 偏离 $O_b$,产生偏心距 $e$,这就是振动向量的方向,它总是滞后于不平衡激振力 $P_e$。如图 13.14 所示,$\beta$ 角就是滞后相位角。

在旋转的不平衡力 $P_e$ 作用下,油膜受挤压的一边,也就是挤压油膜阻尼器的正压力区,大约在 $\theta=\pi \sim 2\pi$ 范围内。而且在受挤压的扩张楔内,间隙小的一端反压大,故而油压升高较大;间隙大的一端反压小,油压升高较小。因此,正压力区的油压分布便呈现出如图 13.15 所示的规律。

大约在 $\theta = 0 \sim \pi$ 的范围内则为负压力区。正如前面对轴颈轴承所作的分析一样，只能有很小的负压出现。英国霍尔姆斯（Holmes）在实验中曾观察到这种现象。当油膜压力降到低于滑油在环境中的饱和压力时，气体便从油中逸出，即油膜中出现气穴。科尔（Cole）等还在实验中观察到，在旋转载荷作用下，正压力区在旋转，而气穴区也以相同的速度旋转。

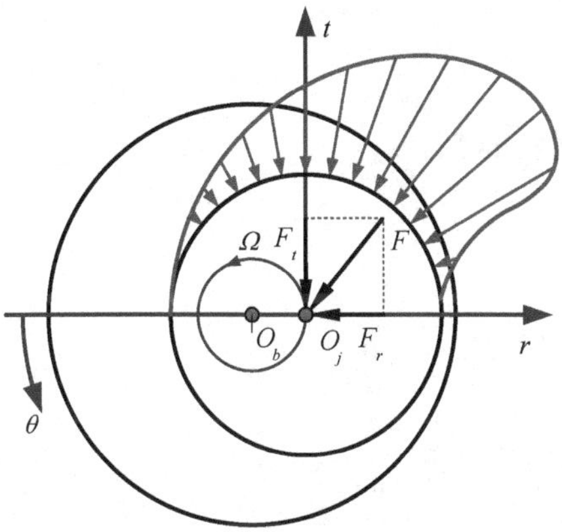


**图 13.15　半油膜挤压油膜阻尼器压力分布**[3,6]

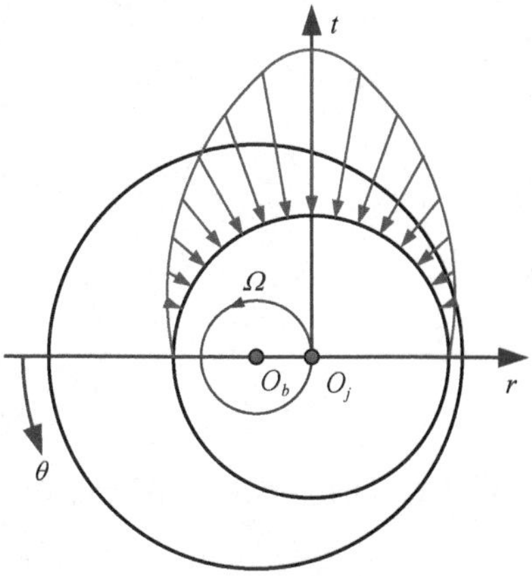


**图 13.16　全油膜挤压油膜阻尼器压力分布**[3,6]

当压力较低而温度较高时，滑油还会汽化，这也是在油膜中产生气穴的原因。因此，将正压力区在 $0 \sim \pi$ 或 $\pi \sim 2\pi$ 的油膜称为半油膜或有气穴油膜。

以轴颈中心 $O_j$ 为原点，取旋转坐标系 $rO_jt$（图 13.14），按轴颈进动方向，$O_jt$ 代表周向，$O_jr$ 代表径向。当供油压力提高到一定程度后，不平衡力 $P_e$ 挤压油膜，扩张楔两端反压都较大，则油膜压力将按 $O_jt$ 轴对称分布，如图 13.16 所示。这时对油膜轴颈的径向反压将会彼此抵消。而负压力区将不复出现，气穴也会被抑制而消失，油膜从 $0 \sim 2\pi$ 都有正压，故称这种油膜为全油膜或无空穴油膜。

探讨了油膜的边界条件以后，即可进一步按雷诺方程求出油膜压力沿阻尼器的分布，即 $p(\theta, Z)$。由于雷诺方程为一包含两个变量 $\theta$ 和 $Z$ 的偏微分方程，求解困难，因而便出现了许多近似解法，下面则要予以介绍。

### 13.4.2　短轴承近似理论-圆进动假设-稳态

所谓短轴承理论，即认为油膜压力沿阻尼器轴线方向 $Z$ 的变化，远比沿圆周方向的变化大，故可将 $\partial p/\partial\theta$ 项略去。对于采用滚动轴承的发动机来说，轴承的长径比可以小于 0.25，因而设计相应的阻尼器，长径比也可能很小，滑油进入油膜间隙后，易于向两端流出，因此，$\partial p/\partial Z$ 变化很大。实践经验证明，当阻尼器的长径比比较小时,短轴承理论是有实用价值的。

1. 挤压油膜阻尼器的油膜压力分布与油膜反力

按挤压油膜阻尼器的这种工作条件,在式(13.18)中,可略去 $\partial p/\partial \theta$ 项,则作圆进动的阻尼器雷诺方程变为

$$\frac{\partial}{\partial Z}\left(h^3 \frac{\partial p}{\partial Z}\right) = -12\mu\Omega \frac{\partial h}{\partial \theta}$$

由式(13.12)求得

$$\frac{\partial h}{\partial \theta} = -C\varepsilon \sin\theta$$

故有

$$\frac{\partial}{\partial Z}\left(h^3 \frac{\partial p}{\partial Z}\right) = 12\mu\Omega C\varepsilon \sin\theta$$

前已假设油膜厚度 $h$ 沿轴向 $Z$ 不变,于是可得

$$h^3 \frac{\partial^2 p}{\partial Z^2} = 12\mu\Omega C\varepsilon \sin\theta$$

假设,

$$\text{当 } Z = \pm L/2 \text{ 时}, p(\theta, Z) = 0$$

其中,$L$ 为轴颈长度。

将上式积分两次,可得

$$p(\theta, Z) = \frac{6\mu\Omega C\varepsilon \sin\theta}{h^3} Z^2 + C_1 Z + C_2$$

式中,$C_1$ 和 $C_2$ 为积分常数。

代入边界条件,可得

$$C_1 = 0,\ C_2 = -\frac{3\mu\Omega C\varepsilon \sin\theta}{2h^3} L^2$$

最终可得到挤压油膜阻尼器圆进动雷诺方程的短轴承稳态近似解:

$$p(\theta, Z) = -\frac{6\mu\Omega C\varepsilon \sin\theta}{h^3}\left(\frac{L^2}{4} - Z^2\right) \tag{13.19}$$

在求得油膜压力分布之后,便可进一步求解油膜反力。对于挤压油膜阻尼器而言,前已说明,正压力区在 $\theta = \pi \sim 2\pi$ 范围内[从式(13.19)也可证明]。为分析

方便起见,将油膜力 $F$ 分解为径向反力 $F_r$ 和周向反力 $F_t$,如图 13.15 所示,则半油膜挤压油膜阻尼器的径向油膜反力为

$$F_r = \int_{-\frac{L}{2}}^{\frac{L}{2}} \int_{\pi}^{2\pi} p(\theta,\ Z) R\cos\theta \mathrm{d}\theta \mathrm{d}Z$$

将式(13.12)和式(13.19)的关系代入,并对 $Z$ 积分:

$$\begin{aligned}
F_r &= \int_{-\frac{L}{2}}^{\frac{L}{2}} \int_{\pi}^{2\pi} -\frac{6\mu\Omega C\varepsilon\sin\theta}{h^3}\left(\frac{L^2}{4} - Z^2\right) R\cos\theta \mathrm{d}\theta \mathrm{d}Z \\
&= \int_{-\frac{L}{2}}^{\frac{L}{2}} \int_{\pi}^{2\pi} -\frac{6\mu\Omega C\varepsilon\sin\theta}{C^3(1+\varepsilon\cos\theta)^3}\left(\frac{L^2}{4} - Z^2\right) R\cos\theta \mathrm{d}\theta \mathrm{d}Z \\
&= \int_{\pi}^{2\pi} \int_{-\frac{L}{2}}^{-\frac{L}{2}} -\frac{6\mu\Omega C\varepsilon\sin\theta}{C^3(1+\varepsilon\cos\theta)^3}\left(\frac{L^2}{4} - Z^2\right) R\mathrm{d}Z\cos\theta \mathrm{d}\theta \\
&= \int_{\pi}^{2\pi} -\frac{6R\mu\Omega C\varepsilon\sin\theta}{C^3(1+\varepsilon\cos\theta)^3}\left(\frac{L^2}{4}Z - \frac{Z^3}{3}\right) \Bigg|_{-\frac{L}{2}}^{\frac{L}{2}} \cos\theta \mathrm{d}\theta \\
&= \int_{\pi}^{2\pi} -\frac{6R\mu\Omega C\varepsilon\sin\theta}{C^3(1+\varepsilon\cos\theta)^3} \frac{L^3}{6}\cos\theta \mathrm{d}\theta \\
&= -\frac{\mu\Omega RL^3}{C^2}\int_{\pi}^{2\pi} \frac{\varepsilon\sin\theta\cos\theta}{(1+\varepsilon\cos\theta)^3}\mathrm{d}\theta
\end{aligned} \tag{13.20}$$

因为,

$$\begin{aligned}
\int_{\pi}^{2\pi} \frac{\varepsilon\sin\theta\cos\theta}{(1+\varepsilon\cos\theta)^3}\mathrm{d}\theta &= \int_{\pi}^{2\pi} \varepsilon\sin\theta \frac{1}{\varepsilon}\left[\frac{1}{(1+\varepsilon\cos\theta)^2} - \frac{1}{(1+\varepsilon\cos\theta)^3}\right]\mathrm{d}\theta \\
&= \frac{1}{\varepsilon}\int_{\pi}^{2\pi} \frac{\varepsilon\sin\theta}{(1+\varepsilon\cos\theta)^2}\mathrm{d}\theta - \frac{1}{\varepsilon}\int_{\pi}^{2\pi} \frac{\varepsilon\sin\theta}{(1+\varepsilon\cos\theta)^3}\mathrm{d}\theta \\
&= \frac{1}{\varepsilon}\int_{\pi}^{2\pi} \frac{-1}{(1+\varepsilon\cos\theta)^2}\mathrm{d}(\varepsilon\cos\theta + 1) \\
&\quad - \frac{1}{\varepsilon}\int_{\pi}^{2\pi} \frac{-1}{(1+\varepsilon\cos\theta)^3}\mathrm{d}(\varepsilon\cos\theta + 1) \\
&= \left[\frac{1}{\varepsilon(1+\varepsilon\cos\theta)} - \frac{1}{2\varepsilon(1+\varepsilon\cos\theta)^2}\right] \Bigg|_{\pi}^{2\pi} \\
&= \frac{2\varepsilon^2}{(1-\varepsilon^2)^2}
\end{aligned}$$

故得到半油膜短轴承挤压油膜阻尼器的径向油膜反力为

$$F_r = -\frac{\mu \Omega R L^3}{C^2}\left[\frac{2\varepsilon^2}{(1-\varepsilon^2)^2}\right] \tag{13.21}$$

仿照式(13.20)，可以相似地得出半油膜短轴承挤压油膜阻尼器的周向油膜反力：

$$F_t = -\frac{\mu \Omega R L^3}{C^2}\int_{\pi}^{2\pi}\frac{\varepsilon \sin\theta \sin\theta}{(1+\varepsilon\cos\theta)^3}\mathrm{d}\theta \tag{13.22}$$

利用分部积分法，可得

$$\begin{aligned}
\int_{\pi}^{2\pi}\frac{\varepsilon \sin\theta \sin\theta}{(1+\varepsilon\cos\theta)^3}\mathrm{d}\theta &= \int_{\pi}^{2\pi}\frac{-\sin\theta}{(1+\varepsilon\cos\theta)^3}\mathrm{d}(\varepsilon\cos\theta+1) \\
&= \int_{\pi}^{2\pi}-\sin\theta \mathrm{d}\left(\frac{-1}{2(1+\varepsilon\cos\theta)^2}\right) \\
&= \frac{-\sin\theta}{2(1+\varepsilon\cos\theta)^2}\Bigg|_{\pi}^{2\pi} - \int_{\pi}^{2\pi}\frac{-1}{2(1+\varepsilon\cos\theta)^2}\mathrm{d}(-\sin\theta) \\
&= \frac{-\sin\theta}{2(1+\varepsilon\cos\theta)^2}\Bigg|_{\pi}^{2\pi} - \int_{\pi}^{2\pi}\frac{\cos\theta}{2(1+\varepsilon\cos\theta)^2}\mathrm{d}\theta \\
&= 0 - \int_{\pi}^{2\pi}\frac{\cos\theta}{2(1+\varepsilon\cos\theta)^2}\mathrm{d}\theta \\
&= \int_{\pi}^{2\pi}-\frac{1}{2\varepsilon}\left[\frac{1}{(1+\varepsilon\cos\theta)} - \frac{1}{(1+\varepsilon\cos\theta)^2}\right]\mathrm{d}\theta \\
&= -\frac{1}{2\varepsilon}\int_{\pi}^{2\pi}\frac{1}{1+\varepsilon\cos\theta}\mathrm{d}\theta + \frac{1}{2\varepsilon}\int_{\pi}^{2\pi}\frac{1}{(1+\varepsilon\cos\theta)^2}\mathrm{d}\theta
\end{aligned} \tag{13.23}$$

应用 Sommerfeld 代换，即

$$\cos\alpha = \frac{\varepsilon + A\cos\theta}{A+\varepsilon\cos\theta} \tag{13.24}$$

这一代换的特点是 $\alpha$ 和 $\theta$ 在 0，$\pi$，$2\pi$ 处，上式两端具有同一值。由式(13.24)还可导出：

$$\cos\theta = \frac{\varepsilon - A\cos\alpha}{\varepsilon\cos\alpha - A}$$

因此，

$$A+\varepsilon\cos\theta=A+\varepsilon\frac{\varepsilon-A\cos\alpha}{\varepsilon\cos\alpha-A}=\frac{A^2-\varepsilon^2}{A-\varepsilon\cos\alpha} \tag{13.25a}$$

$$\begin{aligned}\mathrm{d}\theta&=\mathrm{d}\left(\arccos\frac{\varepsilon-A\cos\alpha}{\varepsilon\cos\alpha-A}\right)\\&=\frac{-1}{\sqrt{1-\left(\dfrac{\varepsilon-A\cos\alpha}{\varepsilon\cos\alpha-A}\right)^2}}\frac{A\sin\alpha(\varepsilon\cos\alpha-A)-(-\varepsilon\sin\alpha)(\varepsilon-A\cos\alpha)}{(\varepsilon\cos\alpha-A)^2}\mathrm{d}\alpha\\&=\frac{(A^2-\varepsilon^2)^{1/2}}{A-\varepsilon\cos\alpha}\mathrm{d}\alpha\end{aligned} \tag{13.25b}$$

此处 $A=1$。将其代入式(13.23)，可得

$$\begin{aligned}\int_{\pi}^{2\pi}\frac{\varepsilon\sin\theta\sin\theta}{(1+\varepsilon\cos\theta)^3}\mathrm{d}\theta&=-\frac{1}{2\varepsilon}\int_{\pi}^{2\pi}\frac{1}{\sqrt{1-\varepsilon^2}}\mathrm{d}\alpha+\frac{1}{2\varepsilon}\int_{\pi}^{2\pi}\frac{1-\varepsilon\cos\alpha}{(1-\varepsilon^2)^{3/2}}\mathrm{d}\alpha\\&=-\frac{\alpha}{2\varepsilon\sqrt{1-\varepsilon^2}}\Bigg|_{\pi}^{2\pi}+\frac{\alpha-\varepsilon\sin\alpha}{2\varepsilon(1-\varepsilon^2)^{3/2}}\Bigg|_{\pi}^{2\pi}=\frac{\pi\varepsilon}{2(1-\varepsilon^2)^{3/2}}\end{aligned}$$

再代入式(13.22)即得短轴承条件下半油膜挤压油膜阻尼器的周向油膜反力：

$$F_t=-\frac{\mu\Omega RL^3}{C^2}\left[\frac{\pi\varepsilon}{2(1-\varepsilon^2)^{3/2}}\right] \tag{13.26}$$

对于全油膜，必须由 0~2π 积分。由于：

$$\int_0^{2\pi}\frac{\varepsilon\sin\theta\cos\theta}{(1+\varepsilon\cos\theta)^3}\mathrm{d}\theta=\left[\frac{1}{\varepsilon(1+\varepsilon\cos\theta)}-\frac{1}{2\varepsilon(1+\varepsilon\cos\theta)^2}\right]\Bigg|_0^{2\pi}=0$$

$$\int_0^{2\pi}\frac{\varepsilon\sin\theta\sin\theta}{(1+\varepsilon\cos\theta)^3}\mathrm{d}\theta=-\frac{\alpha}{2\varepsilon\sqrt{1-\varepsilon^2}}\Bigg|_0^{2\pi}+\frac{\alpha-\varepsilon\sin\alpha}{2\varepsilon(1-\varepsilon^2)^{3/2}}\Bigg|_0^{2\pi}=\frac{\pi\varepsilon}{(1-\varepsilon^2)^{3/2}}$$

可得全油膜的径向油膜反力为

$$F_r=0 \tag{13.27}$$

全油膜周向油膜反力为

$$F_t=-\frac{\mu\Omega RL^3}{C^2}\left[\frac{\pi\varepsilon}{(1-\varepsilon^2)^{3/2}}\right] \tag{13.28}$$

2. 轴颈轴承的油膜压力分布与油膜反力

对于轴颈滑动轴承来说,在稳态运转情况下,如下条件成立:

$$\frac{\partial h}{\partial t} = 0$$

按圆柱坐标可将式(13.11)写成:

$$\frac{1}{R^2}\frac{\partial}{\partial \theta}\left(h^3\frac{\partial p}{\partial \theta}\right) + \frac{\partial}{\partial Z}\left(h^3\frac{\partial p}{\partial Z}\right) = \frac{6\mu}{R}U_2\frac{\partial h}{\partial \theta} \tag{13.29}$$

式中, $U_2 = R\omega$, $R$ 为轴颈半径, $\omega$ 为轴颈旋转角速度。

按短轴承理论,式(13.29)可写成

$$\frac{\partial}{\partial Z}\left(h^3\frac{\partial p}{\partial Z}\right) = 6\mu\omega\frac{\partial h}{\partial \theta} = - 6\mu\omega C\varepsilon\sin\theta$$

根据油膜厚度沿轴向不变的假设,并应用边界条件:

当 $Z = \pm L/2$ 时, $p(\theta, Z) = 0$

将上式积分两次,可得

$$p(\theta, Z) = \frac{3\mu\omega C\varepsilon\sin\theta}{h^3}\left(\frac{L^2}{4} - Z^2\right) \tag{13.30}$$

若仍取图 13.13 中的 $rO_jt$ 坐标系,则半油膜轴颈轴承的径向油膜反力为

$$F_r = \int_{-\frac{L}{2}}^{\frac{L}{2}}\int_0^{\pi} p(\theta, Z)R\cos\theta\mathrm{d}\theta\mathrm{d}Z$$

将式(13.30)的 $p(\theta, Z)$ 代入,对 $Z$ 积分后可得

$$F_r = - \frac{\mu\omega RL^3}{2C^2}\int_0^{\pi}\frac{\varepsilon\sin\theta\cos\theta}{(1 + \varepsilon\cos\theta)^3}\mathrm{d}\theta$$

按求解式(13.20)和式(13.22)相似的方法,可得

$$\int_0^{\pi}\frac{\varepsilon\sin\theta\cos\theta}{(1 + \varepsilon\cos\theta)^3}\mathrm{d}\theta = \left[\frac{1}{\varepsilon(1 + \varepsilon\cos\theta)} - \frac{1}{2\varepsilon(1 + \varepsilon\cos\theta)^2}\right]\Bigg|_0^{\pi} = - \frac{2\varepsilon^2}{(1 - \varepsilon^2)^2}$$

$$\int_0^{\pi}\frac{\varepsilon\sin\theta\sin\theta}{(1 + \varepsilon\cos\theta)^3}\mathrm{d}\theta = - \frac{\alpha}{2\varepsilon\sqrt{1 - \varepsilon^2}}\Bigg|_0^{\pi} + \frac{\alpha - \varepsilon\sin\alpha}{2\varepsilon(1 - \varepsilon^2)^{3/2}}\Bigg|_0^{\pi} = \frac{\pi\varepsilon}{2(1 - \varepsilon^2)^{3/2}}$$

代入上式，即得短轴承半油膜轴颈轴承的径向油膜反力和周向油膜反力分别为

$$F_r = -\frac{\mu\omega RL^3}{C^2}\left[\frac{\varepsilon^2}{(1-\varepsilon^2)^2}\right] \tag{13.31}$$

$$F_t = \frac{\mu\omega RL^3}{C^2}\left[\frac{\pi\varepsilon}{4(1-\varepsilon^2)^{3/2}}\right] \tag{13.32}$$

### 13.4.3　长轴承近似理论-圆进动假设-稳态

1. 挤压油膜阻尼器的油膜压力分布与油膜反力

假设阻尼器为无限长，则可以认为沿阻尼器的轴线方向，油膜压力不变。无限长的阻尼器自然是不存在的，但下面的论述可以近似应用于长径比比较大的阻尼器或长径比比较大的轴颈滑动轴承。特别是阻尼器的两端有封油圈时，如图 13.17 所示，端部漏油很少，压力沿轴向的变化远比沿圆周的变化小，故可将式(13.18)中的 $\partial p/\partial Z$ 项略去，从而得到轴颈作圆进动时的雷诺方程：

$$\frac{1}{R^2}\frac{\partial}{\partial\theta}\left(h^3\frac{\partial p_\infty}{\partial\theta}\right) = -12\mu\Omega\frac{\partial h}{\partial\theta} \tag{13.33}$$

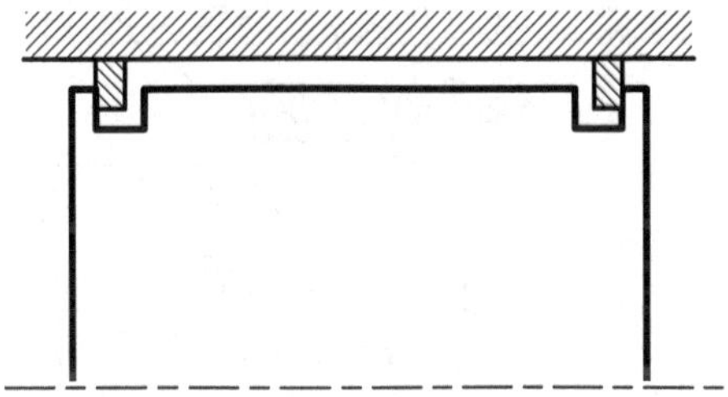

图 13.17　阻尼器两端油封示意图[3,6]

式中，$p_\infty$ 表示应用长轴承近似假设时的油膜压力。

对式(13.33)进行积分可得

$$h^3\frac{\partial p_\infty}{\partial\theta} = -12\mu\Omega R^2 h + C_1$$

上式等号两端同除 $h^3$，再进行积分，得

$$p_\infty(\theta, Z) = -12\mu\Omega R^2\int\frac{1}{C^2(1+\varepsilon\cos\theta)^2}\mathrm{d}\theta + \int\frac{C_1}{C^3(1+\varepsilon\cos\theta)^3}\mathrm{d}\theta + C_2$$

式中，$C_1$ 和 $C_2$ 为积分常数。

应用 Sommerfeld 变换，可得

$$\begin{aligned}p_\infty(\theta, Z) &= -12\mu\Omega R^2\int\frac{1-\varepsilon\cos\alpha}{C^2(1-\varepsilon^2)^{3/2}}\mathrm{d}\alpha + \int\frac{C_1(1-\varepsilon\cos\alpha)^2}{C^3(1-\varepsilon^2)^{5/2}}\mathrm{d}\alpha + C_2\\ &= -\frac{12\mu\Omega R^2}{C^2(1-\varepsilon^2)^{3/2}}\int(1-\varepsilon\cos\alpha)\mathrm{d}\alpha\end{aligned}$$

$$+\frac{C_1}{C^3(1-\varepsilon^2)^{5/2}}\int(1-2\varepsilon\cos\alpha+\varepsilon^2\cos^2\alpha)\mathrm{d}\alpha+C_2$$

$$=-\frac{12\mu\Omega R^2}{C^2(1-\varepsilon^2)^{3/2}}(\alpha-\varepsilon\sin\alpha)$$

$$+\frac{C_1}{C^3(1-\varepsilon^2)^{5/2}}\left(\alpha-2\varepsilon\sin\alpha+\frac{\varepsilon^2}{2}\alpha+\frac{\varepsilon^2}{4}\sin 2\alpha\right)+C_2$$

当 $\theta$ 或 $\alpha$ 等于 0 和 $2\pi$ 时，$p_\infty$ 具有同一值，故由上式可得

$$-\frac{12\mu\Omega R^2}{C^2(1-\varepsilon^2)^{3/2}}2\pi+\frac{C_1}{C^3(1-\varepsilon^2)^{5/2}}\left(1+\frac{\varepsilon^2}{2}\right)2\pi=0$$

由此可得积分常数：

$$C_1=\frac{24\mu\Omega CR^2(1-\varepsilon^2)}{2+\varepsilon^2}$$

将 $C_1$ 的值代入 $p_\infty$ 的表达式，对于含有 $\alpha$ 的项进行分析，发现：

$$-\frac{12\mu\Omega R^2}{C^2(1-\varepsilon^2)^{3/2}}\alpha+\frac{24\mu\Omega R^2}{C^2(1-\varepsilon^2)^{3/2}(2+\varepsilon^2)}\left(\alpha+\frac{\varepsilon^2}{2}\alpha\right)$$

$$=\left[-\frac{12\mu\Omega R^2}{C^2(1-\varepsilon^2)^{3/2}}+\frac{24\mu\Omega R^2}{C^2(1-\varepsilon^2)^{3/2}(2+\varepsilon^2)}\left(1+\frac{\varepsilon^2}{2}\right)\right]\alpha$$

$$=\left[-1+\frac{2}{2+\varepsilon^2}\left(1+\frac{\varepsilon^2}{2}\right)\right]\frac{12\mu\Omega R^2}{C^2(1-\varepsilon^2)^{3/2}}\alpha=0$$

即 $p_\infty$ 表达式中不含 $\alpha$ 项，因此，

$$p_\infty(\theta,Z)=\frac{12\mu\Omega R^2}{C^2(1-\varepsilon^2)^{3/2}}\varepsilon\sin\alpha+\frac{24\mu\Omega R^2}{C^2(1-\varepsilon^2)^{3/2}(2+\varepsilon^2)}\left(-2\varepsilon\sin\alpha+\frac{\varepsilon^2}{4}\sin 2\alpha\right)+C_2$$

$$=\frac{12\mu\Omega R^2}{C^2(1-\varepsilon^2)^{3/2}}\left[\varepsilon\sin\alpha+\frac{2}{2+\varepsilon^2}\left(-2\varepsilon\sin\alpha+\frac{\varepsilon^2}{2}\sin\alpha\cos\alpha\right)\right]+C_2$$

$$=\frac{12\mu\Omega R^2\varepsilon\sin\alpha}{C^2(1-\varepsilon^2)^{3/2}}\left[1+\frac{2}{2+\varepsilon^2}\left(-2+\frac{\varepsilon}{2}\cos\alpha\right)\right]+C_2$$

$$=\frac{12\mu\Omega R^2\varepsilon\sin\alpha}{C^2(1-\varepsilon^2)^{3/2}(2+\varepsilon^2)}(\varepsilon^2+\varepsilon\cos\alpha-2)+C_2$$

将上式中的 $\sin\alpha$ 和 $\cos\alpha$ 用 Sommerfeld 变换代回，由式(13.25)可得

$$A - \varepsilon\cos\alpha = \frac{A^2 - \varepsilon^2}{A + \varepsilon\cos\theta}$$

此处 $A = 1$，故得

$$\cos\alpha = \frac{\varepsilon + \cos\theta}{\varepsilon\cos\theta + 1},\ \sin\alpha = \frac{(1 - \varepsilon^2)^{1/2}\sin\theta}{\varepsilon\cos\theta + 1}$$

将这些关系代入后，得

$$\begin{aligned} p_\infty(\theta, Z) &= \frac{12\mu\Omega R^2\varepsilon\sin\theta}{C^2(1 - \varepsilon^2)^{3/2}(2 + \varepsilon^2)}\frac{(1 - \varepsilon^2)^{1/2}}{\varepsilon\cos\theta + 1}\left(\varepsilon^2 + \varepsilon\frac{\varepsilon + \cos\theta}{\varepsilon\cos\theta + 1} - 2\right) + C_2 \\ &= -\frac{12\mu\Omega R^2\varepsilon\sin\theta(\varepsilon\cos\theta + 2)}{C^2(2 + \varepsilon^2)(\varepsilon\cos\theta + 1)^2} + C_2 \end{aligned}$$

如供油压力为环境压力，则当 $\theta = 0$ 时，$p_\infty = 0$，故 $C_2 = 0$。这时，长轴承近似理论假设下油膜压力为

$$p_\infty(\theta, Z) = 6\mu\left(\frac{R}{C}\right)^2\frac{(-2\Omega)\varepsilon\sin\theta(\varepsilon\cos\theta + 2)}{(2 + \varepsilon^2)(\varepsilon\cos\theta + 1)^2} \tag{13.34}$$

如果供油压力为 $p_0$，则当 $\theta = 0$ 时，$p_\infty = p_0$，故 $C_2 = p_0$。这时，长轴承近似理论假设下油膜压力为

$$p_\infty(\theta, Z) = 6\mu\left(\frac{R}{C}\right)^2\frac{(-2\Omega)\varepsilon\sin\theta(\varepsilon\cos\theta + 2)}{(2 + \varepsilon^2)(\varepsilon\cos\theta + 1)^2} + p_0 \tag{13.35}$$

式(13.34)表明，$\theta$ 在 $0 \sim \pi$ 的范围内为负压力区，在 $\pi \sim 2\pi$ 的范围内为正压力区，与本章 13.3.1 的分析是一致的。但当供油压力高于环境压力，正负压力区就会发生变化。当供油压力高到一定程度时，在 $0 \sim 2\pi$ 范围内都会变成正压力区。

下面按长轴承近似理论求半油膜时的径向油膜反力 $F_r$。如图 13.15 所示，径向油膜反力 $F_r$ 为

$$F_r = \int_{-\frac{L}{2}}^{\frac{L}{2}}\int_{\pi}^{2\pi} p_\infty R\cos\theta\mathrm{d}\theta\mathrm{d}Z = RL\int_{\pi}^{2\pi} p_\infty\cos\theta\mathrm{d}\theta$$

应用分部积分法，可得

$$F_r = RL\int_{\pi}^{2\pi} p_\infty\mathrm{d}\sin\theta = RL\left[p_\infty\sin\theta\,\Big|_{\pi}^{2\pi} - \int_{\pi}^{2\pi}\sin\theta\frac{\mathrm{d}p_\infty}{\mathrm{d}\theta}\mathrm{d}\theta\right]$$

前面从式(13.33)出发，在推导油膜压力 $p_\infty$ 的过程中，得

$$\frac{\partial p_{\infty}}{\partial \theta} = -\frac{12\mu\Omega R^2}{C^2(1+\varepsilon\cos\theta)^2} + \frac{24\mu\Omega R^2 C(1-\varepsilon^2)}{C^3(1+\varepsilon\cos\theta)^3(2+\varepsilon^2)} \tag{13.36}$$

在长轴承假设下，$p_{\infty}$ 是关于 $\theta$ 的一元函数，故得

$$\begin{aligned} F_r &= RL\int_{\pi}^{2\pi} p_{\infty}\,\mathrm{d}\sin\theta = -RL\int_{\pi}^{2\pi}\sin\theta\frac{\mathrm{d}p_{\infty}}{\mathrm{d}\theta}\mathrm{d}\theta \\ &= \frac{12\mu\Omega R^3 L}{C^2}\int_{\pi}^{2\pi}\frac{\sin\theta}{(1+\varepsilon\cos\theta)^2}\mathrm{d}\theta - \frac{24\mu\Omega R^3 L(1-\varepsilon^2)}{C^2(2+\varepsilon^2)}\int_{\pi}^{2\pi}\frac{\sin\theta}{(1+\varepsilon\cos\theta)^3}\mathrm{d}\theta \end{aligned}$$

由于

$$\begin{aligned} \int_{\pi}^{2\pi}\frac{\sin\theta}{(1+\varepsilon\cos\theta)^2}\mathrm{d}\theta &= \int_{\pi}^{2\pi} -\frac{1}{\varepsilon}\frac{1}{(1+\varepsilon\cos\theta)^2}\mathrm{d}(1+\varepsilon\cos\theta) \\ &= -\frac{1}{\varepsilon(1+\varepsilon\cos\theta)}\Bigg|_{\pi}^{2\pi} = -\frac{2}{1-\varepsilon^2} \end{aligned}$$

$$\begin{aligned} \int_{\pi}^{2\pi}\frac{\sin\theta}{(1+\varepsilon\cos\theta)^3}\mathrm{d}\theta &= \int_{\pi}^{2\pi} -\frac{1}{\varepsilon}\frac{1}{(1+\varepsilon\cos\theta)^3}\mathrm{d}(1+\varepsilon\cos\theta) \\ &= -\frac{1}{2\varepsilon(1+\varepsilon\cos\theta)^2}\Bigg|_{\pi}^{2\pi} = -\frac{2}{(1-\varepsilon^2)^2} \end{aligned}$$

最后得到长轴承假设下半油膜挤压油膜阻尼器的径向油膜反力为

$$\begin{aligned} F_r &= RL\int_{\pi}^{2\pi} p_{\infty}\,\mathrm{d}\sin\theta = -RL\int_{\pi}^{2\pi}\sin\theta\frac{\mathrm{d}p_{\infty}}{\mathrm{d}\theta}\mathrm{d}\theta \\ &= -\frac{\mu\Omega R^3 L}{C^2}\left[\frac{24\varepsilon^2}{(2+\varepsilon^2)(1-\varepsilon^2)}\right] \end{aligned} \tag{13.37}$$

采用类似的方法可推导半油膜时周向油膜反力 $F_t$ 的表达式：

$$\begin{aligned} F_t &= -RL\int_{\pi}^{2\pi} p_{\infty}\,\mathrm{d}\cos\theta = -RL\left[p_{\infty}\cos\theta\Bigg|_{\pi}^{2\pi} - \int_{\pi}^{2\pi}\cos\theta\frac{\mathrm{d}p_{\infty}}{\mathrm{d}\theta}\mathrm{d}\theta\right] \\ &= RL\int_{\pi}^{2\pi}\cos\theta\frac{\mathrm{d}p_{\infty}}{\mathrm{d}\theta}\mathrm{d}\theta \\ &= -\frac{12\mu\Omega R^3 L}{C^2}\int_{\pi}^{2\pi}\frac{\cos\theta}{(1+\varepsilon\cos\theta)^2}\mathrm{d}\theta + \frac{24\mu\Omega R^3 L(1-\varepsilon^2)}{C^2(2+\varepsilon^2)}\int_{\pi}^{2\pi}\frac{\cos\theta}{(1+\varepsilon\cos\theta)^3}\mathrm{d}\theta \end{aligned}$$

应用 Sommerfeld 变换，并进行积分，可得

$$\int_{\pi}^{2\pi} \frac{\cos\theta}{(1+\varepsilon\cos\theta)^3} d\theta = -\frac{3\pi\varepsilon}{2(1-\varepsilon^2)^{5/2}}$$

$$\int_{\pi}^{2\pi} \frac{\cos\theta}{(1+\varepsilon\cos\theta)^2} d\theta = -\frac{\pi\varepsilon}{(1-\varepsilon^2)^{3/2}}$$

将其代入 $F_t$ 的表达式，即得长轴承假设下半油膜挤压油膜阻尼器的周向油膜反力：

$$F_t = -\frac{\mu\Omega R^3 L}{C^2}\left[\frac{12\pi\varepsilon}{(2+\varepsilon^2)(1-\varepsilon^2)^{1/2}}\right] \tag{13.38}$$

对于无空穴的全油膜，积分区间应为 0~2π，则径向油膜反力为

$$F_r = 0 \tag{13.39}$$

周向油膜反力为

$$F_t = -\frac{\mu\Omega R^3 L}{C^2}\left[\frac{24\pi\varepsilon}{(2+\varepsilon^2)(1-\varepsilon^2)^{1/2}}\right] \tag{13.40}$$

为便于概览上述的结果，现将阻尼器的假设和油膜力列在表 13.1 中。

**表 13.1　长轴承和短轴承理论支持下的挤压油膜阻尼器模型**

| 理论假设 | 油膜反力 | 半　油　膜 | 全　油　膜 |
|---|---|---|---|
| 长轴承 | 径向力 | $F_r = \frac{\mu\Omega R^3 L}{C^2}\left[\frac{24\varepsilon^2}{(2+\varepsilon^2)(1-\varepsilon^2)}\right]$ | $F_r = 0$ |
| | 切向力 | $F_t = \frac{\mu\Omega R^3 L}{C^2}\left[\frac{12\pi\varepsilon}{(2+\varepsilon^2)(1-\varepsilon^2)^{1/2}}\right]$ | $F_t = \frac{\mu\Omega R^3 L}{C^2}\left[\frac{24\pi\varepsilon}{(2+\varepsilon^2)(1-\varepsilon^2)^{1/2}}\right]$ |
| 短轴承 | 径向力 | $F_r = \frac{\mu\Omega R L^3}{C^2}\left[\frac{2\varepsilon^2}{(1-\varepsilon^2)^2}\right]$ | $F_r = 0$ |
| | 切向力 | $F_t = \frac{\mu\Omega R L^3}{C^2}\left[\frac{\pi\varepsilon}{2(1-\varepsilon^2)^{3/2}}\right]$ | $F_t = \frac{\mu\Omega R L^3}{C^2}\left[\frac{\pi\varepsilon}{(1-\varepsilon^2)^{3/2}}\right]$ |

2. 轴颈轴承的油膜压力分布与油膜反力

对于轴颈滑动轴承来说，按长轴承近似理论，式(13.29)可以写成：

$$\frac{\partial}{\partial\theta}\left(h^3 \frac{\partial p_\infty}{\partial\theta}\right) = 6\mu R U_2 \frac{\partial h}{\partial\theta} = 6\mu R^2 \omega \frac{\partial h}{\partial\theta}$$

式中，$U_2 = \omega R$。按照推导式(13.36)的相似方法，可得

$$C_1 = -\frac{12\mu\omega R^2 C(1-\varepsilon^2)}{2+\varepsilon^2}$$

$$\frac{\partial p_\infty}{\partial \theta} = \frac{6\mu\omega R^2}{C^2(1+\varepsilon\cos\theta)^2} - \frac{12\mu\omega R^2 C(1-\varepsilon^2)}{C^3(1+\varepsilon\cos\theta)^3(2+\varepsilon^2)} \tag{13.41}$$

当供油压力为环境压力时，$C_2=0$；当供油压力为 $p_0$ 时，$C_2=p_0$。

当供油压力为环境压力时，长轴承轴颈滑动轴承的油膜压力分布为

$$p_\infty(\theta, Z) = 6\mu\left(\frac{R}{C}\right)^2 \frac{\omega\varepsilon\sin\theta(\varepsilon\cos\theta+2)}{(2+\varepsilon^2)(\varepsilon\cos\theta+1)^2} \tag{13.42}$$

参见图 13.13，轴颈轴承的径向油膜反力和周向油膜反力分别为

$$F_r = \int_{-\frac{L}{2}}^{\frac{L}{2}}\int_0^\pi p_\infty R\cos\theta \mathrm{d}\theta \mathrm{d}Z$$

$$F_t = \int_{-\frac{L}{2}}^{\frac{L}{2}}\int_0^\pi p_\infty R\sin\theta \mathrm{d}\theta \mathrm{d}Z$$

应用求解挤压油膜阻尼器油膜反力相似的方法，即可得到长轴承半油膜轴颈轴承的径向油膜反力和周向油膜反力：

$$F_r = -\frac{\mu\omega R^3 L}{C^2}\left[\frac{12\varepsilon^2}{(2+\varepsilon^2)(1-\varepsilon^2)}\right] \tag{13.43}$$

$$F_t = \frac{\mu\omega R^3 L}{C^2}\left[\frac{6\pi\varepsilon}{(2+\varepsilon^2)(1-\varepsilon^2)^{1/2}}\right] \tag{13.44}$$

### 13.4.4 有限长轴承近似方法

所谓有限长轴承，即认为轴承既不是无限长，也不是非常短，而是具有一定的长度。在分析上就是将雷诺方程中的 $\partial p/\partial\theta$ 和 $\partial p/\partial Z$ 项都保留，而采用其他的近似假设，以图求得油膜压力的近似解析解。

关于有限长轴承的近似解法，目前有很多种，此处选用了计算既不太复杂而准确度又较高的一种[3,6]。

假设油膜轴颈中线(油膜轴颈长度 1/2 处)一周上的油膜压力为 $p_0(\theta)$，$f(Z)$ 为沿轴向长度上的压力分布函数，且有

$$p(\theta, Z) = f(Z)p_0(\theta)$$

或简写成：

$$p = fp_0$$

上述假设的物理意义是,油膜压力在周向和轴向的分布是独立可分的。在任一轴向位置 $Z$,油膜压力的分布形式皆为 $p_0(\theta)$,但幅值由 $f(Z)$ 决定。

由上式可知,只要能确定 $f$ 和 $p_0$,便可求得挤压油膜阻尼器的压力分布 $p$。

将上式的关系代入雷诺方程式(13.16),可得

$$6\mu B - \frac{f}{R^2}\frac{\partial}{\partial\theta}\left(h^3\frac{\mathrm{d}p_0}{\mathrm{d}\theta}\right) - h^3 p_0\frac{\mathrm{d}^2 f}{\mathrm{d}Z^2} = 0$$

设

$$\frac{6\mu B}{p_0 h^3} = b,\quad -\frac{1}{p_0 h^3}\frac{\partial}{\partial\theta}\left(h^3\frac{\mathrm{d}p_0}{\mathrm{d}\theta}\right) = G^2$$

则上式变为

$$b + \left(\frac{G}{R}\right)^2 f - \frac{\mathrm{d}^2 f}{\mathrm{d}Z^2} = 0 \tag{13.45}$$

应用边界条件:

$$Z = \pm\frac{L}{2}\text{ 时}, f = 0$$

设微分方程式(13.45)齐次方程的解为 $F = e^{rZ}$,则其特征方程为

$$\left(\frac{G}{R}\right)^2 - r^2 = 0$$

可得特征方程的解为

$$r_1 = \frac{G}{R},\quad r_2 = -\frac{G}{R}$$

从而微分方程式齐次方程的通解可写为

$$F = C_1\mathrm{e}^{\frac{G}{R}Z} + C_2\mathrm{e}^{-\frac{G}{R}Z}$$

根据微分方程式非齐次项的形式,设非齐次方程的特解为 $F^* = C_3$,解得

$$F^* = C_3 = -b\left(\frac{R}{G}\right)^2$$

则微分方程式(13.45)的通解为

$$f = F + F^* = C_1 \mathrm{e}^{\frac{G}{R}Z} + C_2 \mathrm{e}^{-\frac{G}{R}Z} - b\left(\frac{R}{G}\right)^2$$

代入边界条件后，解方程组可得

$$C_1 = C_2 = \left(\frac{R}{G}\right)^2 \frac{b\mathrm{e}^{\frac{GL}{D}}}{\mathrm{e}^{\frac{2GL}{D}} + 1}$$

将 $b$ 值代入，则微分方程式(13.45)的通解为

$$\begin{aligned}
f = F + F^* &= \left(\frac{R}{G}\right)^2 \frac{b\mathrm{e}^{\frac{GL}{D}}}{\mathrm{e}^{\frac{2GL}{D}} + 1}\mathrm{e}^{\frac{G}{R}Z} + \left(\frac{R}{G}\right)^2 \frac{b\mathrm{e}^{\frac{GL}{D}}}{\mathrm{e}^{\frac{2GL}{D}} + 1}\mathrm{e}^{-\frac{G}{R}Z} - b\left(\frac{R}{G}\right)^2 \\
&= b\left(\frac{R}{G}\right)^2 \left[\frac{\mathrm{e}^{\frac{GL}{D}}}{\mathrm{e}^{\frac{2GL}{D}} + 1}\left(\mathrm{e}^{\frac{G}{R}Z} + \mathrm{e}^{-\frac{G}{R}Z}\right) - 1\right] = b\left(\frac{R}{G}\right)^2 \left[\frac{1}{\mathrm{e}^{\frac{GL}{D}} + \mathrm{e}^{-\frac{GL}{D}}}\left(\mathrm{e}^{\frac{G}{R}Z} + \mathrm{e}^{-\frac{G}{R}Z}\right) - 1\right] \\
&= -b\left(\frac{R}{G}\right)^2 \left[1 - \frac{1}{\mathrm{e}^{\frac{GL}{D}} + \mathrm{e}^{-\frac{GL}{D}}}\left(\mathrm{e}^{\frac{G}{R}Z} + \mathrm{e}^{-\frac{G}{R}Z}\right)\right] = -\frac{6\mu B}{p_0 h^3}\left(\frac{R}{G}\right)^2 \left[1 - \frac{\cosh(GZ/R)}{\cosh(GL/D)}\right]
\end{aligned} \tag{13.46}$$

对于稳态运行的挤压油膜阻尼器，根据式(13.12)和式(13.16)，可得

$$B = -2\Omega\frac{\partial h}{\partial \theta} = 2C\varepsilon\Omega\sin\theta$$

代入式(13.46)，即可求得 $f$，再乘以 $p_0$，得到压力分布：

$$p(\theta,\ Z) = -\frac{12\mu C\varepsilon\Omega\sin\theta}{h^3}\left(\frac{R}{G}\right)^2\left[1 - \frac{\cosh(GZ/R)}{\cosh(GL/D)}\right] \tag{13.47}$$

应用式(13.47)还不能计算 $p(\theta,\ Z)$，因为 $G$ 未知，所以下面必须分析 $G$。显然，当 $L/D \to \infty$ 时 $\mathrm{d}f/\mathrm{d}Z \to 0$，$f \to 1$，由式(13.45)可得

$$b + \left(\frac{G}{R}\right)^2 = 0$$

注意，此时应将 $b$ 中的 $p_0$ 代换为 $p_\infty$，$p_\infty$ 为按长轴承近似理论计算的油膜压力，从而得出：

$$G^2 = -\frac{6\mu BR^2}{p_\infty h^3}$$

由此可见，应用长轴承近似理论做了这样的修正之后便可求得 $G$。修正之后令其为 $g$，并将式(13.34)的 $p_\infty$、式(13.12)的 $h$ 以及此处的 $B$ 值代入，经整理可得

$$g^2=\frac{2+\varepsilon^2}{(1+\varepsilon\cos\theta)(2+\varepsilon\cos\theta)} \tag{13.48}$$

按式(13.48)，即用长轴承近似理论进行修正之后得出的公式来计算，从所得的结果来看，当 $L/D=0.5$ 时已经与精确解很接近，这主要是由于滑油沿轴向流出比较容易，压力沿周向的变化 $\partial p/\partial\theta$ 在整个计算中的影响比 $\partial p/\partial Z$ 小。特别是在轴承长径比较小的时候，更是如此。当 $L/D$ 较大时，按长轴承近似理论进行修正，更切合实际。

由于修正系数 $g$ 是 $\varepsilon$ 和 $\theta$ 两者的函数，将 $g$ 代入式(13.47)后对 $Z$ 和 $\theta$ 进行积分求油膜反力仍有困难。近似的办法是用 $g$ 随 $\theta$ 变化的平均值。实际上，用 $g$ 的加权平均值更合理，因为权函数可按经验校正。

按这样的思路，先将 $g$ 分解为径向和周向两个矢量，即

$$g_r=g\cos\theta$$

$$g_t=g\sin\theta$$

按半油膜条件求 $g_r^2$ 和 $g_t^2$ 的加权平均值，即

$$g_r^2=\frac{1}{\pi}\int_\pi^{2\pi}W(g\cos\theta)^2\mathrm{d}\theta \tag{13.49}$$

选取轴承的长径比 $L/D=0.5$，1.0 和 1.25，在本方法原有假设的基础上，对油膜径向反力等参数，进行对比计算，证明取权函数：

$$W=\pi$$

可以得到很好的结果。以选 $L/D=0.5$ 为例，用三种方法计算相同的阻尼器，当轴颈偏心率 $\varepsilon=0.5$ 时，用本方法计算的结果，与精确的变分有限元法的计算结果相比，看不出显著的差别，而用短轴承理论进行计算，误差接近 30%左右。

选定权函数为 $\pi$ 之后，则

$$g_r^2=\int_\pi^{2\pi}\frac{(2+\varepsilon^2)\cos^2\theta}{(1+\varepsilon\cos\theta)(2+\varepsilon\cos\theta)}\mathrm{d}\theta$$

因为，

$$\frac{\cos\theta}{1+\varepsilon\cos\theta}=\frac{1}{\varepsilon}-\frac{1}{\varepsilon(1+\varepsilon\cos\theta)},\quad \frac{\cos\theta}{2+\varepsilon\cos\theta}=\frac{1}{\varepsilon}-\frac{2}{\varepsilon(2+\varepsilon\cos\theta)}$$

因此，

$$
\begin{aligned}
g_r^2 &= \int_{\pi}^{2\pi}(2+\varepsilon^2)\frac{\cos\theta}{1+\varepsilon\cos\theta}\frac{\cos\theta}{2+\varepsilon\cos\theta}\mathrm{d}\theta \\
&= \int_{\pi}^{2\pi}(2+\varepsilon^2)\left[\frac{1}{\varepsilon}-\frac{1}{\varepsilon(1+\varepsilon\cos\theta)}\right]\left[\frac{1}{\varepsilon}-\frac{2}{\varepsilon(2+\varepsilon\cos\theta)}\right]\mathrm{d}\theta \\
&= \int_{\pi}^{2\pi}(2+\varepsilon^2)\left[\frac{1}{\varepsilon^2}-\frac{1}{\varepsilon^2(1+\varepsilon\cos\theta)}-\frac{2}{\varepsilon^2(2+\varepsilon\cos\theta)}\right. \\
&\quad \left.+\frac{2}{\varepsilon^2(2+\varepsilon\cos\theta)(1+\varepsilon\cos\theta)}\right]\mathrm{d}\theta \\
&= \frac{2+\varepsilon^2}{\varepsilon^2}\left[\int_{\pi}^{2\pi}\mathrm{d}\theta-\int_{\pi}^{2\pi}\frac{1}{1+\varepsilon\cos\theta}\mathrm{d}\theta-\int_{\pi}^{2\pi}\frac{2}{2+\varepsilon\cos\theta}\mathrm{d}\theta\right. \\
&\quad \left.+2\int_{\pi}^{2\pi}\left(\frac{1}{1+\varepsilon\cos\theta}-\frac{1}{2+\varepsilon\cos\theta}\right)\mathrm{d}\theta\right] \\
&= \frac{2+\varepsilon^2}{\varepsilon^2}\left(\int_{\pi}^{2\pi}\mathrm{d}\theta-\int_{\pi}^{2\pi}\frac{1}{1+\varepsilon\cos\theta}\mathrm{d}\theta-2\int_{\pi}^{2\pi}\frac{1}{2+\varepsilon\cos\theta}\mathrm{d}\theta\right. \\
&\quad \left.+2\int_{\pi}^{2\pi}\frac{1}{1+\varepsilon\cos\theta}\mathrm{d}\theta-2\int_{\pi}^{2\pi}\frac{1}{2+\varepsilon\cos\theta}\mathrm{d}\theta\right) \\
&= \frac{2+\varepsilon^2}{\varepsilon^2}\left(\int_{\pi}^{2\pi}\mathrm{d}\theta+\int_{\pi}^{2\pi}\frac{1}{1+\varepsilon\cos\theta}\mathrm{d}\theta-4\int_{\pi}^{2\pi}\frac{1}{2+\varepsilon\cos\theta}\mathrm{d}\theta\right)
\end{aligned}
$$

应用 Sommerfeld 变换，进行积分，可得

$$
\begin{aligned}
g_r^2 &= \frac{2+\varepsilon^2}{\varepsilon^2}\left(\theta\Big|_{\pi}^{2\pi}+\frac{\alpha}{\sqrt{1-\varepsilon^2}}\Big|_{\pi}^{2\pi}-4\frac{\alpha}{\sqrt{4-\varepsilon^2}}\Big|_{\pi}^{2\pi}\right) \\
&= \frac{2+\varepsilon^2}{\varepsilon^2}\left(\pi+\frac{\pi}{\sqrt{1-\varepsilon^2}}-4\frac{\pi}{\sqrt{4-\varepsilon^2}}\right) \\
&= \frac{(2+\varepsilon^2)\pi}{\varepsilon^2}\left(1+\frac{1}{\sqrt{1-\varepsilon^2}}-\frac{4}{\sqrt{4-\varepsilon^2}}\right)
\end{aligned}
\tag{13.50}
$$

同样可得

$$
g_t^2 = \frac{1}{\pi}\int_{\pi}^{2\pi}W(g\sin\theta)^2\mathrm{d}\theta \tag{13.51}
$$

将所选权函数 $\pi$ 和式(13.48)的 $g$ 值代入，应用 Sommerfeld 变换，并利用式(13.50)的结果，进行积分后可得

$$
\begin{aligned}
g_t^2 &= \int_{\pi}^{2\pi} \frac{(2+\varepsilon^2)\sin^2\theta}{(1+\varepsilon\cos\theta)(2+\varepsilon\cos\theta)}\mathrm{d}\theta = \int_{\pi}^{2\pi} \frac{(2+\varepsilon^2)(1-\cos^2\theta)}{(1+\varepsilon\cos\theta)(2+\varepsilon\cos\theta)}\mathrm{d}\theta \\
&= (2+\varepsilon^2)\left[\int_{\pi}^{2\pi} \frac{1}{(1+\varepsilon\cos\theta)(2+\varepsilon\cos\theta)}\mathrm{d}\theta - \int_{\pi}^{2\pi} \frac{\cos^2\theta}{(1+\varepsilon\cos\theta)(2+\varepsilon\cos\theta)}\mathrm{d}\theta\right] \\
&= (2+\varepsilon^2)\int_{\pi}^{2\pi} \frac{1}{(1+\varepsilon\cos\theta)(2+\varepsilon\cos\theta)}\mathrm{d}\theta - (2+\varepsilon^2)\int_{\pi}^{2\pi} \frac{\cos^2\theta}{(1+\varepsilon\cos\theta)(2+\varepsilon\cos\theta)}\mathrm{d}\theta \\
&= (2+\varepsilon^2)\int_{\pi}^{2\pi}\left(\frac{1}{1+\varepsilon\cos\theta} - \frac{1}{2+\varepsilon\cos\theta}\right)\mathrm{d}\theta - \frac{(2+\varepsilon^2)\pi}{\varepsilon^2}\left(1+\frac{1}{\sqrt{1-\varepsilon^2}} - \frac{4}{\sqrt{4-\varepsilon^2}}\right) \\
&= (2+\varepsilon^2)\pi\left(\frac{1}{\sqrt{1-\varepsilon^2}} - \frac{1}{\sqrt{4-\varepsilon^2}}\right) - \frac{(2+\varepsilon^2)\pi}{\varepsilon^2}\left(1+\frac{1}{\sqrt{1-\varepsilon^2}} - \frac{4}{\sqrt{4-\varepsilon^2}}\right) \\
&= \frac{(2+\varepsilon^2)\pi}{\varepsilon^2}\left(\frac{\varepsilon^2}{\sqrt{1-\varepsilon^2}} - \frac{\varepsilon^2}{\sqrt{4-\varepsilon^2}} - 1 - \frac{1}{\sqrt{1-\varepsilon^2}} + \frac{4}{\sqrt{4-\varepsilon^2}}\right) \\
&= \frac{(2+\varepsilon^2)\pi}{\varepsilon^2}\left(\frac{4-\varepsilon^2}{\sqrt{4-\varepsilon^2}} - \frac{1-\varepsilon^2}{\sqrt{1-\varepsilon^2}} - 1\right) = \frac{(2+\varepsilon^2)\pi}{\varepsilon^2}\left(\sqrt{4-\varepsilon^2} - \sqrt{1-\varepsilon^2} - 1\right)
\end{aligned}
\tag{13.52}
$$

现在 $g_r$ 和 $g_t$ 都只是 $\varepsilon$ 的函数，因而在对 $\theta$ 和 $Z$ 进行积分求油膜反力时，可以把 $g_r$ 和 $g_t$ 看成是常数。

先求径向油膜反力：

$$
F_r = \int_{-\frac{L}{2}}^{\frac{L}{2}}\int_{\pi}^{2\pi} pR\cos\theta\,\mathrm{d}\theta\mathrm{d}Z
$$

将式(13.47)的压力值代入，并将 $G$ 换成 $g_r$，则

$$
\begin{aligned}
F_r &= \int_{-\frac{L}{2}}^{\frac{L}{2}}\int_{\pi}^{2\pi} -\frac{12\mu C\varepsilon\Omega R^3\sin\theta\cos\theta}{g_r^2h^3}\left[1-\frac{\cosh(g_rZ/R)}{\cosh(g_rL/D)}\right]\mathrm{d}\theta\mathrm{d}Z \\
&= -\frac{3\mu\Omega D^3}{2g_r^2C^2}\int_{-\frac{L}{2}}^{\frac{L}{2}}\int_{\pi}^{2\pi} \frac{\varepsilon\sin\theta\cos\theta}{(1+\varepsilon\cos\theta)^3}\left[1-\frac{\cosh(2g_rZ/D)}{\cosh(g_rL/D)}\right]\mathrm{d}\theta\mathrm{d}Z
\end{aligned}
$$

在本章 13.4.2 节曾经得

$$
\int_{\pi}^{2\pi} \frac{\varepsilon\sin\theta\cos\theta}{(1+\varepsilon\cos\theta)^3}\mathrm{d}\theta = \frac{2\varepsilon^2}{(1-\varepsilon^2)^2}
$$

代入 $F_r$ 的表达式，可得

$$F_r=-\frac{3\mu\Omega D^3\varepsilon^2}{g_r^2C^2(1-\varepsilon^2)^2}\int_{-\frac{L}{2}}^{\frac{L}{2}}\left[1-\frac{\cosh(2g_rZ/D)}{\cosh(g_rL/D)}\right]\mathrm{d}Z$$

$$=-\frac{3\mu\Omega D^3\varepsilon^2}{g_r^2C^2(1-\varepsilon^2)^2}\int_{-\frac{L}{2}}^{\frac{L}{2}}\left[\mathrm{d}Z-\left(\frac{D}{2g_r}\right)\frac{\cosh(2g_rZ/D)}{\cosh(g_rL/D)}\mathrm{d}\left(\frac{2g_r}{D}Z\right)\right]$$

故按有限长轴承近似方法计算的半油膜径向油膜反力为

$$\begin{aligned}F_r&=-\frac{3\mu\Omega D^3\varepsilon^2}{g_r^2C^2(1-\varepsilon^2)^2}\left[Z\Big|_{-\frac{L}{2}}^{\frac{L}{2}}-\left(\frac{D}{2g_r}\right)\frac{\sinh(2g_rZ/D)}{\cosh(g_rL/D)}\Big|_{-\frac{L}{2}}^{\frac{L}{2}}\right]\\&=-\frac{3\mu\Omega D^3\varepsilon^2}{g_r^2C^2(1-\varepsilon^2)^2}\left[L-\left(\frac{D}{2g_r}\right)2\tanh(g_rL/D)\right]\\&=-\frac{3\mu\Omega D^3\varepsilon^2L}{g_r^2C^2(1-\varepsilon^2)^2}\left[1-\left(\frac{D}{g_rL}\right)\tanh\left(\frac{g_rL}{D}\right)\right]\end{aligned}\tag{13.53}$$

周向油膜反力为

$$F_t=\int_{-\frac{L}{2}}^{\frac{L}{2}}\int_{\pi}^{2\pi}pR\sin\theta\mathrm{d}\theta\mathrm{d}Z$$

将式(13.47)的压力值代入,并将 $G$ 换成 $g_t$,则

$$F_t=\int_{-\frac{L}{2}}^{\frac{L}{2}}\int_{\pi}^{2\pi}-\frac{12\mu C\varepsilon\Omega R^3\sin^2\theta}{g_t^2h^3}\left[1-\frac{\cosh(g_tZ/R)}{\cosh(g_tL/D)}\right]\mathrm{d}\theta\mathrm{d}Z$$

$$=-\frac{3\mu\Omega D^3}{2g_t^2C^2}\int_{-\frac{L}{2}}^{\frac{L}{2}}\int_{\pi}^{2\pi}\frac{\varepsilon\sin^2\theta}{(1+\varepsilon\cos\theta)^3}\left[1-\frac{\cosh(2g_tZ/D)}{\cosh(g_tL/D)}\right]\mathrm{d}\theta\mathrm{d}Z$$

利用本章 13.4.2 节中的结果:

$$\int_{\pi}^{2\pi}\frac{\varepsilon\sin^2\theta}{(1+\varepsilon\cos\theta)^3}\mathrm{d}\theta=\frac{\pi\varepsilon}{2(1-\varepsilon^2)^{3/2}}$$

则有

$$F_t=-\frac{3\mu\Omega D^3\pi\varepsilon}{4g_t^2C^2(1-\varepsilon^2)^{3/2}}\int_{-\frac{L}{2}}^{\frac{L}{2}}\left[1-\frac{\cosh(2g_tZ/D)}{\cosh(g_tL/D)}\right]\mathrm{d}Z$$

$$=-\frac{3\mu\Omega D^3\pi\varepsilon}{4g_t^2C^2(1-\varepsilon^2)^{3/2}}\int_{-\frac{L}{2}}^{\frac{L}{2}}\left[\mathrm{d}Z-\left(\frac{D}{2g_t}\right)\frac{\cosh(2g_tZ/D)}{\cosh(g_tL/D)}\mathrm{d}\left(\frac{2g_t}{D}Z\right)\right]$$

故得按有限长轴承近似方法计算的半油膜周向油膜反力为

$$
\begin{aligned}
F_t &= -\frac{3\mu\Omega D^3\pi\varepsilon}{4g_t^2C^2(1-\varepsilon^2)^{3/2}}\left[Z\Big|_{-\frac{L}{2}}^{\frac{L}{2}} - \left(\frac{D}{2g_t}\right)\frac{\sinh(2g_tZ/D)}{\cosh(g_tL/D)}\Big|_{-\frac{L}{2}}^{\frac{L}{2}}\right] \\
&= -\frac{3\mu\Omega D^3\pi\varepsilon}{4g_t^2C^2(1-\varepsilon^2)^{3/2}}\left[L - \left(\frac{D}{2g_t}\right)2\tanh(g_tL/D)\right] \\
&= -\frac{3\mu\Omega D^3\pi\varepsilon L}{4g_t^2C^2(1-\varepsilon^2)^{3/2}}\left[1 - \left(\frac{D}{g_tL}\right)\tanh\left(\frac{g_tL}{D}\right)\right]
\end{aligned}
\tag{13.54}
$$

对于全油膜而言,径向油膜反力为

$$
F_r = \int_{-\frac{L}{2}}^{\frac{L}{2}}\int_0^{2\pi} pR\cos\theta\mathrm{d}\theta\mathrm{d}Z
$$

因为压力 $p$ 中包含有 $\varepsilon\sin\theta$, 而

$$
\int_0^{2\pi}\frac{\varepsilon\sin\theta\cos\theta}{(1+\varepsilon\cos\theta)^3}\mathrm{d}\theta = 0
$$

故全油膜的径向油膜反力仍为

$$
F_r = 0
$$

用同样的方法可以求出按有限长轴承近似方法求得的全油膜周向油膜反力:

$$
\begin{aligned}
F_t &= \int_{-\frac{L}{2}}^{\frac{L}{2}}\int_0^{2\pi} pR\sin\theta\mathrm{d}\theta\mathrm{d}Z \\
&= \int_{-\frac{L}{2}}^{\frac{L}{2}}\int_{\pi}^{2\pi} -\frac{12\mu C\varepsilon\Omega R^3\sin^2\theta}{g_t^2h^3}\left[1-\frac{\cosh(g_tZ/R)}{\cosh(g_tL/D)}\right]\mathrm{d}\theta\mathrm{d}Z \\
&= -\frac{3\mu\Omega D^3}{2g_t^2C^2}\int_{-\frac{L}{2}}^{\frac{L}{2}}\int_{\pi}^{2\pi}\frac{\varepsilon\sin^2\theta}{(1+\varepsilon\cos\theta)^3}\left[1-\frac{\cosh(2g_tZ/D)}{\cosh(g_tL/D)}\right]\mathrm{d}\theta\mathrm{d}Z
\end{aligned}
$$

由于

$$
\int_{\pi}^{2\pi}\frac{\varepsilon\sin^2\theta}{(1+\varepsilon\cos\theta)^3}\mathrm{d}\theta = \frac{\pi\varepsilon}{2(1-\varepsilon^2)^{3/2}}
$$

故有

$$
\begin{aligned}
F_t &= -\frac{3\mu\Omega D^3\pi\varepsilon}{4g_t^2C^2(1-\varepsilon^2)^{3/2}}\int_{-\frac{L}{2}}^{\frac{L}{2}}\left[1-\frac{\cosh(2g_tZ/D)}{\cosh(g_tL/D)}\right]\mathrm{d}Z \\
&= -\frac{3\mu\Omega D^3\pi\varepsilon}{4g_t^2C^2(1-\varepsilon^2)^{3/2}}\int_{-\frac{L}{2}}^{\frac{L}{2}}\left[\mathrm{d}Z-\left(\frac{D}{2g_t}\right)\frac{\cosh(2g_tZ/D)}{\cosh(g_tL/D)}\mathrm{d}\left(\frac{2g_t}{D}Z\right)\right] \\
&= -\frac{3\mu\Omega D^3\pi\varepsilon}{4g_t^2C^2(1-\varepsilon^2)^{3/2}}\left[Z\Big|_{-\frac{L}{2}}^{\frac{L}{2}}-\left(\frac{D}{2g_t}\right)\frac{\sinh(2g_tZ/D)}{\cosh(g_tL/D)}\Big|_{-\frac{L}{2}}^{\frac{L}{2}}\right] \\
&= -\frac{3\mu\Omega D^3\pi\varepsilon L}{4g_t^2C^2(1-\varepsilon^2)^{3/2}}\left[1-\left(\frac{D}{g_tL}\right)\tanh\left(\frac{g_tL}{D}\right)\right]
\end{aligned}
\tag{13.55}
$$

对于全油膜,按式(13.51)求修正系数 $g_t$,积分应从 0 积到 $2\pi$,积分内的值要增大一倍。但由于求的是权平均值,故积分的结果要除以 $2\pi$,因而 $g_t$ 的值仍不变。也就是说,计算全油膜的周向油膜反力时,仍可用式(13.52)计算 $g_t$。

即使在挤压油膜阻尼器的长径比较小的情况下($L/D=0.25$),利用有限长轴承近似方法计算转子动力学特性,也要比按短轴承近似理论计算的结果更接近实验结果。

在上述求解油膜反力的过程中,运用了轴颈作圆进动的雷诺方程。若轴颈以任意形式运动时,方程的求解要复杂得多。以下讨论轴颈作任意运动时挤压油膜阻尼器的特性。

### 13.4.5 短轴承理论下阻尼器的瞬态特性

在短轴承假设下,挤压油膜阻尼器的雷诺方程为

$$
\frac{\partial}{\partial Z}\left(h^3\frac{\partial p}{\partial Z}\right)=-12\mu\dot{\gamma}\frac{\partial h}{\partial\theta}+12\mu\frac{\partial h}{\partial t}
\tag{13.56}
$$

式中 $\dot{\gamma}$ 为轴颈做任意进动时的角速度。由式(13.12)表示的油膜间隙函数可得

$$
\frac{\partial h}{\partial\theta}=-C\varepsilon\sin\theta,\quad \frac{\partial h}{\partial t}=C\dot{\varepsilon}\cos\theta
$$

把以上两式代入方程式(13.56)可得

$$
\frac{\partial}{\partial Z}\left(h^3\frac{\partial p}{\partial Z}\right)=12\mu\dot{\gamma}C\varepsilon\sin\theta+12\mu C\dot{\varepsilon}\cos\theta=12\mu C(\varepsilon\dot{\gamma}\sin\theta+\dot{\varepsilon}\cos\theta)
\tag{13.57}
$$

假设油膜间隙 $h$ 沿轴向不变化，于是方程(13.57)变为

$$\frac{\partial^2 p}{\partial Z^2}=\frac{12\mu C}{C^3(1+\varepsilon\cos\theta)^3}(\varepsilon\dot{\gamma}\sin\theta+\dot{\varepsilon}\cos\theta) \tag{13.58}$$

对式(13.58)进行两次积分，可得

$$p(\theta,\ Z,\ t)=\frac{6\mu C}{C^3(1+\varepsilon\cos\theta)^3}(\varepsilon\dot{\gamma}\sin\theta+\dot{\varepsilon}\cos\theta)Z^2+C_1 Z+C_2$$

将边界条件：

$$\text{当 } Z=\pm\frac{L}{2}\text{ 时},\ p(\theta,\ Z,\ t)=p_0$$

代入油膜压力表达式 $p(\theta,\ Z,\ t)$ 中，可得

$$C_1=0$$

$$C_2=p_0-\frac{3\mu C}{2C^3(1+\varepsilon\cos\theta)^3}(\varepsilon\dot{\gamma}\sin\theta+\dot{\varepsilon}\cos\theta)L^2$$

因此有

$$p(\theta,\ Z,\ t)=-\frac{6\mu C}{C^3(1+\varepsilon\cos\theta)^3}(\varepsilon\dot{\gamma}\sin\theta+\dot{\varepsilon}\cos\theta)\left(\frac{L^2}{4}-Z^2\right)+p_0 \tag{13.59}$$

对压力分布函数(13.59)积分就可求得力 $F_t$ 和 $F_r$。为此，事先须假设油膜间隙中油膜的形态。若设流出油压为零，无负压区存在，则整个油膜间隙充满油，对油压分布的积分可在 $0\leqslant\phi\leqslant 2\pi$ 进行($2\pi$ 油膜理论)。由于流出油压沿周向为常数，故 $p_0$ 最终产生的油膜力为零，对转子无影响。

1. 全油膜阻尼器-$2\pi$ 理论

根据 $2\pi$ 理论，可得挤压油膜阻尼器的周向油膜反力和径向油膜反力分别为

$$F_t=\int_0^{2\pi}\int_{-\frac{L}{2}}^{\frac{L}{2}}p(\theta,\ Z,\ t)R\sin\theta\mathrm{d}Z\mathrm{d}\theta \tag{13.60a}$$

$$F_r=\int_0^{2\pi}\int_{-\frac{L}{2}}^{\frac{L}{2}}p(\theta,\ Z,\ t)R\cos\theta\mathrm{d}Z\mathrm{d}\theta \tag{13.60b}$$

对以上两式进行积分可得

$$F_t=\int_0^{2\pi}\int_{-\frac{L}{2}}^{\frac{L}{2}}\left[-\frac{6\mu C}{C^3(1+\varepsilon\cos\theta)^3}(\varepsilon\dot{\gamma}\sin\theta+\dot{\varepsilon}\cos\theta)\left(\frac{L^2}{4}-Z^2\right)+p_0\right]R\sin\theta\mathrm{d}Z\mathrm{d}\theta$$

$$=\int_0^{2\pi}\left[-\frac{6\mu C}{C^3(1+\varepsilon\cos\theta)^3}(\varepsilon\dot{\gamma}\sin\theta+\dot{\varepsilon}\cos\theta)\left(\frac{L^2Z}{4}-\frac{Z^3}{3}\right)+p_0Z\right]\Bigg|_{-\frac{L}{2}}^{\frac{L}{2}}R\sin\theta\mathrm{d}\theta$$

$$=\int_0^{2\pi}p_0LR\sin\theta\mathrm{d}\theta-\int_0^{2\pi}\frac{\mu CRL^3\dot{\varepsilon}\sin\theta\cos\theta}{C^3(1+\varepsilon\cos\theta)^3}\mathrm{d}\theta-\int_0^{2\pi}\frac{\mu CRL^3\varepsilon\dot{\gamma}\sin^2\theta}{C^3(1+\varepsilon\cos\theta)^3}\mathrm{d}\theta$$

$$F_r=\int_0^{2\pi}\int_{-\frac{L}{2}}^{\frac{L}{2}}\left[-\frac{6\mu C}{C^3(1+\varepsilon\cos\theta)^3}(\varepsilon\dot{\gamma}\sin\theta+\dot{\varepsilon}\cos\theta)\left(\frac{L^2}{4}-Z^2\right)+p_0\right]R\cos\theta\mathrm{d}Z\mathrm{d}\theta$$

$$=\int_0^{2\pi}\left[-\frac{6\mu C}{C^3(1+\varepsilon\cos\theta)^3}(\varepsilon\dot{\gamma}\sin\theta+\dot{\varepsilon}\cos\theta)\left(\frac{L^2Z}{4}-\frac{Z^3}{3}\right)+p_0Z\right]\Bigg|_{-\frac{L}{2}}^{\frac{L}{2}}R\cos\theta\mathrm{d}\theta$$

$$=\int_0^{2\pi}p_0LR\cos\theta\mathrm{d}\theta-\int_0^{2\pi}\frac{\mu CRL^3\dot{\varepsilon}\cos^2\theta}{C^3(1+\varepsilon\cos\theta)^3}\mathrm{d}\theta-\int_0^{2\pi}\frac{\mu CRL^3\varepsilon\dot{\gamma}\sin\theta\cos\theta}{C^3(1+\varepsilon\cos\theta)^3}\mathrm{d}\theta$$

由于，

$$\int_0^{2\pi}\cos\theta\mathrm{d}\theta=0$$

$$\int_0^{2\pi}\sin\theta\mathrm{d}\theta=0$$

$$\int_0^{2\pi}\frac{\cos^2\theta}{(1+\varepsilon\cos\theta)^3}\mathrm{d}\theta=\frac{(1+2\varepsilon^2)\pi}{(1-\varepsilon^2)^{5/2}}$$

$$\int_0^{2\pi}\frac{\sin^2\theta}{(1+\varepsilon\cos\theta)^3}\mathrm{d}\theta=\frac{\pi}{(1-\varepsilon^2)^{3/2}}$$

$$\int_0^{2\pi}\frac{\sin\theta\cos\theta}{(1+\varepsilon\cos\theta)^3}\mathrm{d}\theta=0$$

故有

$$F_t=-\frac{\mu CRL^3\varepsilon\dot{\gamma}}{C^3}\left[\frac{\pi}{(1-\varepsilon^2)^{3/2}}\right]=-\frac{\mu RL^3}{C^3}\left[\frac{\pi}{(1-\varepsilon^2)^{3/2}}\right]e\dot{\gamma}\tag{13.61a}$$

$$F_r=-\frac{\mu CRL^3\dot{\varepsilon}}{C^3}\left[\frac{(1+2\varepsilon^2)\pi}{(1-\varepsilon^2)^{5/2}}\right]=-\frac{\mu RL^3}{C^3}\left[\frac{(1+2\varepsilon^2)\pi}{(1-\varepsilon^2)^{5/2}}\right]\dot{e}\tag{13.61b}$$

可写成矩阵的形式：

$$\begin{bmatrix} F_r \\ F_t \end{bmatrix} = -\begin{bmatrix} d_{rr} & 0 \\ 0 & d_{tt} \end{bmatrix}\begin{bmatrix} \dot{e} \\ e\dot{\gamma} \end{bmatrix} \tag{13.62}$$

其中，

$$d_{rr} = \frac{\mu RL^3}{C^3}\left[\frac{(1+2\varepsilon^2)\pi}{(1-\varepsilon^2)^{5/2}}\right] = \frac{\mu RL^3}{C^3}\bar{d}_{rr} \tag{13.63}$$

$$d_{tt} = \frac{\mu RL^3}{C^3}\left[\frac{\pi}{(1-\varepsilon^2)^{3/2}}\right] = \frac{\mu RL^3}{C^3}\bar{d}_{tt} \tag{13.64}$$

式(13.63)和式(13.64)表明，阻尼系数 $d_{rr}$ 和 $d_{tt}$ 为轴颈相对偏心量 $\varepsilon = \dfrac{e}{C}$ 的非线性函数。

图 13.18 为全油膜挤压油膜阻尼器的无量纲阻尼系数 $\bar{d}_{tt}$ 和 $\bar{d}_{rr}$ 随轴颈相对偏心量 $\varepsilon$ 的变化趋势。由图 13.18 可见，阻尼随相对偏心量 $\varepsilon$ 非线性增加。这是挤压油膜阻尼器最有用的特性，振动幅值增加，阻尼力也增加。

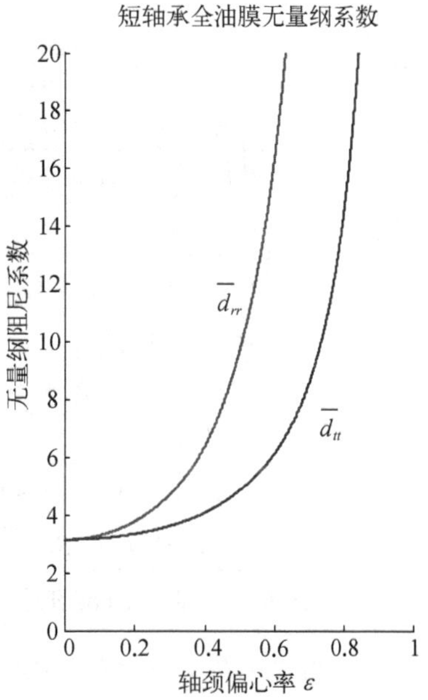


**图 13.18　短轴承无量纲阻尼系数(2π 油膜)随偏心率的变化**

假设轴颈以圆轨迹进动，进动角速度为 $\Omega$，圆进动轨迹的半径为 $r$，则有

$$F_t = -\frac{\mu RL^3}{C^3}\left[\frac{\pi}{(1-\varepsilon^2)^{3/2}}\right] r\Omega \tag{13.65}$$

$$F_r = 0 \tag{13.66}$$

圆轨迹：$r = e$ 为常数；$\dot{r} = \dot{e} = 0$；$\dot{\gamma} = \Omega =$ 常数。

由于 $\dot{r} = \dot{e} = 0$，故径向力 $F_r = 0$，仅余周向力 $F_t$，与式(13.28)相同。

2. 半油膜阻尼器−π 理论

假设油膜空穴占据了油膜间隙周向的一半，即所谓的 π 油膜假设。空穴的起点可由式(13.59)表示的压力分布函数来确定。由此可得到油压为正的积分区间为

$$\begin{cases} \phi_1 = \arctan\left(-\dfrac{\dot{\varepsilon}}{\varepsilon\dot{\gamma}}\right) \\ \phi_2 = \phi_1 + \pi \end{cases} \tag{13.67}$$

在此区间对油压分布函数式(13.59)进行积分,就可得到周向力和径向力:

$$\begin{bmatrix} F_r \\ F_t \end{bmatrix} = - \begin{bmatrix} d_{rr} & d_{rt} \\ d_{tr} & d_{tt} \end{bmatrix} \begin{bmatrix} \dot{e} \\ e\dot{\gamma} \end{bmatrix} \tag{13.68}$$

式中,对 $e$ 和 $\gamma$ 并无限制,而

$$d_{tt} = \frac{\mu L^3 R}{C^3} \int_{\phi_1}^{\phi_2} \frac{\sin^2\theta}{(1 + \varepsilon\cos\theta)^3} \mathrm{d}\theta$$

$$d_{tr} = d_{rt} = \frac{\mu L^3 R}{C^3} \int_{\phi_1}^{\phi_2} \frac{\cos\theta\sin\theta}{(1 + \varepsilon\cos\theta)^3} \mathrm{d}\theta$$

$$d_{rr} = \frac{\mu L^3 R}{C^3} \int_{\phi_1}^{\phi_2} \frac{\cos^2\theta}{(1 + \varepsilon\cos\theta)^3} \mathrm{d}\theta$$

由于,

$$\begin{aligned}
&\int_{\phi_1}^{\phi_2} \frac{\cos\theta\sin\theta}{(1 + \varepsilon\cos\theta)^3} \mathrm{d}\theta \\
&= \int_{\phi_1}^{\phi_2} \frac{\sin\theta}{\varepsilon} \left[ \frac{1}{(1 + \varepsilon\cos\theta)^2} - \frac{1}{(1 + \varepsilon\cos\theta)^3} \right] \mathrm{d}\theta \\
&= \int_{\phi_1}^{\phi_2} - \frac{1}{\varepsilon^2} \left[ \frac{1}{(1 + \varepsilon\cos\theta)^2} - \frac{1}{(1 + \varepsilon\cos\theta)^3} \right] \mathrm{d}(\varepsilon\cos\theta + 1) \\
&= - \frac{1}{\varepsilon^2} \left[ - \frac{1}{1 + \varepsilon\cos\theta} + \frac{1}{2(1 + \varepsilon\cos\theta)^2} \right] \Bigg|_{\phi_1}^{\phi_2} \\
&= \frac{1 + 2\varepsilon\cos\theta}{2\varepsilon^2(1 + \varepsilon\cos\theta)^2} \Bigg|_{\phi_1}^{\phi_2}
\end{aligned}$$

令 $\xi = \phi_1 - \pi$, 则 $\phi_1 = \xi + \pi$, $\phi_2 = \xi + 2\pi$, 有

$$\sin\phi_1 = \sin(\xi + \pi) = - \sin\xi$$

$$\cos\phi_1 = \cos(\xi + \pi) = - \cos\xi$$

$$\cos\phi_2 = \cos(\xi + 2\pi) = \cos\xi$$

$$\sin\phi_2 = \sin(\xi + 2\pi) = \sin\xi$$

代入上式,可得

$$\begin{aligned}
&\int_{\phi_1}^{\phi_2} \frac{\cos\theta\sin\theta}{(1 + \varepsilon\cos\theta)^3} \mathrm{d}\theta \\
&= \frac{1 + 2\varepsilon\cos\theta}{2\varepsilon^2(1 + \varepsilon\cos\theta)^2} \Bigg|_{\xi+\pi}^{\xi+2\pi}
\end{aligned}$$

$$
\begin{aligned}
&= \frac{1 + 2\varepsilon\cos\xi}{2\varepsilon^2(1 + \varepsilon\cos\xi)^2} - \frac{1 - 2\varepsilon\cos\xi}{2\varepsilon^2(1 - \varepsilon\cos\xi)^2} \\
&= \frac{2\varepsilon\cos^3\xi}{(1 - \varepsilon^2\cos^2\xi)^2}
\end{aligned}
$$

故有

$$
\begin{aligned}
d_{tr} = d_{rt} &= \frac{\mu L^3 R}{C^3}\int_{\phi_1}^{\phi_2}\frac{\cos\theta\sin\theta}{(1 + \varepsilon\cos\theta)^3}\mathrm{d}\theta \\
&= \frac{\mu L^3 R}{C^3}\left[\frac{2\varepsilon\cos^3\xi}{(1 - \varepsilon^2\cos^2\xi)^2}\right]
\end{aligned}
\tag{13.69a}
$$

对于主阻尼系数，则有

$$
\begin{aligned}
&\int_{\phi_1}^{\phi_2}\frac{\sin^2\theta}{(1 + \varepsilon\cos\theta)^3}\mathrm{d}\theta \\
&= \int_{\phi_1}^{\phi_2} -\frac{1}{\varepsilon}\frac{\sin\theta}{(1 + \varepsilon\cos\theta)^3}\mathrm{d}(\varepsilon\cos\theta + 1) \\
&= \int_{\phi_1}^{\phi_2} -\frac{\sin\theta}{\varepsilon}\mathrm{d}\left(-\frac{1}{2(1 + \varepsilon\cos\theta)^2}\right) \\
&= \frac{\sin\theta}{2\varepsilon(1 + \varepsilon\cos\theta)^2}\Bigg|_{\phi_1}^{\phi_2} - \int_{\phi_1}^{\phi_2}\frac{\cos\theta}{2\varepsilon(1 + \varepsilon\cos\theta)^2}\mathrm{d}\theta \\
&= \frac{\sin\theta}{2\varepsilon(1 + \varepsilon\cos\theta)^2}\Bigg|_{\phi_1}^{\phi_2} + \int_{\phi_1}^{\phi_2}\frac{1}{2\varepsilon^2}\left[-\frac{1}{1 + \varepsilon\cos\theta} + \frac{1}{(1 + \varepsilon\cos\theta)^2}\right]\mathrm{d}\theta
\end{aligned}
$$

应用 Sommerfeld 变换，进行积分，可得

$$
\begin{aligned}
&\int_{\phi_1}^{\phi_2}\frac{\sin^2\theta}{(1 + \varepsilon\cos\theta)^3}\mathrm{d}\theta \\
&= \frac{\sin\theta}{2\varepsilon(1 + \varepsilon\cos\theta)^2}\Bigg|_{\phi_1}^{\phi_2} + \int_{\phi_1}^{\phi_2}\frac{1}{2\varepsilon^2}\left[-\frac{1}{\sqrt{1 - \varepsilon^2}} + \frac{1 - \varepsilon\cos\alpha}{(1 - \varepsilon^2)^{3/2}}\right]\mathrm{d}\alpha \\
&= \frac{\sin\theta}{2\varepsilon(1 + \varepsilon\cos\theta)^2}\Bigg|_{\phi_1}^{\phi_2} + \frac{1}{2\varepsilon^2}\left[-\frac{\alpha}{\sqrt{1 - \varepsilon^2}} + \frac{\alpha - \varepsilon\sin\alpha}{(1 - \varepsilon^2)^{3/2}}\right]\Bigg|_{\phi_1}^{\phi_2} \\
&= \frac{\sin\theta}{2\varepsilon(1 + \varepsilon\cos\theta)^2}\Bigg|_{\phi_1}^{\phi_2} - \frac{\sin\alpha}{2\varepsilon(1 - \varepsilon^2)^{3/2}}\Bigg|_{\phi_1}^{\phi_2} + \frac{\alpha}{2(1 - \varepsilon^2)^{3/2}}\Bigg|_{\phi_1}^{\phi_2} \\
&= \frac{\sin\xi}{2\varepsilon(1 + \varepsilon\cos\xi)^2} - \frac{-\sin\xi}{2\varepsilon(1 - \varepsilon\cos\xi)^2} - \frac{\sin\alpha}{2\varepsilon(1 - \varepsilon^2)^{3/2}}\Bigg|_{\phi_1}^{\phi_2} + \frac{\alpha}{2(1 - \varepsilon^2)^{3/2}}\Bigg|_{\phi_1}^{\phi_2}
\end{aligned}
$$

$$= \frac{\sin\xi(1+\varepsilon^2\cos^2\xi)}{\varepsilon(1-\varepsilon^2\cos^2\xi)^2} - \frac{\sin\alpha}{2\varepsilon(1-\varepsilon^2)^{3/2}}\Bigg|_{\phi_1}^{\phi_2} + \frac{\alpha}{2(1-\varepsilon^2)^{3/2}}\Bigg|_{\phi_1}^{\phi_2}$$

进行变量回代,有

$$\begin{aligned}
\frac{\sin\alpha}{2\varepsilon(1-\varepsilon^2)^{3/2}}\Bigg|_{\phi_1}^{\phi_2} &= \frac{\sqrt{1-\varepsilon^2}\sin\theta}{2\varepsilon(1-\varepsilon^2)^{3/2}(1+\varepsilon\cos\theta)}\Bigg|_{\phi_1}^{\phi_2} \\
&= \frac{\sin\xi}{2\varepsilon(1-\varepsilon^2)(1+\varepsilon\cos\xi)} - \frac{-\sin\xi}{2\varepsilon(1-\varepsilon^2)(1-\varepsilon\cos\xi)} \\
&= \frac{\sin\xi}{\varepsilon(1-\varepsilon^2)(1-\varepsilon^2\cos^2\xi)}
\end{aligned}$$

$$\begin{aligned}
\frac{\alpha}{2(1-\varepsilon^2)^{3/2}}\Bigg|_{\phi_1}^{\phi_2} &= \frac{1}{2(1-\varepsilon^2)^{3/2}}\arctan\left(\frac{\sqrt{1-\varepsilon^2}\sin\theta}{\cos\theta+\varepsilon}\right)\Bigg|_{\phi_1}^{\phi_2} \\
&= \frac{1}{2(1-\varepsilon^2)^{3/2}}\arctan\left(\frac{\sqrt{1-\varepsilon^2}\sin\xi}{\cos\xi+\varepsilon}\right) \\
&\quad - \frac{1}{2(1-\varepsilon^2)^{3/2}}\arctan\left(-\frac{\sqrt{1-\varepsilon^2}\sin\xi}{-\cos\xi+\varepsilon}\right) \\
&= \frac{1}{2(1-\varepsilon^2)^{3/2}}\left[\arctan\left(\frac{\sqrt{1-\varepsilon^2}\sin\xi}{\varepsilon+\cos\xi}\right) + \arctan\left(\frac{\sqrt{1-\varepsilon^2}\sin\xi}{\varepsilon-\cos\xi}\right)\right] \\
&= \frac{1}{2(1-\varepsilon^2)^{3/2}}\arctan\left[\left(\frac{\sqrt{1-\varepsilon^2}\sin\xi}{\varepsilon+\cos\xi} + \frac{\sqrt{1-\varepsilon^2}\sin\xi}{\varepsilon-\cos\xi}\right)\Bigg/\right. \\
&\quad \left.\left(1 - \frac{\sqrt{1-\varepsilon^2}\sin\xi}{\varepsilon+\cos\xi}\cdot\frac{\sqrt{1-\varepsilon^2}\sin\xi}{\varepsilon-\cos\xi}\right)\right] \\
&= \frac{1}{2(1-\varepsilon^2)^{3/2}}\left[\arctan\left(\frac{2\varepsilon\sqrt{1-\varepsilon^2}\sin\xi}{\varepsilon^2+\varepsilon^2\sin^2\xi-1}\right) + k\pi\right] (k \in Z)
\end{aligned}$$

以下取 $k=1$:

$$\begin{aligned}
\frac{\alpha}{2(1-\varepsilon^2)^{3/2}}\Bigg|_{\phi_1}^{\phi_2} &= \frac{1}{2(1-\varepsilon^2)^{3/2}}\left[\arctan\left(\frac{2\varepsilon\sqrt{1-\varepsilon^2}\sin\xi}{\varepsilon^2+\varepsilon^2\sin^2\xi-1}\right) + \pi\right] \\
&= \frac{1}{2(1-\varepsilon^2)^{3/2}}\left\{\arctan\left[\left(\frac{2\varepsilon\sin\xi}{\sqrt{1-\varepsilon^2}}\right)\Bigg/\left(\frac{\varepsilon^2+\varepsilon^2\sin^2\xi-1}{1-\varepsilon^2}\right)\right] + \pi\right\}
\end{aligned}$$

$$
\begin{aligned}
&= \frac{1}{2(1-\varepsilon^2)^{3/2}}\left\{\arctan\left[\left(-\frac{2\varepsilon\sin\xi}{\sqrt{1-\varepsilon^2}}\right)\Big/\left(1-\frac{\varepsilon^2\sin^2\xi}{1-\varepsilon^2}\right)\right]+\pi\right\} \\
&= \frac{1}{2(1-\varepsilon^2)^{3/2}}\left[2\arctan\left(-\frac{\varepsilon\sin\xi}{\sqrt{1-\varepsilon^2}}\right)+\pi\right] \\
&= \frac{1}{(1-\varepsilon^2)^{3/2}}\left[-\arctan\left(\frac{\varepsilon\sin\xi}{\sqrt{1-\varepsilon^2}}\right)+\frac{\pi}{2}\right]
\end{aligned}
$$

令 $\delta = \arctan\left(-\dfrac{\varepsilon\sin\xi}{\sqrt{1-\varepsilon^2}}\right)+\dfrac{\pi}{2}$，则主阻尼系数 $d_{tt}$ 可表示为

$$
\begin{aligned}
d_{tt} &= \frac{\mu L^3 R}{C^3}\left[\frac{\sin\xi(1+\varepsilon^2\cos^2\xi)}{\varepsilon(1-\varepsilon^2\cos^2\xi)^2}-\frac{\sin\xi}{\varepsilon(1-\varepsilon^2)(1-\varepsilon^2\cos^2\xi)}+\frac{\delta}{(1-\varepsilon^2)^{3/2}}\right] \\
&= \frac{\mu L^3 R}{C^3}\left[-\frac{\varepsilon\sin\xi(1-2\cos^2\xi+\varepsilon^2\cos^2\xi)}{(1-\varepsilon^2)(1-\varepsilon^2\cos^2\xi)^2}+\frac{\delta}{(1-\varepsilon^2)^{3/2}}\right]
\end{aligned}
\tag{13.69b}
$$

对于主阻尼系数 $d_{rr}$ 有

$$
\begin{aligned}
d_{rr} &= \frac{\mu L^3 R}{C^3}\int_{\phi_1}^{\phi_2}\frac{\cos^2\theta}{(1+\varepsilon\cos\theta)^3}\mathrm{d}\theta = \frac{\mu L^3 R}{C^3}\int_{\phi_1}^{\phi_2}\frac{1-\sin^2\theta}{(1+\varepsilon\cos\theta)^3}\mathrm{d}\theta \\
&= \frac{\mu L^3 R}{C^3}\int_{\phi_1}^{\phi_2}\frac{1}{(1+\varepsilon\cos\theta)^3}\mathrm{d}\theta - \frac{\mu L^3 R}{C^3}\int_{\phi_1}^{\phi_2}\frac{\sin^2\theta}{(1+\varepsilon\cos\theta)^3}\mathrm{d}\theta \\
&= \frac{\mu L^3 R}{C^3}\int_{\phi_1}^{\phi_2}\frac{1}{(1+\varepsilon\cos\theta)^3}\mathrm{d}\theta - d_{tt}
\end{aligned}
$$

应用 Sommerfeld 变换对上式进行处理，其中：

$$
\begin{aligned}
&\frac{\mu L^3 R}{C^3}\int_{\phi_1}^{\phi_2}\frac{1}{(1+\varepsilon\cos\theta)^3}\mathrm{d}\theta \\
&= \frac{\mu L^3 R}{C^3}\int_{\phi_1}^{\phi_2}\frac{(1-\varepsilon\cos\alpha)^2}{(1-\varepsilon^2)^{5/2}}\mathrm{d}\alpha \\
&= \frac{\mu L^3 R}{C^3}\int_{\phi_1}^{\phi_2}\frac{(1-2\varepsilon\cos\alpha+\varepsilon^2\cos^2\alpha)}{(1-\varepsilon^2)^{5/2}}\mathrm{d}\alpha \\
&= \frac{\mu L^3 R}{C^3}\left[\frac{1}{(1-\varepsilon^2)^{5/2}}\left(\alpha-2\varepsilon\sin\alpha+\frac{\varepsilon^2}{2}\alpha+\frac{\varepsilon^2}{4}\sin 2\alpha\right)\right]\Bigg|_{\phi_1}^{\phi_2}
\end{aligned}
$$

进行变量回代，可得

$$\left(\alpha - 2\varepsilon\sin\alpha + \frac{\varepsilon^2}{2}\alpha + \frac{\varepsilon^2}{4}\sin 2\alpha\right)\Bigg|_{\phi_1}^{\phi_2}$$

$$= \left(1 + \frac{\varepsilon^2}{2}\right)\alpha\Bigg|_{\phi_1}^{\phi_2} - 2\varepsilon\sin\alpha\Bigg|_{\phi_1}^{\phi_2} + \frac{\varepsilon^2}{2}\sin\alpha\cos\alpha\Bigg|_{\phi_1}^{\phi_2}$$

$$= (2 + \varepsilon^2)\delta - \frac{2\varepsilon\sqrt{1 - \varepsilon^2}\sin\theta}{1 + \varepsilon\cos\theta}\Bigg|_{\phi_1}^{\phi_2} + \frac{\varepsilon^2\sqrt{1 - \varepsilon^2}\sin\theta(\varepsilon + \cos\theta)}{2(1 + \varepsilon\cos\theta)^2}\Bigg|_{\phi_1}^{\phi_2}$$

$$= (2 + \varepsilon^2)\delta + \frac{\sqrt{1 - \varepsilon^2}\varepsilon\sin\theta(\varepsilon^2 - 3\varepsilon\cos\theta - 4)}{2(1 + \varepsilon\cos\theta)^2}\Bigg|_{\phi_1}^{\phi_2}$$

$$= (2 + \varepsilon^2)\delta + \frac{\sqrt{1 - \varepsilon^2}\varepsilon\sin\xi(\varepsilon^2 - 3\varepsilon\cos\xi - 4)}{2(1 + \varepsilon\cos\xi)^2} - \frac{-\sqrt{1 - \varepsilon^2}\varepsilon\sin\xi(\varepsilon^2 + 3\varepsilon\cos\xi - 4)}{2(1 - \varepsilon\cos\xi)^2}$$

$$= (2 + \varepsilon^2)\delta + \frac{\sqrt{1 - \varepsilon^2}\varepsilon\sin\xi(\varepsilon^2 - 4 + \varepsilon^4\cos^2\xi + 2\varepsilon^2\cos^2\xi)}{(1 - \varepsilon^2\cos^2\xi)^2}$$

最后得到:

$$d_{rr} = \frac{\mu L^3 R}{C^3}\left[\frac{(2 + \varepsilon^2)\delta}{(1 - \varepsilon^2)^{5/2}} + \frac{\sqrt{1 - \varepsilon^2}\varepsilon\sin\xi(\varepsilon^2 - 4 + \varepsilon^4\cos^2\xi + 2\varepsilon^2\cos^2\xi)}{(1 - \varepsilon^2)^{5/2}(1 - \varepsilon^2\cos^2\xi)^2}\right] - d_{tt}$$

$$= \frac{\mu L^3 R}{C^3}\left[\frac{(2 + \varepsilon^2)\delta}{(1 - \varepsilon^2)^{5/2}} + \frac{\varepsilon\sin\xi(\varepsilon^2 - 4 + \varepsilon^4\cos^2\xi + 2\varepsilon^2\cos^2\xi)}{(1 - \varepsilon^2)^2(1 - \varepsilon^2\cos^2\xi)^2}\right]$$

$$- \frac{\mu L^3 R}{C^3}\left[-\frac{\varepsilon\sin\xi(1 - 2\cos^2\xi + \varepsilon^2\cos^2\xi)}{(1 - \varepsilon^2)(1 - \varepsilon^2\cos^2\xi)^2} + \frac{\delta}{(1 - \varepsilon^2)^{3/2}}\right]$$

$$= \frac{\mu L^3 R}{C^3}\left[-\frac{\varepsilon\sin\xi(3 + 2\cos^2\xi - 5\varepsilon^2\cos^2\xi)}{(1 - \varepsilon^2)^2(1 - \varepsilon^2\cos^2\xi)^2} + \frac{(1 + 2\varepsilon^2)\delta}{(1 - \varepsilon^2)^{5/2}}\right] \tag{13.69c}$$

空穴产生了交叉阻尼项 $d_{rt}$ 和 $d_{tr}$。交叉阻尼以及主阻尼 $d_{rr}$ 与 $d_{tt}$ 不仅取决于相对位移 $\varepsilon$,还与油膜起始角度 $\phi_1$、速度 $\dot{\varepsilon}$ 和角速度 $\dot{\gamma}$ 有关。

若轴颈以圆轨迹进动时,半径为 $r$, $\dot{\gamma} = \Omega$, $\dot{e} = \dot{r} = 0$,对于半油膜,油膜分布在 $\pi \leqslant \theta \leqslant 2\pi$, $\phi_1 = \pi$,因此, $\xi = 0$,则油膜的径向反力和周向反力分别为

$$F_r = -\frac{\mu L^3 R}{C^3}\left[\frac{2\varepsilon}{(1 - \varepsilon^2)^2}\right] r\Omega \tag{13.70}$$

$$F_t = -\frac{\mu L^3 R}{C^3}\left[\frac{\pi}{2(1-\varepsilon^2)^{3/2}}\right] r\Omega \tag{13.71}$$

分别与式(13.31)和式(13.32)相同。

写成向量形式为

$$\begin{bmatrix} F_r \\ F_t \end{bmatrix} = -\begin{bmatrix} d_{rt} \\ d_{tt} \end{bmatrix} r\Omega \tag{13.72}$$

式中，

$$d_{rt} = \frac{\mu L^3 R}{C^3}\left[\frac{2\varepsilon}{(1-\varepsilon^2)^2}\right] = \frac{\mu L^3 R}{C^3}\bar{d}_{rt} \tag{13.73}$$

$$d_{tt} = \frac{\mu L^3 R}{C^3}\left[\frac{\pi}{2(1-\varepsilon^2)^{3/2}}\right] = \frac{\mu L^3 R}{C^3}\bar{d}_{tt} \tag{13.74}$$

主阻尼系数 $d_{tt}$ 与全油膜(无空穴)时的主阻尼系数相比，减小一半，阻尼效果减弱。交叉阻尼系数 $d_{rt}$ 将使周向速度 $r\Omega$ 产生径向力。

图 13.19 为短轴承阻尼器的无量纲阻尼系数 $\bar{d}_{tt}$ 与 $\bar{d}_{rt}$ 随相对偏心量 $\varepsilon$ 的变化。把全油膜理论(2π 理论)和半油膜理论(π 理论)的阻尼系数画在一起，进行比较。

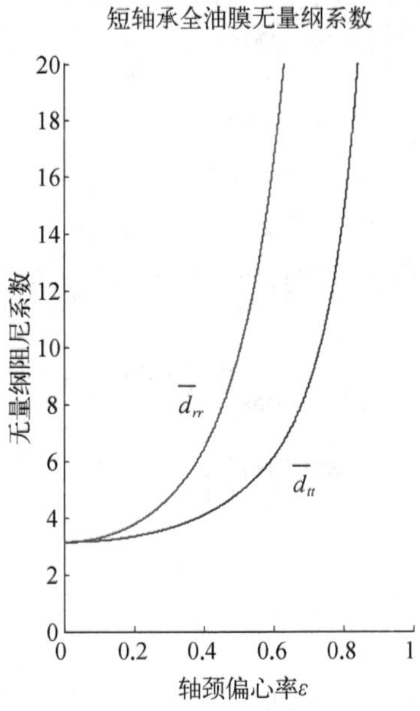


(a) 2π油膜理论

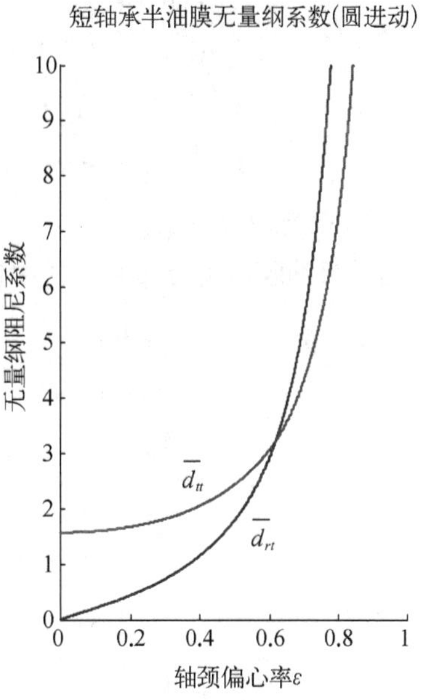


(b) π油膜理论

**图 13.19　无量纲阻尼系数(短轴承) $\bar{d}_{tt}$ 与 $\bar{d}_{rt}$ 随相对偏心量 $\varepsilon$ 的变化，2π 油膜和 π 油膜理论的比较**

其中半油膜的阻尼系数是基于圆轨迹进动的特殊情况得到的。对于其他运动形式，阻尼系数将不相同，要根据式(13.69)来确定。与此相反，全油膜的阻尼系数则与进动轨迹的形式无关。

### 13.4.6 长轴承理论下阻尼器的瞬态特性

在长轴承假设下，挤压油膜阻尼器的瞬态雷诺方程为

$$\frac{1}{R^2}\frac{\partial}{\partial\theta}\left(h^3\frac{\partial p_\infty}{\partial\theta}\right)=-12\mu\dot{\gamma}\frac{\partial h}{\partial\theta}+12\mu\frac{\partial h}{\partial t}$$

将油膜间隙函数即式(13.12)代入上式，可得

$$\frac{\mathrm{d}}{\mathrm{d}\theta}\left(h^3\frac{\mathrm{d}p_\infty}{\mathrm{d}\theta}\right)=12\mu\dot{\gamma}R^2C\varepsilon\sin\theta+12\mu R^2C\dot{\varepsilon}\cos\theta$$

对上式进行一次积分，可得

$$\frac{\mathrm{d}p_\infty}{\mathrm{d}\theta}=\frac{-12\mu\dot{\gamma}R^2C\varepsilon\cos\theta+12\mu R^2C\dot{\varepsilon}\sin\theta+C_1}{h^3}$$

将油膜间隙函数代入，并进行积分，可得

$$p_\infty(\theta,Z,t)=\frac{-12\mu\dot{\gamma}R^2C\varepsilon}{C^3}\int\frac{\cos\theta}{(1+\varepsilon\cos\theta)^3}\mathrm{d}\theta+\frac{12\mu R^2C\dot{\varepsilon}}{C^3}\int\frac{\sin\theta}{(1+\varepsilon\cos\theta)^3}\mathrm{d}\theta$$
$$+\frac{C_1}{C^3}\int\frac{1}{(1+\varepsilon\cos\theta)^3}\mathrm{d}\theta+C_2'$$

式中 $C_1$ 和 $C_2'$ 为积分常数。

下面计算油膜压力分布表达式中包含的积分，必要时，仍应用 Sommerfeld 变换。

$$\int\frac{\cos\theta}{(1+\varepsilon\cos\theta)^3}\mathrm{d}\theta=\int\frac{1}{\varepsilon}\left[\frac{1}{(1+\varepsilon\cos\theta)^2}-\frac{1}{(1+\varepsilon\cos\theta)^3}\right]\mathrm{d}\theta$$
$$=\frac{1}{\varepsilon}\int\left[\frac{1-\varepsilon\cos\alpha}{(1-\varepsilon^2)^{3/2}}-\frac{(1-\varepsilon\cos\alpha)^2}{(1-\varepsilon^2)^{5/2}}\right]\mathrm{d}\alpha$$
$$=\frac{1}{\varepsilon}\left[\frac{\alpha-\varepsilon\sin\alpha}{(1-\varepsilon^2)^{3/2}}-\frac{1}{(1-\varepsilon^2)^{5/2}}\left(\alpha-2\varepsilon\sin\alpha+\frac{\varepsilon^2}{2}\alpha+\frac{\varepsilon^2}{4}\sin 2\alpha\right)\right]+C_{21}'$$
$$=-\frac{3\varepsilon\alpha}{2(1-\varepsilon^2)^{5/2}}+\frac{\sin\alpha}{(1-\varepsilon^2)^{5/2}}\left(1+\varepsilon^2-\frac{\varepsilon}{2}\cos\alpha\right)+C_{21}'$$

$$\int \frac{\sin\theta}{(1+\varepsilon\cos\theta)^3}\mathrm{d}\theta = \int\left(-\frac{1}{\varepsilon}\right)\frac{1}{(1+\varepsilon\cos\theta)^3}\mathrm{d}(1+\varepsilon\cos\theta)$$
$$= -\frac{1}{\varepsilon}\int \mathrm{d}\left(-\frac{1}{2(1+\varepsilon\cos\theta)^2}\right) = \frac{1}{2\varepsilon(1+\varepsilon\cos\theta)^2} + C'_{22}$$

$$\int \frac{1}{(1+\varepsilon\cos\theta)^3}\mathrm{d}\theta = \int \frac{(1-\varepsilon\cos\alpha)^2}{(1-\varepsilon^2)^{5/2}}\mathrm{d}\alpha$$
$$= \frac{1}{(1-\varepsilon^2)^{5/2}}\left(\alpha - 2\varepsilon\sin\alpha + \frac{\varepsilon^2}{2}\alpha + \frac{\varepsilon^2}{4}\sin 2\alpha\right) + C'_{23}$$
$$= \frac{1}{(1-\varepsilon^2)^{5/2}}\left[\left(\frac{\varepsilon^2}{2}+1\right)\alpha + \left(\frac{\varepsilon^2}{2}\cos\alpha - 2\varepsilon\right)\sin\alpha\right] + C'_{23}$$

式中 $C'_{21}$、$C'_{22}$ 和 $C'_{23}$ 为积分常数。将上述各个积分代回油膜压力分布函数,则有

$$p_\infty(\theta, Z, t) = \frac{-12\mu\dot{\gamma}R^2C\varepsilon}{C^3}\left[-\frac{3\varepsilon\alpha}{2(1-\varepsilon^2)^{5/2}} + \frac{\sin\alpha}{(1-\varepsilon^2)^{5/2}}\left(1+\varepsilon^2-\frac{\varepsilon}{2}\cos\alpha\right)\right]$$
$$+\frac{12\mu R^2C\dot{\varepsilon}}{C^3}\left[\frac{1}{2\varepsilon(1+\varepsilon\cos\theta)^2}\right]$$
$$+\frac{C_1}{C^3}\left\{\frac{1}{(1-\varepsilon^2)^{5/2}}\left[\left(\frac{\varepsilon^2}{2}+1\right)\alpha + \left(\frac{\varepsilon^2}{2}\cos\alpha - 2\varepsilon\right)\sin\alpha\right]\right\} + C_2$$

式中,$C_2 = \dfrac{-12\mu\dot{\gamma}R^2C\varepsilon}{C^3}C'_{21} + \dfrac{12\mu R^2C\dot{\varepsilon}}{C^3}C'_{22} + \dfrac{C_1}{C^3}C'_{23} + C'_2$。

代入边界条件:

$$p_\infty(\theta=0/\alpha=0, Z, t) = p_\infty(\theta=2\pi/\alpha=2\pi, Z, t)$$

可得

$$\frac{6\mu\dot{\gamma}R^2C\varepsilon}{C^3}\left[\frac{3\varepsilon}{(1-\varepsilon^2)^{5/2}}\right] + \frac{C_1}{C^3}\left[\frac{1}{(1-\varepsilon^2)^{5/2}}\left(\frac{\varepsilon^2}{2}+1\right)\right] = 0$$

由此解得

$$C_1 = \frac{36\mu\dot{\gamma}R^2C(-\varepsilon^2)}{\varepsilon^2+2}$$

将 $C_1$ 的值代入油膜压力分布公式,可得公式内含 $\alpha$ 项的系数之和:

$$\frac{18\mu\dot{\gamma}R^2C\varepsilon^2}{C^3(1-\varepsilon^2)^{5/2}} + \frac{36\mu\dot{\gamma}R^2C(-\varepsilon^2)}{(\varepsilon^2+2)C^3}\frac{1}{(1-\varepsilon^2)^{5/2}}\left(\frac{\varepsilon^2}{2}+1\right)$$

$$= \frac{18\mu\dot{\gamma}R^2C\varepsilon^2}{C^3(\varepsilon^2+2)(1-\varepsilon^2)^{5/2}}(\varepsilon^2+2-\varepsilon^2-2)=0$$

由此可见,油膜压力分布函数内不包含 $\alpha$ 项,其表达式为

$$p_\infty(\theta, Z, t) = \frac{-12\mu\dot{\gamma}R^2C\varepsilon}{C^3}\left[\frac{\sin\alpha}{(1-\varepsilon^2)^{5/2}}\left(1+\varepsilon^2-\frac{\varepsilon}{2}\cos\alpha\right)\right] + \frac{12\mu R^2C\dot{\varepsilon}}{C^3}\left[\frac{1}{2\varepsilon(1+\varepsilon\cos\theta)^2}\right] - \frac{36\mu\dot{\gamma}R^2C\varepsilon^2}{(\varepsilon^2+2)C^3}\left[\frac{\sin\alpha}{(1-\varepsilon^2)^{5/2}}\left(\frac{\varepsilon^2}{2}\cos\alpha-2\varepsilon\right)\right]+C_2$$

利用 Sommerfeld 变换的变量代回公式,可得

$$p_\infty(\theta, Z, t) = \frac{-12\mu\dot{\gamma}R^2C\varepsilon(2+\varepsilon\cos\theta)\sin\theta}{C^3(1+\varepsilon\cos\theta)^2(2+\varepsilon^2)} + \frac{12\mu R^2C\dot{\varepsilon}}{C^3}\left[\frac{1}{2\varepsilon(1+\varepsilon\cos\theta)^2}\right]+C_2$$
$$= \frac{12\mu R^2}{C^3}\left[\frac{\dot{e}}{2\varepsilon(1+\varepsilon\cos\theta)^2} - \frac{e\dot{\gamma}(2+\varepsilon\cos\theta)\sin\theta}{(2+\varepsilon^2)(1+\varepsilon\cos\theta)^2}\right]+C_2$$

当 $\theta=0$ 或 $\theta=2\pi$ 时, $p_\infty=p_0$, 可得

$$C_2 = p_0 - \frac{12\mu R^2}{C^3}\frac{\dot{e}}{2\varepsilon(1+\varepsilon)^2}$$

因此,油膜压力分布为

$$p_\infty(\theta, Z, t) = \frac{-12\mu\dot{\gamma}R^2C\varepsilon(2+\varepsilon\cos\theta)\sin\theta}{C^3(1+\varepsilon\cos\theta)^2(2+\varepsilon^2)} + \frac{12\mu R^2C\dot{\varepsilon}}{C^3}\left[\frac{1}{2\varepsilon(1+\varepsilon\cos\theta)^2}\right]+C_2$$
$$= \frac{12\mu R^2}{C^3}\left\{-\frac{e\dot{\gamma}(2+\varepsilon\cos\theta)\sin\theta}{(2+\varepsilon^2)(1+\varepsilon\cos\theta)^2} + \frac{\dot{e}}{2\varepsilon}\left[\frac{1}{(1+\varepsilon\cos\theta)^2}-\frac{1}{(1+\varepsilon)^2}\right]\right\}+p_0$$

对以上压力分布函数积分就可求得力 $F_t$ 和 $F_r$。为此,事先须假设油膜间隙中油膜的形态。若设流出油压为零,无负压区存在,则整个油膜间隙充满油,可在 $0\leqslant\varphi\leqslant2\pi$ 对油压分布进行积分($2\pi$ 油膜理论)。由于流出油压沿周向为常数 $p_0$,故 $p_0$ 不产生油膜力,对转子无影响。

1. 全油膜阻尼器-$2\pi$ 理论

再将前式(13.60)根据 $2\pi$ 理论得到的挤压油膜阻尼器的周向和径向油膜反

力列出：

$$F_t = \int_0^{2\pi}\int_{-\frac{L}{2}}^{\frac{L}{2}} p_\infty(\theta, Z, t) R\sin\theta \mathrm{d}Z\mathrm{d}\theta$$

$$F_r = \int_0^{2\pi}\int_{-\frac{L}{2}}^{\frac{L}{2}} p_\infty(\theta, Z, t) R\cos\theta \mathrm{d}Z\mathrm{d}\theta$$

对以上两式进行积分可得

$$\begin{aligned}F_t &= \int_0^{2\pi}\int_{-\frac{L}{2}}^{\frac{L}{2}} \left\{\frac{12\mu R^2}{C^3}\left[-\frac{e\dot{\gamma}(2+\varepsilon\cos\theta)\sin\theta}{(2+\varepsilon^2)(1+\varepsilon\cos\theta)^2}\right.\right.\\
&\quad\left.\left.+\frac{\dot{e}}{2\varepsilon}\left(\frac{1}{(1+\varepsilon\cos\theta)^2}-\frac{1}{(1+\varepsilon)^2}\right)\right]+p_0\right\}R\sin\theta \mathrm{d}Z\mathrm{d}\theta\\
&= \int_0^{2\pi}\left\{\frac{12\mu R^3 L}{C^3}\left[-\frac{e\dot{\gamma}(2+\varepsilon\cos\theta)\sin^2\theta}{(2+\varepsilon^2)(1+\varepsilon\cos\theta)^2}\right.\right.\\
&\quad\left.\left.+\frac{\dot{e}}{2\varepsilon}\left(\frac{\sin\theta}{(1+\varepsilon\cos\theta)^2}-\frac{\sin\theta}{(1+\varepsilon)^2}\right)\right]+RLp_0\sin\theta\right\}\mathrm{d}\theta\end{aligned}$$

$$\begin{aligned}F_r &= \int_0^{2\pi}\int_{-\frac{L}{2}}^{\frac{L}{2}} \left\{\frac{12\mu R^2}{C^3}\left[-\frac{e\dot{\gamma}(2+\varepsilon\cos\theta)\sin\theta}{(2+\varepsilon^2)(1+\varepsilon\cos\theta)^2}\right.\right.\\
&\quad\left.\left.+\frac{\dot{e}}{2\varepsilon}\left(\frac{1}{(1+\varepsilon\cos\theta)^2}-\frac{1}{(1+\varepsilon)^2}\right)\right]+p_0\right\}R\cos\theta \mathrm{d}Z\mathrm{d}\theta\\
&= \int_0^{2\pi}\left\{\frac{12\mu R^3 L}{C^3}\left[-\frac{e\dot{\gamma}(2+\varepsilon\cos\theta)\sin\theta\cos\theta}{(2+\varepsilon^2)(1+\varepsilon\cos\theta)^2}\right.\right.\\
&\quad\left.\left.+\frac{\dot{e}}{2\varepsilon}\left(\frac{\cos\theta}{(1+\varepsilon\cos\theta)^2}-\frac{\cos\theta}{(1+\varepsilon)^2}\right)\right]+RLp_0\cos\theta\right\}\mathrm{d}\theta\end{aligned}$$

由于，

$$\int_0^{2\pi} -\frac{e\dot{\gamma}(2+\varepsilon\cos\theta)\sin^2\theta}{(2+\varepsilon^2)(1+\varepsilon\cos\theta)^2}\mathrm{d}\theta = \frac{-e\dot{\gamma}}{2+\varepsilon^2}\int_0^{2\pi}\frac{(2+\varepsilon\cos\theta)\sin^2\theta}{(1+\varepsilon\cos\theta)^2}\mathrm{d}\theta$$

$$= \frac{-e\dot{\gamma}}{2+\varepsilon^2}\int_0^{2\pi}\frac{(1+\varepsilon\cos\theta+1)\sin^2\theta}{(1+\varepsilon\cos\theta)^2}\mathrm{d}\theta = \frac{-e\dot{\gamma}}{2+\varepsilon^2}\int_0^{2\pi}\left[\frac{\sin^2\theta}{(1+\varepsilon\cos\theta)^2}+\frac{1-\cos^2\theta}{1+\varepsilon\cos\theta}\right]\mathrm{d}\theta$$

$$= \frac{-e\dot{\gamma}}{2+\varepsilon^2}\int_0^{2\pi}\left[\frac{\sin^2\theta}{(1+\varepsilon\cos\theta)^2}+\frac{1}{1+\varepsilon\cos\theta}-\frac{\cos^2\theta}{1+\varepsilon\cos\theta}\right]\mathrm{d}\theta$$

$$= \frac{-e\dot{\gamma}}{2+\varepsilon^2}\int_0^{2\pi}\left[\frac{1}{1+\varepsilon\cos\theta}+\frac{\sin^2\theta-\cos^2\theta(1+\varepsilon\cos\theta)}{(1+\varepsilon\cos\theta)^2}\right]\mathrm{d}\theta$$

$$= \frac{-e\dot{\gamma}}{2+\varepsilon^2}\int_0^{2\pi}\left[\frac{1}{1+\varepsilon\cos\theta}+\frac{\sin^2\theta-\cos^2\theta-\varepsilon\cos^3\theta+\varepsilon\cos\theta\sin^2\theta-\varepsilon\cos\theta\sin^2\theta}{(1+\varepsilon\cos\theta)^2}\right]\mathrm{d}\theta$$

$$= \frac{-e\dot{\gamma}}{2+\varepsilon^2}\int_0^{2\pi}\left[\frac{1}{1+\varepsilon\cos\theta}+\frac{(\sin^2\theta-\cos^2\theta)(1+\varepsilon\cos\theta)-\varepsilon\cos\theta\sin^2\theta}{(1+\varepsilon\cos\theta)^2}\right]\mathrm{d}\theta$$

$$= \frac{-e\dot{\gamma}}{2+\varepsilon^2}\left(\int_0^{2\pi}\frac{1}{1+\varepsilon\cos\theta}\mathrm{d}\theta-\frac{\cos\theta\sin\theta}{1+\varepsilon\cos\theta}\Bigg|_0^{2\pi}\right)$$

应用 Sommerfeld 变换，得

$$\frac{-e\dot{\gamma}}{2+\varepsilon^2}\left(\frac{\alpha}{\sqrt{1-\varepsilon^2}}\Bigg|_0^{2\pi}-\frac{\cos\theta\sin\theta}{1+\varepsilon\cos\theta}\Bigg|_0^{2\pi}\right)=\frac{-2\pi e\dot{\gamma}}{(2+\varepsilon^2)\sqrt{1-\varepsilon^2}}$$

$$\int_0^{2\pi}\frac{\dot{e}}{2\varepsilon}\frac{\sin\theta}{(1+\varepsilon\cos\theta)^2}\mathrm{d}\theta=\frac{\dot{e}}{2\varepsilon}\int_0^{2\pi}\frac{\sin\theta}{(1+\varepsilon\cos\theta)^2}\mathrm{d}\theta$$

$$=-\frac{\dot{e}}{2\varepsilon^2}\int_0^{2\pi}\frac{1}{(1+\varepsilon\cos\theta)^2}\mathrm{d}(1+\varepsilon\cos\theta)$$

$$=\frac{\dot{e}}{2\varepsilon^2(1+\varepsilon\cos\theta)}\Bigg|_0^{2\pi}=0$$

$$\int_0^{2\pi}\frac{\dot{e}}{2\varepsilon}\frac{\sin\theta}{(1+\varepsilon)^2}\mathrm{d}\theta=\frac{\dot{e}}{2\varepsilon(1+\varepsilon)^2}\int_0^{2\pi}\sin\theta\mathrm{d}\theta=0$$

$$\int_0^{2\pi}RLp_0\sin\theta\mathrm{d}\theta=RLp_0\int_0^{2\pi}\sin\theta\mathrm{d}\theta=0$$

因此，整个阻尼器全周向充油时，周向油膜力为

$$F_t=-\frac{\mu R^3L}{C^3}\left[\frac{24\pi}{(2+\varepsilon^2)\sqrt{1-\varepsilon^2}}\right]e\dot{\gamma} \tag{13.75}$$

由于

$$\int_0^{2\pi}-\frac{e\dot{\gamma}(2+\varepsilon\cos\theta)\sin\theta\cos\theta}{(2+\varepsilon^2)(1+\varepsilon\cos\theta)^2}\mathrm{d}\theta=\frac{-e\dot{\gamma}}{(2+\varepsilon^2)}\int_0^{2\pi}\frac{(2+\varepsilon\cos\theta)\sin\theta\cos\theta}{(1+\varepsilon\cos\theta)^2}\mathrm{d}\theta$$

$$=\frac{-e\dot{\gamma}}{(2+\varepsilon^2)}\int_0^{2\pi}\frac{(1+\varepsilon\cos\theta+1)\sin\theta\cos\theta}{(1+\varepsilon\cos\theta)^2}\mathrm{d}\theta$$

$$=\frac{-e\dot{\gamma}}{(2+\varepsilon^2)}\int_0^{2\pi}\left[\frac{\sin\theta\cos\theta}{(1+\varepsilon\cos\theta)^2}+\frac{\sin\theta\cos\theta}{1+\varepsilon\cos\theta}\right]\mathrm{d}\theta$$

$$= \frac{-e\dot{\gamma}}{(2+\varepsilon^2)}\int_0^{2\pi}\left\{-\frac{1}{\varepsilon}\left[\frac{\sin\theta}{1+\varepsilon\cos\theta}-\frac{\sin\theta}{(1+\varepsilon\cos\theta)^2}\right]-\frac{1}{\varepsilon}\left[\sin\theta-\frac{\sin\theta}{1+\varepsilon\cos\theta}\right]\right\}\mathrm{d}\theta$$

$$= \frac{-e\dot{\gamma}}{(2+\varepsilon^2)}\int_0^{2\pi}\left\{-\frac{\sin\theta}{\varepsilon}\left[1-\frac{1}{(1+\varepsilon\cos\theta)^2}\right]\right\}\mathrm{d}\theta$$

$$= \frac{-e\dot{\gamma}}{\varepsilon^2(2+\varepsilon^2)}\int_0^{2\pi}\mathrm{d}(1+\varepsilon\cos\theta)$$

$$= \frac{-e\dot{\gamma}}{\varepsilon^2(2+\varepsilon^2)}\left[1+\varepsilon\cos\theta+\frac{1}{1+\varepsilon\cos\theta}\right]\Bigg|_0^{2\pi} = 0$$

$$\int_0^{2\pi}\frac{\dot{e}}{2\varepsilon}\frac{\cos\theta}{(1+\varepsilon\cos\theta)^2}\mathrm{d}\theta = \frac{\dot{e}}{2\varepsilon}\int_0^{2\pi}\left(\frac{1}{\varepsilon}\right)\left[\frac{1}{1+\varepsilon\cos\theta}-\frac{1}{(1+\varepsilon\cos\theta)^2}\right]\mathrm{d}\theta$$

同样应用 Sommerfeld 变换，得

$$\frac{\dot{e}}{2\varepsilon^2}\int_0^{2\pi}\left[\frac{1}{\sqrt{1-\varepsilon^2}}-\frac{1-\varepsilon\cos\alpha}{(1-\varepsilon^2)^{3/2}}\right]\mathrm{d}\alpha = \frac{\dot{e}}{2\varepsilon^2}\left[\frac{\alpha}{\sqrt{1-\varepsilon^2}}-\frac{\alpha-\varepsilon\sin\alpha}{(1-\varepsilon^2)^{3/2}}\right]_0^{2\pi}$$
$$= \frac{-\dot{e}\pi}{(1-\varepsilon^2)^{3/2}}$$

$$\int_0^{2\pi}\frac{\dot{e}}{2\varepsilon}\frac{\cos\theta}{(1+\varepsilon)^2}\mathrm{d}\theta = \frac{\dot{e}}{2\varepsilon(1+\varepsilon)^2}\int_0^{2\pi}\cos\theta\mathrm{d}\theta = 0$$

$$\int_0^{2\pi}RLp_0\cos\theta\mathrm{d}\theta = RLp_0\int_0^{2\pi}\cos\theta\mathrm{d}\theta = 0$$

因此，整个阻尼器全周向充油时，径向油膜力为

$$F_r = -\frac{\mu R^3L}{C^3}\left[\frac{12\pi}{(1-\varepsilon^2)^{3/2}}\right]\dot{e} \tag{13.76}$$

可写成矩阵的形式：

$$\begin{bmatrix}F_r\\F_t\end{bmatrix} = -\begin{bmatrix}d_{rr} & 0\\0 & d_{tt}\end{bmatrix}\begin{bmatrix}\dot{e}\\e\dot{\gamma}\end{bmatrix} \tag{13.77}$$

式中，

$$d_{rr} = \frac{\mu LR^3}{C^3}\left[\frac{12\pi}{(1-\varepsilon^2)^{3/2}}\right] = \frac{\mu LR^3}{C^3}\bar{d}_{rr} \tag{13.78}$$

$$d_{tt} = \frac{\mu LR^3}{C^3}\left[\frac{24\pi}{(2+\varepsilon^2)\sqrt{1-\varepsilon^2}}\right] = \frac{\mu LR^3}{C^3}\bar{d}_{tt} \tag{13.79}$$

2. 半油膜阻尼器-π 理论

对于有空穴的阻尼器,根据长轴承理论来求油膜反力。

油膜反力:

$$F_t=\int_{\pi}^{2\pi}\left\{\frac{12\mu R^3L}{C^3}\left[-\frac{e\dot{\gamma}(2+\varepsilon\cos\theta)\sin^2\theta}{(2+\varepsilon^2)(1+\varepsilon\cos\theta)^2}\right.\right.$$
$$\left.\left.+\frac{\dot{e}}{2\varepsilon}\left(\frac{\sin\theta}{(1+\varepsilon\cos\theta)^2}-\frac{\sin\theta}{(1+\varepsilon)^2}\right)\right]+RLp_0\sin\theta\right\}\mathrm{d}\theta$$

$$F_r=\int_{\pi}^{2\pi}\left\{\frac{12\mu R^3L}{C^3}\left[-\frac{e\dot{\gamma}(2+\varepsilon\cos\theta)\sin\theta\cos\theta}{(2+\varepsilon^2)(1+\varepsilon\cos\theta)^2}\right.\right.$$
$$\left.\left.+\frac{\dot{e}}{2\varepsilon}\left(\frac{\cos\theta}{(1+\varepsilon\cos\theta)^2}-\frac{\cos\theta}{(1+\varepsilon)^2}\right)\right]+RLp_0\cos\theta\right\}\mathrm{d}\theta$$

由于,

$$\int_{\pi}^{2\pi}-\frac{e\dot{\gamma}(2+\varepsilon\cos\theta)\sin^2\theta}{(2+\varepsilon^2)(1+\varepsilon\cos\theta)^2}\mathrm{d}\theta=-\frac{e\dot{\gamma}}{2+\varepsilon^2}\int_{\pi}^{2\pi}\frac{(2+\varepsilon\cos\theta)\sin^2\theta}{(1+\varepsilon\cos\theta)^2}\mathrm{d}\theta$$

$$=-\frac{e\dot{\gamma}}{2+\varepsilon^2}\int_{\pi}^{2\pi}\frac{(1+\varepsilon\cos\theta+1)\sin^2\theta}{(1+\varepsilon\cos\theta)^2}\mathrm{d}\theta$$

$$=-\frac{e\dot{\gamma}}{2+\varepsilon^2}\int_{\pi}^{2\pi}\left[\frac{\sin^2\theta}{(1+\varepsilon\cos\theta)^2}+\frac{\sin^2\theta}{1+\varepsilon\cos\theta}\right]\mathrm{d}\theta$$

$$=-\frac{e\dot{\gamma}}{2+\varepsilon^2}\int_{\pi}^{2\pi}\left[\frac{\sin^2\theta}{(1+\varepsilon\cos\theta)^2}+\frac{1-\cos^2\theta}{1+\varepsilon\cos\theta}\right]\mathrm{d}\theta$$

$$=-\frac{e\dot{\gamma}}{2+\varepsilon^2}\int_{\pi}^{2\pi}\left[\frac{1}{1+\varepsilon\cos\theta}+\frac{\sin^2\theta-\cos^2\theta-\varepsilon\cos^3\theta}{(1+\varepsilon\cos\theta)^2}\right]\mathrm{d}\theta$$

$$=-\frac{e\dot{\gamma}}{2+\varepsilon^2}\int_{\pi}^{2\pi}\left[\frac{1}{1+\varepsilon\cos\theta}+\frac{\sin^2\theta-\cos^2\theta-\varepsilon\cos^3\theta-\varepsilon\sin^2\theta\cos\theta+\varepsilon\sin^2\theta\cos\theta}{(1+\varepsilon\cos\theta)^2}\right]\mathrm{d}\theta$$

$$=-\frac{e\dot{\gamma}}{2+\varepsilon^2}\int_{\pi}^{2\pi}\left[\frac{1}{1+\varepsilon\cos\theta}-\frac{(\cos^2\theta-\sin^2\theta)(1+\varepsilon\cos\theta)+\varepsilon\sin^2\theta\cos\theta}{(1+\varepsilon\cos\theta)^2}\right]\mathrm{d}\theta$$

运用 Sommerfeld 变换,可得

$$-\frac{e\dot{\gamma}}{2+\varepsilon^2}\left(\frac{\alpha}{\sqrt{1-\varepsilon^2}}\bigg|_{\pi}^{2\pi}-\frac{\sin\theta\cos\theta}{1+\varepsilon\cos\theta}\bigg|_{\pi}^{2\pi}\right)=\frac{-\pi}{(2+\varepsilon^2)\sqrt{1-\varepsilon^2}}e\dot{\gamma}$$

$$\int_{\pi}^{2\pi}\frac{\dot{e}}{2\varepsilon}\frac{\sin\theta}{(1+\varepsilon\cos\theta)^2}\mathrm{d}\theta=\frac{\dot{e}}{2\varepsilon}\int_{\pi}^{2\pi}\left(-\frac{1}{\varepsilon}\right)\frac{1}{(1+\varepsilon\cos\theta)^2}\mathrm{d}(1+\varepsilon\cos\theta)$$

$$=\frac{\dot{e}}{2\varepsilon^2}\frac{1}{1+\varepsilon\cos\theta}\Bigg|_{\pi}^{2\pi}=-\frac{\dot{e}}{\varepsilon(1-\varepsilon^2)}$$

$$\int_{\pi}^{2\pi}\frac{\dot{e}}{2\varepsilon}\frac{\sin\theta}{(1+\varepsilon)^2}\mathrm{d}\theta=\frac{\dot{e}}{2\varepsilon(1+\varepsilon)^2}\int_{\pi}^{2\pi}\sin\theta\mathrm{d}\theta=-\frac{\dot{e}}{\varepsilon(1+\varepsilon)^2}$$

$$\int_{\pi}^{2\pi}RLp_0\sin\theta\mathrm{d}\theta=RLp_0\int_{\pi}^{2\pi}\sin\theta\mathrm{d}\theta=-2RLp_0$$

因此,周向油膜反力为

$$F_t=-\frac{\mu R^3L}{C^3}\left[\frac{12\pi}{(2+\varepsilon^2)\sqrt{1-\varepsilon^2}}e\dot{\gamma}+\frac{24}{(1+\varepsilon)^2(1-\varepsilon)}\dot{e}\right]-2RLp_0$$

由于,

$$\int_{\pi}^{2\pi}-\frac{e\dot{\gamma}(2+\varepsilon\cos\theta)\sin\theta\cos\theta}{(2+\varepsilon^2)(1+\varepsilon\cos\theta)^2}\mathrm{d}\theta$$

$$=-\frac{e\dot{\gamma}}{2+\varepsilon^2}\int_{\pi}^{2\pi}\frac{(1+\varepsilon\cos\theta+1)\sin\theta\cos\theta}{(1+\varepsilon\cos\theta)^2}\mathrm{d}\theta$$

$$=-\frac{e\dot{\gamma}}{2+\varepsilon^2}\int_{\pi}^{2\pi}\left[\frac{\sin\theta\cos\theta}{(1+\varepsilon\cos\theta)^2}+\frac{\sin\theta\cos\theta}{1+\varepsilon\cos\theta}\right]\mathrm{d}\theta$$

$$=-\frac{e\dot{\gamma}}{2+\varepsilon^2}\int_{\pi}^{2\pi}\frac{\sin\theta}{\varepsilon}\left[\frac{1}{1+\varepsilon\cos\theta}-\frac{1}{(1+\varepsilon\cos\theta)^2}+1-\frac{1}{1+\varepsilon\cos\theta}\right]\mathrm{d}\theta$$

$$=-\frac{e\dot{\gamma}}{\varepsilon(2+\varepsilon^2)}\int_{\pi}^{2\pi}\left(-\frac{1}{\varepsilon}\right)\left[1-\frac{1}{(1+\varepsilon\cos\theta)^2}\right]\mathrm{d}(1+\varepsilon\cos\theta)$$

$$=\frac{e\dot{\gamma}}{\varepsilon^2(2+\varepsilon^2)}\left(1+\varepsilon\cos\theta+\frac{1}{1+\varepsilon\cos\theta}\right)\Bigg|_{\pi}^{2\pi}=\frac{-2\varepsilon e\dot{\gamma}}{(2+\varepsilon^2)(1-\varepsilon^2)}$$

$$\int_{\pi}^{2\pi}\frac{\dot{e}}{2\varepsilon}\frac{\cos\theta}{(1+\varepsilon\cos\theta)^2}\mathrm{d}\theta=\frac{\dot{e}}{2\varepsilon^2}\int_{\pi}^{2\pi}\left[\frac{1}{1+\varepsilon\cos\theta}-\frac{1}{(1+\varepsilon\cos\theta)^2}\right]\mathrm{d}\theta$$

仍然运用 Sommerfeld 变换,求得

$$\frac{\dot{e}}{2\varepsilon^2}\int_{\pi}^{2\pi}\left[\frac{1}{\sqrt{1-\varepsilon^2}}-\frac{1-\varepsilon\cos\alpha}{(1-\varepsilon^2)^{3/2}}\right]\mathrm{d}\alpha$$

$$=\frac{\dot{e}}{2\varepsilon^2}\left[\frac{\alpha}{\sqrt{1-\varepsilon^2}}-\frac{\alpha}{(1-\varepsilon^2)^{3/2}}\right]\Bigg|_{\pi}^{2\pi}-\frac{\varepsilon}{(1-\varepsilon^2)^{3/2}}\int_{\pi}^{2\pi}\cos\alpha\mathrm{d}\alpha$$

$$= -\frac{\pi\dot{e}}{2(1-\varepsilon^2)^{3/2}} - \frac{\varepsilon}{(1-\varepsilon^2)^{3/2}}\sin\alpha\bigg|_{\pi}^{2\pi}$$

变量回代,结果如下：

$$-\frac{\pi\dot{e}}{2(1-\varepsilon^2)^{3/2}} - \frac{\varepsilon}{(1-\varepsilon^2)^{3/2}}\frac{\sqrt{1-\varepsilon^2}\sin\theta}{1+\varepsilon\cos\theta}\bigg|_{\pi}^{2\pi} = -\frac{\pi\dot{e}}{2(1-\varepsilon^2)^{3/2}}$$

$$\int_{\pi}^{2\pi}\frac{\dot{e}}{2\varepsilon}\frac{\cos\theta}{(1+\varepsilon)^2}\mathrm{d}\theta = \frac{\dot{e}}{2\varepsilon(1+\varepsilon)^2}\int_{\pi}^{2\pi}\cos\theta\mathrm{d}\theta = 0$$

$$\int_{\pi}^{2\pi}RLp_0\cos\theta\mathrm{d}\theta = RLp_0\int_{\pi}^{2\pi}\cos\theta\mathrm{d}\theta = 0$$

因此,径向油膜反力为

$$F_r = -\frac{\mu R^3 L}{C^3}\left[\frac{24\varepsilon}{(2+\varepsilon^2)(1-\varepsilon^2)}e\dot{\gamma} + \frac{6\pi}{(1-\varepsilon^2)^{3/2}}\dot{e}\right]$$

设阻尼器有弹支定心,供油压力为大气压力,轴颈沿同步圆轨迹运动（$\dot{\gamma}=\Omega$, $e=r$）,则油膜反力的表达式退化为

$$F_t = -\frac{\mu R^3 L}{C^3}\left[\frac{12\pi}{(2+\varepsilon^2)\sqrt{1-\varepsilon^2}}\right]r\Omega \tag{13.80}$$

$$F_r = -\frac{\mu R^3 L}{C^3}\left[\frac{24\varepsilon}{(2+\varepsilon^2)(1-\varepsilon^2)}\right]r\Omega \tag{13.81}$$

同样可写成矩阵形式：

$$\begin{bmatrix}F_r\\F_t\end{bmatrix} = -\begin{bmatrix}d_{rt}\\d_{tt}\end{bmatrix}r\Omega \tag{13.82}$$

式中,

$$d_{rt} = \frac{\mu R^3 L}{C^3}\left[\frac{24\varepsilon}{(2+\varepsilon^2)(1-\varepsilon^2)}\right] = \frac{\mu R^3 L}{C^3}\bar{d}_{rt} \tag{13.83}$$

$$d_{tt} = \frac{\mu R^3 L}{C^3}\left[\frac{12\pi}{(2+\varepsilon^2)\sqrt{1-\varepsilon^2}}\right] = \frac{\mu R^3 L}{C^3}\bar{d}_{tt} \tag{13.84}$$

图 13.20(a)和(b)分别为半油膜和全油膜阻尼系数随无量纲偏心量 $\varepsilon$ 变化的

曲线。此处要注意,图 13.19 和图 13.20 中对阻尼系数以不同的方式进行了无量纲化处理。

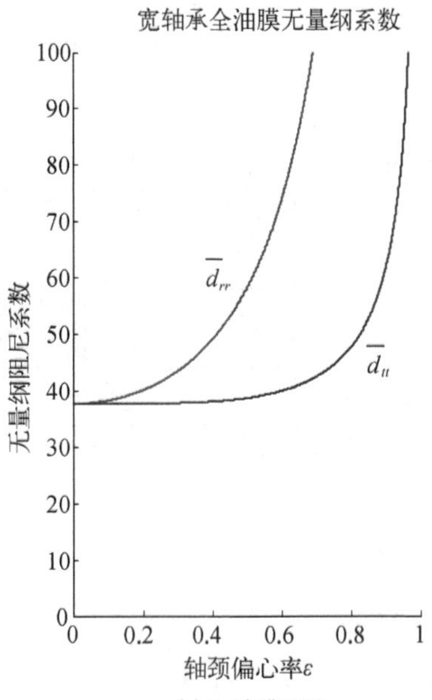

(a) 2π油膜理论

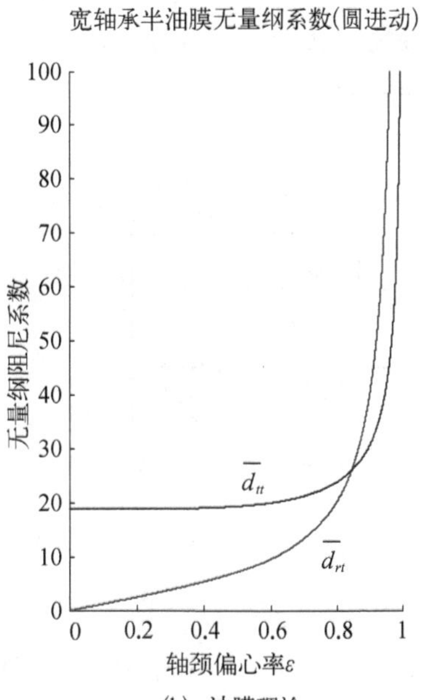

(b) π油膜理论

**图 13.20　无量纲阻尼系数(长轴承)随轴颈偏心率的变化**

对于短轴承阻尼器,以 $\dfrac{\mu RL^3}{C^3}$ 为参考;而对长轴承阻尼器,则以 $\dfrac{\mu R^3 L}{C^3}$ 为基准。针对有量纲阻尼系数 $d_{rt}$ 和 $d_{tt}$ 的直接比较,设短轴承阻尼器和长轴承阻尼器的几何参数相同,当端面不密封时为短轴承;而当端面密封时代表长轴承。于是就有

$$\frac{d_{ij长}}{d_{ij短}} = \frac{\bar{d}_{ij长}}{\bar{d}_{ij短}}\frac{R^2}{L^2} = \frac{\bar{d}_{ij长}}{\bar{d}_{ij短}}\frac{1}{4\beta^2} \tag{13.85}$$

式中, $i, j = r, t$; $\beta = \dfrac{L}{2R}$。

若取 $\beta = 0.25$, 则阻尼系数比 $\dfrac{d_{ij长}}{d_{ij短}}$ 将在 20~40 之间。在此情况下,“长轴承”阻尼器的阻尼系数大得多。

### 13.4.7　支承在挤压油膜阻尼器上的刚性转子

不妨以刚性转子为例,来分析挤压油膜阻尼器的阻尼效果。

图 13.21 为支承在挤压油膜阻尼器上的刚性转子模型。刚性转子轴对称地支承在两个滚动轴承上,每个轴承均配有挤压油膜阻尼器。轴承的参振质量等效到轴上,轴承本身及轴承座均视为刚体,定心弹支与轴承座内环构成挤压油膜阻尼器。在建立转子运动方程时,挤压油膜阻尼器的特性要予以考虑,即力和运动之间的关系。只考虑横向振动,不计偏摆运动。

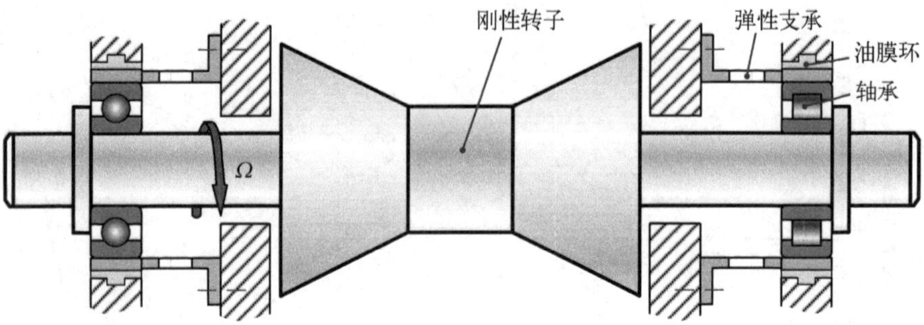


**图 13.21　带挤压油膜阻尼器的刚性转子**[1,5,6]

1. 转子运动方程

假设转子在不平衡作用下,沿同步圆轨迹进动。刚性转子的惯性力由支承的动反力来平衡,即

$$F_{\Omega t} = 2F_t \tag{13.86}$$

$$F_{\Omega r} = 2F_r + 2F_s \tag{13.87}$$

式中,$F_{\Omega t}$ 和 $F_{\Omega r}$ 分别表示转子的周向和径向力;$F_t$ 和 $F_r$ 分别为挤压油膜阻尼器的周向和径向油膜力;$F_s$ 表示弹支的弹性力。

转子惯性力为

$$F_{\Omega t} = m\Omega^2\delta\sin\phi$$
$$F_{\Omega r} = m\Omega^2(r + \delta\cos\phi)$$

式中,$r$ 为弹支的变形,$\delta$ 为转子质心偏移。

代入方程(13.86)和方程(13.87)后,得

$$2F_t = m\Omega^2\delta\sin\phi \tag{13.88}$$

$$2F_r + 2F_s = m\Omega^2(r + \delta\cos\phi) \tag{13.89}$$

阻尼器的油膜力 $F_t$ 和 $F_r$ 与 $\varepsilon = \dfrac{r}{C}$ 有关。而弹支弹性力为 $F_s = sr$,$s$ 为弹支刚度。由方程(13.88)和方程(13.89)可得

$$(2sr + 2F_r - mr\Omega^2)^2 + (2F_t)^2 = (m\delta\Omega^2)^2 \tag{13.90}$$

根据此方程可解出轴颈轨迹半径 $r$。显见，$r$ 与转子质量 $m$、质心偏心距 $\delta$、阻尼力 $F_t(L, R, C, \mu)$ 和 $F_r(L, R, C, \mu)$、弹支刚度 $S$ 以及转子角速度 $\Omega$ 有关。为便于计算和表达，引入如下的参数。

参考自振频率：
$$\omega_0 = \sqrt{\frac{2s}{m}} \tag{13.91}$$

相对角速度：
$$\eta = \Omega/\omega_0 \tag{13.92}$$

相对质心偏移：
$$\varepsilon_0 = \delta/C \tag{13.93}$$

阻尼系数：
$$D^* = \frac{\pi\mu RL^3}{m\omega_0 C^3} \tag{13.94}$$

$D^*$ 为无量纲阻尼系数，集成了挤压油膜阻尼器的特征参数。

下面将分析不同条件下支承在挤压油膜阻尼器上的刚性转子的振动特性，确定线性和非线性响应的边界，显示全油膜和半油膜阻尼器的差别。

2. 全油膜短轴承挤压油膜阻尼器上刚性转子的不平衡响应

对于全油膜（无空穴）短轴承挤压油膜阻尼器，当轴颈发生圆轨迹运动时，油膜力为

$$F_t = -\frac{\mu L^3 R}{C^3}\left[\pi \frac{1}{(1-\varepsilon^2)^{3/2}}\right] r\Omega = -d_{tt}(\varepsilon) r\Omega \tag{13.95}$$

$$F_r = 0 \tag{13.96}$$

式中，$\varepsilon = \dfrac{r}{C}$。

$$d_{tt} = \frac{\mu L^3 R}{C^3}\left[\pi \frac{1}{(1-\varepsilon^2)^{3/2}}\right] = \frac{\mu L^3 R}{C^3}\bar{d}_{tt} \tag{13.97}$$

首先分析小幅进动时的线性特性。幅值较大时，须非线性求解。

1）线性解

小幅运动时，$\varepsilon = \dfrac{r}{C} \ll 1$，于是得

$$d_{tt} \approx \frac{\mu L^3 R}{C^3}\pi \tag{13.98}$$

周向力为

$$F_t = -\frac{\mu L^3 R}{C^3}\pi r\Omega = -d_{tt} r\Omega \tag{13.99}$$

把式(13.99)代入方程(13.90)，就可解得转子的不平衡响应：

$$\varepsilon = \frac{r}{C} = \frac{\varepsilon_0 \eta^2}{\sqrt{(1-\eta^2)^2 + (2D^* \eta)^2}} \tag{13.100}$$

这与一个线性转子的不平衡响应相同。转子的响应取决于相对不平衡量 $\varepsilon_0$、相对转速 $\eta$ 和阻尼系数 $D^*$。在图 13.22 中，将比较此线性解和后面将要得到的非线性解。

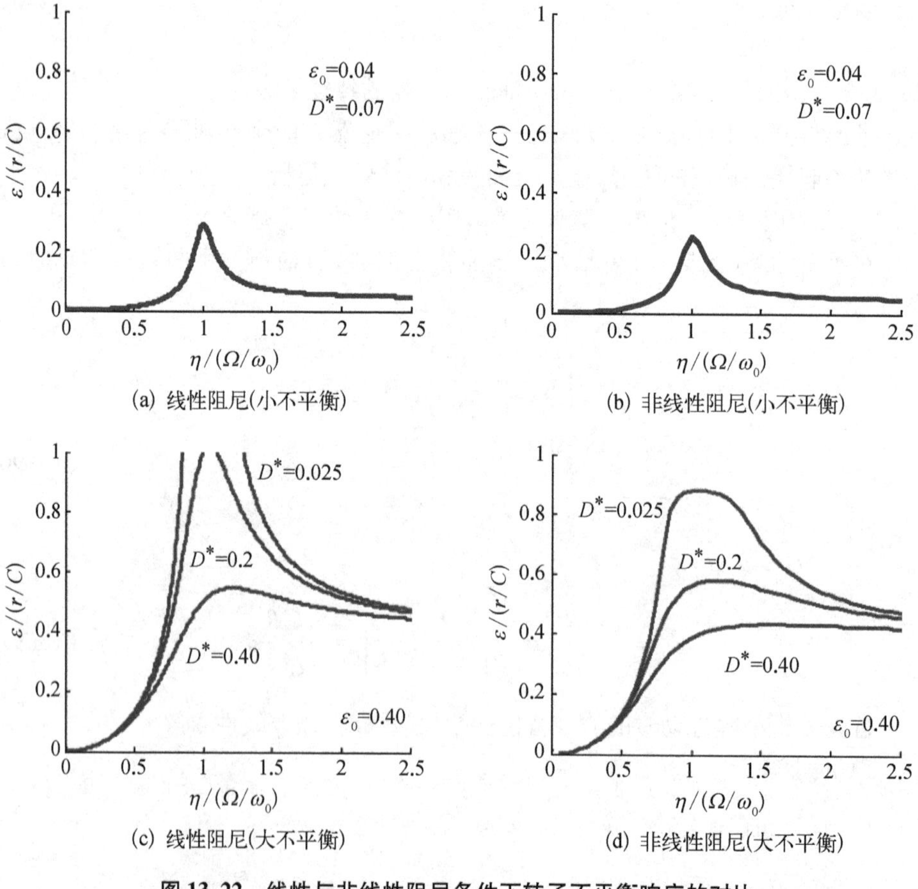


**图 13.22　线性与非线性阻尼条件下转子不平衡响应的对比**

2）非线性解

把非线性周向力，式(13.95)代入方程(13.90)，经整理后，可得

$$\left[\left(\frac{\varepsilon_0}{\varepsilon}\right)^2 - 1\right]\eta^4 + \left[2 - \frac{4D^{*2}}{(1-\varepsilon^2)^3}\right]\eta^2 - 1 = 0 \tag{13.101}$$

由给定的参数 $\varepsilon_0$, $\eta$ 和 $D^*$，就可解出 $\varepsilon$。

图 13.22 表示线性和非线性解随相对转速 $\eta$ 的变化。其中 $\varepsilon_0$ 和 $D^*$ 作为参数示出。

图 13.22(a)和 13.22(b)两个图对应很小的质量偏心距，$\varepsilon_0 = 0.04$。阻尼系数 $D^*$ 相同。由图可见，质量偏心距 $\varepsilon_0$ 很小时，轨迹半径很小，即使在临界转速处，幅值才达到 30%。非线性影响可忽略不计。当不平衡增大，如 $\varepsilon_0 = 0.4$，振动幅值增大，非线性影响非常明显，如图 13.22(c)和 13.22(d)所示。同时也可看出，此时线性化处理已不再适用。随着阻尼减小，轴颈将超出阻尼器外环（$\varepsilon > 1$, $r > C$），这在实际中是不可能的。而在图 13.22(d)中，非线性阻尼使轴颈在油膜间隙内运动，$\varepsilon < 1$。转子的幅频特性具有明显的非线性。

3. 半油膜短轴承挤压油膜阻尼器上刚性转子的不平衡响应

油膜间隙中出现空穴后，阻尼效果会减弱，转子的响应将会出现“跳跃”现象。这可在转子的幅频特性中观察到。仍假设轴颈沿圆轨迹运动，为此，把式(13.70)和式(13.71)所表示的油膜力代入到转子运动方程(13.90)，即

$$F_t = -\frac{\mu L^3 R}{C^3}\left[\frac{\pi}{2}\frac{1}{(1-\varepsilon^2)^{3/2}}\right] r\Omega$$

$$F_r = -\frac{\mu L^3 R}{C^3}\left[\frac{2\varepsilon}{(1-\varepsilon^2)^2}\right] r\Omega$$

或写成：

$$F_t = -d_{tt} r\Omega \tag{13.102}$$

$$F_r = -d_{rt} r\Omega \tag{13.103}$$

式中，

$$d_{tt} = \frac{\pi\mu RL^3}{2C^3}\left[\frac{1}{(1-\varepsilon^2)^{3/2}}\right]$$

$$d_{rt} = \frac{2\mu RL^3}{C^3}\left[\frac{\varepsilon}{(1-\varepsilon^2)^2}\right]$$

代入方程(13.90)，经整理得

$$\left[\left(\frac{\varepsilon_0}{\varepsilon}\right)^2 - 1\right]\eta^4 - \left[\frac{8D^*}{\pi}\frac{\varepsilon}{(1-\varepsilon^2)}\right]\eta^3 + \left[2 - \frac{D^{*2}}{(1-\varepsilon^2)^3} - \frac{16}{\pi^2}D^{*2}\frac{\varepsilon^2}{(1-\varepsilon^2)^4}\right]\eta^2$$

$$+\left[\frac{8D^{*}}{\pi}\frac{\varepsilon}{(1-\varepsilon^{2})^{2}}\right]\eta-1=0 \qquad (13.104)$$

通过求解方程的正实根,可解出转子的相对位移 $\varepsilon$ 与相对转速 $\eta$ 的变化关系,其中阻尼系数 $D^{*}$ 和相对质量偏心 $\varepsilon_0$ 作为参数,需事先给定。

图 13.23 描述了两种情况下的幅频特性,阻尼系数 $D^{*}$ 是相同的,即 $D^{*}=0.025$,而相对质量偏心 $\varepsilon_0$ 不同。虚线代表的幅频特性对应 $\varepsilon_0=0.2$。在相对转速 $\eta=1$ 时,振动幅值达到最大,$\eta$ 增大,振动幅值趋近于 $\varepsilon_0$。

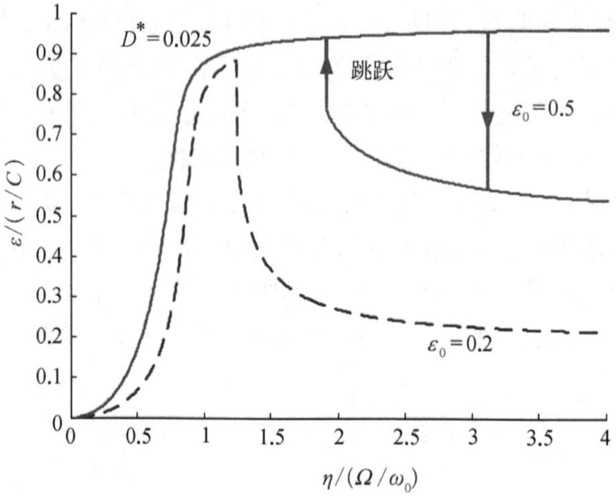


**图 13.23 短轴承半油膜条件下转子的不平衡响应**[1]

不平衡增大后,如 $\varepsilon_0=0.5$,由于挤压油膜阻尼器的非线性特性,从某一相对转速 $\eta$ 开始,轴颈的幅频特性曲线会出现三条分支。其中上部和下部两条分支线描述了轴颈的稳定运动。转子升速时,振动幅值沿上部分支线变化。降速时也沿这一分支曲线变化。当在高转速范围,转子遇到强激扰时,转子振动幅值会跳到下部分支曲线上。中间带箭头的线表示的分支是不稳定的。它把两个稳定分支线分成两个区。若转子由于强激扰,振动处于下部分支;而降速到 $\eta=1.90$ 时,振动将"跳跃"到上部分支曲线上。

对于刚性转子,引起振动"跳跃"的最大静态不平衡门坎值是阻尼器间隙的 40%。因此,挤压油膜阻尼器不适宜用于控制如叶片飞出这种非正常情况下的剧烈振动。

1963 年罗·罗公司的 Cooper[5] 发表了关于带挤压油膜阻尼器转子振动特性的第一篇文章。在此文中,Cooper 分析到,在同一转速,有可能存在两个轨迹,它们均能满足动力学平衡方程。此后,其他研究者进一步证实[1,5,6,7],存在三个轨迹,其中一个总是不稳定的，转子进动“跳跃”到最大轨迹上，挤压油膜阻尼器将放大轴承动载荷。或者“跳跃”到最小轨迹上，阻尼器将限制轴承动载荷。“跳跃”到哪个轨迹上取决于运行条件和阻尼器的设计。这些结论都是基于刚性转子得到的。对于刚性转子，更容易凸显阻尼器的效果。

幅频特性的“跳跃”现象说明，要发挥挤压油膜阻尼器的减振作用，须精确确定阻尼器的参数。

考虑挤压油膜阻尼器只产生阻尼力，但转子系统的刚度变化从何而起呢？在文献[5]中，把径向力 $F_r$ [式(13.71)]不是作为阻尼力而是作为动态弹性力引入：

$$F_r = -\frac{\mu L^3 R}{C^3}\left[\frac{2\varepsilon\Omega}{(1-\varepsilon^2)^2}\right] r \tag{13.105}$$

$$F_r = -k_{rr} r \tag{13.106}$$

$$k_{rr} = \frac{\mu L^3 R}{C^3}\left[\frac{2\varepsilon\Omega}{(1-\varepsilon^2)^2}\right] \tag{13.107}$$

刚度系数 $k_{rr}$ 随转速变化，故称为动刚度。

再研究方程(13.90)，

$$(2sr + 2F_r - mr\Omega^2)^2 + (2F_t)^2 = (m\delta\Omega^2)^2 \tag{13.108}$$

它表达力平衡条件。油膜力 $F_r$ 作用的方向与定心弹支的弹性力方向一致。因此，可理解为弹性力。Vance[5]给出了另外的解释，一个刚性转子支承在无定心弹支的挤压油膜阻尼器上，存在一个临界转速，说明挤压油膜阻尼器为转子系统提供了支承刚度。实际上，把油膜力 $F_r$ 视作阻尼力或弹性力，无关紧要，对转子振动分析的基础都是方程(13.90)。因此，结果是相同的。

### 13.4.8　考虑流体惯性力时的阻尼特性

仍假设轴颈作圆轨迹运动。若考虑流体惯性力，则有

$$F_r = -d_{rt} r\Omega - d_{Irr} a_r - d_{Irt} a_t \tag{13.109}$$

$$F_t = -d_{tt} r\Omega - d_{Itr} a_r - d_{Itt} a_t \tag{13.110}$$

式中，$d_{Iij}(i, j = r, t)$ 为惯性系数，表征惯性效应。对于圆轨迹运动，$a_r = -\Omega^2 r$；$a_t = 0$，分别为轴颈沿圆轨迹运动的径向和切向加速度。

流体惯性力类似于离心力，正比于径向加速度 $\Omega^2 r$。因此，惯性系数 $d_{Irr}$ 有时也称为“附加质量”。

当实验测试阻尼器的力时,有时很难区分阻尼力和惯性力。一种方法是把测量结果与雷诺(纯黏性)理论进行比较,并假设引起差别的原因是流体惯性。另一种方法是,证明力与$\Omega^2$的关系。如果油膜无空穴,$d_{rt}=0$,径向油膜力$F_r$完全是惯性效应。

理论上,惯性项是一项附加力,正比于雷诺数,如式(13.1)所定义。

物理上,式(13.1)所定义的雷诺数表示惯性力与黏性力之比。因此,挤压油膜阻尼器的径向与切向力分量可表示为

$$F_r = F_{r0} + Ref_{r1} \tag{13.111}$$

$$F_t = F_{t0} + Ref_{t1} \tag{13.112}$$

式中,$F_{r0}$和$F_{t0}$为雷诺方程的解(纯黏性力),第二项表示考虑了惯性效应之后的附加力。

对于短阻尼器($L/D<0.5$),并且无端面密封,半油膜,阻尼系数$d_{rt}$和$d_{tt}$分别由式(13.73)和式(13.74)所表达。

雷诺数$Re \geqslant 1$时的惯性系数为

$$d_{Irr} = -\frac{\pi\rho RL^3}{12C}\frac{\beta-1}{\beta\varepsilon^2}(2\beta-1) \tag{13.113}$$

$$d_{Itr} = \frac{-\rho RL^3}{C}\frac{27}{70\varepsilon}\left[2+\frac{1}{\varepsilon}\ln\left(\frac{1-\varepsilon}{1+\varepsilon}\right)\right] \tag{13.114}$$

式中,$\beta=(1-\varepsilon^2)^{1/2}$。

对于定心圆轨迹运动,进动频率为$\Omega$,系数$d_{rt}$和$d_{Irr}$可组合成油膜“动刚度”,即

$$K_e = -\frac{F_r}{r} = d_{rt}\Omega - d_{Irr}\Omega^2 \tag{13.115}$$

从中可以看出,“附加质量”或惯性系数$d_{Irr}$减小了交叉阻尼的刚化效应。

当轨迹半径很小时,惯性系数占优,径向力为正(指向外)。

类似地,把交叉惯性系数$d_{Itr}$与主阻尼系数$d_{tt}$合成,就得到包含惯性力的等效阻尼系数:

$$d_e = -\frac{F_t}{\Omega r} = d_{tt} - d_{Itr}\Omega \tag{13.116}$$

在运用方程(13.116)时,应注意,对于定心圆轨迹,方程(13.109)和方程(13.110)中的径向加速度$a_r$为负,$d_{Itr}$亦为负,因此,惯性效应增加了总的阻尼力。

上述所有方程仅适用于端面无密封的 π 油膜短轴承挤压油膜阻尼器。某些挤压油膜阻尼器带有端面密封,限制滑油轴向流动。端面密封对油膜力影响很大,最重要的影响是显著增大了主刚度系数。对带端面密封的挤压油膜阻尼器进行精确分析,需要精确已知端面泄漏条件。

### 13.4.9　考虑油膜惯性效应时挤压油膜阻尼器对转子振动的影响

油膜力与弹支进动幅值的非线性关系、交叉阻尼系数和流体惯性产生的径向力,以及由交叉惯性力附加的等效阻尼,使得阻尼器对转子的影响非常复杂。

在阻尼器的设计中,阻尼器的特征参数非常重要。它定义为

$$B = \frac{\mu R L^3}{m\Omega C^3} \tag{13.117}$$

或

$$B_k = \frac{\mu R L^3}{m\omega_0 C^3} \tag{13.118}$$

式中,$m$ 为转子质量,$\omega_0$ 为带定心弹支转子的自振频率。

$B$ 或 $B_k$ 是短轴承阻尼器的设计参数。而 $1/B$ 可用于幅频响应中的无量纲转速。

对于同心圆轨迹运动,转子径向和切向的力平衡方程仍然为

$$(2sr + 2F_r - mr\Omega^2)^2 + (2F_t)^2 = (m\delta\Omega^2)^2 \tag{13.119}$$

把挤压油膜阻尼器的油膜力表达式:

$$F_r = -d_{rt}r\Omega - d_{Irr}a_r \tag{13.120}$$

$$F_t = -d_{tt}r\Omega - d_{Itr}a_r \tag{13.121}$$

代入方程(13.119),就可解出转子的不平衡响应。

如果不考虑惯性力($Re = 0$;$d_{Itr} = d_{Irr} = 0$),把方程变换成如下的无量纲形式:

$$(2B_k\bar{d}_{tt}\varepsilon)^2 + \left(2B_k\bar{d}_{rt} + \frac{1}{\eta} - \eta\right)^2\varepsilon^2 - 2\varepsilon^2 - \varepsilon_0^2\eta^2 = 0 \tag{13.122}$$

式中,$\bar{d}_{tt} = d_{tt}/D_s$;$\bar{d}_{rt} = d_{rt}/D_s$;$D_s = \mu RL^3/C^3$;$\varepsilon_0 = \delta/C$。

对每一个无量纲转速 $\eta$ 和不平衡量 $\varepsilon_0$,方程(13.122)为 $\varepsilon$ 的多项式,其解就决定了转子的响应。

图 13.24 表示转子的不平衡响应。转子为对称刚性转子,质量为 $2m$,支承在两个全油膜阻尼器上,不考虑惯性效应。

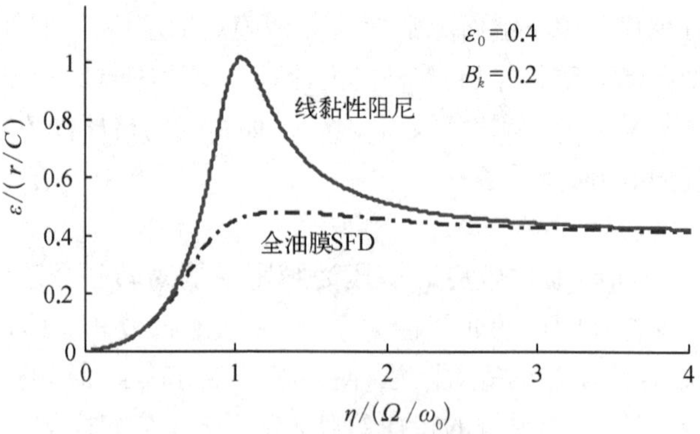


**图 13.24 线性阻尼和全油膜阻尼条件下转子的不平衡响应(不计流体惯性)[5]**

若油膜中无空穴,就无径向刚化效应,无论不平衡多大,"跳跃"现象都不会出现。为便于比较,实线为线黏性（$d_{tt}$ 为常数)阻尼条件下转子的不平衡响应。

由图可见,挤压油膜阻尼器的非线性阻尼效果在减小转子临界响应上比线性阻尼还要好。转子越过临界转速之后,仍然出现"质心转向"现象。

图 13.25 表示相同不平衡条件之下,带半油膜挤压油膜阻尼器转子的幅频特性。阻尼器的非线性交叉阻尼产生了进动幅值的"双值跳跃"现象。其中幅值较大的进动使得外传力增加。说明挤压油膜阻尼器设计不当。可采用如下的措施消除"跳跃"现象[5]:

(1) 减小不平衡,使 $\varepsilon_0 < 0.4$;

(2) 提高油压,消除空穴(一般不可行);

(3) 增大阻尼器特征参数 $B_k$。 可通过增大滑油黏度 $\mu$ 或增加阻尼器轴向长

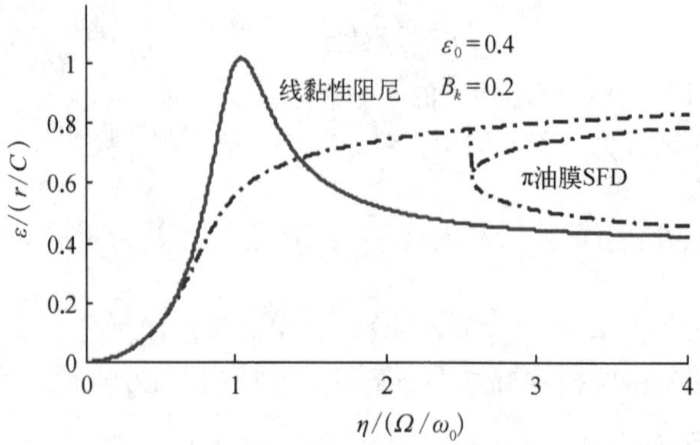


**图 13.25 线性阻尼和半油膜阻尼条件下转子的不平衡响应(不计流体惯性)[5]**

度 $L$ 来实现。不宜采取减小油膜间隙 $C$ 的方法，因为这将增加无量纲不平衡量 $\varepsilon_0$。图 13.26 表示把 $B_k$ 增加到 0.5 的结果。

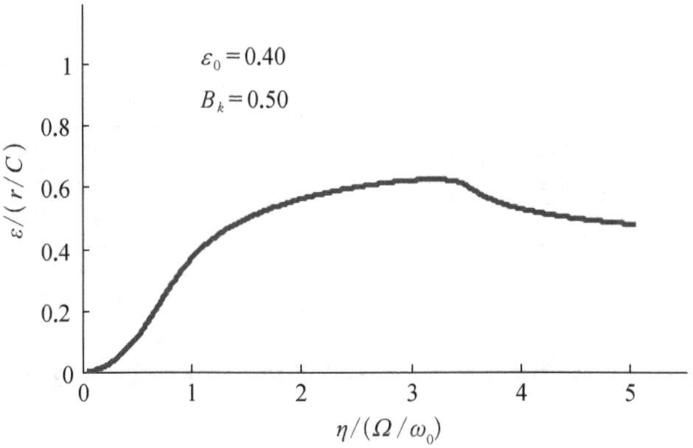


**图 13.26　增大轴承参数后半油膜条件下转子的不平衡响应**[5]

(4) 计入流体惯性的影响。实际上，当雷诺数较大时，流体惯性的影响自然要出现。

惯性系数 $d_{Irr}$ 将与交叉阻尼系数 $d_{rt}$ 的径向作用相抵消，而 $d_{Itr}$ 则增加切向阻尼力。

实际中，现代航空发动机工作在雷诺数大于 1 的条件下，通过前两阶临界转速时(包含刚体模态)，阻尼器的阻尼效果都很显著，很少观察到“跳跃”现象。理论上，曾经非常费解，直到考虑了流体惯性效应之后，才得以解释。

根据无阻尼自振频率 $\omega_0$ 处求得的阻尼器特征参数 $B_k$ 和雷诺数 $Re_0$，可得到惯性系数为[5]

$$d_{Irr}=-m\left\{B_kRe_0\frac{\pi}{12}\left(\frac{\beta-1}{\beta\varepsilon^2}\right)(2\beta-1)\right\} \tag{13.123}$$

$$d_{Itr}=-m\left\{B_kRe_0\frac{27}{70\varepsilon}\left[2+\frac{1}{\varepsilon}\ln\left(\frac{1-\varepsilon}{1+\varepsilon}\right)\right]\right\} \tag{13.124}$$

式中，$\beta=(1-\varepsilon^2)^{1/2}$。

注意，式(13.123)括号中的项可以认为是转子质量中参与产生等效离心力的百分比。

图 13.27 表示考虑了惯性力后刚性转子的不平衡响应。雷诺数 $Re_0=10$(现代航空发动机适用)。其他条件与图 13.25 相同。

对于柔性转子，由于有多个临界转速，挤压油膜阻尼器对转子不平衡响应的影响要复杂得多。阻尼器若位于某阶模态的节点，由于弹支的运动很小，故对该阶模

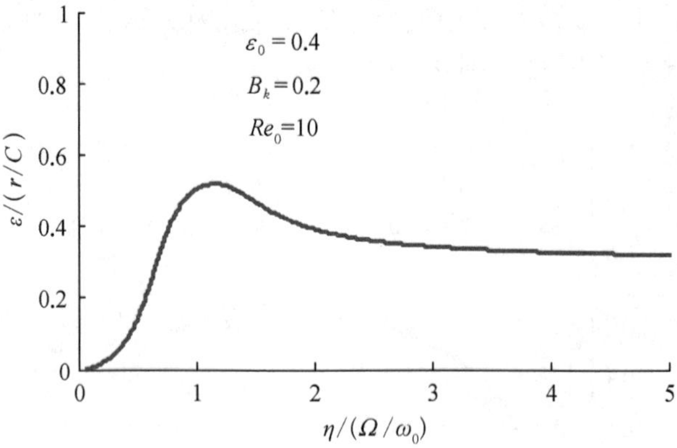


图 13.27　考虑流体惯性后刚性转子的不平衡响应（π 油膜）[5]

态的阻尼效果就很弱。当雷诺数很小时，对柔性转子同样能观察到非线性"跳跃"现象。

图 13.28 至图 13.30 为文献[5]给出的柔性转子不平衡响应计算结果，其中考虑流体惯性的影响，$Re_0 = 10$。计算所用的参数如表 13.2 所列，代表了航空发动机的典型条件。如果流体惯性不予考虑，计算出的不平衡响应在两个临界转速之间会出现"跳跃"现象，产生很大的外传力。

表 13.2　带挤压油膜阻尼器的柔性转子设计参数[5]

| | |
|---|---|
| 转子刚性支承临界转速 $\omega_s$ | 16 000 r/min |
| 弹性支承 $\omega_r$ | 9 600 r/min |
| 转子偏心距 $u$ | 0.050 8 mm |
| 阻尼器半径间隙 $C$ | 0.254 mm |
| 轴承参数 $B_k$ | 0.01;0.1 |
| 刚支临界转速雷诺数 $Re_0$ | 10 |
| 油膜条件 | 短轴承，π 油膜 |

在 3 幅图中，响应峰值最大的曲线对应 $B_k = 0.01$。$B_k = 0.01$ 是目前航空发动机的适用值。要增大 $B_k$，需增大阻尼器长度 $L$ 或/和增大润滑油黏度 $\mu$。但在其他设计约束条件下，两者可能均不可行。然而，值得注意，把 $B_k$ 增加到 0.1，将会取得非常好的阻尼效果。对于每一个转子支承系统，都要进行分析，以确定最佳的阻尼器特征参数（例如，增加阻尼器端面密封，将会明显改变阻尼器的特性）。从以

上的分析可以看出，转子的动力学特性对挤压油膜阻尼器的设计和其运行参数非常敏感。

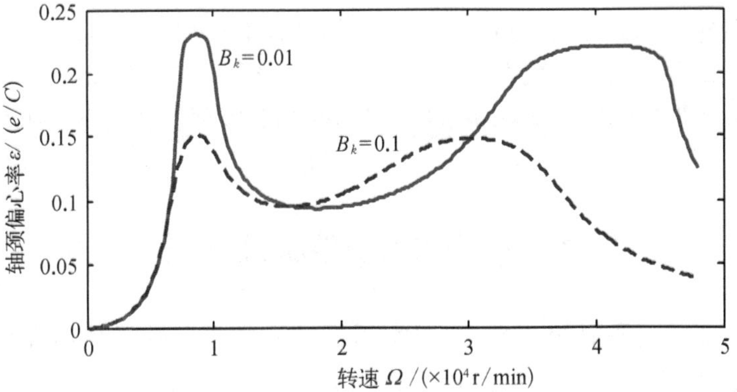


**图 13.28　带挤压油膜阻尼器柔性转子轴颈的响应（考虑流体惯性）**[5]

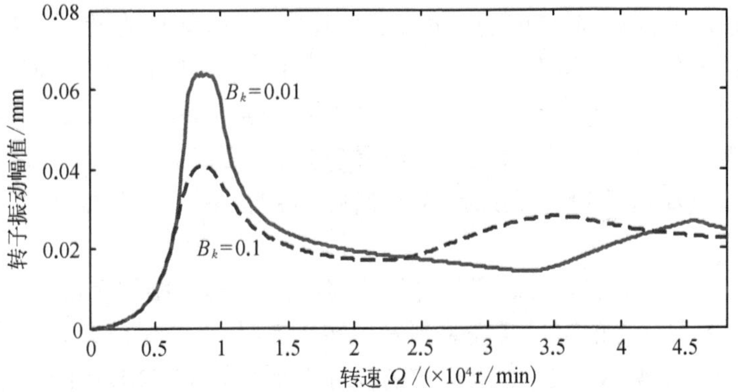


**图 13.29　带挤压油膜阻尼器柔性转子的响应（考虑流体惯性）**[5]

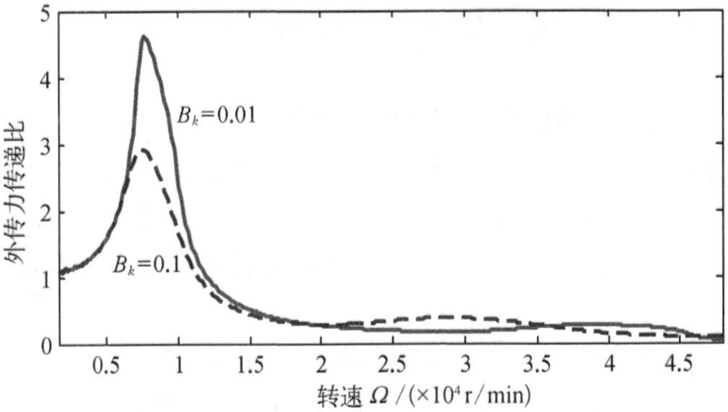


**图 13.30　带挤压油膜阻尼器柔性转子支承外传力的传递比（考虑流体惯性）**[5]

图中结果所依据的柔性转子模型刚支临界转速约为 16 000 r/min。由响应曲线可以看到,这一转速非常接近最佳运行转速。第一阶临界转速约为 10 000 r/min,为刚性临界转速。在第二阶临界转速时,转子弯曲变形较大,挤压油膜阻尼器对第二阶临界的减振效果更好。一则是因为阻尼器处轴的运动较大,其次是阻尼器要控制的有效质量要比第一阶模态(10 000 r/min)小得多。须再次强调,挤压油膜阻尼器的阻尼效果取决于转子支承系统的结构和参数,要针对性地进行阻尼器的匹配设计。

## 13.5　挤压油膜阻尼器设计

从转子系统的设计流程来看,阻尼器设计通常位于转子结构设计与动力学设计之后,其作用是通过减振使转子的动力学性能更加优良,可靠性更高。有关发动机高、低压转子结构动力学设计的内容请参阅本书第 15 章"航空发动机高压转子的动力学设计"和第 16 章"航空发动机转子的'可容模态'和减振设计"。本节所要解决的问题是:在结构动力学设计完成后,如何为转子系统设计性能优良的阻尼器(挤压油膜阻尼器)。该问题也可进一步描述为:如何将挤压油膜阻尼器与转子的参数匹配设计,使得减振效果最佳。例如,在转子工作转速范围内存在临界转速时,发动机频繁穿越临界转速,或者工作在临界转速处。此时,应如何设计阻尼器使得转子具备这种"容忍共振"的工作能力,即"可容模态"设计。

如本章前面所述,挤压油膜阻尼器的减振效果与转子结构有紧密联系,在某个转子上减振效果优良的阻尼器安装到其他转子上时,不能保证会具有同样的减振效果,甚至有可能失效。因此,阻尼器的设计必须与转子结构设计相结合,才能达到理想的减振效果。本节从设计的角度出发,结合一个设计实例,详细讨论挤压油膜阻尼器的设计方法。通过一系列挤压油膜阻尼器减振实验,探索影响阻尼器减振性能的因素,提出挤压油膜阻尼器设计的参考准则[6-8]。

### 13.5.1　挤压油膜阻尼器设计流程和实例[6-8]

在完成结构动力学设计之后,转子的总体结构、质量分布、支承刚度等参数已基本确定。此时,可根据已有的转子几何参数和物理参数设计挤压油膜阻尼器。下面以一个模拟发动机高压转子为例说明如何为转子系统设计合适的挤压油膜阻尼器。

设计思路为:根据转子的结构参数确定工作转速范围内转子的模态,选定挤压油膜阻尼器的设计转速(一阶或二阶临界转速);计算转子的模态刚度与模态质量,进而确定设计点模态阻尼。根据模态阻尼,确定阻尼器的具体几何参数，最后在工作转速范围内对阻尼器的减振性能进行验算，以确定是否达到设计目标。以上的设计思路可由图 13.31 所示的设计流程来描述。

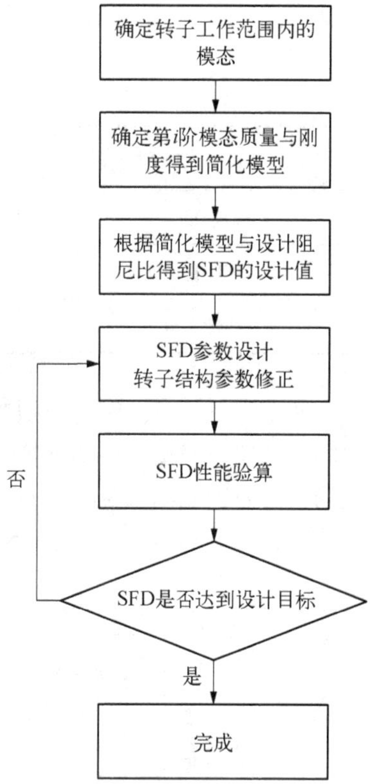


**图 13.31　挤压油膜阻尼器的设计流程**[6-8]

图 13.32 为模拟高压转子结构简图。该转子系统有两个支点，支点 1 模拟高压转子前支点，支点 2 模拟高压转子后支点，两个支点均为弹性支承，且在支点 1 安装挤压油膜阻尼器。两个盘分别模拟高压压气机盘和高压涡轮盘。

该转子系统的最高转速为 6 000 r/min，在工作转速范围内有两阶临界转速。确定的设计目标为：为转子设计挤压油膜阻尼器，使转子在 20 g · cm 不平衡量条件下，在工作转速范围内，转子振动均小于 40 μm；转子的二阶模态为“可容模态”，转子第二阶模态阻尼比达到 7%～10%。

首先，确定阻尼器结构为无端封的挤压油膜阻尼器。设计所需确定的参数包括：油膜长度 $L$、油膜半径 $R$ 以及油膜半径间隙 $C$。下面说明阻尼器设计的步骤。

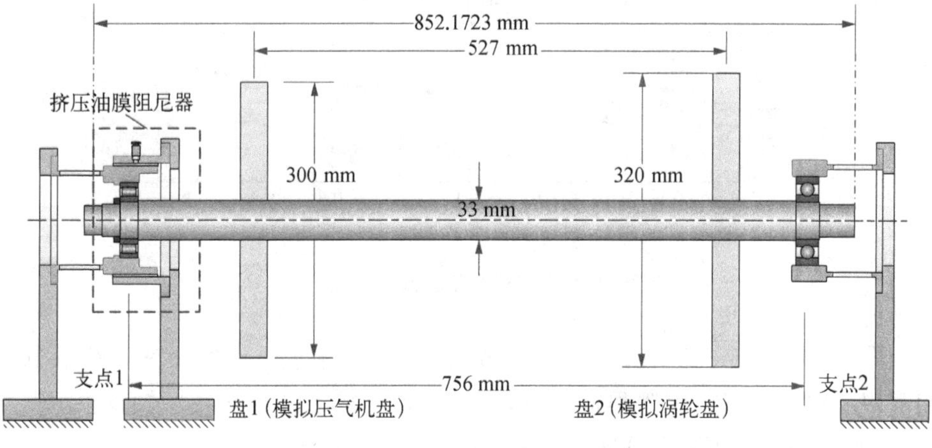


**图 13.32　模拟高压转子结构**[6-8]

第一步：根据已有参数确定转子的模态。

利用有限元法进行计算，对如图 13.32 所示的模拟转子进行单元划分，有限元模型参数如表 13.3 所示。

**表 13.3 有限元单元划分**

| 单元类型 | 数目 | 节点数 |
|---|---|---|
| 梁单元 | 18 | 01~19 |
| 刚性盘单元 | 2 | 7、14 |
| 弹性支承 | 2 | 4、17 |

两个支点的设计刚度分别为: $0.75\times10^6$ N/m 和 $1.0\times10^6$ N/m。计算转子无阻尼临界转速与振型。根据计算结果,转子在最大转速范围内具有两阶临界转速,分别为 1 810 r/min 和 2 807 r/min。对应的两阶振型如图 13.33 所示。两阶振型的应变能在轴上分别为 4.3%和 1.5%,小于 10%,符合刚性转子假设。

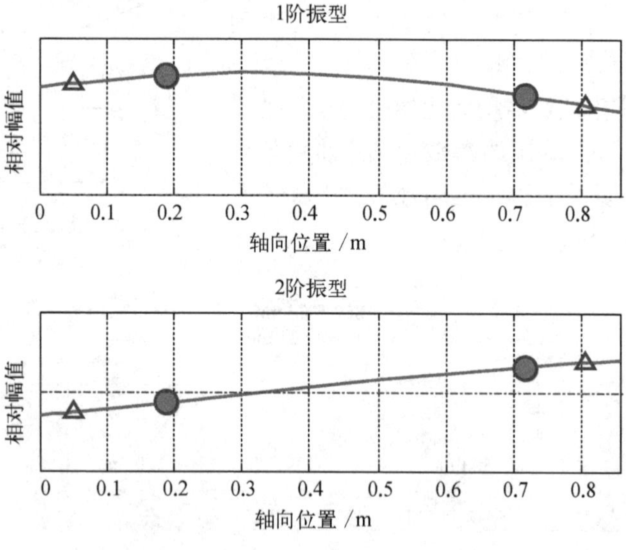


**图 13.33 模拟转子的两阶振型**[6-8]

图 13.34 为转子在 20 g · cm 不平衡量条件下的响应。计算过程中假设,转子自身阻尼比小于 2%(无阻尼器,该假设对于真实转子是合理的),轴承阻尼 $c_1 = c_2 = 100$ N · s/m; 不平衡量集中在靠近前支点的盘 1 上。

根据计算结果,在没有阻尼器的条件下,转子的响应远远达不到设计要求。因此,必须设计阻尼器,才能使得转子满足设计要求。

第二步: 根据转子模态计算转子等效简化模型。

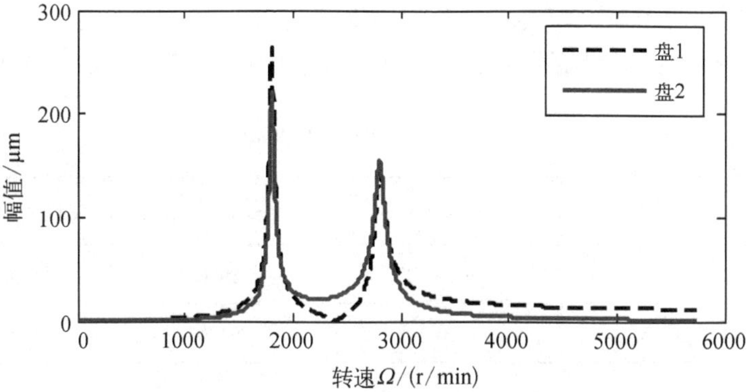


**图 13.34　转子的不平衡响应(不平衡量 $U_1$ = 20 g · cm∠0°)**

对于 $N$ 个自由度的线性系统,其运动方程为

$$\boldsymbol{M}\ddot{\boldsymbol{x}} + \boldsymbol{C}\dot{\boldsymbol{x}} + \boldsymbol{K}\boldsymbol{x} = \boldsymbol{f} \tag{13.125}$$

式中,$\boldsymbol{M}$、$\boldsymbol{C}$ 和 $\boldsymbol{K}$ 分别为系统的质量、阻尼及刚度矩阵。$\boldsymbol{f}$ 和 $\boldsymbol{x}$ 分别为激振力矢量和位移矢量。

设第 $i$ 阶转子的振型为 $\boldsymbol{\varphi}_i$,则该阶的模态质量、模态刚度和模态阻尼可表示为

模态质量:

$$\boldsymbol{M}_{m,i} = \boldsymbol{\varphi}_i^{\mathrm{T}}\boldsymbol{M}\boldsymbol{\varphi}_i; \tag{13.126}$$

模态刚度:

$$\boldsymbol{K}_{m,i} = \boldsymbol{\varphi}_i^{\mathrm{T}}\boldsymbol{K}\boldsymbol{\varphi}_i; \tag{13.127}$$

模态阻尼:

$$\boldsymbol{C}_{m,i} = \boldsymbol{\varphi}_i^{\mathrm{T}}\boldsymbol{C}\boldsymbol{\varphi}_i \tag{13.128}$$

通过模态分析,转子系统可模化为 $N$ 个简化转子等效模型,如图 13.35 所示。

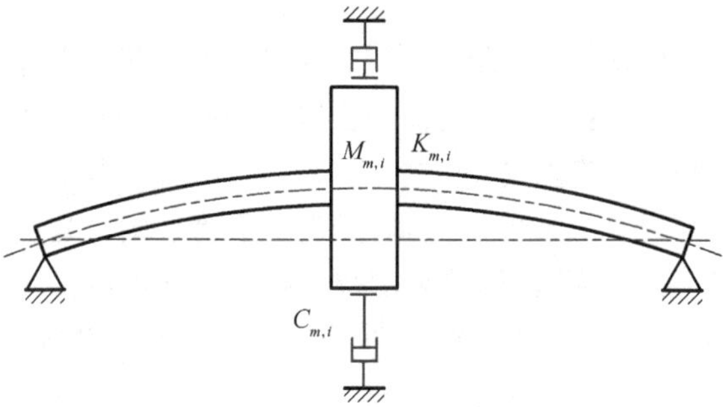


**图 13.35　等效简化模型**

由于无阻尼器，转子系统为弱阻尼系统，实际上这里的模态阻尼是很小的。

根据转子的振型，计算得到转子的两阶模态质量与刚度如表 13.4 所示。

表 13.4 转子模态参数

| 阶次 | 模态质量/kg | 模态刚度/(N/m) | 临界转速/(rad/s) | 临界阻尼/(N·s/m) |
|---|---|---|---|---|
| 1 | 35.7 | $1.284\cdot10^6$ | 189.6 | $1.355\cdot10^4$ |
| 2 | 17.3 | $1.492\cdot10^6$ | 294.0 | $1.015\cdot10^4$ |

第三步：根据简化模型的响应特性确定所要求的挤压油膜阻尼器阻尼值。

由于所需的第一阶临界阻尼较大，因此，按照第一阶模态设计阻尼器。用 $D_{m,d}$ 表示添加阻尼器后，简化模型的阻尼比。其值为

$$D_{m,d}=\frac{d_{m,1}}{2\sqrt{M_{m,1}\times K_{m,1}}} \tag{13.129}$$

式中，$d_{m,1}$ 表示添加的阻尼器为第一阶模态所提供的阻尼。它既包含了轴承提供的阻尼，也包含了阻尼器提供的阻尼。取简化模型的设计阻尼比 $D_{m,d}$ 为 8.5%。得到此条件下，转子系统的模态阻尼 $d_{m,1}$ 为 1 151 N·s/m。

根据模态阻尼的定义：

$$d_{m,1}=\boldsymbol{\varphi}_1^{\mathrm{T}}\boldsymbol{C}\boldsymbol{\varphi}_1=[\boldsymbol{r}_1,\boldsymbol{r}_2,\cdots,\boldsymbol{r}_N]\begin{bmatrix}\ddots&&&&\\&c_1+c_{\mathrm{SFD}}&&&\\&&\ddots&&\\&&&c_2&\\&&&&\ddots\end{bmatrix}\begin{Bmatrix}\boldsymbol{r}_1\\\boldsymbol{r}_2\\\vdots\\\boldsymbol{r}_m\\\vdots\\\boldsymbol{r}_N\end{Bmatrix} \tag{13.130}$$

在式(13.130)中，振型 $\boldsymbol{\varphi}_1$、轴承阻尼 $c_1$ 和 $c_2$ 均为已知量。其中 $\boldsymbol{r}_m$ 为振型中第 $m$ 个自由度的广义位移，处在设置阻尼器的位置。根据式(13.130)得到，在一阶临界条件下，阻尼器所需提供的阻尼 $c_{\mathrm{SFD}}$ 为 1 121 N·s/m。与上述由阻尼比 $D_{m,d}=8.5\%$ 所确定的 1 151 N·s/m 有所差别，是由于考虑了阻尼器的位置。

第四步：确定挤压油膜阻尼器结构参数，修正转子参数。

如前所述，需确定的阻尼器参数分别为：油膜长度 $L$、油膜半径 $R$ 以及油膜半径间隙 $C$。

对于航空发动机轴承，油膜半径 $R$ 与轴承外环半径是相当的，有时是完全相同

的(例如带弹支外环的轴承)。因此,油膜半径 $R$ 是由轴承决定的。对于本实例而言,油膜半径为轴承座半径,$R$ 为 75 mm,如图 13.36 所示。实践经验表明,当油膜直径间隙为油膜直径的 1‰~5‰时,可使阻尼器取得良好阻尼效果。按照该方法油膜半径间隙 $C$ 取为 0.15 mm(2‰)。

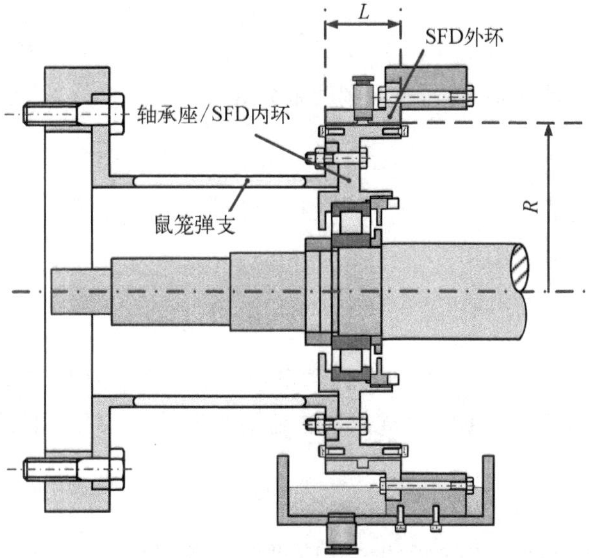


**图 13.36　挤压油膜阻尼器局部视图**[6-8]

此时仅剩下油膜长度 $L$ 未确定。将设计阻尼 $c_{SFD}$ 作为线性阻尼,代入转子模型,计算前支承轴颈的响应,如图 13.37 所示。

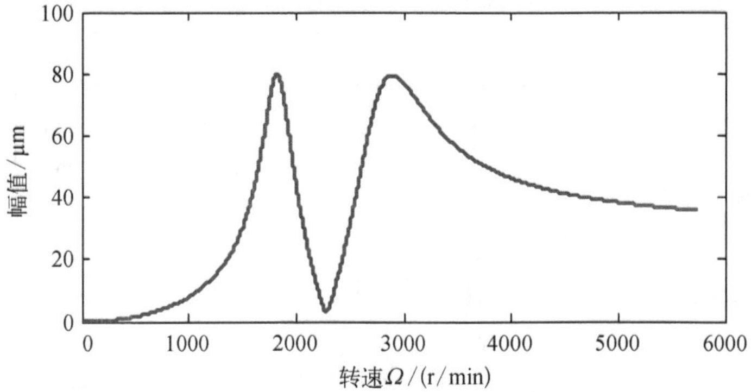


**图 13.37　线性阻尼条件下轴颈的响应**

根据计算结果,转子在一阶临界转速处轴颈偏心比 $\varepsilon$ 近似为 0.21。

半油膜挤压油膜阻尼器提供的阻尼与刚度分别为

$$d_d = \frac{\mu R L^3}{C^3} \cdot \bar{d}_{tt} \tag{13.131}$$

$$K_d = \frac{\mu R L^3}{C^3} \Omega \bar{K}_d \tag{13.132}$$

式中，无量纲阻尼系数 $\bar{d}_{tt}$ 与无量纲刚度系数 $\bar{K}_d$ 分别为

$$\bar{d}_{tt} = \frac{\pi}{2(1-\varepsilon^2)^{3/2}} \tag{13.133}$$

$$\bar{K}_d = \frac{2\varepsilon}{(1-\varepsilon^2)^2} \tag{13.134}$$

根据式(13.131)至式(13.134)计算得到油膜长度 $L$ 为 10.4 mm。阻尼器提供的油膜刚度 $K_d$ 为 $5.85\times10^4$ N/m。考虑到油膜刚度的影响，前支点刚度调整为 $0.69\times10^6$ N/m。

第五步：挤压油膜阻尼器性能验算

由于转子支承刚度的改变和油膜刚度的影响，转子的动力学特性可能与设计状态发生偏离。因此，阻尼器参数确定之后，需要对阻尼器的减振性能进行验算。

计算不平衡量为 $U_d$ 时转子的响应，计入挤压油膜阻尼器的非线性。为显示挤压油膜阻尼器的减振效果，同时计算了同等条件下无挤压油膜阻尼器时转子的响应，结果如图 13.38 和表 13.5 所示。

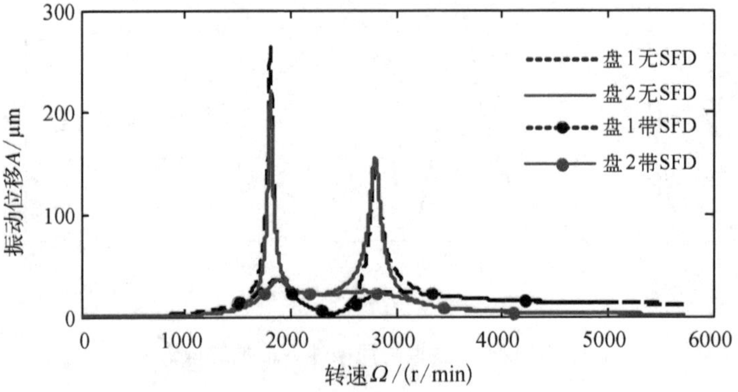


图 13.38　挤压油膜阻尼器减振效果

表 13.5　挤压油膜阻尼器特性计算结果

| 挤压油膜阻尼器 | 一　阶 | 二　阶 |
|---|---|---|
| 阻尼/(N·s/m) | 1 125 | 1 131 |
| 临界峰值(盘 1) | 36 | 25 |
| 轴颈偏心率 | 0.22 | 0.22 |
| 模态阻尼比 | 8% | 13.5% |

根据计算结果,设置阻尼器后,转子在两阶临界转速处的临界峰值均减小 70%以上,幅值控制在 40 μm 以内。转子的两阶模态阻尼比均在 7%以上。转子在第二阶的临界峰值较小,可以将二阶模态作为“可容模态”,允许转子在该转速下运行。因此,该阻尼器可为转子提供有效的阻尼,达到了设计目标。

对于刚性转子,按照一阶模态阻尼比的要求来设计阻尼器,一般均可满足二阶模态的减振要求。

需要再次强调的是,对转子进行结构动力学设计时,应首先根据动力学设计目标对转子的结构进行设计,例如刚度配比、质心分布等。转子本身的动力学设计是否优良对于阻尼器的减振效果有很大的影响。为说明这一点,用一个未考虑“可容模态”设计的例子进行说明。所用模型的几何参数与上述例子相同,但是支承刚度的取值按照传统的设计思路,使前支点(带阻尼器支点)的刚度小于后支点刚度,参数如表 13.6 所示。

表 13.6　刚度参数

| 前支点刚度 $K_1$ | 后支点刚度 $K_2$ | 刚度比 $K_1/K_2$ |
|---|---|---|
| $0.2\times10^6$ N/m | $2\times10^6$ N/m | 0.1 |

假设前支点的阻尼器仍然能够提供相同的阻尼,同时两个盘上均有大小为 10 g·cm 的不平衡量,相位为反相位。计算该条件下转子的响应。为便于对比,给出前面基于“可容模态”设计条件下转子($K_1/K_2 = 0.75$)的响应,如图 13.39 所示。

根据计算结果,当支承刚度比 $K_1/K_2$ 为 0.1 时,转子的第一阶临界峰值比考虑“可容模态”设计条件时的第一阶临界峰值要小。但是,其第二阶临界峰值增大了 1 倍以上,超过了最大振动限制值 40 μm 这一设计要求。显然,在这种设计下,即使为转子设置合适的阻尼器也难以使得转子的第二阶模态成为“可容模态”。因

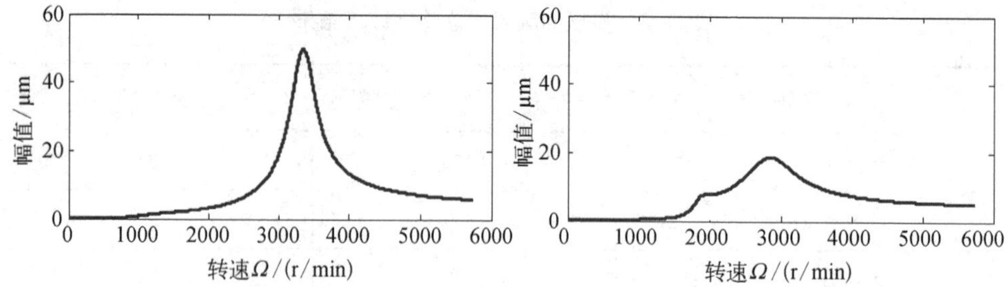


(a) $K_1/K_2$=0.1时转子的响应　　(b) $K_1/K_2$=0.75时转子的响应

**图 13.39　不同刚度配置下转子响应的比较**

此，在设计转子时，应先完成转子的结构动力学设计，再结合转子参数进行阻尼器匹配设计。

### 13.5.2　挤压油膜阻尼器实验和减振性能影响因素

1. 转子实验器的结构

带挤压油膜阻尼器的转子实验器为一个发动机高压转子模拟系统，结构与实物如图 13.40 所示。该转子前支点为带挤压油膜阻尼器的弹性支承，用以模高压转子前支点；后支点为刚性支承。其中挤压油膜阻尼器的油膜间隙 $C$ 与油膜长度 $L$ 可调。两个盘分别用于模拟高压压气机盘和高压涡轮盘。转速范围为 0～6 000 r/min。

图 13.41 为带有挤压油膜阻尼器前支点的结构简图。如图所示，改变油膜外环与轴承座的相对位置，可调节阻尼器的油膜长度；更换油膜外环（零件 3）可改变油膜间隙。鼠笼弹性支承 5 也可更换，从而可改变前支点支承刚度。

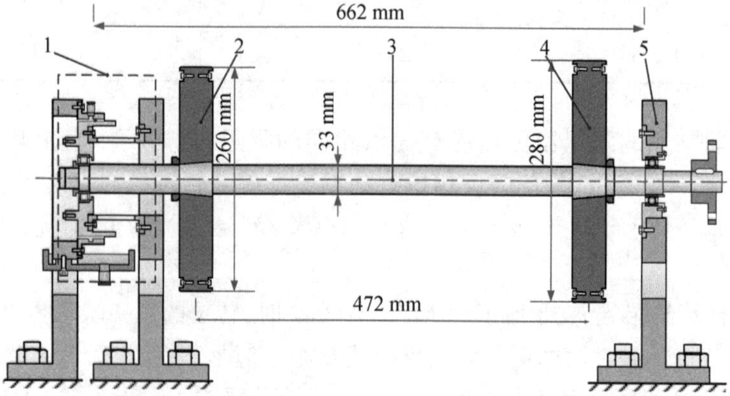


(a) 转子实验器结构简图

(b) 实物照片

**图 13.40　转子实验器**[6-8]

1. 带挤压油膜阻尼器的弹性支承(模拟前支点); 2. 盘 1(模拟高压压气机盘);
3. 模拟高压轴; 4. 盘 2(模拟高压涡轮盘); 5. 刚性支承(模拟后支点)

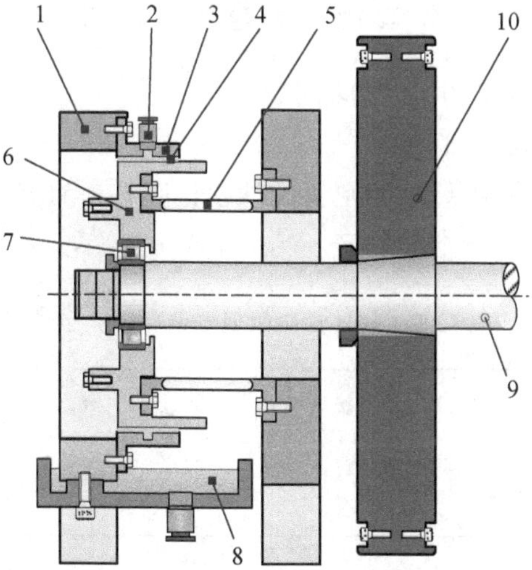


**图 13.41　挤压油膜阻尼器结构简图**

1. 模拟机匣; 2. 供油嘴; 3. 油膜外环; 4. 油膜环;
5. 鼠笼弹性支承; 6. 轴承座(油膜内环);
7. 轴承; 8. 回油槽; 9. 轴; 10. 盘

2. 转子实验器的模态

经计算,转子第一阶临界转速 $\omega_{cr1}$ 为 3 470 r/min;第二阶临界转速 $\omega_{cr2}$ 为 12 085 r/min,如图 13.42 所示,在转子工作转速范围内,仅存在一阶模态。实验中,可对盘 1 和盘 2 振动进行监测。根据图 13.42,转子在第一阶临界转速运转时,盘 1 振动峰值较大,其原因为盘 1 靠近弹性支承,盘 2 靠近刚性支承。因此,下文

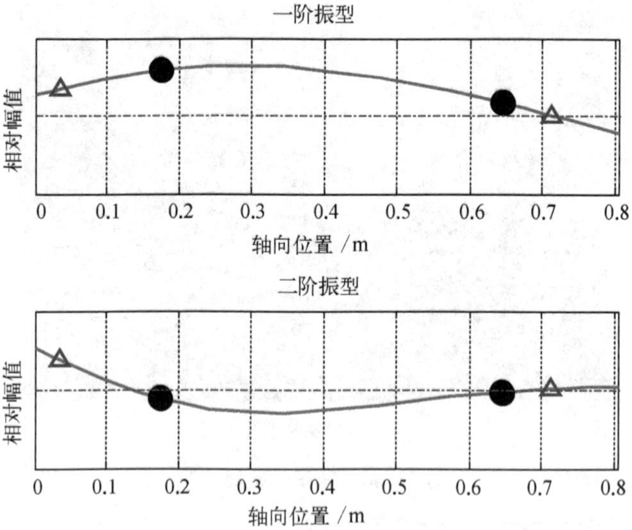


**图 13.42　实验转子的振型**

△代表轴承位置；●代表盘的位置

中使用的测试数据为盘 1 的振动数据。

3. 挤压油膜阻尼器的参数

为了提供更多的实验条件，阻尼器的油膜长度 $L$ 和油膜间隙 $C$ 均为可调参数。阻尼器设计参数如表 13.7 所示。

**表 13.7　挤压油膜阻尼器设计参数**[6-8]

| 临界转速/(r/min) | 油膜长度 $L$/mm | 油膜半径 $R$/mm | 油膜间隙 $C$/mm | 不平衡量 $U_m$/(g·cm) |
|---|---|---|---|---|
| 3 450 | 8~20 | 67.5 | 0.16(2.3‰R)<br>0.20(3‰R) | 9.8 |

4. 挤压油膜阻尼器的减振实验

图 13.43 是在盘 1 添加 9.8 g·cm 不平衡量时，阻尼器的减振效果曲线。油膜长度为 11 mm，间隙为 0.16 mm(2.3‰R)。根据转子响应计算转子阻尼比，无阻尼器时，转子系统阻尼比约为 1.5%，使用阻尼器时，阻尼比增至 7.4%。

根据实验结果，该条件下的挤压油膜阻尼器具有良好的减振效果。事实上，添加阻尼器之后，转子可承载的不平衡量大幅增加。在不加阻尼器条件下，当不平衡量增大至 10.5 g·cm 左右时，由于振动过大，转子已无法越过临界转速。而添加挤压油膜阻尼器之后，转子可承受的不平衡量增大至 55 g·cm 以上（不平衡量进一步增大，表现出强非线性），即转子可承受的最大不平衡量增大近 5 倍。

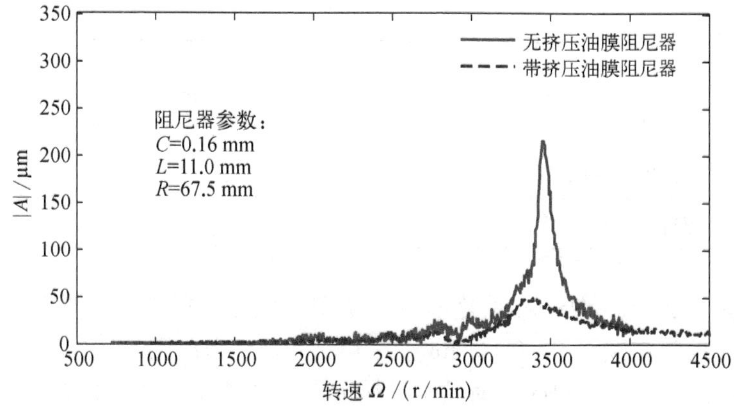


**图 13.43　盘 1 处转子减速幅频特性曲线**

5. 挤压油膜阻尼器减振实验结果与理论结果对比

将上述减振实验的阻尼参数作为阻尼器设计参数，计算阻尼器的减振性能，并与实验结果对比，评估阻尼器的设计减振性能与实测减振性能的差别。

使用第 13.5.1 节中的挤压油膜阻尼器设计方法设计阻尼器。在转子工作转速范围内，仅存在一阶刚支临界转速。因此，设计阻尼器时仅考虑第一阶模态。第一阶模态参数如表 13.8 所示。

**表 13.8　刚支转子模态参数**

| 阶次 | 模态质量/kg | 模态刚度/(N/m) | 临界转速/(r/min) | 模态阻尼/(N · s/m) |
|---|---|---|---|---|
| 1 | 9.2 | $2.6\times10^{6}$ | 4 617 | $1.10\times10^{4}$ |

取模态阻尼比设计值为 7%，可计算得到阻尼器设计值 $d_d$。将设计阻尼值 $d_d$ 代入计算模型，计算转子不平衡响应，得到转子的最大偏心比 $\varepsilon_{\max}$。由于油膜间隙已经取定为 0.16 mm，油膜半径 $R$ 为 67.5 mm，根据阻尼值计算得到挤压油膜阻尼器的油膜长度 $L$ 为 11 mm。阻尼器参数如表 13.9 所示。需要说明的是：下表中的设计不平衡量并非该阻尼器能承受的最大不平衡量。由于设计最大偏心比仅为 0.2，因此，只要转子不平衡量引起的轴颈偏心比不超过 0.4，都是可以接受的。经计算，当不平衡量 $U_m$ 为 23 g · cm 时，轴颈偏心比达到 0.4。

**表 13.9　阻尼器设计参数**

| | |
|---|---|
| 设计模态阻尼比 $D$/% | 7.0 |
| 设计不平衡量/(g · cm) | 10 |

续 表

| | |
|---|---|
| 阻尼器设计值 $c_d$/(N·s/m) | 2 400 |
| 最大偏心比 $\varepsilon_{max}$ | 0.20 |
| 油膜间隙 $C$/mm | 0.16 |
| 油膜长度 $L$/mm | 11 |

将上述参数,代入转子参数化模型,计算转子的不平衡响应。所选取的不平衡量大小与实验值相同,为 9.8 g·cm。图 13.44 为计算得到的转子盘 1 的响应曲线,为与实验结果形成对比,同时给出了转子无阻尼器时的响应曲线。

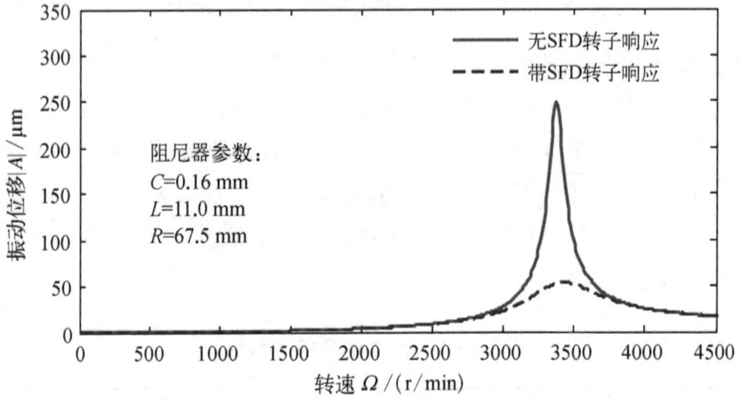


**图 13.44 数值计算得到的转子幅频特性曲线**

对比图 13.43 与图 13.44 可以看出,在该条件下,转子响应的理论结果与实验结果具有较好的吻合度。使用半功率法可以得到转子理论计算的阻尼比与实验测得的阻尼比,结果如表 13.10 所示。

**表 13.10 实验与理论计算结果对比**

| | 临界峰值/μm | 阻尼比 | 临界峰值 | 阻尼比 |
|---|---|---|---|---|
| | 不带挤压油膜阻尼器转子响应 | | 带挤压油膜阻尼器转子响应 | |
| 实验 | 220.2 | 1.50% | 49.48 | 7.40 |
| 理论结果 | 248.4 | 1.51% | 53.44 | 7.36 |
| 误差 | 13% | 1% | 8% | 1% |

利用半功率法可确定转子的初始阻尼。无挤压油膜阻尼器时,转子系统阻尼

比约为 1.5%。计算过程中，忽略了转子的结构阻尼与风阻（这两个阻尼本身特别小），仅考虑轴承处阻尼。另外，由于阻尼器提供的阻尼远大于转子自身的阻尼，因此，忽略转子结构阻尼和风阻对转子阻尼比估计值的影响。由表 13.10 可见，理论得到的带挤压油膜阻尼器转子的阻尼比与实验结果误差仅为 1%。

在本章 13.4.7 节至 13.4.9 节的分析中，所用方法为简化模型的解析法。在这样的模型中，运用集成了转子与阻尼器参数的特征参数 $B_k$ 来表征挤压油膜阻尼器的阻尼水平。对于上述的实验转子，可通过转子模态参数计算得到阻尼器的特征参数 $B_k$。对于一个近似对称的转子，在第一阶模态，弹性支承的控制质量可取为模态质量的二分之一。根据式（13.118）计算得到，设计条件下转子的特征参数 $B_k$ 为 0.175，与图 13.28 至图 13.30 所示的算例接近。

6. 挤压油膜阻尼器在“可容模态”下的减振[6-8]

为转子系统设计恰当的阻尼器，可大幅改善转子的振动特性，使得转子的“临界转速裕度”大大减小，甚至无须避开转子的临界转速，允许转子长时间在临界转速下工作，即长时间“共振”，从而实现“可容模态”设计。为验证“可容模态”设计的效果，进行转子在临界转速下长时间持续“共振”的实验验证。

实验过程中，阻尼器参数设置与前文减振实验设置相同：油膜间隙 $C$ 为 0.16 mm，油膜长度 $L$ 为 11 mm。如图 13.45 所示，当转子不平衡量增大至 $U$ 为 31.2 g · cm 时，转子振动仍能维持在 100 μm 左右（对于该实验系统，100 μm 是完全可以接受的）。根据幅频响应，转子临界转速大约在 3 500 r/min 左右。将转速维持在 3 500 r/min，持续运行约为 3 小时，测试模拟高压压气机盘与模拟高压涡轮盘的水平与竖直方向振动位移值，以及前支点 45°与 135°方向振动速度值。转子振动幅值变化如图 13.46 所示。

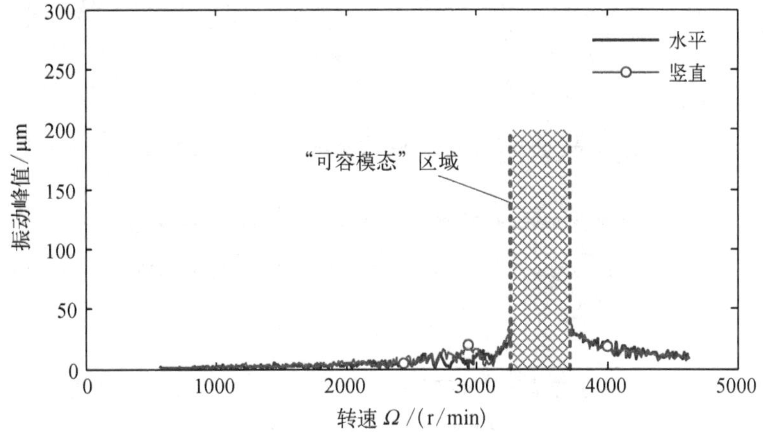


**图 13.45　转子“可容模态”转速范围**

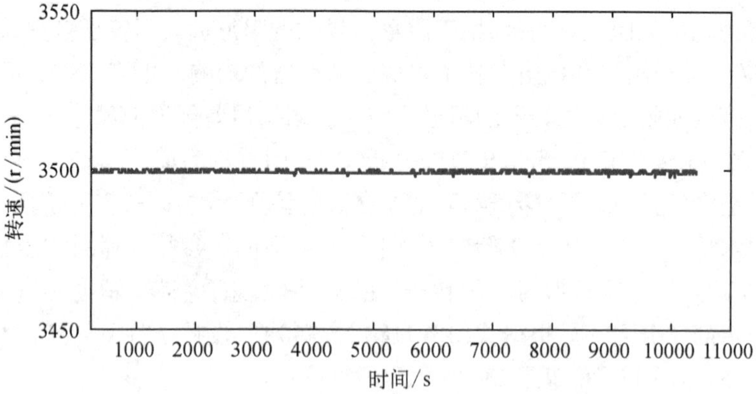


(a) 转速

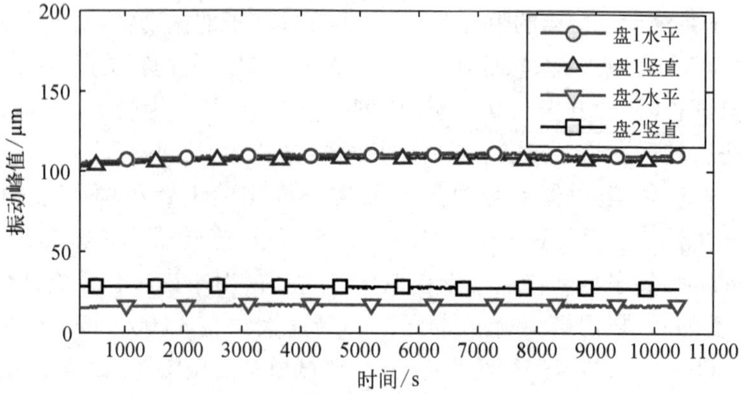


(b) 盘的振动位移

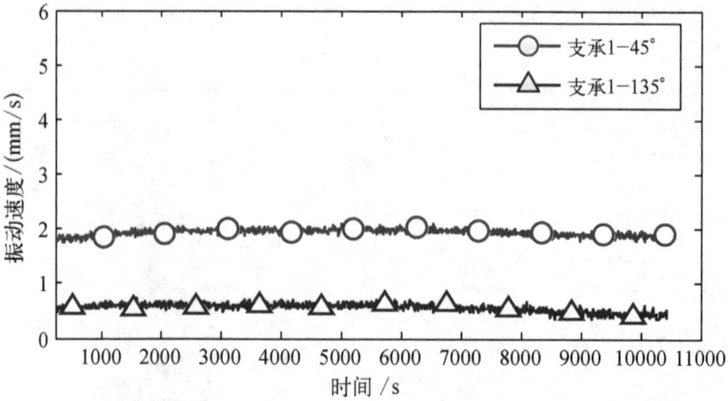


(c) 支承1的振动速度

**图 13.46　转子在临界转速下长时间运行的振动位移和振动速度变化**

$U$=31.2 g · cm; $t$≈3 小时

由图 13.46 所示的实验结果可见，在 3 小时的长时间"共振"过程中，转子的振动维持在较低的水平，且不随时间变化。这一实验结果说明，恰当地设计了阻尼器之后，只要不平衡量不至于过大（如出现叶片断裂等事故），转子就可以平稳地频繁穿越临界转速，甚至可在临界转速下持续"共振"运行。这样，转子的工作转速范围可不受"临界转速裕度"的限制，从而实现"可容模态"设计的目标。

7. 带挤压油膜阻尼器的转子掉块实验

将橡皮块固定在盘缘，通过离心力使其自行脱落来模拟叶片飞脱。橡皮块质量为 2 g，用细尼龙绳固定在盘上半径为 120 mm 的两个孔间，如图 13.47 所示。当转子稳定在某转速后，所使用的尼龙绳会断裂，橡皮块飞出，从而实现"叶片掉块"的模拟。利用该方法可在整个转子工作转速范围内任意工作转速下进行模拟"掉块"实验。

**图 13.47　模拟"掉块"实验设置**

选择靠近第一阶临界的转速 3 350 r/min，进行模拟转子掉块实验。实验中阻尼器参数与前文减振实验参数相同：油膜间隙 $C$ 为 0.16 mm，油膜长度 $L$ 为 11 mm。实验测得的时域波形如图 13.48 所示。根据时域波形判断，掉块发生在 0.2 秒至 0.35 秒之间。发生掉块后，由于阻尼的存在，转子的振动幅值没有瞬间增大，而是逐渐增大。这一过程持续了 7 个周期，约为 0.125 秒。

在掉块过程中，由于转子的不平衡位置发生了改变，因此，转子振动的相位也发生了改变。为了说明这一点，可以利用一条正弦曲线作为参考，如图 13.49 所示。该正弦曲线具有与转子相同的转动角频率。将该曲线与掉块前、后转子的振动曲线进行对比，可以看出转子的相位变化。

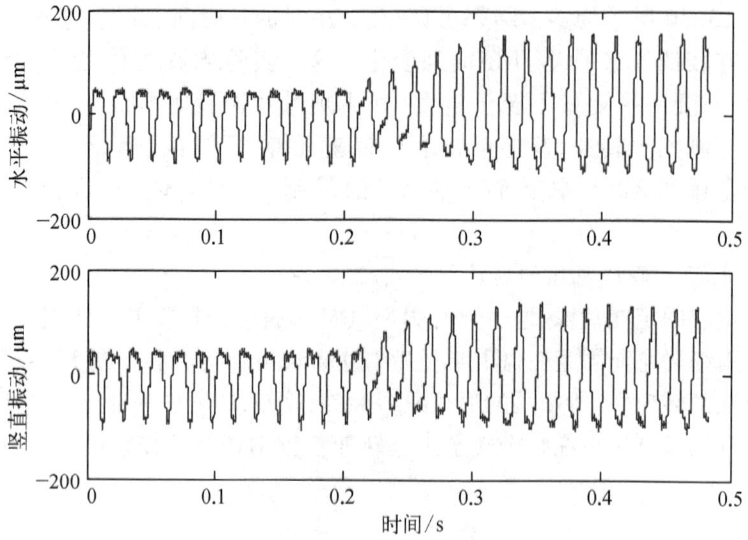


图 13.48　掉块时转子振动时域波形

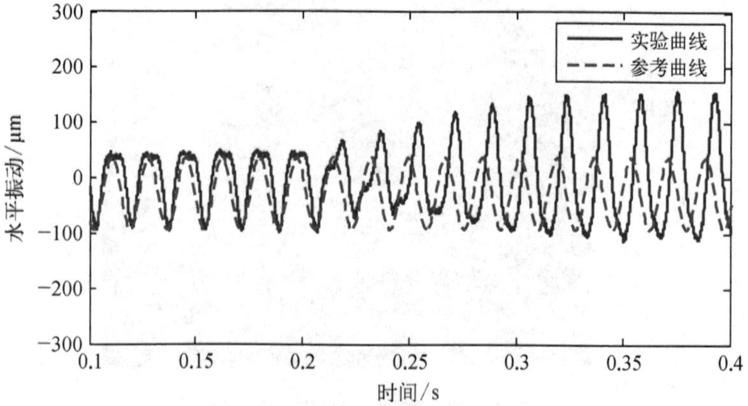


图 13.49　掉块过程中转子振动相位的变化

对于真实的发动机，叶片飞脱或掉块为常见故障。另外，随着叶冠的磨损，转子的不平衡也可能发生较大改变。此时，阻尼器的作用将显得格外重要。

航空发动机转子常常在若干阶临界转速以上运行。此时若发生掉块，对于没有安装阻尼器的发动机，停机时，在临界转速处振动会非常剧烈，可能会造成二次破坏。

为验证这一过程，在挤压油膜阻尼器不工作的条件下（挤压油膜阻尼器不供油），进行了掉块实验。掉块时转速为 4 000 r/min，掉块质量为 1.5 g，半径位置 120 mm。发生掉块时，转子振动时域波形如图 13.50 所示。

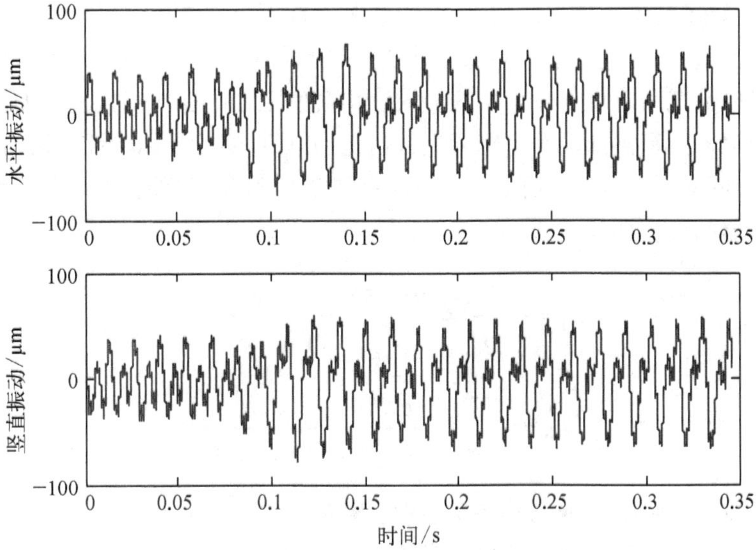


**图 13.50　掉块时转子的振动时域波形(4 000 r/min)**

此时,逐渐降低转子转速,转子在到达临界转速附近时,振动急剧增大,无法越过临界转速,实现安全停车。遂将转速升高至 4 500 r/min,以减小转子振动。此时,为挤压油膜阻尼器供油,转子可顺利通过临界转速而停车,如图 13.51 所示。通过掉块实验,充分说明了挤压油膜阻尼器对提高转子减振与抗振性能的重要作用。同时,也为实现"可容模态"设计提供了方法,即在结构动力学设计达到最优的同时,也要为转子系统设计最佳的阻尼器,允许转子在临界转速处运行。

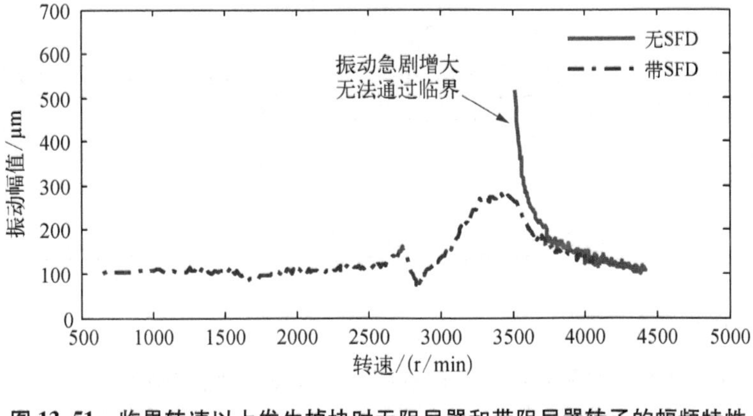


**图 13.51　临界转速以上发生掉块时无阻尼器和带阻尼器转子的幅频特性**

8. 影响挤压油膜阻尼器减振效果的因素[6-8]

在实际工作中,有许多因素影响挤压油膜阻尼器的减振性能。例如,随着发动机的使用,转子的不平衡可能增大;装配工艺设计不合理、安装操作不当,造成轴颈的静偏心率偏大,甚至使油膜间隙在某个方向上完全消失;供油压力不足导致无法形成油膜等情况均有可能发生。这些因素均会使阻尼器性能劣化。下面对影响挤压油膜阻尼器减振性能的几个因素进行讨论,并通过实验予以验证和说明。

将半油膜条件下的油膜阻尼 $d_0$ 与油膜刚度 $K_0$ 列出,以便说明参数的改变如何影响阻尼器的减振性能。

$$d_0 = -\frac{F_t}{e\Omega} = \frac{\mu RL^3}{C^3} \cdot \frac{\pi}{2(1-\varepsilon^2)^{3/2}} \tag{13.135}$$

$$K_0 = -\frac{F_r}{e} = \frac{\mu RL^3}{C^3} \cdot \frac{2\Omega\varepsilon}{(1-\varepsilon^2)^2} \tag{13.136}$$

由于挤压油膜阻尼器结构各异,尺寸相差较大,不易统一无量纲表达关键参数。但转子的轴承是根据工况和负荷条件选择或设计的,相对较为标准。另外,轴承的加工精度远高于一般结构。再者,有的轴承外环直接带弹支。因此,为便于设计,选用轴承外环直径来无量纲表达挤压油膜阻尼器的长径比和间隙比。

设轴承外环直径为 $D_b$,则式(13.135)和式(13.136)可表示为

$$d_0 = -\frac{F_t}{e\Omega} = \frac{\mu RL^3}{C^3} \cdot \frac{\pi}{2(1-\varepsilon^2)^{3/2}} = \frac{8\mu R\left(\dfrac{L}{D_b}\right)^3}{\left(\dfrac{2C}{D_b}\right)^3} \cdot \frac{\pi}{2(1-\varepsilon^2)^{3/2}}$$

$$K_0 = -\frac{F_r}{e} = \frac{\mu RL^3}{C^3} \cdot \frac{2\Omega\varepsilon}{(1-\varepsilon^2)^2} = \frac{8\mu R\left(\dfrac{L}{D_b}\right)^3}{\left(\dfrac{2C}{D_b}\right)^3} \cdot \frac{2\Omega\varepsilon}{(1-\varepsilon^2)^2}$$

式中,$\dfrac{L}{D_b}$ 是以轴承直径为基准的长径比,$\dfrac{2C}{D_b}$ 是以轴承直径为基准的间隙比。

1)油膜长度 $L$

根据"航空发动机设计手册",在选择了合适的油膜间隙 $C$ 后,长径比 $\dfrac{L}{D_b}$ 在一定范围内改变时,对减振效果不会带来重大影响,对 $L$ 的选取不必很严,可直接取为轴承宽度。

然而,从阻尼器的设计、油膜阻尼与刚度的表达式来看,油膜长度 $L$ 是影响阻

尼器性能的关键参数。根据式(13.135)和式(13.136),油膜刚度 $K_0$ 与阻尼 $d_0$ 均与油膜长度的 3 次方成正比。也就是说,随着油膜长度的增大,阻尼器提供的阻尼与刚度均大幅度增加。针对油膜长度的影响,进行了实验,实验结果如图 13.52 和表 13.11 所示。实验过程中,所用不平衡量 $U$ 约为 8.0 g · cm,位于盘 1 上;油膜间隙 $C$ 为 0.2 mm;供油压力均为 20 kPa;轴颈静偏心约为 0.04 mm。图中使用数据为自由减速下转子的响应。表中阻尼比 $D_{re}$ 为使用半功率法计算得到的转子系统阻尼比。

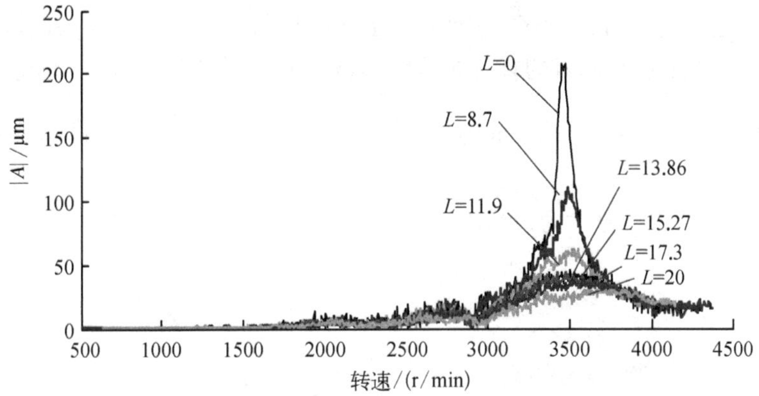


**图 13.52　不同油膜长度 $L$ 下转子的幅频特性曲线**

**表 13.11　不同油膜长度 $L$ 下转子阻尼比与临界转速**

| 油膜长度 $L$/mm | 0 | 8.70 | 11.90 | 13.86 | 15.27 | 17.30 | 20.00 |
|---|---|---|---|---|---|---|---|
| 长径比 $\frac{L}{D_b}$ | 0 | 0.16 | 0.22 | 0.25 | 0.28 | 0.31 | 0.36 |
| 阻尼比 $D_{re}$ | 1.5% | 2.5% | 5.0% | 7.0% | 7.4% | 8.2% | 8.4% |
| 阻尼临界转速/(r/min) | 3 466 | 3 470 | 3 476 | 3 564 | 3 577 | 3 590 | 3 602 |

在表 13.11 中列出了不同油膜长度 $L$ 条件下,转子响应的阻尼比 $D_{re}$。由上述实验结果可见,随着油膜长度的增加,转子临界峰值逐步减小,但减小的幅度越来越小,同时临界转速表现出增大趋势。当长度 $L$ 大于 15 mm 时,增大油膜长度对减振效果的影响已不明显。

对于上述的转子实验器,如图 13.52 所示,阻尼器的长径比 $\frac{L}{D_b}$ 约为 30%时,即达到了最佳的阻尼效果。油膜长度过长时,会出现阻尼过大引起的"阻尼锁定

(damper lock)"现象,阻尼提供的动刚度与油膜刚度会使弹性支承完全失效。此时的支承相当于刚性支承,转子的动力学特性将偏离结构动力学设计目标。因此,油膜长度有一个最佳值,再增大长度不一定使得转子的振动特性更加优良。从另外一个角度看,油膜长度过大,会使油膜内、外环同心度难以保证,进而给阻尼器的结构、工艺设计和装配带来困难。

2）转子的不平衡量

随着发动机的使用,转子的不平衡量不会一直维持在同一水平,可能发生明显变化,甚至超出转子系统允许的最大不平衡量。不平衡量过大时,会使轴颈偏心比超出设计范围,进入非线性区,进而表现出非线性特性。图 13.53 为同等条件下,改变转子不平衡量 $U$ 测得的转子减速幅频特性曲线。实验时,挤压油膜阻尼器的参数:油膜间隙 $C$ 为 0.2 mm,间隙比 $\frac{2C}{D_b}$ 为 7.3‰;油膜长度 $L$ 为 11.5 mm,长径比 $\frac{L}{D_b}$ 为 0.21;供油压力 $P$ 为 25 kPa。

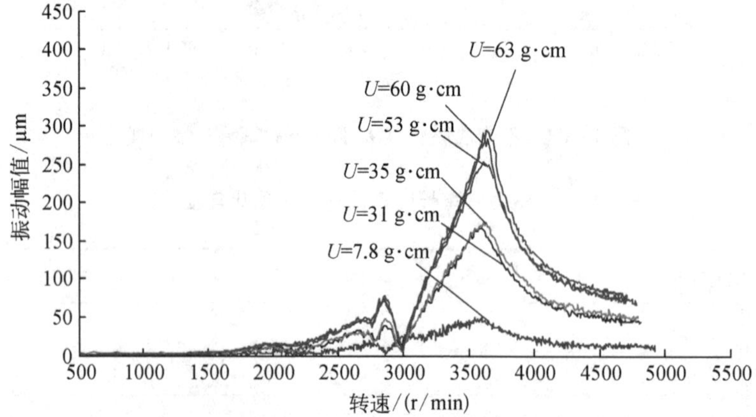


**图 13.53　不同不平衡 $U$ 下转子减速幅频特性曲线**

根据响应曲线计算得到不同不平衡量下转子的阻尼比,结果如表 13.12 所示。

**表 13.12　不同不平衡 $U$ 下转子阻尼比变化**

| 不平衡 $U$/(g·cm) | 7.8 | 31 | 35 | 53 | 60 | 63 |
|---|---|---|---|---|---|---|
| 阻尼比 $D$ | 5.5% | 5.7% | 5.6% | 6.2% | 5.4%(Jump) | 4.4%(Jump) |

实验结果表明,随着不平衡量的增大,转子的阻尼比基本维持在相当的水平,即不平衡量对挤压油膜阻尼器的减振效果影响不大。在不平衡量为 60 g·cm 和

63 g · cm 实验中,转子在升速过程中出现了非线性“跳跃”现象,但在减速过程中“跳跃”现象并不明显,如图 13.53 所示。不平衡进一步增大时,转子表现出明显的非线性振动现象。关于挤压油膜阻尼器的非线性振动,将在第 13.5.3 节中讨论。

由实验结果可见,在小不平衡量条件下,挤压油膜阻尼器的减振效果基本维持在相同的水平,但是随着不平衡量的增大,转子响应逐渐表现出非线性特性。

3）供油压力 $P$ 的影响

理论上,供油压力对阻尼器减振效果的影响并不明显。从式(13.135)和式(13.136)可以看出,油膜刚度与阻尼的表达式中没有压力项。但是油压可以通过影响油膜环的形成来改变阻尼器的阻尼效果。图 13.54 为不同油压下测得的转子响应曲线,测试条件为：油膜长度 10 mm,长径比 $\frac{L}{D_b}$ 为 18.2%;间隙 0.16 mm,间隙比 $\frac{2C}{D_b}$ 为 5.8‰;不平衡量 7.8 g · cm。实验结果表明：只要供油压力能够保证滑油在挤压油膜阻尼器中形成油膜,供油压力就不是阻尼器减振的主要影响因素。在实验中,供油压力为 50 kPa 和 75 kPa 时,转子的响应曲线几乎重合。

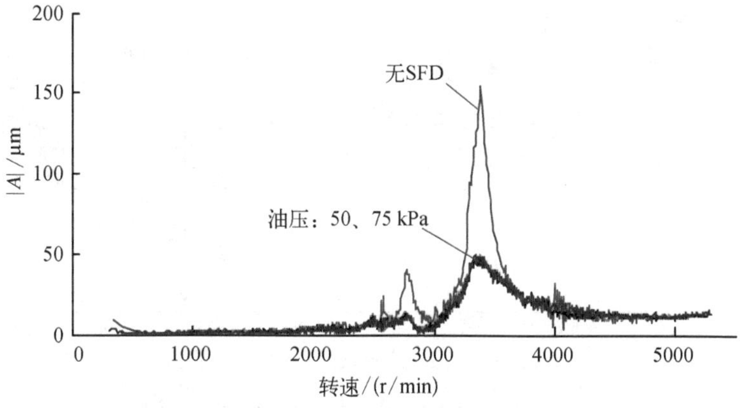


**图 13.54　不同供油压力下转子的幅频特性曲线**

在航空发动机中,由润滑系统为挤压油膜阻尼器供油。正常情况下,供油压力足以满足挤压油膜阻尼器供油的要求。

4）静偏心量 $e_s$ 的影响

阻尼器模型假设,静态下油膜是均匀一致的。但实际工作中,难以保证挤压油膜阻尼器油膜内、外环处于同心状态。事实上,油膜内、外环绝对同心是做不到的。影响阻尼器油膜环同心度的因素有以下几个：结构设计是否合理;加工工艺是否满足要求;装配工艺是否正确;发动机是否在稳态下工作等。

为揭示阻尼器内、外环静偏心量 $e_s$ 对阻尼器减振性能的影响，以下介绍利用挤压油膜阻尼器实验转子(图 13.40)所进行的实验验证。

实验条件：油膜长度为 11.0 mm，长径比 $\frac{L}{D_b}$ 为 0.21；设计油膜间隙 $C$ 为 0.16 mm，间隙比 $\frac{2C}{D_b}$ 为 5.8‰；不平衡量为 21.6 g·cm，油压为 30 kPa。阻尼器静偏心条件如表 13.13 所示，各条件下油膜环间隙周向分布如图 13.55 所示。

**表 13.13 静偏心量设置**

| 实验组编号 | 1 | 2 | 3 | 4 | 5 | 6 | 7 | 8 | 9 | 10 |
|---|---|---|---|---|---|---|---|---|---|---|
| 静偏心量 $e_s$/mm | 0.01 | 0.04 | 0.05 | 0.07 | 0.09 | 0.11 | 0.12 | 0.13 | 0.14 | 0.16 |
| 静偏心比 $e_s/C$ | 0.06 | 0.25 | 0.31 | 0.44 | 0.56 | 0.69 | 0.75 | 0.81 | 0.88 | 1.00 |

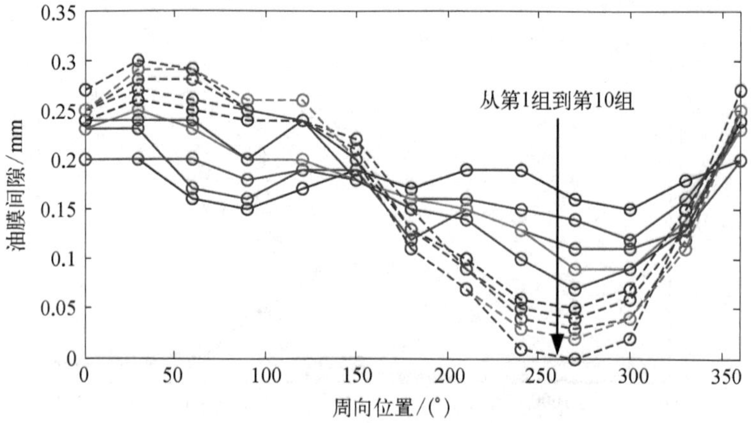


**图 13.55 不同静偏心下油膜间隙周向分布**

在上述实验条件下，测得的转子减速过程振动响应如图 13.56 所示。根据响应曲线可以得到不同静偏心条件下转子的临界转速与临界峰值，变化趋势如图 13.57 所示。

由图 13.57 可见，随着挤压油膜阻尼器静偏心量的逐渐增大，转子的临界转速也随之增大。由图 13.57(a)可见，转子静偏心比 $e_s/C$ 在 0 至 0.8 范围时，临界转速随静偏心比 $e_s/C$ 增大近似线性增加，增幅约 3%。当静偏心比 $e_s/C$ 由 0.8 增大至 1 时，转子临界转速增加较明显。当静偏心比 $e_s/C$ 为 1 时，表示阻尼器内、外环已经完全接触，此时，转子前支点的支承刚度大幅增加，导致转子临界转速增幅较

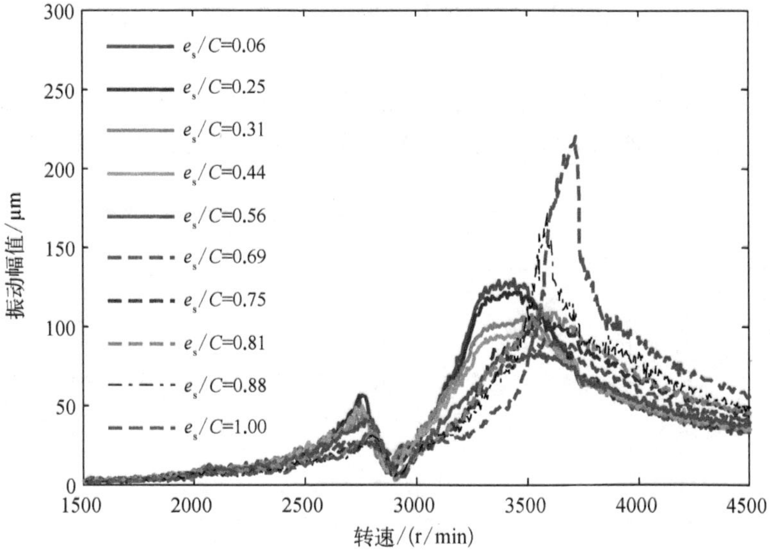


**图 13.56　不同静偏心下转子幅频特性曲线**

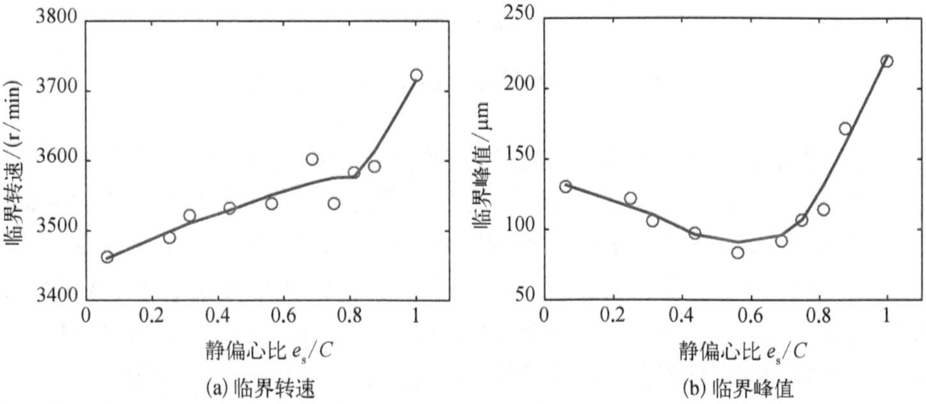


**图 13.57　转子临界转速与临界峰值随静偏心比的变化($U$=21.6 g · cm)**

大,约为 9%。

由图 13.57(b)可见,当静偏心比 $e_s/C$ 在 0~0.6 范围内时,随着静偏心比 $e_s/C$ 的增大,转子临界峰值逐渐减小,近似线性,减幅约 28%。单从减小临界峰值来看,静偏心比 $e_s/C$ 在 0~0.6 范围内变化时,不会使挤压油膜阻尼器减振性能恶化。在 $e_s/C$ 由 0.6 增大至 1 过程中,转子临界峰值急剧增大,增幅约 1.5 倍。由此可见,当偏心比 $e_s/C$ 大于 0.6 时,静偏心量的增加会导致挤压油膜阻尼器减振效果恶化。

为进一步评估静偏心量的影响,此处引入失效不平衡量的定义。失效不平衡量定义为，使带挤压油膜阻尼器的转子出现振动幅值“跳跃”的最小不平衡量。它是转子抗振性能的指标之一。

实验测得的转子失效不平衡量 $U_f$ 如图 13.58 所示。根据实验结果，在静偏心比为 0.06 时，阻尼器的失效不平衡量约为 40 g · cm。以此作为比较的基准。

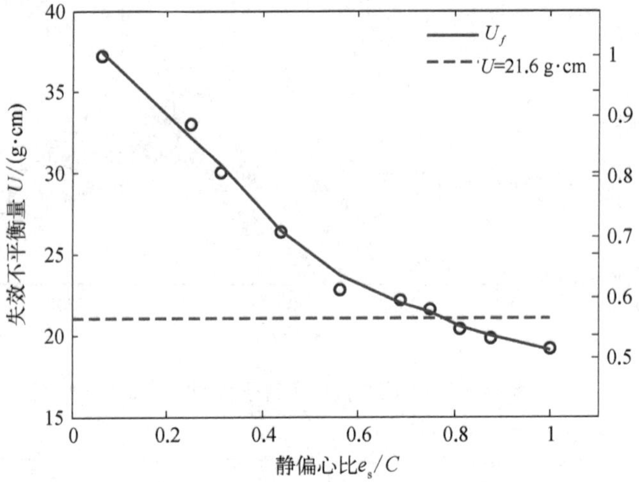


**图 13.58　转子失效不平衡量随静偏心比的变化**

图 13.58 表明，随着静偏心比的增大，转子的失效不平衡量呈减小趋势。静偏心比在 0 至 0.6 和 0.6 至 1 的范围内，失效不平衡量近似分段线性减小。静偏心比从 0 增加至 0.6，转子失效不平衡量减小约 40%，转子抗振性能显著劣化。

以上实验说明，当阻尼器存在较小静偏心时，有利于提高阻尼器的减振性能。但是，静偏心的存在可导致失效不平衡量大幅减小，从而影响转子的抗振性能。事实上，阻尼器的减振性能在设计阶段就已经得到了充分的保证，只要阻尼器正常工作，转子的振动即可控制在允许范围内。在实际应用中应更加关注阻尼器的抗振性能，即在不平衡量增大时，保证阻尼器不失效。因此，在挤压油膜阻尼器的设计、加工与装配过程中，应当尽可能保证阻尼器的同心度，减小阻尼器静偏心，例如，将静偏心比 $e_s/C$ 控制在 0.2 以内，就可使转子具有较高的抗振性能。

### 13.5.3　挤压油膜阻尼器的非线性特性

1. 不平衡量增大引起的振动幅值“跳跃”现象

在不平衡量较小时，带挤压油膜阻尼器的转子可视作线性系统。当转子上的不平衡量增大到一定程度时，阻尼器将进入强非线性区，使得转子表现出强非线性。转子增减速过程中，将会出现振动幅值“跳跃”现象。该现象在 13.4.7 中已有论述。在表 13.14 所示条件下,进行增减速实验,转子响应出现了“跳跃”现象,实验结果如图 13.59 所示。

**表 13.14　非线性“跳跃”现象出现的实验条件**

| 油膜半径间隙 $C$ | 油膜长度 $L$ | 静偏心 $e_0$ | 油压 $P$ | 不平衡量 $U$ |
|---|---|---|---|---|
| 0.16 mm | 11 mm | 0.01 mm | 25 kPa | 50.05 g · cm |

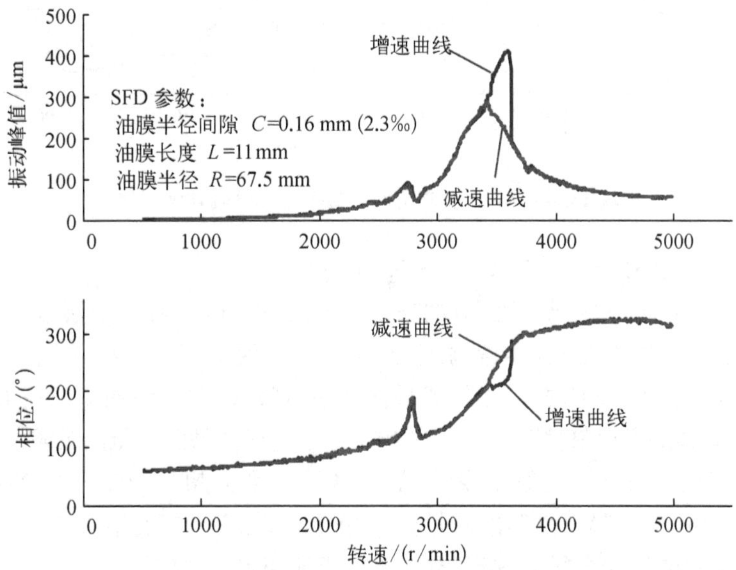


**图 13.59　转子增、减速过程中的振动幅值“跳跃”现象**

由图 13.59 可见,转子在 3 600 r/min 左右出现振动幅值和相位的“跳跃”现象。转子在通过第一阶临界转速(3 470 r/min)后,振动并没有随着转速的增大而减小,而是继续增大。同时,从相位来看,转子也未发生质心转向。当转速达到 3 600 r/min 时,转子振动突然减小,同时完成质心转向。减速过程中,转子同样会发生振动“跳跃”,但跳跃点靠近一阶临界转速,“跳跃”现象没有增速过程明显。

真实发动机中,应力求避免出现转子振动“跳跃”现象。因此,有必要对大不平衡条件下影响转子振动幅值“跳跃”的因素进行探讨。实验研究发现,除不平衡量外,转子增、减速过程加速度大小、油温与装配条件等因素也会影响转子振动幅值“跳跃”现象的出现。

2. 增速速率对转子振动幅值“跳跃”的影响

在上述实验条件下,分别以角加速度 $\dot{\omega}$ = 0.698 rad/s$^2$ 和 $\dot{\omega}$ = 1.047 rad/s$^2$

进行转子增速实验。采用慢加速升速时（$\dot{\omega}$ = 0.698 rad/s$^2$），转子振动幅值“跳跃”现象出现；而采用快加速时（$\dot{\omega}$ = 1.047 rad/s$^2$），不出现“跳跃”现象，如图13.60所示。由此可见，采用较大加速度增速有利于抑制转子振动幅值“跳跃”现象的出现。

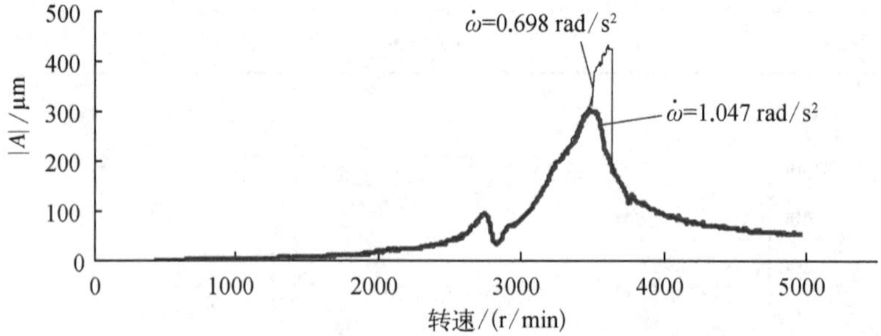


**图13.60　不同加速条件下转子增速幅频特性曲线**

3. 滑油温度对转子振动幅值“跳跃”的影响

油膜力与滑油黏度成正比，滑油黏度受温度的影响，因此，油温也会影响挤压油膜阻尼器的非线性特性。同等条件下，分别在室温13℃和19℃条件下进行转子慢加速实验。室温13℃时，转子不出现振动幅值“跳跃”现象；而室温在19℃时，出现振动幅值“跳跃”现象，结果如图13.61所示。由此可见，挤压油膜阻尼器的特性对滑油温度较为敏感。在航空发动机中，滑油温度会超过100℃，滑油黏度会减小，有可能使挤压油膜阻尼器的减振效果变差。但另一方面，滑油黏度减小，滑油在油膜间隙中的流动会得到改善，有利于挤压油膜阻尼器减振。

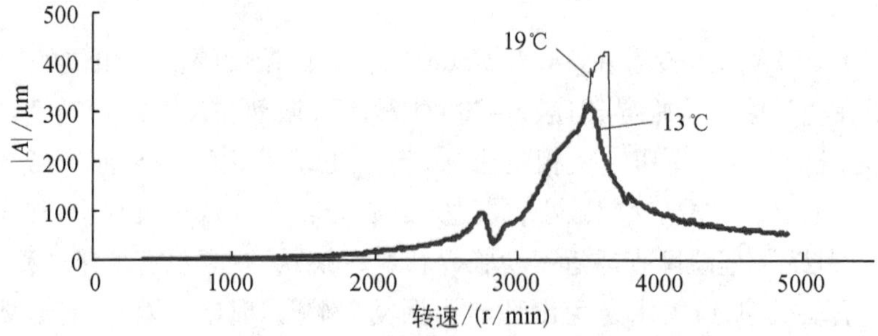


**图13.61　不同油温下转子增速幅频特性曲线**

4. 滑油压力对转子振动幅值“跳跃”的影响

转子出现振动幅值“跳跃”现象时，轴颈处振动剧烈，油膜间隙有大量的气泡溢出。这说明，有空气进入油膜间隙。实验中将供油压力提高至100 kPa，以防止空气进入。但实验结果表明,提高供油压力并不能阻止空气吸入,也不能有效抑制振动幅值“跳跃”。油压 100 kPa 时转子的响应曲线与 30 kPa 条件下响应曲线重合,如图 13.62 所示。因此,油压对于转子振动幅值“跳跃”的影响较小。

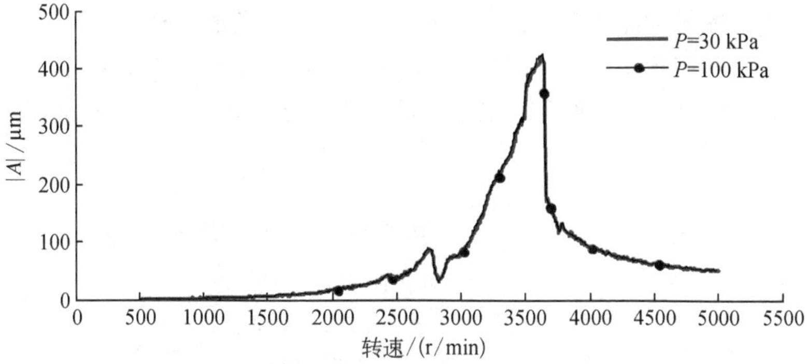


**图 13.62　不同油压下转子增速幅频特性曲线**

5. 静偏心对转子振动幅值“跳跃”的影响

如第 13.5.2 节中所述,阻尼器存在静偏心量时,转子的失效不平衡量会显著减小。因此,在同等条件下阻尼器静偏心较小的带挤压油膜阻尼器转子不易出现振动跳跃现象。仍使用第 15.5.2 中改变静偏心条件的实验结果。图 13.63(a)为静偏心比 $e_s/C$ 分别为 0.06 和 0.88 时转子减速振动响应曲线。由图可见,在相同不平衡条件下,静偏心比为 0.88 时,转子出现振动跳跃现象,而静偏心比为 0.06 时,转子仍可稳定运行。这说明,静偏心越大,转子越容易出现振动跳跃现象。图 13.63(b)为静偏心的改变对转子失效不平衡量的影响。

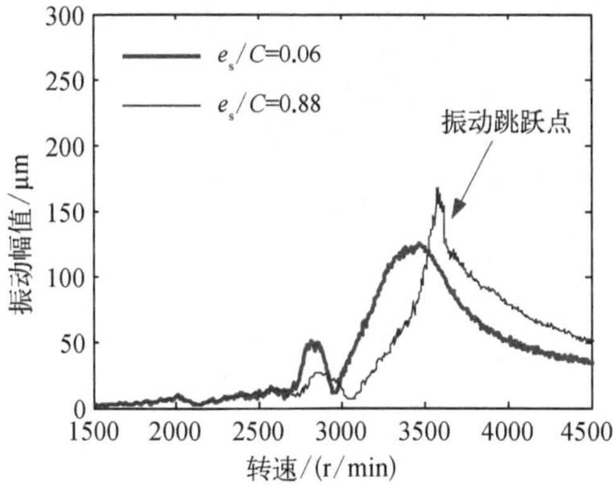


(a) 转子响应对比(U=21.6 g·cm)

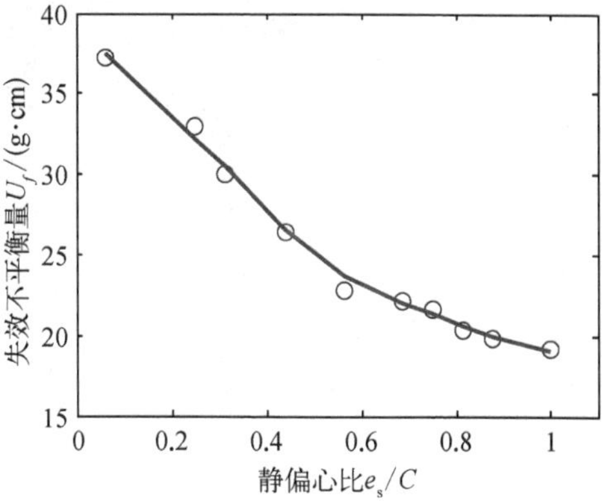


(b) 失效不平衡量

**图 13.63　静偏心对转子振动幅值“跳跃”的影响**

上述结果表明，改善挤压油膜阻尼器的装配条件，提高油膜环的同心度可大幅提高转子的抗振性能，同时抑制大不平衡量条件下的振动幅值“跳跃”。

综上所述，大不平衡量条件下，提高转子经过临界转速时的加速度、提高阻尼器油膜环同心度、改善轴承的润滑条件、控制阻尼器滑油温度升高等措施，有利于提高阻尼器的减振性能、抑制转子振动幅值“跳跃”现象的出现。

本章理论和实验结果说明，挤压油膜阻尼器要与转子的参数匹配设计，才能达到良好的减振效果。本章所建立的挤压油膜阻尼器设计方法可为阻尼器的设计提供指导。

## 参考文献


[1] GASCH R, NORDMANN R, PFUETZNER H. Rotordynamik[M]. Berlin: Springer, 2002.

[2] 沈达宽. 航空发动机强度计算[M]. 北京: 国防工业出版社, 1980.

[3] 顾家柳. 转子动力学[M]. 北京: 国防工业出版社, 1985.

[4] 钟一锷, 何衍宗, 王正, 等. 转子动力学[M]. 北京: 清华大学出版社, 1987.

[5] VANCE J M. Rotordynamics of turbomachinery[M]. New York: John Wiley & Sons, 1988.

[6] 廖明夫. 航空发动机转子动力学[M]. 西安: 西北工业大学出版社, 2015.

[7] 刘展翅. 弹支挤压油膜阻尼器设计与特殊工况下阻尼器减振特性研究[D]. 西安: 西北工业大学, 2016.

[8] 李岩. 航空发动机转子系统可容模态优化设计方法与实验研究[D]. 西安: 西北工业大学, 2020.

[9] 刘准, 廖明夫, 邓旺群, 等. 带有挤压油膜阻尼器的转子系统动力学相似设计[J]. 航空动力学报, 2023, 38(3): 546 - 557.

# 第 14 章 发动机转子动力学特性计算方法

前面章节把转子简化为带盘的无重轴,利用解析方法进行分析。实际的发动机转子结构很复杂,一般包括叶片、轮盘、鼓筒、盘鼓连接、轴、轴盘连接、支承系统等单元,有时还存在分叉结构。对转子进行动力学分析和优化设计时,要综合考虑结构因素、几何因素和惯量分布,宜将转子视作连续体模型进行分析。为此,需利用数值方法来计算。目前,支持转子动力学分析的数值计算方法主要有两种:传递矩阵法和有限元法。

传递矩阵法由 Prohl 和 Myklestad 于 20 世纪 40 年代提出,后来经过很多学者不断发展完善[1-8],使得传递矩阵法及其各种改进方法能用来计算单跨单转子、多跨单转子以及具有多个中介支承的多跨多转子-支承系统的临界转速和不平衡响应,也可用以分析转子的动力学稳定性。其基本思想是,将转子系统划分为若干个单元,这些单元一环接一环地结合起来,形成一种链式结构,每段都看成是无质量等截面梁,将各段的质量集中在其两端的节点上,这些节点称为站。通常,转子系统上有集中质量、轮盘、弹性铰链和弹性支承等四种站,每个站上含四个状态参数,即挠度、挠角、弯矩和剪力。通过传递矩阵,将各站的状态参数从始端传递到末端,再利用两端的边界条件进行求解。

有限元法是一种求解偏微分方程边界问题近似解的数值方法,是 20 世纪 70 年代随着计算机和软件的发展而建立起来的一种现代计算方法[3,9-14]。其基本思路是,将转子系统划分为轮盘、轴段和轴承等单元,将各单元彼此的连接点定义为节点,各单元通过节点传递相互作用力,利用拉格朗日方程或者哈密顿正则方程建立每个单元的运动学平衡方程,从而得到各单元的质量矩阵、阻尼矩阵、陀螺效应矩阵、刚度矩阵以及外力向量。在建立轴微元段的方程时,运用形函数法,将微元段内各点的挠度和挠角用左、右两个端点的挠度和挠角线性插值得到,将动能和势能沿着微元段的长度积分,从而得到微元段的平衡方程。利用各节点之间的相互作用力平衡条件,将各矩阵进行综合组装,从而得到以各节点广义位移(挠度和挠角)为未知量的常微分方程组,求解方程组就可得到转子系统的动力学特性。

两种方法在处理轴段时均采用梁假设,模型考虑了剪应力和转动惯量。传递矩阵法的主要优点是：矩阵阶数固定,不随系统自由度变大而变大,编程比较容易,占用内存少,运算速度比较快。有限元法的主要优点是：表达方式简洁,易于扩展为瞬态响应计算和更精确的三维计算。

不管使用传递矩阵法,还是有限元法,计算准确与否主要取决于模型的建立是否准确。

本章首先介绍支持转子动力学分析的传递矩阵法和有限元法两种计算方法,然后分别给出单转子和双转子算例,并对两种计算方法进行比较。

## 14.1 传递矩阵法

传递矩阵法是一种应用较普遍的转子动力学计算方法,编程简单,计算速度快。本节对其进行详细介绍,并给出应用示例。

### 14.1.1 转子模型建立

根据转子的结构可将转子简化为由弹性轴段、集中质量、轮盘、活动球铰和弹性支承等单元构成的离散模型。离散处理的原则为：

(1) 轮盘、支承、联轴器、轴段分叉点所在位置需要设置为站；

(2) 轴段内径或外径突变处需要设置为站；

(3) 较细长的等截面轴段需要划分为若干段,选取段长的原则为 $L/D < 1$ [12] ($L$ 为轴段长度,$D$ 为轴段外径)；

(4) 针对一个等截面梁的计算结果表明,如果要求集总化带来的固有频率误差小于1%,那么,节点总数 $N$ 应满足如下关系[12]：

$$N \geqslant 1 + 5.34n \tag{14.1}$$

式中,$n$ 为要求计算的固有频率(或临界转速)的最高阶数。例如,要计算转子的三阶临界转速,即 $n = 3$, 则转子至少要分为 17 个节点。

### 14.1.2 轴段的传递矩阵

1. 坐标系及参数定义

图 14.1 为分析轴段用的坐标系及参数定义。$OX$ 轴为轴线,$OY$ 轴为弯曲振动的横向位移, 第 $i$ 个轴段上有两个站, 分别用 $i$ 和 $i+1$ 表示, 用 $\{y \quad \theta \quad M \quad Q\}^{\mathrm{T}}$ 表示每个站的状态参数,状态参数中四个分量分别为挠度、挠角、弯矩和剪力。

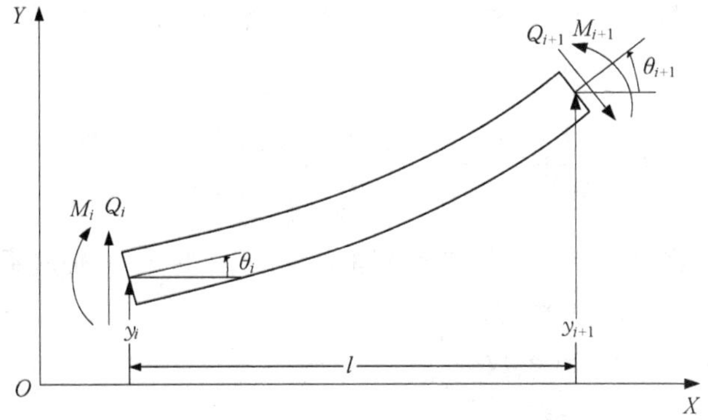


图 14.1　坐标系及参数定义

2. 均质轴的传递矩阵

考虑轴段质量和转动惯量时,均质轴的传递关系为

$$\begin{Bmatrix} y \\ \theta \\ M \\ Q \end{Bmatrix}_{i+1} = \begin{bmatrix} T_1 & \dfrac{1}{k}T_2 & \dfrac{1}{EIk^2}T_3 & \dfrac{1}{EIk^3}T_4 \\ kT_4 & T_1 & \dfrac{1}{EIk}T_2 & \dfrac{1}{EIk^2}T_3 \\ EIk^2T_3 & EIkT_4 & T_1 & \dfrac{1}{k}T_2 \\ EIk^3T_2 & EIk^2T_3 & kT_4 & T_1 \end{bmatrix} \begin{Bmatrix} y \\ \theta \\ M \\ Q \end{Bmatrix}_i \tag{14.2}$$

式中,$T_1 = \dfrac{1}{2}[\cosh(kL) + \cos(kL)]$;$T_2 = \dfrac{1}{2}[\sinh(kL) + \sin(kL)]$;$T_3 = \dfrac{1}{2}[\cosh(kL) - \cos(kL)]$;$T_4 = \dfrac{1}{2}[\sinh(kL) - \sin(kL)]$;$k^4 = \dfrac{\omega^2 U}{EI}$;$U$ 为转轴单位长度的质量;$E$ 为轴段材料的弹性模量;$I$ 为轴段的截面惯性矩。

3. 无质量轴段的传递矩阵

若轴段的横截面尺寸相对较小,质量也比较小,可以将轴质量折合到两端质量站,把轴段本身看作为无质量的弹性梁。考虑剪切效应时,无质量轴段的传递关系为

$$\begin{Bmatrix} y \\ \theta \\ M \\ Q \end{Bmatrix}_{i+1} = \begin{bmatrix} 1 & l & \dfrac{l^2}{2EI} & \dfrac{l^3}{6EI}(1-\nu) \\ 0 & 1 & \dfrac{l}{EI} & \dfrac{l^2}{2EI} \\ 0 & 0 & 1 & l \\ 0 & 0 & 0 & 1 \end{bmatrix} \begin{Bmatrix} y \\ \theta \\ M \\ Q \end{Bmatrix}_i \tag{14.3}$$

式中,$l$ 为轴段长度; $\nu = 6EI\beta/GA$ 为剪切效应系数; $\beta$ 为截面形状系数,其表达式为

$$\beta = \frac{7 + 6\mu}{6(1 + \mu)}\left[1 + \frac{20 + 12\mu}{7 + 6\mu}\left(\frac{Dd}{D^2 + d^2}\right)^2\right] \tag{14.4}$$

$G$ 为轴段材料的剪切弹性模量;$A$ 为轴段的横截面面积; $\mu$ 为轴段材料的泊松比;$D$ 为轴段的外径;$d$ 为轴段的内径。

对于实心轴,截面形状系数为

$$\beta = \frac{7 + 6\mu}{6(1 + \mu)}$$

对于实心钢轴,泊松比一般为 0. 3,则 $\beta = 1.13$。 如果不计剪切效应,则可设置 $\nu = 0$。

如果轴段受到大小为 $N$ 的轴向力,则无质量轴段的传递关系为[7]

$$\begin{Bmatrix} y \\ \theta \\ M \\ Q \end{Bmatrix}_{i+1} = \begin{bmatrix} 1 & l & \dfrac{l^2}{2EI} & \dfrac{l^3}{6EI}(1 - \nu) \\ 0 & 1 & \dfrac{l}{EI} & \dfrac{l^2}{2EI} \\ 0 & Nl & 1 + \dfrac{l^2}{2EI}N & l + \dfrac{l^3 N}{6EI}(1 - \nu) \\ 0 & 0 & 0 & 1 \end{bmatrix} \begin{Bmatrix} y \\ \theta \\ M \\ Q \end{Bmatrix}_{i} \tag{14.5}$$

### 14.1.3 轴段间的传递矩阵

轴段间的站连接前一个轴段的终止端和后一个轴段的起始端,常见的站有 4 种: 集中质量站、轮盘站、弹性铰链站和弹性支承站,如图 14.2 所示。

1. 集中质量站的传递矩阵

如图 14.2(a)所示,通过质量为 $m$ 的集中质量时,站的左、右两侧的传递关系为

$$\begin{Bmatrix} y \\ \theta \\ M \\ Q \end{Bmatrix}^{R} = \begin{bmatrix} 1 & 0 & 0 & 0 \\ 0 & 1 & 0 & 0 \\ 0 & 0 & 1 & 0 \\ m\Omega^2 & 0 & 0 & 1 \end{bmatrix} \begin{Bmatrix} y \\ \theta \\ M \\ Q \end{Bmatrix}^{L} \tag{14.6}$$

集中质量站的传递矩阵为

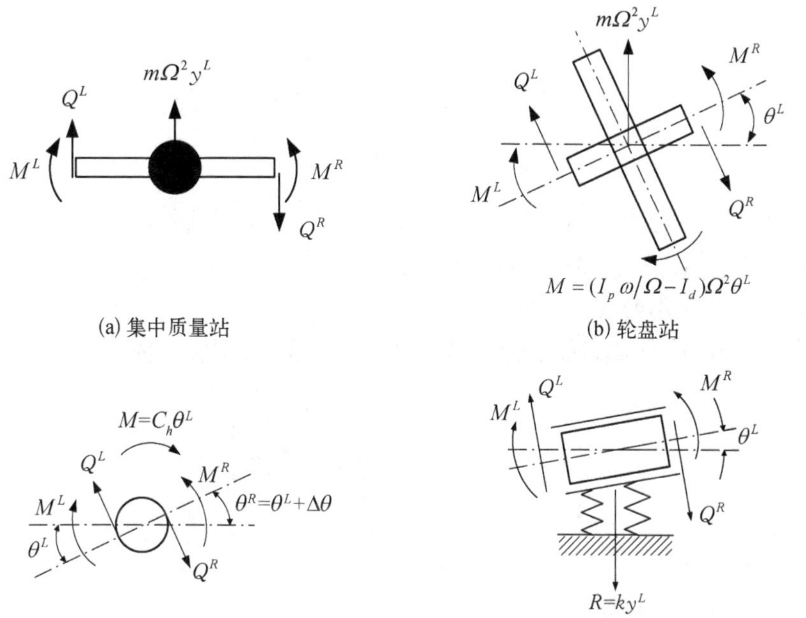


(a) 集中质量站　(b) 轮盘站

(c) 弹性铰链站　(d) 弹性支承站

**图 14.2　几种典型站的状态参数关系**[1-14]

$$\boldsymbol{T}_m = \begin{bmatrix} 1 & 0 & 0 & 0 \\ 0 & 1 & 0 & 0 \\ 0 & 0 & 1 & 0 \\ m\Omega^2 & 0 & 0 & 1 \end{bmatrix} \tag{14.7}$$

2. 轮盘站的传递矩阵

如图 14.2(b)所示,通过质量为 $m$,极转动惯量为 $I_p$,直径转动惯量为 $I_d$ 的轮盘时,站的左、右两侧考虑陀螺力矩的传递关系为

$$\begin{Bmatrix} y \\ \theta \\ M \\ Q \end{Bmatrix}^R = \begin{bmatrix} 1 & 0 & 0 & 0 \\ 0 & 1 & 0 & 0 \\ 0 & \left(\dfrac{\omega}{\Omega}\dfrac{I_p}{I_d} - 1\right) I_d\Omega^2 & 1 & 0 \\ m\Omega^2 & 0 & 0 & 1 \end{bmatrix} \begin{Bmatrix} y \\ \theta \\ M \\ Q \end{Bmatrix}^L \tag{14.8}$$

式中,$\Omega$ 为公转转速,$\omega$ 为自转转速,上标 $L$ 表示左侧,上标 $R$ 表示右侧。

引入当量转动惯量:$I_e = \left(\dfrac{\omega}{\Omega}\dfrac{I_p}{I_d} - 1\right) I_d$,轮盘站的传递矩阵则为

$$
\boldsymbol{T}_d=\begin{bmatrix}1 & 0 & 0 & 0\\ 0 & 1 & 0 & 0\\ 0 & I_e\Omega^2 & 1 & 0\\ m\Omega^2 & 0 & 0 & 1\end{bmatrix} \tag{14.9}
$$

在建模时，对于结构复杂的轮盘，可以使用三维绘图软件进行建模，然后使用软件的计算功能得到轮盘的质量和转动惯量。

3. 弹性铰链站的传递矩阵

如图 14.2(c)所示，通过弹性铰链站时，站的左、右两侧的传递关系为

$$
\begin{Bmatrix}y\\ \theta\\ M\\ Q\end{Bmatrix}^R=\begin{bmatrix}1 & 0 & 0 & 0\\ 0 & 1 & 1/C_h & 0\\ 0 & 0 & 1 & 0\\ 0 & 0 & 0 & 1\end{bmatrix}\begin{Bmatrix}y\\ \theta\\ M\\ Q\end{Bmatrix}^L \tag{14.10}
$$

弹性铰链站的传递矩阵为

$$
\boldsymbol{T}_h=\begin{bmatrix}1 & 0 & 0 & 0\\ 0 & 1 & 1/C_h & 0\\ 0 & 0 & 1 & 0\\ 0 & 0 & 0 & 1\end{bmatrix} \tag{14.11}
$$

式中，$C_h$ 为弹性铰链的抗弯刚度系数。

4. 弹性支承站的传递矩阵

如图 14.2(d)所示，通过弹性支承站时，站的左、右两侧的传递关系为

$$
\begin{Bmatrix}y\\ \theta\\ M\\ Q\end{Bmatrix}^R=\begin{bmatrix}1 & 0 & 0 & 0\\ 0 & 1 & 0 & 0\\ 0 & 0 & 1 & 0\\ -k & 0 & 0 & 1\end{bmatrix}\begin{Bmatrix}y\\ \theta\\ M\\ Q\end{Bmatrix}^L \tag{14.12}
$$

弹性支承站的传递矩阵为

$$
\boldsymbol{T}_b=\begin{bmatrix}1 & 0 & 0 & 0\\ 0 & 1 & 0 & 0\\ 0 & 0 & 1 & 0\\ -k & 0 & 0 & 1\end{bmatrix} \tag{14.13}
$$

式中，$k$ 为弹性支承的横向刚度。

### 14.1.4　综合轴段的传递矩阵

为了编程方便，可以将一个包含质量、转动惯量、弹性铰链和弹性支承的广义站和一个无质量轴段组合成一个综合轴段，综合轴段的传递矩阵为[7]

$$
\boldsymbol{T} = \begin{bmatrix} 1 & l & \dfrac{l^2}{2EI} & \dfrac{l^3}{6EI}(1-\nu) \\ 0 & 1 & \dfrac{l}{EI} & \dfrac{l^2}{2EI} \\ 0 & Nl & 1+\dfrac{l^2}{2EI}N & l+\dfrac{l^3 N}{6EI}(1-\nu) \\ 0 & 0 & 0 & 1 \end{bmatrix} \begin{bmatrix} 1 & 0 & 0 & 0 \\ 0 & 1 & 1/C_h & 0 \\ 0 & I_e\Omega^2 & 1 & 0 \\ m\Omega^2-k & 0 & 0 & 1 \end{bmatrix}
$$

$$
= \begin{bmatrix} 1+\dfrac{l^3(1-\nu)}{6EI}(m\Omega^2-k) & l\left(1+\dfrac{l}{2EI}I_e\Omega^2\right) & \dfrac{l^2}{2EI}+\dfrac{l}{C_h} & \dfrac{l^3}{6EI}(1-\nu) \\ \dfrac{l^2}{2EI}(m\Omega^2-k) & 1+\dfrac{l}{EI}I_e\Omega^2 & \dfrac{l}{EI}+\dfrac{1}{C_h} & \dfrac{l^2}{2EI} \\ \left[l+\dfrac{l^3(1-\nu)N}{6EI}\right](m\Omega^2-k) & Nl+\left(1+\dfrac{l^2N}{2EI}\right)I_e\Omega^2 & \dfrac{Nl}{C_h}+1+\dfrac{l^2N}{2EI} & l+\dfrac{l^3N}{6EI}(1-\nu) \\ m\Omega^2-k & 0 & 0 & 1 \end{bmatrix} \tag{14.14}
$$

### 14.1.5　临界转速与振型计算

转子-支承系统的边界条件一般有自由端、刚性铰支端、刚性固支端、弹性支承端与外伸端。由于针对各种不同的边界条件，应该满足的边界方程不同，为了使计算程序通用，可以一律采用自由端，转子两端的边界条件均为 $M=0$，$Q=0$。如果实际边界条件不是自由端，则可以加上一个虚设的长度为 0 的无质量轴段，使原先的边界条件变为一个站，并使新的边界条件统一为自由端。

转子终止端的状态参数可以通过传递矩阵用起始端的状态参数来表达。而传递矩阵计及了转子各站点和轴段的结构元素、几何元素、惯性元素和材料特性，同时还包含转子的转速。用 $\boldsymbol{Z}$ 表示状态参数，用 $\boldsymbol{T}$ 表示综合轴段的传递矩阵，则具有 $n$ 个站的转子的传递矩阵关系为

$$
\boldsymbol{Z}_n = \boldsymbol{T}_n\boldsymbol{T}_{n-1}\boldsymbol{T}_{n-2}\cdots\boldsymbol{T}_2\boldsymbol{T}_1\boldsymbol{Z}_0 \tag{14.15}
$$

将所有传递矩阵的乘积用 $\boldsymbol{H}$ 表示，则 $\boldsymbol{H}$ 为 4×4 阶矩阵：

$$\boldsymbol{H}=\begin{bmatrix} H_{11} & H_{12} & H_{13} & H_{14} \\ H_{21} & H_{22} & H_{23} & H_{24} \\ H_{31} & H_{32} & H_{33} & H_{34} \\ H_{41} & H_{42} & H_{43} & H_{44} \end{bmatrix} \tag{14.16}$$

$\boldsymbol{H}$ 是转速作为自变量的函数。

利用起始端和终止端均为自由端的边界条件，即

$$M_n = Q_n = M_0 = Q_0 = 0 \tag{14.17}$$

联合式(14.15)和式(14.17)，可以得

$$\begin{cases} H_{31}y_0 + H_{32}\theta_0 = 0 \\ H_{41}y_0 + H_{42}\theta_0 = 0 \end{cases} \tag{14.18}$$

临界转速是转子的固有属性，计算临界转速时，没有考虑转子的不平衡量，即不平衡量不影响转子的临界转速。当转子没有不平衡量时，相当于自由振动状态，在某一激扰下，只会发生以临界转速为频率的自由振动。因此，只有在临界转速下，式(14.18)有非零解，这时，方程组的系数行列式为 0，即

$$\Delta = \begin{vmatrix} H_{31} & H_{32} \\ H_{41} & H_{42} \end{vmatrix} = 0 \tag{14.19}$$

在转子发生协调正进动时，式(14.8)中 $\Omega=\omega$，方程(14.19)的自变量仅为转速，求解该方程即可得到协调正进动时的临界转速。方程的最大阶数为转速的 $2n$ 次方，为高阶方程，根据多项式函数的连续性，可以先设定一个初始转速和转速增量，在每一个转速处均计算系数行列式 $\Delta$，得到 $\Delta$ 变号的区域，在每一个区域内采用割线法进行迭代求解，即可得到各阶临界转速。本章后文用“剩余量”表示系数行列式 $\Delta$。割线法的迭代方程为

$$p_{k+1} = p_k - \frac{f(p_k)(p_k - p_{k-1})}{f(p_k) - f(p_{k-1})} \tag{14.20}$$

式中，$p$ 为自变量，即转速，$f$ 为自变量的函数，即式(14.19)中系数行列式的值。

求得临界转速后，将临界转速代入方程(14.18)，即可得到 $y_0$ 与 $\theta_0$ 的比值。假定 $y_0=1$，可得到 $\theta_0=-H_{31}/H_{32}$。利用传递矩阵，从起始端传递到终端，即可求得各个站的状态参数。其中的挠度沿站点的分布表示振型。为了便于比较，可以用每个站点上的挠度除以最大挠度，使振型归一化。

需要注意的是，在求解各个站的状态参数时，为了避免矩阵连乘带来的数值误差积累，在计算一个截面上的状态参数时，应该使用该轴段的综合传递矩阵乘

以上一段的状态参数得到，而不是一直使用传递矩阵连乘，再乘以初始端的状态参数。

在计算完振型后，可以对终端站点的状态参数进行检验，标准为是否满足式(14.17)，即弯矩和剪力均为 0。由于数值计算必然带来一定的误差，只要终端站点的弯矩和剪力远小于 1 即可，使用割线法进行求解时，只要程序正确，一般能达到 $10^{-3}$ 以下。如果检验的结果远大于 1，则需要检查计算程序是否正确。

当假设式(14.8)中 $\Omega=-\omega$ 时，可求得协调反进动临界转速。

临界转速和振型的计算流程如图 14.3 所示。

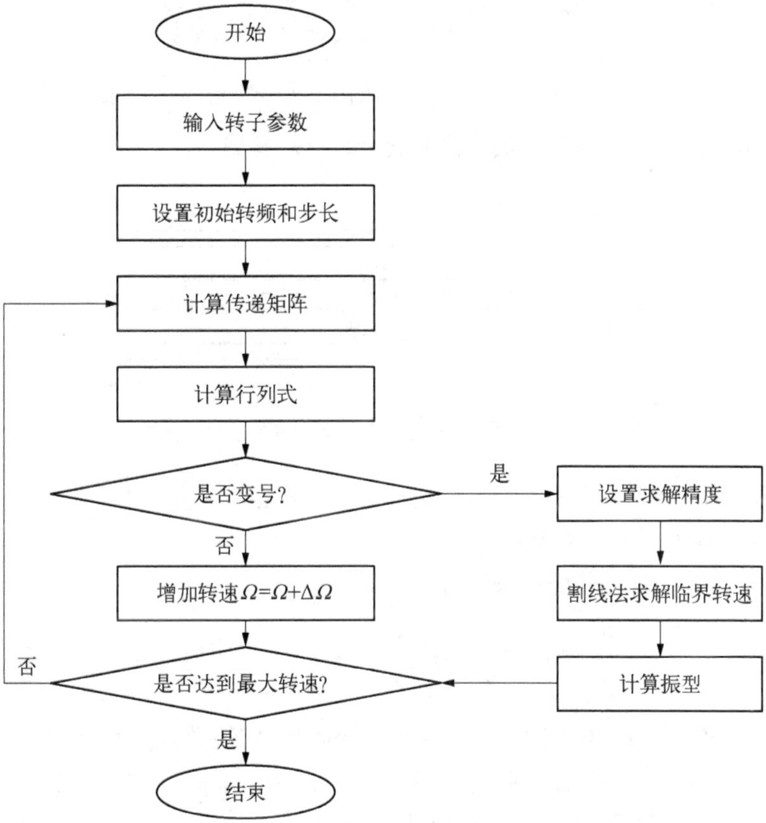


图 14.3　临界转速和振型的计算流程图

### 14.1.6　分叉结构的传递矩阵法

现代航空发动机中，转子常含有分叉结构，而不是传统的从头至尾的直线链式结构。图 14.4 显示了 CFM－56 发动机的转子结构。其中风扇转子、高压压气机和低压涡轮均有分叉结构。

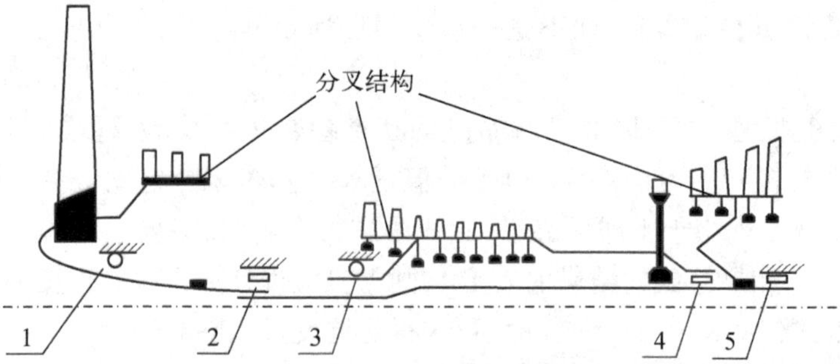


图 14.4 CFM-56 发动机的转子结构

1. 风扇前支点；2. 风扇后支点；3. 高压转子前支点；
4. 高压转子后支点，即中介轴承；5. 低压涡轮后支点

图 14.5 表示一个分叉结构的示例。仍用 $\{y \quad \theta \quad M \quad Q\}^{\mathrm{T}}$ 表示每个站的状态参数，状态参数中四个分量分别为挠度、挠角、弯矩和剪力。

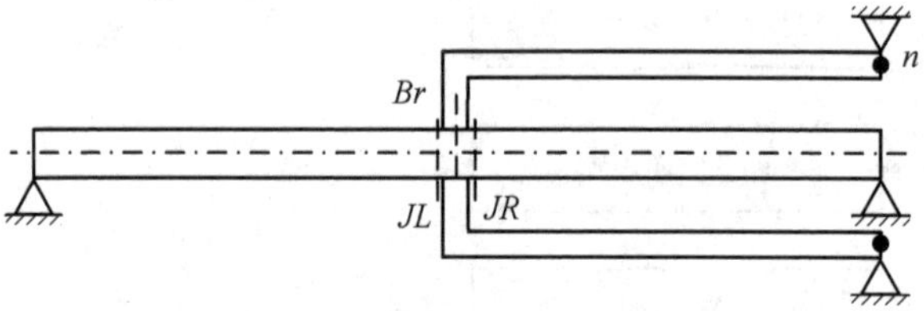


图 14.5 分叉结构示例图

$n$ 为分叉结构的边界；$JL$ 为主干上分叉点的左边界；$JR$ 为主干上分叉点的右边界；$Br$ 为分叉结构上分叉点的节点。

对于分叉点，由位移协调条件得

$$\begin{Bmatrix} y \\ \theta \end{Bmatrix}_{JL} = \begin{Bmatrix} y \\ \theta \end{Bmatrix}_{JR} = \begin{Bmatrix} y \\ \theta \end{Bmatrix}_{Br} \tag{14.21}$$

对剪力和弯矩方向的规定为：运动方向向上为正；梁右截面上的剪力向下为正，弯矩逆时针方向为正；左截面上的剪力向上为正，弯矩顺时针方向为正。图 14.6 表示在这一规定下分叉点的受力状态。这里，将分叉点处的集中质量传递矩阵放在分叉点之后处理。

图 14.6(a)表示主干上分叉点的受力状态，图中 $Q_{JL}$、$Q_{JR}$、$Q_{Br}$ 分别表示分叉点左端、右端、分叉结构对分叉点的剪力，$M_{JL}$、$M_{JR}$、$M_{Br}$ 分别表示分叉点左端、右端、分叉结构对分叉点的弯矩。由力和力矩平衡条件得

$$\begin{Bmatrix} M \\ Q \end{Bmatrix}_{JR} = \begin{Bmatrix} M \\ Q \end{Bmatrix}_{JL} - \begin{Bmatrix} M \\ Q \end{Bmatrix}_{Br} \tag{14.22}$$

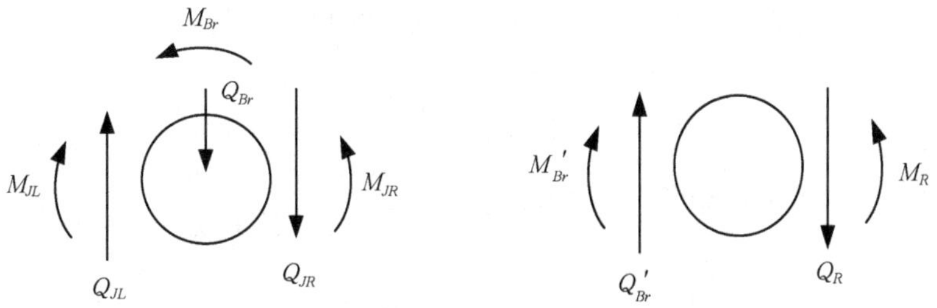


(a) 主干上的分叉点　　(b) 分叉结构上的分叉点

**图 14.6　分叉点的受力状态**

分叉结构上分叉点的受力状态如图 14.6(b)所示。图中，$Q'_{Br}$ 和 $Q_{Br}$ 分别表示主干结构对分叉点的剪力和分叉结构上右端对分叉点的剪力，$M'_{Br}$ 和 $M_{Br}$ 分别表示主干结构对分叉点的弯矩和分叉结构上右端对分叉点的弯矩。$Q'_{Br}$ 和 $Q_{Br}$ 为两个相互作用的力，$M'_{Br}$ 和 $M_{Br}$ 为两个相互作用的弯矩。根据牛顿第三定律，它们两两之间大小相等，方向相反。在如图 14.6 所示的受力条件下，它们已经具有相反的方向，因而它们的大小满足：

$$\begin{Bmatrix} M \\ Q \end{Bmatrix}_{Br} = \begin{Bmatrix} M' \\ Q' \end{Bmatrix}_{Br} \tag{14.23}$$

用 $\boldsymbol{T}_n$ 表示分叉结构上从 $Br$ 点到末端的传递矩阵，它为分叉结构上所有轴段传递矩阵和各种站的传递矩阵的乘积。利用式(14.23)，则有

$$\begin{Bmatrix} y \\ \theta \\ M \\ Q \end{Bmatrix}_n = \boldsymbol{T}_n \begin{Bmatrix} y \\ \theta \\ M \\ Q \end{Bmatrix}_{Br} \tag{14.24}$$

分叉结构末端的边界条件为：$M_n = 0$，$Q_n = 0$，代入式(14.24)，得

$$\boldsymbol{T}_{n21} \begin{Bmatrix} y \\ \theta \end{Bmatrix}_{Br} + \boldsymbol{T}_{n22} \begin{Bmatrix} M \\ Q \end{Bmatrix}_{Br} = \begin{Bmatrix} 0 \\ 0 \end{Bmatrix} \tag{14.25}$$

式中，$\boldsymbol{T}_{n21}$ 和 $\boldsymbol{T}_{n22}$ 为 $\boldsymbol{T}_n$ 的分块矩阵，即

$$\boldsymbol{T}_n = \begin{bmatrix} \boldsymbol{T}_{n11} & \boldsymbol{T}_{n12} \\ \boldsymbol{T}_{n21} & \boldsymbol{T}_{n22} \end{bmatrix}$$

从上式可以得

$$\begin{Bmatrix} M \\ Q \end{Bmatrix}_{Br} = -\boldsymbol{T}_{n22}^{-1} \boldsymbol{T}_{n21} \begin{Bmatrix} y \\ \theta \end{Bmatrix}_{Br} \tag{14.26}$$

将式(14.26)代入式(14.22),并将位移协调条件(14.21)代入,得

$$\begin{Bmatrix} M \\ Q \end{Bmatrix}_{JR} = \begin{Bmatrix} M \\ Q \end{Bmatrix}_{JL} + \boldsymbol{T}_{n22}^{-1} \boldsymbol{T}_{n21} \begin{Bmatrix} y \\ \theta \end{Bmatrix}_{JL} \tag{14.27}$$

进而,用状态参数的形式可以表示为

$$\begin{Bmatrix} y \\ \theta \\ M \\ Q \end{Bmatrix}_{JR} = \left[\begin{array}{cc:cc} 1 & 0 & 0 & 0 \\ 0 & 1 & 0 & 0 \\ \hdashline \boldsymbol{T}_{n22}^{-1} & \boldsymbol{T}_{n21} & 1 & 0 \\ & & 0 & 1 \end{array}\right] \begin{Bmatrix} y \\ \theta \\ M \\ Q \end{Bmatrix}_{JL} \tag{14.28}$$

式(14.28)中的 4×4 矩阵即为修正的分叉结构的传递矩阵。

求解振型时,可以假设初始端的位移或者转角为 1,进而求解其他站点的相对位移。不妨假设位移为 1,求得临界转速下从初始端到末端的传递矩阵,用 $\boldsymbol{H}$ 表示。由于转子的两端均处理为自由端,即 $M_1 = M_n = 0$, $Q_1 = Q_n = 0$, 如果有约束,就添上一个虚设段,利用这一边界条件,可以得

$$\boldsymbol{H} \begin{Bmatrix} 1 \\ \theta \\ 0 \\ 0 \end{Bmatrix}_1 = \begin{Bmatrix} y \\ \theta \\ 0 \\ 0 \end{Bmatrix}_n \tag{14.29}$$

式中, $\boldsymbol{H}$ 为所有传递矩阵的乘积,如式(14.16)所示。上式第三个或者第四个方程可以用来求解第一个站点的挠角。例如使用第三个方程,可以求得第一个站点的挠角为

$$\theta_1 = - H_{31}/H_{32} \tag{14.30}$$

用第一段的传递矩阵和第一站的集中质量传递矩阵相乘,再乘以第一站点的状态参数,就得到第二个站点的状态参数。使用同样的方法,用传递矩阵乘以状态参数,得到第三个站点的状态参数。以此类推,得到主干上所有站点的状态参数。其中,过分叉点时,需要使用式(14.28),将分叉结构的影响考虑进去。

利用式(14.21)和式(14.26),得到分叉结构上第一点的状态参数 $\{y \quad \theta \quad M \quad Q\}_{Br}^{\mathrm{T}}$ 与主干上分叉点的状态参数 $\{y \quad \theta \quad M \quad Q\}_{JL}^{\mathrm{T}}$ 的关系为

$$\begin{Bmatrix} y \\ \theta \\ M \\ Q \end{Bmatrix}_{Br} = \left[\begin{array}{cc:cc} 1 & 0 & 0 & 0 \\ 0 & 1 & 0 & 0 \\ \hdashline -\boldsymbol{T}_{n22}^{-1} & \boldsymbol{T}_{n21} & 0 & 0 \\ & & 0 & 0 \end{array}\right] \begin{Bmatrix} y \\ \theta \\ M \\ Q \end{Bmatrix}_{JL} \tag{14.31}$$

利用式(14.31)得到分叉结构上第一个站点的状态参数后,使用与求解主干上状态参数同样的方法,可以求解分叉结构上各个站点的状态参数。所有状态参数的第一个分量按照站点的轴向位置连接起来就可得到带分叉结构的转子的振型。

### 14.1.7 不平衡响应的计算

不平衡响应计算是评估转子在不平衡力作用下所产生的振动烈度的重要方法,也可以帮助确定转子的阻尼效果和动平衡时的校正面位置。

与临界转速计算不同的是,临界转速计算所求解的基本方程为线性齐次方程组,而不平衡响应计算所求解的基本方程为线性非齐次方程组,即在各个方程的等式右边加上了不平衡力。

在经过含有 $q = mr$($r$ 为偏心距)大小的不平衡量的综合站时,传递矩阵关系为

$$\begin{Bmatrix} y \\ \theta \\ M \\ Q \end{Bmatrix}^R = \begin{bmatrix} 1 & 0 & 0 & 0 \\ 0 & 1 & 1/C_h & 0 \\ 0 & \left(\dfrac{\omega}{\Omega}\dfrac{I_p}{I_d} - 1\right) I_d\Omega^2 & 1 & 0 \\ m\Omega^2 - k - \mathrm{j}d\Omega & 0 & 0 & 1 \end{bmatrix} \begin{Bmatrix} y \\ \theta \\ M \\ Q \end{Bmatrix}^L + \begin{Bmatrix} 0 \\ 0 \\ 0 \\ q\Omega^2 \end{Bmatrix} \tag{14.32}$$

式中,$d$ 为支承的阻尼,j 为单位虚数。为了传递方便,可以将(14.32)改写为

$$\begin{Bmatrix} y \\ \theta \\ M \\ Q \\ 1 \end{Bmatrix}^R = \begin{bmatrix} 1 & 0 & 0 & 0 & 0 \\ 0 & 1 & 1/C_h & 0 & 0 \\ 0 & \left(\dfrac{\omega}{\Omega}\dfrac{I_p}{I_d} - 1\right) I_d\Omega^2 & 1 & 0 & 0 \\ m\Omega^2 - k - \mathrm{j}d\Omega & 0 & 0 & 1 & q\Omega^2 \\ 0 & 0 & 0 & 0 & 1 \end{bmatrix} \begin{Bmatrix} y \\ \theta \\ M \\ Q \\ 1 \end{Bmatrix}^L \tag{14.33}$$

将状态参数改为 5 项后,均质轴段的传递矩阵为

$$\boldsymbol{T}_{sh} = \begin{bmatrix} T_1 & \dfrac{1}{k}T_2 & \dfrac{1}{EIk^2}T_3 & \dfrac{1}{EIk^3}T_4 & 0 \\ kT_4 & T_1 & \dfrac{1}{EIk}T_2 & \dfrac{1}{EIk^2}T_3 & 0 \\ EIk^2T_3 & EIkT_4 & T_1 & \dfrac{1}{k}T_2 & 0 \\ EIk^3T_2 & EIk^2T_3 & kT_4 & T_1 & 0 \\ 0 & 0 & 0 & 0 & 1 \end{bmatrix} \tag{14.34}$$

式中, $T_1 = \frac{1}{2}(\cosh kL + \cos kL)$; $T_2 = \frac{1}{2}(\sinh kL + \sin kL)$; $T_3 = \frac{1}{2}(\cosh kL - \cos kL)$; $T_4 = \frac{1}{2}(\sinh kL - \sin kL)$; $k^4 = \frac{\omega^2 U}{EI}$; $U$ 为转轴单位长度的质量;$E$ 为轴段材料的弹性模量;$I$ 为轴段的截面惯性矩。

无质量弹性轴段的传递矩阵为

$$\boldsymbol{T}_{sh} = \begin{bmatrix} 1 & l & \frac{l^2}{2EI} & \frac{l^3}{6EI}(1-\nu) & 0 \\ 0 & 1 & \frac{l}{EI} & \frac{l^2}{2EI} & 0 \\ 0 & 0 & 1 & l & 0 \\ 0 & 0 & 0 & 1 & 0 \\ 0 & 0 & 0 & 0 & 1 \end{bmatrix} \tag{14.35}$$

计算不平衡响应时,矩阵的传递方式与计算临界转速时相同。将所有传递矩阵的乘积用 $\boldsymbol{H}$ 表示, $\boldsymbol{H}$ 则为 5×5 阶矩阵:

$$\boldsymbol{H} = \begin{bmatrix} H_{11} & H_{12} & H_{13} & H_{14} & H_{15} \\ H_{21} & H_{22} & H_{23} & H_{24} & H_{25} \\ H_{31} & H_{32} & H_{33} & H_{34} & H_{35} \\ H_{41} & H_{42} & H_{43} & H_{44} & H_{45} \\ H_{51} & H_{52} & H_{53} & H_{54} & H_{55} \end{bmatrix} \tag{14.36}$$

起始端和终止端的边界条件与式(14.17)一致,根据边界条件可以得

$$\begin{bmatrix} H_{31} & H_{32} & H_{35} \\ H_{41} & H_{42} & H_{45} \end{bmatrix} \begin{bmatrix} y \\ \theta \\ 1 \end{bmatrix}_0 = \begin{bmatrix} 0 \\ 0 \end{bmatrix} \tag{14.37}$$

给定转速时,求解方程(14.37)就可得到初始端的挠度和挠角,再将初始端的状态参数代入传递关系,即可逐步求得各个站点的状态参数。对于考虑阻尼的不平衡响应求解,状态参数均为复数,对挠度求模即为不平衡响应的幅值。

### 14.1.8 应变能分析

应变能分析是航空发动机设计中的重要步骤。航空发动机设计准则要求转子部件在临界转速(或响应峰值转速)时的弯曲应变能不超过转子-支承-机匣系统总应变能的 25%。因此,转子系统应变能的计算贯穿在转子设计的全过程。

1. 弯曲应变能

第 $i$ 个轴段的弯曲应变能为

$$V_b = \frac{l_i}{6EI_i}(M_i^2 + M_iM_{i+1} + M_{i+1}^2) \tag{14.38}$$

式中,下标 $i$ 和 $i+1$ 分别表示轴段左、右两端的参数。

若考虑在两个平面内的振动,则单元的应变能为

$$V_b = \frac{l_i}{6EI_i}(M_{xi}^2 + M_{xi}M_{xi+1} + M_{xi+1}^2 + M_{yi}^2 + M_{yi}M_{yi+1} + M_{yi+1}^2) \tag{14.39}$$

2. 剪切应变能

第 $i$ 个轴段的剪切应变能为

$$V_s = \frac{\beta l_i}{2A_iG}(Q_{xi}^2 + Q_{yi}^2) \tag{14.40}$$

式中,$A_i$ 为第 $i$ 轴段横截面面积,$G$ 为剪切弹性模量,$\beta$ 为截面形状系数,其表达式见式(14.4)。

3. 弹性支承应变能

弹性支承的应变能为

$$V_k = \frac{1}{2}k(x^2 + y^2) \tag{14.41}$$

式中,$k$ 为弹性支承的刚度,$x$ 和 $y$ 分别为弹性支承在两个方向上的位移。

4. 阻尼器消耗的能量

转子进动每个周期内阻尼器消耗的能量为

$$V_d = 2\pi\Omega d(x^2 + y^2) \tag{14.42}$$

式中,$d$ 为阻尼器阻尼,$\Omega$ 为进动频率,$x$ 和 $y$ 分别为阻尼器在两个方向上的位移。

### 14.1.9　计算双转子动力学特性的整体传递矩阵法

高压转子与低压转子之间、转子与机匣之间,均有支承连接而相互耦合,传统传递矩阵法无法进行求解。这时,可以利用整体传递矩阵法进行动力学特性计算。在双转子动力学特性计算过程中,将各个转子用耦合支承关联在一起作为一个整体,变为一条线传递,这样最终形成的频率行列式阶数只与所考虑的转子个数有关,而与支承个数无关,便于编制通用计算程序。

1. 轴段和站的传递矩阵

为了实现整个结构沿一条直线传递，把各子结构相应节点的状态参数放在同一列阵中，构成整体状态参数，把各子结构相应单元的传递矩阵放在同一方阵中，构成整体传递矩阵。在传递过程中，如遇耦合点则乘以耦合单元。对于第 $i$ 个单元，单转子的状态参数为

$$\boldsymbol{Z}_i = [y \quad \theta \quad M \quad Q]_i^{\mathrm{T}} \tag{14.43}$$

双转子的状态参数为

$$\boldsymbol{Z}_i = [y_1 \quad \theta_1 \quad M_1 \quad Q_1 \quad y_2 \quad \theta_2 \quad M_2 \quad Q_2]_i^{\mathrm{T}} \tag{14.44}$$

式中，下标"1"表示低压转子参数，下标"2"表示高压转子参数，以下式子中用同样的方法表示。各子结构可根据情况独立划分单元，然后添加虚设单元使各子结构具有相同数目的单元，并逻辑对齐，以便整体传递。虚设单元长度为零，质量为零。这样，每个转子首尾两端都为自由端，即 $M_1 = Q_1 = M_2 = Q_2 = 0$。

1）初始矩阵

如上所述，为了便于计算，每个转子的起始端都让它成为自由端，如果有约束，就给它添加一个虚设单元。起始端的状态参数为

$$[\boldsymbol{Z}_1 \quad \boldsymbol{Z}_2]_0^{\mathrm{T}} = [y_1 \quad \theta_1 \quad 0 \quad 0 \quad y_2 \quad \theta_2 \quad 0 \quad 0]_0^{\mathrm{T}} = \boldsymbol{P}_{8\times4}\boldsymbol{V}_0 \tag{14.45}$$

$\boldsymbol{V}_0$ 为初始参量列阵：

$$\boldsymbol{V}_0 = [y_1 \quad \theta_1 \quad y_2 \quad \theta_2]_0^{\mathrm{T}} \tag{14.46}$$

$\boldsymbol{P}$ 为 8×4 阶常数矩阵，称为初始矩阵。

$$\boldsymbol{P} = \begin{bmatrix} 1 & 0 & 0 & 0 \\ 0 & 1 & 0 & 0 \\ 0 & 0 & 0 & 0 \\ 0 & 0 & 0 & 0 \\ 0 & 0 & 1 & 0 \\ 0 & 0 & 0 & 1 \\ 0 & 0 & 0 & 0 \\ 0 & 0 & 0 & 0 \end{bmatrix} \tag{14.47}$$

进行这样的变换后，整体传递矩阵计算时，每次都是 8×8 阶方阵与 8×4 阶矩阵相乘，而不是 8×8 方阵与 8×8 方阵相乘，运算减少了一半。

2）双转子轴段的传递矩阵

单转子无质量轴段的传递矩阵为

$$
\boldsymbol{L}_i = \begin{bmatrix} 1 & l & \dfrac{l^2}{2EI} & \dfrac{l^3}{6EI}(1-\nu) \\ 0 & 1 & \dfrac{l}{EI} & \dfrac{l^2}{2EI} \\ 0 & 0 & 1 & l \\ 0 & 0 & 0 & 1 \end{bmatrix} \tag{14.48}
$$

则双转子无质量轴段传递矩阵为

$$
\boldsymbol{L}_i = \begin{bmatrix} \boldsymbol{L}_{1i} & 0 \\ 0 & \boldsymbol{L}_{2i} \end{bmatrix} \tag{14.49}
$$

式中，$\boldsymbol{L}_{1i}$ 和 $\boldsymbol{L}_{2i}$ 分别为低压转子和高压转子的无质量轴段传递矩阵。双转子均质轴段的传递矩阵也利用相同的方法由单转子均质轴段传递矩阵扩展得到。

3）双转子集中质量站的传递矩阵

单转子集中质量站传递矩阵为

$$
\boldsymbol{T}_m = \begin{bmatrix} 1 & 0 & 0 & 0 \\ 0 & 1 & 0 & 0 \\ 0 & 0 & 1 & 0 \\ m\Omega^2 & 0 & 0 & 1 \end{bmatrix} \tag{14.50}
$$

则双转子集中质量站传递矩阵为

$$
\boldsymbol{T}_m = \begin{bmatrix} \boldsymbol{T}_{m1} & 0 \\ 0 & \boldsymbol{T}_{m2} \end{bmatrix} \tag{14.51}
$$

4）双转子轮盘站的传递矩阵

单转子轮盘站的传递矩阵为

$$
\boldsymbol{T}_d = \begin{bmatrix} 1 & 0 & 0 & 0 \\ 0 & 1 & 0 & 0 \\ 0 & \left(\dfrac{\omega}{\Omega}\dfrac{I_p}{I_d} - 1\right) I_d\Omega^2 & 1 & 0 \\ m\Omega^2 & 0 & 0 & 1 \end{bmatrix} \tag{14.52}
$$

式中，$\Omega$ 为公转转速，$\omega$ 为自转转速。

如果该轮盘为低压转子轮盘，则双转子对应的轮盘站的传递矩阵为

$$
\boldsymbol{T}_d = \begin{bmatrix} \boldsymbol{T}_{d1} & 0 \\ 0 & \boldsymbol{E}_4 \end{bmatrix} \tag{14.53}
$$

式中，$\boldsymbol{E}_4$ 表示 4 阶单位矩阵：

$$\boldsymbol{E}_4=\begin{bmatrix}1&0&0&0\\0&1&0&0\\0&0&1&0\\0&0&0&1\end{bmatrix}$$

如果该轮盘为高压转子轮盘，则双转子对应的轮盘站的传递矩阵为

$$\boldsymbol{T}_d=\begin{bmatrix}\boldsymbol{E}_4&0\\0&\boldsymbol{T}_{d2}\end{bmatrix} \tag{14.54}$$

5）双转子弹性铰链站的传递矩阵

单转子弹性铰链站的传递矩阵为

$$\boldsymbol{T}_h=\begin{bmatrix}1&0&0&0\\0&1&1/C_h&0\\0&0&1&0\\0&0&0&1\end{bmatrix} \tag{14.55}$$

如果弹性铰链在低压转子上，则双转子对应的弹性铰链站传递矩阵为

$$\boldsymbol{T}_h=\begin{bmatrix}\boldsymbol{T}_{h1}&0\\0&\boldsymbol{E}_4\end{bmatrix} \tag{14.56}$$

如果弹性铰链在高压转子上，则双转子对应的弹性铰链站传递矩阵为

$$\boldsymbol{T}_h=\begin{bmatrix}\boldsymbol{E}_4&0\\0&\boldsymbol{T}_{h2}\end{bmatrix} \tag{14.57}$$

6）双转子弹性支承站的传递矩阵

单转子弹性支承站的传递矩阵为

$$\boldsymbol{T}_b=\begin{bmatrix}1&0&0&0\\0&1&0&0\\0&0&1&0\\-k&0&0&1\end{bmatrix} \tag{14.58}$$

如果弹性支承在低压转子上，则双转子对应的弹性支承站传递矩阵为

$$\boldsymbol{T}_b=\begin{bmatrix}\boldsymbol{T}_{b1}&0\\0&\boldsymbol{E}_4\end{bmatrix} \tag{14.59}$$

如果弹性支承在高压转子上，则双转子对应的弹性支承站传递矩阵为

$$T_b = \begin{bmatrix} E_4 & 0 \\ 0 & T_{b2} \end{bmatrix} \tag{14.60}$$

7）双转子中介支承站的传递矩阵

通过中介支承时，在整体传递矩阵的传递过程中应该乘以耦合矩阵，所谓耦合矩阵就是满足中介支承耦合点协调条件的矩阵。图 14.7 为双转子耦合的结构简图。图中，$k$ 为中介支承径向刚度，$k_h$ 为中介支承抗弯刚度。

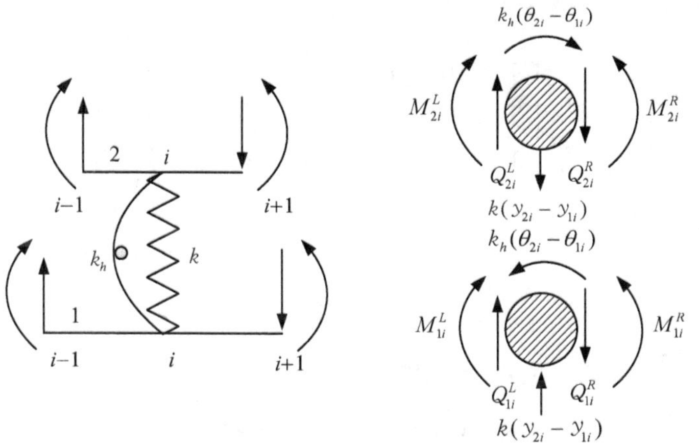


**图 14.7　双转子中介支承耦合结构简图**[13,14]

对于转子 1（低压转子）：

$$y_{1i}^R = y_{1i}^L,\ \theta_{1i}^R = \theta_{1i}^L$$

$$M_{1i}^R = M_{1i}^L + k_h(\theta_{1i} - \theta_{2i})$$

$$Q_{1i}^R = Q_{1i}^L + k(-y_{1i} + y_{2i})$$

写成矩阵形式：

$$\begin{bmatrix} y_1 \\ \theta_1 \\ M_1 \\ Q_1 \end{bmatrix}^R = \begin{bmatrix} 1 & 0 & 0 & 0 & 0 & 0 & 0 & 0 \\ 0 & 1 & 0 & 0 & 0 & 0 & 0 & 0 \\ 0 & k_h & 1 & 0 & 0 & -k_h & 0 & 0 \\ -k & 0 & 0 & 1 & k & 0 & 0 & 0 \end{bmatrix}_i \begin{bmatrix} y_1 \\ \theta_1 \\ M_1 \\ Q_1 \\ y_2 \\ \theta_2 \\ M_2 \\ Q_2 \end{bmatrix}_i^L$$

对于转子 2(高压转子):

$$y_{2i}^R = y_{2i}^L,\ \theta_{2i}^R = \theta_{2i}^L$$
$$M_{2i}^R = M_{2i}^L + k_h(-\theta_{1i} + \theta_{2i})$$
$$Q_{2i}^R = Q_{2i}^L + k(y_{1i} - y_{2i})$$

同样写成矩阵形式:

$$\begin{bmatrix} y_2 \\ \theta_2 \\ M_2 \\ Q_2 \end{bmatrix}^R = \begin{bmatrix} 0 & 0 & 0 & 0 & 1 & 0 & 0 & 0 \\ 0 & 0 & 0 & 0 & 0 & 1 & 0 & 0 \\ 0 & -k_h & 0 & 0 & 0 & k_h & 1 & 0 \\ k & 0 & 0 & 0 & -k & 0 & 0 & 1 \end{bmatrix}_i \begin{bmatrix} y_1 \\ \theta_1 \\ M_1 \\ Q_1 \\ y_2 \\ \theta_2 \\ M_2 \\ Q_2 \end{bmatrix}_i^L$$

把上面两个矩阵方程组合在一起,得

$$\begin{bmatrix} y_1 \\ \theta_1 \\ M_1 \\ Q_1 \\ y_2 \\ \theta_2 \\ M_2 \\ Q_2 \end{bmatrix}_i^R = \begin{bmatrix} 1 & 0 & 0 & 0 & 0 & 0 & 0 & 0 \\ 0 & 1 & 0 & 0 & 0 & 0 & 0 & 0 \\ 0 & k_h & 1 & 0 & 0 & -k_h & 0 & 0 \\ -k & 0 & 0 & 1 & k & 0 & 0 & 0 \\ 0 & 0 & 0 & 0 & 1 & 0 & 0 & 0 \\ 0 & 0 & 0 & 0 & 0 & 1 & 0 & 0 \\ 0 & -k_h & 0 & 0 & 0 & k_h & 1 & 0 \\ k & 0 & 0 & 0 & -k & 0 & 0 & 1 \end{bmatrix}_i \begin{bmatrix} y_1 \\ \theta_1 \\ M_1 \\ Q_1 \\ y_2 \\ \theta_2 \\ M_2 \\ Q_2 \end{bmatrix}_i^L \tag{14.61}$$

令

$$\boldsymbol{R}_1 = \begin{bmatrix} 1 & 0 & 0 & 0 \\ 0 & 1 & 0 & 0 \\ 0 & k_h & 1 & 0 \\ -k & 0 & 0 & 1 \end{bmatrix} \qquad \boldsymbol{R}_2 = \begin{bmatrix} 0 & 0 & 0 & 0 \\ 0 & 0 & 0 & 0 \\ 0 & -k_h & 0 & 0 \\ k & 0 & 0 & 0 \end{bmatrix}$$

则式(14.61)可写成为

$$\begin{bmatrix} \boldsymbol{Z}_1 \\ \boldsymbol{Z}_2 \end{bmatrix}_i^R = \begin{bmatrix} \boldsymbol{R}_1 & \boldsymbol{R}_2 \\ \boldsymbol{R}_2 & \boldsymbol{R}_1 \end{bmatrix} \begin{bmatrix} \boldsymbol{Z}_1 \\ \boldsymbol{Z}_2 \end{bmatrix}_i^L \tag{14.62}$$

即

$$\boldsymbol{Z}_i^R = \boldsymbol{RS} \cdot \boldsymbol{Z}_i^L$$

$\boldsymbol{Z}_i^R$ 和 $\boldsymbol{Z}_i^L$ 分别表示第 $i$ 站的右侧和左侧整体状态参数，$\boldsymbol{RS}$ 为耦合传递矩阵：

$$\boldsymbol{RS} = \begin{bmatrix} \boldsymbol{R}_1 & \boldsymbol{R}_2 \\ \boldsymbol{R}_2 & \boldsymbol{R}_1 \end{bmatrix} \tag{14.63}$$

由此可见，矩阵传递过程中遇到耦合点时，只需乘以耦合矩阵 $\boldsymbol{RS}$ 就可以连续传递下去。这种方法可以扩展到带机匣转子的计算。

2. 双转子临界转速与振型计算

将双转子按计算模型划分为 $m$ 个单元，$m+1$ 个站，其中在第 $i$ 站存在耦合点，耦合矩阵为 $\boldsymbol{RS}_i$，初始状态参数为 $\boldsymbol{Z}_0 = \boldsymbol{PV}_0$。设第 $n$ 轴段和第 $n$ 站矩阵的乘积为矩阵 $\boldsymbol{H}_n$，则传递公式为

$$\boldsymbol{Z}_{m+1} = [\boldsymbol{Z}_1 \quad \boldsymbol{Z}_2]_{m+1}^{\mathrm{T}} = \boldsymbol{H}_{m+1}\boldsymbol{H}_m \cdots \boldsymbol{H}_i\boldsymbol{RS}_i \cdots \boldsymbol{H}_2\boldsymbol{H}_1\boldsymbol{PV}_0 = \boldsymbol{TV}_0 \tag{14.64}$$

$\boldsymbol{T}$ 为 8×4 阶矩阵。

设由 $\boldsymbol{T}$ 矩阵的第 3、4、7、8 行组成的矩阵为 $\boldsymbol{T}'$，$\boldsymbol{T}'$ 为 4×4 阶矩阵，则由终端边界条件可得频率方程：

$$\boldsymbol{T}'\boldsymbol{V}_0 = 0 \tag{14.65}$$

为使方程(14.65)有非零解，需要满足：

$$\det(\boldsymbol{T}') = 0 \tag{14.66}$$

用割线法可求得转子系统的临界转速。

振型是相对值，可以令 $\boldsymbol{V}_0$ 中 $y_1$ 等于 1，同时将求得的某阶临界转速值代入方程(14.65)，去掉任意一个方程，然后解此方程就可得到起始端截面状态参数，再利用传递矩阵就可求得各子结构的振型，求解过程与单转子传递矩阵法一致。

值得注意的是，双转子临界转速分低压转子主激励和高压转子主激励两种，计算低压转子主激励临界转速时，公转转速应设置为低压转子的转速；反之，公转转速应设置为高压转子转速。

3. 双转子不平衡响应计算

主要考虑不平衡质量加在轮盘上引起的不平衡响应。这时，带不平衡质量的单盘的传递矩阵为

$$T_d = \begin{bmatrix} 1 & 0 & 0 & 0 & 0 \\ 0 & 1 & 0 & 0 & 0 \\ 0 & \left(\dfrac{\omega}{\Omega}\dfrac{I_p}{I_d} - 1\right) I_d\Omega^2 & 1 & 0 & 0 \\ m\Omega^2 & 0 & 0 & 1 & \Omega^2 mr \\ 0 & 0 & 0 & 0 & 1 \end{bmatrix} \tag{14.67}$$

双转子不平衡响应也应分低压转子不平衡响应和高压转子不平衡响应两种情况，要分别进行计算。计算低压转子不平衡响应时，不平衡质量在低压转子上，公转转速为低压转子转速；计算高压转子不平衡响应时，不平衡质量在高压转子上，而公转转速为高压转子转速。

高、低压转子的传递矩阵均由四阶改为五阶，加上的部分除第 5 行第 5 列为 1 外，其余都为 0，与第 14.1.7 节中所述的方法一致。合成双转子传递矩阵的方式与第 14.1.9 节类似。

初始参量列阵为

$$\boldsymbol{V}_1 = [y_1 \quad \theta_1 \quad 1 \quad y_2 \quad \theta_2 \quad 1]_1^{\mathrm{T}}$$

初始矩阵为

$$\boldsymbol{P} = \begin{bmatrix} 1 & 0 & 0 & 0 & 0 & 0 \\ 0 & 1 & 0 & 0 & 0 & 0 \\ 0 & 0 & 0 & 0 & 0 & 0 \\ 0 & 0 & 0 & 0 & 0 & 0 \\ 0 & 0 & 1 & 0 & 0 & 0 \\ 0 & 0 & 0 & 1 & 0 & 0 \\ 0 & 0 & 0 & 0 & 1 & 0 \\ 0 & 0 & 0 & 0 & 0 & 0 \\ 0 & 0 & 0 & 0 & 0 & 0 \\ 0 & 0 & 0 & 0 & 0 & 1 \end{bmatrix}$$

设从初始端至末端连乘后得到的矩阵为 $\boldsymbol{T}$，根据初始端和末端的边界条件 $[M_1 \quad Q_1 \quad M_2 \quad Q_2]_1^{\mathrm{T}} = [M_1 \quad Q_1 \quad M_2 \quad Q_2]_n^{\mathrm{T}} = 0$，可由如下方程求得初始参量列阵。

$$\begin{bmatrix} T_{31} & T_{32} & T_{34} & T_{35} \\ T_{41} & T_{42} & T_{44} & T_{45} \\ T_{81} & T_{82} & T_{84} & T_{85} \\ T_{91} & T_{92} & T_{94} & T_{95} \end{bmatrix} \begin{bmatrix} y_1 \\ \theta_1 \\ y_2 \\ \theta_2 \end{bmatrix} = - \begin{bmatrix} T_{33} + T_{36} \\ T_{43} + T_{46} \\ T_{83} + T_{86} \\ T_{93} + T_{96} \end{bmatrix} \tag{14.68}$$

从而可以根据各个传递矩阵计算出轴上各个位置的挠度和挠角，对挠度求模即得到不平衡响应的幅值。稳态不平衡响应的计算还能得出在不同转速下盘的振幅，从而也可以得到临界转速。

### 14.1.10 算例

本节分别给出单转子和双转子临界转速计算算例。

1. 单转子临界转速算例

一个五跨转子经集总化后，其模型如图 14.8 所示，不计各节点圆盘的回转效应和摆动惯性。原始数据为 $m_1 = m_{13} = 2\,940$ kg，$m_i = 5\,880$ kg，$l_i = 1.3$ m，$l_i/(EI)_i = 2.959\,2 \times 10^{-9}(\mathrm{N \cdot m})^{-1}(i = 2, 3, \cdots, 12)$。五个弹性支承的参数为 $K_j = 1.960\,0 \times 10^9$ N/m，$K_{bj} = 2.704\,8 \times 10^9$ N/m，$m_{bj} = 3\,577$ kg $(j = 1, 2, \cdots, 5)$[6]。

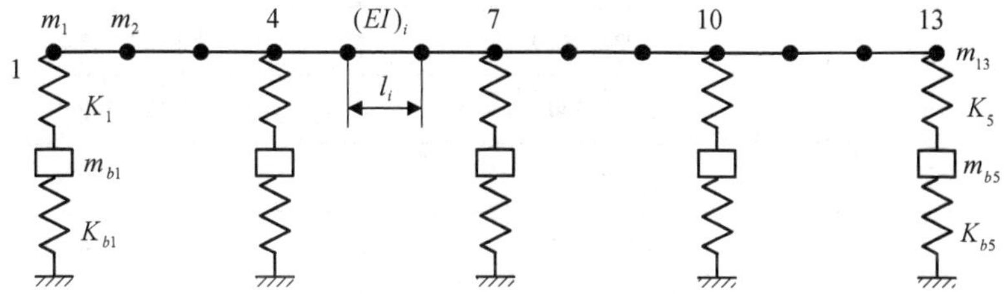


图 14.8　五跨转子系统的计算模型[6]

对于本例中的支承结构，其等效刚度为

$$K_{eq} = \frac{K(K_b - m_b \Omega^2)}{K + K_b - m_b \Omega^2}$$

计算得到的剩余量-转速曲线如图 14.9 所示。

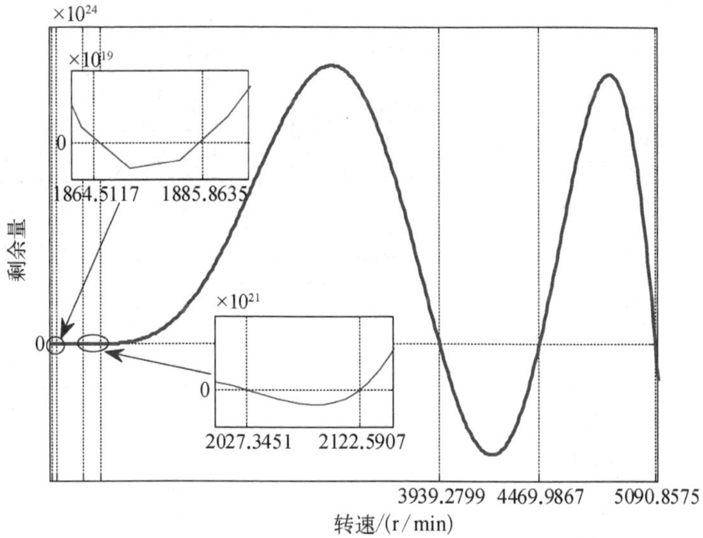


图 14.9　传递矩阵法临界转速计算的剩余量-转速曲线

表 14.1 给出了各阶临界转速的计算精度对比。

**表 14.1　各阶临界转速的计算精度对比**

| 阶次 | 传递矩阵法/(r/min) | 精确解[6]/(r/min) |
| --- | --- | --- |
| 1 | 1 864.511 7 | 1 864.511 7 |
| 2 | 1 885.863 5 | 1 885.863 5 |
| 3 | 2 027.345 1 | 2 027.345 1 |
| 4 | 2 122.590 7 | 2 122.590 7 |
| 5 | 3 939.279 9 | 3 939.279 9 |
| 6 | 4 469.986 7 | 4 469.986 7 |
| 7 | 5 090.857 5 | 5 090.857 4 |

表 14.2 为第二阶和第六阶模态振型的计算结果与精确解对比。

**表 14.2　第二阶和第六阶模态振型的计算结果对比**

| 节点号 | 第二阶模态振型 | 精确解[6] | 第六阶模态振型 | 精确解[6] |
| --- | --- | --- | --- | --- |
| 1 | 0.203 0 | 0.203 0 | 1 | 1 |
| 2 | 1 | 1 | 0.707 6 | 0.707 6 |
| 3 | 0.976 7 | 0.976 7 | −0.455 2 | −0.455 2 |
| 4 | 0.264 2 | 0.264 2 | −0.808 2 | −0.808 2 |
| 5 | −0.262 9 | −0.262 9 | −0.081 2 | −0.081 2 |
| 6 | −0.369 9 | −0.369 9 | 0.562 4 | 0.562 4 |
| 7 | −0.288 0 | −0.288 0 | 0 | 0 |
| 8 | −0.369 9 | −0.369 9 | −0.562 4 | −0.562 4 |
| 9 | −0.262 9 | −0.262 9 | 0.081 2 | 0.081 2 |
| 10 | 0.264 2 | 0.264 2 | 0.808 2 | 0.808 2 |
| 11 | 0.9767 | 0.9767 | 0.4552 | 0.455 2 |
| 12 | 1 | 1 | −0.707 6 | −0.707 6 |
| 13 | 0.203 0 | 0.203 0 | −1 | −1 |

2. 双转子临界转速算例

如图 14.10 所示的双转子系统具有两个中介支承，两个转子分别在不同的转速下运转，模型的原始数据如表 14.3 所示[7]。本例中，取 $I_d = \frac{1}{2}I_p$，弹性模量 $E = 2.07 \times 10^{11}\ \mathrm{N/m^2}$，低压轴的截面惯性矩 $I_1 = 3.976 \times 10^{-8}\ \mathrm{m^4}$，高压轴的截面惯性矩 $I_2 = 5.2002 \times 10^{-8}\ \mathrm{m^4}$；低压转子转速 $\Omega_L = 994.88\ \mathrm{rad/s}$，高压转子转速 $\Omega_h = 1361.36\ \mathrm{rad/s}$。

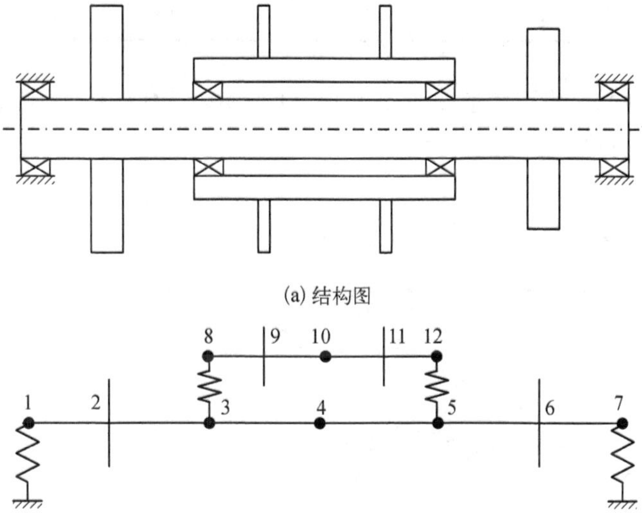


(a) 结构图

(b) 计算模型

**图 14.10　具有两个中介支承的双转子系统[7]**

**表 14.3　双转子算例原始数据[7]**

| 序号 | $m$/kg | $I_p$/(kg · m²) | $k$/(N/m) | $l$/m |
|---|---|---|---|---|
| 1 | 0.325 | 0 | $2.5\times10^7$ | 0.075 |
| 2 | 10.45 | 0.1125 | — | 0.075 |
| 3 | 0.935 | 0 | $1.2\times10^7$ | 0.225 |
| 4 | 1.3205 | 0 | — | 0.225 |
| 5 | 0.925 | 0 | $1.0\times10^7$ | 0.075 |
| 6 | 8.45 | 0.09 | — | 0.075 |
| 7 | 0.305 | 0 | $1.5\times10^7$ | |

续 表

| 序号 | $m$/kg | $I_p$/(kg · m$^2$) | $k$/(N/m) | $l$/m |
|---|---|---|---|---|
| 8 | 0.193 2 | 0 | $1.2\times10^7$ | 0.075 |
| 9 | 7.779 6 | 0.073 5 | - | 0.15 |
| 10 | 0.372 8 | 0 | — | 0.15 |
| 11 | 6.279 6 | 0.043 2 | — | 0.075 |
| 12 | 0.173 2 | 0 | $1.0\times10^7$ | |

计算得到的剩余量-转速曲线如图 14.11 所示。表 14.4 为各阶正进动固有频率的计算精度对比。

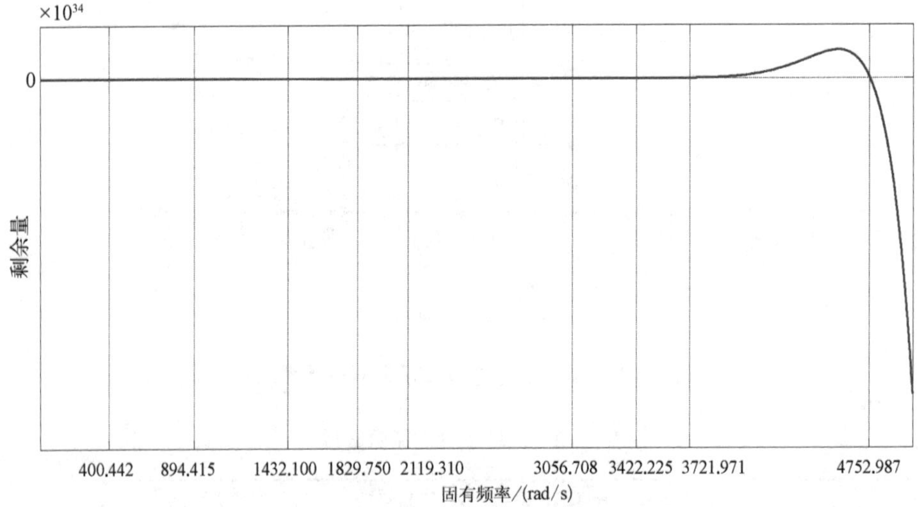


**图 14.11　整体传递矩阵法计算临界转速的剩余量-转速曲线**

**表 14.4　各阶正进动固有频率的计算精度对比**

| 阶次 | 整体传递矩阵法/(rad/s) | 拉格朗日方程的解[7]/(rad/s) |
|---|---|---|
| 1 | 400.442 | 400.436 |
| 2 | 894.415 | 894.410 |
| 3 | 1 432.100 | 1 432.092 |
| 4 | 1 829.750 | 1 829.741 |

续　表

| 阶次 | 整体传递矩阵法/(rad/s) | 拉格朗日方程的解[7]/(rad/s) |
|---|---|---|
| 5 | 2 119.310 | 2 119.298 |
| 6 | 3 056.708 | 3 056.654 |
| 7 | 3 422.225 | 3 422.186 |
| 8 | 3 721.971 | 3 721.947 |
| 9 | 4 752.987 | 4 752.938 |

## 14.2　有限元计算方法

### 14.2.1　有限元计算方法的特点和计算步骤

由于实际发动机转子系统的结构相当复杂，目前计算其动力学特性时多采用数值解法，主要包括传递矩阵法和有限元法。相比于传递矩阵法，有限元法的优点主要在于表达方式清晰，系统计算矩阵易于扩展，且更适用于瞬态响应计算。

有限元计算方法的思路是，将连续的系统离散化为有限个单元，建立有限个离散单元的运动微分方程，而后，通过各单元之间力的作用关系，将各单元的运动微分方程联立起来，组成整个系统的运动微分方程进行求解。这种将有限个单元重构为一个集合体的计算方法已在各行各业中得到广泛应用。

在实际发动机转子的离散化建模过程中，按照对模型单元的维度，可划分为一维、二维和三维模型，不同维度模型的特点如表 14.5 所示。其中，计算的精度主要取决于对模型单元的划分是否精细与准确，而二维和三维模型在转子径向和周向进一步划分了单元，故而精度相对于一维模型更高。但随维度升高，二维和三维模型的计算量会迅速增大，严重影响计算效率。考虑到一维模型计算结果的精度足以满足发动机转子系统动力学特性计算要求，并且能大大提高计算效率，故本节仅介绍有限元一维建模和计算方法。

**表 14.5　有限元模型的比较**

| | 单元类型 | 单元节点数 | 节点自由度 | 计算精度 | 计算量 |
|---|---|---|---|---|---|
| 一维 | 线 | 2 | 6 | 一般 | 小 |
| 二维 | 面 | 3~4 | 6 | 较高 | 大 |
| 三维 | 体 | 4~8 | 6 | 高 | 特大 |

发动机转子动力学特性的有限元计算主要分为以下步骤[13-17]：

（1）将实际转子结构进行简化，得到一个由弹性轴段、刚性盘、支承等构成的回转体模型。其中，弹性轴段包含分布质量及弹性模量等参数，刚性盘包含集中质量与转动惯量等参数，支承包含刚度与阻尼等参数；

（2）对模型进行单元和节点划分，将连续模型离散化为有限个单元的集合体，并定义各节点的自由度及单元参数信息；

（3）通过分析各单元的运动形式，建立相应的动能及势能表达式，通过拉格朗日方程得到各单元的运动微分方程；

（4）通过分析各节点之间力的作用关系，将各单元的运动微分方程进行组装，得到转子系统的运动微分方程；

（5）求解转子系统的运动微分方程，便可得到转子系统的自振频率及振型；

（6）在转子系统特定的节点上添加外力项，便可求解得到转子系统的响应特性。

由于双转子系统的求解过程对于单转子系统同样适用，故本章直接介绍双转子系统动力学特性的计算方法。

### 14.2.2 发动机转子系统的建模和单元节点划分

以典型发动机的转子结构为对象进行建模。图 14.12 为模型简化及单元划分示意

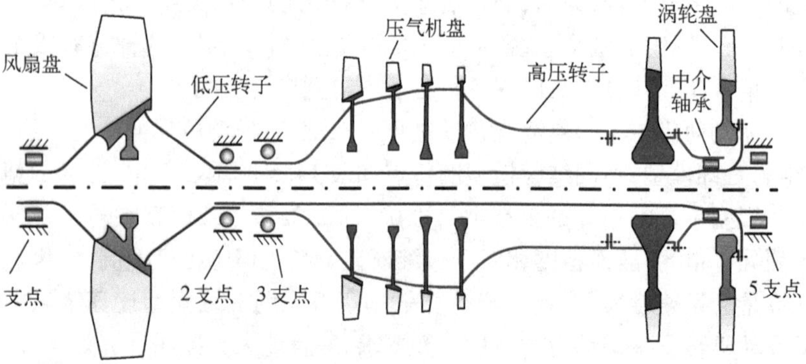

(a) 发动机双转子结构简图

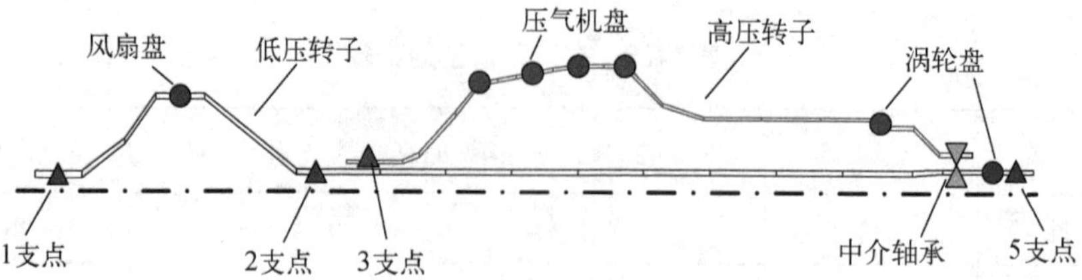

(b) 双转子有限元模型

**图 14.12 典型发动机双转子模型和单元节点划分**

图,其中图 14.12(a)为发动机双转子结构简图;图 14.12(b)为处理后的有限元模型。

发动机转子结构的建模过程主要分以下步骤[13-17]:

(1) 确定支承的轴向位置,并在轴承中点处设置节点。其中,中介支承的节点位置尤为重要,必须与高、低压转子上中介支承的节点位置相对应;

(2) 确定轮盘的轴向位置以及惯量参数。轮盘节点一般设置于盘的重心,并测量轮盘绕重心的极转动惯量和直径转动惯量。对于轮盘上的不规则叶片,可采取附加惯量的方式,将叶片的质量及其绕盘重心的极转动惯量和直径转动惯量等效至盘节点处;

(3) 简化转轴并划分轴单元。在保证支承和盘节点轴向位置的前提下,合理地将转轴简化为等截面轴或圆锥轴单元,其中每个轴单元由两个节点及弹性轴段构成。对于较长的等截面轴,应适当划分为数个轴段,以提高模型计算的准确度。

基于得到的简化模型,建立如图 14.13 所示的坐标系。$OXYZ$ 为固定坐标系,$OZ$ 轴与转子轴线重合;$oxyz$ 为局部旋转坐标系,其原点固定于节点;$x$ 和 $y$ 表示任意节点相对于固定坐标系的位移,$z$ 表示任意节点的轴向位移,$\theta_x$、$\theta_y$ 和 $\theta_z$ 表示任意节点所处截面相对固定坐标系的转角。$oxyz$ 坐标系绕 $oz$ 轴以自转角速度 $\Omega$ 旋转,其中,低压转子角速度 $\Omega$ 取值为低压转速 $\Omega_L$,高压转子转速取值为 $\Omega_h$。取沿 $OZ$ 轴方向为正,则 $\Omega_h$ 为正时代表双转子同转,$\Omega_h$ 为负时代表双转子对转。

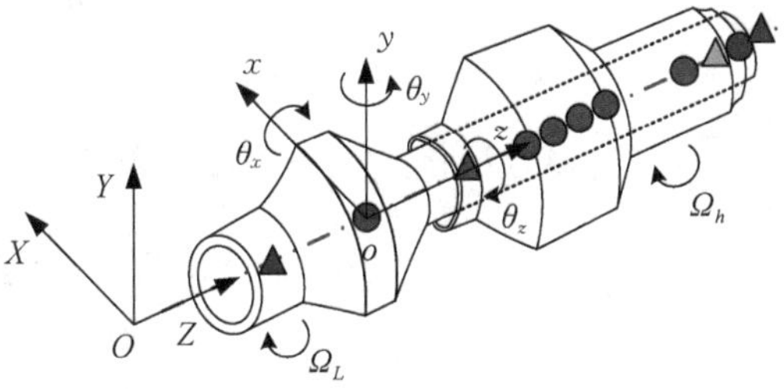


**图 14.13　双转子系统坐标系**[13-17]

在发动机转子一维模型中,忽略节点的轴向位移 $z$ 以及扭转形变。此时,任意单元在 $OZ$ 方向的转角与自转角相同,即 $\theta_z = \Omega t$。于是,任意节点的广义位移向量可表示为

$$\boldsymbol{q} = [x \quad y \quad \theta_x \quad \theta_y]^{\mathrm{T}} \tag{14.69}$$

通过各节点的广义位移以及节点之间的受力关系,便可得到刚性盘、弹性轴以及支承等单元的运动微分方程。

### 14.2.3　单元的运动微分方程

1. 刚性盘单元的运动微分方程

刚性盘单元的动能表达式为

$$T^d = \frac{1}{2}\begin{Bmatrix}\dot{x}\\ \dot{y}\end{Bmatrix}^{\mathrm{T}}\begin{bmatrix}m_d & 0\\ 0 & m_d\end{bmatrix}\begin{Bmatrix}\dot{x}\\ \dot{y}\end{Bmatrix} + \frac{1}{2}\begin{Bmatrix}\omega_x\\ \omega_y\\ \omega_z\end{Bmatrix}^{\mathrm{T}}\begin{bmatrix}I_d & 0 & 0\\ 0 & I_d & 0\\ 0 & 0 & I_p\end{bmatrix}\begin{Bmatrix}\omega_x\\ \omega_y\\ \omega_z\end{Bmatrix} \tag{14.70}$$

式中，$m_d$ 为盘的质量；$I_p$ 为盘等效至节点处的极转动惯量；$I_d$ 为盘等效至节点处的直径转动惯量；$\omega_x$、$\omega_y$ 和 $\omega_z$ 分别为盘绕旋转坐标系 $oxyz$ 坐标轴的角速度。

由于盘的摆动量很小，根据坐标系的欧拉角变换，旋转坐标系 $oxyz$ 下的角速度关系可表示为

$$\begin{Bmatrix} \omega_x \\ \omega_y \\ \omega_z \end{Bmatrix} = \begin{bmatrix} \cos\theta_x \sin\theta_z & 0 & \cos\theta_z \\ \cos\theta_x \cos\theta_z & 0 & -\sin\theta_z \\ -\sin\theta_x & 1 & 0 \end{bmatrix} \begin{Bmatrix} \dot{\theta}_y \\ \dot{\theta}_z \\ \dot{\theta}_x \end{Bmatrix} \tag{14.71}$$

式中，$\dot{\theta}_z$ 等于自转角速度 $\Omega$。

将式(14.71)代入式(14.70)，并取 $\sin\theta_x \approx \theta_x$，$\cos\theta_x \approx 1$；$\sin\theta_y \approx \theta_y$，$\cos\theta_y \approx 1$；且忽略二次方以上的项，得到盘单元的动能表达式：

$$T^d = \frac{1}{2}\begin{Bmatrix} \dot{x} \\ \dot{y} \end{Bmatrix}^{\mathrm{T}} \begin{bmatrix} m_d & 0 \\ 0 & m_d \end{bmatrix} \begin{Bmatrix} \dot{x} \\ \dot{y} \end{Bmatrix} + \frac{1}{2}\begin{Bmatrix} \dot{\theta}_x \\ \dot{\theta}_y \end{Bmatrix}^{\mathrm{T}} \begin{bmatrix} I_d & 0 \\ 0 & I_d \end{bmatrix} \begin{Bmatrix} \dot{\theta}_x \\ \dot{\theta}_y \end{Bmatrix} - \Omega \dot{\theta}_y \theta_x I_p + \frac{1}{2} I_p \Omega^2 \tag{14.72}$$

将式(14.72)代入拉格朗日方程(14.73)，即

$$\frac{\mathrm{d}}{\mathrm{d}t}\left(\frac{\partial T^d}{\partial \dot{\boldsymbol{q}}^d}\right) - \frac{\partial T^d}{\partial \boldsymbol{q}^d} = \boldsymbol{Q}^d \tag{14.73}$$

则刚性盘单元在固定坐标系中的运动微分方程为

$$(\boldsymbol{M}_t^d + \boldsymbol{M}_r^d)\ddot{\boldsymbol{q}}^d - \Omega \boldsymbol{G}^d \dot{\boldsymbol{q}}^d = \boldsymbol{Q}^d \tag{14.74}$$

式中，上标 $d$ 表示盘单元；$\boldsymbol{M}_t$ 为位移惯性矩阵；$\boldsymbol{M}_r$ 为转动惯性矩阵；$\boldsymbol{G}$ 为陀螺力矩矩阵；$\boldsymbol{Q}$ 为单元外力向量。

各矩阵的表达式如下：

$$\boldsymbol{M}_t^d = \begin{bmatrix} m_d & 0 & 0 & 0 \\ 0 & m_d & 0 & 0 \\ 0 & 0 & 0 & 0 \\ 0 & 0 & 0 & 0 \end{bmatrix}, \boldsymbol{M}_r^d = \begin{bmatrix} 0 & 0 & 0 & 0 \\ 0 & 0 & 0 & 0 \\ 0 & 0 & I_d & 0 \\ 0 & 0 & 0 & I_d \end{bmatrix}, \boldsymbol{G}^d = \begin{bmatrix} 0 & 0 & 0 & 0 \\ 0 & 0 & 0 & 0 \\ 0 & 0 & 0 & -I_p \\ 0 & 0 & I_p & 0 \end{bmatrix}。$$

当刚性盘存在质量不平衡时，设盘质心在旋转坐标系上的坐标为 $(\varepsilon_x, \varepsilon_y)$，则式(14.74)中的外力向量 $\boldsymbol{Q}^d$ 可写为

$$\boldsymbol{Q}^d = m_d \Omega^2 \begin{Bmatrix} \varepsilon_x \\ \varepsilon_y \\ 0 \\ 0 \end{Bmatrix} \cos\Omega t + m_d \Omega^2 \begin{Bmatrix} -\varepsilon_y \\ \varepsilon_x \\ 0 \\ 0 \end{Bmatrix} \sin\Omega t \tag{14.75}$$

式中，对于低压盘，角速度 $\Omega$ 取值为 $\Omega_L$；对于高压盘，角速度 $\Omega$ 取值为 $\Omega_h$。

2. 等截面轴单元的运动微分方程

在有限元法中，通常采用 Timoshenko 梁建立一维轴单元模型。图 14.14 为等截面轴单元模型，轴单元长度为 $l$，单元内任意截面的轴向位置为 $s$，轴微元段为 $ds$。轴两端的节点各有 4 个自由度，故轴单元的广义坐标可由 8 个自由度构成：

$$\boldsymbol{q}^{sh}=[q_{1,i}\quad q_{2,i}\quad q_{3,i}\quad q_{4,i}\quad q_{1,i+1}\quad q_{2,i+1}\quad q_{3,i+1}\quad q_{4,i+1}]^{\mathrm{T}} \tag{14.76}$$

式中，$q_1$ 和 $q_2$ 为节点在 $X$ 和 $Y$ 方向的位移；$q_3$ 和 $q_4$ 为节点绕 $X$ 和 $Y$ 方向的转角；下标 $i$ 为节点编号，上标 $sh$ 表示轴单元。

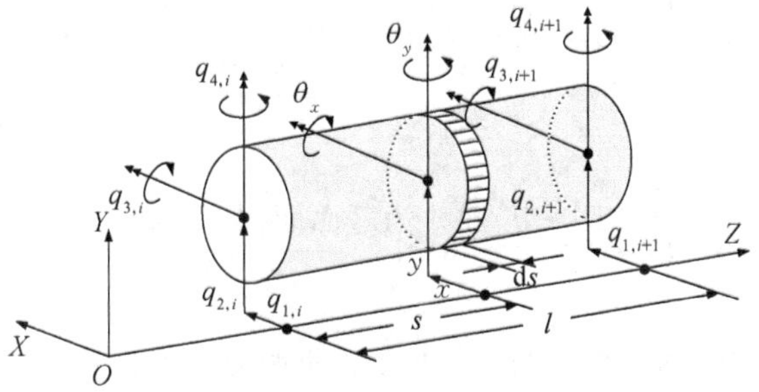


图 14.14　等截面轴单元模型[13-17]

对于任意微元段的广义坐标（$x$，$y$，$\theta_x$，$\theta_y$），均可用轴单元两端节点的广义坐标表示，即

$$\begin{cases}x(s,t)=\Psi_1 q_{1,i}+\Psi_2 q_{4,i}+\Psi_3 q_{1,i+1}+\Psi_4 q_{4,i+1}\\ y(s,t)=\Psi_1 q_{2,i}-\Psi_2 q_{3,i}+\Psi_3 q_{2,i+1}-\Psi_4 q_{3,i+1}\\ \theta_x(s,t)=-\Psi'_1 q_{1,i}+\Psi'_2 q_{4,i}-\Psi'_3 q_{1,i+1}+\Psi'_4 q_{4,i+1}\\ \theta_y(s,t)=\Psi'_1 q_{2,i}+\Psi'_2 q_{3,i}+\Psi'_3 q_{2,i+1}+\Psi'_4 q_{3,i+1}\end{cases} \tag{14.77}$$

式中，

$$\begin{cases}\Psi_1=\dfrac{1}{1+\varphi_s}[1-3\xi^2+2\xi^3+(1-\xi)\varphi_s]\\ \Psi_2=\dfrac{1}{1+\varphi_s}\left[\xi-2\xi^2+\xi^3+\dfrac{1}{2}(\xi-\xi^2)\varphi_s\right]l\\ \Psi_3=\dfrac{1}{1+\varphi_s}[3\xi^2-2\xi^3+\xi\varphi_s]\\ \Psi_4=\dfrac{1}{1+\varphi_s}\left[-\xi^2+\xi^3-\dfrac{1}{2}(\xi-\xi^2)\varphi_s\right]l\end{cases}$$

$$\begin{cases}\Psi_1' = \dfrac{1}{1+\varphi_s}\left[(6\xi^2 - 6\xi)\dfrac{1}{l}\right] \\ \Psi_2' = \dfrac{1}{1+\varphi_s}[1 - 4\xi + 3\xi^2 + (1-\xi)\varphi_s] \\ \Psi_3' = \dfrac{1}{1+\varphi_s}\left[(6\xi - 6\xi^2)\dfrac{1}{l}\right] \\ \Psi_4' = \dfrac{1}{1+\varphi_s}[3\xi^2 - 2\xi + \xi\varphi_s]\end{cases}$$

其中,$\xi = s/l$;$\varphi_s = \dfrac{12EI}{GA_s l^2}$为剪切变形系数;$A_s = \dfrac{A}{\dfrac{7+6\mu}{6(1+\mu)}\left[1 + \dfrac{20+12\mu}{7+6\mu}\left(\dfrac{Dd}{D^2+d^2}\right)^2\right]}$;$A = \dfrac{\pi}{4}(D^2 - d^2)$;$I = \dfrac{\pi}{64}(D^4 - d^4)$;$A$ 为截面面积;$D$ 为轴单元外径;$d$ 为轴单元内径;$\mu$ 为材料泊松比。

图 14.14 所示的模型中,任意微元段 $\mathrm{d}s$ 的动能 $\mathrm{d}T^{sh}$ 以及弯曲应变能 $\mathrm{d}P^{sh}$ 表达式为

$$\begin{cases}\mathrm{d}T^{sh} = \dfrac{1}{2}\rho(\dot{x}^2 + \dot{y}^2)\mathrm{d}s + \dfrac{1}{2}\Omega^2 I_p^{sh}\mathrm{d}s + \dfrac{1}{2}I_d^{sh}(\dot{\theta}_x^2 + \dot{\theta}_y^2)\mathrm{d}s - \theta_x I_p^{sh}\Omega\dot{\theta}_y\mathrm{d}s \\ \mathrm{d}P^{sh} = \dfrac{1}{2}EI\left[\left(\dfrac{\partial^2 x_b}{\partial s^2}\right)^2 + \left(\dfrac{\partial^2 y_b}{\partial s^2}\right)^2\right]\mathrm{d}s + \dfrac{1}{2}GA_s\left[\left(\dfrac{\partial^3 x_s}{\partial s^3}\right)^2 + \left(\dfrac{\partial^3 y_s}{\partial s^3}\right)^2\right]\mathrm{d}s\end{cases} \tag{14.78}$$

式中,$\rho$ 为轴单元线密度;$I_p^{sh}$ 为微元段的极转动惯量;$I_d^{sh}$ 为微元段的直径转动惯量;下标 $b$ 和 $s$ 分别表示微元段的弯曲和剪切变形。

将微元段的动能以及弯曲应变能沿轴向积分,得到轴单元的动能 $T^{sh}$ 以及弯曲应变能 $P^{sh}$ 表达式,即

$$\begin{cases}T^{sh} = \dfrac{1}{2}[\dot{\boldsymbol{q}}^{sh}]^{\mathrm{T}}(\boldsymbol{M}_T^{sh} + \boldsymbol{M}_R^{sh})\dot{\boldsymbol{q}}^{sh} + \dfrac{1}{2}\Omega^2 I_p - \Omega[\dot{\boldsymbol{q}}^{sh}]^{\mathrm{T}}\boldsymbol{N}^{sh}\boldsymbol{q}^{sh} \\ p^{sh} = \dfrac{1}{2}[\boldsymbol{q}^{sh}]^{\mathrm{T}}\boldsymbol{K}^{sh}\boldsymbol{q}^{sh}\end{cases} \tag{14.79}$$

将轴单元的能量表达式(14.79)代入拉格朗日方程(14.80),即

$$\frac{\mathrm{d}}{\mathrm{d}t}\left(\frac{\partial T^{sh}}{\partial \dot{q}^{sh}}\right) - \frac{\partial T^{sh}}{\partial \boldsymbol{q}^{sh}} + \frac{\partial p^{sh}}{\partial \boldsymbol{q}^{sh}} = \boldsymbol{Q}^{sh} \tag{14.80}$$

最终得到等截面轴单元的运动微分方程为

$$(\boldsymbol{M}_T^{sh}+\boldsymbol{M}_R^{sh})\ddot{\boldsymbol{q}}^{sh}-\Omega\boldsymbol{G}^{sh}\dot{\boldsymbol{q}}^{sh}+\boldsymbol{K}^{sh}\boldsymbol{q}^{sh}=\boldsymbol{Q}^{sh} \tag{14.81}$$

式中，$\boldsymbol{M}_T^{sh}$ 为代表移动惯性的质量矩阵；$\boldsymbol{M}_R^{sh}$ 为代表转动惯性的质量矩阵；$\boldsymbol{G}^{sh}$ 为陀螺力矩矩阵；$\boldsymbol{K}^{sh}$ 为轴单元的刚度矩阵；$\boldsymbol{Q}^{sh}$ 为轴单元所受外力向量。

等截面轴单元各系数矩阵的表达式详见附录 A。

3. 锥形轴单元的运动微分方程

在发动机转子中，常存在锥形轴结构，如风扇或高压压气机前后的锥形薄壁轴颈等。图 14.15 为锥形轴单元模型，其中 $r_{Li}$ 和 $r_{Lo}$ 分别为锥形轴左端截面的内半径和外半径，$r_{Ri}$ 和 $r_{Ro}$ 分别为锥形轴右端截面的内半径和外半径。与等截面轴模型不同的是，锥形轴单元任意截面的直径尺寸不同，但仍可用两端截面的几何尺寸表示。根据等截面轴单元运动微分方程推导过程可以看出，该方法同样适用于锥形轴单元。而推导过程中需要调整之处在于，锥形轴单元的微元段在沿轴向积分时，存在与轴向位置 $s$ 相关的变量，故替换微元段的积分参数表达式即可。

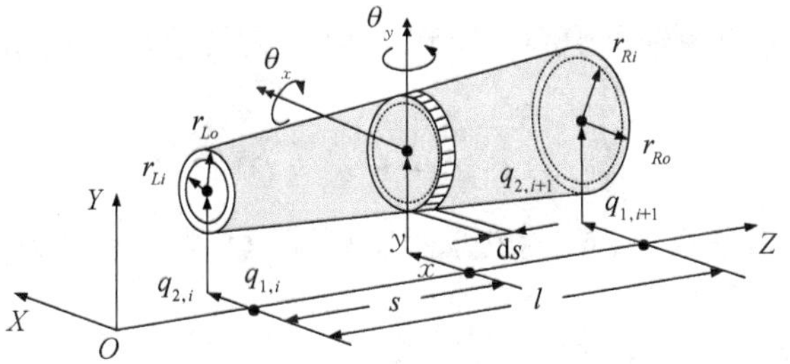


**图 14.15　锥形轴单元**[13-17]

对于锥形轴单元，剪切形变系数 $\varphi_s$ 的表达式为

$$\varphi_s=\frac{12EI_\varphi\chi}{GA_\varphi l^2} \tag{14.82}$$

式中，$I_\varphi=\pi(r_{\varphi o}^4-r_{\varphi i}^4)/4$；$A_\varphi=\pi(r_{\varphi o}^2-r_{\varphi i}^2)$；$\chi=\dfrac{7+6\mu}{6(1+\mu)}\left[1+\dfrac{20+12\mu}{7+6\mu}\left(\dfrac{r_{\varphi o}r_{\varphi i}}{r_{\varphi o}^2+r_{\varphi i}^2}\right)^2\right]$；$r_{\varphi o}=\sqrt{\dfrac{1}{2}(r_{Lo}^2+r_{Ro}^2)}$；$r_{\varphi i}=\sqrt{\dfrac{1}{2}(r_{Li}^2+r_{Ri}^2)}$。

锥形轴单元中任意微元段 ds 的截面积 $A_\xi$ 以及截面惯性矩 $I_\xi$ 为

$$\begin{cases}A_\xi=A_L(1+\alpha_1\xi+\beta_1\xi^2)\\ I_\xi=I_L(1+\alpha_2\xi+\beta_2\xi^2+\gamma_2\xi^3+\delta_2\xi^4)\end{cases} \tag{14.83}$$

式中，$A_L$ 为锥形轴单元左端截面的截面积；$I_L$ 为锥形轴单元左端截面的截面惯性矩；$\zeta = \dfrac{s}{l}$；$\alpha_1 = 2\pi(r_{Lo}\Delta r_o - r_{Li}\Delta r_i)/A_L$；$\alpha_2 = \pi(r_{Lo}^3\Delta r_o - r_{Li}^3\Delta r_i)/I_L$；$\beta_1 = \pi(\Delta r_o^2 - \Delta r_i^2)/A_L$；$\beta_2 = 3\pi(r_{Lo}^2\Delta r_o^2 - r_{Li}^2\Delta r_i^2)/(2I_L)$；$\gamma_2 = \pi(r_{Lo}\Delta r_o^3 - r_{Li}\Delta r_i^3)/I_L$；$\delta_2 = \pi(\Delta r_o^4 - \Delta r_i^4)/(4I_L)$；$\Delta r_o = r_{Ro} - r_{Lo}$；$\Delta r_i = r_{Ri} - r_{Li}$。

锥形轴单元任意微元段 ds 的极转动惯量 $I_{p\xi}$ 和直径转动惯量 $I_{d\xi}$ 为

$$\begin{cases} I_{p\xi} = 2\rho I_\xi \\ I_{d\xi} = \rho I_\xi \end{cases} \tag{14.84}$$

将式(14.82)至式(14.84)代入式(14.78)至式(14.80)中，并化简，便可得到锥形轴单元的运动微分方程：

$$(\boldsymbol{M}_T^{ts} + \boldsymbol{M}_R^{ts})\ddot{\boldsymbol{q}}^{ts} - \Omega\boldsymbol{G}^{ts}\dot{\boldsymbol{q}}^{ts} + \boldsymbol{K}^{ts}\boldsymbol{q}^{ts} = \boldsymbol{Q}^{ts} \tag{14.85}$$

式中，上标 $ts$ 表示锥形轴，其余系数矩阵含义与等截面轴相同。

锥形轴单元系数矩阵的表达式详见附录 B。

4. 普通支承单元的运动微分方程

普通支承单元仅由轴承中心所处节点构成，当只考虑线性刚度和阻尼时，其运动微分方程为

$$-\boldsymbol{C}^b\dot{\boldsymbol{q}}^b - \boldsymbol{K}^b\boldsymbol{q}^b = \boldsymbol{Q}^b \tag{14.86}$$

式中，$\boldsymbol{C}^b$ 为支承阻尼矩阵，$\boldsymbol{K}^b$ 为支承刚度矩阵，$\boldsymbol{Q}^b$ 为支承外力向量；上标 $b$ 表示轴承。

式(14.86)中的系数矩阵为

$$\boldsymbol{C}^b = \begin{bmatrix} c_{xx} & c_{xy} & 0 & 0 \\ c_{yx} & c_{yy} & 0 & 0 \\ 0 & 0 & 0 & 0 \\ 0 & 0 & 0 & 0 \end{bmatrix};\ \boldsymbol{K}^b = \begin{bmatrix} k_{xx} & k_{xy} & 0 & 0 \\ k_{yx} & k_{yy} & 0 & 0 \\ 0 & 0 & 0 & 0 \\ 0 & 0 & 0 & 0 \end{bmatrix}$$

其中，$c$ 为支承阻尼；$k$ 为支承刚度；下标 $xx$ 表示由 $ox$ 轴自由度引起的有效阻尼或刚度沿 $ox$ 轴的分量，$xy$、$yx$ 和 $yy$ 的含义类同。

当不存在交叉阻尼和交叉刚度时，$c_{xy} = c_{yx} = 0$，$k_{xy} = k_{yx} = 0$。

5. 中介支承单元的运动微分方程

中介支承单元由分别位于高压转子和低压转子上的两个节点构成，当刚度和阻尼为线性时，其运动微分方程为

$$-\boldsymbol{C}^{in}\dot{\boldsymbol{q}}^{in} - \boldsymbol{K}^{in}\boldsymbol{q}^{in} = \boldsymbol{Q}^{in} \tag{14.87}$$

式中，$\boldsymbol{C}^{in}$ 为中介支承阻尼矩阵，$\boldsymbol{K}^{in}$ 为中介支承刚度矩阵，$\boldsymbol{Q}^{in}$ 为中介支承外力向量；上标 $in$ 表示中介轴承。

与普通支承单元不同的是，中介支承单元的两个节点之间存在相互作用力，即高、低压转子上的中介支承节点分别受到与对应节点广义坐标相关的外力，且大小相同，方向相反，故式(14.87)中的系数矩阵为

$$
C^{\text{in}} = \begin{array}{c} \begin{array}{cccc|cccc} 4i-3 & \cdot & \cdot & 4i & 4j-3 & \cdot & \cdot & 4j \end{array} \\ \left[\begin{array}{cccc|cccc} c_{xx}^{in} & c_{xy}^{in} & 0 & 0 & -c_{xx}^{in} & -c_{xy}^{in} & 0 & 0 \\ c_{yx}^{in} & c_{yy}^{in} & 0 & 0 & -c_{yx}^{in} & -c_{yy}^{in} & 0 & 0 \\ 0 & 0 & 0 & 0 & 0 & 0 & 0 & 0 \\ 0 & 0 & 0 & 0 & 0 & 0 & 0 & 0 \\ \hline -c_{xx}^{in} & -c_{xy}^{in} & 0 & 0 & c_{xx}^{in} & c_{xy}^{in} & 0 & 0 \\ -c_{yx}^{in} & -c_{yy}^{in} & 0 & 0 & c_{yx}^{in} & c_{yy}^{in} & 0 & 0 \\ 0 & 0 & 0 & 0 & 0 & 0 & 0 & 0 \\ 0 & 0 & 0 & 0 & 0 & 0 & 0 & 0 \end{array}\right] \end{array} \begin{array}{c} \\ 4i-3 \\ \cdot \\ \cdot \\ 4i \\ 4j-3 \\ \cdot \\ \cdot \\ 4j \end{array} \tag{14.88}
$$

$$
K^{\text{in}} = \begin{array}{c} \begin{array}{cccc|cccc} 4i-3 & \cdot & \cdot & 4i & 4j-3 & \cdot & \cdot & 4j \end{array} \\ \left[\begin{array}{cccc|cccc} k_{xx}^{in} & k_{xy}^{in} & 0 & 0 & -k_{xx}^{in} & -k_{xy}^{in} & 0 & 0 \\ k_{yx}^{in} & k_{yy}^{in} & 0 & 0 & -k_{yx}^{in} & -k_{yy}^{in} & 0 & 0 \\ 0 & 0 & 0 & 0 & 0 & 0 & 0 & 0 \\ 0 & 0 & 0 & 0 & 0 & 0 & 0 & 0 \\ \hline -k_{xx}^{in} & -k_{xy}^{in} & 0 & 0 & k_{xx}^{in} & k_{xy}^{in} & 0 & 0 \\ -k_{yx}^{in} & -k_{yy}^{in} & 0 & 0 & k_{yx}^{in} & k_{yy}^{in} & 0 & 0 \\ 0 & 0 & 0 & 0 & 0 & 0 & 0 & 0 \\ 0 & 0 & 0 & 0 & 0 & 0 & 0 & 0 \end{array}\right] \end{array} \begin{array}{c} \\ 4i-3 \\ \cdot \\ \cdot \\ 4i \\ 4j-3 \\ \cdot \\ \cdot \\ 4j \end{array} \tag{14.89}
$$

式中，$c^{in}$ 为中介支承阻尼，$k^{in}$ 为中介支承刚度，$4i-3$、$4i$、$4j-3$、$4j$ 等分别表示该行(列)对应系数在转子系统阻尼或刚度矩阵中的位置；下标含义与普通轴承相同。

### 14.2.4　发动机转子系统的运动微分方程

联立双转子系统中所有单元的运动微分方程，并根据各单元节点之间力的作用关系，将不同方程中对应同一节点的系数矩阵进行叠加，可得到双转子系统的运动微分方程，如式(14.90)所示：

$$
\boldsymbol{M}^s\ddot{\boldsymbol{q}}^s + (\boldsymbol{C}^s - \Omega_L\boldsymbol{G}_L - \Omega_h\boldsymbol{G}_h)\dot{\boldsymbol{q}}^s + \boldsymbol{K}^s\boldsymbol{q}^s = \boldsymbol{Q}^s \tag{14.90}
$$

式中，$\boldsymbol{M}^s$ 为转子系统质量矩阵；$\boldsymbol{C}^s$ 为系统阻尼矩阵；$\boldsymbol{G}_L$ 为低压转子系统陀螺力矩

矩阵；$\boldsymbol{G}_h$ 为高压转子系统陀螺力矩矩阵；$\boldsymbol{K}^s$ 为系统刚度矩阵；$\Omega_L$ 为低压转子转速，$\Omega_h$ 为高压转子转速；$\boldsymbol{Q}^s$ 为系统外力向量；$\boldsymbol{q}^s$ 为系统广义位移向量，由所有节点的广义位移向量依次排列，表示为

$$\boldsymbol{q}^s = [\boldsymbol{q}_1 \quad \boldsymbol{q}_2 \quad \cdots \quad \boldsymbol{q}_N]^{\mathrm{T}} \tag{14.91}$$

式中，上标 s 表示系统，下标为节点编号，$N$ 表示节点总数。

对于不含中介轴承的单转子系统而言，仅需将式(14.90)中的转速项系数矩阵（$\boldsymbol{C}^s - \Omega_L\boldsymbol{G}_L - \Omega_h\boldsymbol{G}_h$）替换为（$\boldsymbol{C}^s - \Omega\boldsymbol{G}$）即可，其余处理方式与双转子系统相同。

在组装双转子系统运动微分方程系数矩阵时，可先将高压转子和低压转子系统运动微分方程系数矩阵分别组装成独立的单转子系统矩阵，再通过中介轴承单元将二者耦合。

以刚度系数矩阵的组装为例来加以说明。图 14.16 为单转子系统系数矩阵的组装方式，质量矩阵与阻尼矩阵的组装方式与刚度矩阵相同。对于 $N$ 个节点的高压或低压转子系统矩阵，共包含 $N-1$ 个轴单元以及若干个普通支承单元和盘单元。其中，每个轴单元系数矩阵的维度为 8×8，普通支承单元和盘单元系数矩阵的维度为 4×4，而系统矩阵的维度为 $4N \times 4N$。首先，将轴单元系数矩阵按照每 4×4 个自由度划分为 4 个部分，分别为 $\boldsymbol{K}_{i,1}^{sh}$、$\boldsymbol{K}_{i,2}^{sh}$、$\boldsymbol{K}_{i,3}^{sh}$ 以及 $\boldsymbol{K}_{i,4}^{sh}$，其中上标 $sh$ 表示轴单元，下标 $i$ 表示轴单元编号。根据节点编号，沿系统矩阵对角线将轴单元矩阵依

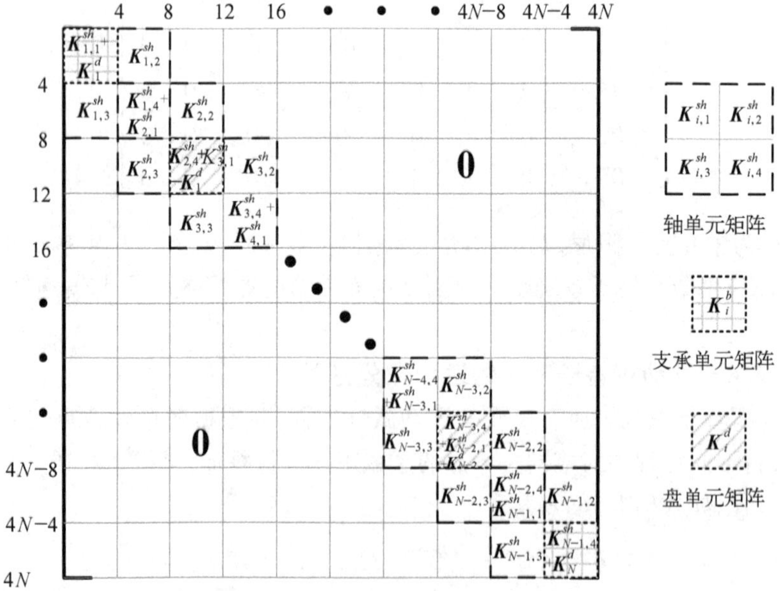


**图 14.16 单转子系统系数矩阵组装方式**

次填入，使连续轴单元的矩阵首尾相接。由于相邻轴单元共用同一节点，且为相互作用力，故直接将上一段轴单元的 $\boldsymbol{K}_{i,4}^{sh}$ 与下一段轴单元的 $\boldsymbol{K}_{i+1,1}^{sh}$ 叠加，使系统内力平衡。其次，将普通支承单元矩阵 $\boldsymbol{K}_i^b$ 叠加至支承节点对应的 4×4 矩阵上。最后，再将盘单元矩阵 $\boldsymbol{K}_i^d$ 叠加至盘节点对应的 4×4 矩阵上，便可得到单转子系统的系数矩阵。

图 14.17 为双转子系统运动微分方程系数矩阵组装方式。其中，$N_L$ 为低压转子系统节点总数，$N_h$ 为高压转子系统节点总数；$\boldsymbol{K}^L$ 为组装好的低压转子系统矩阵，其维度为 $4N_L \times 4N_L$；$\boldsymbol{K}^h$ 为组装好的高压转子系统矩阵，其维度为 $4N_h \times 4N_h$；而中介轴承单元矩阵的维度为 8×8，$i$ 和 $j$ 为中介轴承在低压和高压转子中对应的节点编号。

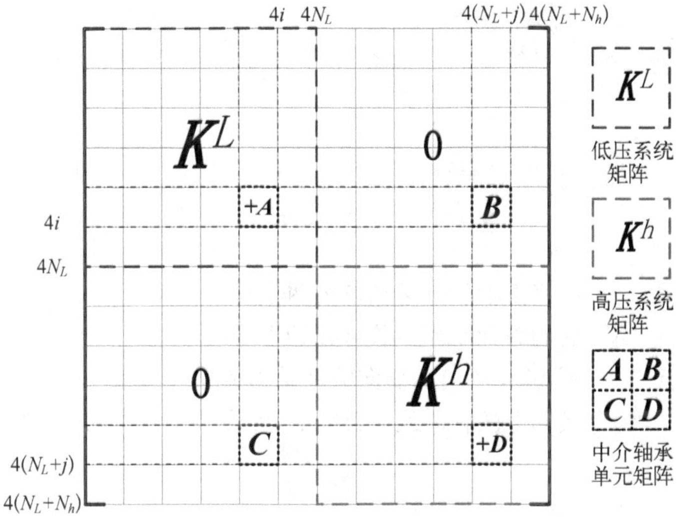


**图 14.17　双转子系统矩阵组装方式**

首先，将低压和高压转子矩阵整体以对角形式依次写入双转子系统矩阵中；其次，将中介轴承单元矩阵按每 4×4 个自由度划分为 4 个部分，分别记作 $\boldsymbol{A}$、$\boldsymbol{B}$、$\boldsymbol{C}$ 和 $\boldsymbol{D}$；最后，将 $\boldsymbol{A}$ 和 $\boldsymbol{D}$ 矩阵分别叠加至低压和高压转子系统矩阵中对应中介轴承的节点单元上，再将 $\boldsymbol{B}$ 矩阵写入双转子矩阵右上角第 $[(4i-3) \sim 4i]$ 行 $[(4N_L+4j-3) \sim 4(N_L+j)]$ 列处，将 $\boldsymbol{C}$ 矩阵写入双转子矩阵左下角第 $[(4N_L+4j-3) \sim 4(N_L+j)]$ 行 $[(4i-3) \sim 4i]$ 列处，便可得到双转子系统的刚度系数矩阵。低压转子系统的陀螺力矩矩阵 $\boldsymbol{G}_L$ 应单独写入一个 $4(N_L+N_h) \times 4(N_L+N_h)$ 矩阵的左上角中，而高压转子系统的陀螺力矩矩阵 $\boldsymbol{G}_h$ 应单独写入一个 $4(N_L+N_h) \times 4(N_L+N_h)$ 矩阵的右下角中，其余系数矩阵组装方式与刚度矩阵相同。

### 14.2.5 分叉结构的有限元法

1. 运动微分方程

发动机转子的轴系常包含分叉结构，如图 14.18 所示。其中，图 14.18(a)中分叉结构的第一个节点在主轴上，记为正向分叉结构；图 14.18(b)中分叉结构的最后一个节点在主轴上，记为反向分叉结构。传统轴单元的组装方式无法处理分叉结构，故本节分析分叉结构的系数矩阵及组装方式。

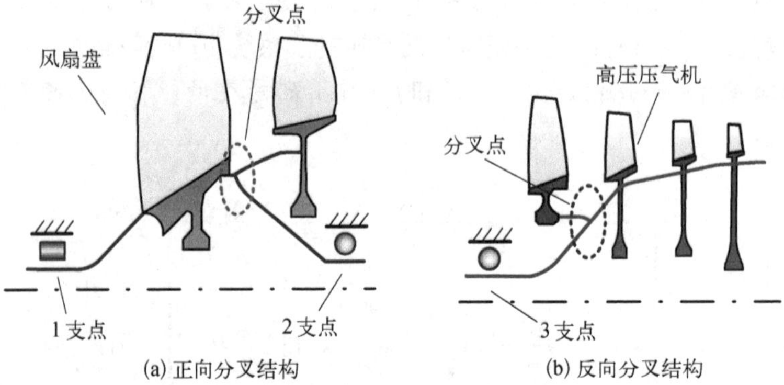


图 14.18 发动机轴系分叉结构

对于分叉结构，可将主轴和分叉轴视为两个轴系，其中分叉轴的一端与主轴共用同一个节点，简化后的单元节点如图 14.19 所示。其中，图 14.19(a)为正向分叉结构的单元节点，图 14.19(b)为反向分叉结构的单元节点。轴段①和②为主轴上的轴单元，③为分叉轴上的轴单元，三个轴单元在节点 $o$ 处的广义位移相同，即

$$\boldsymbol{q}_o^1 = \boldsymbol{q}_o^2 = \boldsymbol{q}_o^3 \tag{14.92}$$

同时，三个轴单元在节点 $o$ 处的作用力相互平衡，即

$$\boldsymbol{Q}_o^1 + \boldsymbol{Q}_o^2 + \boldsymbol{Q}_o^3 = \boldsymbol{0} \tag{14.93}$$

式中，$\boldsymbol{Q}_o^1$ 为轴段①上节点 $o$ 受到的广义力向量；$\boldsymbol{Q}_o^2$ 为轴段②上节点 $o$ 受到的广义力向量；$\boldsymbol{Q}_o^3$ 为轴段③上节点 $o$ 受到的广义力向量。

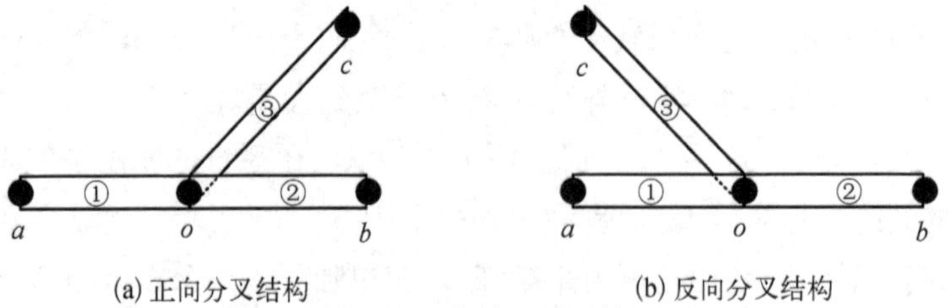


图 14.19 分叉结构单元节点[13-17]

根据轴段单元的运动微分方程式(14.81),将各单元系数矩阵按每 4×4 个自由度划分为 4 个部分,得到正向分叉结构的运动微分方程如下:

$$\begin{cases}\begin{bmatrix}\boldsymbol{M}_{11}^{1} & \boldsymbol{M}_{12}^{1}\\ \boldsymbol{M}_{21}^{1} & \boldsymbol{M}_{22}^{1}\end{bmatrix}\begin{Bmatrix}\ddot{\boldsymbol{q}}_{a}\\ \ddot{\boldsymbol{q}}_{o}^{1}\end{Bmatrix}-\Omega\begin{bmatrix}\boldsymbol{G}_{11}^{1} & \boldsymbol{G}_{12}^{1}\\ \boldsymbol{G}_{21}^{1} & \boldsymbol{G}_{22}^{1}\end{bmatrix}\begin{Bmatrix}\dot{\boldsymbol{q}}_{a}\\ \dot{\boldsymbol{q}}_{o}^{1}\end{Bmatrix}+\begin{bmatrix}\boldsymbol{K}_{11}^{1} & \boldsymbol{K}_{12}^{1}\\ \boldsymbol{K}_{21}^{1} & \boldsymbol{K}_{22}^{1}\end{bmatrix}\begin{Bmatrix}\boldsymbol{q}_{a}\\ \boldsymbol{q}_{o}^{1}\end{Bmatrix}=\begin{Bmatrix}\boldsymbol{Q}_{a}\\ \boldsymbol{Q}_{o}^{1}\end{Bmatrix}\\ \begin{bmatrix}\boldsymbol{M}_{11}^{2} & \boldsymbol{M}_{12}^{2}\\ \boldsymbol{M}_{21}^{2} & \boldsymbol{M}_{22}^{2}\end{bmatrix}\begin{Bmatrix}\ddot{\boldsymbol{q}}_{o}^{2}\\ \ddot{\boldsymbol{q}}_{b}\end{Bmatrix}-\Omega\begin{bmatrix}\boldsymbol{G}_{11}^{2} & \boldsymbol{G}_{12}^{2}\\ \boldsymbol{G}_{21}^{2} & \boldsymbol{G}_{22}^{2}\end{bmatrix}\begin{Bmatrix}\dot{\boldsymbol{q}}_{o}^{2}\\ \dot{\boldsymbol{q}}_{b}\end{Bmatrix}+\begin{bmatrix}\boldsymbol{K}_{11}^{2} & \boldsymbol{K}_{12}^{2}\\ \boldsymbol{K}_{21}^{2} & \boldsymbol{K}_{22}^{2}\end{bmatrix}\begin{Bmatrix}\boldsymbol{q}_{o}^{2}\\ \boldsymbol{q}_{b}\end{Bmatrix}=\begin{Bmatrix}\boldsymbol{Q}_{o}^{2}\\ \boldsymbol{Q}_{b}\end{Bmatrix}\\ \begin{bmatrix}\boldsymbol{M}_{11}^{3} & \boldsymbol{M}_{12}^{3}\\ \boldsymbol{M}_{21}^{3} & \boldsymbol{M}_{22}^{3}\end{bmatrix}\begin{Bmatrix}\ddot{\boldsymbol{q}}_{o}^{3}\\ \ddot{\boldsymbol{q}}_{c}\end{Bmatrix}-\Omega\begin{bmatrix}\boldsymbol{G}_{11}^{3} & \boldsymbol{G}_{12}^{3}\\ \boldsymbol{G}_{21}^{3} & \boldsymbol{G}_{22}^{3}\end{bmatrix}\begin{Bmatrix}\dot{\boldsymbol{q}}_{o}^{3}\\ \dot{\boldsymbol{q}}_{c}\end{Bmatrix}+\begin{bmatrix}\boldsymbol{K}_{11}^{3} & \boldsymbol{K}_{12}^{3}\\ \boldsymbol{K}_{21}^{3} & \boldsymbol{K}_{22}^{3}\end{bmatrix}\begin{Bmatrix}\boldsymbol{q}_{o}^{3}\\ \boldsymbol{q}_{c}\end{Bmatrix}=\begin{Bmatrix}\boldsymbol{Q}_{o}^{3}\\ \boldsymbol{Q}_{c}\end{Bmatrix}\end{cases} \tag{14.94a}$$

式中,下标 11、12、21 以及 22 分别表示轴单元系数矩阵的 4 个部分;下标 $a$、$b$、$c$ 和 $o$ 分别表示图 14.19 中的 4 个节点。上标 1、2 和 3 分别表示轴段①、轴段②和轴段③。

反向分叉结构的运动微分方程如下:

$$\begin{cases}\begin{bmatrix}\boldsymbol{M}_{11}^{1} & \boldsymbol{M}_{12}^{1}\\ \boldsymbol{M}_{21}^{1} & \boldsymbol{M}_{22}^{1}\end{bmatrix}\begin{Bmatrix}\ddot{\boldsymbol{q}}_{a}\\ \ddot{\boldsymbol{q}}_{o}^{1}\end{Bmatrix}-\Omega\begin{bmatrix}\boldsymbol{G}_{11}^{1} & \boldsymbol{G}_{12}^{1}\\ \boldsymbol{G}_{21}^{1} & \boldsymbol{G}_{22}^{1}\end{bmatrix}\begin{Bmatrix}\dot{\boldsymbol{q}}_{a}\\ \dot{\boldsymbol{q}}_{o}^{1}\end{Bmatrix}+\begin{bmatrix}\boldsymbol{K}_{11}^{1} & \boldsymbol{K}_{12}^{1}\\ \boldsymbol{K}_{21}^{1} & \boldsymbol{K}_{22}^{1}\end{bmatrix}\begin{Bmatrix}\boldsymbol{q}_{a}\\ \boldsymbol{q}_{o}^{1}\end{Bmatrix}=\begin{Bmatrix}\boldsymbol{Q}_{a}\\ \boldsymbol{Q}_{o}^{1}\end{Bmatrix}\\ \begin{bmatrix}\boldsymbol{M}_{11}^{2} & \boldsymbol{M}_{12}^{2}\\ \boldsymbol{M}_{21}^{2} & \boldsymbol{M}_{22}^{2}\end{bmatrix}\begin{Bmatrix}\ddot{\boldsymbol{q}}_{o}^{2}\\ \ddot{\boldsymbol{q}}_{b}\end{Bmatrix}-\Omega\begin{bmatrix}\boldsymbol{G}_{11}^{2} & \boldsymbol{G}_{12}^{2}\\ \boldsymbol{G}_{21}^{2} & \boldsymbol{G}_{22}^{2}\end{bmatrix}\begin{Bmatrix}\dot{\boldsymbol{q}}_{o}^{2}\\ \dot{\boldsymbol{q}}_{b}\end{Bmatrix}+\begin{bmatrix}\boldsymbol{K}_{11}^{2} & \boldsymbol{K}_{12}^{2}\\ \boldsymbol{K}_{21}^{2} & \boldsymbol{K}_{22}^{2}\end{bmatrix}\begin{Bmatrix}\boldsymbol{q}_{o}^{2}\\ \boldsymbol{q}_{b}\end{Bmatrix}=\begin{Bmatrix}\boldsymbol{Q}_{o}^{2}\\ \boldsymbol{Q}_{b}\end{Bmatrix}\\ \begin{bmatrix}\boldsymbol{M}_{11}^{3}(A) & \boldsymbol{M}_{12}^{3}(B)\\ \boldsymbol{M}_{21}^{3}(C) & \boldsymbol{M}_{22}^{3}(D)\end{bmatrix}\begin{Bmatrix}\ddot{\boldsymbol{q}}_{c}\\ \ddot{\boldsymbol{q}}_{o}^{3}\end{Bmatrix}-\Omega\begin{bmatrix}\boldsymbol{G}_{11}^{3} & \boldsymbol{G}_{12}^{3}\\ \boldsymbol{G}_{21}^{3} & \boldsymbol{G}_{22}^{3}\end{bmatrix}\begin{Bmatrix}\dot{\boldsymbol{q}}_{c}\\ \dot{\boldsymbol{q}}_{o}^{3}\end{Bmatrix}+\begin{bmatrix}\boldsymbol{K}_{11}^{3} & \boldsymbol{K}_{12}^{3}\\ \boldsymbol{K}_{21}^{3} & \boldsymbol{K}_{22}^{3}\end{bmatrix}\begin{Bmatrix}\boldsymbol{q}_{c}\\ \boldsymbol{q}_{o}^{3}\end{Bmatrix}=\begin{Bmatrix}\boldsymbol{Q}_{c}\\ \boldsymbol{Q}_{o}^{3}\end{Bmatrix}\end{cases} \tag{14.94b}$$

将式(14.94)组合成一个方程组,并利用式(14.92)和式(14.93)给出的位移协调条件和力平衡条件,得到正向分叉结构的运动微分方程表达式为

$$\boldsymbol{M}^{br}\ddot{\boldsymbol{q}}^{br}-\Omega\boldsymbol{G}^{br}\dot{\boldsymbol{q}}^{br}+\boldsymbol{K}^{br}\boldsymbol{q}^{br}=\boldsymbol{Q}^{br} \tag{14.95}$$

式中,上标 $br$ 表示分叉结构。

式(14.95)中各系数矩阵具体表达式为

$$\boldsymbol{M}^{br}=\begin{bmatrix}\boldsymbol{M}_{11}^{1} & \boldsymbol{M}_{12}^{1} & & \\ \boldsymbol{M}_{21}^{1} & \boldsymbol{M}_{22}^{1}+\boldsymbol{M}_{11}^{2}+\boldsymbol{M}_{11}^{3} & \boldsymbol{M}_{12}^{2} & \boldsymbol{M}_{12}^{3}\\ & \boldsymbol{M}_{21}^{2} & \boldsymbol{M}_{22}^{2} & \\ & \boldsymbol{M}_{21}^{3} & & \boldsymbol{M}_{22}^{3}\end{bmatrix};\ \boldsymbol{G}^{br}=\begin{bmatrix}\boldsymbol{G}_{11}^{1} & \boldsymbol{G}_{12}^{1} & & \\ \boldsymbol{G}_{21}^{1} & \boldsymbol{G}_{22}^{1}+\boldsymbol{G}_{11}^{2}+\boldsymbol{G}_{11}^{3} & \boldsymbol{G}_{12}^{2} & \boldsymbol{G}_{12}^{3}\\ & \boldsymbol{G}_{21}^{2} & \boldsymbol{G}_{22}^{2} & \\ & \boldsymbol{G}_{21}^{3} & & \boldsymbol{G}_{22}^{3}\end{bmatrix};$$

$$
\boldsymbol{K}^{br}=\begin{bmatrix}
\boldsymbol{K}_{11}^{1} & \boldsymbol{K}_{12}^{1} & & \\
\boldsymbol{K}_{21}^{1} & \boldsymbol{K}_{22}^{1}+\boldsymbol{K}_{11}^{2}+\boldsymbol{K}_{11}^{3} & \boldsymbol{K}_{12}^{2} & \boldsymbol{K}_{12}^{3} \\
 & \boldsymbol{K}_{21}^{2} & \boldsymbol{K}_{22}^{2} & \\
 & \boldsymbol{K}_{21}^{3} & & \boldsymbol{K}_{22}^{3}
\end{bmatrix}。
$$

其中，矩阵中未标出部分为零。

$$
\boldsymbol{q}^{br}=[\boldsymbol{q}_a \quad \boldsymbol{q}_o \quad \boldsymbol{q}_b \quad \boldsymbol{q}_c]^{\mathrm{T}};\ \boldsymbol{Q}^{br}=[\boldsymbol{Q}_a \quad \boldsymbol{0} \quad \boldsymbol{Q}_b \quad \boldsymbol{Q}_c]^{\mathrm{T}}。
$$

2. 系数矩阵的组装方法

分叉结构运动方程的系数矩阵在系统矩阵中的组装方式如图 14.20 所示。将节点 $a$、$o$、$b$、$c$ 分别用 $i-1$、$i$、$i+1$、$j$ 表示，以质量矩阵例，说明系统质量矩阵的组合方式。其中，正向分叉轴系统矩阵中的 $\boldsymbol{A}$、$\boldsymbol{B}$、$\boldsymbol{C}$ 和 $\boldsymbol{D}$ 矩阵分别代表分叉轴第一个轴单元的 11、12、21 和 22 四个部分。组装方法是，将 $\boldsymbol{A}$ 矩阵叠加至主轴对应节点 $o$ 的自由度位置处，将 $\boldsymbol{B}$ 矩阵叠加至轴系右上角对应节点 $o$ 和节点 $c$ 的自由度位置处，将 $\boldsymbol{C}$ 矩阵叠加至轴系左下角对应节点 $o$ 和节点 $c$ 的自由度位置处，再将 $\boldsymbol{D}$ 矩阵和分叉轴其余矩阵沿主轴矩阵对角线依次填入，便完成了分叉结构在转子系统矩阵中的组装。

反向分叉结构运动方程的系数矩阵组装方法与正向分叉结构相似，不同之处在于反向分叉结构的最后一个节点与主轴共用，故其在系统矩阵中的组装方式有所不同，如图 14.20 所示。具体组装方法为，将 $\boldsymbol{D}$ 矩阵叠加至主轴对应节点 $o$ 的自由度位置处，将 $\boldsymbol{B}$ 矩阵叠加至轴系左下角对应节点 $o$ 和节点 $c$ 的自由度位置处，将 $\boldsymbol{C}$ 矩阵叠加至轴系右上角对应节点 $o$ 和节点 $c$ 的自由度位置处，再将 $\boldsymbol{A}$ 矩阵和分叉轴其余矩阵沿主轴矩阵对角线依次填入。

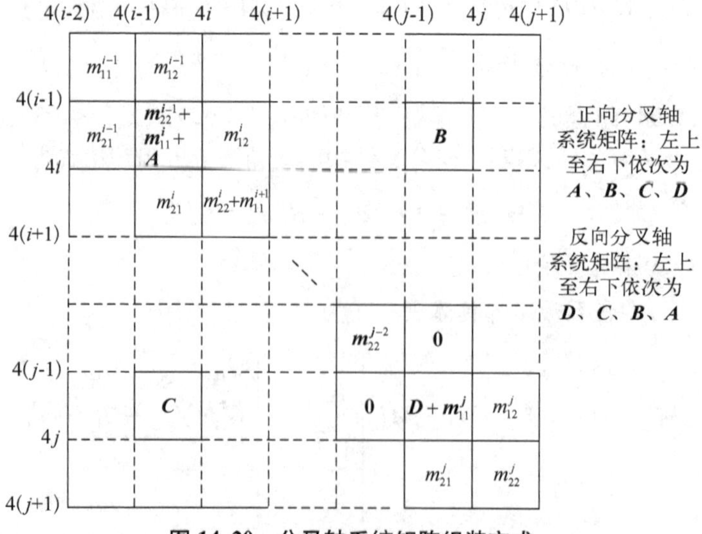


图 14.20　分叉轴系统矩阵组装方式

分叉结构在低压或高压转子系统矩阵的组装过程中，需要进行特殊处理，同一个主轴系统中可能存在多个分叉结构，不同的分叉结构在系统矩阵中按图 14.20 中的组装方法依次排列，并将共用节点的对应系数矩阵进行叠加。另外，分叉结构上的盘或轴承单元的系数矩阵也可按第 14.2.3 节中相同方法处理，仅需保证节点自由度一一对应即可。

3. 算例

为了验证上述计算方法的正确性，构造如图 14.21 所示的带分叉结构的转子模型，用有限元法和带分叉结构的传递矩阵法分别进行计算，并进行比较。

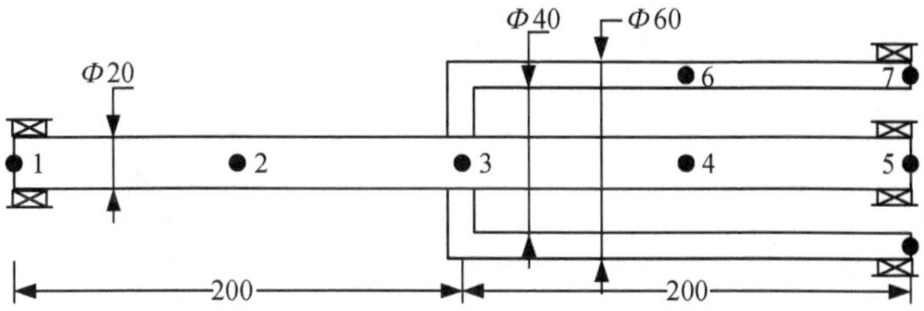


**图 14.21　带分叉结构的简单转子模型示意图**[13-17]

图中标注的单位为毫米，分叉结构长度为主干结构长度的一半。材料的密度为 $\rho = 7\,850\ \mathrm{kg/m^3}$，弹性模量为 $E = 2\times10^{11}\ \mathrm{N/m^2}$，三个轴承的刚度均为 $1\times10^7\ \mathrm{N/m}$，不考虑剪切效应。

用传递矩阵法和有限元法分别进行计算，得到转子的前三阶临界转速，如图 14.22 所示，数据结果和相对误差如表 14.6 所示。在传递矩阵法中，把主干部分分为 800 段，分叉部分分为 400 段，这足以满足计算精度。

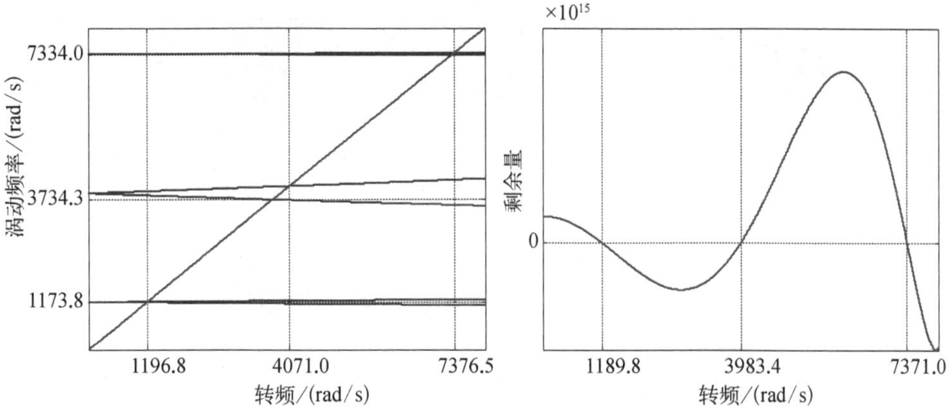


(a) 有限元法坎贝尔图　　(b) 传递矩阵法剩余量-转速曲线

**图 14.22　临界转速求解曲线**

**表 14.6　有限元法和传递矩阵法求解带分叉结构转子的临界转速及相对误差**

| 阶　次 | 有限元法/(rad/s) | 传递矩阵法/(rad/s) | 相对误差/% |
|---|---|---|---|
| 1 | 1 196.8 | 1 189.8 | 0.58 |
| 2 | 4 071.0 | 3 983.4 | 2.15 |
| 3 | 7 376.5 | 7 371.0 | 0.07 |

图 14.23 至图 14.25 表示分别用有限元法和传递矩阵法计算的前三阶振型。

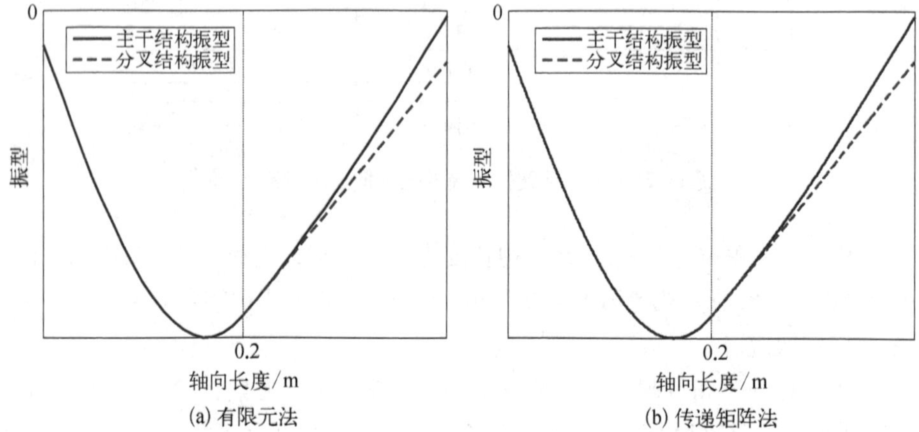


**图 14.23　第一阶振型**

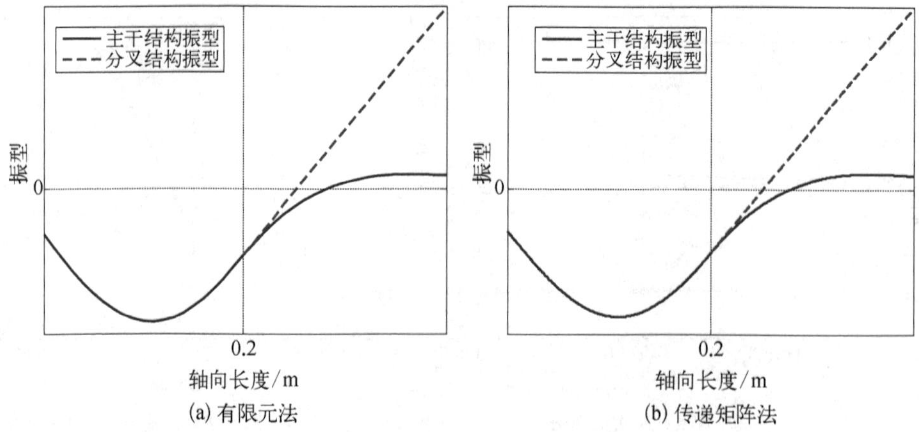


**图 14.24　第二阶振型**

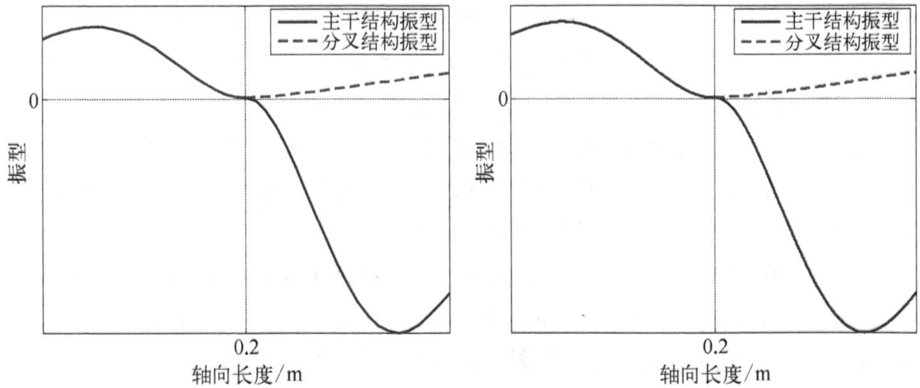


(a) 有限元法　　(b) 传递矩阵法

**图 14.25　第三阶振型**

上述算例表明,利用有限元法和传递矩阵法所计算的结果相同。另外,带分叉结构的转子会出现局部变形为主的模态,例如,本算例中的第三阶模态。若出现该阶模态振动,会在分叉点产生较大的动载荷。

### 14.2.6　发动机双转子系统的稳态动力学特性计算

基于以上推导的双转子系统有限元计算方法,求解系统运动微分方程式(14.90)对应的齐次方程,便可得到双转子系统的自振频率及对应的振型。

*1. 双转子系统临界转速、振型计算和稳定性分析*

在双转子系统中,高压转子和低压转子均存在不平衡激振力。由于气动性能要求,高压转子/低压转子转速必须符合特定的关系,即转速控制律,或称共同工作线。两转子转速不同,因而高、低压转子不平衡力激振频率不相等。两转子的不平衡力都能激起转子系统的共振,共振时的转速都是转子系统的临界转速。通过中介轴承以及支承和机匣,载荷将由一个转子传递给另一个转子。在发动机上测得的振动包含低压和高压转子的转频成分(主要分量)。低压转子的不平衡响应是由低压转子不平衡量引起的,高压转子的不平衡响应则是由高压转子不平衡量引起的,其运动形式有所不同。当低压转子不平衡力为主激励时,低压转子作同步正进动,即自转与公转同步,并强迫高压转子以低压转速作公转运动,使得高压转子公转与自转转速不一样,因此,高压转子作非同步进动。如果高压转子与低压转子旋转方向相反,高压转子则作非同步反进动。反之,如果高压转子与低压转子旋转方向相同,高压转子则作非同步正进动。当高压转子不平衡力为主激励时,高压转子作同步正进动,低压转子作非同步正进动(或非同步反进动)。发动机上测得的响应是这两种不平衡响应的叠加。

因此,双转子系统的临界转速按照主激振力不同分为两种:一种由低压转子不平衡力所激起，称为低压转子激振下的临界转速（low pressure rotor excitation, LRE）。这时，低压转速为高、低压转子公转（进动）转速；另一种由高压转子不平衡力激起，称为高压转子激振下的临界转速（high pressure rotor excitation, HRE）。这时，高压转速为高、低压转子公转（进动）转速。因而计算临界转速时，需要先设定作为主激励的转速，然后根据高压转子/低压转子转速控制律，确定另一个转速。

通过求解双转子系统运动微分方程（14.90）的齐次解，得到在一定的主激励转速下，低压转子和高压转子自转转速分别为 $\Omega_L$ 和 $\Omega_h$ 时的进动频率（涡动频率）及其模态振型。可以将广义位移向量设为 $\boldsymbol{q}^s = \boldsymbol{q}e^{j\omega t}$，将方程变为实特征值问题，通过一维搜索的方法求出进动频率。但是求解 $4N \times 4N$ 阶矩阵的行列式费时较长。推荐使用状态向量的方法，将方程转化为状态方程，方程的求解则变为 $8N \times 8N$ 阶矩阵的特征值求解问题。

设状态向量 $\boldsymbol{h} = \{\dot{\boldsymbol{q}}^s \quad \boldsymbol{q}^s\}^{\mathrm{T}}$，$\boldsymbol{h}$ 为 $8N\times1$ 阶向量，这时，可将方程（14.90）的齐次式变为如下的状态方程：

$$\begin{bmatrix} 0 & \boldsymbol{M} \\ \boldsymbol{M} & \boldsymbol{C} - \Omega_L \boldsymbol{G}_L - \Omega_h \boldsymbol{G}_h \end{bmatrix} \dot{\boldsymbol{h}} + \begin{bmatrix} -\boldsymbol{M} & 0 \\ 0 & \boldsymbol{K} \end{bmatrix} \boldsymbol{h} = \begin{Bmatrix} 0 \\ 0 \end{Bmatrix} \tag{14.96}$$

为书写方便，式中将方程（14.90）中质量矩阵 $\boldsymbol{M}$、阻尼矩阵 $\boldsymbol{C}$ 和刚度矩阵 $\boldsymbol{K}$ 的上角标“$s$”省略。

设 $\boldsymbol{h} = \boldsymbol{h}_0 e^{\lambda t}$，则方程（14.96）变为如下特征方程：

$$\begin{bmatrix} -\boldsymbol{M}^{-1}(\boldsymbol{C} - \Omega_L \boldsymbol{G}_L - \Omega_h \boldsymbol{G}_h) & -\boldsymbol{M}^{-1}\boldsymbol{K} \\ \boldsymbol{I} & \boldsymbol{0} \end{bmatrix} \boldsymbol{h}_0 = \lambda \boldsymbol{h}_0 \tag{14.97}$$

式中，$\boldsymbol{I}$ 为 $4N\times4N$ 阶单位矩阵；$\boldsymbol{0}$ 为 $4N\times4N$ 阶零矩阵。

在方程（14.97）中，若将 $\boldsymbol{C} - \Omega_L \boldsymbol{G}_L - \Omega_h \boldsymbol{G}_h$ 用 $\boldsymbol{C} - \Omega \boldsymbol{G}$ 替换，就是单转子的特征方程。

在一定的主激励转速下，解方程（14.97）得到左边矩阵的复特征根 $\lambda = \alpha + j\Omega_r$，则带阻尼进动频率 $\omega_r$ 和该模态下的阻尼比 $D$ 为

$$\begin{cases} \omega_r = \sqrt{\alpha^2 + \Omega_r^2} \\ D = \dfrac{-\alpha}{\sqrt{\alpha^2 + \Omega_r^2}} \end{cases} \tag{14.98}$$

此处应注意，由于状态方程维数扩大了一倍，其特征方程的复特征根总是成对地出现，并互为复共轭。例如，$\lambda_1 = \alpha_1 + j\Omega_{r1}$，则必有 $\lambda_2 = \alpha_1 - j\Omega_{r1}$。而对应的两个特征向量也是互为共轭的复向量，即 $h_{01} = h_{02}^*$。

特征值 $\lambda$ 的实部 $\alpha$ 为衰减指数，虚部 $\Omega_r$ 为转子进动频率。它们在复平面中的

几何关系如图 14.26 所示。

图中两个点表示复特征根总是以共轭形式存在的。$\alpha < 0$ 时，转子振动是衰减的，因而系统稳定；当 $\alpha > 0$ 时，转子振动是发散的，故转子系统不稳定；$\alpha = 0$ 时，转子系统处于稳定和不稳定的临界状态。

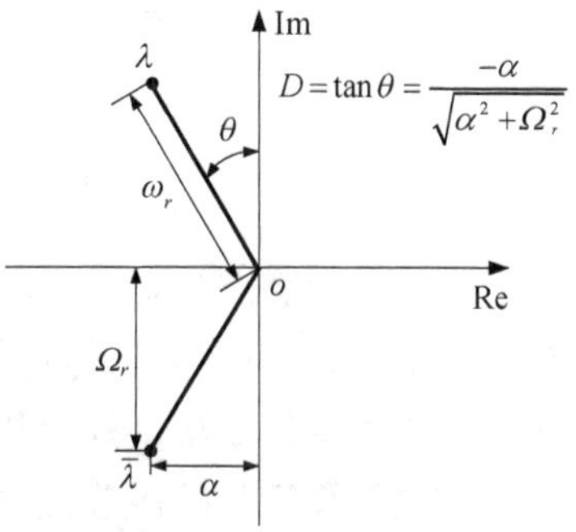


**图 14.26　复平面中带阻尼进动频率和无阻尼进动频率的几何关系**[13,14]

根据转子自转转速与公转（进动）转速的方向，可以将转子进动分为正进动和反进动。利用有限元法计算出进动频率后，需要根据对应的振型，即以上特征值问题的特征向量来判断转子的进动形式。

求解各个自转角速度下的进动频率时，取主激励转速（进动转速）和转速比，计算方程(14.97)的特征值，就是该自转角速度下的进动频率。一个自转角速度下有 $8N$ 个特征值，即 $8N$ 个进动频率，连接各个自转角速度下相同阶进动频率，得到双转子坎贝尔图，如图 14.27 所示。其横坐标为主激励自转转速 $\Omega$，纵坐标为计算出的各阶进动频率 $\Omega_r$。由不平衡力激起共振时，其特点是激振力的频率等于自转角速度，在坎贝尔图上作出 $\Omega_r = \Omega$，即斜率为 1 的直线，该直线与各进动频率线的交点即为各阶临界转速。它们对应的模态振型就是临界转速下的振型。在图 14.27 中，从下往上第一个和第三个交点对应同步反进动，第二个和第四个交点对应同步正进动。

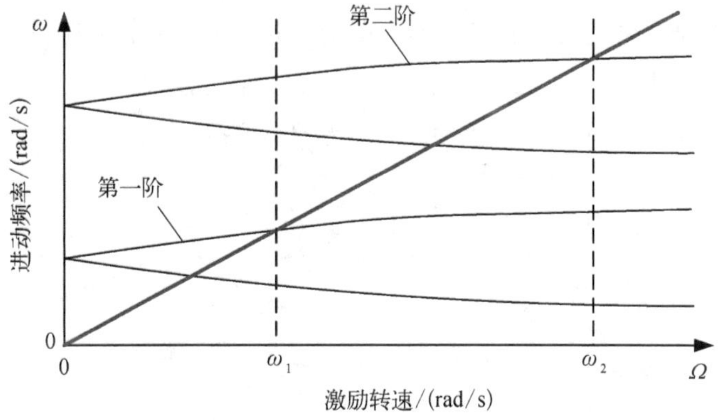


**图 14.27　双转子坎贝尔图**

数值计算中，图 14.27 上各曲线均由离散点组成，所以不能直接得到交点。根据斜率为 1 的直线的特点，坎贝尔图上交点左边的点纵坐标比横坐标大，右边的点横坐标比纵坐标大。对于每一条进动频率曲线，利用一个循环找出这两个点，设其

坐标分别为$(x_1, y_1)$和$(x_2, y_2)$,则用线性插值法得到该曲线上交点的坐标为

$$(x, y) = \left(\frac{x_1y_2 - x_2y_1}{x_1 - x_2 - y_1 + y_2}, \frac{x_1y_2 - x_2y_1}{x_1 - x_2 - y_1 + y_2}\right) \tag{14.99}$$

求解出的交点横坐标或者纵坐标即为临界转速。将临界转速代入式(14.97),求解特征值和特征向量,寻找与该临界转速相等的特征值,其对应的特征向量即为振型。利用振型数据,可以判断该阶临界转速是正进动还是反进动。实际计算中,由于数值计算带来的误差,很难找到与临界转速完全相等的特征值。这时,可以通过寻找与该临界转速误差最小的特征值来解决。

从图 14.27 可以看出,前几阶进动频率曲线的线性度较好,计算流程图 14.30 中自转角速度的循环增量可以设置为 10 rad/s。

双转子系统中的两个转子是以各自的转速旋转的,而转速又是变化的。有时,高压转子和低压转子的转速控制律不能用简单的表达式表示,在求解频率方程时将遇到困难。在这种情况下,可采用如下的计算方法。

在求解临界转速时,先给定低压转子的转速,计算得到高压转子同步正进动的各阶临界转速;改变低压转子的转速,又可得到一组高压转子不平衡激起的各阶临界转速。依此方法,求得在低压转子若干不同的转速下,高压转子不平衡激起的临界转速。将同一阶临界转速点连成曲线,得到该双转子系统由高压转子不平衡激起的临界转速,随低压转子转速的变化曲线,即 HRE 曲线。依照相同的方法,求得该双转子系统低压转子不平衡激起的临界转速随高压转子转速的变化曲线,即 LRE 曲线。在这个图谱中,绘出两个转子的共同工作线,工作线与临界转速图谱中各线的交点便是实际的各阶临界转速。图 14.28 显示了双转子临界转速图谱。点

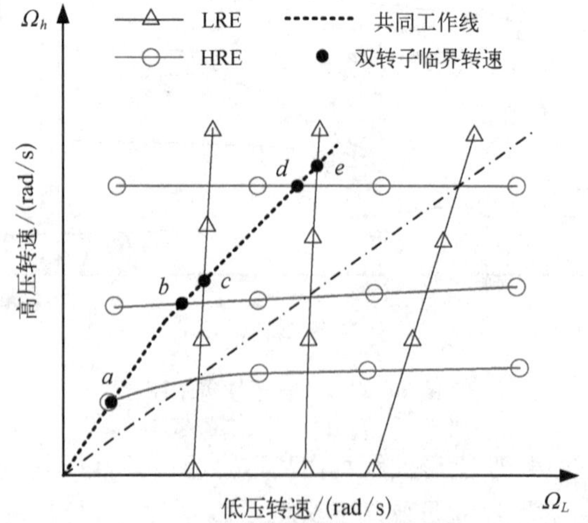


**图 14.28 双转子临界转速图谱**

划线是一条斜率为 45°的直线,它与两组曲线相交,且交点两两重合。这是因为,这条直线表示高压转子转速等于低压转子转速。这时,低压主激励和高压主激励是一致的。这条直线可以用来检验所计算的双转子临界转速图谱是否正确。

图中,$a$、$b$、$c$、$d$、$e$ 是该共同工作线下双转子的实际临界转速。其中 $a$、$b$、$d$ 为高压转子不平衡激起的临界转速,$c$ 和 $e$ 为低压转子不平衡激起的临界转速。如果低压转子和高压转子的共同工作线发生变化,图中相应的各阶临界转速也会发生变化。

图 14.28 所示的结果只包含双转子系统正进动模态。在转子动力学设计中还需确定双转子系统的反进动模态。

2. 正、反进动模态的判断

如前面所述,由状态方程对应的特征方程求得的特征根以复共轭的形式成对出现。此时需要判断,对于给定的高、低压转速和转速比,若以高压转速或以低压转速为参考基准,所求得的自振频率对应的是正进动还是反进动。

对于同转双转子系统,正、反进动自振频率比较容易判断。一般情况下,高、低压转子同转时,正进动自振频率随转速升高而升高,反进动自振频率随转速升高而降低。

但对于对转双转子系统,上述变化规律并不完全成立。这是由于高、低压转子旋转方向相反,所产生的陀螺效应也是相互反向的。例如,转子系统某阶模态是以高压转速反进动为主的模态,此时,高压转子的运动形式为协调反进动。而低压转子则发生的是非协调正进动。若此模态下,低压转子应变能占优,则随转速升高,对应的以高压转速反进动的自振频率会升高。因此,对于对转双转子,正、反进动自振频率的判断易出现混淆。为此,建立如下统一的判断方法。

设双转子系统以高压转子转速进动(公转),给定高压转速和高/低压转速控制律,此时,转子系统会存在正进动模态,也会出现反进动模态。它们的自振频率及其对应的转速不同。

假设由方程(14.97)求得转子第 $i$ 阶模态对应的一对特征根为

$$\lambda_i = \alpha_i + \mathrm{j}\Omega_{ri},\ \lambda_{i+1} = \alpha_i - \mathrm{j}\Omega_{ri}$$

与之对应的特征向量分别为 $\boldsymbol{h}_{0i}$ 和 $\boldsymbol{h}_{0i+1}$,且有 $\boldsymbol{h}_{0i} = \boldsymbol{h}_{0i+1}^{*}$。

在第 $i$ 阶模态处,转子的振动(状态向量)为

$$\boldsymbol{h}_i = a_{0i}(\boldsymbol{h}_{0i}\boldsymbol{e}^{\lambda_i t} + \boldsymbol{h}_{0i+1}\boldsymbol{e}^{\lambda_{i+1} t}) \tag{14.100}$$

式中,$a_{0i}$ 为常数,由初始条件决定。

将特征根代入式(14.100),可得

$$\boldsymbol{h}_i = a_{0i}\boldsymbol{e}^{\alpha t}(\boldsymbol{h}_{0i}\boldsymbol{e}^{\mathrm{j}\Omega_{ri}t} + \boldsymbol{h}_{0i}^{*}\boldsymbol{e}^{-\mathrm{j}\Omega_{ri}t}) \tag{14.101}$$

式中,括号外的时变系数 $a_{0i}\boldsymbol{e}^{\alpha t}$ 决定了转子系统的稳定性。而模态的进动特性则由特征向量来确定。

特征向量 $\boldsymbol{h}_{0i}$ 包含了转子所有节点的振动速度和振动位移。设特征向量在转子某一截面沿 $x$ 和 $y$ 方向的分量分别为

$$\boldsymbol{x}_i = x_{i,\,\mathrm{re}} + \mathrm{j}x_{i,\,\mathrm{im}} \tag{14.102}$$

$$\boldsymbol{y}_i = y_{i,\,\mathrm{re}} + \mathrm{j}y_{i,\,\mathrm{im}} \tag{14.103}$$

则在该截面,转子的进动为

$$\boldsymbol{r}_i = a_{0i}\boldsymbol{e}^{\alpha t}[\boldsymbol{x}_i\boldsymbol{e}^{\mathrm{j}\Omega_{ri}t} + \boldsymbol{x}_i^*\boldsymbol{e}^{-\mathrm{j}\Omega_{ri}t} + \mathrm{j}(\boldsymbol{y}_i\boldsymbol{e}^{\mathrm{j}\Omega_{ri}t} + \boldsymbol{y}_i^*\boldsymbol{e}^{-\mathrm{j}\Omega_{ri}t})] \tag{14.104}$$

将式(14.102)和式(14.103)代入式(14.104),并将单位进动量 $\boldsymbol{e}^{\mathrm{j}\Omega_{ri}t}$ 和 $\boldsymbol{e}^{-\mathrm{j}\Omega_{ri}t}$ 的系数合并,得到如下的结果:

$$\begin{aligned}\boldsymbol{r}_i = a_{0i}\boldsymbol{e}^{\alpha t}\Big\{&[(x_{i,\,\mathrm{re}} - y_{i,\,\mathrm{im}}) + \mathrm{j}(x_{i,\,\mathrm{im}} + y_{i,\,\mathrm{re}})]\boldsymbol{e}^{\mathrm{j}\Omega_{ri}t}\\ &+ [(x_{i,\,\mathrm{re}} + y_{i,\,\mathrm{im}}) + \mathrm{j}(y_{i,\,\mathrm{re}} - x_{i,\,\mathrm{im}})]\boldsymbol{e}^{-\mathrm{j}\Omega_{ri}t}\Big\}\end{aligned} \tag{14.105}$$

式中,括号内第一项为正进动分量,第二项为反进动分量。

当如下条件成立时,

$$(x_{i,\,\mathrm{re}} - y_{i,\,\mathrm{im}})^2 + (x_{i,\,\mathrm{im}} + y_{i,\,\mathrm{re}})^2 > (x_{i,\,\mathrm{re}} + y_{i,\,\mathrm{im}})^2 + (y_{i,\,\mathrm{re}} - x_{i,\,\mathrm{im}})^2 \tag{14.106}$$

或进一步,当

$$x_{i,\,\mathrm{im}}y_{i,\,\mathrm{re}} - x_{i,\,\mathrm{re}}y_{i,\,\mathrm{im}} > 0 \tag{14.107}$$

转子发生正进动,第 $i$ 阶模态为正进动模态。

反之,当

$$x_{i,\,\mathrm{im}}y_{i,\,\mathrm{re}} - x_{i,\,\mathrm{re}}y_{i,\,\mathrm{im}} < 0 \tag{14.108}$$

转子进动为反进动,第 $i$ 阶模态则为反进动模态。

上述判据中的量 $x_{i,\,\mathrm{re}}$, $x_{i,\,\mathrm{im}}$, $y_{i,\,\mathrm{re}}$ 和 $y_{i,\,\mathrm{im}}$ 在求解模态时可直接获得,利用式(14.107)或式(14.108)就可很容易地判断模态的进动性质。

对于正进动模态,振型由转子不同截面处正进动幅值和相位确定;而对于反进动模态,振型则由反进动幅值和相位确定。

3. 正、反进动自振频率的表达方法

如上所述,双转子系统的模态包含高压转子主激励的正进动模态和反进动模态,以及低压转子主激励的正进动模态和反进动模态。每一模态不仅与主激

励频率相关，还与高、低压转子转速比，即共同工作线相关。图 14.27 表示的双转子坎贝尔图描述了转子自振频率与主激励转子转速的关系。但图中无法确定每一个自振频率所对应的转速比，或另一个转子的转速。转子共振发生的条件是，激振频率与当前高、低压转子转速所对应的自振频率相等。另外，图 14.27 将转子正、反进动自振频率随主激励转速变化的曲线画在同一象限，与主激励频率均有交点，容易混淆临界转速。而图 14.28 只描述了双转子系统正进动模态对应的自振频率。

为更清晰地表达双转子系统正、反进动自振频率和临界转速，建立如图 14.29 所示的“二面三维”表达方法[18]。

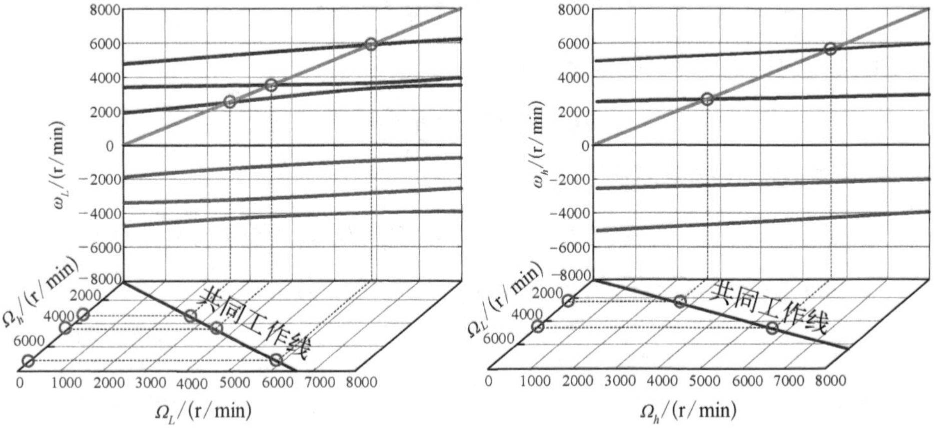


(a) 低压转子主激励自振频率　　(b) 高压转子主激励自振频率

**图 14.29　高、低压转子主激励的自振频率和临界转速“二面三维”表达[18]**

图(a) 低压转子主激励自振频率随转速的变化，圈“°”为低压主激励的临界转速及其对应的高压转子转速；图(b) 高压转子主激励自振频率随转速的变化，圈“°”为高压主激励的临界转速及其对应的低压转子转速。

“二面三维”图中，第 1 面为垂直面。在垂直面上同时画出主激励下的正进动和反进动自振频率，垂直轴为自振频率，水平轴为主激励转子的转速，同时，它将正进动和反进动自振频率上下分开。第 2 面为水平面。在水平面上，画出另一转子的转速坐标和共同工作线。这样的“二面三维”表达方法物理意义非常清晰。图中自振频率曲线上的任一点，都清晰地与高、低压转子转速和共同工作线相关联。不妨以低压转子主激励的自振频率曲线来说明。给定共同工作线，选择一低压转速，就可通过共同工作线得到一高压转速。在此条件下，就可计算得到转子的各阶自振频率。以此类推，逐点求解，直到低压转子最高转速，就可得到图中的曲线。而临界转速直接由直线 $\omega_L = \Omega_L$ 与正进动自振频率曲线的交点确定。直线 $\omega_L = \Omega_L$ 与反进动自振频率曲线无交点。自振频率曲线是与给定的共同工作线关联的。当共同工作线变化时，自振频率曲线会随之变化。

4. 稳态不平衡响应的求解和“三面三维”表示方法

不平衡响应的求解与临界转速和振型的求解不同的是，前者是求解二阶非齐次方程组，而后者是求解二阶齐次方程组。但也按照高压转子不平衡激励和低压转子不平衡激励两种情况分别计算不平衡响应。计算时，需要给定主激励转速以及高压转子和低压转子转速的关系，即上述的共同工作线。

主激励转速（选定高压转速或者低压转速）为 $\Omega$，低压转速和高压转速分别为 $\Omega_L$ 和 $\Omega_h$ ，与式(14.75)的表达方式相似，转子系统的不平衡力可以表示为

$$\boldsymbol{Q} = \boldsymbol{Q}_c\cos(\Omega t) + \boldsymbol{Q}_s\sin(\Omega t) \tag{14.109}$$

则双转子运动微分方程的稳态解可设为

$$\boldsymbol{q} = \boldsymbol{q}_c\cos(\Omega t) + \boldsymbol{q}_s\sin(\Omega t) \tag{14.110}$$

代入式(14.90)，并推导、整理得

$$\begin{Bmatrix}\boldsymbol{q}_c\\ \boldsymbol{q}_s\end{Bmatrix} = \begin{bmatrix}\boldsymbol{K} - \boldsymbol{M}\Omega^2 & \Omega(\boldsymbol{C} - \Omega_L\boldsymbol{G}_L - \Omega_h\boldsymbol{G}_h)\\ -\Omega(\boldsymbol{C} - \Omega_L\boldsymbol{G}_L - \Omega_h\boldsymbol{G}_h) & \boldsymbol{K} - \boldsymbol{M}\Omega^2\end{bmatrix}^{-1}\begin{Bmatrix}\boldsymbol{Q}_c\\ \boldsymbol{Q}_s\end{Bmatrix} \tag{14.111}$$

由此解得

$$\boldsymbol{q} = \boldsymbol{q}_0\cos(\Omega t - \boldsymbol{\theta}) \tag{14.112}$$

式中，

$$\boldsymbol{q}_0 = [q_{01} \quad q_{02} \quad \cdots \quad q_{0N}]^{\mathrm{T}}$$

$$\boldsymbol{\theta} = [\theta_1 \quad \theta_2 \quad \cdots \quad \theta_N]^{\mathrm{T}}$$

$$\cos(\Omega t - \boldsymbol{\theta}) = [\cos(\Omega t - \theta_1) \quad \cos(\Omega t - \theta_2) \quad \cdots \quad \cos(\Omega t - \theta_N)]^{\mathrm{T}}$$

$$\begin{cases} q_{0i} = \sqrt{q_{0ic}^2 + q_{0is}^2} \\ \theta_i = \tan^{-1}\dfrac{q_{0is}}{q_{0ic}} \end{cases} \quad i = 1, 2, \cdots, N \tag{14.113}$$

方程(14.90)中，将 $\boldsymbol{C} - \Omega_L\boldsymbol{G}_L - \Omega_h\boldsymbol{G}_h$ 用 $\boldsymbol{C} - \Omega\boldsymbol{G}$ 替换，并将式(14.109)代入，就是单转子的不平衡响应方程，对该方程的求解与双转子一致。

由以上推导可以看到，每给定一个主激励转速以及高压转速和低压转速的关系，即共同工作线，可以求出在给定不平衡量作用下双转子系统各节点的稳态响

应。由方程(14.111)可见,在线性条件下,稳态不平衡响应与不平衡量成正比。因而,可以先求解单位不平衡量作用下的不平衡响应,然后根据实际不平衡量乘以相应系数。

求解转子模态和不平衡响应的流程如图 14.30 所示。

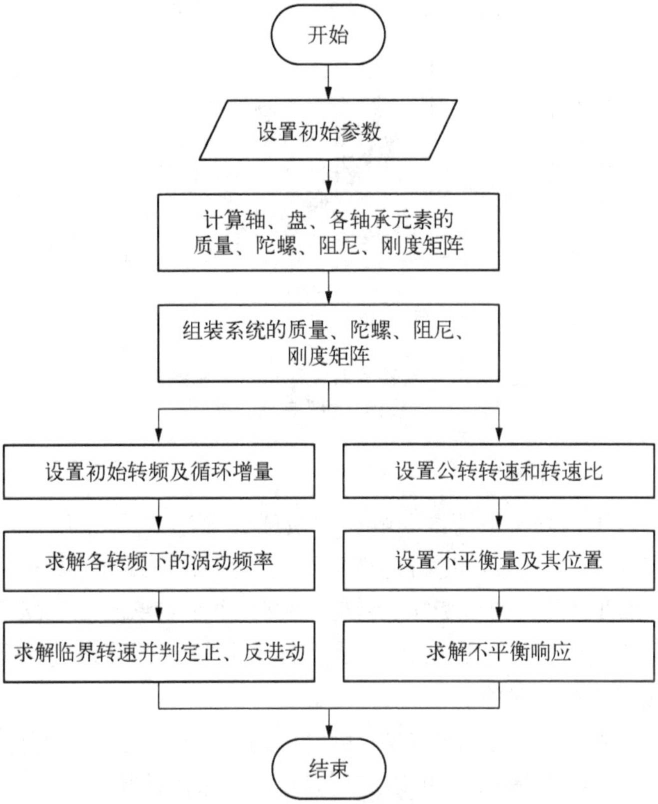


**图 14.30　求解转子模态和稳态不平衡响应的流程**

如上所述,双转子具有高、低压转子主激励的临界转速。在实际中,高、低压转子会同时存在不平衡量。在机匣上某一测点所测得的振动为高、低压转子不平衡激振力共同作用下的响应,同时还与转速控制律相关。分析结果中,不易辨识高、低压转子主激励的幅频特性。为此,建立“三面三维”表达方法来描述双转子的不平衡响应,如图 14.31 所示[18]。当高、低压转子转速按照共同工作线变化时,可从振动信号中分解出高压基频和低压基频分量,分别描绘在 2 个立面上,得到高压转子不平衡激励下的响应曲线和低压转子不平衡激励下的响应曲线。响应曲线上的峰值就分别对应高、低压转子主激励的临界峰值。“三面三维”图的第 3 个面为水平面。在水平面上画出转速控制律,即共同工作线。还可以将振动总量随转速的变化表达出来，即图中的黑色曲线。这样的“三面三维”表达方法，将双转子的振动响应与转速、转向和转速控制律清晰地描绘在一起，便于理解和分析转子的振动特性。

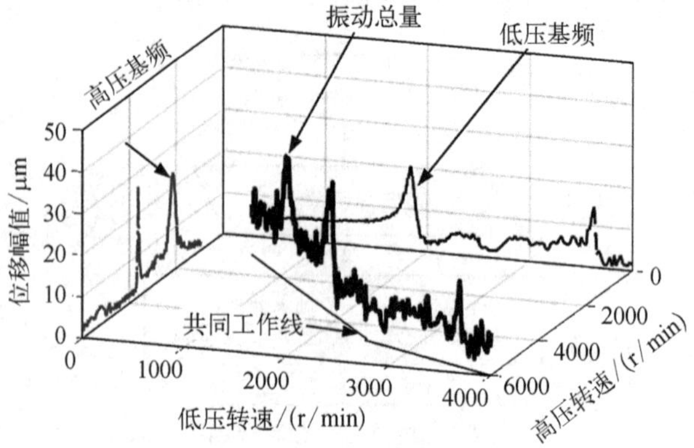


**图 14.31　双转子系统稳态不平衡响应的“三面三维”表示方法**[18]

5. 应变能分布的计算

为了减小转子系统不平衡振动响应的敏感度，避免转子系统自激振动引起的失稳，转子-支承-机匣系统应进行应变能分析。应变能分析的具体内容包括：转子（盘、轴等）和机匣的弯曲应变能、剪切应变能、弹性支承的应变能及阻尼器消耗能量的计算。应变能计算通常在临界转速计算后进行，计算得到的是转子系统在各阶振型下应变能的相对值。

根据前述的临界转速的计算方法，可以得到整个双转子系统的振型，包括各节点的位移和转角。在此基础上，可以进行应变能分布的计算。

1）轴的应变能

如 14.2.3 节所述，轴元素的势能和动能由式（14.79）表示，即

$$\begin{cases} P_B^e = \dfrac{1}{2}[\boldsymbol{q}^e]^{\mathrm{T}} K_B^e \boldsymbol{q}^e \\ T^e = \dfrac{1}{2}[\dot{\boldsymbol{q}}^e]^{\mathrm{T}}(\boldsymbol{M}_T^e + \boldsymbol{M}_R^e)\dot{\boldsymbol{q}}^e + \dfrac{1}{2}\Omega^2 I_p - \Omega[\dot{\boldsymbol{q}}^e]^{\mathrm{T}} \boldsymbol{N}^e \boldsymbol{q}^e \end{cases}$$

式中各项已经在求解临界转速时得到。

考虑相邻的轴两端广义坐标时，轴段元素的弯曲应变能和剪切应变能为

$$P_B^e = \frac{1}{2}[\boldsymbol{q}_{12}^e]^{\mathrm{T}} \boldsymbol{K}_{B1}^e \boldsymbol{q}_{12}^e + \frac{1}{2}[\boldsymbol{q}_{23}^e]^{\mathrm{T}} \boldsymbol{K}_{B2}^e \boldsymbol{q}_{23}^e$$

$$
= \frac{1}{2}\{[\boldsymbol{q}_1^e]^{\mathrm{T}} \quad [\boldsymbol{q}_2^e]^{\mathrm{T}}\} \begin{bmatrix} \boldsymbol{A} & \boldsymbol{B} \\ \boldsymbol{C} & \boldsymbol{D} \end{bmatrix} \begin{Bmatrix} \boldsymbol{q}_1^e \\ \boldsymbol{q}_2^e \end{Bmatrix} + \frac{1}{2}\{[\boldsymbol{q}_2^e]^{\mathrm{T}} \quad [\boldsymbol{q}_3^e]^{\mathrm{T}}\} \begin{bmatrix} \boldsymbol{E} & \boldsymbol{F} \\ \boldsymbol{G} & \boldsymbol{H} \end{bmatrix} \begin{Bmatrix} \boldsymbol{q}_2^e \\ \boldsymbol{q}_3^e \end{Bmatrix}
$$

$$
= \frac{1}{2}\{[\boldsymbol{q}_1^e]^{\mathrm{T}} \quad [\boldsymbol{q}_2^e]^{\mathrm{T}} \quad [\boldsymbol{q}_3^e]^{\mathrm{T}}\} \begin{bmatrix} \boldsymbol{A} & \boldsymbol{B} & 0 \\ \boldsymbol{C} & \boldsymbol{D}+\boldsymbol{E} & \boldsymbol{F} \\ 0 & \boldsymbol{G} & \boldsymbol{H} \end{bmatrix} \begin{Bmatrix} \boldsymbol{q}_1^e \\ \boldsymbol{q}_2^e \\ \boldsymbol{q}_3^e \end{Bmatrix} \tag{14.114}
$$

式中，$\boldsymbol{q}_{12}^e$ 和 $\boldsymbol{q}_{23}^e$ 分别为第一个轴段和第二个轴段的广义坐标，形式如式(14.77)所示，均为 8×1 阶向量，$\boldsymbol{q}_1^e$ 为第一个轴段左端的广义坐标，$\boldsymbol{q}_2^e$ 为第一个轴段右端，也即第二个轴段左端的广义坐标，$\boldsymbol{q}_3^e$ 为第二个轴段右端的广义坐标，三者均为 4×1 阶向量。$\boldsymbol{A}$、$\boldsymbol{B}$、$\boldsymbol{C}$、$\boldsymbol{D}$ 为 $\boldsymbol{K}_{B1}^e$ 的分块矩阵，$\boldsymbol{E}$、$\boldsymbol{F}$、$\boldsymbol{G}$、$\boldsymbol{H}$ 为 $\boldsymbol{K}_{B2}^e$ 的分块矩阵，八个分块矩阵均为 4×4 阶方阵。

上式中第三行的广义三阶矩阵的组成与刚度矩阵的组合形式相同，将上式进行推广，可以得到结论：轴元素的总应变能可以用轴元素的组合总刚度矩阵（不组合支承的刚度）和总广义位移向量按照式(14.114)计算。

2）支承的应变能

支承的应变能为

$$
U_k = \frac{1}{2}k(V^2 + W^2) \tag{14.115}
$$

式中，$k$ 为支承的刚度；$V$ 为支承水平方向的位移；$W$ 为支承垂直方向的位移。

3）阻尼器消耗的能量

阻尼器每周消耗的能量为

$$
U_c = 2\pi\Omega c(V^2 + W^2) \tag{14.116}
$$

式中，$c$ 为阻尼器的阻尼系数；$\Omega$ 为自转转速；$V$ 为阻尼器水平方向的位移；$W$ 为阻尼器垂直方向的位移。

### 14.2.7　发动机转子系统的瞬态响应

前面章节中，转子系统稳态响应的求解方法仅适用于转速不变、载荷为周期力的情况。当转子存在角加速度或受到变化较为复杂的载荷时，则需要求解双转子系统的瞬态响应，以得到转子系统在每一时刻的振动状态。

在分析双转子系统的瞬态响应时，单元与节点运动微分方程的推导方法与稳态分析相同，但系数表达式存在一定差异。与稳态条件相比，刚性盘单元与轴单元增加了一个瞬态项矩阵，而支承单元则完全相同。故下文直接给出刚性盘单元和轴单元的运动微分方程。

1. 刚性盘单元的瞬态运动微分方程

刚性盘单元的瞬态运动微分方程为

$$(\boldsymbol{M}_t^d + \boldsymbol{M}_r^d)\ddot{\boldsymbol{q}}^d - \dot{\Phi}\boldsymbol{G}^d\dot{\boldsymbol{q}}^d - \ddot{\Phi}\boldsymbol{K}^d\boldsymbol{q}^d = \boldsymbol{Q}_{tr}^d \tag{14.117}$$

式中，$\dot{\Phi}$ 为转子自转角速度，$\dot{\Phi}=\Omega$；$\ddot{\Phi}$ 为转子自转角加速度，$\ddot{\Phi}=\dot{\Omega}$；$\boldsymbol{K}^d$ 为盘单元瞬态刚度矩阵；$\boldsymbol{Q}_{tr}^d$ 为盘单元不平衡力向量；其余系数矩阵的含义及表达式与式(14.74)中相同。

$$\boldsymbol{K}^d = \begin{bmatrix} 0 & 0 & 0 & 0 \\ 0 & 0 & 0 & 0 \\ 0 & 0 & 0 & 0 \\ 0 & 0 & I_p & 0 \end{bmatrix};\ \boldsymbol{Q}_{tr}^d = m_d\begin{Bmatrix} \dot{\Phi}^2\varepsilon_x + \ddot{\Phi}\varepsilon_y \\ \dot{\Phi}^2\varepsilon_y - \ddot{\Phi}\varepsilon_x \\ 0 \\ 0 \end{Bmatrix}\cos\Phi + m_d\begin{Bmatrix} -\dot{\Phi}^2\varepsilon_y + \ddot{\Phi}\varepsilon_x \\ \dot{\Phi}^2\varepsilon_x + \ddot{\Phi}\varepsilon_y \\ 0 \\ 0 \end{Bmatrix}\sin\Phi$$

2. 轴单元的瞬态运动微分方程

轴单元的瞬态运动微分方程为

$$(\boldsymbol{M}_T^{sh} + \boldsymbol{M}_R^{sh})\ddot{\boldsymbol{q}}^{sh} - \dot{\Phi}\boldsymbol{G}^{sh}\dot{\boldsymbol{q}}^{sh} + (\boldsymbol{K}^{sh} - \ddot{\Phi}\boldsymbol{K}_t^{sh})\boldsymbol{q}^{sh} = \boldsymbol{Q}^{sh} \tag{14.118}$$

式中，$\boldsymbol{K}_t^{sh}$ 为轴单元的瞬态刚度矩阵；其余系数矩阵的含义及表达式与式(14.74)相同。

需说明的是，等截面轴单元和锥形轴单元的瞬态运动微分方程均可用(14.118)表示，但各自的系数矩阵表达式不同，具体表达式详见附录 C。

3. 双转子系统的瞬态运动微分方程

联立系统中各单元的运动微分方程，利用第 14.2.4 节中的方式组装各系数矩阵，得到双转子系统瞬态运动微分方程为

$$\boldsymbol{M}^s\ddot{\boldsymbol{q}}^s + (\boldsymbol{C}^s - \Omega_L\boldsymbol{G}_L - \Omega_h\boldsymbol{G}_h)\dot{\boldsymbol{q}}^s + (\boldsymbol{K}^s - \dot{\Omega}_L\boldsymbol{K}_L^t - \dot{\Omega}_h\boldsymbol{K}_h^t)\boldsymbol{q}^s = \boldsymbol{Q}_{tr}^s \tag{14.119}$$

式中，$\boldsymbol{K}_L^t$ 为包含低压转子系统各单元瞬态刚度的系数矩阵；$\boldsymbol{K}_h^t$ 为包含高压转子系统各单元瞬态刚度的系数矩阵；$\boldsymbol{Q}_{tr}^s$ 为受角加速度影响的系统外力向量。

对双转子系统运动微分方程(14.119)进行数值积分，可得到转子系统的瞬态响应。常见的数值积分方法包括中心差分法、Runge - Kutta 法、Newmark - β 法等。本章采用 Newmark - β 法求解双转子系统的瞬态响应，原理如下：

记 $t$ 时刻双转子系统运动微分方程的表达式为

$$\boldsymbol{M}^s\ddot{\boldsymbol{q}}_t + (\boldsymbol{C}^s - \Omega_L\boldsymbol{G}_L - \Omega_h\boldsymbol{G}_h)\dot{\boldsymbol{q}}_t + (\boldsymbol{K}^s - \dot{\Omega}_L\boldsymbol{K}_L^t - \dot{\Omega}_h\boldsymbol{K}_h^t)\boldsymbol{q}_t = \boldsymbol{Q}_t \tag{14.120}$$

式中，$\boldsymbol{q}_t$ 为 $t$ 时刻系统的广义位移向量；$\boldsymbol{Q}_t$ 为 $t$ 时刻系统受到的外力向量。

记 $t+\Delta t$ 时刻双转子系统运动微分方程的表达式为

$$\boldsymbol{M}^s\ddot{\boldsymbol{q}}_{t+\Delta t} + (\boldsymbol{C}^s - \Omega_L\boldsymbol{G}_L - \Omega_h\boldsymbol{G}_h)\dot{\boldsymbol{q}}_{t+\Delta t} + (\boldsymbol{K}^s - \dot{\Omega}_L\boldsymbol{K}_L^t - \dot{\Omega}_h\boldsymbol{K}_h^t)\boldsymbol{q}_{t+\Delta t} = \boldsymbol{Q}_{t+\Delta t} \tag{14.121}$$

式中，$\boldsymbol{q}_{t+\Delta t}$ 为 $t+\Delta t$ 时刻转子系统的广义位移向量；$\boldsymbol{Q}_{t+\Delta t}$ 为 $t+\Delta t$ 时刻转子系统受到的外力向量。

根据 Newmark－β 法，假设 $t$ 时刻与 $t+\Delta t$ 时刻之间节点自由度的加速度呈线性变化，得

$$\begin{cases} \boldsymbol{q}_{t+\Delta t} = \boldsymbol{q}_t + \Delta t\dot{\boldsymbol{q}}_t + \left(\dfrac{1}{2} - \beta\right)\Delta t^2\ddot{\boldsymbol{q}}_t + \beta\Delta t^2\ddot{\boldsymbol{q}}_{t+\Delta t} \\ \dot{\boldsymbol{q}}_{t+\Delta t} = \dot{\boldsymbol{q}}_t + (1-\gamma)\Delta t\ddot{\boldsymbol{q}}_t + \gamma\Delta t\ddot{\boldsymbol{q}}_{t+\Delta t} \end{cases} \tag{14.122}$$

式中，$\beta$ 和 $\gamma$ 均为 Newmark－β 法中的积分参数。特殊地，当 $\beta = 1/4$，$\gamma = 1/2$ 时，称为平均加速度法，可使得 Newmark－β 法同时具备二阶精度、无条件收敛和全频域范围无能量耗散的特性。

将式(14.122)代入式(14.121)中得

$$\bar{\boldsymbol{K}}_{t+\Delta t}\boldsymbol{q}_{t+\Delta t} = \bar{\boldsymbol{P}}_{t+\Delta t} \tag{14.123}$$

式中，$\bar{\boldsymbol{K}}_{t+\Delta t}$ 为 $t+\Delta t$ 时刻的等效刚度矩阵，$\bar{\boldsymbol{P}}_{t+\Delta t}$ 为 $t+\Delta t$ 时刻的等效外力向量。

它们的具体表达式为

$$\bar{\boldsymbol{K}}_{t+\Delta t} = (\boldsymbol{K}^s - \dot{\Omega}_L\boldsymbol{K}_L^t - \dot{\Omega}_h\boldsymbol{K}_h^t) + \frac{\gamma}{\beta\Delta t}(\boldsymbol{C}^s - \Omega_L\boldsymbol{G}_L - \Omega_h\boldsymbol{G}_h) + \frac{1}{\beta\Delta t^2}\boldsymbol{M}^s \tag{14.124}$$

$$\begin{aligned} \bar{\boldsymbol{P}}_{t+\Delta t} = \boldsymbol{Q}_{t+\Delta t} &+ \left[\frac{1}{\beta\Delta t^2}\boldsymbol{M}^s + \frac{\gamma}{\beta\Delta t}(\boldsymbol{C}^s - \Omega_L\boldsymbol{G}_L - \Omega_h\boldsymbol{G}_h)\right]\boldsymbol{q}_t \\ &+ \left[\frac{1}{\beta\Delta t}\boldsymbol{M}^s + \left(\frac{\gamma}{\beta} - 1\right)(\boldsymbol{C}^s - \Omega_L\boldsymbol{G}_L - \Omega_h\boldsymbol{G}_h)\right]\dot{\boldsymbol{q}}_t \\ &+ \left[\left(\frac{1}{2\beta} - 1\right)\boldsymbol{M}^s + \Delta t\left(\frac{\gamma}{2\beta} - 1\right)(\boldsymbol{C}^s - \Omega_L\boldsymbol{G}_L - \Omega_h\boldsymbol{G}_h)\right]\ddot{\boldsymbol{q}}_t \end{aligned} \tag{14.125}$$

在计算时间范围内，对式(14.123)至式(14.125)连续迭代求解，便可获得各个时刻的广义位移、广义速度以及广义加速度等。

类似地，将式(14.119)至式(14.121)中的 $(\boldsymbol{C}^s - \Omega_L\boldsymbol{G}_L - \Omega_h\boldsymbol{G}_h)$ 替换为 $(\boldsymbol{C}^s - \Omega\boldsymbol{G})$，$(\boldsymbol{K}^s - \dot{\Omega}_L\boldsymbol{K}_L^t - \dot{\Omega}_h\boldsymbol{K}_h^t)$ 替换为 $(\boldsymbol{K}^s - \dot{\Omega}\boldsymbol{K}^t)$，便可得到单转子系统瞬态响应计算公式。

图 14.32 为 Newmark－β 法求解双转子瞬态响应的流程图。

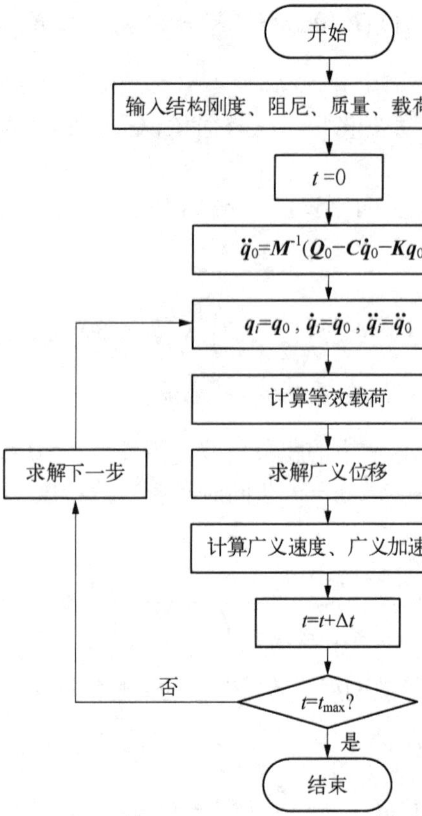


图 14.32　Newmark - β 法计算流程图

### 14.2.8　算例 5

本节给出单转子和双转子临界转速计算算例。

1. 单转子临界转速算例

转子初始模型及其分段如图 14.33 所示，转子各段的参数如表 14.7 所示。

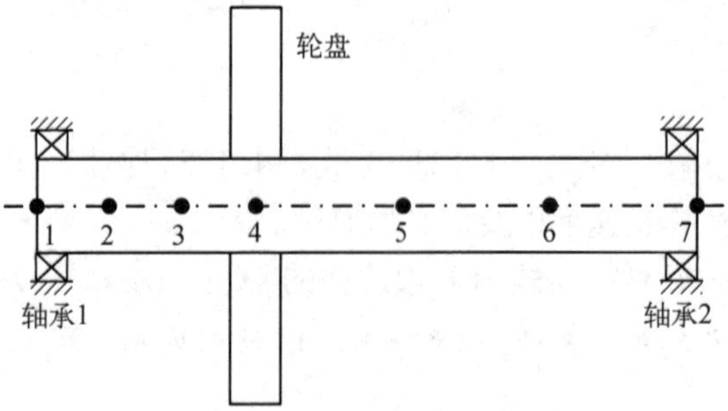


图 14.33　转子模型[13,14]

表 14.7　转子模型参数表[13,14]

| 段数 | 1 | 2 | 3 | 4 | 5 | 6 |
|---|---|---|---|---|---|---|
| 外径/m | 0.025 | 0.025 | 0.025 | 0.025 | 0.025 | 0.025 |
| 内径/m | 0 | 0 | 0 | 0 | 0 | 0 |
| 长度/m | 0.08 | 0.08 | 0.08 | 0.16 | 0.16 | 0.16 |

材料的密度为 $\rho = 7\,850\ \mathrm{kg/m^3}$，弹性模量为 $E = 2.06 \times 10^{11}\ \mathrm{N/m^2}$，两个轴承的刚度均为 $1\times10^8\ \mathrm{N/m}$，轮盘质量为 $m = 8.9\ \mathrm{kg}$，直径转动惯量为 $I_d = 0.031\,96\ \mathrm{kg \cdot m^2}$，极转动惯量为 $I_p = 0.063\,92\ \mathrm{kg \cdot m^2}$。

不计剪切效应，分别使用有限元法和传递矩阵法，得到的前两阶临界转速如表 14.8 所示。其中，使用传递矩阵法时，将转子分成 720 个轴段。

表 14.8　单转子临界转速计算结果

| 阶　数 | 传递矩阵法/(rad/s) | 有限元法/(rad/s) | 相对误差/% |
|---|---|---|---|
| 1 | 248.20 | 248.21 | 0.004% |
| 2 | 2 031.51 | 2 033.83 | 0.11% |

2. 双转子临界转速算例

双转子模型如图 14.34 所示。双转子系统的参数如表 14.9 至表 14.11 所示。材料参数为：$E = 2.069 \times 10^{11}\ \mathrm{N/m^2}$，$G = E/2.6$，$\rho = 8\,304\ \mathrm{kg/m^3}$。

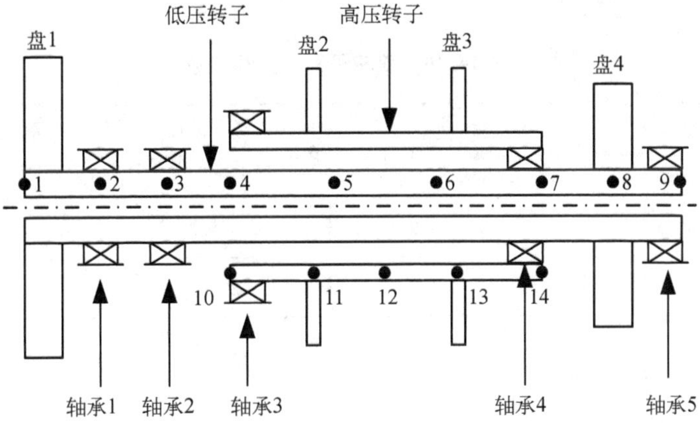


图 14.34　双转子系统模型[13,14]

**表 14.9 双转子系统分段尺寸[13,14]**

| 高压/低压转子 | 轴段（节点-节点） | 长度/($\times10^{-2}$ m) | 内半径/($\times10^{-2}$m) | 外半径/($\times10^{-2}$ m) |
|---|---|---|---|---|
| 低压转子 | 1—2 | 5.08 | 0.7 | 1.524 |
| | 2—3 | 5.08 | 0.7 | 1.524 |
| | 3—4 | 5.08 | 0.7 | 1.524 |
| | 4—5 | 8.89 | 0.7 | 1.524 |
| | 5—6 | 7.62 | 0.7 | 1.524 |
| | 6—7 | 7.62 | 0.7 | 1.524 |
| | 7—8 | 5.08 | 0.7 | 1.524 |
| | 8—9 | 5.08 | 0.7 | 1.524 |
| | 9 | 0 | 0 | 0 |
| 高压转子 | 10—11 | 5.08 | 1.905 | 2.54 |
| | 11—12 | 7.62 | 1.905 | 2.54 |
| | 12—13 | 7.62 | 1.905 | 2.54 |
| | 13—14 | 5.08 | 1.905 | 2.54 |

其中，节点 9 是低压转子的最右端，在计算中，其长度、内径和外径均置为 0。

**表 14.10 双转子系统盘的参数**

| 高压/低压转子 | 节点 | 质量/kg | 极转动惯量/($\times10^{-4}$ kg·m$^2$) | 直径转动惯量/($\times10^{-4}$ kg·m$^2$) |
|---|---|---|---|---|
| 低压转子 | 1 | 4.904 | 271.2 | 135.6 |
| | 8 | 4.203 | 203.4 | 101.7 |
| 高压转子 | 11 | 3.327 | 146.9 | 73.4 |
| | 13 | 2.277 | 97.2 | 48.6 |

**表 14.11　双转子系统轴承参数**

| 高压/低压转子 | 节　点 | 刚度/(N/m) | 阻尼/(N·s/m) |
|---|---|---|---|
| 低压转子 | 2 | 26 279 500 | 100 |
| | 3 | 26 279 500 | 100 |
| | 7,14 | 8 759 800 | 100 |
| | 9 | 17 519 700 | 100 |
| 高压转子 | 10 | 17 519 700 | 100 |

图 14.35 为该双转子的临界转速图谱,图中 45°斜线表示高压转速等于低压转速。这时,低压主激励和高压主激励是一致的。这条直线检验了双转子临界转速图谱的正确性。

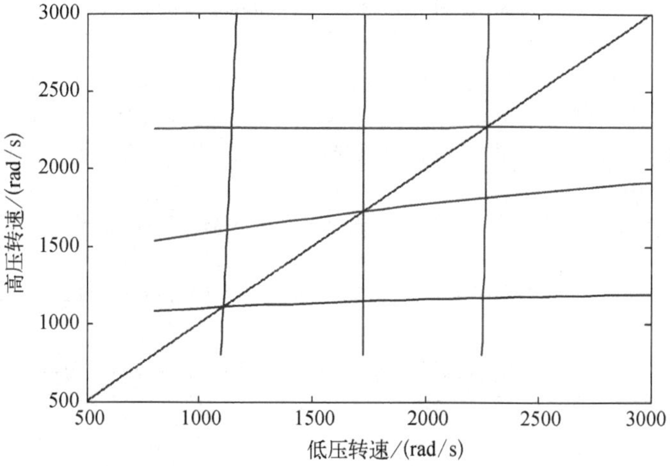


**图 14.35　双转子临界转速图谱**

设定转速比为 1.5,经过计算,转子的无阻尼临界转速如表 14.12 所示。

**表 14.12　转子无阻尼临界转速**

| 主　激　励 | 一阶/(rad/s) | 二阶/(rad/s) | 三阶/(rad/s) |
|---|---|---|---|
| 低压转子 | 1 126.5 | 1 727.3 | 2 279.6 |
| 高压转子 | 1 072.5 | 1 593.2 | 2 265.6 |

## 参考文献


[1] 沈达宽. 航空发动机强度计算[M]. 北京:国防工业出版社,1980.

[2] 顾家柳. 转子动力学[M]. 北京:国防工业出版社,1985.

[3] GASCH R, KNOTHE K. Strukturdynamik[M]. Berlin: Springer-Verlag, 1987.

[4] 晏砺堂. 航空燃气轮机振动和减振[M]. 北京:国防工业出版社,1991.

[5] 朱梓根. 航空涡喷、涡扇发动机结构设计准则 第六册 转子系统[M]. 北京:中国航空工业总公司发动机系统工程局,1997.

[6] 闻邦椿,顾家柳,夏松波,等. 高等转子动力学[M]. 北京:机械工业出版社,1999.

[7] 张洪飚,李志广. 航空发动机设计手册转子动力学及整机振动[M]. 北京:航空工业出版社,2000.

[8] 黄巍. 大型水平轴风力机整机动力学研究[D]. 西安:西北工业大学,2012.

[9] NELSON H D, MCVAUGH J M. The dynamics of Rotor-Bearing systems using finite elements [J]. Journal of Engineering for Industry, 1976, 98(2): 593-600.

[10] NELSON H D. A finite rotating shaft element using timoshenko beam theory[J]. Journal of Mechanical Design, 1980, 102(4): 793-803.

[11] MEIROVITCH L. Fundamentals of vibrations[M]. New York: McGraw-Hill, 2001.

[12] VANCE J, ZEIDAN F, MURPHY B. Machinery vibration and rotordynamics[M]. New York: John Wiley & Sons, 2010.

[13] 金路. 航空发动机转子系统动力学优化设计方法研究[D]. 西安:西北工业大学,2013.

[14] 廖明夫. 航空发动机转子动力学[M]. 西安:西北工业大学出版社,2015.

[15] 刘展翅. 弹支挤压油膜阻尼器设计与特殊工况下阻尼器减振特性研究[D]. 西安:西北工业大学,2016.

[16] 李岩. 航空发动机转子系统可容模态优化设计方法与实验研究[D]. 西安:西北工业大学,2020.

[17] 侯理臻. 突加不平衡载荷下航空发动机转子的振动与降载设计研究[D]. 西安:西北工业大学,2021.

[18] 王瑞,廖明夫,程荣辉,等. 航空发动机双转子系统的模态及其表达方法[J]. 振动与冲击,2022,41(21):209-215.

# 附　录

## 附录 A：等截面轴单元的运动方程系数矩阵

1. 质量矩阵

$$\boldsymbol{M}_T^{sh}=\frac{\rho_l^{sh}l}{(1+\varphi_s)^2}\begin{bmatrix} M_{T1} & & & & & & & \\ 0 & M_{T1} & & & & & \text{对称} & \\ 0 & -M_{T4} & M_{T2} & & & & & \\ M_{T4} & 0 & 0 & M_{T2} & & & & \\ M_{T3} & 0 & 0 & M_{T5} & M_{T1} & & & \\ 0 & M_{T3} & -M_{T5} & 0 & 0 & M_{T1} & & \\ 0 & M_{T5} & M_{T6} & 0 & 0 & M_{T4} & M_{T2} & \\ -M_{T5} & 0 & 0 & M_{T6} & -M_{T4} & 0 & 0 & M_{T2} \end{bmatrix}$$

式中，$M_{T1}=\frac{13}{35}+\frac{7}{10}\varphi_s+\frac{1}{3}\varphi_s^2$；$M_{T2}=\left(\frac{1}{105}+\frac{1}{60}\varphi_s+\frac{1}{120}\varphi_s^2\right)l^2$；$M_{T3}=\frac{9}{70}+\frac{3}{10}\varphi_s+\frac{1}{6}\varphi_s^2$；$M_{T4}=\left(\frac{11}{210}+\frac{11}{120}\varphi_s+\frac{1}{24}\varphi_s^2\right)l$；$M_{T5}=\left(\frac{13}{420}+\frac{3}{40}\varphi_s+\frac{1}{24}\varphi_s^2\right)l$；$M_{T6}=-\left(\frac{1}{140}+\frac{1}{60}\varphi_s+\frac{1}{120}\varphi_s^2\right)l^2$。

$$\boldsymbol{M}_R^{sh}=\frac{\rho_l^{sh}I}{l(1+\varphi_s)^2A}\begin{bmatrix} M_{R1} & & & & & & & \\ 0 & M_{R1} & & & & & \text{对称} & \\ 0 & -M_{R4} & M_{R2} & & & & & \\ M_{R4} & 0 & 0 & M_{R2} & & & & \\ -M_{R1} & 0 & 0 & -M_{R4} & M_{R1} & & & \\ 0 & -M_{R1} & M_{R4} & 0 & 0 & M_{R1} & & \\ 0 & -M_{R4} & M_{R3} & 0 & 0 & M_{R4} & M_{R2} & \\ M_{R4} & 0 & 0 & M_{R3} & -M_{R4} & 0 & 0 & M_{R2} \end{bmatrix}$$

式中，$M_{R1}=\frac{6}{5}$；$M_{R2}=\left(\frac{2}{15}+\frac{1}{6}\varphi_s+\frac{1}{3}\varphi_s^2\right)l^2$；$M_{R3}=\left(-\frac{1}{30}-\frac{1}{6}\varphi_s+\frac{1}{6}\varphi_s^2\right)l^2$；$M_{R4}=\left(\frac{1}{10}-\frac{1}{2}\varphi_s\right)l$。

2. 陀螺效应矩阵

$$
\boldsymbol{G}^{sh}=\frac{\rho_l^{sh}I^{sh}}{15l(1+\varphi_s)^2A}\begin{bmatrix}
0 & & & & & & & \\
G_1 & 0 & & & & \text{反对称} & & \\
-G_2 & 0 & 0 & & & & & \\
0 & -G_2 & G_4 & 0 & & & & \\
0 & G_1 & -G_2 & 0 & 0 & & & \\
-G_1 & 0 & 0 & -G_2 & G_1 & 0 & & \\
-G_2 & 0 & 0 & G_3 & G_2 & 0 & 0 & \\
0 & -G_2 & -G_3 & 0 & 0 & G_2 & G_4 & 0
\end{bmatrix}
$$

式中，$G_1=36$；$G_2=3l-15l\varphi_s$；$G_3=l^2+5l^2\varphi_s-5l^2\varphi_s^2$；$G_4=4l^2+5l^2\varphi_s+10l^2\varphi_s^2$。

3. 刚度矩阵

$$
\boldsymbol{K}^{sh}=\frac{EI^{sh}}{l^3(1+\varphi_s)}\begin{bmatrix}
K_{B1} & & & & & & & \\
0 & K_{B1} & & & & & \text{对称} & \\
0 & -K_{B4} & K_{B2} & & & & & \\
K_{B4} & 0 & 0 & K_{B2} & & & & \\
-K_{B1} & 0 & 0 & -K_{B4} & K_{B1} & & & \\
0 & -K_{B1} & K_{B4} & 0 & 0 & K_{B1} & & \\
0 & -K_{B4} & K_{B3} & 0 & 0 & K_{B4} & K_{B2} & \\
K_{B4} & 0 & 0 & K_{B3} & -K_{B4} & 0 & 0 & K_{B2}
\end{bmatrix}
$$

式中，$K_{B1}=12$；$K_{B2}=(4+\varphi_s)l^2$；$K_{B3}=(2-\varphi_s)l^2$；$K_{B4}=6l$。

# 附录B：锥形轴单元的运动方程系数矩阵

1. 质量矩阵

$$M_T^{ts}=\frac{\rho A_L l}{1\,260(1+\varphi_s)^2}\begin{bmatrix} M_1 & & & & & & & \\ 0 & M_1 & & & & & \text{对称} & \\ 0 & -lM_2 & l^2M_5 & & & & & \\ lM_2 & 0 & 0 & l^2M_5 & & & & \\ M_3 & 0 & 0 & lM_6 & M_8 & & & \\ 0 & M_3 & -lM_6 & 0 & 0 & M_8 & & \\ 0 & lM_4 & -l^2M_7 & 0 & 0 & lM_9 & l^2M_{10} & \\ -lM_4 & 0 & 0 & -l^2M_7 & -lM_9 & 0 & 0 & l^2M_{10} \end{bmatrix}$$

式中，$M_1=(105\alpha_1+42\beta_1+420)\varphi_s^2+(210\alpha_1+78\beta_1+882)\varphi_s+108\alpha_1+38\beta_1+468$；$M_2=(42\alpha_1+21\beta_1+105)\varphi_s^2/2+(81\alpha_1+36\beta_1+231)\varphi_s/2+(42\alpha_1+17\beta_1+132)/2$；$M_3=(105\alpha_1+63\beta_1+210)\varphi_s^2+(189\alpha_1+111\beta_1+378)\varphi_s+81\alpha_1+46\beta_1+162$；$M_4=(42\alpha_1+21\beta_1+105)\varphi_s^2/2+(81\alpha_1+42\beta_1+189)\varphi_s/2+(36\alpha_1+19\beta_1+78)/2$；$M_5=(21\alpha_1+12\beta_1+42)\varphi_s^2/4+(36\alpha_1+18\beta_1+84)\varphi_s/4+(9\alpha_1+4\beta_1+24)/2$；$M_6=(63\alpha_1+42\beta_1+105)\varphi_s^2/2+(108\alpha_1+69\beta_1+189)\varphi_s/2+(42\alpha_1+25\beta_1+78)/2$；$M_7=(21\alpha_1+12\beta_1+42)\varphi_s^2/4+(21\alpha_1+12\beta_1+42)\varphi_s/2+(9\alpha_1+5\beta_1+18)/2$；$M_8=(315\alpha_1+252\beta_1+420)\varphi_s^2+(672\alpha_1+540\beta_1+882)\varphi_s+360\alpha_1+290\beta_1+468$；$M_9=(63\alpha_1+42\beta_1+105)\varphi_s^2/2+(150\alpha_1+105\beta_1+231)\varphi_s/2+(90\alpha_1+65\beta_1+132)/2$；$M_{10}=(21\alpha_1+12\beta_1+42)\varphi_s^2/4+(24\alpha_1+15\beta_1+42)\varphi_s/2+(15\alpha_1+10\beta_1+24)/2$。

$$M_R^{ts}=\frac{\rho I_L}{210l(1+\varphi_s)^2}\begin{bmatrix} M_{11} & & & & & & & \\ 0 & M_{11} & & & & & \text{对称} & \\ 0 & -lM_{12} & l^2M_{14} & & & & & \\ lM_{12} & 0 & 0 & l^2M_{14} & & & & \\ -M_{11} & 0 & 0 & -lM_{12} & M_{11} & & & \\ 0 & -M_{11} & lM_{12} & 0 & 0 & M_{11} & & \\ 0 & -lM_{13} & -l^2M_{15} & 0 & 0 & lM_{13} & l^2M_{16} & \\ lM_{13} & 0 & 0 & -l^2M_{15} & -lM_{13} & 0 & 0 & l^2M_{16} \end{bmatrix}$$

式中,$M_{11}=126\alpha_2+72\beta_2+30\delta_2+45\gamma_2+252$;$M_{12}=(-42\alpha_2-21\beta_2-7.5\delta_2-12\gamma_2-105)\varphi_s+21\alpha_2+15\beta_2+7.5\delta_2+10.5\gamma_2+21$;$M_{13}=(-63\alpha_2-42\beta_2-22.5\delta_2-30\gamma_2-105)\varphi_s+21-7.5\delta_2-7.5\gamma_2-6\beta_2$;$M_{14}=(17.5\alpha_2+7\beta_2+2\delta_2+3.5\gamma_2+70)\varphi_s^2+(35-7\beta_2-3.5\delta_2-5\gamma_2-7\alpha_2)\varphi_s+7\alpha_2+4\beta_2+2\delta_2+2.75\gamma_2+28$;$M_{15}=(-17.5\alpha_2-10.5\beta_2-5\delta_2-7\gamma_2-35)\varphi_s^2+(17.5\alpha_2+10.5\beta_2+5\delta_2+7\gamma_2+35)\varphi_s+3.5\alpha_2+3\beta_2+2.5\delta_2+2.75\gamma_2+7$;$M_{16}=(52.5\alpha_2+42\beta_2+30\delta_2+35\gamma_2+70)\varphi_s^2+(42\alpha_2+42\beta_2+37.5\delta_2+40\gamma_2+35)\varphi_s+21\alpha_2+18\beta_2+15\delta_2+16.25\gamma_2+28$。

2. 陀螺效应矩阵

$$
G^{ts}=\frac{\rho I_L}{105l(1+\varphi_s)^2}\begin{bmatrix}
0 & & & & & & & \\
G_{t1} & 0 & & & & & \text{反对称} & \\
-lG_{t2} & 0 & 0 & & & & & \\
0 & -lG_{t2} & l^2G_{t4} & 0 & & & & \\
0 & G_{t1} & -lG_{t2} & 0 & 0 & & & \\
-G_{t1} & 0 & 0 & -lG_{t2} & G_{t1} & 0 & & \\
-lG_{t3} & 0 & 0 & l^2G_{t5} & lG_{t3} & 0 & 0 & \\
0 & -lG_{t3} & -l^2G_{t5} & 0 & 0 & lG_{t3} & l^2G_{t6} & 0
\end{bmatrix}
$$

式中,$G_{t1}=126\alpha_2+72\beta_2+30\delta_2+45\gamma_2+252$;$G_{t2}=(-42\alpha_2-21\beta_2-7.5\delta_2-12\gamma_2-105)\varphi_s+21\alpha_2+15\beta_2+7.5\delta_2+10.5\gamma_2+21$;$G_{t3}=(-63\alpha_2-42\beta_2-22.5\delta_2-30\gamma_2-105)\varphi_s+21-7.5\delta_2-7.5\gamma_2-6\beta_2$;$G_{t4}=(17.5\alpha_2+7\beta_2+2\delta_2+3.5\gamma_2+70)\varphi_s^2+(35-7\beta_2-3.5\delta_2-5\gamma_2-7\alpha_2)\varphi_s+7\alpha_2+4\beta_2+2\delta_2+2.75\gamma_2+28$;$G_{t5}=(-17.5\alpha_2-10.5\beta_2-5\delta_2-7\gamma_2-35)\varphi_s^2+(17.5\alpha_2+10.5\beta_2+5\delta_2+7\gamma_2+35)\varphi_s+3.5\alpha_2+3\beta_2+2.5\delta_2+2.75\gamma_2+7$;$G_{t6}=(52.5\alpha_2+42\beta_2+30\delta_2+35\gamma_2+70)\varphi_s^2+(42\alpha_2+42\beta_2+37.5\delta_2+40\gamma_2+35)\varphi_s+21\alpha_2+18\beta_2+15\delta_2+16.25\gamma_2+28$。

3. 刚度矩阵

$$
K_B^t=\frac{EI_L}{105l^3(1+\varphi_s)^2}\begin{bmatrix}
k_1 & & & & & & & \\
0 & k_1 & & & & & \text{对称} & \\
0 & -lk_2 & l^2k_4 & & & & & \\
lk_2 & 0 & 0 & l^2k_4 & & & & \\
-k_1 & 0 & 0 & -lk_2 & k_1 & & & \\
0 & -k_1 & lk_2 & 0 & 0 & k_1 & & \\
0 & -lk_3 & l^2k_5 & 0 & 0 & lk_3 & l^2k_6 & \\
lk_3 & 0 & 0 & l^2k_5 & -lk_3 & 0 & 0 & l^2k_6
\end{bmatrix}
$$

$$
+\frac{GA_L\varphi_s^2}{12\chi l(1+\varphi_s)^2}\begin{bmatrix}
k_7 & & & & & & & \\
0 & k_7 & & & & & \text{对称} & \\
0 & -lk_8 & l^2k_9 & & & & & \\
lk_8 & 0 & 0 & l^2k_9 & & & & \\
-k_7 & 0 & 0 & -lk_8 & k_7 & & & \\
0 & -k_7 & lk_8 & 0 & 0 & k_7 & & \\
0 & -lk_8 & l^2k_9 & 0 & 0 & lk_8 & l^2k_9 & \\
lk_8 & 0 & 0 & l^2k_9 & -lk_8 & 0 & 0 & l^2k_9
\end{bmatrix}
$$

式中，$k_1=630\alpha_2+504\beta_2+396\delta_2+441\gamma_2+1\,260$；$k_2=(-105\alpha_2-105\beta_2-84\delta_2-94.5\gamma_2)\varphi_s+210\alpha_2+147\beta_2+114\delta_2+126\gamma_2+630$；$k_3=(105\alpha_2+105\beta_2+84\delta_2+94.5\gamma_2)\varphi_s+420\alpha_2+357\beta_2+282\delta_2+315\gamma_2+630$；$k_4=(52.5\alpha_2+35\beta_2+21\delta_2+26.25\gamma_2+105)\varphi_s^2+(210-42\delta_2-42\gamma_2-35\beta_2)\varphi_s+105\alpha_2+56\beta_2+36\delta_2+42\gamma_2+420$；$k_5=(-52.5\alpha_2-35\beta_2-21\delta_2-26.25\gamma_2-105)\varphi_s^2+(-105\alpha_2-70\beta_2-42\delta_2-52.5\gamma_2-210)\varphi_s+105\alpha_2+91\beta_2+78\delta_2+84\gamma_2+210$；$k_6=(52.5\alpha_2+35\beta_2+21\delta_2+26.25\gamma_2+105)\varphi_s^2+(210\alpha_2+175\beta_2+126\delta_2+147\gamma_2+210)\varphi_s+315\alpha_2+266\beta_2+204\delta_2+231\gamma_2+420$；$k_7=6\alpha_1+4\beta_1+12$；$k_8=3\alpha_1+2\beta_1+6$；$k_9=(3\alpha_1)/2+\beta_1+3$。

# 附录 C：轴单元的瞬态刚度系数矩阵

1. 等截面轴单元的瞬态项刚度矩阵

$$
\boldsymbol{K}_t^{sh}=\frac{\rho_l^{sh}I^{sh}}{15l(1+\varphi_s)^2A}\begin{bmatrix}0 & -K_1 & K_2 & 0 & 0 & K_1 & K_2 & 0\\ 0 & 0 & 0 & 0 & 0 & 0 & 0 & 0\\ 0 & 0 & 0 & 0 & 0 & 0 & 0 & 0\\ 0 & -K_2 & K_4 & 0 & 0 & K_2 & -K_3 & 0\\ 0 & K_1 & -K_2 & 0 & 0 & -K_1 & -K_2 & 0\\ 0 & 0 & 0 & 0 & 0 & 0 & 0 & 0\\ 0 & 0 & 0 & 0 & 0 & 0 & 0 & 0\\ 0 & -K_2 & -K_3 & 0 & 0 & K_2 & K_4 & 0\end{bmatrix}
$$

式中，$K_1=36$；$K_2=3l-15l\varphi_s$；$K_3=l^2+5l^2\varphi_s-5l^2\varphi_s^2$；$K_4=4l^2+5l^2\varphi_s+10l^2\varphi_s^2$。

2. 锥形轴单元的瞬态项刚度矩阵

$$
K_t^{ts}=\frac{\rho I_L}{105l(1+\varphi_s)^2}\begin{bmatrix}0 & -N_{t1} & lN_{t2} & 0 & 0 & N_{t1} & lN_{t3} & 0\\ 0 & 0 & 0 & 0 & 0 & 0 & 0 & 0\\ 0 & 0 & 0 & 0 & 0 & 0 & 0 & 0\\ 0 & -lN_{t2} & l^2N_{t4} & 0 & 0 & lN_{t2} & -l^2N_{t5} & 0\\ 0 & N_{t1} & -lN_{t2} & 0 & 0 & -N_{t1} & -lN_{t3} & 0\\ 0 & 0 & 0 & 0 & 0 & 0 & 0 & 0\\ 0 & 0 & 0 & 0 & 0 & 0 & 0 & 0\\ 0 & -lN_{t3} & -l^2N_{t5} & 0 & 0 & lN_{t3} & l^2N_{t6} & 0\end{bmatrix}
$$

式中，$N_{t1}=126\alpha_2+72\beta_2+30\delta_2+45\gamma_2+252$；$N_{t2}=(-42\alpha_2-21\beta_2-7.5\delta_2-12\gamma_2-105)\varphi_s+21\alpha_2+15\beta_2+7.5\delta_2+10.5\gamma_2+21$；$N_{t3}=(-63\alpha_2-42\beta_2-22.5\delta_2-30\gamma_2-105)\varphi_s+21-7.5\delta_2-7.5\gamma_2-6\beta_2$；$N_{t4}=(17.5\alpha_2+7\beta_2+2\delta_2+3.5\gamma_2+70)\varphi_s^2+(35-7\beta_2-3.5\delta_2-5\gamma_2-7\alpha_2)\varphi_s+7\alpha_2+4\beta_2+2\delta_2+2.75\gamma_2+28$；$N_{t5}=(-17.5\alpha_2-10.5\beta_2-5\delta_2-7\gamma_2-35)\varphi_s^2+(17.5\alpha_2+10.5\beta_2+5\delta_2+7\gamma_2+35)\varphi_s+3.5\alpha_2+3\beta_2+2.5\delta_2+2.75\gamma_2+7$；$N_{t6}=(52.5\alpha_2+42\beta_2+30\delta_2+35\gamma_2+70)\varphi_s^2+(42\alpha_2+42\beta_2+37.5\delta_2+40\gamma_2+35)\varphi_s+21\alpha_2+18\beta_2+15\delta_2+16.25\gamma_2+28$。